# KUSCH MATHEMATIK 1

## Arithmetik und Algebra

Zahlen- und Rechenarten, Gleichungen, Ungleichungen, Funktionen, endliche Folgen und Reihen mit mehr als 3000 Übungsaufgaben sowie über 450 durchgerechneten Beispielen


Von Lothar Kusch
Theo Glocke

Bearbeitet von Theo Glocke
unter Mitarbeit der Verlagsredaktion



Fünfzehnte, völlig neu bearbeitete Auflage



W0472627



Cornelsen

Zu diesem Buch ist eine **Aufgabensammlung mit Lösungswegen (Best.-Nr. 413918)** erschienen, die auch die Lösungen der Aufgaben des vorliegenden Bandes erhält. Alternativ dazu sind in einem **Ergebnisheft (Best.-Nr. 413810)** ausschließlich die Lösungen zusammengestellt. Beide Titel sind über den Buchhandel zu beziehen.

*Redaktion*: Dr. Horst Wedell
*Herstellung:* Wolf-Dieter Stark
*Einbandgestaltung:* Wenzel Schmidt, Essen
*Technische Zeichnungen:* Ulrich Sengebusch, Geseke
*Technische Umsetzung:* Universitätsdruckerei H. Stürtz AG, Würzburg

**www.cornelsen.de**

15. Auflage, 12. Druck 2011

Alle Drucke dieser Auflage sind inhaltlich unverändert
und können im Unterricht nebeneinander verwendet werden.

© 1994 Cornelsen Verlag, Berlin

Das Werk und seine Teile sind urheberrechtlich geschützt.
Jede Nutzung in anderen als den gesetzlich zugelassenen Fällen bedarf
der vorherigen schriftlichen Einwilligung des Verlages.
Hinweis zu den §§ 46, 52a UrhG: Weder das Werk noch seineTeile dürfen ohne eine solche Einwilligung eingescannt und in ein Netzwerk eingestellt oder sonst öffentlich zugänglich gemacht werden.
Dies gilt auch für Intranets von Schulen und sonstigen Bildungseinrichtungen.

Druck: CS-Druck CornelsenStürtz, Berlin

ISBN 978-3-464-41301-2

Inhalt gedruckt auf säurefreiem Papier aus nachhaltiger Forstwirtschaft.

# Vorwort

Seit mehr als 40 Jahren ist die Kusch-Reihe „Mathematik für Schule und Beruf“ eine viel genutzte Hilfe bei der mathematischen Aus- und Weiterbildung. Die 15. Auflage des 1. Bandes dieser Reihe wird nun als völlige Neubearbeitung vorgelegt. Sie wurde mit dem Ziel erarbeitet, die aus 40 Jahren mathematischer und mathematikdidaktischer Entwicklung und Diskussion fließenden Konsequenzen für Sprech- und Schreibweisen, für Begriffe und Vorgehensweisen, kurz: für die mathematischen Grundlagen der einzelnen Themen, zu berücksichtigen. Wie bisher werden in diesem Band grundlegende Stoffe aus Arithmetik und Algebra, aus der Funktionenlehre und dem Gebiet der Folgen und Reihen behandelt. Dabei werden der Term- und der Variablenbegriff konsequent verwendet. Die Menge $\mathbb{Q}$ der rationalen Zahlen und die Menge $\mathbb{R}$ der reellen Zahlen werden sorgfältig eingeführt. Die Behandlung linearer Ungleichungen sowie einige Beispiele für nicht lineare Ungleichungen wurden in das Buch aufgenommen. Grundlegende Begriffe wurden modern definiert, die entsprechenden Schreib- und Sprechweisen angegeben.

Mit der Neubearbeitung wurde aber auch das Ziel verfolgt, die bewährte didaktische Konzeption der KUSCH-Bücher ohne Abstriche zu erhalten:

- Das Buch ist wieder zweispaltig aufgebaut. Dadurch können theoretische Erörterungen durch begleitende Beispiele und Übungen verdeutlicht, aber auch das Voranschreiten eines Lösungsprozesses kommentiert werden, ohne dessen Darstellung unterbrechen zu müssen.

- Das Buch kann nach wie vor ohne umfangreiche mathematische Vorkenntnisse durchgearbeitet werden. Dadurch können es Selbstlerner mit Erfolg nutzen, die um ihre Fort- oder Weiterbildung bemüht sind. Es ist ebensogut einsetzbar in der Sekundarstufe 1 an allgemein bildenden Schulen wie an berufsbildenden Schulen. Auch für Hörer an Volkshochschulen ist das Buch eine wertvolle Hilfe.

- Die Einführung in die einzelnen Themen erfolgt in der Regel durch ein Beispiel, ein Problem oder eine Erläuterung. Aus der Lösung des Problems oder der Untersuchung von Beispielen werden Lehrsätze und Regeln abgeleitet, die als Merksätze formuliert und hervorgehoben werden.

- Der Nutzer des Buches soll vor allem lernen, selbstständig mathematische Aufgaben und Probleme zu lösen. Dafür werden ihm vielfältige Hilfen angeboten. Aber dazu ist es auch nötig, dass der Leser seine mathematische Phantasie entwickelt und exakt mathematisch zu denken lernt. Wenn auch nicht alle gefundenen Lehrsätze und Regeln streng bewiesen werden, so heißt das nicht, dass die exaktlogische Seite der Mathematik vernachlässigt wird.

- Der Band enthält über 450 vollständig durchgerechnete Beispiele, die ausführlich erläutert sind. Sie werden durch ein Angebot von mehr als 3000 Übungsaufgaben ergänzt, deren Lösungen in einem gesondert vorliegenden Ergebnisheft angegeben sind.

Es war eine Auszeichnung, ein so beliebtes Werk wie den „Kusch 1“ überarbeiten zu dürfen. Ein besonderer Dank gilt also dem Verlag und insbesondere auch dem für das Buch zuständigen Redakteur des Verlages. Er hat durch vielfältige Hinweise sowie eine oft aufwändige, intensive Mitarbeit einen großen Anteil am Gelingen des Vorhabens.

Möge das Buch allen seinen Lesern hilfreich sein und viele neue Freunde gewinnen! Anregungen zu seiner weiteren Ausgestaltung oder Kritik sind stets willkommen.

Theo Glocke

# Hinweise zur Benutzung des Buches

Die didaktische Konzeption des Buches ist darauf ausgerichtet, dem Benutzer die selbstständige Erarbeitung der behandelten Themen zu ermöglichen. Sie äußert sich sowohl im generellen Vorgehen als auch in vielen Details. So wird die jeweils notwendige Theorie aus und an Beispielen gewonnen. Vorgehensweisen und Regeln werden schrittweise erarbeitet und an vielen Beispielen ausführlich erläutert. In Merktexten ist das Wesentliche des Stoffs übersichtlich zusammengefasst. Diese „Merke"-Kästchen geben direkte Hilfen für das Lösen neuer Aufgaben, stellen aber auch einen Leitfaden für das notwendige Einprägen des Gelernten dar. Durch Zwischenüberschriften oder das Zeichen ● wird innerhalb der im Buch verwendeten Dezimalklassifikation eine weitere Untergliederung des Lehrstoffs in solche kleineren Einheiten vorgenommen, welche in sich in gewisser Weise abgeschlossen sind. In der Regel findet man am Schluss solcher „Lerneinheiten" einige vollständig durchgerechnete und ausführlich erläuterte Beispiele.

Sowohl bei der Herleitung neuer Erkenntnisse als auch bei den durchgerechneten Beispielen tritt das Zeichen ► auf. Es symbolisiert Aufforderungen und Denkanstöße der Art: „Beachten Sie!" „Bedenken Sie!" „Erinnern Sie sich!"

Ein wesentliches Mittel zur Umsetzung der beschriebenen didaktischen Konzeption ist die Zweispaltigkeit des Buches. Der folgende Abschnitt soll das belegen.

**Merke:**

Die vermutlichen Lösungen einer Wurzelgleichung müssen zunächst mit dem Definitionsbereich der Wurzelgleichung verglichen werden. Liegen sie nicht in diesem Bereich, sind es keine Lösungen. Liegen sie im Definitionsbereich, muss durch die Probe überprüft werden, ob sie Lösungen sind oder nicht.

**2.** $4 \cdot \sqrt[3]{5x-8} = 3 \cdot \sqrt[3]{9x+1}$ | **2.** $4 \cdot \sqrt[3]{5x-8} = 3 \cdot \sqrt[3]{9x+1}$

Wegen des Wurzelterms auf der linken Seite der Gleichung muss $5x - 8 \geq 0$, also $x \geq \frac{8}{5}$ sein. Wegen des Wurzelterms auf der rechten Seite muss $9x + 1 \geq 0$, also $x \geq -\frac{1}{9}$ gelten. Der Definitionsbereich der Gleichung ist also $D(G)$: $x \in \mathbb{R}$ und $x \geq \frac{8}{5}$.

Beide Seiten der Gleichung werden mit 3 potenziert. Die entstehende lineare Gleichung wird nach $x$ aufgelöst. Die dadurch errechnete mögliche Lösung wird mit dem Definitionsbereich der Gleichung verglichen und durch die Probe überprüft.

$$\left(4 \cdot \sqrt[3]{5x-8}\right)^3 = \left(3 \cdot \sqrt[3]{9x+1}\right)^3$$
$$64(5x-8) = 27(9x+1)$$
$$320x - 512 = 243x + 27$$
$$77x = 539$$
$$x = 7;\quad 7 \in D(G)$$

Probe:

$4 \cdot \sqrt[3]{27} \;|\; 3 \cdot \sqrt[3]{64}$

$\underline{\underline{12 = 12}}$ ► wahre Aussage

7 ist eine Lösung der Ausgangsgleichung, denn es ist $7 > \frac{8}{5}$ und die Probe liefert eine wahre Aussage; $\underline{\underline{\text{Lösung: } 7}}$

Den verwendeten Schreib- und Sprechweisen liegt die Norm DIN 1302 „Allgemeine mathematische Zeichen und Begriffe“ vom April 1994 sowie die Norm DIN 5473 „Logik und Mengenlehre; Zeichen und Begriffe“ vom Juli 1992 zugrunde. Dort werden die Herausnahme der Null aus einer der Standardmengen $\mathbb{N}$, $\mathbb{Z}$, $\mathbb{Q}$ oder $\mathbb{R}$ durch das Hochzeichen * und die Einschränkung auf die positiven Zahlen der Mengen $\mathbb{Z}$, $\mathbb{Q}$ oder $\mathbb{R}$ durch das Hochzeichen $^+$ gekennzeichnet. So ist z. B. $\mathbb{N}^*$ die Menge der natürlichen Zahlen ausschließlich 0 und z. B. $\mathbb{Q}^+$ die Menge der positiven rationalen Zahlen. In früheren Ausgaben dieser beiden Normen war anstelle von z. B. $\mathbb{Q}^+$ noch das Zeichen $\mathbb{Q}_+^*$ vorgesehen, wobei $\mathbb{Q}_+$ die Menge der nicht negativen rationalen Zahlen bezeichnete. In den Neufassungen dieser beiden Normen wurden für die Mengen der nicht negativen ganzen, rationalen oder reellen Zahlen keine Bezeichnungen mehr festgelegt. Im vorliegenden Buch werden die entsprechenden Mengen der nicht negativen Zahlen mit $\mathbb{Z}^{\geq 0}$, $\mathbb{Q}^{\geq 0}$ und $\mathbb{R}^{\geq 0}$ beschrieben. In Analogie dazu bezeichnet z. B. $\mathbb{Q}^{\geq 2}$ die Menge der rationalen Zahlen, welche größer oder gleich 2 sind, und z. B. $\mathbb{R}^{\leq -5}$ die Menge der reellen Zahlen, welche kleiner oder gleich $-5$ sind.

# Einleitung

Die Mathematik besteht aus vielen Teilgebieten. Im vorliegenden Buch sind grundlegende Stoffe aus der **Arithmetik** (Lehre von den Zahlen) und der **Algebra** (Lehre von den Gleichungen und Ungleichungen), im 2. Band dieser Reihe vor allem ausgewählte Gebiete der **Geometrie** (Lehre von den Raumverhältnissen) enthalten.

Die Mathematik ist von großer Bedeutung für die Wissenschaft und Technik. Häufig liefert sie die Mittel, um praktische und wissenschaftlich-technische Probleme zu lösen. Unser heutiges wissenschaftlich-technisches Zeitalter wäre ohne die Mathematik nicht denkbar.

Die Lehre von den Zahlen (Arithmetik) beschreibt das Rechnen mit Zahlen. Sie sind im Allgemeinen mittels der arabischen Ziffern (1, 2, 3, 4, 5, 6, 7, 8, 9, 0) dargestellt. Häufig werden Buchstaben als Stellvertreter für Zahlen verwendet. Sie werden Variable genannt. Auch für das Rechnen mit Variablen (also $a, b, c, \ldots$ oder $x, y, z, \ldots$) gibt es Regeln und Gesetze.

Die Lehre von den Raumverhältnissen (Geometrie) untersucht Figuren und Körper auf ihre Eigenschaften und Maßverhältnisse, auf Bedingungen und Methoden zu ihrer Konstruktion und Berechnung. Bei den Berechnungen spielen auch spezielle Methoden wie die der Trigonometrie eine Rolle.

In der Lehre von den Gleichungen und Ungleichungen (Algebra) wird das Lösen von Gleichungen und Ungleichungen sowie von Gleichungs- und Ungleichungssystemen beschrieben, werden Funktionsgleichungen untersucht sowie die graphischen Darstellungen von Funktionen diskutiert.

Die Mathematik ist eine abstrakte Wissenschaft. Ihr Gegenstand sind ideelle Objekte, Objekte also, die nur in unserem Denken existieren. Ihre Aussagen (Lehrsätze, Formeln) müssen hergeleitet oder bewiesen werden. Die Maßstäbe dafür setzt die Logik. Aber auch Intuition und schöpferische Phantasie gehören zur Mathematik. Ohne sie gäbe es keine neuen mathematischen Erkenntnisse.

# Inhalt

# 1 Das Rechnen

## 1.1 Die Zahlen

### 1.1.1 Natürliche Zahlen, Bruchzahlen

Die Zahlen 0, 1, 2, 3, … und alle, die man durch wiederholte Addition von 1 aus ihnen erhält, nennt man **natürliche Zahlen**. Die Menschen bedienen sich ihrer seit Tausenden von Jahren, um Gegenstände zu zählen, um verschiedene Mengen von Objekten bezüglich der Anzahl dieser Objekte zu vergleichen, also ihr Gleich- oder Größer- bzw. Kleinersein festzustellen.
Mithilfe der natürlichen Zahlen kann man aber auch abzählen, z. B. feststellen, an wievielter Stelle in einer Reihe ein Bekannter steht.

In der Geschichte hat es mehrere Methoden gegeben, die natürlichen Zahlen aufzuschreiben. Heute werden im Allgemeinen die so genannten arabischen Ziffern und ein Stellenwertsystem verwendet, in welchem die Zahl 10 Grundzahl ist. Das bedeutet: Stehen mehrere Ziffern nebeneinander, bezeichnet die am weitesten rechts stehende Ziffer die Einer, die links davon stehende Ziffer die Zehner, die links von den Zehnern stehende Ziffer die Hunderter der betreffenden Zahl usw.
Dieses System wird Zehnersystem oder auch **dekadisches Positionssystem** genannt.

Die natürlichen Zahlen werden oft am so genannten **Zahlenstrahl** veranschaulicht.
Der Anfangspunkt dieses Strahls trägt die Zahl 0. Indem man eine geeignet gewählte Strecke als Einheitsstrecke von 0 aus einmal, zweimal, dreimal, … auf dem Strahl abträgt, erhält man Punkte, die den natürlichen Zahlen 1, 2, 3, … entsprechen.
Zu jeder natürlichen Zahl gehört so ein Punkt auf dem Zahlenstrahl. Der Punkt „5" – genauer: der Punkt, dem die Zahl 5 zugeordnet ist – begrenzt 5 solcher Einheitsstrecken (5 als Anzahl) und ist nach dem Anfangspunkt die 5. Marke auf dem Zahlenstrahl.

**Arabische Ziffern:**

1, 2, 3, 4, 5, 6, 7, 8, 9, 0

**Stellenwertsystem:**

In der Schreibweise 123 bedeuten die Ziffern

3: drei Einer,
2: zwei Zehner,
1: ein Hunderter.

Die Ziffernfolge 123 ist die Darstellung der natürlichen Zahl „Einhundertdreiundzwanzig" mittels arabischer Ziffern im dekadischen Positionssystem.

**Zahlenstrahl:**

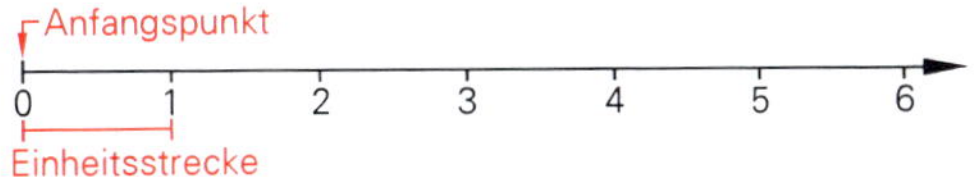


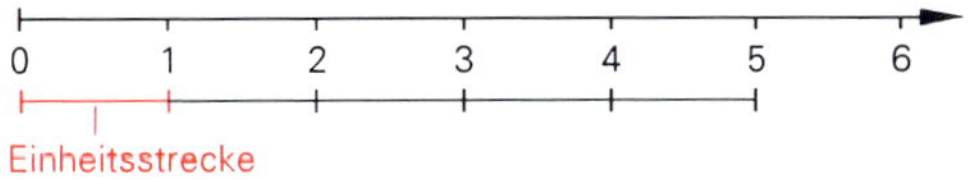


Die 5 begrenzt 5 Einheitsstrecken. Sie bezeichnet die 5. Marke nach dem Anfangspunkt des Zahlenstrahls.

Zahlenpaare der Gestalt $\frac{1}{2}, \frac{1}{3}, \frac{2}{3}, \frac{7}{5} \ldots$ nennt man **Brüche**. Jeder dieser Brüche besteht aus einer natürlichen Zahl als Zähler und einer natürlichen Zahl als Nenner, welche durch einen Bruchstrich voneinander getrennt sind.

**Bruch**

$\frac{2}{3}$ — Zähler, Bruchstrich, Nenner

$\frac{2}{3}$ wird gelesen als „zwei Drittel".

Auch die Brüche sind den Menschen schon lange als Darstellung von Zahlen bekannt. Sie beschreiben die Größe von Bruchteilen. Der Bruch $\frac{2}{3}$ bezeichnet zwei Drittel eines Objekts. Der Nenner eines Bruchs gibt an, in wie viel gleiche Bruchteile das Objekt, die Einheit zerlegt (zu denken) ist, der Zähler drückt aus, wie viele dieser Bruchteile gemeint sind.

Brüche mit dem Nenner 0 haben nach dieser Erklärung keinen Sinn, sie kommen nicht vor.

Brüche mit dem Zähler 1 heißen **Stammbrüche**.

$\frac{1}{2}, \frac{1}{3}, \frac{1}{10} \ldots$ ▶ Stammbrüche

Bei **echten Brüchen** sind die Zähler kleiner als die Nenner.

$\frac{1}{2}, \frac{4}{5}, \frac{17}{22} \ldots$ ▶ echte Brüche

Bei **unechten Brüchen** sind die Zähler größer als die Nenner.

$\frac{3}{2}, \frac{7}{5}, \frac{13}{12} \ldots$ ▶ unechte Brüche

Für unechte Brüche wird mitunter eine besondere Schreibweise verwendet. Man bestimmt, wie viele Ganze der unechte Bruch enthält – das ist eine natürliche Zahl –, und schreibt den verbleibenden echten Bruch neben diese natürliche Zahl. Ein solcher Ausdruck wird **gemischte Zahl** genannt.

$$\frac{13}{12} = \frac{12+1}{12} = \frac{12}{12} + \frac{1}{12} = 1 + \frac{1}{12} = 1\frac{1}{12}$$

$$\frac{14}{5} = \frac{10+4}{5} = \frac{10}{5} + \frac{4}{5} = 2 + \frac{4}{5} = 2\frac{4}{5}$$

$$17\frac{2}{7} = 17 + \frac{2}{7} = \frac{119}{7} + \frac{2}{7} = \frac{121}{7}$$

Auch Brüche können auf dem Zahlenstrahl dargestellt werden. $\frac{1}{2}$ liegt in der Mitte zwischen 0 und 1, $\frac{4}{3}$ liegt zwischen 1 und 2. Man findet den Punkt, dem der Bruch $\frac{4}{3}\left(=1\frac{1}{3}\right)$ zugeordnet ist, indem man $\frac{1}{3}$ der Einheitsstrecke nach rechts an den Punkt anträgt, welcher der 1 zugeordnet ist.

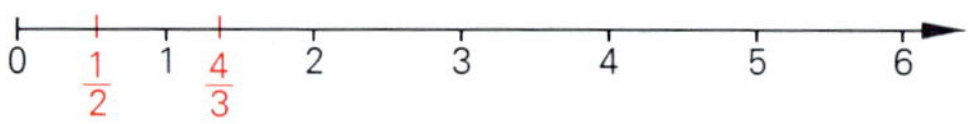


Bei Brüchen unterscheidet man zunächst zwischen $\frac{1}{2}$ und $\frac{2}{4}$, denn die Hälfte einer Torte sieht anders aus als zwei Viertel. Eine Hälfte eines Objekts ist aber genauso groß wie zwei Viertel dieses Objekts oder drei Sechstel.

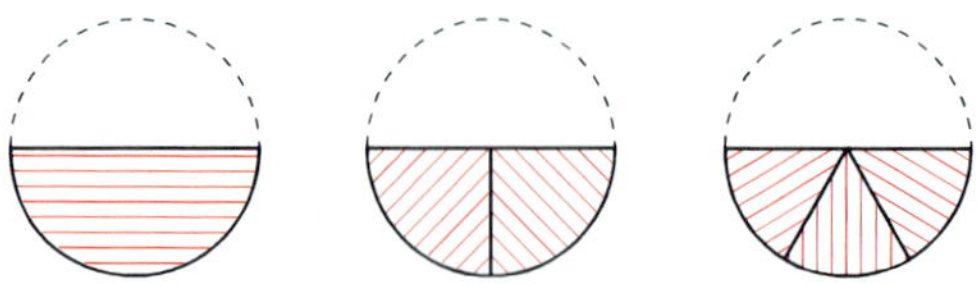

$\frac{1}{2}$ $\frac{2}{4}$ $\frac{3}{6}$

Zu jedem Bruchteil gehören sogar unendlich viele voneinander verschiedene Brüche. Man nennt alle Brüche, die ein und denselben Bruchteil bezeichnen, **gleichwertige Brüche**.

$\frac{1}{2}, \frac{2}{4}, \frac{3}{6}, \ldots$ ▶ gleichwertige Brüche

$\frac{1}{3}, \frac{2}{6}, \frac{3}{9}, \ldots$ ▶ gleichwertige Brüche

Die Gleichwertigkeit zweier Brüche drückt man dadurch aus, dass man zwischen ihnen ein Gleichheitszeichen setzt: $\frac{1}{2}=\frac{2}{4}$.

$$\frac{1}{2}=\frac{2}{4}=\frac{3}{6}=\ldots;\quad \frac{1}{3}=\frac{2}{6}=\frac{3}{9}=\ldots$$

Diese Gleichsetzung ist auch aus folgendem Grund gerechtfertigt:

Gleichwertigen Brüchen ist ein und derselbe Punkt auf dem Zahlenstrahl zugeordnet.

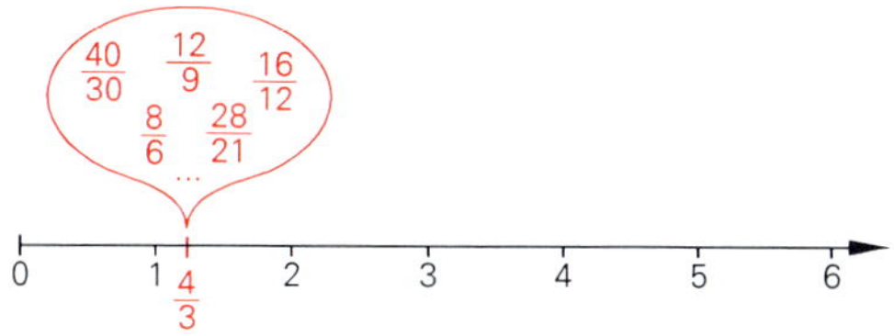


Gleichwertige Brüche gehen rechnerisch durch **Erweitern** und **Kürzen** auseinander hervor. Beim Erweitern werden Zähler und Nenner des Bruchs mit derselben Zahl multipliziert, beim Kürzen durch dieselbe Zahl dividiert.

$$\frac{4}{5}=\frac{8}{10}=\frac{12}{15}=\frac{16}{20}=\frac{20}{25}$$ ► gleichwertige Brüche

$$\frac{4\cdot 1}{5\cdot 1}=\frac{4\cdot 2}{5\cdot 2}=\frac{4\cdot 3}{5\cdot 3}=\frac{4\cdot 4}{5\cdot 4}=\frac{4\cdot 5}{5\cdot 5}$$ ► Erweitern

$$\frac{4:1}{5:1}=\frac{8:2}{10:2}=\frac{12:3}{15:3}=\frac{16:4}{20:4}=\frac{20:5}{25:5}$$ ► Kürzen

Beim Rechnen darf jeder beliebige Bruch durch einen gleichwertigen ersetzt werden. Das Resultat bleibt gleich.

$$\frac{1}{5}+\frac{3}{5}=\underline{\underline{\frac{4}{5}}}$$ ► $\frac{1}{5}=\frac{2}{10},\ \frac{3}{5}=\frac{6}{10}$

$$\frac{2}{10}+\frac{6}{10}=\frac{8}{10}$$ ► $\frac{8}{10}=\frac{4}{5}$

$$\frac{2}{10}+\frac{6}{10}=\underline{\underline{\frac{4}{5}}}$$

Deshalb wird die Menge aller gleichwertigen Brüche als **eine** Zahl angesehen, die so genannte **Bruchzahl**. Man sagt auch, gleichwertige Brüche repräsentieren eine Bruchzahl oder eine Bruchzahl wird durch gleichwertige Brüche dargestellt.

Auch die natürlichen Zahlen können als Bruchzahlen aufgefasst werden. Gleichwertig zu 4 sind z.B. $\frac{4}{1}, \frac{8}{2}, \frac{12}{3}, \ldots$. In diesem Sinne sind die natürlichen Zahlen ebenfalls Repräsentanten von Bruchzahlen.

$$\left.\begin{aligned}3&=\frac{3}{1}=\frac{6}{2}=\ldots\\ 5&=\frac{5}{1}=\frac{10}{2}=\ldots\end{aligned}\right\}\ \text{natürliche Zahlen als Bruchzahlen}$$

Die natürlichen Zahlen ohne die Null und die Bruchzahlen bilden zusammen den Bereich der **positiven rationalen Zahlen**. Bezieht man die Null mit ein, spricht man von dem Bereich der **nicht negativen rationalen Zahlen**.

Ohne Null: positive rationale Zahlen

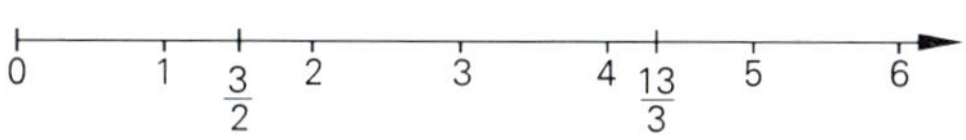


Mit Null: nicht negative rationale Zahlen

Für das praktische Rechnen sind die **Dezimalbrüche** von besonderer Bedeutung. Ein Dezimalbruch ist eine weitere Schreibweise für eine Bruchzahl.

Sie bedient sich des dekadischen Positionssystems und benutzt ein Komma als Markierung dafür, wo die vollen Einer aufhören (die letzte Stelle links vom Komma) und die Zehntel, Hundertstel, Tausendstel … (in dieser Reihenfolge rechts vom Komma folgend) notiert sind.

In der Ziffernfolge 2,34 bedeuten:

2: zwei Einer (2),

3: drei Zehntel $\left(\frac{3}{10}\right)$,

4: vier Hundertstel $\left(\frac{4}{100}\right)$.

Der Dezimalbruch 2,34 wird gelesen: „zwei Komma drei vier“.

Der Dezimalbruch 17,56 wird gelesen: „siebzehn Komma fünf sechs“.

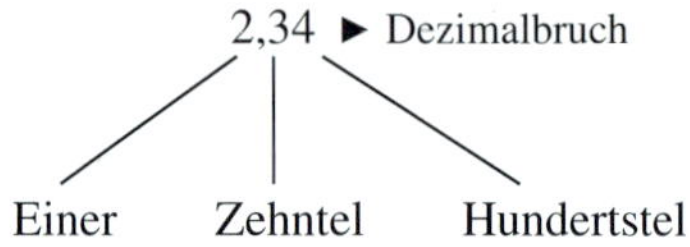


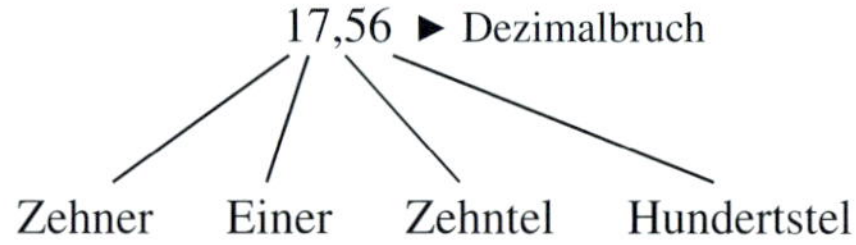


Die Ziffern rechts vom Komma in einem Dezimalbruch bezeichnen also Brüche, deren Nenner 10 oder 100 oder 1 000 oder weitere Zehnfache von 10 betragen. Solche Brüche heißen **Zehnerbrüche**.

Ein Zehnerbruch lässt sich leicht in einen Dezimalbruch umwandeln.

Steht im Nenner des Bruches eine 10, hat der zugehörige Dezimalbruch eine Stelle nach dem Komma, steht im Nenner des Bruches eine 100, so hat der zugehörige Dezimalbruch zwei Stellen nach dem Komma usw.

$$\frac{7}{10}=0{,}7;\quad \frac{17}{10}=1{,}7;\quad \frac{217}{10}=21{,}7$$

$$\frac{5}{100}=0{,}05;\quad \frac{15}{100}=0{,}15;\quad \frac{215}{100}=2{,}15$$

Man kann in diesen Fällen den gesuchten Dezimalbruch berechnen, indem man den Zähler des Bruchs durch seinen Nenner dividiert.

```
 7 :10 = 0,7
70
-70
  0
```

```
 215 :100 = 2,15
-200
  150
 -100
  500
 -500
    0
```

Dieses Verfahren ist auch auf Brüche anwendbar, die keine Zehnerbrüche sind. Beispielsweise gilt $\frac{1}{2}=\frac{5}{10}$ (Erweiterung mit 5), und da $\frac{5}{10}=0{,}5$, ist also $\frac{1}{2}=\frac{5}{10}=0{,}5$.

Dasselbe Ergebnis erhält man, wenn man 1 durch 2 dividiert.

```
 1 :2 = 0,5
10
-10
  0
```

**Merke:**

Ist eine Bruchzahl durch einen Bruch gegeben, erhält man den zugehörigen Dezimalbruch, indem man den Zähler des Bruchs durch seinen Nenner dividiert.

**Beispiele:**

Bestimmen Sie die zu den Brüchen $\frac{7}{20}, \frac{1}{3}, \frac{1}{11}, \frac{5}{6}$ gehörenden Dezimalbrüche:

- $\frac{7}{20}$

Die Division geht ohne Rest auf. Der entstehende Dezimalbruch heißt **endlicher Dezimalbruch**.

$$\begin{array}{l} 7:20 = 0{,}35 \\ \ \ 70 \\ -60 \\ \ \ 100 \\ -100 \\ \ \ \ \ 0 \end{array} \qquad \blacktriangleright\ \frac{7}{20} = 0{,}35$$

- $\frac{1}{3}$

Die Division geht nicht auf. Eine Ziffer wiederholt sich ständig. Der Dezimalbruch heißt **periodischer Dezimalbruch**.

Die Periode wird durch einen darüber gesetzten Strich kenntlich gemacht.

$$\begin{array}{l} 1:3 = 0{,}333\ldots \\ \ 10 \\ -\ 9 \\ \ \ 10 \\ \ -\ 9 \\ \ \ \ 10 \\ \ \ -\ 9 \\ \ \ \ \ 1 \end{array} \qquad \blacktriangleright\ \frac{1}{3} = 0{,}\overline{3}$$

Periode

- $\frac{1}{11}$

Die Division geht nicht auf. Eine Zifferngruppe wiederholt sich ständig. Der Dezimalbruch ist periodisch, die Periode wird durch einen darüber gesetzten Strich kenntlich gemacht.

$$\begin{array}{l} 1:11 = 0{,}090909\ldots \\ 10 \\ 100 \\ -\ 99 \\ \ \ \ 10 \\ \ \ \ 100 \\ \ \ -\ 99 \\ \ \ \ \ \ 10 \\ \ \ \ \ \ 100 \\ \ \ \ \ -\ 99 \\ \ \ \ \ \ \ \ 1 \end{array} \qquad \blacktriangleright\ \frac{1}{11} = 0{,}\overline{09}$$

Periode

- $\frac{5}{6}$

Die Division geht nicht auf. Es gibt eine Ziffer oder Zifferngruppe, die sich periodisch wiederholt. Vor dieser steht eine Ziffer oder Zifferngruppe, mit der keine Periode gebildet werden kann.

Die periodisch wiederkehrende Ziffer oder Zifferngruppe wird durch einen darüber gesetzten Strich kenntlich gemacht.

Der Dezimalbruch heißt **vorperiodisch**.

$$\begin{array}{l} 5:6 = 0{,}8333\ldots \\ 50 \\ -48 \\ \ \ \ 20 \\ \ -18 \\ \ \ \ \ 20 \\ \ \ -18 \\ \ \ \ \ \ 20 \\ \ \ \ -18 \\ \ \ \ \ \ \ 2 \end{array} \qquad \blacktriangleright\ \frac{5}{6} = 0{,}8\overline{3}$$

Periode

Vorperiode

Für die Umwandlung von Dezimalbrüchen in Brüche gibt es keine so einfache, in allen Fällen gleichermaßen anwendbare Methode wie für die Umrechnung von Brüchen in Dezimalbrüche.

Für endliche Dezimalbrüche kann eine solche einfache Methode angegeben werden. Man bedient sich dazu der Stellenwerte der Dezimalbrüche. Der Dezimalbruch 1,7 z. B. bezeichnet einen Einer (1) und 7 Zehntel $\left(\frac{7}{10}\right)$, es ist also $1{,}7 = 1\frac{7}{10}$.

**Beispiele:**

Wandeln Sie die Dezimalbrüche 0,5; 0,17; 2,25 in Brüche um!

0,5 ist eine andere Schreibweise für $\frac{5}{10}$. | $0{,}5 = \frac{5}{10} = \frac{1}{2}$

0,17 ist eine andere Schreibweise für $\frac{17}{100}$. | $0{,}17 = \frac{17}{100}$

2,25 ist eine andere Schreibweise für $2\frac{25}{100}$. | $2{,}25 = 2\frac{25}{100} = 2\frac{1}{4}$

Auch die Umwandlung von (unendlichen) periodischen und vorperiodischen Dezimalbrüchen in Brüche ist möglich. Das Verfahren kann hier jedoch nicht beschrieben werden, weil dafür noch die mathematischen Hilfsmittel fehlen.

Jede natürliche Zahl kann als Dezimalbruch geschrieben werden. Nach der natürlichen Zahl wird ein Komma gesetzt und dahinter werden Nullen aufgeschrieben, also 0 Zehntel, 0 Hundertstel, ... hinzugefügt.

$$\left.\begin{array}{l} 12 = 12{,}0 = 12{,}00 = 12{,}000 = \ldots \\ 5 = 5{,}0 = 5{,}00 = 5{,}000 = \ldots \end{array}\right\} \text{natürliche Zahlen als Dezimalbrüche}$$

Auch Dezimalbrüche lassen sich am Zahlenstrahl darstellen.

2,4 bedeutet $2 + \frac{4}{10}$. Den Punkt, der zu $2{,}4 = 2 + \frac{4}{10}$ gehört, erhält man, wenn man an den Punkt für 2 nach rechts $\frac{4}{10}$ der Einheitsstrecke ansetzt.

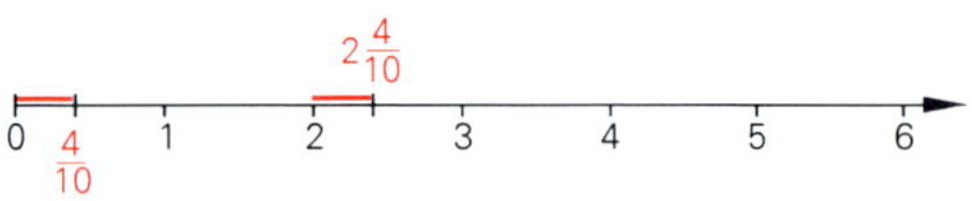


## 1.1.2 Rationale Zahlen

Die natürlichen Zahlen und die Bruchzahlen sind so genannte rationale Zahlen. Genauer gesagt: Die natürlichen Zahlen und die Bruchzahlen bilden zusammen den Bereich der nicht negativen rationalen Zahlen. Wird die Null nicht mit einbezogen, spricht man von positiven rationalen Zahlen. Die Bedeutung und die Berechtigung der Bezeichnungen rational und nicht negativ wird später klar werden.

Im Bereich der nicht negativen rationalen Zahlen kann man addieren, subtrahieren, multiplizieren und dividieren. Aber nicht jede Operation ist uneingeschränkt ausführbar. Man kann z. B. in diesem Bereich nicht 7 von 3 abziehen, die Aufgabe $3 - 7 = \underline{\underline{\quad}}$ hat dort keine Lösung. In vielen mathematischen und auch praktischen Zusammenhängen kommen aber solche Aufgaben vor. Beispielsweise haben Sparkassen immer wieder damit zu tun, dass Kunden ihre Konten „überziehen“, also mehr Geld abheben, als ihr Konto aufweist, und das vielleicht mehrmals. Wie muss die Sparkasse in solchen Fällen rechnen?

Um solche Aufgaben lösen zu können, wurde der uns bisher bekannte Zahlenbereich zu einem neuen Zahlenbereich erweitert. Diese Erweiterung lässt sich am Zahlenstrahl veranschaulichen.

Die Folge von Subtraktionsaufgaben $3-1=2$, $3-2=1$, $3-3=0$ und deren Veranschaulichung am Zahlenstrahl legen es nahe, mit dem Resultat der sich anschließenden Aufgabe $3-4=\underline{\quad}$ die Null zu überschreiten, dazu den Zahlenstrahl über die Null hinaus zu verlängern und auf der Verlängerung durch Abtragen der Einheitsstrecke nach links die gleiche Einteilung zu erzeugen wie auf dem (bisherigen) Zahlenstrahl.

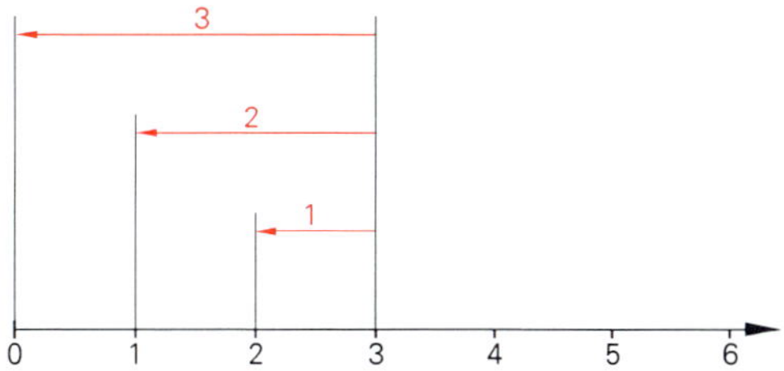


Der Zahlenstrahl wird auf diese Weise zur **Zahlengeraden** erweitert.

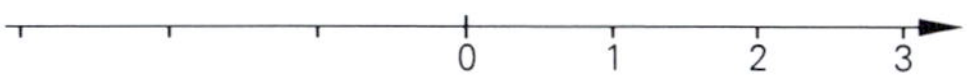


Zu jedem Punkt auf dem Zahlenstrahl, der einer positiven Zahl entspricht, gibt es auf der Verlängerung des Zahlenstrahls über die Null hinaus einen Punkt, der den gleichen Abstand von Null hat wie jener. Einander auf diese Weise verwandte Punkte liegen spiegelbildlich zum Punkt Null, dem so genannten **Nullpunkt** der Zahlengeraden.

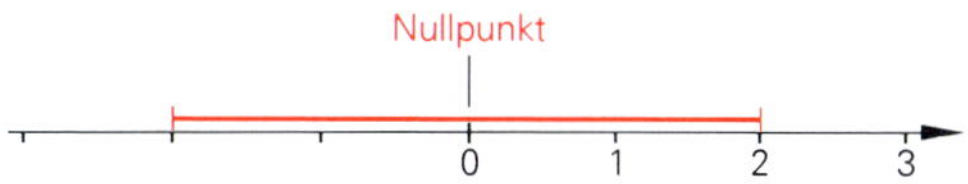


Zahlengerade

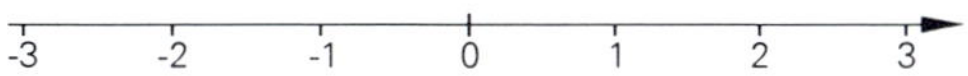


Man bezeichnet den Punkt, der spiegelbildlich zum Punkt 1 liegt, mit $-1$, entsprechend die Spiegelbilder von 2, 3, 4, ... mit $-2, -3, -4, \ldots$.

Man nennt $-1$ die **entgegengesetzte Zahl** zu 1 und liest sie als minus eins. Entsprechendes gilt für $-2, -3, -4$ usw. Es ist nicht nur der Punkt $-1$ das Spiegelbild des Punktes 1 bezüglich des Nullpunktes, sondern es ist auch der Punkt 1 das Spiegelbild des Punktes $-1$. Es gilt also auch $-(-1)=1$. Deshalb nennt man auch 1 die entgegengesetzte Zahl zu $-1$. Entsprechend gilt: 2 ist die entgegengesetzte Zahl zu $-2$, 3 die zu $-3$ usw. Es gilt also auch $-(-2)=2$, $-(-3)=3$ usw.

$-1$ ist entgegengesetzte Zahl zu 1,
$-2$ ist entgegengesetzte Zahl zu 2,
$-3$ ist entgegengesetzte Zahl zu 3.

1 ist entgegengesetzte Zahl zu $-1$,
2 ist entgegengesetzte Zahl zu $-2$,
3 ist entgegengesetzte Zahl zu $-3$.

Diese Beziehungen gelten auch für alle Bruchzahlen. Zu jeder Bruchzahl gehört eine entgegengesetzte, die zu ihnen gehörende Punkte auf der Zahlengeraden liegen spiegelbildlich bezüglich des Nullpunktes.

Die Null ist sich selbst zugeordnet.

$\frac{1}{2}$ ist entgegengesetzte Zahl zu $-\frac{1}{2}$,
2,7 ist entgegengesetzte Zahl zu $-2{,}7$,
$-\frac{3}{2}$ ist entgegengesetzte Zahl zu $\frac{3}{2}$,
$-1{,}9$ ist entgegengesetzte Zahl zu 1,9.

Man nennt die neuen Zahlen negative Zahlen, genauer: **negative rationale Zahlen**.

Die negativen rationalen Zahlen liegen auf der Zahlengeraden links von der 0, die positiven rationalen Zahlen rechts von der 0.

Negative und positive rationale Zahlen bilden zusammen mit der 0 den Bereich der **rationalen Zahlen** schlechthin. Die natürlichen Zahlen und ihre entgegengesetzten Zahlen werden als **ganze Zahlen** bezeichnet.

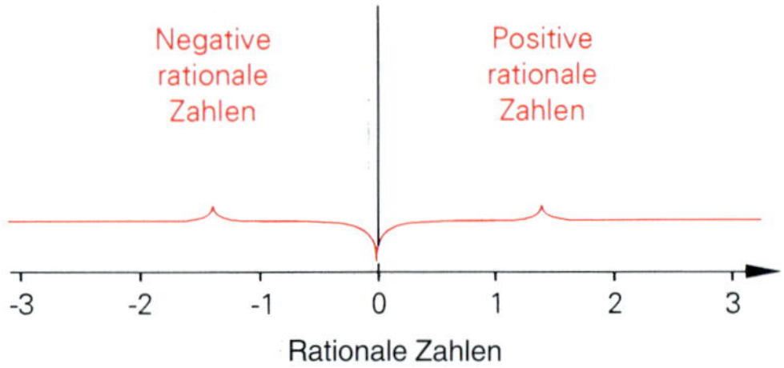


$\ldots -3, -2, -1, 0, 1, 2, 3, \ldots$ ► Ganze Zahlen

Für die verschiedenen Zahlbereiche werden z. T. genormte Symbole verwendet:

Für die Menge der natürlichen Zahlen das Symbol $\mathbb{N}$.

$$\mathbb{N} = \{0, 1, 2, \ldots\}$$

Für die Menge der natürlichen Zahlen ohne die 0 das Symbol $\mathbb{N}^*$.

$$\mathbb{N}^* = \{1, 2, 3, \ldots\}$$

Für die Menge der Bruchzahlen das Symbol $\mathbb{B}$.

$$\mathbb{B} = \left\{0, \frac{1}{2}, 1, \frac{5}{4}, \ldots\right\}$$

Für die Menge der positiven rationalen Zahlen das Symbol $\mathbb{Q}^+$.

$$\mathbb{Q}^+ = \left\{\frac{1}{2}, 1, \frac{5}{4}, \ldots\right\}$$

Für die Menge der rationalen Zahlen das Symbol $\mathbb{Q}$.

$$\mathbb{Q} = \left\{\ldots -2, \frac{3}{2}, -1, 0, 1, \frac{1}{2}, 2, \ldots\right\}$$

Für die Menge der ganzen Zahlen das Symbol $\mathbb{Z}$.

$$\mathbb{Z} = \{\ldots -3, -2, -1, 0, 1, 2, 3, \ldots\}$$

**Anmerkung:**

Das Zeichen „–" (minus) wurde bisher als **Rechenzeichen** benutzt, es trat in Subtraktionsaufgaben auf. Es hat vorstehend eine zweite Bedeutung erhalten: Es kennzeichnet die neuen Zahlen, die zu den positiven entgegengesetzt sind. Man nennt es deshalb in diesem Zusammenhang auch ein **Vorzeichen**. Es besagt, der zugehörige Punkt liegt auf der Zahlengeraden links von der Null.

Gelegentlich gibt man den positiven rationalen Zahlen das Vorzeichen „+", schreibt also 3 in der Form $+3$, $\frac{17}{12}$ in der Form $+\frac{17}{12}$ usw. Dieses Pluszeichen dient nur der Hervorhebung der Tatsache, dass 3 die entgegengesetzte Zahl zu $-3$ ist; für das Rechnen hat es keine Bedeutung, es kann immer weggelassen werden.

## 1.1.3 Das Vergleichen

Von zwei **natürlichen Zahlen**, die nicht gleich sind, weiß man aus Erfahrung, welches die kleinere bzw. die größere ist. Um diesen Sachverhalt aufzuschreiben, benutzt man das Zeichen $<$ (gelesen **kleiner als**) oder das Zeichen $>$ (gelesen **größer als**).

2 kleiner als 3

$2 < 3$ ► Kleiner-Beziehung

5 größer als 4

$5 > 4$ ► Größer-Beziehung

Die Spitze dieses Symbols zeigt immer auf die kleinere, die offene Seite auf die größere Zahl.

Mithilfe des Zahlenstrahls kann die Beziehung „kleiner als“ bzw. „größer als“ veranschaulicht werden.

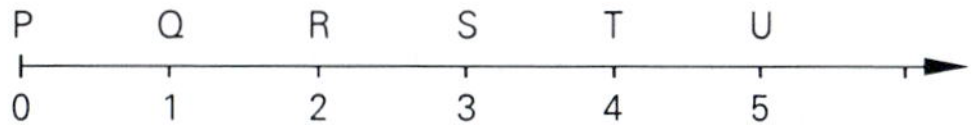


Jeder natürlichen Zahl ist auf dem Zahlenstrahl genau ein Punkt zugeordnet. Der Punkt, der der kleineren natürlichen Zahl entspricht, liegt links von dem, der der größeren Zahl entspricht.

P liegt links von Q, Q liegt links von R, S liegt links von U.

Und: Liegt ein Punkt P auf dem Zahlenstrahl links von einem Punkt Q, so ist die natürliche Zahl, die zu P gehört, kleiner als die, die zu Q gehört.

P liegt links von Q, also $0 < 1$,
Q liegt links von R, also $1 < 2$,
S liegt links von U, also $3 < 5$.

Um zwei **Dezimalbrüche** zu vergleichen, geht man folgendermaßen vor: Man vergleicht zunächst die Zahlen, die man erhält, wenn man die Ziffern nach dem Komma unberücksichtigt lässt. Das sind natürliche Zahlen.

**1.** Sind diese voneinander verschieden, ist klar, welches von ihnen die kleinere Zahl ist. Der Dezimalbruch, der zur kleineren dieser Zahlen gehört, ist auch der kleinere Dezimalbruch.

Ist 2,17 kleiner als 7,8?
$2{,}17 < 7{,}8$, denn $2 < 7$.

$15{,}4 > 14{,}5$, denn $15 > 14$.

**2.** Sind diese natürlichen Zahlen gleich, vergleicht man die Zahlen miteinander, die an der ersten Stelle nach dem Komma stehen. Sind auch diese gleich, betrachtet man die Zahlen, die an der nächsten Stelle stehen, und so fort, bis man an eine Stelle kommt, an der voneinander verschiedene Zahlen stehen. Der Dezimalbruch, in dem die kleinere dieser Zahlen steht, ist kleiner als der andere Dezimalbruch, weil er weniger Zehntel oder Hundertstel oder Tausendstel oder … enthält als der andere. Hat dabei einer der beiden zu vergleichenden Dezimalbrüche mehr Stellen nach dem Komma als der andere, ist er der größere der beiden.

Ist 1,4142 kleiner als 1,4143?

Stellenweiser Vergleich der Ziffern von links nach rechts:

| | |
|---|---|
| Erster Schritt: | $1 = 1$ |
| Zweiter Schritt: | $4 = 4$ |
| Dritter Schritt: | $1 = 1$ |
| Vierter Schritt: | $4 = 4$ |
| Fünfter Schritt: | $2 < 3$ |

Da $2 < 3$, ist also
$1{,}4142 < 1{,}4143$.

$2{,}35 < 2{,}357$
$30 < 30{,}1$

Jeder weiß, dass ein viertel Liter weniger ist als ein halber Liter, dass eine hundertstel Sekunde eine kürzere Zeitspanne ist als eine zehntel Sekunde.

Sind **zwei Brüche** zu **vergleichen**, kann man sich oft auf solche Erfahrungen stützen.

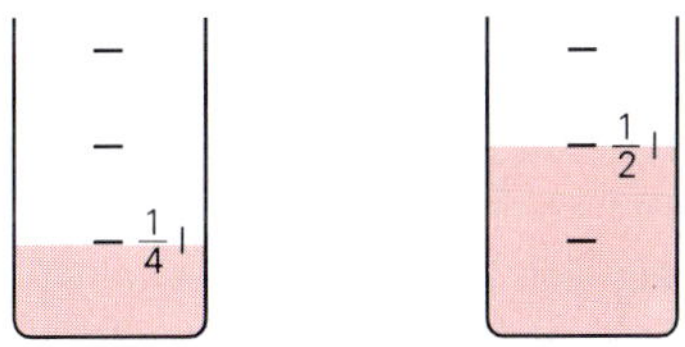


$\frac{1}{4} < \frac{1}{2}$

Sind die Brüche gleichnamig, haben sie also den gleichen Nenner, ist der mit dem kleineren Zähler der kleinere Bruch. Er beschreibt nämlich weniger Bruchteile als der andere.

$\frac{3}{7} < \frac{5}{7}$, weil $3 < 5$.

$\frac{100}{9} > \frac{80}{9}$, weil $100 > 80$.

Sind die zu vergleichenden Brüche nicht gleichnamig, braucht man mitunter ein Verfahren, um das Kleiner- oder Größersein feststellen zu können.

$\frac{4}{5} < \frac{9}{11}$?

Eine Möglichkeit ist, die Brüche in Dezimalbrüche umzuwandeln und diese zu vergleichen.

$4:5 = 0{,}8;\; 9:11 = 0{,}8\overline{18}$

$\frac{4}{5} < \frac{9}{11}$, weil $0{,}8 < 0{,}8\overline{18}$

Eine andere, einfachere ist, die Brüche gleichnamig zu machen. Dies kann z. B. dadurch geschehen, dass man jeden Bruch mit dem Nenner des anderen erweitert. Sollen die Brüche $\frac{4}{5}$ und $\frac{9}{11}$ verglichen werden, erweitert man den ersten mit 11, den zweiten mit 5. Man erhält so gleichnamige Brüche, die leicht verglichen werden können.

$\frac{4}{5} < \frac{9}{11}$?

$\frac{4 \cdot 11}{5 \cdot 11} = \frac{44}{55}$, $\frac{9 \cdot 5}{11 \cdot 5} = \frac{45}{55}$

$\frac{4}{5} < \frac{9}{11}$, weil $44 < 45$.

Auch im Fall, dass **negative rationale Zahlen** miteinander oder mit positiven rationalen Zahlen oder der Null verglichen werden sollen, gilt weiterhin die Regel: Diejenige Zahl ist die kleinere, die auf der Zahlengeraden links von der anderen liegt.

P liegt links von Q, also $-3 < -1$

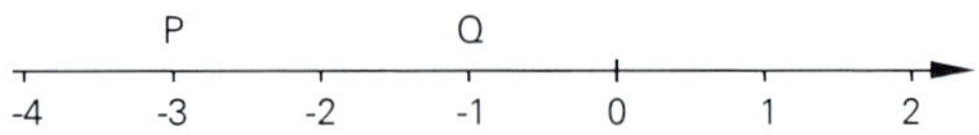


R liegt links von S, also $-4 < 1$

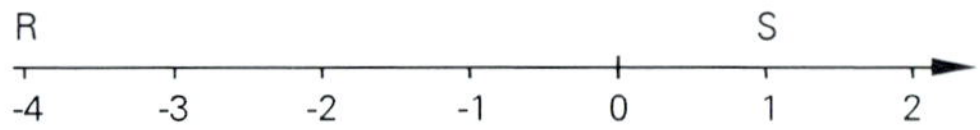


Daraus folgt, dass jede negative Zahl kleiner ist als jede positive Zahl und dass eine negative Zahl um so kleiner ist, je weiter sie links vom Nullpunkt liegt.

Zwischen den rationalen und natürlichen bzw. ganzen Zahlen besteht ein bemerkenswerter Unterschied. Auf dem Zahlenstrahl werden die Punkte, die den natürlichen Zahlen entsprechen, durch wiederholtes Abtragen einer Einheitsstrecke bestimmt. Die negativen ganzen Zahlen sind als entgegengesetzte Zahlen zu den natürlichen Zahlen, die auch nicht negative ganze Zahlen heißen, gebildet worden. Auch für sie gilt also, dass zwischen zwei benachbarten Punkten stets die Einheitsstrecke liegt. Man kann diesen Sachverhalt ohne Bezugnahme auf den Zahlenstrahl oder die Zahlengerade auch so formulieren:

Zwischen je zwei benachbarten ganzen Zahlen gibt es keine weitere ganze Zahl. Im Bereich der rationalen Zahlen ist dies anders. Wie eng auch zwei rationale Zahlen zusammenliegen, stets kann man noch beliebig viele andere rationale Zahlen angeben, die zwischen ihnen liegen. Bezogen auf die Zahlengerade heißt das: Zwischen zwei beliebig nahe beieinander liegenden Punkten, die rationalen Zahlen entsprechen, gibt es stets noch unendlich viele andere Punkte, die ebenfalls rationalen Zahlen entsprechen.

**Beispiel:**

1 und $1\frac{1}{10}$ sind eng beieinander liegende rationale Zahlen.

Der Abschnitt zwischen 1 und 2, wenn als Einheitsstrecke 5 cm gewählt werden.

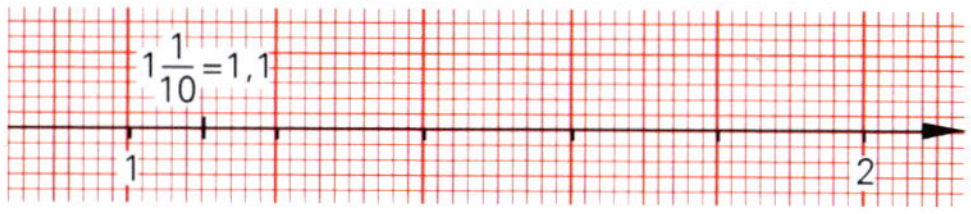


Weil $\frac{1}{10} = \frac{10}{100}$, liegen also zwischen 1 und $1\frac{1}{10}$ die rationalen Zahlen $1\frac{1}{100}$, $1\frac{2}{100}$, $1\frac{3}{100}$, … $1\frac{9}{100}$.

Vergrößerung des Abschnitts zwischen 1 und 1,1 auf das Zehnfache.

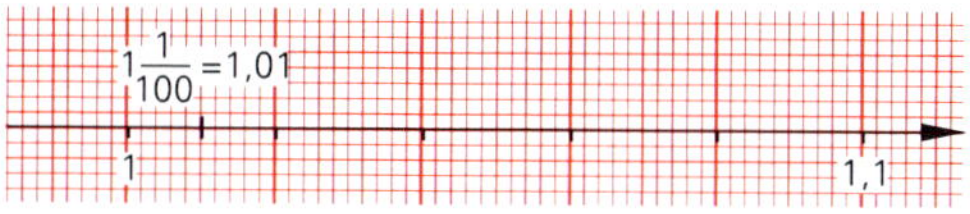


Weil $\frac{1}{10} = \frac{100}{1000}$, liegen zwischen 1 und $1\frac{1}{10}$ aber auch noch die rationalen Zahlen $1\frac{1}{1000}$, $1\frac{2}{1000}$, $1\frac{3}{1000}$, … $1\frac{99}{1000}$ usw.

Vergrößerung des Abschnitts zwischen 1 und 1,01 auf das Zehnfache.

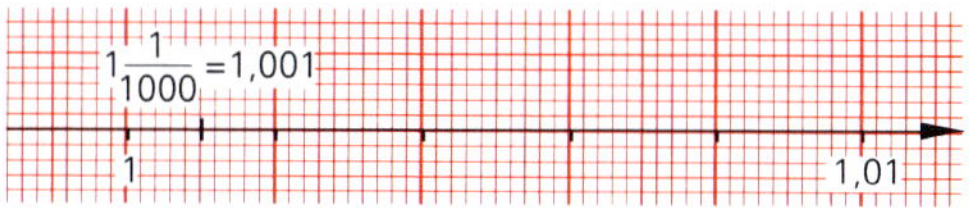


Man sagt: Die rationalen Zahlen liegen überall **dicht**. Und doch gibt es noch Lücken auf der Zahlengeraden. Es gibt Punkte auf der Zahlengeraden, die keiner rationalen Zahl entsprechen.

## 1.1.4 Größen, Variable und Terme

Ausdrücke der Art 2 m, 3 kg, 4 s nennt man **Größen**. Der Ausdruck 2 m bedeutet, dass $2 \cdot 1$ m der Größenart Länge gemessen wurde. Größen einer Größenart sind also Produkte aus einer Zahl und einer Einheit dieser Größenart. Die Zahl wird auch **Maßzahl**, die Einheit **Maßeinheit** genannt. Mithilfe der Größen werden Quantität und Qualität einer messbaren Eigenschaft von Körpern, Vorgängen oder Zuständen beschrieben. Beispiele dafür sind:

| Größenart | Einheiten | Einheitszeichen | Größen |
|---|---|---|---|
| Länge | 1 Meter | m | 5 m, 17,2 m, $\frac{1}{2}$ m |
| | 1 Kilometer | km | 2 km, 535 km, 20,4 km |
| | 1 Dezimeter | dm | 3 dm, 4,5 dm, 12 dm |
| | 1 Zentimeter | cm | 6 cm, 38 cm, 17,5 cm |
| | 1 Millimeter | mm | 8 mm, 62 mm, 105 mm |
| Masse | 1 Tonne | t | 5 t, 248 t, 36,5 t |
| | 1 Dezitonne | dt | 7 dt, 26,4 dt, 0,5 dt |
| | 1 Kilogramm | kg | 2 kg, 430 kg, $\frac{3}{4}$ kg |
| | 1 Gramm | g | 5 g, 845 g, 1250 g |
| | 1 Milligramm | mg | 7 mg, 500 mg, 48 mg |
| Fläche | 1 Quadratkilometer | $km^2$ | 1234 $km^2$, 25,55 $km^2$ |
| | 1 Quadratmeter | $m^2$ | 450 $m^2$, 4560 $m^2$ |
| | 1 Quadratdezimeter | $dm^2$ | 84 $dm^2$, 8422 $dm^2$ |
| | 1 Quadratzentimeter | $cm^2$ | 15 $cm^2$, 750 $cm^2$ |
| | 1 Quadratmillimeter | $mm^2$ | 60 $mm^2$, 4735 $mm^2$ |

Die Mathematik hat im Lauf der Zeit eine eigene Sprache, die so genannte mathematische **Fachsprache** entwickelt. Zur exakten und gleichzeitig kurzen Beschreibung mathematischer Sachverhalte der unterschiedlichsten Art werden vielerlei Symbole verwendet $(+, -, \sqrt{\ }, \sin)$, aber auch Buchstaben des lateinischen und griechischen Alphabets spielen eine große Rolle.

**Beispiele:**

**1.** Die Aufforderung „Multipliziere die natürlichen Zahlen 1, 2 und 3 mit 7 und addiere zu jedem dieser Produkte 5“ kann man kürzer in mathematischen Symbolen aufschreiben: „Berechne $7 \cdot a + 5$, indem für $a$ der Reihe nach 1, 2 und 3 eingesetzt wird“, oder – noch kürzer –: „Berechne $7 \cdot a + 5$ für $a = 1, 2, 3$.“

**Buchstaben als Platzhalter für Zahlen**

| $a$ | 1 | 2 | 3 |
|---|---|---|---|
| $7 \cdot a + 5$ | $7 \cdot 1 + 5 = 12$ | $7 \cdot 2 + 5 = 19$ | $7 \cdot 3 + 5 = 26$ |

| $a$ | 1 | 2 | 3 |
|---|---|---|---|
| $7 \cdot a + 5$ | 12 | 19 | 26 |

**2.** Beim Addieren natürlicher Zahlen kommt es bekanntlich nicht auf die Reihenfolge der Summanden an.

So ist z.B. $4 + 3 = 7$ und $3 + 4 = 7$, also $3 + 4 = 4 + 3$.

Diese Aussage lässt sich unter Verwendung von Buchstaben wie folgt aufschreiben:

Für alle natürlichen Zahlen anstelle von $a, b$ gilt:

$a + b = b + a$.

Stehen $m$ und $n$ für natürliche Zahlen, so gilt:

$m + n = n + m$.

Setzt man 10 für $m$ und 5 für $n$, so erhält man die Aussage:

$10 + 5 = 5 + 10$.

Die Buchstaben $a, b, m, n$ stehen in diesen Beispielen als **Stellvertreter** für natürliche Zahlen. Man sagt auch, die Buchstaben seien **Platzhalter** für Zahlen oder sie bezeichnen **Leerstellen**, in die Zahlen eingesetzt werden können.

Treten Buchstaben als Platzhalter, Stellvertreter oder Leerstellen auf, nennt man sie **Variable**.

Variable können aber auch Platzhalter für Größen sein.

**Beispiele:**

**1.** Für die Innenwinkel eines beliebigen Dreiecks gilt der Satz: Die Summe der Innenwinkel beträgt 180°.

Mit Variablen geschrieben: Für alle Dreiecke gilt:

$\alpha + \beta + \gamma = 180°$.

**Buchstaben als Platzhalter für Größen**

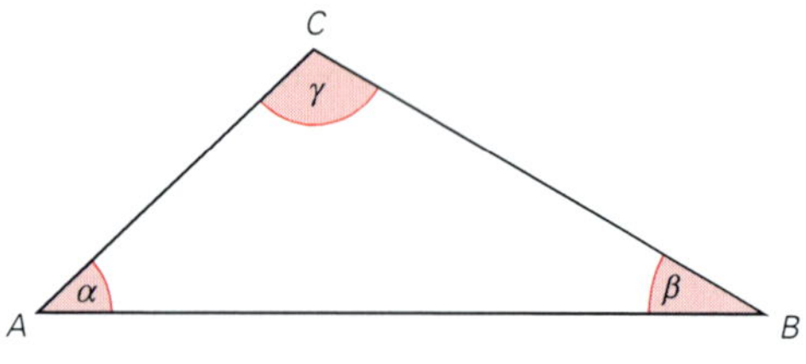

**2.** Um den Flächeninhalt eines Rechtecks zu bestimmen, multipliziert man seine Länge mit seiner Breite. Für einen Flächeninhalt wählt man oft den Großbuchstaben $A$, für Streckenlängen kleine Buchstaben wie $a, b, c, x, y$ usw. Damit lässt sich die Vorschrift zur Berechnung des Flächeninhalts unabhängig von der jeweiligen Größe von Länge und Breite des Rechtecks wie folgt schreiben:

$$A = a \cdot b.$$

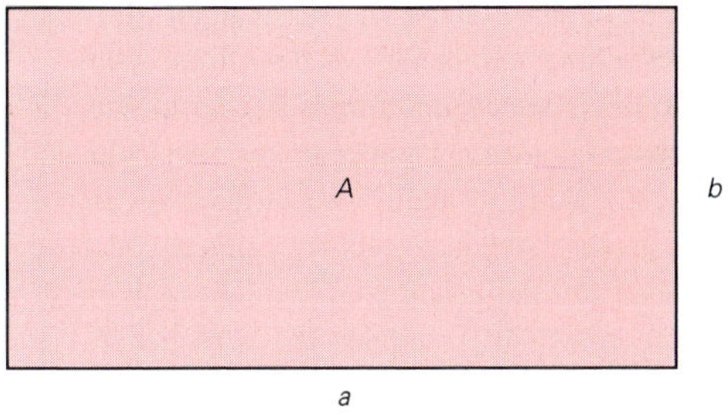


$A = a \cdot b$ ► $a = 4\,\text{cm}$, $b = 3\,\text{cm}$
$= 4\,\text{cm} \cdot 3\,\text{cm}$
$= \underline{\underline{12\,\text{cm}^2}}$

Der Flächeninhalt des Rechtecks beträgt $12\,\text{cm}^2$.

Die Buchstaben $A, a, b, \alpha, \beta, \gamma$ stehen in diesen Beispielen als Platzhalter, Stellvertreter oder Leerstellen für Größen.

Auf eine weitere Verwendung von Buchstaben sei noch hingewiesen. Sie werden nicht nur als Variable, sondern auch als Namen zur Bezeichnung mathematischer Objekte benutzt.

In der Geometrie bezeichnet man Punkte häufig mit großen, Geraden und Strecken mit kleinen Buchstaben.

**Buchstaben als Namen für mathematische Objekte**

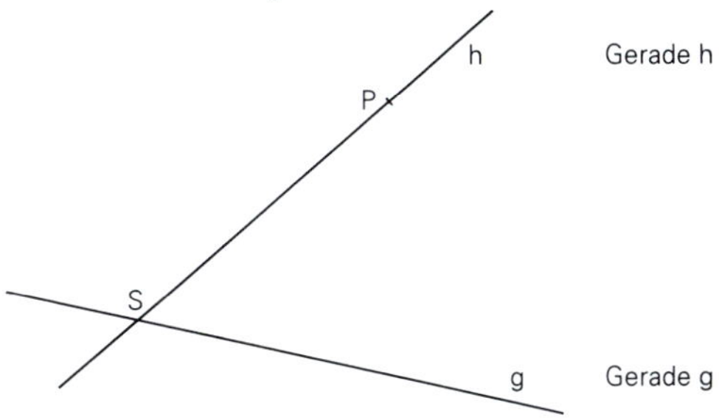


Schnittpunkt S der Geraden h und g
Punkt P auf der Geraden h

Für die Zahlbereiche sind Buchstaben als Symbole üblich, um nur einige Beispiele zu nennen.

$\mathbb{N}$ für die Menge der natürlichen Zahlen
$\mathbb{Q}$ für die Menge der rationalen Zahlen

Die in den Beispielen vorkommenden Ausdrücke $7 \cdot a + 5$, $4 + 3$, $a + b$, $a \cdot b$, $\alpha + \beta + \gamma$ sind so genannte **Terme**. Bestandteile von Termen sind Zahlen, Variable für Zahlen, Größen, Variable für Größen und Zeichen für Operationen $(+, -, \cdot, :)$, Vorzeichen $(+, -)$ sowie Klammern.

Allgemein kann man sagen:

Rationale Zahlen und die mittels der genannten Zeichen aus ihnen gebildeten sinnvollen Ausdrücke sind Terme.

Größen und die mittels der genannten Zeichen aus ihnen gebildeten sinnvollen Ausdrücke sind Terme.

**Terme mit Zahlen**

$4;\ 2{,}5;\ \frac{1}{2};\ 5 \cdot 7;\ 17 + 4;$

$25 + (80 - 12)$

**Terme mit Größen**

$8\,\text{m}$, $45\,\text{kg}$, $3 \cdot 25\,\text{cm}^2$, $45\,\text{cm} + 15\,\text{cm}$

Da Variable Platzhalter für Zahlen oder Größen sind, können auch sie Terme sein, in Termen vorkommen oder Terme bilden. Kommen in Termen Variable vor, muss klar sein, für welche Zahlen oder Größen sie als Platzhalter stehen, welche Zahlen oder Größen für sie geschrieben, welche Zahlen oder Größen in sie eingesetzt werden können.

**Terme mit Variablen**

$a$, $4+a$, $4a$, $a+b$, $x\cdot y$, $m+n\cdot r$
Für alle natürlichen Zahlen $a, b$ gilt:
$a+b=b+a$.
Berechne $3\cdot a-5$ für $a=5$, 6, 7, 8.

Gibt es eine natürliche Zahl für $x$ so, dass $x^2=-1$?

Ähnlich wie bei den Größen zwischen Maßzahl und Maßeinheit lässt man bei Termen der Gestalt $2\cdot a$ das Multiplikationszeichen zwischen natürlicher Zahl und der Variablen weg, schreibt also kürzer $2a$ statt $2\cdot a$, wenn Missverständnisse nicht zu befürchten sind.

$17x+24$ statt $17\cdot x+24$
$3p+4q$ statt $3\cdot p+4\cdot q$

Steht z. B. in dem Term $2a$ die Variable $a$ für die natürlichen Zahlen von 1 bis 5, so berechnet man durch Einsetzen der zugelassenen natürlichen Zahlen den jeweiligen **Termwert**.

Steht $a$ für 1, ist $2\cdot a=2\cdot 1=2$.
Steht $a$ für 2, ist $2\cdot a=2\cdot 2=4$.
⋮
Steht $a$ für 5, ist $2\cdot a=2\cdot 5=10$.

Steht im gleichen Term die Variable $a$ für die Größen 1 m, 2 m, 3 m, wird der Termwert durch Einsetzen dieser Größen in den Term $2a$ berechnet.

Steht $a$ für 1 m, ist $2\cdot a=2\cdot 1=2$ m.
Steht $a$ für 2 m, ist $2\cdot a=2\cdot 2=4$ m.
Steht $a$ für 3 m, ist $2\cdot a=2\cdot 3=6$ m.

Bisher wurde der Sachverhalt, dass anstelle von $a$ die natürlichen Zahlen 1, 2, 3, 4, 5 gesetzt werden dürfen oder sollen, so beschrieben:

$a$ ist Variable für eine natürliche Zahl und es gilt $a=1,2,3,4,5$.

Mithilfe des Symbols $\mathbb{N}$, mit dem der Bereich der natürlichen Zahlen bezeichnet wird, lässt sich das verkürzen:

$a\in\mathbb{N},\ \ a=1,2,3,4,5.$

$x\in\mathbb{N}$, $x=15$, 19, 27 bezeichnet die natürlichen Zahlen 15 oder 19 oder 27.

Das Zeichen $\in$ bedeutet „Element sein“. Mit $a\in\mathbb{N}$ ist also ausgedrückt, dass die Variable $a$ für ein Element der Menge der natürlichen Zahlen stehen soll.

$c\in\mathbb{B}$ bedeutet: $c$ steht für eine Bruchzahl. Es könnte z. B. $c=2{,}5$ sein.

Als weitere Schreibweise ist möglich:

$a\in\mathbb{N},\ \ 1\le a\le 5.$

Dies wird gelesen: $a$ steht für eine natürliche Zahl und $a$ ist größer oder gleich 1 und kleiner oder gleich 5.

$5<x<20$, $x\in\mathbb{Q}$ wird gelesen:
$x$ ist größer als 5 und kleiner als 20, $x$ steht für eine rationale Zahl.

# Wiederholungsfragen zu 1.1

**1.** Wie heißt die erste oder kleinste natürliche Zahl?

**2.** Wie erhält man aus 0 alle anderen natürlichen Zahlen?

**3.** Wie viele natürliche Zahlen gibt es?

**4.** Welche Bedeutung haben die Ziffern 5 und 3 und 8 in der Zahl 538?

**5.** Welche anschauliche Bedeutung haben Nenner und Zähler eines echten Bruches?

**6.** Wie wird ein Bruch erweitert? Wie wird ein Bruch gekürzt?

**7.** Was weiß man über Brüche, die durch Erweitern oder Kürzen auseinander hervorgehen?

**8.** Wodurch unterscheiden sich endliche und periodische Dezimalbrüche?

**9.** Wann heißt ein unendlicher Dezimalbruch periodisch oder vorperiodisch?

**10.** Wie entsteht aus dem Zahlenstrahl die Zahlengerade?

**11.** Welche Ausdrücke nennt man Größen?

**12.** Welche Vorteile sind mit der Verwendung von Variablen verbunden?

**13.** Wie ist ein Term aufgebaut?

## Übungen

### 1. Zahlen

Kommen in den folgenden Übungen Sätze vor, in denen Wörter fehlen, so übertragen Sie diese Sätze in Ihr Heft und ergänzen Sie die fehlenden Wörter.

**1.** Zum Zählen benutzt man die ... Zahlen.

**2.** Jede Zahl wird mithilfe von ... geschrieben.

**3.** Schreiben Sie die zehn arabischen Ziffern auf!

**4.** Man nennt die Zahlen, die man zum Zählen der Dinge benutzt, ... Zahlen.

**5.** Welche der Zahlen 0,3; 121; $\frac{5}{7}$; $2\frac{1}{2}$; $\frac{1}{9}$; 3; 5600 sind natürliche Zahlen?

**6.** Welche der Zahlen 17; $2\frac{1}{3}$; 4,24; $\frac{9}{19}$; 317; 1,002; 1500 sind keine natürlichen Zahlen?

**7.** Nennen Sie fünf Bruchzahlen!

**8.** Bestimmen Sie die zu den folgenden Brüchen gehörenden Dezimalbrüche: $\frac{2}{3}$; $\frac{1}{5}$; $\frac{1}{6}$; $\frac{4}{7}$.

**9.** Formen Sie die folgenden Dezimalbrüche in Brüche um: 0,4; 1,75; 2,5; 3,125.

**10.** Die Zahl 317 hat ... Ziffern. Sie ist also eine ...stellige Zahl.

**11.** Schreiben Sie fünf negative ganze Zahlen auf!

**12.** Schreiben Sie die negativen ganzen Zahlen zwischen $-121$ und $-116$ auf!

**13.** Stellen Sie auf einem Strahl mithilfe einer beliebigen Längeneinheit die natürlichen Zahlen von 0 bis 7 graphisch dar!

**14.** Stellen Sie auf einer Zahlengeraden die ganzen Zahlen von $-5$ bis 5 graphisch dar!

**15.** Erweitern Sie die Brüche $\frac{1}{2}$; $\frac{2}{3}$; $\frac{5}{6}$ jeweils mit 2; 15; 22!

**16.** Kürzen Sie folgende Brüche so weit wie möglich:
$\frac{4}{8}$; $\frac{12}{9}$; $\frac{12}{36}$; $\frac{8}{6}$; $\frac{45}{80}$; $\frac{39}{65}$; $\frac{90}{360}$; $\frac{48}{72}$; $\frac{63}{84}$; $\frac{96}{144}$.

**17.** Haben die beiden Brüche jeweils den gleichen Wert? Begründen Sie Ihre Aussage!
$\frac{3}{7}$ und $\frac{21}{49}$; $\frac{3}{7}$ und $\frac{5}{8}$; $\frac{13}{2}$ und $\frac{52}{8}$; $\frac{11}{12}$ und $\frac{23}{24}$; $\frac{15}{33}$ und $\frac{35}{77}$; $\frac{8}{52}$ und $\frac{10}{65}$.

**18.** Stellen Sie die Brüche $\frac{3}{4}$; $\frac{5}{2}$; $\frac{13}{4}$; $\frac{2}{3}$; $\frac{5}{4}$ auf dem Zahlenstrahl dar!

**19.** Stellen Sie die Dezimalbrüche 1,5; 3,2; 4,8; 0,2; – 1,5; – 2,4; – 3,6 auf der Zahlengeraden dar!

**20.** Welche der beiden Zahlen ist die kleinere?

5 und –5; 4,23 und 4,24; – 5 und –6; 117 und 118; $\frac{1}{3}$ und $-\frac{1}{3}$; $\frac{119}{117}$ und $\frac{202}{199}$.

**21.** Geben Sie fünf rationale Zahlen an, die zwischen 4,5 und 4,6 liegen!

**22.** Geben Sie verschiedene Terme für den Flächeninhalt der nebenstehenden Figur an!

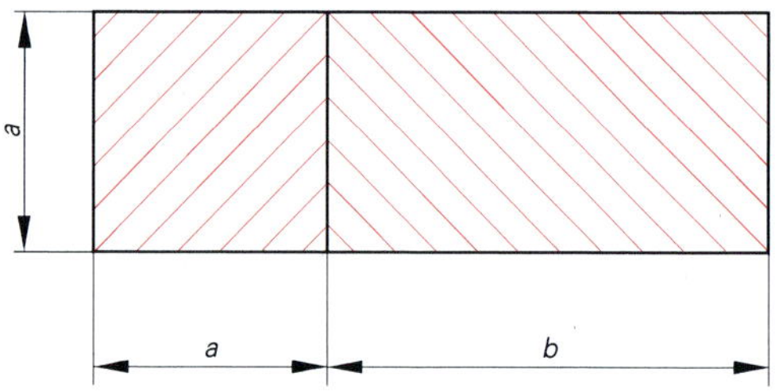


## 2. Größen

1. Ein Produkt aus Maßzahl und Maßeinheit heißt ...
2. Die Größe 7 kg hat die Einheit ...
3. Die Größe 24 € hat den Zahlenwert ...
4. Die Größe 3,5 mm hat die Einheit ... und den Zahlenwert ...
5. Zu welchen Größenarten gehören die Größen: 2 m; 17 kg; 4 $m^2$; 70 s?
6. Geben Sie zu m, kg, s andere Einheiten derselben Größenart an.
7. Geben Sie zu 7 €, 5 kg, 17 cm gleichwertige Größen mit anderen Maßeinheiten an!
8. Welche der folgenden Ausdrücke sind Größen, welche sind Zahlen: 0,12; 9 $cm^2$; 3 min; $3\frac{1}{5}$; 41 €; 11,2; 283 °C; 1200?

## 3. Variable

1. Die Variable $a$ sei Platzhalter für natürliche Zahlen.
   Man schreibt: $a \in \mathbb{N}$. Geben Sie fünf Zahlen an, für welche die Variable $a$ stehen kann.
2. Geben Sie für $x$ mit $x > 0$ fünf Zahlen an, für welche $x$ stehen kann.
3. Berechnen Sie die Terme $a + 2b$, $\frac{a+x}{2x}$, $\frac{3x-4y}{m}$, wenn $a$ für 2, $b$ für 3, $x$ für 4, $y$ für 5 und $m$ für 2 steht.
4. Beschreiben Sie den Sachverhalt, dass man in einem Produkt aus zwei rationalen Zahlen die Faktoren miteinander vertauschen kann, mithilfe der Variablen $a$ und $b$.

# 1.2 Das Addieren

Im Folgenden werden Fertigkeiten im Rechnen mit den nicht negativen rationalen Zahlen (also mit den natürlichen Zahlen, den Brüchen und Dezimalbrüchen) vorausgesetzt. Es werden nur die Fälle erklärt, in denen negative Zahlen als Glieder der Additionsaufgabe vorkommen.

Das Rechnen mit den nicht negativen Zahlen kann auf dem Zahlenstrahl veranschaulicht werden. Dabei entspricht dem Addieren das Nach-rechts-Gehen auf dem Zahlenstrahl.

Die Lösung der **Aufgabe** $4+3=\underline{\underline{\quad}}$ erhält man, indem man vom Punkt 4 um 3 Schritte nach rechts geht.

Dem Subtrahieren entspricht auf dem Zahlenstrahl das Nach-links-Gehen.

Die Lösung der **Aufgabe** $5-3=\underline{\underline{\quad}}$ erhält man, indem man vom Punkt 5 um 3 Schritte nach links geht.

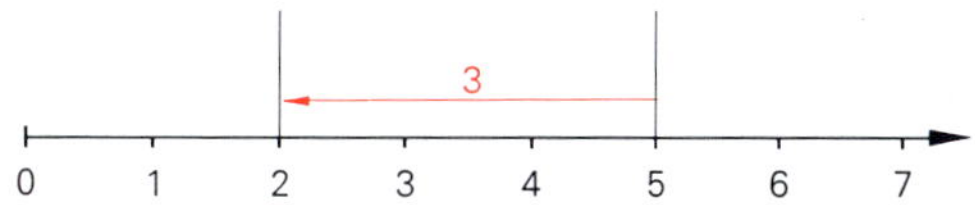


Im Zusammenhang mit dem Addieren und Subtrahieren werden einige spezielle Begriffe verwendet.

Die linke Seite einer Additionsaufgabe heißt **Summe,** ihre Glieder heißen **Summanden**. Auch das Ergebnis wird als Summe bezeichnet.

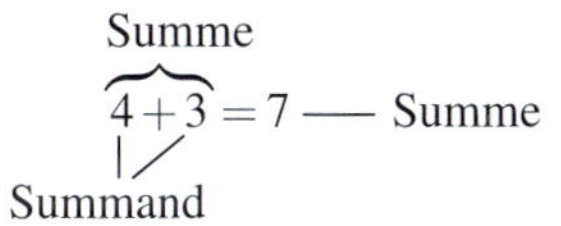


Die linke Seite einer Subtraktionsaufgabe heißt **Differenz**. Die zu vermindernde Zahl, die, von welcher subtrahiert wird, heißt **Minuend**. Die Zahl, die subtrahiert wird, heißt **Subtrahend**.

Auch das Ergebnis wird als Differenz bezeichnet.

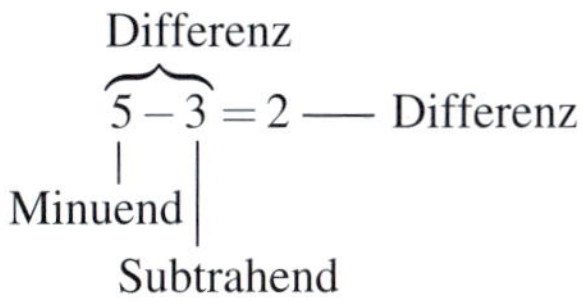


### 1.2.1 Die Addition einer negativen rationalen Zahl zu einer positiven rationalen Zahl

Hierbei handelt es sich um **Aufgaben** der Art $4+(-8)=\underline{\underline{\quad}}$ oder $\frac{3}{4}+\left(-\frac{1}{2}\right)=\underline{\underline{\quad}}$. Zur Veranschaulichung der rationalen Zahlen wird die Zahlengerade verwendet. Auch das Rechnen mit rationalen Zahlen soll auf der Zahlengeraden veranschaulicht werden. Addieren soll wieder Nach-rechts-Gehen, Subtrahieren wieder Nach-links-Gehen bedeuten. Diese Festlegung reicht jedoch nicht aus, um die Aufgabe $4+(-8)=\underline{\underline{\quad}}$ lösen zu können, denn die Aussage „vom Punkt 4 um $(-8)$ Schritte nach rechts gehen“ hat keinen Sinn. Die Addition einer negativen Zahl bedarf daher einer weiteren Festsetzung.

Um diese zu finden, betrachtet man eine Folge von Additionsaufgaben, in welcher der erste Summand unverändert bleibt, der zweite aber immer um 1 verkleinert wird. Dadurch wird auch die Summe stets um 1 kleiner.

$$
\begin{aligned}
4+3 &= 7\\
4+2 &= 6\\
4+1 &= 5\\
4+0 &= 4\\
4+(-1) &= ?
\end{aligned}
$$

Es ist sicher vernünftig, die Addition einer negativen Zahl zu einer positiven Zahl so zu erklären, dass die angeführte Reihe fortgesetzt wird, dass also z.B. die Aufgabe $4+(-1)=\underline{\underline{\quad}}$ die Lösung 3 hätte. Das erreicht man, indem man festsetzt:

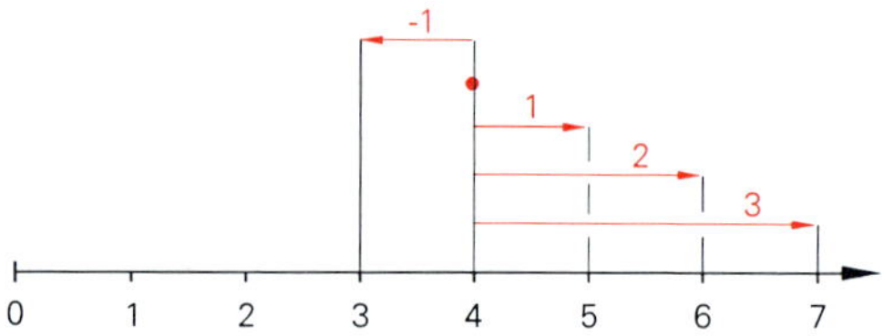


**Grundregel der Addition:**

Eine negative Zahl wird addiert, indem man ihre entgegengesetzte (positive) Zahl subtrahiert.

Aus der Additionsaufgabe wird dadurch eine Subtraktionsaufgabe.

**Beispiele:**

**1.** $4+(-8)=\underline{\underline{\quad}}$

Die Additionsaufgabe wird zuerst durch Anwendung der Grundregel in eine Subtraktionsaufgabe umgeformt.

Man findet deren Ergebnis, indem man sie sich auf der Zahlengeraden veranschaulicht, d.h. vom Minuenden um so viel nach links geht, wie der Subtrahend angibt.

$4+(-8)=\underline{\underline{\quad}}$

$4-8 \quad =\underline{\underline{\quad}}$ ▶ Grundregel

Von 4 um 8 nach links gehen:

$=-4$ ▶ auf der Zahlengeraden veranschaulichen

$4+(-8)=\underline{\underline{-4}}$ ▶ Resultat

**2.** $4+(-2)=\underline{\underline{\quad}}$

Durch Anwendung der Grundregel entsteht eine Subtraktionsaufgabe. Sie wird durch Veranschaulichung auf der Zahlengeraden gelöst.

$4+(-2)=\underline{\underline{\quad}}$

$4-2 \quad =\underline{\underline{\quad}}$ ▶ Grundregel

Von 4 um 2 nach links gehen:

$=2$ ▶ Veranschaulichung

$4+(-2)=\underline{\underline{2}}$ ▶ Resultat

Die Zahlen in diesen Beispielen sind so klein, dass man das Ergebnis der Subtraktion, ohne wirklich rechnen zu müssen, angeben kann. Das ist bei der folgenden Aufgabe nicht der Fall.

**3.** $2413+(-762)=\underline{\underline{\quad}}$

Die Anwendung der Grundregel führt auf eine Subtraktionsaufgabe, die immer noch leicht gelöst werden kann.

$2413+(-762)=\underline{\underline{\quad}}$

$2413-762 \quad =1651$ ▶ Grundregel

$2413+(-762)=\underline{\underline{1651}}$ ▶ Resultat

Eine neue Schwierigkeit tritt bei der folgenden Aufgabe auf.

**4.** $519 + (-1453) = \underline{\underline{\quad}}$

Die Anwendung der Grundregel führt auf eine Subtraktionsaufgabe, in welcher der Minuend kleiner ist als der Subtrahend. Wenn man vom Minuenden um so viele Schritte nach links geht, wie der Subtrahend angibt, kommt man in den Bereich der negativen Zahlen. Wie viel Schritte muss man auf dem negativen Teil der Zahlengeraden zurücklegen? Wegen $519 + (-1453) = 519 - 1453$ offenbar $1453 - 519$, denn 519 der geforderten Schritte muss man zunächst auf dem positiven Teil der Zahlengeraden zurücklegen, um zur 0 zu kommen.

$519 + (-1453) = \underline{\underline{\quad}}$

$519 - 1453 = \underline{\underline{\quad}}$ ► Grundregel

Von 519 um 1453 Schritte nach links gehen. Man rechnet:

$1453 - 519 = 934$ ► Veranschaulichung

Das Ergebnis muss das Vorzeichen „–" erhalten:

$519 + (-1453) = \underline{\underline{-934}}$ ► Resultat

Man subtrahiert also eine größere von einer kleineren Zahl, indem man die kleinere von der größeren subtrahiert und dem Ergebnis das Vorzeichen „–" gibt. Das ist der Inhalt der folgenden **Regel**:

> Ist in einer Subtraktionsaufgabe der Subtrahend größer als der Minuend, so subtrahiert man den Minuenden vom Subtrahenden und gibt dieser Differenz das negative Vorzeichen.

## 1.2.2 Die Addition einer negativen rationalen Zahl zu einer negativen rationalen Zahl

Hierbei handelt es sich um **Aufgaben** der Art $(-2) + (-3) = \underline{\underline{\quad}}$ oder $\left(-\frac{3}{4}\right) + \left(-\frac{1}{2}\right) = \underline{\underline{\quad}}$. Ihre Lösung erfolgt mithilfe der oben genannten Grundregel und der Veranschaulichung des Rechnens auf der Zahlengeraden.

**Beispiele:**

**1.** $(-2) + (-3) = \underline{\underline{\quad}}$

Durch Anwendung der Grundregel entsteht eine Subtraktionsaufgabe, die durch Veranschaulichung auf der Zahlengeraden gelöst werden kann.

$(-2) + (-3) = \underline{\underline{\quad}}$

$(-2) - 3 = \underline{\underline{\quad}}$ ► Grundregel

Von $(-2)$ um 3 nach links gehen:

$= -5$ ► Veranschaulichung

$(-2) + (-3) = \underline{\underline{-5}}$ ► Resultat

**2.** $\left(-\frac{3}{4}\right)+\left(-\frac{1}{2}\right)=\underline{\underline{\quad}}$

Das gleiche Vorgehen wie im Beispiel 1. führt auch hier zur Lösung.

$\left(-\frac{3}{4}\right)+\left(-\frac{1}{2}\right)=\underline{\underline{\quad}}$

$\left(-\frac{3}{4}\right)-\frac{1}{2} \quad =\underline{\underline{\quad}}$ ► Grundregel

Von $\left(-\frac{3}{4}\right)$ um einen halben Schritt nach links gehen:

$=-\frac{5}{4}$ ► Veranschaulichung

$\left(-\frac{3}{4}\right)+\left(-\frac{1}{2}\right)=\underline{\underline{-\frac{5}{4}}}$ ► Resultat

Um das Vorgehen beim Lösen dieser und künftiger Aufgaben kurz und treffend beschreiben zu können, ist der Begriff des Betrages einer rationalen Zahl nützlich. Der Begriff **„Betrag einer rationalen Zahl“** wird mithilfe der Variablen $a$ wie folgt erklärt:

$$|a|=\begin{cases} a & \text{für } a>0, \\ 0 & \text{für } a=0; \\ -a & \text{für } a<0; \quad a\in\mathbb{Q}. \end{cases}$$

Hierbei drückt das Minuszeichen vor $a$ aus, dass man zur entgegengesetzten der Zahl übergehen soll, die für $a$ steht.

Das Symbol | | wird gelesen: „Betrag von“.

$|a|$ wird gelesen: Betrag von $a$.

$|4|=4$, weil $4>0$.

$|-4|=-(-4)=4$, denn $-(-4)$ ist die entgegengesetzte Zahl zu $(-4)$, und das ist die 4.

Nach dieser Erklärung ist der Betrag einer rationalen Zahl stets eine nicht negative rationale Zahl.

Die Beträge entgegengesetzt liegender rationaler Zahlen sind gleich.

$|-4|=|4|$, allgemein $|-a|=|a|$.

Der Betrag einer rationalen Zahl gibt den Abstand dieser Zahl vom Nullpunkt an.

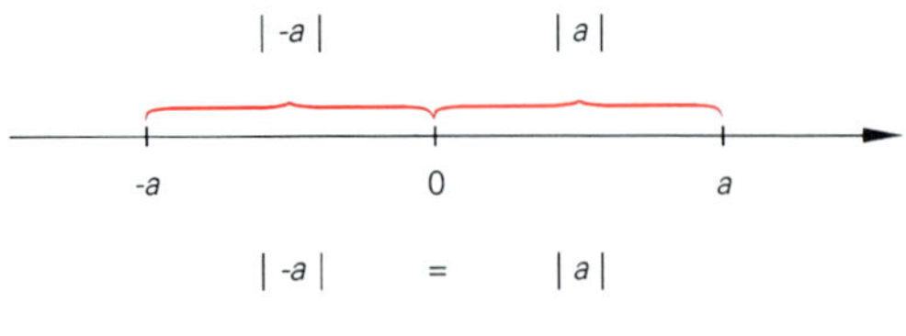


Mithilfe des Begriffs „Betrag“ kann die Regel, nach der Aufgaben der Art $(-2)+(-3)=\underline{\underline{\quad}}$ gelöst werden, wie folgt formuliert werden:

**Merke:**

Um eine negative Zahl zu einer negativen Zahl zu addieren, addiert man die Beträge beider Summanden und gibt der Summe das Vorzeichen Minus.

**Beispiele:**

**1.** $(-5)+(-5)=\underline{\underline{\quad}}$

Diese Aufgabe soll mithilfe der Beträge ihrer Summanden gelöst werden. Beide Summanden sind gleich, ihr Betrag ist 5. Die Addition der Beträge ergibt 10, also ist $-10$ das Resultat der Aufgabe.

$|-5|=5$ ► Betrag bilden

$5+5=10$ ► Addieren der Beträge

$-10$ ► Der Summe das Vorzeichen „–" geben

$(-5)+(-5)=\underline{\underline{-10}}$ ► Resultat

**2.** $(-117)+(-211)=\underline{\underline{\quad}}$

Die Summanden sind nicht gleich, ihre Beträge sind 117 und 211. Die Summe der Beträge ist 328. Das Resultat der Aufgabe heißt $-328$.

$|-117|=117$, $|-211|=211$ ► Beträge bilden

$117+211=328$ ► Addieren der Beträge

$-328$ ► Der Summe das Vorzeichen „–" geben

$(-117)+(-211)=\underline{\underline{-328}}$ ► Resultat

## 1.2.3 Die Addition einer positiven rationalen Zahl zu einer negativen rationalen Zahl

Hierbei handelt es sich um **Aufgaben** der Art $(-4)+3=\underline{\underline{\quad}}$ oder $\left(-\frac{1}{2}\right)+2=\underline{\underline{\quad}}$. Auch sie sollen mithilfe der Veranschaulichung der Addition auf der Zahlengeraden gelöst werden.

**Beispiele:**

**1.** $(-4)+3=\underline{\underline{\quad}}$

Der Addition einer positiven Zahl entspricht auf der Zahlengeraden das Nach-rechts-Gehen. Legt man in $-4$ beginnend 3 Schritte in Richtung auf den Nullpunkt zurück, bleibt man bei $-1$ stehen.

$(-4)+3=\underline{\underline{\quad}}$

Von $-4$ um 3 Schritte nach rechts:

$=-1$ ► Veranschaulichung

$(-4)+3=\underline{\underline{-1}}$ ► Resultat

**2.** $(-4)+7=\underline{\underline{\quad}}$

Legt man von $-4$ aus 7 Schritte in Richtung auf den Nullpunkt zurück, überschreitet man die Null um $7-4=3$ Schritte, erreicht also die 3.

$(-4)+7=\underline{\underline{\quad}}$

Von $-4$ um 7 Schritte nach rechts:

$=\underline{\underline{3}}$ ► Veranschaulichung

$(-4)+7=\underline{\underline{3}}$ ► Resultat

Das erste Resultat ist eine negative, das zweite ist eine positive Zahl. Ob das Resultat eine positive oder eine negative Zahl ist, hängt offenbar von den Beträgen der Summanden ab. Ist der Betrag des zweiten Summanden kleiner als der des ersten, bleibt man beim Nach-rechts-Gehen im Bereich der negativen Zahlen. Ist hingegen der Betrag des zweiten Summanden größer als der des ersten, liegt das Ergebnis im Bereich der positiven Zahlen.

**Merke:**

Ist bei der Addition einer positiven zu einer negativen rationalen Zahl der Betrag des zweiten Summanden kleiner als der des ersten, subtrahiert man den kleineren vom größeren Betrag und gibt dieser Differenz das Vorzeichen Minus.

Ist der Betrag des zweiten Summanden größer als der des ersten, so subtrahiert man den kleineren vom größeren Betrag. Diese Differenz ist das Resultat.

**Beispiele:**

**1.** $(-12)+4=\underline{\underline{\quad}}$

Der Betrag des zweiten Summanden ist kleiner als der des ersten. Das Resultat liegt im Bereich der negativen Zahlen. Man erhält es, indem man der Differenz aus den Beträgen der Summanden das negative Vorzeichen gibt.

$(-12)+4=\underline{\underline{\quad}}$

$|-12|=12,\ |4|=4$ ► Beträge bestimmen

$|4|<|-12|$ ► Beträge vergleichen

$12-4 \quad =8$ ► Den kleineren vom größeren Betrag subtrahieren

$=-8$ ► Das Vorzeichen Minus geben

$(-12)+4=\underline{\underline{-8}}$ ► Resultat

**2.** $(-12)+16=\underline{\underline{\quad}}$

Der Betrag des zweiten Summanden ist größer als der des ersten. Das Resultat liegt im Bereich der positiven Zahlen. Man erhält es, indem man die Differenz aus größerem und kleinerem Betrag bildet.

$(-12)+16=\underline{\underline{\quad}}$

$|-12|=12,\ |16|=16$ ► Beträge bestimmen

$|16|>|-12|$ ► Beträge vergleichen

$16-12 \quad =4$ ► Den kleineren vom größeren Betrag subtrahieren

$(-12)+16=\underline{\underline{4}}$ ► Resultat

Die betrachteten Fälle lassen sich wie folgt **zusammenfassen**:

Sind bei einer Addition rationaler Zahlen beide Summanden negative Zahlen, so addiert man ihre Beträge und gibt dem Ergebnis das Vorzeichen Minus.

Ist ein Summand eine positive, der andere eine negative Zahl, so bildet man deren Beträge, subtrahiert den kleineren vom größeren Betrag und gibt diesem Ergebnis das Vorzeichen des Summanden mit dem größeren Betrag.

**Beispiele:**

**1.** $(-7)+(-5)=\underline{\underline{\quad}}$

Beide Summanden sind negativ. Ihre Beträge werden addiert. Diese Summe erhält das Vorzeichen Minus.

$(-7)+(-5)=\underline{\underline{\quad}}$

$|-7|=7,\ |-5|=5$ ► Beträge bilden

$7+5=12$ ► Beträge addieren

$=-12$ ► Vorzeichen „–“

$(-7)+(-5)=\underline{\underline{-12}}$ ► Resultat

**2.** $(-7)+5=\underline{\underline{\quad}}$

Ein Summand ist negativ. Der kleinere wird vom größeren Betrag subtrahiert. Diese Differenz erhält das Vorzeichen des Summanden mit dem größeren Betrag.

$(-7)+5=\underline{\underline{\quad}}$

$|-7|=7,\ |5|=5$ ► Beträge bilden

$|-7|>|5|$ ► Beträge vergleichen

$7-5=2$ ► Differenz der Beträge

$=-2$ ► Vorzeichen „–“ geben

$(-7)+5=\underline{\underline{-2}}$ ► Resultat

**3.** $(-7)+12=\underline{\underline{\quad}}$

Ein Summand ist negativ. Der kleinere Betrag wird vom größeren subtrahiert. Diese Differenz erhält das Vorzeichen des Summanden mit dem größeren Betrag.

$(-7)+12=\underline{\underline{\quad}}$

$|-7|=7,\ |12|=12$ ► Beträge bilden

$|12|>|-7|$ ► Beträge vergleichen

$12-7=5$ ► Differenz der Beträge

$(-7)+12=\underline{\underline{5}}$ ► Resultat

**4.** $5+(-7)=\underline{\underline{\quad}}$

Ein Summand ist negativ. Der kleinere wird vom größeren Betrag subtrahiert. Diese Differenz erhält das Vorzeichen des Summanden mit dem größeren Betrag.

$5+(-7)=\underline{\underline{\quad}}$

$|5|=5,\ |-7|=7$ ► Beträge bilden

$|-7|>|5|$ ► Beträge vergleichen

$7-5=2$ ► Differenz der Beträge

$=-2$ ► Vorzeichen „–“ geben

$5+(-7)=\underline{\underline{-2}}$ ► Resultat

**5.** $5+(-2)=\underline{\underline{\quad}}$

Ein Summand ist negativ. Der kleinere Betrag wird vom größeren subtrahiert. Diese Differenz erhält das Vorzeichen des Summanden mit dem größeren Betrag.

$5+(-2)=\underline{\underline{\quad}}$

$|5|=5,\ |-2|=2$ ► Beträge bilden

$|5|>|-2|$ ► Beträge vergleichen

$5-2=3$ ► Differenz der Beträge

$5+(-2)=\underline{\underline{3}}$ ► Resultat

Will man das **Addieren** rationaler Zahlen **anschaulich** beschreiben, so bedient man sich der Zahlengeraden und der für das Addieren einer negativen Zahl aufgestellten Grundregel, dass die Addition einer negativen Zahl der Subtraktion der entgegengesetzten positiven Zahl gleich ist.

Addieren heißt, vom ersten Summanden auf der Zahlengeraden nach rechts gehen, Subtrahieren heißt, vom ersten Summanden auf der Zahlengeraden nach links gehen.

Man überlegt zunächst, welches Vorzeichen das Resultat haben wird. Überschreitet man beim Addieren oder Subtrahieren den Nullpunkt oder nicht?

Sodann bestimmt man den Betrag des Resultates als die jeweils zutreffende Summe oder Differenz der Beträge der Summanden und gibt diesem das vorher festgestellte Vorzeichen.

### 1.2.4 Die Addition mit Variablen

Variable sind Platzhalter für rationale Zahlen oder Größen. Die Regeln für das Rechnen mit Variablen müssen so bestimmt sein, dass sie – setzt man für die Variablen irgendwelche rationalen Zahlen oder Größen ein – zu richtigen Ergebnissen führen.

Für eine Variable kann jede beliebige Zahl oder Größe eines festgelegten Grundbereichs, etwa eines der Zahlbereiche oder einer der Größenarten eingesetzt werden, allerdings in ein und derselben Formel oder Gleichung, allgemein gesagt in ein und demselben Zusammenhang, immer nur dieselbe Zahl oder Größe. Weil eine Variable, etwa $a$, in einem bestimmten Zusammenhang immer die gleiche Zahl oder Größe vertritt, kann man die Summe $a+a$ zu $2 \cdot a$ berechnen.

Das Multiplikationszeichen zwischen einer Zahl und einer Variablen schreibt man in der Regel nicht. Es gilt also: $a+a=2 \cdot a=2a$.

Hingegen lässt sich die Summe $a+b$ nicht weiter vereinfachen oder ausrechnen, weil man davon ausgehen muss, dass für $b$ auch eine andere Zahl als für $a$ eingesetzt werden darf, und dann lässt sich über $a+b$ nur so viel aussagen, dass zwei Zahlen oder Größen, die nicht notwendig gleich sein müssen, addiert werden sollen.

Treten in einer Summe verschiedene Variable auf, so lassen sich nur die Vielfachen gleicher Variablen zusammenfassen.

$$a+b+2a+3b=a+2a+b+3b$$
$$=\underline{\underline{3a+4b}}$$

In einem Produkt, das aus einer rationalen Zahl und einer Variablen besteht, heißt die rationale Zahl **Koeffizient** oder **Beizahl**.

$$2 \cdot a=2a$$

Koeffizient

Ein solcher Koeffizient kann auch eine Bruchzahl sein. Kommen in einer Summe Bruchzahlen als Koeffizienten von Variablen vor, müssen sie im Allgemeinen gleichnamig gemacht werden, bevor man addieren kann.

$$\frac{1}{2}a+\frac{1}{3}a=\frac{3}{6}a+\frac{2}{6}a=\underline{\underline{\frac{5}{6}}}a$$

Eine andere Schreibweise dafür ist:

$$\frac{a}{2}+\frac{a}{3}=\frac{3a}{6}+\frac{2a}{6}=\underline{\underline{\frac{5a}{6}}}$$

Sind unter den vorkommenden Koeffizienten negative Zahlen, gelten die bekannten Regeln für deren Addition.

$$5a+(-2a)=5a-2a=3a$$
$$5a+(-7a)=5a-7a=-2a$$
$$-a+(-2a)=-a-2a=-3a$$

**Merke:**

Kommen in einer Summe solche Summanden vor, die gleiche Variable enthalten, können deren Koeffizienten oder Beizahlen zusammengefasst werden.

Kommen in einer Summe mehrere Variablen vor, ist es häufig zweckmäßig, die Summanden der Summe nach diesen Variablen alphabetisch zu ordnen.

$$5a+6x+4a+3b+5x=$$
$$5a+4a+3b+6x+5x=$$
$$\underline{\underline{9a+3b+11x}}$$

Für die Addition mit Variablen gelten die gleichen **Gesetze** wie für die Addition von rationalen Zahlen.

● Es kommt beim Addieren nicht auf die Reihenfolge der Summanden an.

$4+5=5+4$
$1{,}2+1{,}8=1{,}8+1{,}2$

Diese Eigenschaft der Addition rationaler Zahlen wird mithilfe von Variablen wie folgt ausgedrückt:

Sind $a$ und $b$ Variable für rationale Zahlen, so gilt stets $a+b=b+a$.

Kürzer: Für alle $a \in \mathbb{Q}$ und $b \in \mathbb{Q}$ gilt:

$$a+b=b+a.$$

Oder:

> Für alle $a, b \in \mathbb{Q}$ gilt:
> $$a+b=b+a.$$

**Kommutativität der Addition**

$3x+\frac{1}{2}y=\frac{1}{2}y+3x$

$5a+\underbrace{6b+8a}_{\text{vertauschen}}=$

$\underbrace{5a+8a}_{\text{zusammenfassen}}+6b=$

$13a+6b$

Man sagt, die Addition rationaler Zahlen ist **kommutativ**.

● In drei- oder mehrgliedrigen Summen können die Summanden beliebig durch Klammern zusammengefasst werden.

$15+(10+20)=15+30=\underline{\underline{45}}$
$(15+10)+20=25+20=\underline{\underline{45}}$

Klammern verweisen darauf, dass die von ihnen eingeschlossene Aufgabe zuerst ausgerechnet werden soll, vor den anderen, die noch in der betreffenden Summe enthalten sind.

$17+(8+12)=17+20=\underline{\underline{37}}$
$(17+8)+12=25+12=\underline{\underline{37}}$

In solchen Summen vorkommende Klammern können aber auch weggelassen werden, ohne dass sich am Resultat etwas ändert. Man berechnet die Summe dann gliedweise von links nach rechts.

$\underbrace{15+10}_{25}+20=$
$25\ +20=\underline{\underline{45}}$

$\underbrace{17+8}_{25}+12=$
$25\ +12=\underline{\underline{37}}$

Diese Eigenschaft der Addition rationaler Zahlen wird mithilfe von Variablen wie folgt ausgedrückt:

> Für alle $a, b, c \in \mathbb{Q}$ gilt:
> $$a+(b+c)=(a+b)+c.$$

**Assoziativität der Addition**

$x+(2y+3z)=(x+2y)+3z$

$$\begin{aligned} m+n+p+q &= m+(n+p+q) \\ &= m+n+(p+q) \\ &= (m+n+p)+q \end{aligned}$$

Man sagt, die Addition rationaler Zahlen ist **assoziativ**.

### 1.2.3 Das Addieren von Größen

Der einfachste Fall liegt vor, wenn die zu addierenden Größen alle von derselben Größenart und ihre Maßeinheiten gleich sind.

Hier werden die Maßzahlen addiert, die Maßeinheit wird beibehalten.

$$2\,\text{km} + 3{,}5\,\text{km} = \underline{\underline{5{,}5\,\text{km}}}$$
$$17\,\text{s} + 41\,\text{s} = \underline{\underline{58\,\text{s}}}$$

Gehören die Summanden zur gleichen Größenart, sind diese aber in unterschiedlichen Maßeinheiten gegeben, so müssen sie zunächst in ein und dieselbe Maßeinheit umgerechnet werden.

$$2\,\text{km} + 2500\,\text{m} = 2\,\text{km} + 2{,}5\,\text{km} = \underline{\underline{4{,}5\,\text{km}}}$$
$$\begin{aligned} 1\,\text{dm}^3 + 300\,\text{cm}^3 &= 1000\,\text{cm}^3 + 300\,\text{cm}^3 \\ &= 1300\,\text{cm}^3 \\ &= \underline{\underline{1{,}3\,\text{dm}^3}} \end{aligned}$$

Hierbei macht man von den jeweiligen Umrechnungs- oder Umwandlungszahlen Gebrauch.

**Beispiele:**

- **Größenart Länge**

Die gebräuchlichsten Maßeinheiten sind 1 km, 1 m, 1 dm, 1 cm, 1 mm.

Mit Ausnahme von m zu km ist die Umwandlungszahl zwischen benachbarten Einheiten die 10. Geht man z. B. von mm zu cm über, muss man die Zahl der mm durch 10 teilen, um die Zahl der cm zu erhalten. Geht man von cm zu mm über, muss man die Zahl der cm mit 10 multiplizieren, um die Zahl der mm zu erhalten.

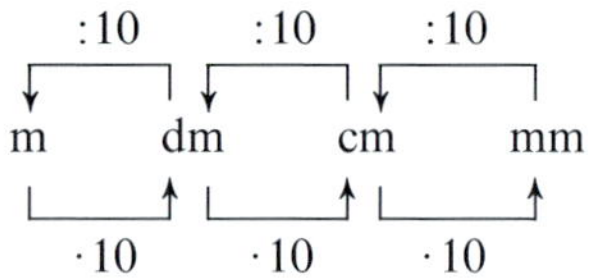


Die Umwandlungszahl beträgt 100 für die Umrechnung von cm in m und 1000 für die Umwandlung von m in km.

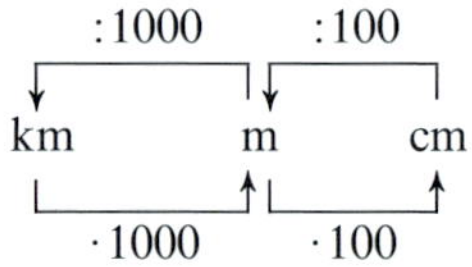


- **Größenart Fläche**

Die gebräuchlichsten Maßeinheiten sind $1\,\text{km}^2$, $1\,\text{ha} = 100\,\text{m} \cdot 100\,\text{m} = 10\,000\,\text{m}^2 = 100\,\text{a}$, $1\,\text{a} = 10\,\text{m} \cdot 10\,\text{m} = 100\,\text{m}^2$, $1\,\text{m}^2$, $1\,\text{dm}^2$, $1\,\text{cm}^2$, $1\,\text{mm}^2$.

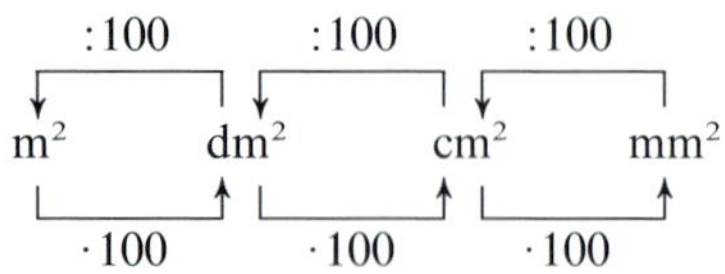


Mit Ausnahme von $\text{m}^2$ zu $\text{km}^2$ beträgt die Umwandlungszahl für benachbarte Einheiten 100. Sie beträgt 10 000 für die Umwandlung von $\text{cm}^2$ in $\text{m}^2$ und 1 000 000 für die Umwandlung von $\text{m}^2$ in $\text{km}^2$.

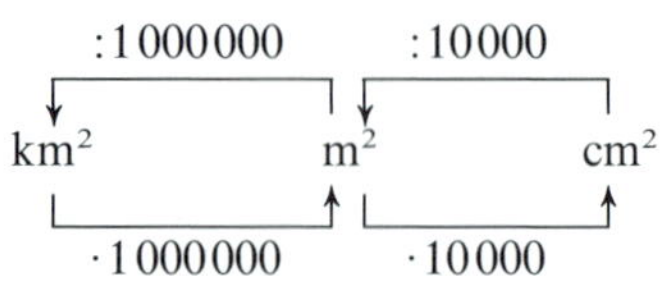

Der Fall, dass die zu addierenden Größen von unterschiedlicher Größenart sind, dass etwa zu 4 Metern 3 Sekunden addiert werden sollen, hat keinen physikalischen oder praktischen Sinn, er kommt nicht vor.

**Merke:**

Nur Größen der gleichen Größenart können addiert werden. Sind die Summanden in unterschiedlichen Maßeinheiten gegeben, müssen sie in ein und dieselbe Maßeinheit umgerechnet werden.

# Wiederholungsfragen zu 1.2

1. Wie lauten die Fachbezeichnungen für die Ausdrücke $a+b$ und $a-b$?
2. Wie heißt die Grundregel für die Addition einer negativen Zahl?
3. Wie ist der Begriff „Betrag einer rationalen Zahl" erklärt?
4. Welcher Zusammenhang besteht zwischen dem Betrag einer rationalen Zahl und dem Abstand, den der ihr zugehörige Punkt auf der Zahlengeraden vom Nullpunkt der Zahlengeraden hat?
5. Was versteht man unter der Aussage, dass die Addition rationaler Zahlen kommutativ und assoziativ ist?

## Übungen zu 1.2.1 bis 1.2.3

**1.** $15+(-7)=15-7=\underline{\underline{8}}$
$15+(-10)$
$220+(-17)$
$38+(-27)$
$140+(-130)$

**2.** $15+(-20)=15-20=-(20-15)=\underline{\underline{-5}}$
$15+(-30)$
$220+(-245)$
$38+(-47)$
$140+(-156)$

**3.** Setzen Sie zwischen die absoluten Beträge der Zahlen die Symbole < oder >. Beachten Sie, dass man dabei nur die Beträge der Zahlen vergleicht.

$|-9| \dots |4|$ $\quad |-8| \dots |-10|$ $\quad |-2| \dots |0|$
$|3| \dots |-5|$ $\quad |-10| \dots |2|$ $\quad |0| \dots |1|$
$|6| \dots |-2|$ $\quad |-2| \dots |-7|$ $\quad |-5| \dots |3|$

**4.** Lösen Sie folgende Aufgaben:

$|4|+|-3|$ $\quad |1|+|-1|$ $\quad |-10|-|-5|$
$|-5|-|10|$ $\quad |-2|+|5|$ $\quad |4|+|-9|$

**5.** $(-3)+(-5)=-(3+5)=\underline{\underline{-8}}$
$(-7)+(-5)$
$(-112)+(-2)$
$(-112)+(-204)$
$(-86)+(-19)$

**6.** $(-3)+10=10-3=\underline{\underline{7}}$
$(-5)+10$
$(-150)+200$
$(-85)+90$
$(-62)+18$

**7.** $(-3)+1=-(3-1)=\underline{\underline{-2}}$
$(-7)+5$
$(-513)+27$
$(-89)+16$
$(-45)+12$

**Übungen** zu 1.2.4

1. $a+a+a+a=\underline{\underline{4a}}$
2. $c+c+c+c+c$
3. $bu+bu+bu$
4. $xyz+xyz+xyz+xyz$
5. $7a+9a+15a$
6. $2x+15x+x+3x$
7. $6y+4y+7y+3y$
8. $11nx+4nx+8nx+20nx$
9. $19ab+13ab+6ab+17ab$
10. $173cy+32cy+64cy+23cy$
11. $16a_3+14a_3+7a_3+a_3$
12. $3{,}2a+4{,}5a+1{,}8a+2{,}7a$
13. $5{,}5r+4{,}8r+9{,}6r+8{,}9r+0{,}8r$
14. $2{,}97ax+15{,}32ax+0{,}21ax$
15. $15{,}53abc+3{,}7abc+1{,}3abc$
16. $\frac{3a}{5}+\frac{a}{5}+\frac{2a}{5}+\frac{4a}{5}$
17. $2\frac{1}{3}n+5\frac{1}{5}n+\frac{4}{15}n$
18. $\frac{1}{4}ax+4\frac{1}{5}ax+ax+17ax+2{,}25ax$
19. $2{,}5\alpha+7{,}6\alpha+9{,}3\alpha+2\frac{1}{5}\alpha+19\frac{3}{4}\alpha$
20. $4{,}5AB+3{,}7AB+15{,}2AB+19\frac{2}{5}AB$
21. $19{,}7a_1b_2+17{,}5a_1b_2+10{,}2a_1b_2+7\frac{3}{5}a_1b_2$
22. $5a+26a+11b+15b=\underline{\underline{31a+26b}}$
23. $19a+17a+3x+6x+4x$
24. $2ab+9ab+6c+13c+7+6$
25. $12N+7N+3R+17R+18R+60$
26. $9+5+4+6+13+16$
27. $15AC+3BC+7AC+9BC+17AC$
28. $178x+89n+120x+60x+17n$
29. $6y+3x+5a+3x+6a+10y$
30. $8{,}7a+21{,}4n+5{,}3a+11{,}4n$
31. $15{,}4ab+17{,}8ad+3ac+6ad+0{,}1ac$
32. $1{,}3x+0{,}6y+2{,}7x+0{,}1y+10$
33. $0{,}3a+2{,}5b+0{,}7a+3{,}5b$
34. $10{,}2bx+9{,}6ax+0{,}8bx+0{,}1ax$
35. $95{,}7c+53{,}94b+18{,}5c+3{,}01b$
36. $2a+3b+4c+5a+6b+7{,}2c$
37. $2{,}7xz+9{,}3z+4{,}3x+4{,}7xz+z$
38. $2x+\frac{2}{3}y+\frac{1}{4}x+1\frac{1}{2}y=\underline{\underline{2\frac{1}{4}x+2\frac{1}{6}y}}$
39. $\frac{3}{4}b+\frac{5}{4}b+21$
40. $\frac{1}{4}y+\frac{1}{5}x+\frac{7}{10}y+\frac{3}{4}x$
41. $3\frac{1}{2}ax+6\frac{2}{3}ab+1\frac{1}{6}ax+5\frac{1}{2}ab$

# 1.3 Das Subtrahieren

## 1.3.1 Das Subtrahieren von negativen rationalen Zahlen

Das Subtrahieren von nicht negativen Zahlen ist als Nach-links-Gehen auf der Zahlengeraden erklärt worden.

$4-3=\underline{\underline{\quad}}$ bedeutet, vom Punkt 4 um 3 Schritte nach links zu gehen.

$(-1)-2=\underline{\underline{\quad}}$ bedeutet, vom Punkt $(-1)$ um 2 Schritte nach links zu gehen.

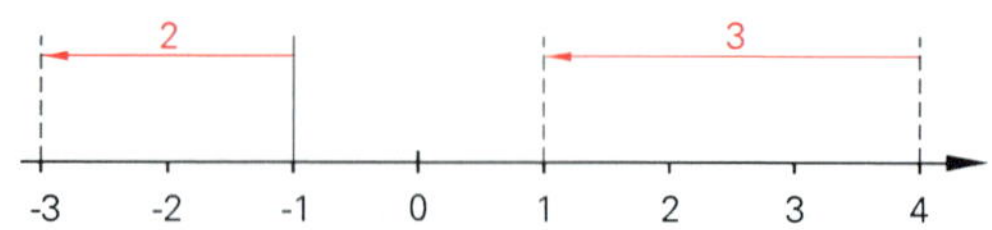

Die **Aufgabe** $4-(-3)=\underline{\underline{\quad}}$ kann auf diese Weise nicht gelöst werden, weil die Aufforderung, um $(-3)$ Schritte nach links zu gehen, keinen Sinn hat. Um sie zu lösen, bedarf es daher einer weiteren Festsetzung.

Im Bereich der nicht negativen rationalen Zahlen gilt: Lässt man in einer Subtraktionsaufgabe den Minuenden unverändert und verkleinert den Subtrahenden schrittweise um 1, so wird die Differenz jeweils um 1 größer.

$4-4=0$
$4-3=1$
$4-2=2$
$4-1=3$
$4-0=4$
$4-(-1)=?$

Es ist sicher vernünftig, die Subtraktion einer negativen Zahl so zu erklären, dass die angeführte Reihe fortgesetzt wird, dass also z.B. die Aufgabe $4-(-1)=\underline{\underline{\quad}}$ die Lösung 5 hätte.

Das erreicht man, indem man festsetzt:

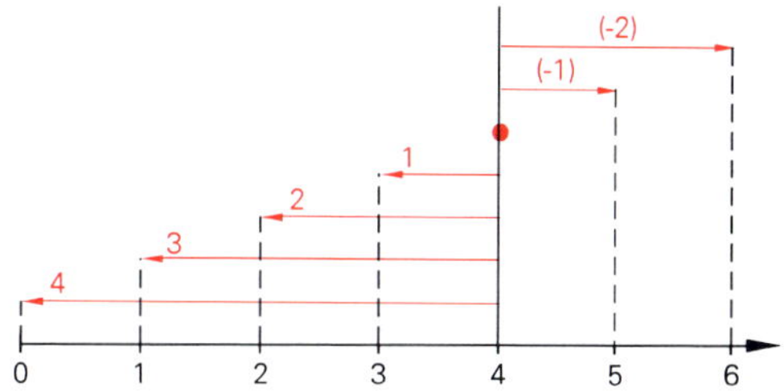


**Grundregel der Subtraktion:**

Eine negative rationale Zahl wird subtrahiert, indem man die entgegengesetzte positive addiert.

Aus der Subtraktionsaufgabe wird dadurch eine Additionsausgabe.

**Beispiele:**

**1.** $17-(-4)=\underline{\underline{\quad}}$

Durch Anwendung der Grundregel der Subtraktion wird die Subtraktionsaufgabe in eine Additionsaufgabe umgewandelt.

$17-(-4)=17+4$ ► Grundregel der Subtraktion

$17-(-4)=\underline{\underline{21}}$ ► Resultat

**2.** $(-4)-(-7)=\underline{\underline{\quad}}$

Durch Anwendung der Grundregel der Subtraktion wird die Subtraktionsaufgabe in eine Additionsaufgabe umgewandelt.

Man findet deren Resultat, indem man sie sich auf der Zahlengeraden veranschaulicht, d.h., vom ersten Summanden um so viel nach rechts geht, wie der zweite Summand angibt.

$(-4)-(-7)=(-4)+7$ ► Grundregel der Subtraktion

$(-4)+7 \quad =3$ ► Von –4 um 7 Schritte nach rechts auf der Zahlengeraden

$(-4)-(-7)=\underline{\underline{3}}$ ► Resultat

### 1.3.2 Das Subtrahieren mit Variablen

Ähnlich wie bei der Addition gilt: Kommen in einer Differenz Glieder vor, die die gleichen Variablen enthalten, können sie zusammengefasst werden, indem ihre Koeffizienten subtrahiert werden.

$$4a-2a=\underline{\underline{2a}}$$

$$\frac{1}{2}y-\frac{1}{4}y=\frac{2}{4}y-\frac{1}{4}y=\underline{\underline{\frac{1}{4}y}}$$

Die Grundregel der Addition rationaler Zahlen besagt, dass die Addition einer negativen Zahl auf die Subtraktion der entgegengesetzten positiven Zahl zurückgeführt werden kann: $a+(-b)=a-b,\ b>0$. Liest man diese Gleichung von rechts nach links, besagt sie, dass die Subtraktion einer positiven Zahl auf die Addition der entgegengesetzten negativen Zahl zurückgeführt werden kann: $a-b=a+(-b),\ b>0$.

Nach der Grundregel der Subtraktion ist die Subtraktion einer negativen Zahl gleichbedeutend mit der Addition der entgegengesetzten positiven Zahl: $a-(-b)=a+b$.

Sowohl die Subtraktion einer positiven als auch die Subtraktion einer negativen rationalen Zahl können also auf eine Addition zurückgeführt werden.

Dies bedeutet, dass eine Differenz stets in eine Summe umgeformt werden kann.

$$4-7=4+(-7)$$

$$4-(-7)=4+7$$

Und daraus folgt, dass jeder Term, der zu addierende oder zu subtrahierende Glieder mit Variablen enthält, als Summe geschrieben werden kann.

$$2a+3b-4c=2a+3b+(-4c)$$

$$2a+3b-(-4c)=2a+3b+4c$$

$$\begin{aligned}2a+3b-7b&=2a-4b\\&=2a+(-4b)\end{aligned}$$

Man nennt deshalb solche Terme auch **algebraische Summen**.

### 1.3.3 Das Subtrahieren von Größen

Der einfachste Fall liegt vor, wenn die Größen, die subtrahiert werden sollen, alle von derselben Größenart und ihre Maßeinheiten gleich sind.

In einem solchen Fall werden die Maßzahlen subtrahiert, die Maßeinheit wird beibehalten.

$$3{,}5\,\text{km}-2\,\text{km}=1{,}5\,\text{km}$$

$$41\,\text{g}-17\,\text{g}=24\,\text{g}$$

Gehören Minuend und Subtrahend zur gleichen Größenart, sind aber in unterschiedlichen Maßeinheiten gegeben, so müssen sie zunächst in ein und dieselbe Maßeinheit umgerechnet werden, bevor die Subtraktion durchgeführt werden kann. Dabei muss man – wie im Falle der Addition – die zutreffenden Umrechnungs- oder Umwandlungszahlen beachten.

$$\begin{aligned}&5\,\text{km}-1200\,\text{m}=\\&5\,\text{km}-1{,}2\,\text{km}=\\&\underline{\underline{3{,}8\,\text{km}}}\end{aligned}$$

$$\begin{aligned}&2{,}2\,\text{kg}-400\,\text{g}=\\&2200\,\text{g}-400\,\text{g}=\\&\underline{\underline{1800\,\text{g}}}\end{aligned}$$

## Übungen zu 1.3.1

**1.** $15-(-5) \quad = 15+5 = \underline{\underline{20}}$

$15-(-20) =$

$175-(-5) =$

$175-(-210) =$

$85-(-50) =$

**2.** $(-15)-(-5) \quad = (-15)+5 = -(15-5) = \underline{\underline{-10}}$

$(-15)-(-3) =$

$(-28)-(-12) =$

$(-56)-(-17) =$

$(-123)-(-23) =$

**3.** $(-15)-(-20) \quad = (-15)+20 = 20-15 = \underline{\underline{5}}$

$(-15)-(-35) =$

$(-28)-(-42) =$

$(-56)-(-112) =$

$(-123)-(-212) =$

## Übungen zu 1.3.2

**1.** $16a-15a = \underline{\underline{a}}$

**2.** $12x-5x$

**3.** $36ax-ax$

**4.** $7a-4a-a$

**5.** $8ab-3ab-ab$

**6.** $10{,}8x-0{,}9x$

**7.** $11{,}4x-0{,}3x-1{,}6x$

**8.** $0{,}6a-0{,}4a-0{,}1a$

**9.** $46{,}3ab-13{,}7ab-3{,}2ab$

**10.** $96{,}7c-43{,}8c-4{,}9c$

**11.** $\frac{5}{9}ab-\frac{1}{3}ab$

**12.** $3\frac{2}{3}xy-1\frac{3}{4}xy$

**13.** $9\frac{4}{5}n-6\frac{2}{10}n-\frac{1}{5}n$

**14.** $6\frac{3}{4}d-3\frac{1}{3}d-\frac{1}{6}d$

**15.** $16{,}7ax-5ax-3\frac{1}{4}ax-1{,}3ax$

**16.** $47a-58a = \underline{\underline{-11a}}$

**17.** $x-20x$

**18.** $15ab-28ab$

**19.** $19d-21d$

**20.** $18x-50x$

**21.** $12{,}7ax-12{,}8ax$

**22.** $19{,}16b-27{,}46b$

**23.** $47\frac{5}{9}n-58\frac{1}{3}n$

**24.** $4\frac{1}{8}ac-15\frac{2}{3}ac$

**25.** $10{,}2\,\text{cm}-11\frac{3}{4}\,\text{cm}$

**26.** $10{,}5ab-3{,}7ab-7{,}2ab-2ab$

**27.** $11{,}7xy-3{,}7xy-15{,}2xy$

**28.** $21\frac{1}{2}cx-7\frac{2}{3}cx-18\frac{1}{6}cx$

**29.** $34\frac{3}{4}ad-15\frac{2}{3}ad-19\frac{5}{12}ad$

**30.** $72\frac{1}{2}x-17{,}75x-15\frac{3}{4}x-61{,}15x$

**31.** $8a-5a-3b = \underline{\underline{3a-3b}}$

**32.** $9{,}6x-3{,}6b-1{,}8x$

**33.** $11{,}2ab-3{,}5x-4{,}6ab$

**34.** $16\frac{1}{3}y-5\frac{1}{3}ay-10\frac{5}{6}y$

**35.** $4{,}7adx-2{,}7ad-3{,}01adx$

**36.** $3{,}7x-4{,}6a-2\frac{1}{3}x$

**37.** $8b-3c-9b = \underline{\underline{-b-3c}}$

**38.** $102ax-3{,}1a-193ax$

**39.** $12{,}7ab-10{,}2ac-13{,}4ab$

**40.** $23\frac{2}{3}a-8\frac{1}{4}b-25\frac{1}{5}a$

**41.** $5\frac{1}{3}bx-3{,}4c-5\frac{8}{9}bx$

**42.** $47\frac{5}{9}b-1{,}2a-48{,}4b$

**43.** $5\frac{1}{10}cx-3{,}01c-\frac{9}{10}cx$

**44.** $3{,}2\,\text{kg}-100\,\text{g}-0{,}6\,\text{kg}$

**45.** $3{,}5\,\text{m}-15\,\text{dm}-12{,}8\,\text{cm}$

## Hinweise auf ein zweckmäßiges Vorgehen beim Addieren und Subtrahieren mit Variablen und beim Vereinfachen algebraischer Summen

**1.** Glieder, die addiert werden sollen, an den Anfang setzen, danach die Glieder, die subtrahiert werden sollen.

**1.** $50c-16c-32c-18c+27c$

$=\underbrace{50c+27c}_{77c}\underbrace{-16c-32c-18c}_{-66c}$

$=77c-66c=\underline{\underline{11c}}$

**2.** Zu addierende Glieder an den Anfang setzen, zu subtrahierende folgen lassen. Die Differenz der Koeffizienten kann negativ sein.

**2.** $30a-15a+10a-45a+17a$

$=30a+10a+17a-15a-45a$

$=57a-60a$

$=\underline{\underline{-3a}}$

**3.** Auch hier ist die Differenz der Koeffizienten negativ.

**3.** $8a-5a-10a=8a-15a=\underline{\underline{-7a}}$

**4.** Hat eine algebraische Summe Summanden mit verschiedenen Variablen, so ordnet man zunächst nach Gliedern mit gleichen Variablen, sodann nach Gliedern mit gleichen Rechenzeichen und fasst dann zusammen.

**4.** $24x+15a-4x-4a-2x-9a+12x+6a$

$=24x-4x-2x+12x+15a-4a-9a+6a$

$=\underbrace{24x+12x}_{36x}\underbrace{-4x-2x}_{6x}\underbrace{+15a+6a}_{+21a}\underbrace{-4a-9a}_{-13a}$

$=\underbrace{36x-6x}_{30x}\underbrace{+21a-13a}_{+8a}=\underline{\underline{30x+8a}}$

**5.** a) Glieder nach gleichen Variablen ordnen.
b) Glieder mit gleichen Variablen nach gleichen Rechenzeichen ordnen.
c) Summen berechnen.
d) Differenzen berechnen.

**5.** $8b-3c-5b+4c+2b$

$=8b-5b+2b-3c+4c$ a)

$=8b+2b-5b+4c-3c$ b)

$=10b-5b+4c-3c$ c)

$=\underline{\underline{5b+c}}$ d)

**6.** Man kann immer nur Glieder mit gleichen Variablen addieren oder subtrahieren.

**6.** $-24x+10+4x+5a-2-3a+4y-4a$

$=5a-3a-4a+4x-24x+4y+10-2$

$=5a-7a+4x-24x+4y+8$

$=\underline{\underline{-2a-20x+4y+8}}$

**7.** Beim Ordnen der Summanden ist es zweckmäßig, die schon berücksichtigten Glieder mit einem Zeichen zu versehen (z. B. mit einem kleinen Strich). Nach dem Ordnen müssen alle Glieder dieses Zeichen haben. So begegnet man der Gefahr, ein Glied zu vergessen.

**7.** $\overline{7{,}9a}-\overline{6{,}9b}+\overline{4{,}2b}+\overline{0{,}9c}-\overline{b}+\overline{2{,}3a}-\overline{1{,}7c}$

$=7{,}9a+2{,}3a-6{,}9b+4{,}2b-b+0{,}9c-1{,}7c$

$=7{,}9a+2{,}3a+4{,}2b-6{,}9b-b+0{,}9c-1{,}7c$

$=10{,}2a+4{,}2b-7{,}9b+0{,}9c-1{,}7c$

$=\underline{\underline{10{,}2a-3{,}7b-0{,}8c}}$

**8.** Auch wenn die Koeffizienten Brüche sind, ist der Lösungsweg der gleiche wie bei natürlichen oder Dezimalzahlen. Vor dem Zusammenfassen von Gliedern mit gleichen Variablen werden die Brüche gleichnamig gemacht.

**8.** $\frac{1}{3}b+\frac{1}{2}a-\frac{1}{6}a-\frac{2}{5}b+\frac{1}{3}a$

$=\frac{1}{2}a-\frac{1}{6}a+\frac{1}{3}a+\frac{1}{3}b-\frac{2}{5}b$

$=\frac{1}{2}a+\frac{1}{3}a-\frac{1}{6}a+\frac{1}{3}b-\frac{2}{5}b$

$=\frac{3}{6}a+\frac{2}{6}a-\frac{1}{6}a+\frac{5}{15}b-\frac{6}{15}b$

$=\frac{5}{6}a-\frac{1}{6}a+\frac{5}{15}b-\frac{6}{15}b$

$=\frac{4}{6}a-\frac{1}{15}b=\underline{\underline{\frac{2}{3}a-\frac{1}{15}b}}$

**9.** Natürliche Zahlen, die rechts unten an Variable angehängt werden, nennt man **Indizes** (Einzahl: Index). Gleiche Variable mit verschiedenen Indizes gelten als voneinander verschieden.

**9.** $5a_1+8a_2-2a_1+a_2$

$=5a_1-2a_1+8a_2+a_2$

$=\underline{\underline{3a_1+9a_2}}$

## Weitere Übungen zum Rechnen mit Variablen

Setzen Sie in den folgenden Termen 3 für $a$, 2 für $b$ und $\frac{1}{2}$ für $x$.

**1.** $4a+5b+6a+3b=\underline{\underline{46}}$

**2.** $9b+3a+4b+3x$

**3.** $10ab+4bx+5ax$

**4.** $1{,}3a+4{,}7x+2{,}5b$

**5.** $1\frac{1}{3}a+2\frac{1}{6}b+3\frac{1}{4}x$

**6.** $1{,}4ab+3\frac{1}{2}x+5abx$

Berechnen Sie folgende Summen.

**1.** $8x+4x+6x+x+10x=\underline{\underline{29x}}$

**2.** $12a+5a+3a+10a$

**3.** $4{,}7b+1{,}9b+2{,}7b$

**4.** $6{,}7r+5{,}8r+7{,}6r+8{,}9r+0{,}8r$

**5.** $3{,}2x+4{,}5x+1{,}8x+2{,}7x$

**6.** $2\frac{1}{3}c+1\frac{3}{4}c+3\frac{5}{8}c+7\frac{5}{6}c$

**7.** $\frac{3}{8}dx+\frac{7}{10}dx+\frac{1}{2}dx+\frac{5}{12}dx+\frac{5}{6}dx$

**8.** $7t_1+2\frac{3}{4}t_1+0{,}75t_1+7\frac{1}{3}t_1$

**9.** $3{,}4P+7{,}6P+8{,}4P+2\frac{1}{5}P+21\frac{3}{4}P$

**10.** Berechnen Sie die Länge $l$ der Welle:
a) allgemein, mithilfe von Variablen,
b) für $a=30$ mm.

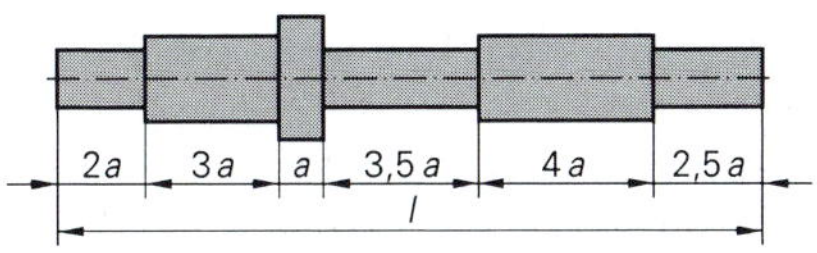

**11.** Berechnen Sie den Umfang $U$ des Bleches:
a) allgemein, mithilfe von Variablen,
b) für $a = 50\,\text{mm}$.

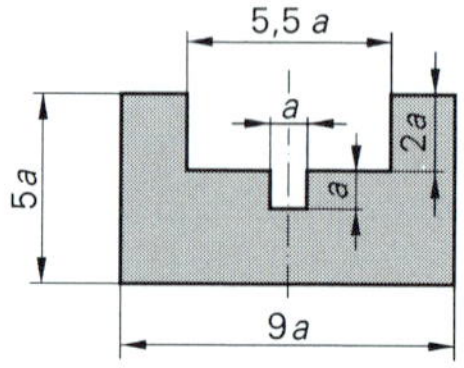


**12.** $3a + 15b + 7b + 2a + 11b = \underline{\underline{5a + 33b}}$

**13.** $9x + 6y + 4x + 7y + 33y + 12x$

**14.** $3b + 8a + b + 5c + 7b + 12a + 10c$

**15.** $1{,}4ab + 1{,}9c + 0{,}7ab + bc + 3c + 0{,}5bc$

**16.** $17{,}4n + 29{,}6xy + 48{,}2n + 14{,}7xy + 3{,}7n$

**17.** $9\frac{1}{5}xz + 7\frac{1}{10}xy + 5\frac{4}{5}xz + 8\frac{1}{2}xy + 4\frac{2}{5}xz$

**18.** $3\frac{1}{4}c + 4\frac{1}{3}dx + 7\frac{1}{4}n + 1\frac{1}{4}c + 3\frac{1}{3}dx$

**19.** $2\frac{1}{5}z + 1\frac{1}{2}x + 0{,}4z + 2{,}3xz + 3\frac{1}{4}x + 0{,}2xz$

**20.** Berechnen Sie die Länge $l$ der Welle:
a) allgemein, mithilfe von Variablen,
b) für $a = 25\,\text{mm}$, $b = 35\,\text{mm}$.

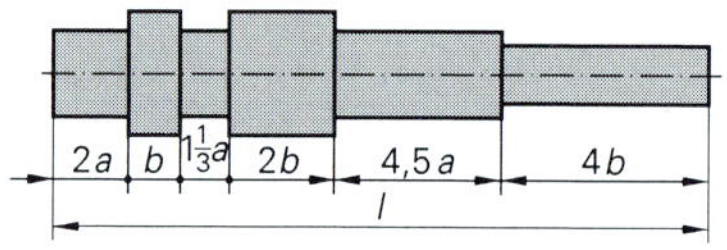


**21.** Berechnen Sie den Umfang $U$ der Blechschablone:
a) allgemein, mithilfe von Variablen,
b) für $a = 80\,\text{mm}$, $b = 65\,\text{mm}$, $c = 43\,\text{mm}$.

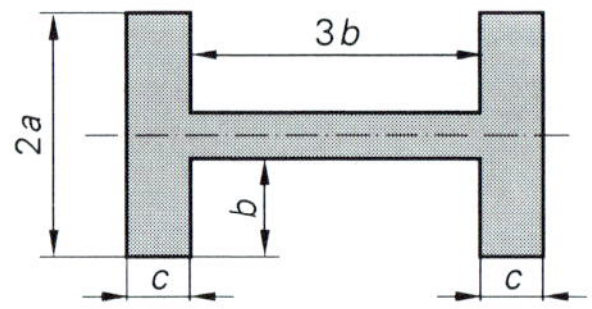


## Übungen zu 1.2.4 und 1.3.2

### Addieren und Subtrahieren von Termen mit unterschiedlichen Vorzeichen

**1.** $3a + (-4a) = \underline{\underline{-a}}$

**2.** $5a + (-2a)$

**3.** $4a + 7a$

**4.** $-15b + 20b$

**5.** $-7b + (-3b)$

**6.** $3x - x$

**7.** $7n - 4n$

**8.** $-8a - 10a$

**9.** $7xy - (-8xy)$

**10.** $x + (-y)$

**11.** $4a - (-5a)$

**12.** $-6x - 5x$

**13.** $-3z - (-4z)$

**14.** $2{,}6b - 6b$

**15.** $-6{,}2a - (-3{,}9a)$

**16.** $-1{,}7c - 3{,}8c$

**17.** $-1{,}5x - 1{,}2x$

**18.** $2{,}8a + (-6{,}4a)$

**19.** $-3a - (-4a) - 2a$

**20.** $5a + (-6a) + 2y$

**21.** $-2x - 7x - (-4y)$

**22.** $6{,}3n - (-4{,}8n) - (-5{,}2a)$

**23.** $-0{,}1x - (-0{,}7b) - 1{,}2x - 0{,}2b$

**24.** $1{,}5a + 2{,}1a + (-a)$

**25.** $2\frac{1}{2}d - \left(-6\frac{1}{3}d\right) + \left(-4\frac{1}{2}d\right)$

**26.** $-\frac{4}{3}b + \frac{7}{8}b + \left(-3\frac{1}{2}a\right) - 2a$

**27.** $2\frac{1}{2}h + \left(-1\frac{1}{5}h\right) + \frac{2}{3}h$

**28.** $-\frac{x}{5} + \frac{x}{10} - \frac{ax}{3} - \left(-\frac{x}{15}\right) + \left(-\frac{ax}{9}\right)$

**29.** $a-1\frac{3}{4}b+\left(-2\frac{1}{3}c\right)-3\frac{1}{2}b-\left(-3\frac{5}{6}c\right)-\left(-1\frac{1}{5}a\right)-\left(-4\frac{2}{3}c\right)$

**30.** $12\frac{11}{24}a+\left(-11\frac{4}{5}b\right)+\left(-2\frac{3}{8}a\right)-\left(-5\frac{5}{12}a\right)-25{,}24b-\left(-38\frac{5}{8}b\right)$

## Addieren und Subtrahieren von Termen

**1.** $30a-15a+10a-45a+17a=\underline{\underline{-3a}}$

**2.** $18x-19x+27x-45x+99x$

**3.** $-32b-15b+55b-11b$

**4.** $7x-15x+20x-2x+3x$

**5.** $13a-5a-4a+4ax$

**6.** $8b-3c-7b+3c-b$

**7.** $17x-3n-11x+15+8n$

**8.** $3a-12b+8b+7c-d+4a-3c+5d$

**9.** $a+2b+6b+7a-12b$

**10.** $12b+14c+14b-12c$

**11.** $15a+16b-12c-8a-15b+12c$

**12.** $12b+9a-4b+3a-2b-2a$

**13.** $x-4y+2y-6x+12y+15x$

**14.** $10{,}4x+0{,}8y+16{,}5z-18{,}2z+4{,}5x-0{,}1y$

**15.** $7{,}9a-6{,}9b+4{,}2b+0{,}9c-d+2{,}3a-1{,}7c$

**16.** $0{,}3a+2{,}6b-1{,}8a-0{,}7b$

**17.** $2{,}7x+0{,}6y+0{,}8x-1{,}3y$

**18.** $5{,}5c-6{,}2d-2{,}8c+4{,}6d$

**19.** $3{,}2x+7{,}6z+7{,}6y-4{,}4x-6{,}6z-5{,}4y+3{,}3x$

**20.** $33{,}05c-19{,}95c-3{,}5b-5{,}23a+0{,}23a+2{,}5b$

**21.** $13\frac{1}{2}a+25\frac{2}{5}b-6\frac{2}{3}a-5\frac{1}{5}b$

**22.** $1\frac{2}{5}\,\text{kg}-4\frac{5}{6}\,\text{kg}+4\frac{6}{7}\,\text{g}+10\frac{1}{2}\,\text{kg}-2\frac{3}{8}\,\text{kg}$

**23.** $3\frac{1}{2}ab-\frac{1}{4}ab+1\frac{1}{3}ab-1\frac{3}{4}ab$

**24.** $\frac{1}{3}b+\frac{1}{2}a-\frac{1}{6}a+\frac{2}{3}b+\frac{1}{3}a$

**25.** $2\frac{1}{4}b-3\frac{3}{4}c-2\frac{3}{8}b-4\frac{1}{4}c+3\frac{1}{8}b$

**26.** $3\frac{3}{4}a-4\frac{4}{5}b-5\frac{5}{6}c+2\frac{1}{2}a+7\frac{3}{4}b+6\frac{2}{3}c$

**27.** $39\frac{1}{3}x-74\frac{5}{8}-27\frac{3}{4}y+80\frac{5}{12}-69x+85\frac{1}{6}y$

**28.** $19\frac{2}{3}\,\text{m}+75\frac{1}{6}\,\text{cm}-64\,\text{dm}+29\frac{1}{3}\,\text{cm}-27\frac{3}{4}\,\text{m}+60\,\text{mm}+59\,\text{m}$

**29.** $15{,}375ab+2{,}33ac-14{,}75ad-6\frac{1}{4}ab-5\frac{5}{6}ac+17\frac{1}{5}ad$

**30.** $3\frac{1}{2}\,\text{h}-35{,}2\,\text{min}+87\frac{1}{2}\,\text{min}+30{,}5\,\text{s}-67\frac{1}{3}\,\text{min}$

**31.** $19b-7a-18x+4-3a-20b+28x-3-10a+7b+5-8a-3x-15$

**32.** $x-5m-9n-4p-9m-9n+8p+9x+m+n+p-x+2m+2n-3p+6x$

**33.** $-7y-3a-6{,}2+1{,}3y-4{,}7a+4{,}9$

**34.** $5{,}3a+3{,}4b+8{,}1c+12{,}1d-7{,}1a-10{,}2b+9{,}6c-14{,}5d$

**35.** $0{,}35a-5{,}4b+5{,}7c-3{,}44d-5x-0{,}65a-4{,}3b+7{,}5c+9{,}38d+1{,}7x$

**36.** $5{,}3a+4{,}5b+8{,}3c-11{,}2d-7{,}2a+8{,}4b-3{,}6c+14{,}5d$

**37.** $2{,}3x+5{,}1y-2{,}7a+3\frac{1}{2}ab-1{,}4x-2{,}7y+1{,}6a-1\frac{1}{3}ab+6{,}3x+1{,}3y-2{,}7a+5\frac{5}{6}ab$

## Vermischte Aufgaben zur Addition und Subtraktion mit Variablen

**1.** $38x+47y-19x+13y-18x-59y+12z-13x-19z$

**2.** $\frac{b}{6}-\frac{c}{2}+\frac{a}{3}+\frac{c}{3}-\frac{b}{5}+\frac{c}{4}+\frac{a}{2}-\frac{b}{3}+\frac{a}{6}$

**3.** $15{,}11a - 9{,}98c - 7{,}87a + 5{,}66b + 11{,}47b + 12{,}07c$

**4.** $2{,}8 - 1{,}5xy - 12{,}3 + 3{,}8uv + 1{,}7xy + 9 - uv + 0{,}8xy$

**5.** $674{,}01a - 63b + 723{,}29c - 948{,}75b - 412{,}53c - 216{,}57a - 94{,}07d + 1319{,}84b$

**6.** $265\frac{1}{6}y + 694\frac{5}{8}x + 459\frac{7}{15}z - 269\frac{5}{6}b - 219\frac{5}{9}y - 318\frac{3}{10}x - 142\frac{4}{5}z + 375\frac{2}{3}b$

**7.** $58\frac{5}{6}n + 7\frac{5}{28}c + 8\frac{5}{9}a + 7\frac{11}{15}b + 189\frac{1}{2}c - 152\frac{2}{3}n - 758\frac{3}{8} + 45\frac{1}{6}a + 89\frac{1}{2}b + 643\frac{5}{6} + 86\frac{5}{8}n - 210\frac{5}{7}c$

**8.** $39x - 62y + (-365z) - (-369y) - 19x - (-570z) + (-192y)$

**9.** $2\frac{1}{4}a + \left(-4\frac{1}{3}b\right) - \left(-6\frac{1}{2}x\right) - \left(-13\frac{2}{3}b\right) + \left(-3\frac{1}{4}a\right) - 6\frac{1}{3}b$

**10.** $\left(-19\frac{1}{2}P\right) + \left(-7\frac{1}{2}Q\right) - \frac{5}{8}P - \left(-\frac{3}{8}R\right) + \left(-\frac{5}{12}P\right) + 3\frac{1}{6}Q$

**11.** $46\frac{3}{10}a + \left(-65\frac{1}{8}b\right) - \left(-133\frac{1}{2}c\right) + 155\frac{1}{4}b - 37{,}5a + (-22{,}6c)$

**12.** $21{,}76g - (-132{,}05t) + (-231{,}26m) + (-178{,}8g) - \left(-154\frac{3}{25}m\right) + \left(-87\frac{1}{10}t\right)$

**13.** Berechnen Sie Aufgabe 12 für $g = 2{,}1$; $t = 1{,}7$; $m = 3{,}8$.

**14.** $2\frac{1}{2}a_1 - \left(-4\frac{1}{3}a_2\right) + \left(-5\frac{1}{6}a_2\right) + \left(-2\frac{3}{4}a_1\right) - 3\frac{1}{4}a_2 - \left(-1\frac{1}{2}a_3\right)$

**15.** $22{,}5x + (-18{,}85y) - 132\frac{4}{5}x - \left(-36\frac{5}{8}y\right) + (-14{,}32x)$

**16.** $(-42{,}055u) + \left(-4\frac{5}{12}v\right) - \left(-243\frac{7}{8}u\right) + 11\frac{11}{24}v + \left(-15\frac{4}{5}u\right) - 2\frac{3}{8}v$

**17.** Berechnen Sie den Abstand $a$ der außermittigen Bohrung:

a) mithilfe von Variablen,
b) für $D = 144$ mm,
$d = 72$ mm,
$b = 20$ mm.

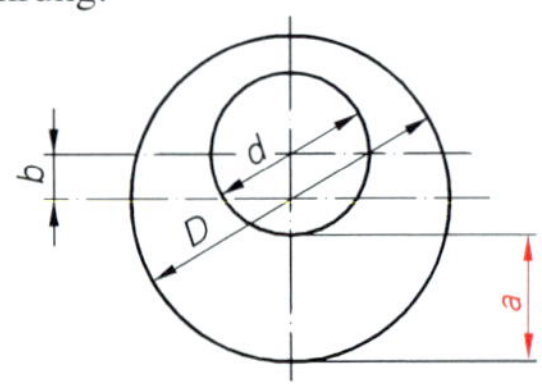


**18.** Berechnen Sie den Abstand $x$:

a) mithilfe von Variablen,
b) für $D = 162$ mm,
$d = 131$ mm,
$a = 109$ mm.

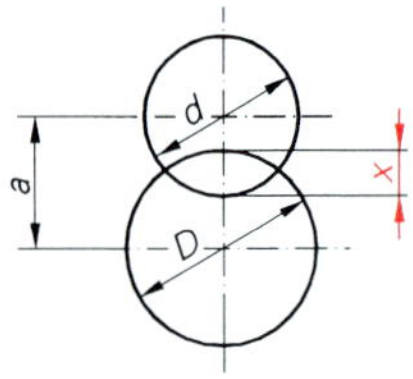


**19.** Berechnen Sie den Abstand $x$ der sich überdeckenden Scheiben:

a) mithilfe von Variablen,
b) für $D = 241$ mm,
$d = 190$ mm,
$a = 99$ mm.

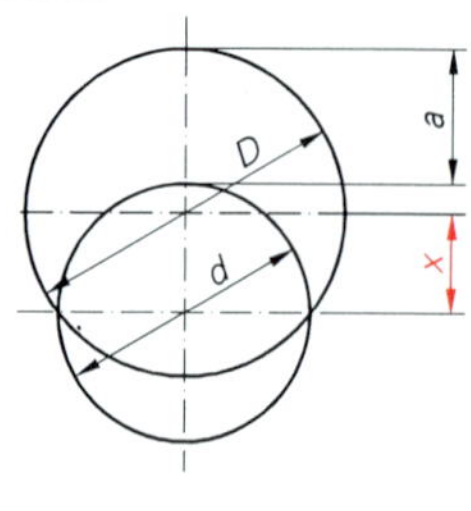

**20.** Berechnen Sie die Rohrlänge $l$ des Rohres:

a) mithilfe von Variablen,
b) für $a = 140$ mm,
$b = 225$ mm,
$c = 103$ mm,
$r = 120$ mm,
$d = 12$ mm $\varnothing$.

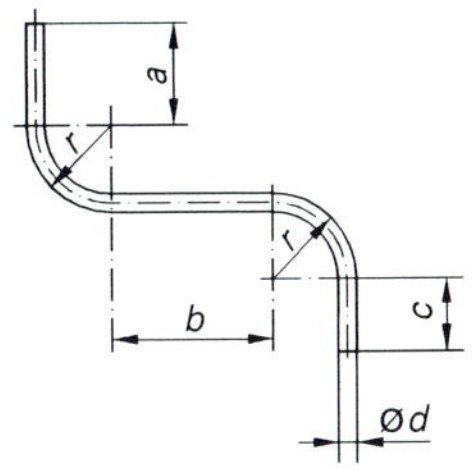


**21.** Berechnen Sie die Zuschnittlänge $l$ des Kettengliedes:

a) mithilfe von Variablen,
b) für $a = 32$ mm,
$b = 11$ mm,
$d = 5$ mm,
$D = 30$ mm.

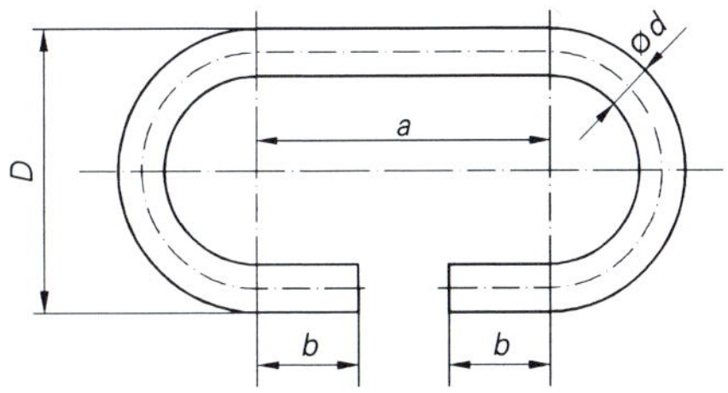


## Übungen zu 1.2.5 und 1.3.3

**1.** Schreiben Sie die folgenden Größenangaben zuerst mit zwei Einheiten, sodann in einer kleineren Einheit:
**Beispiel:** 5,75 kg = 5 kg 750 g = 5750 g

| | | | |
|---|---|---|---|
| a) 3,55 kg | b) 12,345 km | c) 24,50 € | d) 5,5 h |
| 2,3 kg | 7,45 m | 5,23 € | 3,6 h |
| 8,25 t | 15,20 cm | 64,75 € | 7,25 min |

**2.** Geben Sie die folgenden Größen in Komma-Schreibweise an:

| | | | |
|---|---|---|---|
| a) 32 t 7 dt | b) 25 km 250 m | c) 12 € 30 Cent | d) 4 h 30 min |
| 5 t 70 kg | 25 km 25 m | 12 € 3 Cent | 4 h 3 min |
| 7 t 25 kg | 9 m 17 cm | 3 € 25 Cent | 5 min 30 s |

**3.** Rechnen Sie in die nächstkleinere Einheit um:

| | | | |
|---|---|---|---|
| a) 45 t | b) 24 km | c) 15 € | d) 12 h |
| 2 dt | 56 m | 7 € | 12 min |
| 12 kg | 8 cm | 20 € | 5 h |

**4.** Rechnen Sie in die nächstgrößere Einheit um:

| | | | |
|---|---|---|---|
| a) 250 g | b) 25 mm | c) 154 Cent | d) 90 s |
| 22 kg | 250 mm | 10 Cent | 90 min |
| 16 dt | 2500 m | 5 Cent | 30 min |

**5.** $5{,}1\,\text{kg} + 25\,\text{g} + 1{,}25\,\text{kg} + 7\,\text{g} = \ldots\,\text{kg}$

**6.** $750\,\text{g} + 3\frac{1}{4}\,\text{kg} + 200\,\text{g} = \ldots\,\text{kg}$

**7.** $4\,\text{m} + 32\,\text{dm} + 18\,\text{cm} + 12\,\text{dm} = \ldots\,\text{m}$

**8.** $10\,\text{cm}^3 + 15\,\text{m}^3 + 15\,\text{l} + 5\,\text{dm}^3 = \ldots\,\text{m}^3$

**9.** $4\frac{1}{2}\,\text{cm}^2 + 3\frac{2}{3}\,\text{m}^2 + 25\,\text{mm}^2 = \ldots\,\text{m}^2$

**10.** $13\,\text{min} + 2{,}5\,\text{h} + 200\,\text{s} + 1\,\text{h}\,2\,\text{min} = \ldots\,\text{h} \ldots\,\text{min} \ldots\,\text{s}$

**11.** $85\,\text{g} + 4{,}75\,\text{kg} + 300\,\text{g} = \ldots\,\text{g}$

**12.** $7\,\text{m} + 19\,\text{dm} + 16\,\text{cm} + 7\,\text{dm} = \ldots\,\text{m}$

**13.** $3\frac{1}{4}\,€ + 5\frac{1}{2}\,€ + 65\,\text{Cent} = \ldots\,€$

**14.** $15\,\text{min} + 3{,}55\,\text{h} + 300\,\text{s} + 1\,\text{h}\,15\,\text{min} = \ldots\,\text{min}$

**15.** $5\,\text{m} + 12\,\text{dm} - 2\,\text{m} - 8\,\text{dm} = \ldots\,\text{m}$

**16.** $5\,\text{m} + 15\,\text{cm} - 3\,\text{cm} + 2\,\text{dm} = \ldots\,\text{cm}$

**17.** $5\,\text{kg} + 250\,\text{g} - 2\,\text{kg} - 100\,\text{g} = \ldots\,\text{g}$

**18.** $2\,\text{t} - 5\,\text{dt} - 50\,\text{kg} = \ldots\,\text{t}$

**19.** $3\,\text{h} + 45\,\text{min} - 2\,\text{h} - 15\,\text{min} = \ldots\,\text{min}$

**20.** $8\,\text{m}^2 + 5000\,\text{cm}^2 - 150\,\text{cm}^2 = \ldots\,\text{m}^2$

## 1.4 Das Addieren und Subtrahieren von Klammerausdrücken

In der Mathematik werden Klammern nicht nur zur Zusammenfassung von Zahl und Vorzeichen bei den negativen Zahlen benutzt, sondern auch dazu, die Zusammengehörigkeit mehrerer in die Klammern gesetzter Glieder zu betonen.

Die Klammern in dem Term $3 \cdot (4+7)$ bedeuten, dass nicht nur die 4 mit 3 multipliziert werden soll – das würde als $3 \cdot 4 + 7$ aufgeschrieben –, sondern dass die Summe von 4 und 7 mit 3 zu multiplizieren ist: $3 \cdot (4+7) = 3 \cdot 11 = 33$.

Das Beispiel zeigt aber auch, dass es eine zweite Möglichkeit gibt, die Aufgabe $3 \cdot (4+7) =$ zu lösen. Multipliziert man sowohl 4 als auch 7 mit 3 und addiert die Ergebnisse, erhält man nämlich ebenfalls 33: $3 \cdot (4+7) = 3 \cdot 4 + 3 \cdot 7 = 12 + 21 = 33$.

Als **Grundregel** für Klammerausdrücke aber gilt:

| Was in einer Klammer steht, soll zuerst ausgerechnet werden. |
|---|

Auch im Assoziativgesetz treten Klammern auf: $a+(b+c)=(a+b)+c$. Mit ihrer Hilfe wird ausgedrückt, welche der Summanden zusammengefasst werden sollen bzw. in welcher Reihenfolge die Additionen oder Subtraktionen durchgeführt werden sollen. Soll die dreigliedrige Summe $a+b+c$ berechnet werden, so kann man erst $a+b$ bestimmen, dazu $c$ addieren – $(a+b)+c$ –, aber auch zu $a$ die Summe von $b$ und $c$ addieren – $a+(b+c)$ – oder mithilfe des Kommutativgesetzes noch andere Reihenfolgen der Summanden festlegen, z. B.:

$$a+b+c = a+c+b = (a+c)+b.$$

In vielgliedrigen Ausdrücken benötigt man oft noch weitere Klammersymbole, um das Vorgehen beim Ausrechnen eindeutig festzulegen. Die sog. eckigen Klammern im Term $a[b(c+d)+e(f+g)]$ bewirken, dass die Summe in der eckigen Klammer mit $a$ multipliziert werden muss. Dies ist gleichbedeutend damit, dass beide Summanden in der eckigen Klammer mit $a$ multipliziert werden müssen:

$$a[b(c+d)+e(f+g)] = ab(c+d)+ae(f+g).$$

Ließe man die eckige Klammer weg, entstünde ein anderes Resultat, nämlich $ab(c+d)+e(f+g)$.

Für das Rechnen mit solchen Klammern gibt es Regeln, die im Folgenden dargelegt werden sollen. Dabei werden zunächst nur algebraische Summen betrachtet und sowohl das Auflösen als auch das Setzen von Klammern behandelt.

### • Das Auflösen von Klammern, vor denen das Rechenzeichen „+“ steht

Soll zu einer Zahl eine Summe addiert werden, die in Klammern eingeschlossen ist, berechnet man nach der Grundregel zuerst die Summe und addiert dieses Ergebnis zu der Zahl.

$$4+(\underbrace{5+6+7}_{18}) =$$
$$4+\quad 18 \quad = \underline{\underline{22}}$$

Wenn man jedoch, ohne die Klammern zu beachten, gliedweise von links nach rechts addiert, erhält man das gleiche Ergebnis.

$$4+(5+6+7) =$$
$$\underbrace{4+5}_{9}+6+7 =$$
$$\underbrace{9+6}_{15}+7 =$$
$$15+7 = \underline{\underline{22}}$$

Genauso kann man vorgehen, wenn in der Klammer Subtrahenden auftreten.

$$4+(6-2) = 4+4 = \underline{\underline{8}}$$
$$4+6-2 = 10-2 = \underline{\underline{8}}$$

**Merke:**

Steht vor einem Klammernpaar, das in einer algebraischen Summe auftritt, das Rechenzeichen „+", so können die Klammern weggelassen werden.

**Beispiele:**

**1.** $85+(15+70)=\underline{\underline{\quad}}$

Bestimmt man zuerst die Summe in der Klammer, heißt die nächste Aufgabe $85+85$ oder $2\cdot 85$.

$$85+(\underbrace{15+70}_{85})=\underline{\underline{\quad}}$$
$$85+85=\underline{\underline{170}}$$

Lässt man die Klammer weg, heißt die erste Teilaufgabe $85+15$, die zweite $100+70$.

$$\underbrace{85+15}_{100}+70=$$
$$100+70=\underline{\underline{170}}$$

**2.** $210+(84+16)=\underline{\underline{\quad}}$

Es empfiehlt sich, die Summe in der Klammer zu bestimmen und zu 210 zu addieren.

$$210+(\underbrace{84+16}_{100})=\underline{\underline{\quad}}$$
$$210+100=\underline{\underline{310}}$$

**3.** $210+[40+(-17)]=\underline{\underline{\quad}}$

Man kann zuerst die Summe in der eckigen Klammer bestimmen und sie zu 210 addieren, man kann aber auch die eckige Klammer weglassen und dann addieren.

$$210+[40+(-17)]=$$
$$210+[\underbrace{40-17}_{23}]=$$
$$210+23=\underline{\underline{233}}$$

$$210+40+(-17)=$$
$$\underbrace{210+40}_{250}-17=$$
$$250-17=\underline{\underline{233}}$$

**4.** $38+[(-5)+(-6)]=\underline{\underline{\quad}}$

Beide Wege – zuerst Ausrechnen der Summe in der Klammer oder Weglassen der Klammer – führen nach Anwendung der Grundegel für die Addition negativer Zahlen auf Subtraktionsaufgaben.

$$38+[(-5)+(-6)]=$$
$$38+[(-5)-6]=$$
$$38+(-11)=$$
$$38-11=\underline{\underline{27}}$$

$$38+(-5)+(-6)=$$
$$38-5-6=\underline{\underline{27}}$$

Algebraische Summen, in denen Variable vorkommen, werden in gleicher Weise umgeformt. Jedoch wird das Weglassen der Klammer als Methode der Umformung i. Allg. zu bevorzugen sein.

**Beispiel:**

$7a+(3b+5a-6c+2b)=\underline{\underline{\quad}}$

Nach dem Weglassen der Klammern werden die Glieder mit den gleichen Variablen zusammengefasst.

$$7a+(3b+5a-6c+2b)=$$
$$7a+3b+5a-6c+2b=$$
$$7a+5a+3b+2b-6c=$$
$$\underline{\underline{12a+5b-6c}}$$

**● Das Setzen von Klammern**

In einer algebraischen Summe kann man ein Klammernpaar, vor dem das Zeichen „+" steht, weglassen. Daraus folgt, dass man in einer solchen Summe ein Klammernpaar auch setzen kann, wenn man beachtet, dass vor ihm ein „+"-Zeichen steht oder dass mit ihm die Summe beginnt.

**Beispiele:**

| | |
|---|---|
| **1.** $u+v+w+z=\underline{\underline{\quad}}$<br>Es kommt nur das Rechenzeichen „+“ vor, Klammern können beliebig gesetzt werden. | $u+v+w+z=(u+v)+w+z$<br>$=(u+v+w)+z$<br>$=u+(v+w)+z$<br>$=u+(v+w+z)$ |
| **2.** $a+b-c+d=\underline{\underline{\quad}}$<br>Es kommt auch das Rechenzeichen „–“ vor, Klammern können nur so gesetzt werden, dass vor dem Klammernpaar das Zeichen „+“ steht. | $a+b-c+d=(a+b)-c+d$<br>$=(a+b-c)+d$<br>$=a+(b-c+d)$<br>$=a+(b-c)+d$ |

**● Das Auflösen von Klammern, vor denen das Rechenzeichen „ – “ steht**

Soll von einer Zahl eine Summe subtrahiert werden, gibt es zwei Möglichkeiten:

| | |
|---|---|
| **1.** Man berechnet zuerst die Summe und subtrahiert dieses Ergebnis von der Zahl. | $15-(5+6)=$ ► $5+6=11$<br>$15-(5+6)=15-11=\underline{\underline{4}}$ |
| **2.** Man subtrahiert ohne die Klammer zu beachten gliedweise von links nach rechts. | $15-(5+6)=$ ► $15-5=10$<br>$15-(5+6)=10-6=\underline{\underline{4}}$ |

Beide Möglichkeiten treffen auch zu, wenn die zu subtrahierende Summe negative Zahlen enthält.

**Beispiel:**

| | |
|---|---|
| $15-[5+(-6)]=\underline{\underline{\quad}}$<br>Entweder man berechnet die Summe in der eckigen Klammer und subtrahiert sie dann von 15 | $[5+(-6)]=5-6=-1$<br>$15-(-1)=15+1=\underline{\underline{16}}$ |
| oder man subtrahiert die Glieder in der Klammer gliedweise von links nach rechts. | $15-5=10,\ 10-(-6)=10+6=16$<br>$15-[5+(-6)]=15-5+6=\underline{\underline{16}}$ |

Für den Fall, dass eine Differenz von einer Zahl subtrahiert werden soll, müssen andere Überlegungen angestellt werden.

Die Klammern in dem Term $15-(8-3)$ z.B. bedeuten, dass nicht 8, sondern $8-3$ von 15 subtrahiert werden soll. Subtrahiert man zunächst nur 8, so macht man den Fehler, 3 zu viel abzuziehen. Ihn muss man beheben, indem man zum Zwischenergebnis von $15-8$ wieder 3 hinzuaddiert. Es gilt also:

$15-(8-3)=15-8+3=7+3=\underline{\underline{10}}.$

Die Lösungswege der Beispielaufgaben sind also:

$$15-(5+6) \quad = 15-5-6,$$
$$15-[5+(-6)] = 15-5-(-6),$$
$$15-(8-3) \quad = 15-8+3.$$

Daraus folgt der **Merksatz**:

Steht vor einem Klammernpaar, das in einer algebraischen Summe auftritt, das Rechenzeichen „–“, so muss man die Rechenzeichen in dem Klammernpaar umkehren (also für ein „+“ ein „–“ setzen und umgekehrt), wenn man das Klammernpaar weglassen will.

**Beispiele:**

**1.** $145-(25+15) = \underline{\underline{\quad}}$

Das Rechenzeichen „+“ in der Klammer wird durch „–“ ersetzt, die Klammer weggelassen.

$$145-(25+15) =$$
$$145-\ 25-15 = \underline{\underline{105}}$$

**2.** $92-(7-12) = \underline{\underline{\quad}}$

Das „–“ in der Klammer wird durch „+“ ersetzt, die Klammer weggelassen.

$$92-(7-12) =$$
$$92-\ 7+12 = \underline{\underline{97}}$$

**3.** $26-[(-2)+5] = \underline{\underline{\quad}}$

Das Zeichen „+“ in der Klammer wird durch „–“ ersetzt, die Klammer weggelassen.

$$26-[(-2)+5] =$$
$$26-\ (-2)-5 = \underline{\underline{23}}$$

**4.** $42-[(-4)-(-9)] = \underline{\underline{\quad}}$

Das Rechenzeichen „–“ in der Klammer wird durch „+“ ersetzt, die Klammer weggelassen.

$$42-[(-4)-(-9)] =$$
$$42-\ (-4)+(-9) =$$
$$42+\ 4\ -\ 9 = \underline{\underline{37}}$$

Algebraische Summen, in denen Variable vorkommen, werden in gleicher Weise umgeformt.

**Beispiele:**

**1.** $7x-(3x+5b-6c) = \underline{\underline{\quad}}$

Will man die Klammern weglassen, so muss man alle Rechenzeichen in der Klammer umkehren.

$$7x-(3x+5b-6c) =$$
$$7x-\ 3x-5b+6c =$$
$$\underline{\underline{4x-\ 5b+6c}}$$

**2.** $15a-(3b+7c-5a)+(b-3c) = \underline{\underline{\quad}}$

Es können in einem Term auch mehrere Klammernpaare vorkommen. Bei deren Auflösung sind die jeweiligen Rechenzeichen vor ihnen zu beachten.

$$15a-(3b+7c-5a)+(b-3c) =$$
$$15a-3b-7c+5a+b-3c =$$
$$15a+5a-3b+b-7c-3c =$$
$$\underline{\underline{20a-2b-10c}}$$

**3.** $-(9x+3y)-[(-15x)-7y]=\underline{\underline{\quad}}$

Steht am Anfang eines Terms eine Klammer, vor der das Minuszeichen steht, so muss auch auf sie die obige Regel angewendet werden.

$$\begin{aligned} &-(9x+3y)-[(-15x)-7y] = \\ &-9x-3y-(-15x)+7y = \\ &-9x+15x-3y+7y = \\ &\underline{\underline{6x+4y}} \end{aligned}$$

**Anmerkung:**

In der eckigen Klammer von Aufgabe 3 steht als erster Summand ein Term mit dem Vorzeichen „–“. Er ist hier deutlich in runde Klammern gesetzt. Meist wird jedoch auf diese Klammer verzichtet und einfach alles in runden Klammern wie folgt geschrieben: $-(9x+3y)-(-15x-7y)$. Wenn man sich vorstellt, dass $-(-15x-7y)$ eine abkürzende Schreibweise für $-(0-15x-7y)$ ist, kann die angegebene Regel auf das Zeichen vor $15x$, das durch diese Interpretation ein Rechenzeichen geworden ist, angewendet werden:

$$-(9x+3y)-(0-15x-7y)=-9x-3y-0+15x+7y$$

oder kürzer, durch Weglassen der in diesem Zusammenhang bedeutungslosen Null:

$$-(9x+3y)-(-15x-7y)=-9x-3y+15x+7y.$$

Analog gilt:

$$\begin{aligned} &17-(-5+3) = 17+5-3=19 \\ &a+b-(-c+d)=a+b+c-d \\ &4m-(-m-2r)=4m+m+2r=5m+2r \end{aligned}$$

## • Das Setzen von Klammern nach dem Rechenzeichen „–“

In einer algebraischen Summe können Klammern auch dann gesetzt werden, wenn vor die erste Klammer das Rechenzeichen „–“ zu stehen kommt. Man muss dann allerdings in Auswertung der Regel über das Auflösen einer Klammer, vor der ein Minuszeichen steht, alle Rechenzeichen, die in die Klammern eingeschlossen werden, umkehren.

**Beispiele:**

**1.** $7a+3b-6c-5d=\underline{\underline{\quad}}$

Nach dem zweiten Rechenzeichen sollen Klammern gesetzt werden, die alle folgenden Glieder des Terms einschließen sollen.

Das Rechenzeichen, das in die Klammern kommt, muss umgekehrt werden.

$$\begin{aligned} &7a+3b-\ 6c-5d= \\ &\underline{\underline{7a+3b-(6c+5d)}} \end{aligned}$$

**2.** $5x-7y+4z-18=\underline{\underline{\quad}}$

Nach dem ersten Rechenzeichen sollen Klammern gesetzt werden, die alle folgenden Glieder einschließen.

Die Rechenzeichen, die in die Klammern kommen, müssen umgekehrt werden.

$$\begin{aligned} &5x-\ 7y+4z-18= \\ &\underline{\underline{5x-(7y-4z+18)}} \end{aligned}$$

## • Klammern in Klammern

In den vorangegangenen Abschnitten wurden neben runden auch schon eckige Klammern verwendet. Wo notwendig, wird noch ein drittes Klammernsymbol, die geschweifte Klammer, gebraucht: $\{\ldots\}$. Über das Umformen von Termen, in denen mehrere Arten von Klammern vorkommen, muss man wissen:

Sind in einer Summe Klammerausdrücke von anderen Klammern umschlossen, so löst man unter Beachtung der Rechenzeichen zunächst die inneren Klammern auf und dann nacheinander die äußeren Klammern.

$$\begin{aligned} & a-\{b+[c-(d+e)]\} \\ =\; & a-\{b+[c-d-e]\} \\ =\; & a-\{b+c-d-e\} \\ =\; & \underline{\underline{a-b-c+d+e}} \end{aligned}$$

**Anmerkung:**

Mitunter ist es zweckmäßiger (vor allem dann, wenn keine Variablen in den Klammern vorkommen), die Ausdrücke in den Klammern auszurechnen, anstatt die Klammern nach der obigen Vorschrift zu beseitigen. Dazu berechnet man zuerst die innere Klammer, dann die anderen Klammern von innen nach außen.

Stehen mehrere Klammern direkt nebeneinander, so gilt das Rechenzeichen nur für die erste (geschweifte) Klammer. Die beiden inneren Klammern können wegfallen, ohne dass Rechenzeichen verändert werden.

$$\begin{aligned} & a-\{[(b+c)-d]+e\} \\ & a-\{[b+c-d]+e\} \\ & a-\{b+c-d+e\} \\ & \underline{\underline{a-b-c+d-e}} \end{aligned}$$

**Beispiele:**

1. Will man die Klammern auflösen, muss man zuerst die Rechenzeichen in den runden Klammern umkehren, sodann die in den eckigen.

$$\begin{aligned} \textbf{1.}\quad & 2x-[4y-(2x-3y)-4x]-6y \\ =\; & 2x-[4y-2x+3y-4x]-6y \\ =\; & 2x-4y+2x-3y+4x-6y \\ =\; & 2x+2x+4x-4y-3y-6y \\ =\; & \underline{\underline{8x-13y}} \end{aligned}$$

2. Das Minuszeichen vor den Klammern gilt nur für die eckige Klammer.

$$\begin{aligned} \textbf{2.}\quad & 25a-[(14a-9b+3c)-(9a+13b)] \\ =\; & 25a-[14a-9b+3c-9a-13b] \\ =\; & 25a-14a+9b-3c+9a+13b \\ =\; & 25a-14a+9a+9b+13b-3c \\ =\; & \underline{\underline{20a+22b-3c}} \end{aligned}$$

3. Das Minuszeichen vor der runden Klammer darf man nicht unberücksichtigt lassen.

$$\begin{aligned} \textbf{3.}\quad & 18a-[-(14a-8b)+3a-4b] \\ =\; & 18a-[-14a+8b+3a-4b] \\ =\; & 18a+14a-8b-3a+4b \\ =\; & 18a+14a-3a-8b+4b \\ =\; & \underline{\underline{29a-4b}} \end{aligned}$$

**14.** a) runde Klammern auflösen,
b) eckige Klammern auflösen,
c) geschwungene Klammern auflösen,
d) gleichartige Glieder zusammenfassen.

Beim Auflösen der Klammern immer auf die Rechenzeichen vor der Klammer achten.

**4.** $15a-\{6a-(3b+5c-2a)+[3c-(5a+7b)]\}$
$=15a-\{6a-3b-5c+2a+[3c-5a-7b]\}$
$=15a-\{6a-3b-5c+2a+3c-5a-7b\}$
$=15a-6a+3b+5c-2a-3c+5a+7b$
$=15a-6a-2a+5a+3b+7b+5c-3c$
$=\underline{\underline{12a+10b+2c}}$

Verfolgen Sie genau die Vereinfachung des nachfolgenden Terms!

**5.** $$6\frac{1}{3}a-\left\{-\left[4\frac{1}{2}+\left(5\frac{1}{3}b+4\frac{3}{5}\right)+1\frac{3}{4}a\right]-3\frac{1}{6}b-\left(3\frac{1}{2}a-1\frac{1}{4}b\right)\right\}$$
$$=6\frac{1}{3}a-\left\{-\left[4\frac{1}{2}+5\frac{1}{3}b+4\frac{3}{5}+1\frac{3}{4}a\right]-3\frac{1}{6}b-3\frac{1}{2}a+1\frac{1}{4}b\right\}$$
$$=6\frac{1}{3}a-\left\{-4\frac{1}{2}-5\frac{1}{3}b-4\frac{3}{5}-1\frac{3}{4}a-3\frac{1}{6}b-3\frac{1}{2}a+1\frac{1}{4}b\right\}$$
$$=6\frac{1}{3}a+4\frac{1}{2}+5\frac{1}{3}b+4\frac{3}{5}+1\frac{3}{4}a+3\frac{1}{6}b+3\frac{1}{2}a-1\frac{1}{4}b$$
$$=6\frac{1}{3}a+1\frac{3}{4}a+3\frac{1}{2}a+5\frac{1}{3}b+3\frac{1}{6}b-1\frac{1}{4}b+4\frac{1}{2}+4\frac{3}{5}$$
$$=6\frac{4}{12}a+1\frac{9}{12}a+3\frac{6}{12}a+5\frac{4}{12}b+3\frac{2}{12}b-1\frac{3}{12}b+4\frac{5}{10}+4\frac{6}{10}$$
$$=10\frac{19}{12}a+7\frac{3}{12}b+8\frac{11}{10}$$
$$=\underline{\underline{11\frac{7}{12}a+7\frac{1}{4}b+9\frac{1}{10}}}$$

## Übungen zu 1.4

### Ein Pluszeichen steht vor einer Klammer

**1.** $a+(8+9a)=\underline{\underline{10a+8}}$

**2.** $2c+(3c+6)$

**3.** $x+7+(2x+5)$

**4.** $30x+(5x-2y)$

**5.** $0{,}2a+(2b+0{,}5a)-b$

**6.** $\frac{1}{5}x+\frac{7}{10}y+\left(\frac{3}{5}y-\frac{1}{4}x\right)$

**7.** $(2a-2b)+(3a+4b)+(5a-6b)$

**8.** $(8x-3y)+9z+(y+4x-3z)$

**9.** $\frac{2}{4}b+\left(19+2\frac{1}{2}b\right)-3$

**10.** $1{,}3x+\left(4\frac{1}{2}b-3\frac{1}{2}x\right)+(1{,}7b-2x)$

### Ein Minuszeichen steht vor einer Klammer

**1.** $a+b-(a-b)=a+b-a+b=\underline{\underline{2b}}$

**2.** $2a+4b-(4a-5b)$

**3.** $6a-2b+5c-(-7b+4c)$

**4.** $x+2ax+a-(x-2ax+a)$

**5.** $3a-b+7c-(3a-5c)-(-9a-b+3c)$

**6.** $a+b-(12x+6b)-(4x+8b-10x+10b)$

**7.** $5a-(13a+15b)+(13b-7a)$

**8.** $16a-(3b+8c-5a)-(b-3c)$

**9.** $3a-4b-(-5a+7b)+(-9a-10b)$

**10.** $-ab+7a-13-(-4ab+8a-25)+(-8ab+a-21)$

**11.** $10{,}5r-(5{,}7r+3{,}6s)+(6{,}2r-5{,}4s)$

**12.** $50x-(20y+24z)+(20x+23y)-(45x+11z-32y)$

**13.** $(22{,}5a-6{,}9b+8{,}3c)-(7{,}8a-27{,}2c-8{,}5b)$

**14.** $(8{,}4a-2{,}9x)-(7{,}3a-12{,}5x)$

**15.** $50\frac{2}{3}a-\left(20\frac{3}{4}a+14\frac{1}{6}b\right)+\left(40\frac{7}{12}a-4\frac{5}{6}b\right)$

**16.** $15\frac{2}{7}x+14\frac{5}{9}y-\left(13\frac{1}{5}x-29\frac{1}{4}z\right)-\left(14\frac{4}{5}x-10\frac{2}{3}y-1\frac{7}{8}z\right)$

**17.** $\frac{3}{4}a+\frac{1}{3}b-\left(\frac{7}{8}a-\frac{9}{10}b-\frac{4}{5}c\right)-\left(\frac{7}{12}a-\frac{3}{4}c-\frac{11}{12}b\right)-\left(-\frac{2}{5}a\right)$

**18.** $\frac{5}{6}n-\frac{4}{7}x+\frac{3}{8}a-\left(\frac{2}{5}n-x\right)-\left(\frac{x}{4}+\frac{3}{4}a\right)-\left(-\frac{4}{5}x\right)$

Setzen Sie hinter das erste Minuszeichen eine Klammer, die alle folgenden Terme einschließt, und rechnen Sie die Ausdrücke aus!

**19.** $75a-15b+12a-3b=75a-(15b-12a+3b)=\underline{\underline{87a-18b}}$

**20.** $1{,}8x+3{,}4b-2{,}7x+8{,}4b+7{,}6x-3{,}1b$

**21.** $1\frac{1}{3}ab-2\frac{1}{4}ax+3\frac{1}{2}ab-2\frac{1}{3}ax$

**22.** $5\frac{1}{3}a+4b-3\frac{1}{3}c+1\frac{1}{6}a+2\frac{1}{2}b+3c-6$

**23.** $1{,}23d+1\frac{1}{2}x-2\frac{1}{10}d+1{,}01x+2\frac{1}{5}dx+7\frac{2}{5}d+4\frac{7}{25}x+4\frac{2}{3}dx-2{,}13d$

## Klammern in Klammern

**1.** $16a-[6b+(9a-3b+c+5a-2c+b)+2b]$
$=16a-6b-9a+3b-c-5a+2c-b-2b=\underline{\underline{2a-6b+c}}$

**2.** $25a-[36b-(19a-11b)-12a]$

**3.** $18a-[(14a-8b+2c)-(8a+12b-3c)]$

**4.** $a+b+c+d-[(d+a)-(b+c-a)]$

**5.** $6m+5n-(8p+6q)-[5m-3n+(7p+4q)]$

**6.** $7x-4y+7z-[3x+6y-(12x-5z)-2x]$

**7.** $24a-[(13a-8b+2c)-(9a+12b-3c)]$

**8.** $37a+[22b-(17c+12b-11a)+25c]-[18a-(7b-3c)]$

**9.** $1\frac{1}{2}x-\left[4\frac{2}{3}y-\left(3x-2\frac{1}{2}y\right)-1\frac{1}{3}x\right]-6y$

**10.** $3\frac{3}{4}x+\left[\left(1\frac{1}{2}x-4\frac{7}{8}y\right)-\left(1\frac{5}{6}x+9\frac{2}{3}y\right)\right]$

**11.** $2{,}7ab-\{2ab-(20x+12ab+4c)-[2c-(3x+3{,}5ab)]-19ab\}$

**12.** $11a-[(5a+3b)-5b-(4a+5b)]$

**13.** $3\frac{1}{2}x-\left[4\frac{2}{3}a-\left(2x-3\frac{1}{2}a\right)-2\frac{1}{6}x\right]$

**14.** $\frac{x}{6}-\left\{\frac{y}{3}-\left[\frac{2a}{4}+\left(\frac{x}{3}-\frac{3a}{4}\right)-\left(\frac{x}{2}+\frac{y}{3}\right)+\frac{x}{12}\right]-1\frac{1}{2}a\right\}$

**15.** $6\frac{1}{3}a-\left\{\left[4\frac{1}{2}+\left(5\frac{1}{3}b+4\frac{3}{5}\right)+1\frac{3}{4}a\right]-3\frac{1}{6}b-\left(3\frac{1}{2}a-1\frac{1}{4}\right)\right\}$

**16.** $1{,}3x-(0{,}5y-0{,}4z)-\{0{,}6y-[0{,}1z-(1{,}2x-1{,}3y)-0{,}5y]-0{,}6z\}$

**17.** $1{,}7a-\left(2\frac{1}{5}b-1\frac{1}{2}c\right)-\left\{[0{,}3b-(2{,}3a+2b)]-\left[\left(4a-2\frac{1}{4}b\right)-8{,}3c\right]\right\}$

### Vermischte Aufgaben zur Wiederholung von 1.4

**1.** $(4a-3b)-(9b-3a)-(5a-10b)-12a+7b$

**2.** $10x+15a-(9-4x)-(7+5a)-(12x-18a-14)$

**3.** $10{,}12a-(4{,}1a-2{,}4b+1{,}8c)+(3{,}16b+1{,}08c-2{,}5a)-(0{,}6a+5{,}21b)$

**4.** $3\frac{3}{5}x+5\frac{2}{3}y-\left(8\frac{2}{5}x+4\frac{5}{6}y\right)-\left(3\frac{1}{4}y-7\frac{7}{10}x\right)$

**5.** $5\frac{3}{4}a+1\frac{1}{2}b-\left(4\frac{1}{2}a-\frac{3}{4}b\right)-\left(5\frac{1}{3}b-1\frac{2}{3}a\right)$

**6.** $\frac{d}{2}+\left(\frac{d}{5}+\frac{e}{4}\right)-\left(\frac{d}{10}-\frac{e}{8}-38\frac{4}{5}\right)-1\frac{1}{5}d-17\frac{3}{20}$

**7.** $\frac{x}{4}+\frac{y}{2}+\frac{z}{8}-\left(3\frac{1}{5}x-\frac{2}{5}y\right)-\left(1\frac{3}{4}x-5\frac{1}{6}z\right)$

**8.** $(x-y)+\{z+[2x-3y+(2z-3x)+p]-y\}$

**9.** $[(4r-2s)-(5s-2t)]-\{6s-[5t-(3r+5t)]-9s\}$

**10.** $7-\{[(26x+37y-25z)+19y-16a]-8x+9z+6\}$

**11.** $[(-3cd+5)-25]-[18-(7+3cd)]+[6-(ay-9)]$

**12.** $(3a+4x)-\{6a-[5x-(9a-8x)]+13a\}$

**13.** $4x+6y-\{6x-[7y-(5x+3y)-(6y-8x)-3x]-3x\}$

**14.** $4xy-8xz-\{2yz-[3xy-(5xz+6yz)+7yz]-2xy\}$

**15.** $a-\{[(b-3ab)-(a+3ab)]-(6a-3b)\}$

**16.** $\{[4c-(5cd+d)]-[7d-(c-2cd)]\}-(c+d)$

**17.** $0{,}3x-\left[y-\left(\frac{1}{5}x+\frac{3}{4}z-\frac{1}{2}x\right)-0{,}25y\right]$

**18.** $\left[15\frac{3}{4}a-\left(10\frac{1}{71}b-6\frac{24}{29}a\right)\right]-\left[7\frac{24}{29}a-\left(10\frac{1}{71}-15\frac{3}{4}a\right)\right]$

**19.** $-\left[7\frac{1}{6}t+\left(4\frac{3}{8}r-3\frac{1}{4}t\right)\right]+\left(6\frac{5}{6}r-4\frac{2}{3}s\right)-\left(3\frac{1}{2}r-6\frac{5}{12}s\right)$

**20.** $\left\{\left[4\frac{1}{2}xy-\left(6\frac{3}{4}ab-4\frac{3}{8}rs\right)\right]-\left(3\frac{1}{4}xy+8\frac{1}{4}ab\right)\right\}-\left[\left(16\frac{1}{4}rs-2\frac{1}{2}xy\right)-9\frac{1}{8}ab\right]$

**21.** $4{,}4a-7{,}57b-\{6{,}8-[7{,}35a-(8{,}1-5{,}3b)]-(6{,}04a-3{,}78b)\}$
$-\{-4b+[-3{,}25a+(8{,}4a-6{,}73b)+(-9{,}7+5{,}68b)]-15{,}3\}$

**22.** Berechnen Sie das Maß $x$:

a) allgemein (mithilfe von Variablen),

b) für $a = 6$ mm,
$b = 22$ mm,
$c = 10$ mm,
$d = 7$ mm,
$l = 140$ mm.

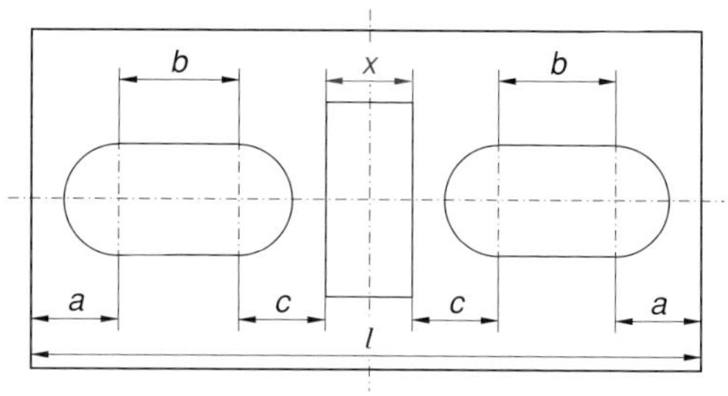


# Wiederholungsfragen zu 1.4

Was ist zu beachten, wenn:

**1.** ein Pluszeichen vor der Klammer steht;

**2.** ein Minuszeichen vor der Klammer steht;

**3.** man Klammern setzen will;

**4.** runde Klammern von eckigen Klammern eingeschlossen sind?

# 1.5 Das Multiplizieren

Im Folgenden werden Fertigkeiten im Multiplizieren von nicht negativen rationalen Zahlen (natürliche Zahlen, Brüche, Dezimalbrüche) vorausgesetzt. Es werden nur solche Multiplikationsaufgaben betrachtet, in denen mindestens eine negative Zahl vorkommt.

Alle Überlegungen werden der Einfachheit halber zunächst für natürliche bzw. ganze Zahlen angestellt.

Das Multiplizieren nicht negativer rationaler Zahlen kann als eine verkürzte spezielle Addition aufgefasst werden.

$3 \cdot 4$ ist in diesem Sinne eine Abkürzung für $4+4+4$, es gilt:

$3 \cdot 4 = 4+4+4$.

Der erste Faktor, auch **Multiplikator** genannt, gibt an, wievielmal der zweite Faktor, der so genannte **Multiplikand,** als Summand gesetzt werden soll. Damit ist die Multiplikationsaufgabe auf eine Additionsaufgabe zurückgeführt.

$5 \cdot 8 = 8+8+8+8+8 = \underline{\underline{40}}$

$2 \cdot \frac{1}{2} = \frac{1}{2} + \frac{1}{2} = \underline{\underline{1}}$

$3a = 3 \cdot a = a+a+a$ ► Multiplikator 3

$4x = 4 \cdot x = x+x+x+x$ ► Multiplikator 4

Diese kann am Zahlenstrahl veranschaulicht werden. Dazu trägt man eine Strecke, deren Länge durch den Multiplikanden bestimmt ist, so oft von Null aus auf dem Zahlenstrahl ab, wie es der Multiplikator angibt. Am Zielpunkt liest man das Resultat ab. $3 \cdot 4 = \underline{\underline{\quad}}$ heißt, auf dem Zahlenstrahl von Null aus 3-mal eine Strecke von 4 Längeneinheiten abzutragen oder – das wäre eine andere Möglichkeit der Veranschaulichung – 3 Schritte mit der Schrittlänge von 4 Einheiten von Null aus zurückzulegen.

Ist der Multiplikand eine Variable für eine positive Zahl, so findet man das Resultat auf die gleiche Weise.

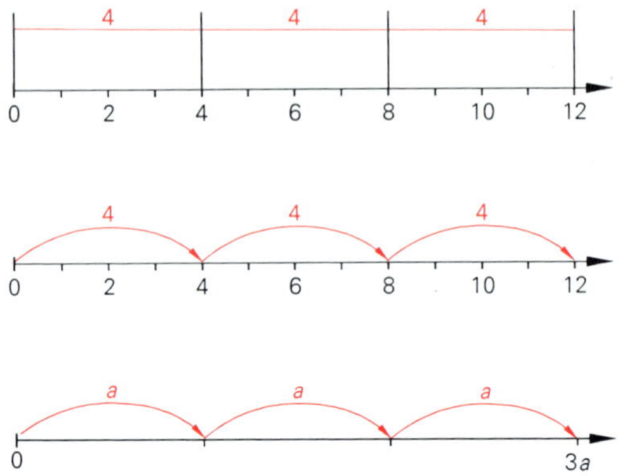


Im Zusammenhang mit dem Multiplizieren werden einige neue Begriffe verwendet, sie wurden zum Teil schon gebraucht.

Die linke Seite einer Multiplikationsaufgabe heißt **Produkt**, ihre Glieder heißen **Faktoren**. Auch das Resultat wird als Produkt bezeichnet. Der 1. Faktor heißt auch **Multiplikator**, der 2. **Multiplikand**.

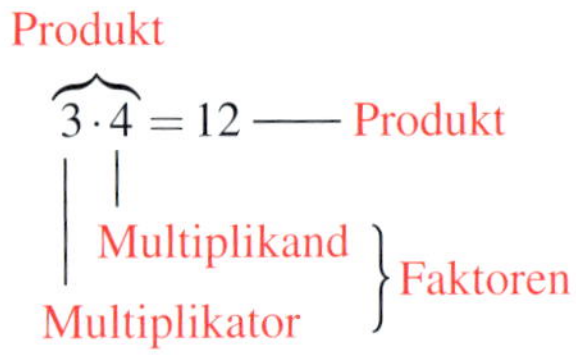


**Anmerkung:**

Wenn nicht ausdrücklich etwas anderes vermerkt ist, stehen im Folgenden Variable immer als Leerstellen für rationale Zahlen, also z. B. $a, b, x, \ldots \in \mathbb{Q}$.

## 1.5.1 Das Multiplizieren einer positiven rationalen Zahl mit einer negativen rationalen Zahl

Handelt es sich um **Aufgaben** der Art $3 \cdot (-2) = \underline{\underline{\quad}}$, so macht es keine Schwierigkeiten, die Erklärung der Multiplikation nicht negativer Zahlen auf den neuen Fall zu übertragen. Wie dort soll auch hier gelten: Der Multiplikator gibt an, wie oft der Multiplikand als Summand zu setzen ist.

Es ist also $3 \cdot (-2) = (-2) + (-2) + (-2)$. Nach der Grundregel der Addition rationaler Zahlen ergibt das

$$
\begin{aligned}
3 \cdot (-2) &= (-2) + (-2) + (-2) \\
&= -2 - 2 - 2 = \underline{\underline{-6}}.
\end{aligned}
$$

$$
\begin{aligned}
3 \cdot (-7) &= \underline{\underline{\quad\quad}} \\
&= (-7) + (-7) + (-7) && \blacktriangleright \text{ Umwandlung in Additionsaufgabe} \\
&= -7 - 7 - 7 && \blacktriangleright \text{ Grundregel der Addition} \\
&= \underline{\underline{-21}} && \blacktriangleright \text{ Resultat}
\end{aligned}
$$

Während zur Veranschaulichung von Aufgaben der Art $3\cdot 4$ der Zahlenstrahl verwendet werden konnte, muss nun wegen des Auftretens negativer Zahlen die Zahlengerade herangezogen werden.

Für die Aufgabe $3\cdot(-2) = -2-2-2$ bedeutet das: Gehe auf der Zahlengeraden von Null aus um 3 Schritte der Länge 2 nach links. Am Zielpunkt liest man das Resultat $-6$ ab.

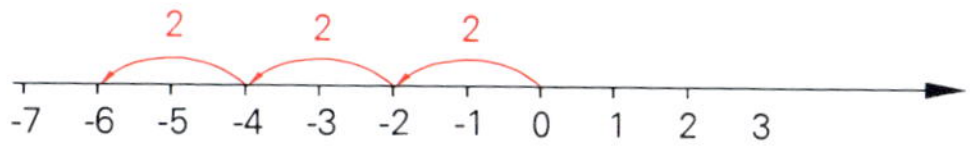


Ist der Multiplikand eine Variable für eine negative Zahl, so findet man das Resultat auf die gleiche Weise. Es gilt auch hier:

$4a = 4\cdot a = a+a+a+a.$

Steht $a$ für $-2$, ergibt $4a = 4\cdot(-2) = \underline{\underline{-8}}$.

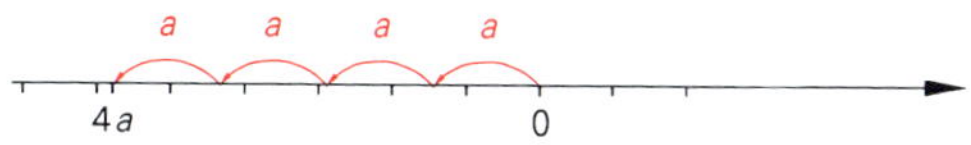


Die bisherige Erklärung der Multiplikation versagt, wenn nicht der Multiplikand, sondern der Multiplikator eine negative Zahl ist. Die Aufgabe $(-1)\cdot 2 = \underline{\quad}$ würde verlangen, die zwei $(-1)$-mal als Summand zu setzen. Das ergibt keinen Sinn. Dieser Fall bedarf offenbar einer neuen Fortsetzung.

Um sie zu finden, betrachtet man eine Folge von Multiplikationsaufgaben, in welchen bei gleich bleibendem Multiplikanden der Multiplikator jeweils um 1 kleiner wird. Man stellt fest: Die Produkte werden von Aufgabe zu Aufgabe um 2 kleiner.

$3\cdot 2 = 6$

$2\cdot 2 = 4$

$1\cdot 2 = 2$

$0\cdot 2 = 0$

$(-1)\cdot 2 = ?$

Es ist sicher vernünftig, die Multiplikation eines negativen Multiplikators mit einem positiven Multiplikanden so zu erklären, dass die angeführte Reihe fortgesetzt wird, dass also z. B. die Aufgabe $(-1)\cdot 2 = \underline{\underline{\quad}}$ die Lösung $-2$ hat.

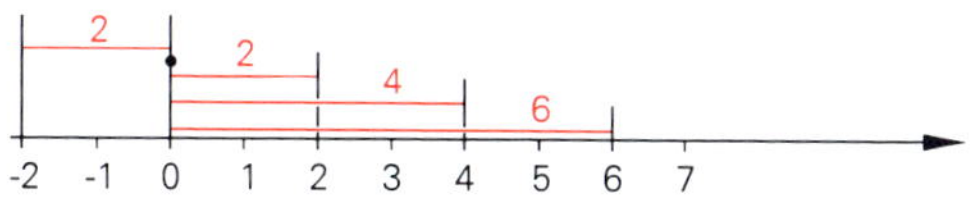


Das erreicht man, indem man **festsetzt**:

> Das Produkt aus einer positiven und einer negativen rationalen Zahl ist stets negativ.
>
> Man berechnet es, indem man die Beträge der Faktoren bildet, diese multipliziert und dem Ergebnis das Vorzeichen Minus gibt.

Einer besonderen Erwähnung bedarf der Fall $0\cdot a$ mit $a<0$, also z. B. $0\cdot(-5)$. Der Multiplikator 0 verlangt, den folgenden Multiplikanden überhaupt nicht als Summanden zu schreiben. Das Resultat ist 0. Auch wenn 0 als Multiplikand auftritt, z. B. in $(-5)\cdot 0$, ist das Produkt 0, denn nach der oben getroffenen Festlegung müssen die Beträge der Faktoren miteinander multipliziert werden, und da $|(-5)|\cdot|0| = 5\cdot 0 = 0$, ist also $(-5)\cdot 0 = 0$.

Ist der Multiplikator 1, heißt $1\cdot a$ beispielsweise auch für $a<0$, dass $a$ 1-mal als Summand gesetzt werden soll. Darunter wird verstanden, dass $1\cdot a = a$ und wegen der schon erwähnten Festlegung $1\cdot a = a\cdot 1 = a$ gilt.

**Merke:**

$$0 \cdot a = a \cdot 0 = 0 \quad \text{und} \quad 1 \cdot a = a \cdot 1 = a$$

**Beispiele:**

**1.** $15 \cdot (-2) = \underline{\underline{\quad}}$

Um dieses Produkt zu berechnen, müssen die Beträge der Faktoren miteinander multipliziert werden. Dieses Ergebnis erhält dann das Vorzeichen „–".

**1.** $15 \cdot (-2) = \underline{\underline{\quad}}$

$|15| = 15;\ |-2| = 2$ ► Beträge der Faktoren

$15 \cdot 2 = 30$ ► Produkt der Beträge

$-30$ ► Vorzeichen „–"

$15 \cdot (-2) = \underline{\underline{-30}}$ ► Resultat

**2.** $(-15) \cdot 2 = \underline{\underline{\quad}}$

Auch zur Berechnung dieses Produkts müssen die Beträge der Faktoren miteinander multipliziert werden. Dieses Ergebnis erhält sodann das Vorzeichen „–".

**2.** $(-15) \cdot 2 = \underline{\underline{\quad}}$

$|-15| = 15;\ |2| = 2$ ► Beträge der Faktoren

$15 \cdot 2 = 30$ ► Produkt der Beträge

$-30$ ► Vorzeichen „–"

$(-15) \cdot 2 = \underline{\underline{-30}}$ ► Resultat

**3.** $(-87) \cdot 0 = \underline{\underline{\quad}}$

Das Produkt irgendeiner rationalen Zahl mit 0 ist 0.

$(-87) \cdot 0 = \underline{\underline{0}}$

Bisher wurden alle Überlegungen für natürliche bzw. ganze Zahlen angestellt. In den Beispielen kamen nur solche Zahlen vor.

Die aufgestellten Regeln gelten aber für alle rationalen Zahlen, also auch für Brüche und Dezimalbrüche.

Auf einen Nachweis dafür soll jedoch verzichtet werden.

**Beispiele:**

**1.** $3 \cdot \left(-\frac{1}{2}\right) = \underline{\underline{\quad}}$

Nach der Festlegung über das Vorgehen beim Multiplizieren zweier rationaler Zahlen mit unterschiedlichen Vorzeichen müssen zunächst die Beträge der Faktoren bestimmt und diese sodann multipliziert werden. Das Ergebnis erhält das Vorzeichen „–".

**1.** $3 \cdot \left(-\frac{1}{2}\right) = \underline{\underline{\quad}}$

$|3| = 3;\ \left|-\frac{1}{2}\right| = \frac{1}{2}$ ► Beträge der Faktoren

$3 \cdot \frac{1}{2} = \frac{3}{2}$ ► Produkt der Beträge

$3 \cdot \left\{-\frac{1}{2}\right\} = \underline{\underline{-\frac{3}{2}}}$ ► Vorzeichen „–" und Resultat

**2.** $(-2{,}5) \cdot 6 = \underline{\underline{\quad}}$

Auch zur Berechnung dieses Produkts müssen die Beträge der Faktoren multipliziert werden. Dieses Ergebnis erhält sodann das Vorzeichen „–".

**2.** $(-2{,}5) \cdot 6 = \underline{\underline{\quad}}$

$|(-2{,}5)| = 2{,}5;\ |6| = 6$ ► Beträge der Faktoren

$2{,}5 \cdot 6 = 15$ ► Produkt der Beträge

$(-2{,}5) \cdot 6 = \underline{\underline{-15}}$ ► Vorzeichen „–" und

**3.** $(-4{,}25) \cdot 0{,}8 = \underline{\underline{\quad}}$

Das Resultat ist eine negative Zahl. Sein Betrag ist das Produkt aus den Beträgen der Faktoren.

**3.** $(-4{,}25) \cdot 0{,}8 = \underline{\underline{\quad}}$

$|(-4{,}25)| = 4{,}25;\ |0{,}8| = 0{,}8$ ► Beträge der Faktoren

$4{,}25 \cdot 0{,}8 = 3{,}400$ ► Produkt der Beträge

$(-4{,}25) \cdot 0{,}8 = \underline{\underline{-3{,}4}}$ ► Vorzeichen „–" und Resultat

**4.** $\frac{4}{5} \cdot \left(-\frac{2}{3}\right) = \underline{\underline{\quad}}$

Das Resultat hat das Vorzeichen „–". Sein Betrag ist das Produkt aus den Beträgen der Faktoren.

**4.** $\frac{4}{5} \cdot \left(-\frac{2}{3}\right) = \underline{\underline{\quad}}$

$\left|\frac{4}{5}\right| = \frac{4}{5};\ \left|-\frac{2}{3}\right| = \frac{2}{3}$ ► Beträge der Faktoren

$\frac{4}{5} \cdot \frac{2}{3} = \frac{4 \cdot 2}{5 \cdot 3} = \frac{8}{15}$ ► Produkt der Beträge

$\frac{4}{5} \cdot \left(-\frac{2}{3}\right) = \underline{\underline{-\frac{8}{15}}}$ ► Vorzeichen „–" und Resultat

## 1.5.2 Das Multiplizieren zweier negativer rationaler Zahlen

Hierbei handelt es sich um **Aufgaben** der Art $(-2) \cdot (-3) = \underline{\underline{\quad}}$. Beide Faktoren sind negative Zahlen. Mit der bisherigen Regel ist dieser Fall nicht lösbar, es muss eine neue Regel aufgestellt werden. Um sie zu finden, kann man sich derselben Methode bedienen, wie sie schon im Fall $(-3) \cdot 2 = \underline{\underline{\quad}}$ zum Erfolg führte.

Man betrachtet eine Folge von Multiplikationsaufgaben, in welchen bei gleich bleibendem negativen Multiplikanden der positive Multiplikator um jeweils 1 kleiner wird, etwa die mit $3 \cdot (-3)$ beginnende Folge.

$$3 \cdot (-3) = -9$$
$$2 \cdot (-3) = -6$$
$$1 \cdot (-3) = -3$$
$$0 \cdot (-3) = 0$$
$$(-1) \cdot (-3) = ?$$

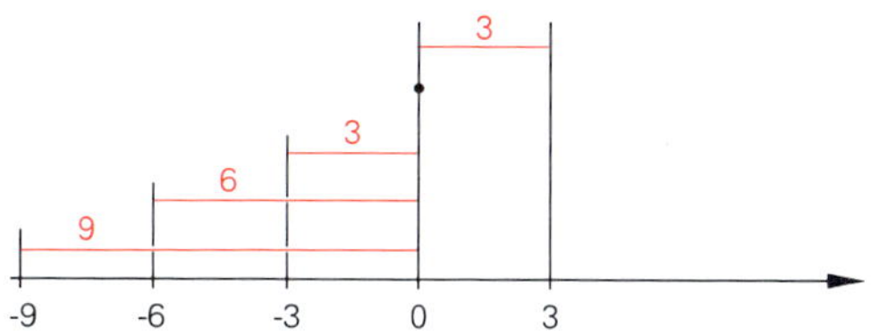


Man stellt fest: Die Produkte werden von Aufgabe zu Aufgabe um 3 größer. Es ist sicher vernünftig, die Multiplikation eines negativen Multiplikators mit einem negativen Multiplikanden so zu erklären, dass die erwähnte Folge von Multiplikationsaufgaben fortgesetzt wird, dass also gilt:

$(-1) \cdot (-3) = 3.$

Das erreicht man, indem man **festsetzt**:

> Das Produkt aus zwei negativen rationalen Zahlen ist eine positive rationale Zahl.
> Man berechnet es, indem man die Beträge der Faktoren miteinander multipliziert.

**Beispiele:**

**1.** $(-4)\cdot(-5) = \underline{\underline{\quad}}$

Beide Faktoren sind negative Zahlen, ihr Produkt ist also positiv. Der Betrag dieses Produkts ist gleich dem Produkt der Beträge der Faktoren.

**1.** $(-4)\cdot(-5) = \underline{\underline{\quad}}$

$|-4| = 4;\ |-5| = 5$ ► Beträge der Faktoren

$4\cdot 5 = 20$ ► Produkt der Beträge

$(-4)\cdot(-5) = \underline{\underline{20}}$ ► Resultat

**2.** $(-2{,}5)\cdot(-2{,}5) = \underline{\underline{\quad}}$

Beide Faktoren sind negative Zahlen, ihr Produkt also eine positive Zahl. Man erhält diese, wenn man die Beträge der Faktoren miteinander multipliziert.

**2.** $(-2{,}5)\cdot(-2{,}5) = \underline{\underline{\quad}}$

$|-2{,}5| = 2{,}5$ ► Beträge der Faktoren

$2{,}5\cdot 2{,}5 = 6{,}25$ ► Produkt der Beträge

$(-2{,}5)\cdot(-2{,}5) = \underline{\underline{6{,}25}}$ ► Resultat

**3.** $\left(-\frac{1}{4}\right)\cdot\left(-\frac{40}{3}\right) = \underline{\underline{\quad}}$

Beide Faktoren sind negative Zahlen, ihr Produkt ist also eine positive Zahl. Man erhält diese, wenn man die Beträge der Faktoren miteinander multipliziert.

**3.** $\left(-\frac{1}{4}\right)\cdot\left(-\frac{40}{3}\right) = \underline{\underline{\quad}}$

$\left|-\frac{1}{4}\right| = \frac{1}{4};\ \left|\frac{40}{3}\right| = \frac{40}{3}$ ► Beträge der Faktoren

$\frac{1}{4}\cdot\frac{40}{3} = \frac{1\cdot 40}{4\cdot 3} = \frac{1\cdot 10}{1\cdot 3} = \frac{10}{3}$ ► Produkt der Beträge

$\left(-\frac{1}{4}\right)\cdot\left(-\frac{40}{3}\right) = \underline{\underline{\frac{40}{3}}}$ ► Resultat

Produkte bestehen nicht immer aus genau zwei Faktoren. Für die **Berechnung von Produkten mit 3 und mehr Faktoren** gilt folgende Anweisung:

Besteht ein Produkt aus mehr als zwei Faktoren, bestimmt man das Vorzeichen des Resultats, indem man aus den Vorzeichen der ersten beiden Faktoren nach den Regeln über das Vorzeichen eines Produkts aus zwei Faktoren das Vorzeichen dieses Produktes bildet, mit diesem Vorzeichen und dem des 3. Faktors wiederum nach der genannten Regel das Vorzeichen dieses Produkts bestimmt usw.

Danach berechnet man den Betrag des Resultats als Produkt der Beträge der Faktoren.

$(-1)\cdot(-2)\cdot 3 = \underline{\underline{\quad}}$

$\underbrace{\underbrace{(-1)\cdot(-2)}_{+}\cdot 3}_{+} =$

$|(-1)| = 1;\ |(-2)| = 2;\ |3| = 3$

$1\cdot 2\cdot 3 = 6$

$(-1)\cdot(-2)\cdot 3 = \underline{\underline{6}}$

$5\cdot 2\cdot(-2) = \underline{\underline{\quad}}$

$\underbrace{\underbrace{5\cdot 2}_{+}\cdot(-2)}_{-} =$

$|5| = 5;\ |2| = 2;\ |(-2)| = 2$

$5\cdot 2\cdot 2 = 20$

$5\cdot 2\cdot(-2) = \underline{\underline{-20}}$

Beim Multiplizieren zweier rationaler Zahlen können also folgende Fälle auftreten:

Beide Faktoren haben gleiches Vorzeichen (das Vorzeichen „+“ schreibt man meist nicht) oder beide Faktoren haben ungleiches Vorzeichen (auch hierbei wird das Vorzeichen „+“ meist nicht geschrieben).

Als „Eselsbrücke" für die Berechnung der jeweiligen Produkte kann man sich merken:

**1.** Der Betrag des Produkts ist gleich dem Produkt der Beträge der Faktoren.

**2.** Für das Vorzeichen des Produkts gilt:

| | | |
|---|---|---|
| plus mal plus<br>minus mal minus | } ergibt plus, kurz: | $+\cdot+=+$<br>$-\cdot-=+$ |
| plus mal minus<br>minus mal plus | } ergibt minus, kurz: | $+\cdot-=-$<br>$-\cdot+=-$ |

**Beispiele:**

**1.** $3\cdot(-2)\cdot(-4)=\underline{\underline{\phantom{00}}}$

Die ersten beiden Faktoren haben ungleiche Vorzeichen, es ist $+\cdot-=-$. Das so bestimmte Vorzeichen stimmt mit dem Vorzeichen des dritten Faktors überein, das ergibt $-\cdot-=+$. Das Produkt hat das Vorzeichen „+". Sein Betrag ergibt sich als Produkt der Beträge.

**1.** $\underbrace{\underbrace{3\cdot(-2)}_{-}\cdot(-4)}_{+}=\underline{\underline{\phantom{00}}}$ ▶ Bestimmen des Vorzeichens

$|3|=3;\ |-2|=2;\ |-4|=4$ ▶ Bestimmen der Beträge

$3\cdot2\cdot4=24$ ▶ Produkt der Beträge

$3\cdot(-2)\cdot(-4)=\underline{\underline{24}}$ ▶ Resultat

**2.** $(-1)\cdot5\cdot6\cdot(-2)=\underline{\underline{\phantom{00}}}$

Die ersten beiden Faktoren haben ungleiche Vorzeichen, es ist $-\cdot+=-$. Dieses „−" ist verschieden vom Vorzeichen des dritten Faktors, also gilt $-\cdot+=-$. Dieses Vorzeichen stimmt mit dem des 4. Faktors überein, also gilt $-\cdot-=+$.

Der Betrag des Produkts ist gleich dem Produkt der Beträge der Faktoren.

**2.** $\underbrace{\underbrace{\underbrace{(-1)\cdot5}_{-}\cdot6}_{-}\cdot(-2)}_{+}=\underline{\underline{\phantom{00}}}$ ▶ Bestimmen des Vorzeichens

$|-1|=1;\ |5|=5;\ |6|=6;\ |-2|=2$ ▶ Bestimmen der Beträge

$1\cdot5\cdot6\cdot2=60$ ▶ Produkt der Beträge

$(-1)\cdot5\cdot6\cdot(-2)=\underline{\underline{60}}$ ▶ Resultat

Aus der Erklärung der Multiplikation zweier rationaler Zahlen mit gleichen oder unterschiedlichen Vorzeichen folgt, dass das Resultat von der Reihenfolge der Faktoren unabhängig ist, dass die Faktoren also vertauscht werden können. Wie bei der Addition bezeichnet man diese Eigenschaft als **Kommutativität** und sagt: Die Multiplikation rationaler Zahlen ist **kommutativ**.

Mit Variablen drückt man das so aus:

$5\cdot3=3\cdot5$, denn:

$5\cdot3=3+3+3+3+3=\underline{\underline{15}}$

$3\cdot5=5+5+5\qquad=\underline{\underline{15}}$

Aber auch:

$(-5)\cdot3=3\cdot(-5)=\underline{\underline{-15}}$

und

$(-5)\cdot(-3)=(-3)\cdot(-5)=\underline{\underline{15}}$

Für alle $a, b\in\mathbb{Q}$ gilt:

$$a\cdot b=b\cdot a.$$

Auch für die Assoziativität der Addition gibt es eine Entsprechung bei der Multiplikation. In drei- oder mehrgliedrigen Produkten können die Faktoren beliebig durch Klammern zusammengefasst werden. Die Multiplikation rationaler Zahlen ist **assoziativ**.

$(5 \cdot 3) \cdot 2 = 15 \cdot 2 = 2 + 2 + 2 \ldots + 2 = \underline{\underline{30}}$

$5 \cdot (3 \cdot 2) = \ 5 \cdot 6 = 6 + 6 + 6 + 6 + 6 = \underline{\underline{30}}$

also: $(5 \cdot 3) \cdot 2 = 5 \cdot (3 \cdot 2) = \underline{\underline{30}}$

Aber auch:

$(5 \cdot (-3)) \cdot 2 = 5 \cdot ((-3) \cdot 2) = \underline{\underline{-30}}$

und

$((-5) \cdot (-3)) \cdot (-2) = (-5) \cdot ((-3) \cdot (-2)) = \underline{\underline{-30}}.$

Mithilfe von Variablen wird das so ausgedrückt:

Für alle $a, b, c \in \mathbb{Q}$ gilt:

$$(ab)\,c = a(bc).$$

## Übungen zu 1.5.1 und 1.5.2

**1.** $3 \cdot (-4) = -|3| \cdot |-4| = -3 \cdot 4 = \underline{\underline{-12}}$
$7 \cdot (-8) =$
$15 \cdot (-15) =$
$2{,}6 \cdot (-7{,}2) =$
$0{,}8 \cdot (-1{,}2) =$
$\frac{1}{2} \cdot \left(-\frac{3}{4}\right) =$
$\frac{4}{7} \cdot \left(-\frac{8}{9}\right) =$

**2.** $(-4) \cdot (-3) = +|-4| \cdot |-3| = +4 \cdot 3 = \underline{\underline{12}}$
$(-11) \cdot (-12) =$
$(-17) \cdot (-4) =$
$(-1{,}8) \cdot (-2{,}2) =$
$(-17{,}5) \cdot (-3) =$
$\left(-\frac{1}{2}\right) \cdot \left(-\frac{1}{3}\right) =$
$\left(-\frac{2}{3}\right) \cdot \left(-\frac{1}{5}\right) =$

**3.** $(-4) \cdot 7 = -|-4| \cdot |7| = -4 \cdot 7 = \underline{\underline{-28}}$
$(-21) \cdot 3 =$
$(-412) \cdot 5 =$
$(-9{,}8) \cdot 3{,}5 =$
$(-1{,}6) \cdot 4 =$
$\left(-\frac{7}{9}\right) \cdot \frac{3}{4} =$
$\left(-\frac{21}{5}\right) \cdot \frac{10}{14} =$

**4.** $(-4) \cdot 5 \cdot (-3) =$ Bestimmen des Vorzeichens: $- \cdot + \cdot - = +$
$= \underline{\underline{60}}$ Bestimmen des Betrags: $|-4| \cdot |5| \cdot |-3| = 4 \cdot 5 \cdot 3 = 60$
$(-7) \cdot 2 \cdot (-2) =$
$7 \cdot 2 \cdot (-2) =$
$(-3) \cdot (-4) \cdot (-5) =$
$(-2{,}5) \cdot (-2{,}5) \cdot (-3) =$

**5.** $(-4) \cdot 5 \cdot 3 \cdot (-2) =$ Bestimmen des Vorzeichens: $- \cdot + \cdot + \cdot - = +$
$= \underline{\underline{120}}$ Bestimmen des Betrags: $|-4| \cdot |5| \cdot |3| \cdot |-2| = 4 \cdot 5 \cdot 3 \cdot 2 = 120$
$(-2) \cdot 3 \cdot 4 \cdot (-5) =$
$(-2) \cdot (-4) \cdot 5 \cdot 6 =$
$(-2) \cdot (-4) \cdot (-5) \cdot 6 =$
$(-2) \cdot (-4) \cdot (-5) \cdot (-6) =$
$(-1{,}5) \cdot (-4) \cdot 3 \cdot (-12) =$

## 1.5.3 Das Multiplizieren mit Variablen

Traten bisher in einem Produktterm Variable für rationale Zahlen auf, diente dieser Term entweder der Charakterisierung eines bestimmten Typs von Aufgaben – z. B.: Wie löst man $2 \cdot a = \underline{\underline{\quad}}$ für $a < 0$? – oder der Beschreibung einer Eigenschaft bzw. einer Gesetzmäßigkeit – z. B.: Die Multiplikation ist kommutativ, d. h., es gilt $a \cdot b = b \cdot a$ für alle $a, b \in \mathbb{Q}$.

Mit dem Vorkommen von Variablen in Produkttermen sind aber noch andere Fragen verknüpft.

- Produkte, in denen Variable vorkommen, können berechnet werden, wenn man weiß, für welche rationalen Zahlen die Variablen stehen.

Steht $a$ für 2 und $b$ für $(-3)$, so ist $a \cdot b = 2 \cdot (-3) = \underline{\underline{-6}}$.

**Berechnen von Produkten**

$2xy = \underline{\underline{\quad}}$

Steht $x$ für 1 und $y$ für $\frac{1}{2}$, ist $2xy = 2 \cdot 1 \cdot \frac{1}{2} = \underline{\underline{1}}$.

- Produkte, in denen Variable vorkommen, können oft aber auch zu einem vereinfachten Produktterm umgeformt werden, ohne dass man für die Variablen Zahlen schreibt.

So wie man $2a + 4a$ zu $6a$ zusammenfassen kann, kann man auch $2a \cdot 3$ zu $6a$ zusammenfassen sowie $2a \cdot 3b$ zu $6ab$.

**Umformen von Produkttermen**

$2x \cdot \frac{1}{2} y = 2 \cdot \frac{1}{2} xy = 1 \cdot xy = \underline{\underline{xy}}$

$4c \cdot (-3)\, d = 4 \cdot (-3)\, cd = \underline{\underline{-12cd}}$

**Merke:**

Rationale Zahlen, die als Faktoren in Produkttermen stehen, können zu Teilprodukten zusammengefasst werden.

- Kommt ein und dieselbe Variable in einem Produktterm mehrfach vor, kann dies durch eine spezielle Schreibweise abgekürzt dargestellt werden.

So schreibt man für $a \cdot a$ den Ausdruck $a^2$, für $a \cdot a \cdot a$ den Ausdruck $a^3$ usw. Man nennt in solchen Ausdrücken $a$ die **Grundzahl** oder **Basis**, 2, 3 … die **Hochzahlen** oder **Exponenten**, die Ausdrücke $a^2$, $a^3$ … selbst **Potenzen**.

**Potenzschreibweise**

Exponent

$a \cdot a = a^2$ } Potenz

Basis

$m \cdot m \cdot m \cdot m = \underline{\underline{m^4}}$

$z^5 = \underline{\underline{z \cdot z \cdot z \cdot z \cdot z}}$

$2a \cdot 4a = 2 \cdot 4 \cdot a \cdot a = \underline{\underline{8a^2}}$

$2a \cdot 3b \cdot 4a = 2 \cdot 3 \cdot 4a \cdot b \cdot a = \underline{\underline{24a^2 \cdot b}}$

Diese Schreibweise ist durch die **Vereinbarung** bestimmt: Die Exponenten von Potenzen geben an, wie oft die Basen als Faktoren zu schreiben sind.

Wie das Multiplizieren mit einer natürlichen Zahl eine Verkürzung einer speziellen Addition (die Summanden sind gleich) ist, ist das Potenzieren eine Verkürzung einer speziellen Multiplikation (die Faktoren sind gleich).

● Sind Variable, die als Faktoren stehen, mit Vorzeichen behaftet, gelten für ihre Umformung dieselben Vorzeichenregeln wie für die Multiplikation rationaler Zahlen.

**Variablen mit Vorzeichen**

$$a \cdot (-b) = ?$$
$$(-x) \cdot (-y) = ?$$
$$2x \cdot (-y) = ?$$

**Beispiele:**

**1.** $a \cdot (-b) = \underline{\underline{\quad}}$

Die Variablen haben unterschiedliche Vorzeichen, der Produktterm hat also das Vorzeichen „–".

**1.** $a \cdot (-b) = \underline{\underline{\quad}}$
$= \underline{\underline{-ab}}$

**2.** $(-x) \cdot (-y) = \underline{\underline{\quad}}$

Die Variablen haben gleiche Vorzeichen, der Produktterm hat also das Vorzeichen „+".

**2.** $(-x) \cdot (-y) = \underline{\underline{\quad}}$
$= \underline{\underline{xy}}$

**3.** $2x \cdot (-y) = \underline{\underline{\quad}}$

Die Variablen haben unterschiedliche Vorzeichen, ihr Produkt hat also das Vorzeichen „–". Der Faktor 2 hat das Vorzeichen „+" (das man nicht zu schreiben braucht), wegen der Regel $+ \cdot - = -$ ist das Resultat also mit dem Vorzeichen „–" zu versehen.

**3.** $2x \cdot (-y) = \underline{\underline{\quad}}$

$x \cdot (-y) = -xy$ ► Produkt der Variablen

$2x \cdot (-y) = \underline{\underline{-2xy}}$ ► Multiplikation mit 2 und Resultat

**4.** $2x \cdot 3(-y) = \underline{\underline{\quad}}$

Die rationalen Zahlen 2 und 3 sind positiv, die Variablen haben unterschiedliche Vorzeichen. Der Produktterm der Variablen hat das Vorzeichen „–", der Gesamtproduktterm ebenfalls.

**4.** $2x \cdot 3(-y) = \underline{\underline{\quad}}$

$2 \cdot 3 = 6$ ► Produkt der Faktoren 2 und 3

$x \cdot (-y) = -xy$ ► Produkt der Variablen

$2x \cdot 3(-y) = \underline{\underline{-6xy}}$ ► Resultat

**Merke:**

Zwei Variable mit unterschiedlichen Vorzeichen werden multipliziert, indem man die Variablen multipliziert und dem Produktterm das Vorzeichen „–" gibt. Zwei Variable mit gleichen Vorzeichen werden multipliziert, indem man die Variablen multipliziert und dem Produktterm das Vorzeichen „+" gibt.

**Anmerkung:**

Diese Regel sagt etwas über das Vorzeichen eines Produktterms mit Variablen aus. Welches Vorzeichen dieser Produktterm hat, wenn für die Variablen rationale Zahlen gesetzt werden, ist damit noch nicht gesagt.

Der Term $-ab$ kann bei Ersetzen durch rationale Zahlen für $a$ und $b$ positiv oder negativ sein. Er ist negativ, wenn für $a$ und $b$ jeweils positive oder negative Zahlen gesetzt werden, er ist positiv, wenn für $a$ und $b$ jeweils eine positive und eine negative Zahl gesetzt werden.

1. Fall: $a=5,\ b=3$: $-ab=-(5\cdot 3)=\underline{\underline{-15}}$

2. Fall: $a=-5,\ b=-3$: $-ab=-((-5)\cdot(-3))=\underline{\underline{-15}}$

3. Fall: $a=5,\ b=-3$: $-ab=-5\cdot(-3)=\underline{\underline{15}}$

4. Fall: $a=-5,\ b=3$: $-ab=-(-5)\cdot 3=\underline{\underline{15}}$

● Produktterme können mit Produkttermen multipliziert werden.

Ein Produktterm besteht aus Faktoren. Da die Multiplikation kommutativ ist, kann man die Reihenfolge der Faktoren verändern. Man nennt das **Ordnen** des Produktterms. Man ordnet, indem man die rationalen Zahlen – soweit vorhanden – an den Anfang des Produktterms schreibt und die Variablen in alphabetischer Reihenfolge anschließt. Da die Multiplikation assoziativ ist, können die Faktoren beliebig zusammengefasst werden. Man multipliziert also die vorkommenden rationalen Zahlen miteinander und fasst mehrfach als Faktoren auftretende Variablen in Potenzschreibweise zusammen.

**Multiplizieren von Produkttermen**

$2abx\cdot 7ac=\underline{\underline{\quad}}$

$2abx = 2\cdot a\cdot b\cdot x$

$7ac = 7\cdot a\cdot c$

$2abx\cdot 7ac = 2\cdot a\cdot b\cdot x\cdot 7\cdot a\cdot c$

$= 2\cdot 7\cdot a\cdot a\cdot b\cdot c\cdot x$

$14\cdot a^2\cdot b\cdot c\cdot x$

Also:

$2abx\cdot 7ac=\underline{\underline{14a^2bcx}}$

$0{,}5x^2yz\cdot 4uxy=\underline{\underline{\quad}}$

$0{,}5x^2yz = 0{,}5\cdot x\cdot x\cdot y\cdot z$

$4uxy = 4\cdot u\cdot x\cdot y$

$0{,}5x^2yz\cdot 4uxy=\underline{\underline{2ux^3y^2z}}$

**Beispiele:**

**1.** $9c\cdot 3abc=\underline{\underline{\quad}}$

Die Lösungsschritte für diese Aufgabe und die Aufgaben 2. und 3. sind die folgenden:

**a)** Produkte in Faktoren zerlegen,

**b)** Faktoren nach Zahlen und Variablen in alphabetischer Reihenfolge ordnen,

**c)** Faktoren geeignet zusammenfassen,

**d)** Malzeichen weglassen.

**1.** $9c\cdot 3abc=\underline{\underline{\quad}}$

$=9\cdot c\cdot 3\cdot a\cdot b\cdot c$

$=9\cdot 3\cdot a\cdot b\cdot c\cdot c$

$=27\cdot a\cdot b\cdot c^2$

$=\underline{\underline{27abc^2}}$

**2.** $0{,}8c\cdot 4{,}5b\cdot d=\underline{\underline{\quad}}$

**2.** $0{,}8c\cdot 4{,}5b\cdot d=\underline{\underline{\quad}}$

$=0{,}8\cdot c\cdot 4{,}5\cdot b\cdot d$

$=0{,}8\cdot 4{,}5\cdot b\cdot c\cdot d$

$=3{,}6\cdot b\cdot c\cdot d$

$=\underline{\underline{3{,}6bcd}}$

**3.** $1\frac{1}{2}ax \cdot 0{,}4d \cdot \frac{1}{6}b = \underline{\underline{\quad}}$

**3.** $1\frac{1}{2}ax \cdot 0{,}4d \cdot \frac{1}{6}b = \underline{\underline{\quad}}$

$$= \frac{3}{2} \cdot a \cdot x \cdot \frac{4}{10} \cdot d \cdot \frac{1}{6} \cdot b$$

$$= \frac{3 \cdot 4 \cdot 1}{2 \cdot 10 \cdot 6} \cdot a \cdot b \cdot d \cdot x$$

$$= \frac{1}{10} \cdot a \cdot b \cdot d \cdot x$$

$$= \underline{\underline{0{,}1\,abdx}}$$

● Kommen in algebraischen Summen Glieder vor, welche die gleichen Variablen enthalten, können diese Glieder, diese Summanden, zusammengefasst werden.

**Umformen von Summen mit Produkttermen**

$2a + 4b + 7a = \underline{\underline{9a + 4b}}$

Sind die Summanden einer algebraischen Summe Produkte, erkennt man mitunter erst nach dem Umformen dieser Glieder, ob ein Zusammenfassen mehrerer Summanden möglich ist.

$24a \cdot 3cb + 7b \cdot 4ac = ?$

$3 \cdot 24 \cdot a \cdot b \cdot c + 4 \cdot 7 \cdot a \cdot b \cdot c =$

$72abc + 28abc = \underline{\underline{100abc}}$

**Beispiele:**

**1.** $2 \cdot 4{,}5a \cdot 3bc + 4ac \cdot 3b = \underline{\underline{\quad}}$

Diese Summe besteht aus zwei Summanden. Jeder Summand ist ein Produktterm. Ordnet man diese Produktterme, sieht man, dass sie zusammengefasst werden können.

**1.** $2 \cdot 4{,}5a \cdot 3bc + 4ac \cdot 3b = \underline{\underline{\quad}}$

$$= 2 \cdot 3 \cdot 4{,}5 \cdot a \cdot b \cdot c + 3 \cdot 4 \cdot a \cdot b \cdot c$$

$$= 27abc + 12abc$$

$$= \underline{\underline{39abc}}$$

**2.** $4\frac{1}{2}ab \cdot 8x - 2\frac{1}{2}ax \cdot 9b + 5b \cdot 2ax = \underline{\underline{\quad}}$

Die drei Summanden dieser Summe sind Produktterme. Wen man sie ordnet, erhält man Glieder, die zusammengefasst werden können.

**2.** $4\frac{1}{2}ab \cdot 8x - 2\frac{1}{2}ax \cdot 9b + 5b \cdot 2ax = \underline{\underline{\quad}}$

$$= 4{,}5 \cdot 8 \cdot abx - 2{,}5 \cdot 9 \cdot abx + 2 \cdot 5 \cdot abx$$

$$= 36abx - 22{,}5abx + 10abx$$

$$= \underline{\underline{23{,}5abx}}$$

Bei der Bearbeitung der letzten beiden Bespiele wurde eine in der Mathematik allgemein anerkannte **Vereinbarung** benutzt, welche besagt: Wenn nicht Klammern eine andere Reihenfolge festlegen, geht stets Punktrechnung (Multiplizieren und Dividieren) vor Strichrechnung (Addieren und Subtrahieren).

Der Term $4 \cdot 7 + 3$ z. B. wird nach dieser Regel aufgefasst als: Erst $4 \cdot 7$, dann 3 zu diesem Produkt addieren. Klammern könnten eine andere Reihenfolge der Operationen bestimmen. Der Term $4 \cdot (7 + 3)$ verlangt die Summe aus 7 und 3 mit 4 zu multiplizieren, also: $4 \cdot (7 + 3) = 4 \cdot 10 = \underline{\underline{40}}$.

- Auch Summen oder algebraische Summen können Faktoren eines Produkts sein. Sie werden dann in Klammern eingeschlossen.

**Summen als Faktoren**

$$3 \cdot (4+5) = 3 \cdot 9 = \underline{\underline{27}}$$

Zwei Fälle sollen untersucht werden:

**a)** Eine Summe wird mit einer Zahl oder einer Variablen multipliziert,

**b)** eine Summe wird mit einer Summe multipliziert.

**a)** $x \cdot (m+n) = ?$

**b)** $(a+b) \cdot (x+y) = ?$

**Zu a)** Eine Summe wird mit einer Zahl oder einer Variablen multipliziert.

**Eine Summe als Faktor**

Beim Produkt $3 \cdot (a+b)$ ist der zweite Faktor eine Summe. Der erste Faktor, der Multiplikator, besagt, dass die Summe dreimal als Summand zu setzen ist. Durch Zusammenfassen der Glieder, die die gleiche Variable enthalten, erhält man das Resultat.

$$\begin{aligned} 3 \cdot (a+b) &= (a+b)+(a+b)+(a+b) \\ &= a+b+a+b+a+b \\ &= a+a+a+b+b+b \\ &= \underline{\underline{3a+3b}} \end{aligned}$$

Schneller kommt man zu diesem Resultat, wenn man jedes Glied der Summe mit 3 multipliziert. Es kommt ja tatsächlich jedes Glied dreimal vor, wenn man den ursprünglichen Rechenweg verfolgt.

$$\begin{aligned} 3 \cdot (a+b) &= 3 \cdot a + 3 \cdot b \\ &= \underline{\underline{3a+3b}} \end{aligned}$$

All diese Überlegungen gelten vollständig auch für den Fall, dass der Multiplikator eine Variable ist. $n \cdot (a+b)$ bedeutet, dass der Faktor $(a+b)$ als Summand $n$-mal zu setzen ist. Sowohl $a$ als auch $b$ sind in dieser Summe also $n$-mal enthalten.

$$\begin{aligned} n \cdot (a+b) &= \underbrace{(a+b)+(a+b)\ldots(a+b)}_{n\text{-mal}} \\ &= n \cdot a + n \cdot b \\ &= \underline{\underline{na+nb}} \end{aligned}$$

Ist der zweite Faktor eines Produkts keine Summe, sondern eine Differenz, ändert sich dadurch am Vorgehen nichts. Jede Differenz kann als Summe geschrieben werden: $a-b=a+(-b)$, so dass $n \cdot (a-b)$ bedeutet, $a$ und $(-b)$ als Summanden $n$-mal zu setzen.

$$\begin{aligned} n \cdot (a-b) &= n \cdot [a+(-b)] \\ &= \underbrace{[a+(-b)]+[a+(-b)]\ldots[a+(-b)]}_{n\text{-mal}} \\ &= n \cdot a + n \cdot (-b) \\ &= \underline{\underline{na-nb}} \end{aligned}$$

Mit dieser Vorschrift kann man die Aufgabe, eine Summe mit einer Zahl zu multiplizieren, auch dann lösen, wenn die Zahl keine natürliche Zahl, sondern eine negative ganze oder eine Bruchzahl ist.

Da die Multiplikation kommutativ ist und man daher die Faktoren vertauschen darf, gilt die obige Anweisung auch für den Fall, dass die Zahl oder Variable, mit der die Summe multipliziert werden soll, als zweiter Faktor steht.

$3 \cdot (a+b) = (a+b) \cdot 3 = 3a + 3b$

$n \cdot (a+b) = (a+b) \cdot n = na + nb$

$3 \cdot (a-b) = (a-b) \cdot 3 = 3a - 3b$

$n \cdot (a-b) = (a-b) \cdot n = na - nb$

**Merke:**

Man multipliziert eine Summe oder eine Differenz mit einer Zahl oder einer Variablen, indem man jedes Glied der Summe oder der Differenz mit der Zahl oder der Variablen multipliziert und die erhaltenen Produkte addiert oder subtrahiert, je nachdem, welches Rechenzeichen vor dem jeweiligen Glied in der Klammer steht.

$a(b+c) = ab + ac$ und $a(b-c) = ab - ac$

Man sagt, die Addition und die Multiplikation sind **distributiv** miteinander verknüpft, und nennt dieses Gesetz das **Distributivgesetz** der Addition und Multiplikation.

Man kann die Gültigkeit dieser „Verteilung" von $a$ sowohl auf $b$ als auch auf $c$ geometrisch bestätigen, wenn man $a$, $b$ und $c$ als Variable für die Längen in einem Rechteck deutet, von dem es den Flächeninhalt auszurechnen gilt.

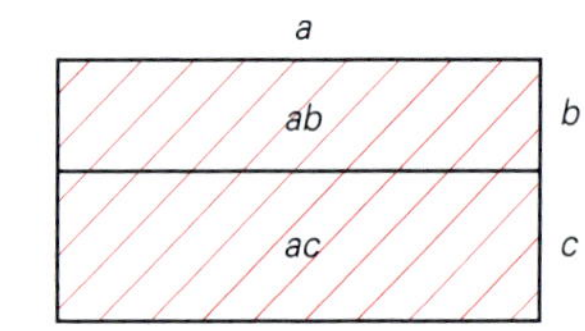


$a(b+c) = ab + ac$

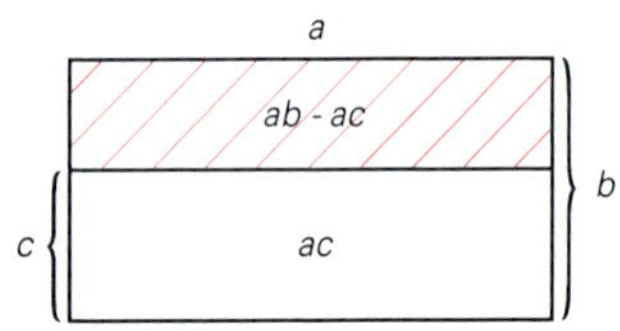


$a(b-c) = ab - ac$

**Zu b)** Eine Summe wird mit einer Summe multipliziert.

**Zwei Summen als Faktoren**

In dem Produkt $(a+b) \cdot (c+d)$ sind beide Faktoren Summen. Es besagt, dass $(c+d)$ sowohl mit $a$ als auch mit $b$ zu multiplizieren ist und dass das Resultat der Aufgabe durch Addition dieser Zwischenergebnisse entsteht. Man erhält diese Zwischenergebnisse, indem man die Regel über die Multiplikation einer Summe mit einer Zahl oder einer Variablen anwendet.

$$(a+b) \cdot (c+d) = a(c+d) + b(c+d) = \underline{\underline{ac + ad + bc + bd}}$$

$$(a+b) \cdot (c-d) = a(c-d) + b(c-d) = ac - ad + bc - bd = \underline{\underline{ac + bc - ad - bd}}$$

Besondere Erwähnung verdient der Fall, dass beide Faktoren Differenzen sind: $(a-b) \cdot (c-d)$.

Dann erhält man als Zwischenschritt $a(c-d)-b(c-d)$, d.h., von $a(c-d)$ soll $b(c-d)$ subtrahiert werden. Dabei muss man die Grundregel der Subtraktion einer negativen Zahl beachten.

$$\begin{aligned}(a-b)\cdot(c-d) &= a(c-d)-[b(c-d)]\\ &= ac-ad-[bc-bd]\\ &= ac-ad-bc+bd\\ &= \underline{\underline{ac+bd-ad-bc}}\end{aligned}$$

Wieder lässt sich das Vorgehen abkürzen. Betrachtet man das Resultat, so stellt man fest, dass offenbar jedes Glied der ersten Klammer mit jedem Glied der zweiten Klammer multipliziert wird und diese Produkte dann addiert oder subtrahiert werden, je nachdem, welche Rechenzeichen in den Klammern vor den jeweiligen Gliedern stehen.

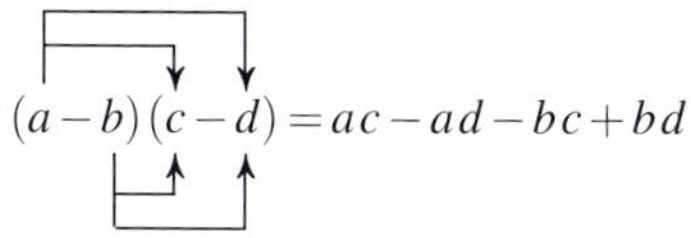

$$(a-b)(c-d) = ac-ad-bc+bd$$

**Merke:**

Man multipliziert eine Summe mit einer Summe, indem man jeden Summanden der einen Summe mit jedem Summanden der anderen Summe multipliziert und die erhaltenen Produkte addiert oder subtrahiert, je nachdem, welche Rechenzeichen vor den jeweiligen Summanden stehen. Hierbei kann man sich der Rechenhilfe $+\cdot+=+$, $+\cdot-=-$, $-\cdot+=-$, $-\cdot-=+$ bedienen.

- Auch wenn die Klammern mehr als zwei Summanden besitzen, wird jedes Glied der einen Klammer mit jedem Glied der anderen Klammer multipliziert.

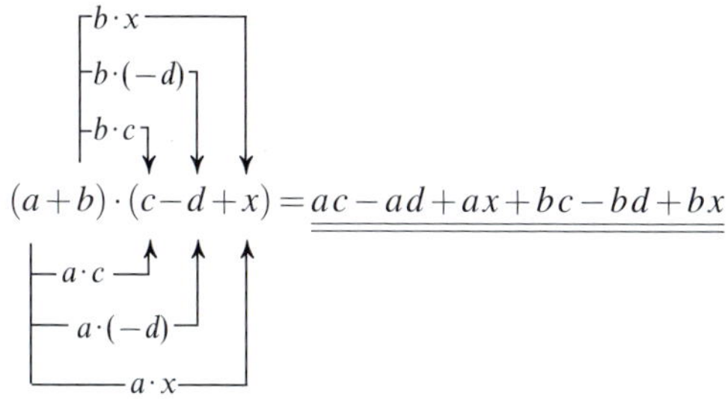


$$(a+b)\cdot(c-d+x) = \underline{\underline{ac-ad+ax+bc-bd+bx}}$$

- Besteht ein Produkt aus drei oder mehr Faktoren, so werden zunächst zwei Faktoren miteinander multipliziert und deren Ergebnis dann mit einem weiteren Faktor.

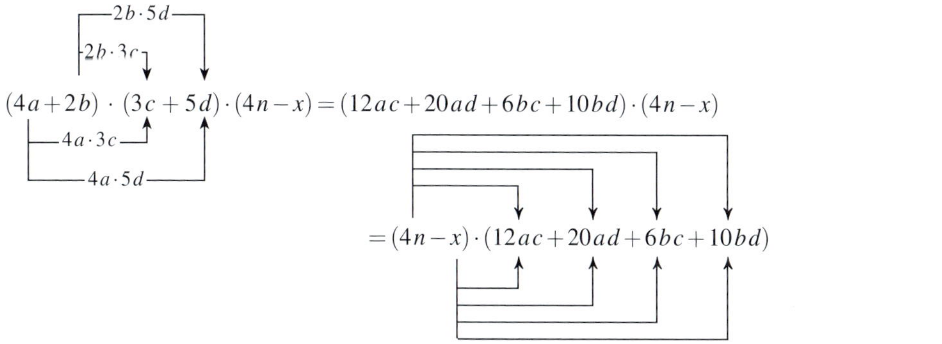


$$\begin{aligned}(4a+2b)\cdot(3c+5d)\cdot(4n-x) &= (12ac+20ad+6bc+10bd)\cdot(4n-x)\\ &= (4n-x)\cdot(12ac+20ad+6bc+10bd)\\ &= \underline{\underline{48acn+80adn+24bcn+40bdn-12acx-20adx-6bcx-10bdx}}\end{aligned}$$

● In ähnlicher Weise geht man vor, wenn eine Differenz aus zwei Produkttermen vorliegt. Man berechnet zunächst beide Produkte, ordnet und fasst Glieder mit gleichen Variablen zusammen. Dabei ist das Minus vor der zweiten Klammer besonders zu beachten. Das zweite Produkt ergibt eine algebraische Summe, die subtrahiert werden soll und die deswegen in eine Klammer gesetzt werden muss.

$$
\begin{aligned}
&(4a+8b-5c)\,6x-(5a-3b+7c)\,5x\\
&=24ax+48bx-30cx-(25ax-15bx+35cx)\\
&=24ax+48bx-30cx-25ax+15bx-35cx
\end{aligned}
$$

$$
+\left|\begin{array}{r}24ax+48bx-30cx\\ -25ax+15bx-35cx\\ \hline \underline{\underline{-ax+63bx-65cx}}\end{array}\right.
$$

● Der nachfolgende Produktterm besteht aus zwei Faktoren. Der zweite Faktor ist ein Summenterm, der wiederum aus Produkttermen besteht. Man löst die Klammern von innen nach außen auf.

*Produktterm*

$$12\cdot\{5(a+b)-4[3b(3+a)-5a(4-b)]+5a\}$$

*Faktor I* ($12$) *Faktor II* ($\{5(a+b)-4[3b(3+a)-5a(4-b)]+5a\}$)

$$
\begin{aligned}
&=12\cdot\{5a+5b-4[9b+3ab-20a+5ab]+5a\}\\
&=12\cdot\{5a+5b-36b-12ab+80a-20ab+5a\}\\
&=60a+60b-432b-144ab+960a-240ab+60a\\
&=60a+960a+60a+60b-432b-144ab-240ab\\
&=\underline{\underline{1080a-372b-384ab}}
\end{aligned}
$$

● Kommen in einem Term Bruchzahlen vor, muss man besonders sorgfältig rechnen.

$$12\left(4\frac{2}{3}a-5\frac{2}{9}b+11\frac{5}{6}c\right)-15(2{,}2a+4{,}75b)=\underbrace{12\cdot4\frac{2}{3}a}_{1}-\underbrace{12\cdot5\frac{2}{9}b}_{2}+\underbrace{12\cdot11\frac{5}{6}c}_{3}-(\underbrace{15\cdot2{,}2a}_{4}+\underbrace{15\cdot4{,}75b}_{5})$$

$$
\begin{aligned}
&=\underbrace{12\cdot\frac{14}{3}a}_{1}-\underbrace{12\cdot\frac{47}{9}b}_{2}+\underbrace{12\cdot\frac{71}{6}c}_{3}-\underbrace{15\cdot2{,}2a}_{4}-\underbrace{15\cdot4{,}75b}_{5}\\
&=56a-\frac{188}{3}b+142c-33a-71{,}25b\\
&=56a-33a-62\frac{2}{3}b-71\frac{1}{4}b+142c\\
&=\underline{\underline{23a-133\frac{11}{12}b+142c}}
\end{aligned}
$$

## Zusammenfassung

Produktterme bestehen aus Faktoren. Diese können rationale Zahlen oder Platzhalter für rationale Zahlen, also Variable, sein sowie Terme, die sinnvoll aus Zahlen und Variablen gebildet sind, also auch algebraische Summen.

Für das Ordnen und Umformen von Produkttermen gelten folgende Regeln:

Kommen rationale Zahlen als Faktoren vor, setzt man sie an den Anfang des Produktterms und berechnet ihr Produkt. Variable werden in alphabetischer Reihenfolge angeordnet. Kommt ein und dieselbe Variable mehrfach als Faktor vor, benutzt man abkürzend die Potenzschreibweise.

Für die Multiplikation von Variablen mit Vorzeichen gelten dieselben Vorzeichenregeln wie für die Multiplikation rationaler Zahlen.

Man multipliziert ein Produkt mit einem Produkt, indem man die Produkte in ihre Faktoren zerlegt, die Faktoren ordnet und gegebenenfalls zusammenfasst.

Man multipliziert eine Summe mit einer Zahl oder einer Variablen, indem man jeden Summanden mit der Zahl oder der Variablen multipliziert und die erhaltenen Produktterme je nach Rechenzeichen in der Klammer addiert oder subtrahiert.

Man multipliziert eine Summe mit einer Summe, indem man jeden Summanden der einen Summe mit jedem Summanden der anderen Summe multipliziert und die erhaltenen Produktterme addiert oder subtrahiert, je nachdem, welche Rechenzeichen in den Klammern vor den Summanden stehen.

## 1.5.4 Das Ausklammern von Variablen

Bisher wurden Produktterme umgeformt, z. B. der Produktterm $n(a+b)$ in den Summenterm $na+nb$ überführt. Offenbar kann man umgekehrt anstelle von $na+nb$ auch $n(a+b)$ schreiben, also einen Summenterm in einen Produktterm umwandeln. Im Beispiel wurde die Variable $n$ vor die Klammer gesetzt, **ausgeklammert**, die **Summe** wurde **in ein Produkt umgewandelt**, in zwei **Faktoren zerlegt**, **faktorisiert**, wie man sagt.

Ist so etwas wichtig und nützlich?

Welche Möglichkeiten des Faktorierens gibt es, unter welchen Bedingungen kann man ausklammern, einen Summenterm in einen Produktterm umwandeln?

Von einer solchen Umwandlung wird oft Gebrauch gemacht. Als Beleg dafür sei das Kürzen eines Bruchtermes genannt. Es ist z. B. zu prüfen, ob der Bruchterm $\frac{a^2+3a+a+3}{a+1}$ gekürzt werden kann, d. h., ob Zählerterm und Nennerterm durch die gleiche Zahl oder die gleiche Variable oder den gleichen Term dividiert werden können. Dazu klammert man im Zählerterm zweimal aus: $a^2+3a+a+3=a(a+3)+a+3=(a+3)(a+1)$. Es gilt also: Zählerterm und Nennerterm haben den Term $a+1$ als Faktor gemeinsam, der Bruchterm kann gekürzt werden, es ist

$$\frac{a^2+3a+a+3}{a+1}=\frac{(a+3)(a+1)}{a+1}=\underline{\underline{a+3}}.$$

Bedingung für das Ausklammern aus einer Summe ist, dass alle Summanden der Summe denselben Faktor enthalten.

**Merke:**

Haben alle Summanden einer Summe einen gemeinsamen Faktor, so kann man ihn ausklammern. Die Summe wird dadurch in ein Produkt umgewandelt.

$$an+bn-cn=n(a+b-c)$$

**Beispiele:**

**1.** Man kann den gemeinsamen Faktor 12 ausklammern und dadurch die Aufgabe leichter lösen.

**1.** $12\cdot 5+12\cdot 4-12\cdot 2=12\cdot(5+4-2) = 12\cdot 7 = \underline{\underline{84}}$

**2.** Alle Summanden haben den Faktor $m$ gemeinsam, den man ausklammern kann.

**2.** $am+bm-cm+xm=\underline{\underline{m(a+b-c+x)}}$

**3.** und **4.** Die Summanden können auch mehrere Faktoren gemeinsam haben, die man ausklammern kann.

Führt das Ausmultiplizieren bei der Probe zur ursprünglichen Summe, so war das Produkt richtig.

**3.** $6bx+6ab-6bn=\underline{\underline{6b(x+a-n)}}$

**4.** $\frac{\pi sD}{2}+\frac{\pi sd}{2}=\underline{\underline{\frac{\pi s}{2}(D+d)}}$

*Probe*:

$\frac{\pi s}{2}(D+d)=\underline{\underline{\frac{\pi sD}{2}+\frac{\pi sd}{2}}}$

**5.** Bei dem Term $bx-b$ haben die Summanden den Faktor $b$ gemeinsam. Denken Sie beim Ausklammern immer daran, dass $b=1b$ ist.

Beim Ausmultiplizieren der Klammer muss die ursprüngliche Summe entstehen.

**5.** $bx-b=bx-1b = \underline{\underline{b\cdot(x-1)}}$

**6.** Bei ganzen Zahlen ist es zweckmäßig, diese, wenn möglich, erst in Faktoren zu zerlegen. Man kann dann erkennen, welche Faktoren die Glieder der Summe gemeinsam haben.

**6.** $21abx-6by+15bz$
$=3\cdot 7abx-3\cdot 2by+3\cdot 5bz$
$=3b\cdot 7ax-3b\cdot 2y+3b\cdot 5z$
$=\underline{\underline{3b(7ax-2y+5z)}}$

**7.** Klammert man eine Variable aus, vor der ein Minuszeichen steht, so müssen die Rechenzeichen in der Klammer umgekehrt werden.

**7.** $-2a-3ab+4ac$
$=\underline{\underline{(-a)(2+3b-4c)}}$

*Probe*: $(-a)(2+3b-4c)$
$=\underline{\underline{-2a-3ab+4ac}}$

**8.** Die Faktoren, die man ausklammert, können auch Summen sein. Der gemeinsame Faktor heißt bei dieser Aufgabe $(x+1)$.

**8.** $a(x+1)+b(x+1)=\underline{\underline{(x+1)\cdot(a+b)}}$

**9.** Bei diesem Beispiel klammert man den gemeinsamen Faktor $(x+y)$ aus.

Die restlichen Faktoren sind Summen, die subtrahiert werden müssen.

Achten Sie dabei auf das Minuszeichen vor der zweiten Klammer.

**9.** $(4a-2b)\cdot(x+y)-(3a+4b)\cdot(x+y)$
$=(x+y)\cdot[(4a-2b)-(3a+4b)]$
$=(x+y)\cdot[4a-2b-3a-4b]$
$=\underline{\underline{(x+y)\cdot(a-6b)}}$

**10.** Die Summe $3a+4b$ kann auch in der Form $1\cdot(3a+4b)$ geschrieben werden, ohne dass sich ihr Wert verändert.

Man kann dann den Faktor $(3a+4b)$ ausklammern.

**10.** $x(3a+4b)+3a+4b$
$=x(3a+4b)+1\cdot(3a+4b)$
$=\underline{\underline{(3a+4b)\cdot(x+1)}}$

**11.** Bei dem Term $x+y+ax+ay$ erhält man die gleichen Faktoren $(x+y)$, wenn man die ersten beiden Summanden in der Form $1\cdot(x+y)$ schreibt und bei den zweiten beiden Summanden $a$ ausklammert.

**11.** $x+y+ax+ay$
$=1\cdot(x+y)+a(x+y)$
$=\underline{\underline{(x+y)\cdot(1+a)}}$

**12.** Um bei dem Term $3a(x-2)-x+2$ zu gleichen Faktoren zu kommen, kann man aus den letzten beiden Summanden $-1$ ausklammern. Der gleiche Faktor, den man dann ausklammern kann, heißt $(x-2)$.

**12.** $3a\cdot(x-2)-x+2$
$=3a\cdot(x-2)-1\cdot(x-2)$
$=\underline{\underline{(x-2)\cdot(3a-1)}}$

**13.** Die Summanden nebenstehender Summe haben keinen gemeinsamen Faktor, aber man kann aus je zwei Summanden die Faktoren $2a$ und $3b$ ausklammern. Die Summanden der neuen Summe haben den gemeinsamen Faktor $(x+y)$, den man wiederum ausklammern kann. Auf diese Weise entsteht ein Produktterm.

**13.** $2ax+2ay+3bx+3by$
$=2a(x+y)+3b(x+y)$
$=\underline{\underline{(x+y)\cdot(2a+3b)}}$

**14.** Lösungsgang:

**a)** Den gemeinsamen Faktor $(2)$ ausklammern.

**b)** Die Glieder in der Klammer ordnen.

**c)** Aus den ersten drei Gliedern den gemeinsamen Faktor $(x)$ und aus den letzten drei Gliedern den gemeinsamen Faktor $(-y)$ ausklammern. Nur wenn man $(-y)$ ausklammert, entstehen zwei gleiche Faktoren $(a+b-c)$.

**14.** $2ax-2ay+2bx-2by-2cx+2cy$

**a)** $=2\cdot(ax-ay+bx-by-cx+cy)$

**b)** $=2\cdot(ax+bx-cx-ay-by+cy)$

**c)** $=2\cdot[x(a+b-c)-y(a+b-c)]$

**d)** Aus der Summe in der Klammer kann man durch Ausklammern von $(a+b-c)$ einen Produktterm bilden.

**d)** $=2\cdot[(a+b-c)\cdot(x-y)]$

**e)** Die eckige Klammer kann wegfallen, weil in ihr zwei Faktoren stehen.

**e)** $=\underline{\underline{2\cdot(a+b-c)\cdot(x-y)}}$

**15.** In der algebraischen Summe $4ax+5x+7cdx-cd$ haben die Summanden $4ax, 5x$ und $7cdx$ den Faktor $x$ gemeinsam, den man ausklammern kann. Der Summand $cd$ bleibt unverändert.

$4ax+5x+7cdx-cd$

$=\underline{\underline{x(4a+5+7cd)-cd}}$

Man kann aber auch aus den Summanden $7cdx$ und $-cd$ den Faktor $cd$ ausklammern und aus $4ax+5x$ den Faktor $x$.

oder

$=\underline{\underline{-x(4a+5)+cd(7x-1)}}$

## Übungen zu 1.5.3

### Einführung

Schreiben Sie anstelle folgender Summen Produkte:

**1.** $4+4+4+4+4$ **2.** $ab_1+ab_1+ab_1+ab_1+ab_1$ **3.** $\overset{1}{8}+\overset{2}{8}+\overset{3}{8}+\ldots+\overset{x}{8}$

**4.** $c+c+c+c+c+c$ **5.** $12+12+12+12+12$ **6.** $\overset{1}{c}+\overset{2}{c}+\overset{3}{c}+\ldots+\overset{b}{c}$

**7.** $19+19+19+19$ **8.** $n+n+n+n+n$ **9.** $\overset{1}{P}+\overset{2}{P}+\overset{3}{P}+\ldots+\overset{n}{P}$

Schreiben Sie anstelle folgender Produkte Summen:

**10.** $7\cdot3$ **11.** $ac\cdot4$ **12.** $9\cdot x$ **13.** $a_1\cdot5$

**14.** $12\cdot6$ **15.** $x\cdot5$ **16.** $a\cdot b;\ a,b\in\mathbb{N}$ **17.** $5a_1$

Schreiben Sie die Produkte in der kürzesten Form und geordnet:

**18.** $3\cdot a$ **19.** $c\cdot d\cdot7$ **20.** $17\cdot2\cdot R\cdot7$

**21.** $3\cdot17$ **22.** $5\cdot x\cdot y\cdot z$ **23.** $c\cdot a\cdot b\cdot5\cdot x\cdot7$

**24.** $3\cdot7\cdot a\cdot b$ **25.** $5\cdot a\cdot0$ **26.** $17\cdot93{,}5\cdot0\cdot a\cdot5$

**27.** $a\cdot b\cdot5\cdot2\cdot3$ **28.** $9\cdot6\cdot a\cdot x\cdot y\cdot5$ **29.** $A\cdot P\cdot5\cdot0\cdot a$

### Multiplizieren von Produkttermen

**1.** $2\cdot36\cdot5=2\cdot5\cdot36=10\cdot36=\underline{\underline{360}}$ **2.** $50\cdot43\cdot4$ **3.** $4\cdot17\cdot25$

**4.** $250\cdot37\cdot4$ **5.** $5\cdot12\cdot8$ **6.** $8\cdot12\cdot125$

**7.** $6a\cdot3$ **8.** $8\cdot3x$ **9.** $4\cdot3b$

**10.** $3a\cdot9$ **11.** $6a\cdot4b$ **12.** $9x\cdot2b$

**13.** $5c\cdot3a$ **14.** $7ab\cdot3c$ **15.** $10x\cdot8ab$

**16.** $9ax\cdot2cy$ **17.** $8a\cdot9b\cdot25c\cdot11d$ **18.** $3a\cdot5y\cdot6c\cdot2b$

19. $4ab + 3y \cdot 5cd \cdot 11$
20. $5xy \cdot 6ab \cdot 3n \cdot 9$
21. $5 \cdot 6a \cdot 13xyz \cdot 3b$
22. $0{,}4n \cdot 4{,}6b \cdot 0{,}1$
23. $2{,}5y \cdot 3{,}6x \cdot 1{,}1a$
24. $0{,}8c \cdot 0{,}5ab \cdot nx$
25. $4d \cdot 3{,}2abx \cdot 1{,}2$
26. $3{,}2z \cdot 4xy \cdot 14{,}2z$
27. $2{,}5a \cdot 9b \cdot 4a$
28. $1{,}25x \cdot 18y \cdot 16x$
29. $3{,}25a \cdot 1{,}25a \cdot 8c$
30. $2 \cdot 25c \cdot 3{,}5c \cdot 4a$
31. $2 \cdot 4{,}5a \cdot 3bc - 4ac \cdot 3b$
32. $4\frac{1}{5}ab \cdot 8x - 2\frac{1}{2}ax \cdot 9b$
33. $\frac{4}{5} \cdot 5c$
34. $16\frac{1}{3}ac \cdot 0{,}5bx$
35. $6\frac{1}{2}b \cdot 1\frac{5}{11}a \cdot \frac{5}{9}c$
36. $2\frac{1}{2}ab \cdot \frac{1}{8}x \cdot 3\frac{1}{3}y$
37. $5\frac{1}{3}n \cdot 1{,}75x \cdot \frac{a}{4}$
38. $2\frac{1}{7}a \cdot 0{,}7b \cdot \frac{x}{5}$
39. $1{,}1 \cdot 3x \cdot 4\frac{1}{2}ab \cdot 3y$
40. $2{,}9abc \cdot 5\frac{1}{3}x \cdot \frac{y}{4}$
41. $15{,}3 \cdot \frac{d}{5} \cdot 0{,}1a \cdot \frac{1}{2}ny$
42. $abc \cdot 3 \cdot xyz \cdot 3\frac{1}{2} \cdot 4\frac{1}{6}d$

## Das Vorzeichen beim Multiplizieren

1. $(-3a) \cdot 5 = \underline{\underline{-15a}}$
2. $9 \cdot (-5x)$
3. $6 \cdot (-7ac)$
4. $4b \cdot (-d)$
5. $7a \cdot (-2x)$
6. $(-10a) \cdot (-11x)$
7. $8n \cdot (-5m)$
8. $(-5x) \cdot (-3y)$
9. $(-ab) \cdot (-c)$
10. $(-12n) \cdot (-10ac)$
11. $4ab \cdot (-5c)$
12. $4{,}7a \cdot (-1{,}2b)$
13. $5\frac{1}{2}a \cdot \left(-3\frac{1}{3}b\right)$
14. $(-n) \cdot (-m) \cdot (-n)$
15. $16a \cdot (-7b) \cdot (-3a)$
16. $3x \cdot 2x \cdot (-3z)$
17. $(-2y) \cdot 3y \cdot (-3z)$
18. $(-3x) \cdot (-2y) \cdot (-2y)$
19. $(-2a) \cdot (-2b) \cdot (-4c)$
20. $(-x) \cdot (-0{,}2y) \cdot (-0{,}5z)$
21. $30x \cdot (-2a) \cdot (-3b) \cdot 7c \cdot (-5d)$
22. $\left(-\frac{1}{2}x\right) \cdot \left(-\frac{1}{3}y\right) \cdot \left(-\frac{3}{4}z\right)$
23. $0{,}5x \cdot (-0{,}3y) \cdot 5$
24. $7 \cdot (-1{,}2x) \cdot (-4)$
25. $\left(-1\frac{3}{4}x\right) \cdot \left(-4\frac{1}{3}y\right)$
26. $0{,}4a \cdot \left(-1\frac{1}{4}b\right) \cdot x \cdot 5$
27. $\frac{a}{2} \cdot \left[-\left(-\frac{b}{4}\right) \cdot \frac{c}{3}\right]$
28. $20ab + \left(-\frac{1}{2}b\right) \cdot \left(-\frac{4}{3}c\right) - \frac{2}{3}c \cdot \frac{3}{4}b - (-2a) \cdot \frac{1}{2}b$
29. $20ab - \frac{1}{2}b \cdot \frac{4}{3}c + \left(-\frac{2}{3}c\right) \cdot \left(-\frac{3}{4}b\right) + 2a \cdot \left(-\frac{1}{2}b\right)$
30. $12{,}5xy - 2{,}5y \cdot 5{,}2x + 3{,}7x \cdot (-7{,}3y) + \left(-\frac{1}{2}x\right) \cdot \left(-\frac{1}{5}y\right)$
31. $12{,}5xy + (-2{,}5y) \cdot (-5{,}2x) - (-3{,}7x) \cdot 7{,}3y - \frac{1}{2}x \cdot \frac{1}{5}y$

## Multiplizieren von Summentermen

1. $8 \cdot (3x + 4) = \underline{\underline{24x + 32}}$
2. $(a + 3) \cdot 7$
3. $(a - 5) \cdot 4$
4. $(a - b) \cdot 8$
5. $(2x + 6y) \cdot 5$
6. $y \cdot (11x + 30)$
7. $(3c - 7) \cdot 4$
8. $(9a - 3b) \cdot 5$
9. $c \cdot (a + 1)$
10. $4x \cdot (3a + 6b)$
11. $8 \cdot (2a - 5b + 7)$
12. $(x + y - 4) \cdot 6$
13. $(8a + 8b - c) \cdot 12$
14. $(5a + b - 4c) \cdot 5x$
15. $n \cdot (3ab + b - c)$

**16.** $(-a-3b)\cdot 3\frac{1}{2}$ **17.** $(-x+1{,}6y)\cdot(-5)$ **18.** $\left(-1\frac{1}{2}x\right)\cdot(-5y-6z)$

**19.** $(-2xy)\cdot(-4a+7b)$ **20.** $(9+4x-a)\cdot(-4)$ **21.** $(3a+7-b)\cdot(-c)$

**22.** $(4x-4y)\cdot(-3a)$ **23.** $(-5i)\cdot(18a+12b-14c+15x)$ **24.** $(a+b)\cdot 6+4\cdot(a-b)$

**25.** $8\cdot(x-y)+11\cdot(x+y)$ **26.** $3\cdot(a-b)-2\cdot(a+b)$ **27.** $4\cdot(5x-2xy)-3\cdot(3x-y-3)$

**28.** $3a+(2a+3b)\cdot 2a+4bc$ **29.** $7x\cdot(2a-3b-4c)\cdot 2x$ **30.** $(7{,}5a-8{,}3b+11{,}4c)\cdot(-1{,}2)$

**31.** $24\cdot(3{,}3a+2{,}5b)-40\cdot(1{,}7a-10{,}2b)$ **32.** $\left(5\frac{1}{2}x+2\frac{1}{2}y\right)\cdot 1\frac{3}{4}z$

**33.** $\left(4\frac{1}{2}a-7\frac{4}{5}b+8\frac{1}{3}c\right)\cdot(-20)$ **34.** $12\cdot\left(4\frac{2}{3}a-5\frac{2}{9}b+11\frac{5}{6}c\right)-15\cdot\left(2\frac{1}{5}a+4\frac{3}{4}b\right)$

**35.** $(a+2)\cdot(b+1)=\underline{\underline{ab+a+2b+2}}$ **36.** $(y-9)\cdot(x-4)$

**37.** $(n-3)\cdot(a+5)$ **38.** $(3a+4)\cdot(b-11)$

**39.** $(6a+2b)\cdot(9-x)$ **40.** $(5a+4b)\cdot(6x-7y)$

**41.** $(3{,}6x+2{,}3y)\cdot(1{,}2a-3{,}2b)$ **42.** $(1{,}2a+0{,}5b)\cdot(0{,}5c-1{,}2d)$

**43.** $(x-5)\cdot\left(4-\frac{1}{a}\right)$ **44.** $(x+18)\cdot(a+20)\cdot 3$

**45.** $\left(\frac{3m}{4}-\frac{3a}{8}\right)\cdot\left(\frac{4b}{3}+\frac{8x}{3}\right)$ **46.** $(2a+3{,}1b+c)\cdot(10+4x)$

**47.** $(4x+8)\cdot(8+2y)-5\cdot(2x-5y+4)$ **48.** $(2x+y)\cdot(3m+n)+(2x+y)\cdot(m-3n)$

**49.** $(2x-y)\cdot(3m-n)-(2x-y)\cdot(m+3n)$ **50.** $(a+b)\cdot(4x-5y)-(a-b)\cdot(5x+3y)$

**51.** $(2m+4n)\cdot(5a+6b-8c)+(3m+4n)\cdot(9a-6b+7c)$

**52.** $(3a-5b)\cdot(6x-7y+9z)-(5x-8y+8z)\cdot(4a-5b)$

**53.** $(3a+5b)\cdot(6x+7y-9z)+(5x+8y-8z)\cdot(4a+5b)$

**54.** $(4y+6x)\cdot(3a-5b)-[(2x-6y)\cdot(2a+3b)]$

**55.** $(4a+3b-5c)\cdot 7x-[(5a-4b+6c)\cdot 3x]$

**56.** $(4a-5x)\cdot(5c+4b)\cdot 4n$

**57.** $(3x-9y)\cdot 5a\cdot(2b-3c)$ **58.** $3xy\cdot(a-b)\cdot(4-5c)$

**59.** $6ax\cdot(6d-c)\cdot(4b+4y)\cdot 3n$ **60.** $(4+2a-3c)\cdot(12-2d-5b)-[(12d-6b)\cdot 9a]$

**61.** $(2a-6c)\cdot(4b-2d)-[(2a-6c)\cdot(5b-3d)\cdot(-3x)]$ **62.** $(3a-2b)\cdot(2c-4d)\cdot(5x-2y)$

## Übungen zu 1.5.4

### Zerlegen in Faktoren (Ausklammern)

**1.** $5\cdot 12+4\cdot 12-2\cdot 12=12\cdot(5+4-2)=\underline{\underline{84}}$ **2.** $25\cdot 11+15\cdot 25-2\cdot 25$

**3.** $3\cdot 15\cdot 8+5\cdot 15\cdot 8-2\cdot 15\cdot 8$ **4.** $19\cdot 3{,}2\cdot 4{,}3+5\cdot 3{,}2\cdot 4{,}3-20\cdot 4{,}3\cdot 3{,}2$

**5.** $\frac{1}{3}\cdot 25\cdot 2{,}4+2\frac{1}{2}\cdot 25\cdot 2{,}4+\frac{1}{6}\cdot 2{,}4\cdot 25$ **6.** $bx-b$

**7.** $ax-4az+5ay$ **8.** $21abx-6by+15bz$

**9.** $24ab-12bc+48ab$ **10.** $5bx-bx-15bx$

**11.** $25ab+125ac+75ax$ **12.** $am+bm-cm+xm$

**13.** $(a+b)\cdot n+(a+b)\cdot m$ **14.** $(a-b)\cdot x+(a-b)\cdot y$

**15.** $(b-c)\cdot z+b-c$

**16.** $m+n+x\cdot(m+n)$

**17.** $(4n+3m)\cdot b+4n+3m$

**18.** $a\cdot(x+y)\cdot b-x-y$

**19.** $3x\cdot(a-b)-a+b$

**20.** $(c+3d)\cdot 4a-c-3d$

**21.** $(4a-2b)\cdot(x+y)-(3a+4b)\cdot(x+y)$

**22.** $(5m+2n)\cdot(x-y)+(3m+2n)\cdot(x-y)$

**23.** $(15xy+12bx)\cdot(a-c)-(5bx+10xy)\cdot(a-c)$

**24.** $6\cdot(3x-5y)-(3x-5y)\cdot(5-3a)-2\cdot(3x-5y)\cdot a$

**25.** $2n\cdot(3x+z)-(2n+3)\cdot(3x+z)-3x-z$

**26.** $ax-bx+ay-by$

**27.** $mx+my-nx-ny$

**28.** $axnd-axnc+abnd-abnc$

**29.** $2ax+2ay+3bx+3by$

**30.** $6bd+2bn+3dc+nc$

**31.** $2ax+ay+az-2bx-by-bz$

**32.** $2ax-2ay+bx-by-cx+cy$

**33.** $2dx+2ax+2nx-dy-ay-ny$

Wandeln Sie nachfolgende algebraische Summen in Produktterme um:

**34.** $d\cdot s\cdot\pi+s\cdot s\cdot\pi=\underline{\underline{\pi s(d+s)}}$

**35.** $\frac{H}{3}\cdot\pi\cdot r+\frac{h}{9}\cdot r\cdot\pi$

**36.** $\frac{\pi sD}{2}+\frac{\pi sd}{2}$ (Kegelstumpfmantel)

**37.** $\frac{2\cdot D\pi h}{12}+\frac{\pi hd}{12}$

**38.** $\frac{Q}{4}\cdot\frac{1}{2}-\frac{Q}{4}\cdot\frac{d}{2}$

**39.** $\frac{R\pi h}{2}+\frac{r\pi h}{2}+\frac{\pi h}{6}$

**40.** $x\cdot\frac{9\cdot\pi}{4}\cdot 32\cdot 1{,}5-\frac{9\cdot\pi}{4}\cdot 32\cdot x$

**41.** $\frac{b}{2}(x-y)\cdot\frac{r}{2}+\frac{r}{2}(x-y)\cdot b$

## Vermischte Aufgaben zur Wiederholung von 1.5

**1.** $7{,}25a\cdot 11b\cdot 0{,}4c=7{,}25\cdot 11\cdot 0{,}4\cdot a\cdot b\cdot c=\underline{\underline{31{,}9abc}}$

**2.** $49{,}6n\cdot 53l\cdot 8{,}5k\cdot\frac{2}{11}r\cdot\frac{33}{106}a$

**3.** $125x\cdot\frac{3}{4}y\cdot\frac{16}{75}z\cdot\frac{5}{2}a$

**4.** $4a\cdot 25bc+5b\cdot 15ac-8c\cdot 12ab+7abc$

**5.** $3\frac{1}{2}a\cdot 5b\cdot 1\frac{1}{3}c+7a\cdot 3\frac{1}{6}b\cdot\frac{5}{12}c$

**6.** $4\frac{3}{4}x\cdot 5y\cdot 2\frac{1}{3}z+2{,}15x\cdot 8y\cdot 0{,}1z$

**7.** $7\frac{1}{12}mn\cdot 3\frac{1}{5}a-a\cdot 6\frac{2}{9}m\cdot 2\frac{3}{5}n$

**8.** $9\frac{1}{5}u\cdot 2\frac{1}{20}v\cdot\frac{1}{3}w-uv\cdot 2\frac{1}{2}w+7\frac{1}{5}uvw$

**9.** $8a\cdot(-2b)\cdot(-4c)\cdot(-9d)=-(8\cdot 2\cdot 4\cdot 9)\cdot(a\cdot b\cdot c\cdot d)=\underline{\underline{-576abcd}}$

**10.** $\left(-\frac{4}{5}y\right)\cdot\left(\frac{1}{2}x\right)\cdot\left(-3\frac{1}{3}a\right)\cdot\left(-2\frac{1}{4}b\right)$

**11.** $3b\cdot(-11a)-5b\cdot(-12a)-(-7b)\cdot(-11a)$

**12.** $(-20n)\cdot 25u+(-8u)\cdot(-50n)-4u\cdot(-18n)$

**13.** $(-4df)\cdot b\cdot\left(-\frac{a}{2}\right)$

**14.** $\left(-\frac{a}{3}\right)\cdot\left(-\frac{cx}{2}\right)\cdot\left(\frac{2}{9}yz\right)$

**15.** $\frac{z}{5}\cdot\frac{rt}{7}\cdot\left(-\frac{x}{2}\right)\cdot\left(-\frac{u}{2}\right)$

**16.** $2\frac{1}{2}x\cdot(-5y)\cdot\frac{3}{11}z+3\frac{1}{5}x\cdot(-4y)\cdot 1\frac{1}{3}z$

**17.** $3ab\cdot\left(-1\frac{1}{2}c\right)+\left(-\frac{8}{10}a\right)\cdot(-6bc)-4a\cdot(-1{,}7b)\cdot(-c)$

**18.** $0{,}5x\cdot(-1{,}4ay)+(-8ax)\cdot 0{,}2y+0{,}6x\cdot(-4ay)-\left(-\frac{3}{7}ax\right)\cdot 2\frac{1}{3}y$

**19.** $4a-3(2b-a)=4a-6b+3a=\underline{\underline{7a-6b}}$

**20.** $3a(4b-3x+5c)+6ac$

**21.** $7(3{,}2m-2{,}4n+6{,}8r)-6(9{,}3r-2{,}5+9{,}1m)$

**22.** $20\left(3\frac{3}{8}x-4\frac{3}{20}y-8\frac{3}{4}z\right)-42\left(21\frac{5}{6}x-3\frac{1}{8}y+4\frac{5}{12}z\right)$

**23.** $3[7(8a+2b)+5(4b-9a)]-2[6(4b-3a)-2(a-b)]$

**24.** $3\{5(a+b)-4[3b(3+a)-5a(4-b)]+5a\}\cdot 4$

**25.** $3x\{[2a+b(a-c)-2a(b-c)]-bc-ac-ab\}$

**26.** $2x(4y-3)-3[4(5y-x)-5(3x+2y)]-5xy$

**27.** $3{,}5\{3{,}8a-1{,}2b[1{,}8-(1{,}4a-1{,}7)]+2{,}6\}-6{,}2(1{,}15a-0{,}25b+1{,}5ab)$

**28.** $3\frac{2}{3}n\left[1\frac{1}{4}r-\left(2\frac{7}{8}x-10\frac{3}{4}\right)\right]+\left[4\frac{2}{3}nr-\left(5\frac{5}{7}nx-5\frac{1}{6}n\right)\right]\cdot 5\frac{2}{5}$

**29.** $2\frac{1}{2}b\left\{1\frac{2}{3}cd-\left[2\frac{3}{4}c-3\frac{1}{3}\left(4\frac{1}{4}c-5\frac{3}{4}\right)+4\frac{3}{8}c\right]\cdot 4\frac{4}{5}d\right\}-2\frac{2}{7}b\left(8\frac{1}{3}cd-2\frac{3}{8}d\right)-4\frac{37}{56}bd$

**30.** $2[(x-2y)\cdot(a+3b)]=2[ax+3bx-2ay-6by]=\underline{\underline{2ax+6bx-4ay-12by}}$

**31.** $(3a-4b)\cdot(5x+2y)-(a-b)\cdot(6x-7y)+(4b-a)\cdot(12x-9y)$

**32.** $(x+8)\cdot(a-4)-(x-3)\cdot(a+6)+(x-4)\cdot(a-5)$

**33.** $(3a+26x)\cdot(3y+b)+(6a+4x)\cdot(3y-5b)-(8y-10b)\cdot(3a+8x)$

**34.** $(4a+2x)\cdot[(6x-y)\cdot(4c+2d)-(2x-y)\cdot(12c+6d)]$

**35.** $\left(3\frac{1}{2}a-7\frac{3}{4}b+d\right)\cdot[4x(3y-4b+3c)-2(6xy-8bx+5cx)]$

Verwandeln Sie in einen Produktterm:

**36.** $(a-b)\cdot(2x+3y)-(a-b)\cdot(2x-y)+(a-b)\cdot(x-3y)$
$=(a-b)\cdot(2x+3y-2x+y+x-3y)=\underline{\underline{(a-b)\cdot(x+y)}}$

**37.** $57xy+19ax-38xz$

**38.** $77ab+28ad-84ac-91ah$

**39.** $6x(2a-3b)-5y(2a-3b)-4x(2a-3b)$

**40.** **a)** $ax+bx+ay+by$ **b)** $ab-cb-ad+cd$

**41.** $7(2x-3y)+7a(2x-3y)-8b(2x-3y)$

**42.** $(2a+3b)\cdot(4-y)-(2a+3b)\cdot(3y+5)$

**43.** **a)** $xy-x-y+1$ **b)** $3ab-a-3b+1$

**44.** $120bx+72ax+30ay+50by$

**45.** $5mr+2np-5nr+n-2mp-m$

**46.** $xz - x - yz + y - z + 1$

**47.** $20ax + 16bx - 4cx - 30ay - 24by + 6cy$

**48.** $7\frac{1}{9}a + 5\frac{5}{7}bc + 8\frac{8}{9}ac + 4\frac{4}{7}b$

**49.** Ein Blechstreifen soll zu Wellblech von der Länge $a$ geformt werden. Berechnen Sie die Blechstreifenlänge $l$:

a) allgemein (mithilfe von Variablen),
b) für $a = 4\,\text{m}$.

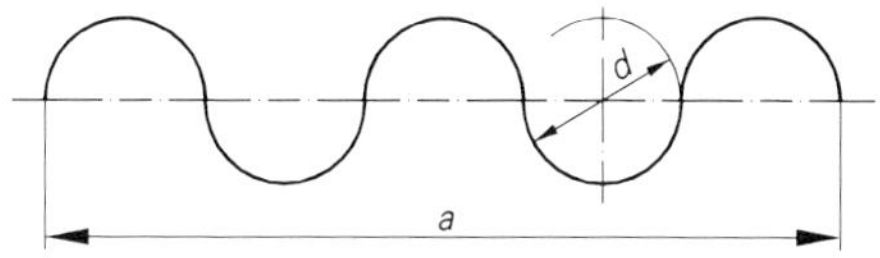


**50.** Ein Flachstahl soll 49 Löcher erhalten. Berechnen Sie die Werkstücklänge $l$:

a) allgemein (mithilfe von Variablen),
b) für $a = 25\,\text{mm}$,
$e = 55\,\text{mm}$.

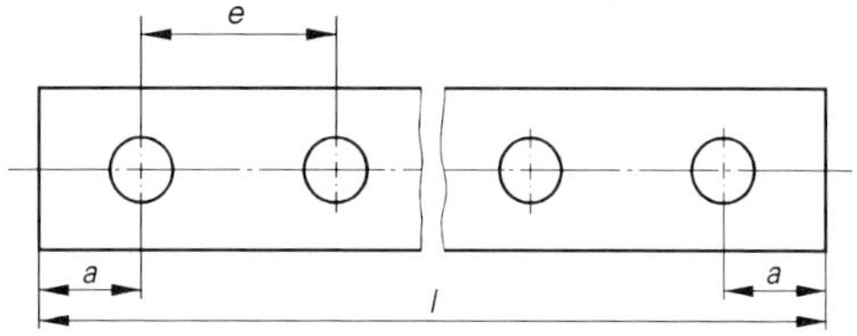


**51.** Berechnen Sie für den Profilstahl den Querschnittsflächeninhalt $A$ (Abrundungen vernachlässigen):

a) allgemein (mithilfe von Variablen),
b) für $h = 140\,\text{mm}$,
$b = 66\,\text{mm}$,
$d = 5{,}7\,\text{mm}$,
$t = 8{,}6\,\text{mm}$.

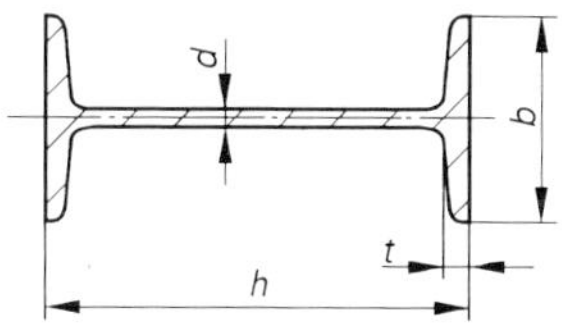


# Wiederholungsfragen zu 1.5

**1.** Wie entsteht ein Produktterm?

**2.** Wie nennt man die Glieder eines Produkttermes?

**3.** Wann darf man bei Faktoren das Malzeichen weglassen?

**4.** Welche besonderen Namen haben der 1. und der 2. Faktor des Produkttermes $a \cdot b$?

**5.** Wie groß ist das Produkt, wenn ein Faktor Null ist.

**6.** Wie multipliziert man ein Produkt mit einem Produkt?

**7.** Nennen Sie die Vorzeichenregel beim Multiplizieren.

**8.** Wie wird die Zahl mit einem Summenterm multipliziert?

**9.** Nennen Sie die Regel über das Multiplizieren von Summen.

**10.** Wann kann man Faktoren ausklammern?

**11.** Worauf ist zu achten, wenn man einen negativen Faktor ausklammert?

# 1.6 Das Dividieren

Im Folgenden werden Fertigkeiten im Dividieren mit nicht negativen rationalen Zahlen vorausgesetzt (natürliche Zahlen, Brüche, Dezimalbrüche). Es werden nur Rechenfälle betrachtet, in denen mindestens eine negative Zahl vorkommt. Das Multiplizieren ist eine verkürzte spezielle Addition: $3 \cdot 4 = 4 + 4 + 4$. Gibt es einen ähnlichen Zusammenhang der Division mit der Subtraktion?

Zunächst sollen einige beim Dividieren auftretende neue Begriffe erläutert werden.

Die linke Seite einer Divisionsaufgabe heißt **Quotient**. Dabei ist es unerheblich, ob ein Doppelpunkt oder ein Bruchstrich als Symbol für die Aufforderung „dividiere" verwendet wird.

Die erste Zahl (oder der Zähler des Bruchs) heißt **Dividend**, die zweite (oder der Nenner) heißt **Divisor**. Auch das Resultat wird als Quotient bezeichnet.

Quotient: $\overbrace{12 : 4} = 3$ — Quotient; 12: Dividend; 4: Divisor

Quotient $\left\{\frac{12}{4}\right. = 3$ — Quotient; 12: Dividend; 4: Divisor

Die Aussage $12 : 4 = 3$ ist wahr. Man sagt, die 4 ist 3-mal in 12 enthalten.
$12 : 4 = 3$ ist offenbar gleichwertig zur Aussage $12 = 3 \cdot 4$. Man nennt gleichwertige Aussagen auch **äquivalent** zueinander.

$15 : 5 = 3$ äquivalent (ist gleichwertig zur Aussage) $15 = 3 \cdot 5$.
$216 : 3 = 72$ äquivalent $216 = 72 \cdot 3$.

Wenn nun Dividend und Divisor nicht so leicht zu überschauende Zahlen sind, wie kann man dann feststellen, wie oft der Divisor im Dividenden enthalten ist? Wie kann man z. B. ermitteln, wie oft 319 in 1595 enthalten ist? Man muss 319 so oft von 1595 abziehen, bis man bei 0 anlangt, bis 1595 aufgebraucht ist.

$1595 - 319 = 1276$
$1276 - 319 = 957$
$957 - 319 = 638$
$638 - 319 = 319$
$319 - 319 = 0$

Man stellt fest: $1595 - 5 \cdot 319 = 0$, also $1595 : 319 = 5$.

$68 : 17 = ?$
$68 - 17 = 51$
$51 - 17 = 34$
$34 - 17 = 17$
$17 - 17 = 0$

$68 - 4 \cdot 17 = 0$
$68 : 17 = 4$

Die Division ist eine verkürzte spezielle mehrfache Subtraktion. Ziel des Subtrahierens gleicher Subtrahenden ist, durch mehrfaches Abziehen des Divisors vom Dividenden die 0 zu erreichen.

Aus dieser Erklärung ist ersichtlich, dass die Division durch 0 keinen Sinn hat. Durch mehrfache Subtraktion der 0 von einer von 0 verschiedenen rationalen Zahl kann man nie die 0 erreichen. Auch der Fall, dass Dividend und Divisor 0 sind, entzieht sich dieser Erklärung. Die Aufgabe $0 : 0 = \_$ führt auf die Frage, wie oft 0 von 0 abgezogen werden kann, bis man bei 0 anlangt. Auf sie gibt es keine eindeutige Antwort. Auch die Feststellung, dass $12 : 3 = 4$ und $12 = 4 \cdot 3$ äquivalente Aussagen sind, hilft nicht weiter. Setzt man $0 : 0 = x$, wäre dazu $0 = x \cdot 0$ äquivalent. Man sieht, dass für $x$ jede rationale Zahl eingesetzt werden kann, das Produkt wäre stets 0. Die Division durch 0 ist nicht erklärbar.

In der Mathematik wird häufig statt des Divisionszeichens „:" ein Bruchstrich „–" verwendet. Die Schreibweisen $4:2$ und $\frac{4}{2}$ besagen ein und dasselbe.

Ist der Dividend ein Vielfaches des Divisors – z.B. $12 = 3 \cdot 4$ in $12:4$ –, gehen die Subtraktionen und damit auch die Division ohne Rest auf. Zieht man von 12 die 4 dreimal ab, erhält man 0, also ist $12:4 = 3$.

Ist der Dividend kein Vielfaches des Divisors, bleibt bei den Subtraktionen irgendwann ein Rest, der kleiner ist als der Divisor. Bei $12:5 = \underline{\underline{\quad}}$ z.B. erhält man $12 - 5 = 7$ und $7 - 5 = 2$.

Solange man nur natürliche Zahlen zur Verfügung hat, sich also in der Menge $\mathbb{N}$ bewegt, schreibt man oft als Ergebnis der Divisionsaufgabe $12:5 = 2$ „Rest 2". Dabei bedeutet „Rest 2", dass eigentlich auch noch die 2 durch 5 geteilt werden müsste, was aber in $\mathbb{N}$ nicht geht. Genauer ist daher die Schreibweise $12:5 = 2 + 2:5$.

Verwendet man die Bruchschreibweise, bewegt sich also im Bereich der rationalen Zahlen, d.h. in der Menge $\mathbb{Q}$, so gilt: $12:5 = 2 + 2:5 = 2 + \frac{2}{5} = 2\frac{2}{5}$, d.h. $\frac{12}{5} = 2\frac{2}{5}$.

Rechnet man bei $12:5 = \underline{\underline{\quad}}$ mit Dezimalbrüchen, so lässt sich der Divisionsalgorithmus (das schriftliche Verfahren der Division) bis zur ersten Stelle nach dem Komma durchführen. Es ist nämlich

$$
\begin{array}{l}
12:5 = \underline{\underline{2{,}4}} \\
\underline{-10} \\
\phantom{-1}20 \\
\underline{\phantom{-}-20} \\
\phantom{-10}0
\end{array}
$$

## 1.6.1 Das Dividieren einer negativen rationalen Zahl durch eine negative rationale Zahl

Hierbei handelt es sich um **Aufgaben** der Art $(-12):(-4) = \underline{\underline{\quad}}$ bzw. bei Verwendung der Bruchschreibweise um $\frac{-12}{-4} = \underline{\underline{\quad}}$.

Kann diese Aufgabe mithilfe der Erklärung der Division als einer verkürzten speziellen Subtraktion gelöst werden? Dazu müsste vom Dividenden (Zähler) der Divisor (Nenner) so oft subtrahiert werden, bis 0 erreicht ist.

Die erste Aufgabe wäre $-12 - (-4) = -12 + 4 = -8$, sie führt also tatsächlich auf die 0 zu.

Die zweite hieße

$-8 - (-4) = -4$, die dritte

$-4 - (-4) = 0$.

Es ist $-12 - 3 \cdot (-4) = 0$ und damit $(-12):(-4) = 3$.

**Beispiel:**

$(-15):(-5) = ?$

$-15 - (-5) = -15 + 5 = -10$

$-10 - (-5) = -10 + 5 = -5$

$\underline{-\ 5 - (-5) = -\ 5 + 5 = 0}$

$-15 - 3 \cdot (-5) = 0$

$(-15):(-5) = 3$

**Merke:**

Haben Dividend (Zähler) und Divisor (Nenner) gleiche Vorzeichen, ist ihr Quotient positiv und gleich dem Quotienten der Beträge von Dividend (Zähler) und Divisor (Nenner).

### 1.6.2 Das Dividieren von rationalen Zahlen mit unterschiedlichen Vorzeichen

Hierbei handelt es sich um **Aufgaben** der Art $12:(-4)=\underline{\quad}$ bzw. $\frac{12}{-4}=\underline{\quad}$ oder $(-12):4=\underline{\quad}$ bzw. $\frac{-12}{4}=\underline{\quad}$.

Können auch sie mithilfe der Erklärung der Division als einer verkürzten speziellen mehrfachen Subtraktion gelöst werden?

a) $12:(-4)=\underline{\quad}$
Von 12 den Divisor $(-4)$ subtrahieren führt zur Aufgabe $12-(-4)=12+4=16$; diese führt nicht auf die 0 zu, d. h., durch Subtraktion des Divisors lässt sich 0 nicht erreichen.

b) Dasselbe gilt für $(-12):4=\underline{\quad}$. Von $-12$ den Divisor 4 subtrahieren führt zur Aufgabe $-12-4=-16$ und durch die fortgesetzte Subtraktion von 4 erhielte man immer kleinere Zahlen, nie aber 0.

Um für beide Aufgaben eine Lösung zu finden, kann man sich der schon erwähnten Äquivalenz der Gleichungen $12:4=3$ und $12=3\cdot 4$ bedienen. Man überträgt diese Beziehung gewissermaßen aus der Menge $\mathbb{N}$ der natürlichen Zahlen in die Menge $\mathbb{Q}$ der rationalen Zahlen, indem man festsetzt, dass sie auch dann gültig sein soll, wenn in den Gleichungen negative Zahlen vorkommen.

Bezeichnet man z. B. den Quotienten $12:(-4)$ mit $x$, schreibt also $12:(-4)=x$, so soll also $12=x\cdot(-4)$ eine dazu äquivalente Gleichung sein. Man erkennt, dass $x$ für eine negative Zahl stehen muss, denn nur, wenn man $-4$ mit einer geeigneten negativen Zahl multipliziert, kann das Ergebnis die positive Zahl 12 sein. Man findet den Betrag der gesuchten Zahl als den Quotienten der Beträge von Dividend und Divisor: $|x|=\frac{|12|}{|-4|}=\frac{12}{4}=3$, also $-3$ für $x$.

In ähnlicher Weise findet man für $(-12):4=x$ die äquivalente Gleichung $-12=x\cdot 4$, d. h., für $x$ muss eine negative Zahl stehen, denn nur dann ist das Produkt mit 4 negativ. Ihr Betrag ist wiederum der Quotient der Beträge von Dividend und Divisor: $|x|=\frac{|-12|}{|4|}=\frac{12}{4}=3$, also $-3$ für $x$.

**Merke:**

Haben Dividend und Divisor ungleiche Vorzeichen, ist ihr Quotient negativ und sein Betrag gleich dem Quotienten der Beträge von Dividend und Divisor.

Die beiden letzten Merksätze gelten auch, wenn Dividend oder Divisor Brüche oder Dezimalbrüche sind. Ist ein Bruch durch einen Bruch zu dividieren, muss man, um den Betrag des Quotienten zu berechnen, die folgende Regel anwenden: Man dividiert einen Bruch durch einen Bruch, indem man den ersten Bruch mit dem Kehrwert des zweiten Bruchs multipliziert, z. B.:

$$\frac{1}{2}:\frac{2}{3}=\frac{1}{2}\cdot\frac{3}{2}=\frac{1\cdot 3}{2\cdot 2}=\frac{3}{4}.$$

Dies gilt auch dann, wenn Dividend oder Divisor natürliche oder ganze Zahlen sind, denn jede ganze Zahl lässt sich als Bruch mit dem Nenner 1 auffassen, z. B.:

$$4:\frac{1}{2}=\frac{4}{1}:\frac{1}{2}=\frac{4}{1}\cdot\frac{2}{1}=\frac{8}{1}=8 \quad \text{oder} \quad \frac{1}{2}:4=\frac{1}{2}:\frac{4}{1}=\frac{1}{2}\cdot\frac{1}{4}=\frac{1}{8}.$$

**Beispiele:**

**1.** $-38:(-2)=\underline{\underline{\quad}}$

Dividend und Divisor haben gleiche Vorzeichen, das Resultat ist positiv und gleich dem Quotienten der Beträge von Dividend und Divisor.

**1.** $-38:(-2)=\underline{\underline{\quad}}$

$|-38|=38;\ |-2|=2$ ► Beträge bestimmen

$38:2=19$ ► Quotient der Beträge

$-38:(-2)=\underline{\underline{19}}$ ► Resultat

**2.** $-38:2=\underline{\underline{\quad}}$

Dividend und Divisor haben ungleiche Vorzeichen, das Resultat ist eine negative Zahl. Sein Betrag ist gleich dem Quotienten der Beträge von Dividend und Divisor.

**2.** $-38:2=\underline{\underline{\quad}}$

$|-38|=38;\ |2|=2$ ► Beträge bestimmen

$38:2=19$ ► Quotient der Beträge

$-38:2=\underline{\underline{-19}}$ ► Vorzeichen „–“ und Resultat

**3.** $38:(-2)=\underline{\underline{\quad}}$

Dividend und Divisor haben ungleiche Vorzeichen, das Resultat ist negativ. Sein Betrag ist gleich dem Quotienten der Beträge von Dividend und Divisor.

**3.** $38:(-2)=\underline{\underline{\quad}}$

$|38|=38;\ |-2|=2$ ► Beträge bestimmen

$38:2=19$ ► Quotient der Beträge

$38:(-2)=\underline{\underline{-19}}$ ► Vorzeichen „–“ und Resultat

**4.** $\frac{1}{2}:\left(-\frac{2}{3}\right)=\underline{\underline{\quad}}$

Dividend und Divisor haben ungleiche Vorzeichen, das Resultat ist negativ. Sein Betrag ist gleich dem Quotienten der Beträge von Dividend und Divisor.

**4.** $\frac{1}{2}:\left(-\frac{2}{3}\right)=\underline{\underline{\quad}}$

$\left|\frac{1}{2}\right|=\frac{1}{2};\ \left|-\frac{2}{3}\right|=\frac{2}{3}$ ► Beträge bestimmen

$\frac{1}{2}:\frac{2}{3}=\frac{1\cdot 3}{2\cdot 2}=\frac{3}{4}$ ► Quotient der Beträge

$\frac{1}{2}:\left(-\frac{2}{3}\right)=\underline{\underline{-\frac{3}{4}}}$ ► Vorzeichen „–“ und Resultat

**5.** $(-1{,}6):(-2)=\underline{\underline{\quad}}$

Dividend und Divisor haben gleiche Vorzeichen, das Resultat ist positiv und gleich dem Quotienten der Beträge von Dividend und Divisor.

**5.** $(-1{,}6):(-2)=\underline{\underline{\quad}}$

$|-1{,}6|=1{,}6;\ |-2|=2$ ► Beträge bestimmen

$1{,}6:2=0{,}8$ ► Quotient der Beträge

$(-1{,}6):(-2)=\underline{\underline{0{,}8}}$ ► Resultat

## 1.6.3 Das Dividieren mit Variablen

Auch Variable können durch das Divisionszeichen „:“ oder den Bruchstrich „–“ miteinander verknüpft sein.

$a:b=\frac{a}{b};\quad 2x:y;\quad \frac{2x}{3y};\quad \frac{4-x}{y}$

Im Folgenden wird die Bruchschreibweise bevorzugt, treten Quotienten also als Bruchterme auf. Die Variablen stehen, wenn nichts anderes vermerkt ist, für rationale Zahlen, die einen Bruchterm in einen sinnvollen Ausdruck überführen. Die Variablen können auch mit Vorzeichen versehen sein: $(-a):b;\ \frac{-a}{b};\ \frac{2x}{-y}$. Der Term $-a$ stellt jedoch nicht etwa immer eine negative Zahl dar; steht $a$ zum Beispiel für $-2$, ist $-a=-(-2)=2$ eine positive Zahl.

Ebenso wie beim Dividieren von rationalen Zahlen müssen auch beim Dividieren von Variablen die Vorzeichen gesondert betrachtet werden. Darüber hinaus müssen Regeln für das Berechnen und Umformen von Bruchtermen mit Variablen so beschaffen sein, dass sie den Gesetzen über das Rechnen mit rationalen Zahlen, insbesondere dem Rechnen mit Brüchen entsprechen, wenn man für die Variablen rationale Zahlen setzt.

Ähnlich wie bei den positiven rationalen Zahlen kann auch vor Variablen das Vorzeichen „+“ weggelassen werden.

Im Bruchterm $\frac{-a}{b}$ haben die Variablen im Zähler und im Nenner unterschiedliche Vorzeichen. Kann daraus ein Vorzeichen für den Bruchterm insgesamt gewonnen werden? Setzt man 2 für $a$ und 3 für $b$, erhält man aus $\frac{-a}{b}$ die Brüche $\frac{-2}{3} = -\frac{2}{3}$, also $-\frac{a}{b}$. Es ist in diesem Fall also $\frac{-a}{b} = -\frac{a}{b}$. Zum gleichen Ergebnis käme man, setzte man für $a$ und $b$ negative Zahlen oder für $a$ eine positive und für $b$ eine negative Zahl ein oder umgekehrt.

Ganz ähnlich lassen sich die Fälle $\frac{a}{-b}$ und $\frac{-a}{-b}$ lösen. Setzt man in $\frac{-a}{-b}$ z. B. 2 für $a$ und 3 für $b$ ein, erhält man die Brüche $\frac{-2}{-3} = \frac{2}{3}$, d. h., es gilt $\frac{-a}{-b} = \frac{a}{b}$. Aus diesen Betrachtungen lässt sich folgende Regel gewinnen:

**Merke:**

Haben die Variablen im Dividenden und Divisor (Zähler und Nenner) gleiche Vorzeichen, so hat der Quotient (der Bruchterm) aus den Variablen das Vorzeichen „+“ (das man meist nicht schreibt). Haben die Variablen im Dividenden und Divisor ungleiche Vorzeichen, so hat der Quotient aus den Variablen das Vorzeichen „–“.

Es ist also $a : b = (-a) : (-b) = +(a : b)$ und $(-a) : b = a : (-b) = -(a : b)$. In Bruchschreibweise: $\frac{a}{b} = \frac{-a}{-b} = +\frac{a}{b}$ und entsprechend $\frac{-a}{b} = \frac{a}{-b} = -\frac{a}{b}$.

Der Bruchterm $\frac{a}{b}$ kann also entstanden sein aus den Termen $\frac{a}{b}$ oder $\frac{-a}{-b}$, der Bruchterm $-\frac{a}{b}$ aus den Termen $\frac{-a}{b}$ oder $\frac{a}{-b}$.

Als Merkhilfe bietet sich ähnlich wie bei der Multiplikation mit Variablen an:

$$\left.\begin{matrix}\text{plus durch plus}\\ \text{minus durch minus}\end{matrix}\right\}\text{ ergibt plus;}\qquad \left.\begin{matrix}+:+\\ -:-\end{matrix}\right\} = +;$$

$$\left.\begin{matrix}\text{plus durch minus}\\ \text{minus durch plus}\end{matrix}\right\}\text{ ergibt minus;}\qquad \left.\begin{matrix}+:-\\ -:+\end{matrix}\right\} = -.$$

Es wurde schon darauf hingewiesen, dass für die Variablen, die in Bruchtermen vorkommen, nur solche rationalen Zahlen gesetzt werden dürfen, die den Bruchterm in einen sinnvollen Ausdruck überführen. Insbesondere dürfen für die Variablen in den Nennern nur solche rationalen Zahlen gesetzt werden, die die jeweiligen Terme nicht zu 0 machen, denn die Division durch 0 lässt sich nicht erklären. Heißt ein Nennerterm z. B. $a-2$, darf für $a$ nicht 2 gesetzt werden, weil sonst der Nenner 0 wird: $2-2=0$.

Dies sei im Folgenden stets vorausgesetzt, ohne dass immer wieder darauf hingewiesen wird.

**Berechnen von Bruchtermen**

● Setzt man in einen Bruchterm für die vorkommenden Variablen rationale Zahlen, berechnet man den **Wert des Bruchterms**.

Steht $a$ für 2, $b$ für $-2$ und $c$ für 3, erhält man aus dem Term $\frac{5ab}{4c}$ durch Ersetzen der Variablen die rationale Zahl

$$\frac{5\cdot 2\cdot(-2)}{4\cdot 3}=\frac{-5\cdot 4}{4\cdot 3}=\underline{\underline{-\frac{5}{3}}}.$$

Steht in $\frac{m^2 5n}{pr}$

$m$ für 2, $n$ für $-3$, $p$ für $-2$ und $r$ für 4,

erhält man durch Ersetzen der Variablen

$$\frac{m^2 5n}{pr}=\frac{2\cdot 2\cdot 5\cdot(-3)}{(-2)\cdot 4}=\frac{-2\cdot 2\cdot 5\cdot 3}{-2\cdot 4}=\underline{\underline{\frac{15}{2}}}$$

**Ordnen von Bruchtermen**

● Für das Ordnen von Zähler- und Nennerterm eines Bruchterms gelten folgende Hinweise:

Rationale Zahlen, die als Koeffizienten auftreten, werden an den Anfang gesetzt und gegebenenfalls miteinander multipliziert. Die Variablen schließen sich in alphabetischer Reihenfolge an.

$$\frac{3a5b}{c2d}=\frac{3\cdot 5ab}{2cd}=\underline{\underline{\frac{15ab}{2cd}}}$$

Mehrfach auftretende Variable werden als Potenzen geschrieben.

$$\frac{(-3)\,a5a}{2cd}=\frac{(-3)\cdot 5aa}{2cd}=\underline{\underline{-\frac{15a^2}{2cd}}}$$

Summen werden wenn möglich in Produkte umgewandelt.

$$\frac{4xy+x}{3z}=\underline{\underline{\frac{x\cdot(4y+1)}{3z}}}$$

**Kürzen und Erweitern von Bruchtermen**

● Wenn Zähler- und Nennerterm gleiche Faktoren enthalten, kann der Bruchterm gekürzt werden.

Einen Bruch kürzen heißt, Zähler und Nenner durch die gleiche Zahl teilen. Einen Bruch oder Bruchterm, der Variable enthält, kürzen heißt, Zähler und Nenner durch die gleiche Zahl bzw. die gleiche Variable teilen.

$$\frac{12}{18}=\frac{\not{2}\cdot 2\cdot\not{3}}{\not{2}\cdot 3\cdot\not{3}}=\underline{\underline{\frac{2}{3}}}$$

$$\frac{\not{a}b\not{x}y}{\not{a}c\not{x}}=\underline{\underline{\frac{by}{c}}}$$

Man kann Zähler- und Nennerterm durch die gleiche Zahl oder die gleiche Variable dividieren, wenn die betreffende Zahl oder Variable als Faktor im Zähler- und Nennerterm enthalten ist.

$$\frac{12}{15}=\frac{\not{3}\cdot 4}{\not{3}\cdot 5}=\underline{\underline{\frac{4}{5}}}$$

$$\frac{4xy+x}{3x}=\frac{\not{x}\cdot(4y+1)}{3\not{x}}=\underline{\underline{\frac{4y+1}{3}}}$$

Das muss man bedenken, soll ein Bruchterm gekürzt werden, dessen Zähler oder Nennerterm eine Summe ist. Kürzen kann man, wenn im Zähler- und Nennerterm gleiche Faktoren vorhanden sind.

$$\frac{ax+ay}{a}=\frac{\cancel{a}(x+y)}{\cancel{a}}=\underline{\underline{x+y}}$$

$$\frac{3}{6x+12}=\frac{\cancel{3}}{\underset{2}{\cancel{6}}(x+2)}=\underline{\underline{\frac{1}{2(x+2)}}}$$

Also wird man versuchen, auftretende Summen in Produkte umzuwandeln, um feststellen zu können, ob dies der Fall ist. Dazu bedient man sich der Methode des Ausklammerns.

$$\frac{ab+ad}{ax-ay}=\frac{\cancel{a}(b+d)}{\cancel{a}(x-y)}=\underline{\underline{\frac{b+d}{x-y}}}$$

$$\frac{2a+4b}{6a-4b}=\frac{\cancel{2}(a+2b)}{\cancel{2}(3a-2b)}=\underline{\underline{\frac{a+2b}{3a-2b}}}$$

Auch in Zähler- und Nennerterm auftretende ganze Zahlen zerlegt man am besten in Faktoren, um zu prüfen, ob man kürzen kann.

$$\frac{42x}{12y}=\frac{\cancel{2}\cdot\cancel{3}\cdot 7\cdot x}{\cancel{2}\cdot 2\cdot\cancel{3}\cdot y}=\underline{\underline{\frac{7x}{2y}}}$$

Treten im Bruchterm Potenzen auf, geht man beim Kürzen von der Verabredung aus, dass der Exponent angibt, wie oft die Basis der Potenz als Faktor zu schreiben ist.

$$\frac{a^4b^3m}{a^2bm^2}=\frac{\cancel{a}\cdot\cancel{a}\cdot a\cdot a\cdot\cancel{b}\cdot b\cdot b\cdot\cancel{m}}{\cancel{a}\cdot\cancel{a}\cdot\cancel{b}\cdot\cancel{m}\cdot m}=\frac{a\cdot a\cdot b\cdot b}{m}=\underline{\underline{\frac{a^2b^2}{m}}}$$

**Beispiele:**

**1.** $\dfrac{axz+bxz-cxz}{axz}=\underline{\underline{\qquad}}$

Durch Ausklammern von $xz$ kann man den Zählerterm in einen Produktterm verwandeln. Durch die Faktoren $xz$ kann man kürzen.

**1.** $\dfrac{axz+bxz-cxz}{axz}=\underline{\underline{\qquad}}$

$$\frac{axz+bxz-cxz}{axz}=\frac{\cancel{xz}(a+b-c)}{a\cancel{xz}}=\underline{\underline{\frac{a+b-c}{a}}}$$

**2.** $\dfrac{20a+8b-12c}{-4}=\underline{\underline{\qquad}}$

Man kann diesen Bruchterm kürzen, wenn man im Zählerterm $-4$ ausklammert. Dabei muss man besonders auf die Rechenzeichen achten.

**2.** $\dfrac{20a+8b-12c}{-4}=\underline{\underline{\qquad}}$

$$\frac{20a+8b-12c}{-4}=\frac{-\cancel{4}(-5a-2b+3c)}{-\cancel{4}}=\underline{\underline{3c-5a-2b}}$$

**3.** $\dfrac{4ax-2ab}{6ax+10ab}=\underline{\underline{\qquad}}$

Bei diesem Bruchterm kann man im Zähler- und Nennerterm $2a$ ausklammern und durch diesen gemeinsamen Faktor kürzen.

**3.** $\dfrac{4ax-2ab}{6ax+10ab}=\underline{\underline{\qquad}}$

$$\frac{4ax-2ab}{6ax+10ab}=\frac{\cancel{2a}(2x-b)}{\cancel{2a}(3x+5b)}=\underline{\underline{\frac{2x-b}{3x+5b}}}$$

**4.** $\dfrac{ax-bx+ay-by}{a-b}=$ ___

Die gemeinsamen Faktoren können auch Summen sein.

Jede allein stehende Summe oder Differenz kann man mit 1 multiplizieren und damit in ein Produkt umwandeln.

**5.** $-\dfrac{b-2}{2-b}=$ ___

Ein Minuszeichen vor dem Bruchterm kann in den Zähler- oder in den Nennerterm gebracht werden. Bei diesem Beispiel sieht man, dass Zähler- und Nennerterm gleich sind und der Bruchterm durch sie gekürzt werden kann. Ein Bruchterm mit gleichem Zähler- und Nennerterm hat immer den Wert 1.

**6.** $\dfrac{ax-a+2x-2}{ax+a+2x+2}=$ ___

Zähler- und Nennerterm kann man in Produktterme umwandeln, deren Faktoren wiederum Summenterme sind. Da zwei Faktoren gleich sind, kann man durch sie kürzen.

● Man erweitert einen Bruchterm, indem man Zähler- und Nennerterm mit der gleichen Zahl oder Variablen multipliziert. Die im Zähler- und Nennerterm entstehenden Produktterme können, wenn sie Summen als Faktoren enthalten, ausmultipliziert werden. Der Wert eines Bruchterms ändert sich durch das Erweitern nicht.

**Beispiele:**

Erweitern Sie folgende Bruchterme:

**1.** $\dfrac{3ax}{4by}$ mit $5c$

**2.** $\dfrac{3b}{7a}$ mit $(-2x)$

Achten Sie auf die Vorzeichen des Bruchterms!

**4.** $\dfrac{ax-bx+ay-by}{a-b}=$ ___

$$\frac{ax-bx+ay-by}{a-b}=\frac{(x+y)\cancel{(a-b)}}{\cancel{(a-b)}\cdot 1}=\frac{x+y}{1}=\underline{\underline{x+y}}$$

**5.** $-\dfrac{b-2}{2-b}=$ ___

$$-\frac{b-2}{2-b}=\frac{-(b-2)}{2-b}=\frac{-b+2}{2-b}=\frac{\cancel{2-b}}{\cancel{2-b}}=\underline{\underline{1}}$$

**6.** $\dfrac{ax-a+2x-2}{ax+a+2x+2}=$ ___

$$\frac{ax-a+2x-2}{ax+a+2x+2}=\frac{\cancel{(a+2)}(x-1)}{\cancel{(a+2)}(x+1)}=\underline{\underline{\frac{x-1}{x+1}}}$$

**Erweitern eines Bruchterms**

$$\frac{4}{5}\cdot\frac{3}{3}=\frac{4\cdot 3}{5\cdot 3}=\underline{\underline{\frac{12}{15}}}$$

$$\frac{2a}{3b}\cdot\frac{4}{4}=\frac{2a\cdot 4}{3b\cdot 4}=\frac{2\cdot 4\cdot a}{3\cdot 4\cdot b}=\underline{\underline{\frac{8a}{12b}}}$$

$$\frac{4+a}{7}\cdot\frac{2}{2}=\frac{(4+a)\cdot 2}{7\cdot 2}=\underline{\underline{\frac{8+2a}{14}}}$$

**1.** $\dfrac{3ax}{4by}$ mit $5c$ $\qquad \dfrac{3ax\cdot 5c}{4by\cdot 5c}=\underline{\underline{\dfrac{15acx}{20bcy}}}$

**2.** $\dfrac{3b}{7a}$ mit $(-2x)$

$$\frac{3b\cdot(-2x)}{7a\cdot(-2x)}=\frac{-6bx}{-14ax}=\underline{\underline{\frac{6bx}{14ax}}}$$

**3.** $\frac{a}{b+c}$ mit $d$

Enthält ein Bruchterm eine Summe, so müssen beim Erweitern des Bruchterms alle Summanden multipliziert werden.

**3.** $\frac{a}{b+c}$ mit $d$

$$\frac{a\cdot d}{(b+c)\cdot d} = \frac{ad}{bd+cd}$$

**4.** $\frac{a+b-d}{a-b}$ mit $3x$

Summen, die multipliziert werden sollen, setzt man zunächst in Klammern und löst diese dann auf.

**4.** $\frac{a+b-d}{a-b}$ mit $3x$

$$\frac{(a+b-d)\cdot 3x}{(a-b)\cdot 3x} = \frac{3ax+3bx-3dx}{3ax-3bx}$$

**5.** $\frac{3a-4b+5c}{3x-2y}$ mit $-7d$

Zähler- und Nennerterm werden zunächst in Klammern gesetzt. Achten sie beim Auflösen der Klammern auf die Rechenzeichen!

**5.** $\frac{3a-4b+5c}{3x-2y}$ mit $(-7d)$

$$\frac{(3a-4b+5c)\cdot(-7d)}{(3x-2y)\cdot(-7d)} = \frac{-21ad+28bd-35cd}{-21dx+14dy}$$

**6.** Ein Bruchterm kann auch mit einer algebraischen Summe erweitert werden.

**6.** $\frac{2a-3b}{5a}$ mit $(x+y)$

$$\frac{(2a-3b)\cdot(x+y)}{5a\cdot(x+y)} = \frac{2ax+2ay-3bx-3by}{5ax+5ay}$$

**7.** Achten Sie darauf, dass beim Erweitern eines Bruchterms Summen zunächst immer in Klammern gesetzt werden!

**7.** $\frac{2a-c}{5x+3y}$ mit $(3b+2d)$

$$\frac{(2a-c)\cdot(3b+2d)}{(5x+3y)\cdot(3b+2d)}$$

$$\frac{6ab+4ad-3bc-2cd}{15bx+10dx+9by+6dy}$$

Um Brüche addieren zu können, müssen sie gleichnamig sein. Gleichnamige Brüche werden addiert, indem man ihre Zähler addiert und den gemeinsamen Nenner beibehält.

Durch geeignetes Erweitern können Brüche mit unterschiedlichen Nennern gleichnamig gemacht werden.

$$\frac{1}{3}+\frac{4}{3}=\frac{5}{3}$$

$$\frac{1}{5}+\frac{1}{10}=?$$

$$\frac{1}{5}\cdot\frac{2}{2}=\frac{2}{10}$$ ► Erweitern mit 2

$$\frac{1}{5}+\frac{1}{10}=\frac{2}{10}+\frac{1}{10}=\frac{3}{10}$$

Ähnliches gilt für die Addition von Bruchtermen mit Variablen. Auch für sie ist geeignetes Erweitern oft für die weitere Umformung unerlässlich, insbesondere für Addition oder Subtraktion. Das

Vorgehen zur Bestimmung des Erweiterungsfaktors beim Vorhandensein von Variablen in Bruchtermen gleicht dem der Bestimmung der Erweiterungszahl im Fall von Brüchen mit rationalen Zahlen: Man dividiert den neuen Nennerterm, auf den erweitert werden soll, durch den alten, d.h. den Nennerterm des Bruchtermes, der erweitert werden soll.

**Beispiele:**

**1.** Der Bruchterm $\frac{6y}{2x}$ soll so erweitert werden, dass er nach dem Erweitern den Nennerterm $14x$ besitzt. Um den Erweiterungsfaktor zu finden, dividiert man den neuen Nennerterm durch den alten Nennerterm. In diesem Beispiel heißt der Erweiterungsfaktor 7. Der Bruchterm wird nun mit 7 erweitert. Nach dem Erweitern hat er den verlangten Nennerterm $14x$.

$$\frac{6y}{2x} = \frac{?}{14x}$$

$$\frac{14x}{2x} = \frac{\not{2} \cdot 7 \cdot \not{x}}{\not{2} \cdot \not{x}} = \underline{\underline{7}}$$ ► Erweiterungsfaktor

$$\frac{6y}{2x} = \frac{6y \cdot 7}{2x \cdot 7} = \underline{\underline{\frac{42y}{14x}}}$$

**2.** Der neue Nennerterm soll $-36yz$ heißen. Auch hierbei findet man den Erweiterungsfaktor, indem man den neuen Nennerterm durch den alten Nennerterm dividiert.

Der Erweiterungsfaktor ist hier $-4z$, also selbst ein Term mit einer Variablen.

$$\frac{5x}{9y} = \frac{?}{-36yz}$$

$$\frac{-36yz}{9y} = \frac{-2 \cdot 2 \cdot \not{3} \cdot \not{3} \cdot \not{y} \cdot z}{\not{3} \cdot \not{3} \cdot \not{y}} = -2 \cdot 2 \cdot z = \underline{\underline{-4z}}$$ ► Erweiterungsfaktor

$$\frac{5x \cdot (-4z)}{9y \cdot (-4z)} = \underline{\underline{\frac{-20xz}{-36yz}}}$$

**3.** Der neue Nennerterm soll $-42abn$ lauten. Die Division des neuen Nennerterms durch den alten ergibt den Erweiterungsfaktor $-6bn$.

$$\frac{5x-6y}{7a} = \frac{?}{-42abn}$$

$$\frac{-42abn}{7a} = \frac{-2 \cdot 3 \cdot \not{7} \cdot \not{a} \cdot b \cdot n}{\not{7} \cdot \not{a}} = \underline{\underline{-6bn}}$$ ► Erweiterungsfaktor

Im Zählerterm werden zweckmäßig die Summanden vertauscht, damit kein Minuszeichen am Anfang steht.

$$\frac{(5x-6y) \cdot (-6bn)}{7a \cdot (-6bn)} = \frac{-30bnx + 36bny}{-42abn} = \underline{\underline{\frac{36bny - 30bnx}{-42abn}}}$$

**4.** Bei diesem Beispiel sind beide Nennerterme Summen.

Nach dem Ausklammern und Kürzen erhält man den Erweiterungsfaktor $2c$.

$$\frac{3a-2b}{4x+2y} = \frac{?}{8cx+4cy}$$

$$\frac{8cx+4cy}{4x+2y} = \frac{2 \cdot 2 \cdot c\,(\not{2x}\not{+}\not{y})}{2 \cdot (\not{2x}\not{+}\not{y})} = \underline{\underline{2c}}$$ ► Erweiterungsfaktor

$$\frac{(3a-2b) \cdot 2c}{(4x+2y) \cdot 2c} = \underline{\underline{\frac{6ac-4bc}{8cx+4cy}}}$$

**5.** Der neue Nennerterm ist ein Produkt von zwei Summentermen.

Nach dem Kürzen erhält man den Erweiterungsfaktor $a+2c$.

**5.** $$\frac{15n}{5x+2b}=\frac{?}{(5x+2b)(a+2c)}$$

$$\frac{(\cancel{5x+2b})(a+2c)}{(\cancel{5x+2b})}=\underline{\underline{a+2c}}$$ ► Erweiterungsfaktor

$$\frac{15n\cdot(a+2c)}{(5x+2b)\cdot(a+2c)}=\frac{15an+30cn}{(5x+2b)(a+2c)}$$

$$=\underline{\underline{\frac{15an+30cn}{5ax+2ab+10cx+4bc}}}$$

**6.** Um bei diesem Beispiel den Erweiterungsfaktor zu finden, faktorisiert man den neuen Nennerterm:

$2ac-2bc+5ax-5bx=(2c+5x)\cdot(a-b)$.

Nach dem Kürzen erhält man den Erweiterungsfaktor $a-b$.

**6.** $$\frac{3c-7y}{2c+5x}=\frac{?}{2ac-2bc+5ax-5bx}$$

$$\frac{(\cancel{2c+5x})(a-b)}{\cancel{2c+5x}}=\underline{\underline{a-b}}$$ ► Erweiterungsfaktor

$$\frac{(3c-7y)\cdot(a-b)}{(2c+5x)\cdot(a-b)}=\underline{\underline{\frac{3ac-3bc-7ay+7by}{2ac-2bc+5ax-5bx}}}$$

## 1.6.4 Das Multiplizieren und Dividieren von Größen

Hat ein Rechteck für $a$ die Seitenlänge 3 cm und für $b$ die Seitenlänge 4 cm, so beträgt sein Flächeninhalt $A_R=3\,\text{cm}\cdot 4\,\text{cm}=12\,\text{cm}^2$. Hat ein Quader die Seitenlängen 3 m, 3 m und 2 m, beträgt sein Rauminhalt $V_Q=3\,\text{m}\cdot 3\,\text{m}\cdot 2\,\text{m}=18\,\text{m}^3$.

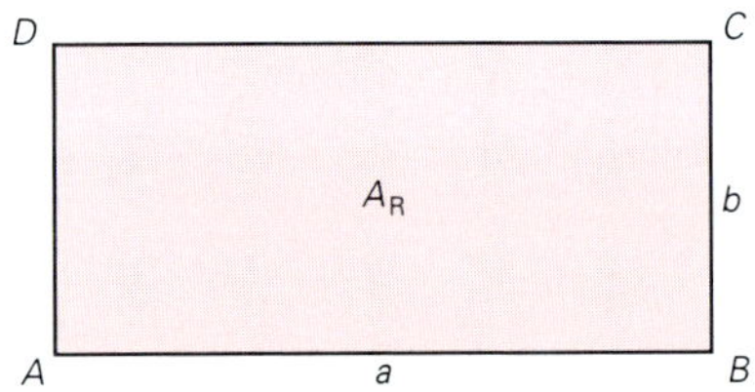


$$A_R=a\cdot b$$
$$A_R=3\,\text{cm}\cdot 4\,\text{cm}=\underline{\underline{12\,\text{cm}^2}}$$
$$2\,\text{km}\cdot 3\,\text{km}=6\,\text{km}^2$$

Größen gleicher Größenart, die in den Maßeinheiten übereinstimmen, können multipliziert werden, indem man jeweils die Zahlenwerte und die Maßeinheiten multipliziert, wobei die Buchstaben oder die Buchstabengruppen, welche die Maßeinheiten bezeichnen, wie Variable behandelt werden.

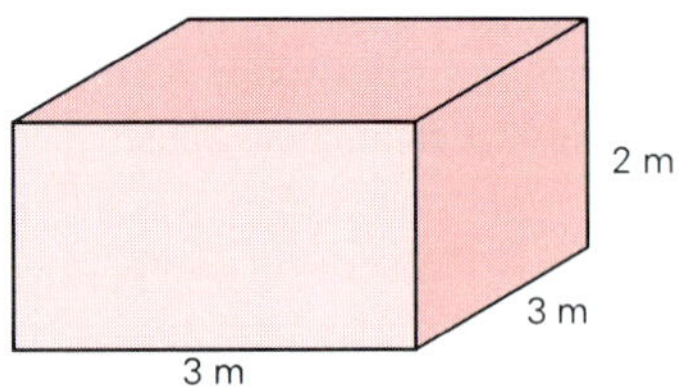


$$V_Q=a\cdot b\cdot c$$
$$V_Q=3\,\text{m}\cdot 3\,\text{m}\cdot 2\,\text{m}=\underline{\underline{18\,\text{m}^3}}$$

Allerdings wird nicht jedes Produkt, das theoretisch so gebildet werden kann, praktisch wirklich einen Sinn haben.

$$\left.\begin{array}{l}2\,\text{kg}\cdot 5\,\text{kg}=10\,\text{kg}^2\\ 5\,€\cdot 10\,€=50\,€^2\end{array}\right\}\text{ keinen praktischen Sinn}$$

Aber nicht nur Größen gleicher Größenart können miteinander multipliziert werden. Die elektrische Leistung $P$ z. B., gemessen in Watt, ist das Produkt aus Spannung $U$ und Stromstärke $I$, gemessen in Volt und Ampere.

▶ Elektrische Leistung $P = U \cdot I$,
zum Beispiel:
$P = 220\,\text{V} \cdot 0{,}5\,\text{A} = \underline{\underline{110\,\text{W}}}$

Die technische Arbeit $A$, gemessen in Nm, ist das Produkt aus Kraft $K$ und der durch sie bewirkten Verschiebung $s$ eines Körpers.

▶ Technische Arbeit $A = K \cdot s$,
zum Beispiel:
$A = 5\,\text{N} \cdot 4\,\text{m} = \underline{\underline{20\,\text{Nm}}}$

In Physik und Technik sind oft Größen unterschiedlicher Größenart miteinander verknüpft. Auch hierfür gilt, dass nicht jede mögliche oder denkbare Verknüpfung sinnvoll ist.

Hat ein Rechteck einen Flächeninhalt von $A_R = 12\,\text{cm}^2$ und beträgt die Länge der einen Seite 3 cm, so ist die andere, der gegebenen nicht gegenüberliegenden Seite des Rechtecks $12\,\text{m}^2 : 3\,\text{cm} = 4\,\text{cm}$ lang.

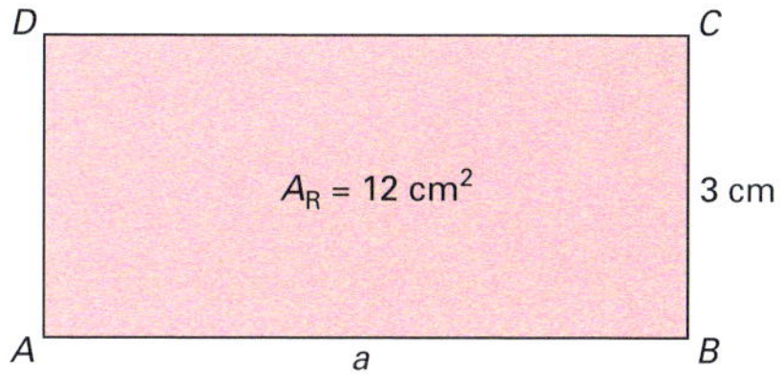


$A_R = a \cdot b$

$12\,\text{cm}^2 = a \cdot 3\,\text{cm}$; daher $\dfrac{12\,\text{cm}^2}{3\,\text{cm}} = \underline{\underline{4\,\text{cm}}}$ für $a$

Für die **Division von Größen** gelten die gleichen Regeln wie für ihre Multiplikation. Das Vervielfachen und Teilen der Maßzahl einer Größe sind als Sonderfälle in diesen Regeln enthalten.

# 1.7 Bruchrechnen mit Termen, in denen Variable vorkommen

Für das Rechnen mit Bruchtermen, in denen Variable vorkommen, gelten dieselben Regeln wie in der Bruchrechnung mit rationalen Zahlen. Dabei stehen die Variablen für beliebige rationale Zahlen, die einen Bruchterm in einen sinnvollen Ausdruck überführen. Insbesondere wird dabei vorausgesetzt, dass alle auftretenden Nennerterme nur von 0 verschiedene Zahlenwerte annehmen können.

## 1.7.1 Das Addieren und Subtrahieren von Bruchtermen

● Der einfachste Fall liegt vor, wenn die zu addierenden oder zu subtrahierenden Terme gleichnamig sind. In diesem Fall addiert oder subtrahiert man die Zählerterme und behält den gemeinsamen Nennerterm bei.

**Beispiele:**

**1.** $\frac{5a}{12}+\frac{7a}{12}-\frac{4a}{12}=$ ___

Man bildet die Summe der Zählerterme.
Der Nennerterm 12 wird beibehalten.

Das Ergebnis wird so weit wie möglich gekürzt.

**1.** $$\frac{5a}{12}+\frac{7a}{12}-\frac{4a}{12}=\frac{5a+7a-4a}{12}=\frac{8a}{12}=\frac{\not{2}\cdot\not{2}\cdot 2\cdot a}{\not{2}\cdot\not{2}\cdot 3}=\underline{\underline{\frac{2}{3}a}}$$ ► Kürzen

**2.** $\frac{4x}{3b}-\frac{18x}{3b}+\frac{20x}{3b}=$ ___

Die Zählerterme werden addiert bzw. subtrahiert, der Nennerterm bleibt unverändert.

Das Resultat entsteht durch Kürzen aus diesem Ergebnis.

**2.** $$\frac{4x}{3b}-\frac{18x}{3b}+\frac{20x}{3b}=\frac{4x-18x+20x}{3b}=\frac{6x}{3b}=\frac{2\cdot\not{3}\cdot x}{\not{3}\cdot b}=\underline{\underline{\frac{2x}{b}}}$$ ► Kürzen

**3.** $\frac{n+x}{4}+\frac{n-x}{4}=$ ___

Die Zählerterme der Bruchterme können auch Summen sein. Auch hier werden beide Zählerterme addiert und durch den gemeinsamen Nennerterm dividiert.

**3.** $$\frac{n+x}{4}+\frac{n-x}{4}=\frac{n+x+n-x}{4}=\frac{n+n+x-x}{4}=\frac{\not{2}n}{\not{2}\cdot 2}=\underline{\underline{\frac{n}{2}}}$$ ► Kürzen

**4.** $\frac{a+b}{a}-\frac{a-b+c}{a}=$ ___

Der Zählerterm des zweiten Bruchterms soll vom Zählerterm des ersten Bruchterms subtrahiert werden. Da der zweite Zählerterm eine Summe ist, muss man ihn in eine Klammer einschließen, wenn beide Zählerterme auf einen gemeinsamen Bruchstrich mit dem Nennerterm $a$ geschrieben werden.

**4.** $$\frac{a+b}{a}-\frac{a-b+c}{a}=\frac{a+b-(a-b+c)}{a}=\frac{a+b-a+b-c}{a}=\frac{a-a+b+b-c}{a}=\underline{\underline{\frac{2b-c}{a}}}$$

**5.** $\frac{ax+ay}{a+n}+\frac{nx+ny}{a+n}=\underline{\underline{\quad}}$

Die Zähler- und Nennerterme der Bruchterme sind Summen. Wenn man beide Zählerterme addiert, erkennt man, dass sich der neue Zählerterm in einen Produktterm verwandeln lässt und ein Faktor gegen den Nennerterm gekürzt werden kann.

**5.** $\frac{ax+ay}{a+n}+\frac{nx+ny}{a+n}=\frac{ax+ay+nx+ny}{a+n}$

$=\frac{a(x+y)+n(x+y)}{a+n}$

$=\frac{(x+y)\,(\cancel{a+n})}{\cancel{a+n}}$ ▶ Kürzen

$=\frac{x+y}{1}$

$=\underline{\underline{x+y}}$

**6.** $\frac{2a-3b}{a-b}-\frac{5a+2b}{b-a}-\frac{3a+3b}{a-b}=\underline{\underline{\quad}}$

Beim Nennerterm des zweiten Bruchterms sind die Vorzeichen vertauscht. Um gleiche Nennerterme zu erhalten, muss man den zweiten Bruchterm mit $(-1)$ erweitern. Nach dem Erweitern ist zu beachten, dass $-b+a=a-b$ ist. Vergessen Sie nicht, die Zählerterme vom zweiten und dritten Bruchterm in Klammern zu setzen, wenn Sie diese auf einen gemeinsamen Bruchstrich schreiben, um Fehler bei ihrer Subtraktion vom ersten Zählerterm zu vermeiden.

**6.** $\frac{2a-3b}{a-b}-\frac{5a+2b}{b-a}-\frac{3a+3b}{a-b}$

$=\frac{2a-3b}{a-b}-\frac{(5a+2b)\cdot(-1)}{(b-a)\cdot(-1)}-\frac{3a+3b}{a-b}$

$=\frac{2a-3b}{a-b}-\frac{5a+2b}{a-b}-\frac{3a+3b}{a-b}$

$=\frac{2a-3b-(-5a-2b)-(3a+3b)}{a-b}$

$=\frac{2a-3b+5a+2b-3a-3b}{a-b}$

$=\frac{2a+5a-3a-3b+2b-3b}{a-b}$

$=\frac{4a-4b}{a-b}$

$=\frac{4(\cancel{a-b})}{\cancel{a-b}}$ ▶ Kürzen

$=\frac{4}{1}=\underline{\underline{4}}$

● Sind Brüche, die addiert oder subtrahiert werden sollen, nicht gleichnamig, formt man sie in gleichnamige um und addiert oder subtrahiert dann. Diese Umformung, das Gleichnamig-Machen von Brüchen, erfolgt in zwei Schritten: Zuerst wird eine Zahl bestimmt, in der alle Nenner der zu addierenden oder zu subtrahierenden Brüche, die so genannten Teilnenner, als Faktoren enthalten sind, die also ein Vielfaches eines jeden Teilnenners ist.

Sodann wird jeder einzelne Bruch so erweitert, dass sein neuer Nenner dem so bestimmten Vielfachen gleich ist.

**Beispiele:**

**1.** $\frac{1}{2}+\frac{1}{3}=\underline{\underline{\quad}}$

Die Teilnenner 2 und 3 sind in der 6 als Faktoren enthalten: $6=2\cdot 3$. Um den Bruch $\frac{1}{2}$ in einen Bruch mit dem Nenner 6 zu überführen, muss er mit 3 erweitert werden. Um den Bruch $\frac{1}{3}$ in einen Bruch mit dem Nenner 6 zu überführen, muss er mit 2 erweitert werden. Sodann kann die Addition durchgeführt werden.

**1.** $\frac{1}{2}+\frac{1}{3}=\underline{\underline{\quad}}$

$6=2\cdot 3$

$6=3\cdot 2$

$\frac{1}{2}=\frac{1}{2}\cdot\frac{3}{3}=\frac{3}{6}$ ► Erweitern

$\frac{1}{3}=\frac{1}{3}\cdot\frac{2}{2}=\frac{2}{6}$ ► Erweitern

$\frac{1}{2}+\frac{1}{3}=\frac{3}{6}+\frac{2}{6}=\underline{\underline{\frac{5}{6}}}$ ► Gleichnamige Brüche addieren

**2.** $\frac{1}{2}+\frac{1}{10}=\underline{\underline{\quad}}$

Hier kann als gemeinsames Vielfaches der Teilnenner die Zahl 10 genommen werden, da sowohl 10 als auch 2 Faktoren von 10 sind: $10=5\cdot 2$ und $10=1\cdot 10$. Nur der Bruch $\frac{1}{2}$ muss erweitert werden, die Erweiterungszahl ist 5.

**2.** $\frac{1}{2}+\frac{1}{10}=\underline{\underline{\quad}}$

$\frac{1}{2}=\frac{1}{2}\cdot\frac{5}{5}=\frac{5}{10}$ ► Erweitern

$\frac{1}{2}+\frac{1}{10}=\frac{5}{10}+\frac{1}{10}=\underline{\underline{\frac{6}{10}}}$ ► Gleichnamige Brüche addieren

Genauso geht man vor, wenn ungleichnamige Bruchterme mit Variablen addiert oder subtrahiert werden sollen.

**3.** $\frac{a}{b}+\frac{c}{d}=\underline{\underline{\quad}}$

Hier wird als gemeinsames Vielfaches der Teilnennerterme der Produktterm $b\cdot d$ genommen, der sowohl $b$ als auch $d$ als Faktoren enthält. Der Bruchterm $\frac{a}{b}$ wird mit $d$ erweitert, der Bruchterm $\frac{c}{d}$ mit $b$.

**3.** $\frac{a}{b}+\frac{c}{d}=\underline{\underline{\quad}}$

$bd$ ► Gemeinsames Vielfaches von $b$ und $d$

$\frac{a}{b}=\frac{a\cdot d}{b\cdot d}$, $\frac{c}{d}=\frac{c\cdot b}{d\cdot b}$ ► Erweitern

$\frac{a}{b}+\frac{c}{d}=\frac{ad}{bd}+\frac{cb}{db}=\underline{\underline{\frac{ad+bc}{bd}}}$

**Merke:**

Ungleichnamige Bruchterme, die addiert oder subtrahiert werden sollen, werden gleichnamig gemacht und dann addiert oder subtrahiert.

Gleichnamig machen heißt, einen gemeinsamen Nennerterm so zu bestimmen, dass in ihm alle Teilnennerterme als Faktoren enthalten sind, der also ein Vielfaches eines jeden Teilnennerterms ist.

Die einfachste Methode, ein solches gemeinsames Vielfaches zu bestimmen, ist, alle Teilnennerterme miteinander zu multiplizieren. Lauten die Teilnenner 2 und 3, so ist $2 \cdot 3 = 6$ sicher ein Vielfaches von 2 und 3. Lauten die Teilnennerterme $a$ und $b$, so ist $a \cdot b$ sicher ein Vielfaches von $a$ und $b$.

Aber die Multiplikation der Teilnennerterme ist nicht immer die Methode mit dem geringsten Rechenaufwand. Lauten die Teilnenner 8 und 32, so ist $8 \cdot 32 = 256$ sicher ein zum Gleichnamig-Machen geeignetes Vielfaches von 8 und 32, aber es ist nicht das kleinste. Das kleinste gemeinsame Vielfache von 8 und 32 ist 32, weil schon in 32 die Teilnenner 8 und 32 als Faktoren enthalten sind: $32 = 4 \cdot 8$ und $32 = 1 \cdot 32$.

Wie ist das kleinste gemeinsame Vielfache der Teilnennerterme, der so genannte **Hauptnennerterm**, zu finden?

Es genügt, diese Frage für zwei Bruchterme und ihre Nennerterme zu beantworten, um das Vorgehen zu verdeutlichen.

Die Nennerterme der beiden Bruchterme sollen als $N_1$ und $N_2$, ihre Zählerterme als $Z_1$ und $Z_2$ bezeichnet werden, $N$ sei der gesuchte Hauptnennerterm. Es werden drei Fälle unterschieden.

a) $N_1$ ist in $N_2$ enthalten.

Beispiele: $N_1 = 2, \; N_2 = 10$
$N_1 = a, \; N_2 = ab$

In diesem Fall ist $N_2$ der gesuchte Hauptnennerterm, $N = N_2$.

Um die Erweiterungszahl bzw. den Erweiterungsfaktor zu bestimmen, dividiert man $N_2$ durch $N_1$.

$\frac{1}{2} + \frac{1}{10} = ?$

$\frac{x}{a} + \frac{y}{ab} = ?$

Hauptnenner in Beispiel 1: 10

Hauptnennerterm in Beispiel 2: $ab$

Erweiterungszahl in Beispiel 1: $10 : 2 = 5$

Erweiterungsfaktor in Beispiel 2: $ab : a = b$

$$\frac{1}{2} \cdot \frac{5}{5} + \frac{1}{10} = \frac{5}{10} + \frac{1}{10} = \frac{6}{10} = \underline{\underline{\frac{3}{5}}}$$

$$\frac{x}{a} \cdot \frac{b}{b} + \frac{y}{ab} = \frac{xb}{ab} + \frac{y}{ab} = \underline{\underline{\frac{bx+y}{ab}}}$$

b) $N_1$ und $N_2$ haben gemeinsame Faktoren.

Beispiele: $N_1 = 6, \quad N_2 = 9$
$N_1 = ab, \; N_2 = bc$

Die Hauptnennerterme können wie folgt bestimmt werden:

1. Methode für Brüche: Man notiert die Folgen der Teilnenner und verwendet die erste Zahl, die in beiden Folgen gemeinsam auftritt, als Hauptnenner. Oder man bildet die Folge des größeren Teilnenners und prüft von Zahl zu Zahl, ob der andere Teilnenner in ihr als Faktor enthalten ist.

Diese Methode ist nur anwendbar, wenn die Teilnenner rationale Zahlen sind.

$\frac{1}{6} + \frac{1}{9} = ?$

$\frac{1}{ab} + \frac{1}{bc} = ?$

$$\begin{matrix} 6, & 12, & \left(\begin{matrix}18\\18\end{matrix}\right) & \begin{matrix},24, \ldots \\ , \ldots\end{matrix} \\ 9, & & & \end{matrix}$$

Hauptnenner: 18

Erweiterungszahl: $18 : 6 = 3$; $18 : 9 = 2$

$$\frac{1}{6} + \frac{1}{9} = \frac{1}{6} \cdot \frac{3}{3} + \frac{1}{9} \cdot \frac{2}{2} = \frac{3}{18} + \frac{2}{18} = \underline{\underline{\frac{5}{18}}}$$

2. Methode: Man zerlegt die Teilnennerterme in ihre Faktoren, und zwar bei Brüchen so, dass diese Faktoren nur durch sich selbst und 1 teilbar sind. Man nennt solche Faktoren **Primfaktoren**. Handelt es sich bei den Teilnennertermen um Produkte mit Variablen, so fasst man voneinander verschiedene Variable auch als Primfaktoren auf, selbst dann, wenn für diese sogar dieselbe Zahl stehen kann. Man spricht von einer Primfaktorzerlegung der Teilnennerterme. Aus den Primfaktoren bildet man ein neues Produkt, wobei man Faktoren, die in beiden Primfaktorzerlegungen vorkommen, nur einmal notiert.
Die Erweiterungszahlen oder -faktoren erhält man wieder durch Division des Hauptnenners durch die Teilnenner, also durch $N : N_1$ und $N : N_2$.

$$6 = 2 \cdot \binom{3}{3} \cdot 3 \quad (9 = 3 \cdot 3)$$

Hauptnenner: $2 \cdot 3 \cdot 3 = 18$

Erweiterungsfaktoren: $18 : 6 = 3$; $18 : 9 = 2$

$$ab = a \cdot \binom{b}{b} \cdot c \quad (bc = b \cdot c)$$

Hauptnennerterm: $abc$

Erweiterungsfaktoren: $abc : ab = c$
$abc : bc = a$

In Bruchschreibweise: $\frac{abc}{ab} = c$; $\frac{abc}{bc} = a$

$$\frac{1}{ab} + \frac{1}{bc} = \frac{1}{ab} \cdot \frac{c}{c} + \frac{1}{bc} \cdot \frac{a}{a} = \frac{c+a}{abc} = \frac{a+c}{abc}$$

c) $N_1$ und $N_2$ haben keine gemeinsamen Faktoren (und es ist also auch nicht $N_2$ ein Vielfaches von $N_1$).

Beispiele: $N_1 = 5$, $N_2 = 6$
$N_1 = ab$, $N_2 = cx$

$$\frac{1}{5} + \frac{1}{6} = \frac{1}{5} \cdot \frac{6}{6} + \frac{1}{6} \cdot \frac{5}{5} = \frac{6}{30} + \frac{5}{30} = \underline{\underline{\frac{11}{30}}}$$

Der Hauptnennerterm ist das Produkt aus den Teilnennertermen.
Erweiterungszahl bzw. -faktor ist der jeweils andere Teilnennerterm.

$$\frac{1}{ab} + \frac{1}{cx} = \frac{1}{ab} \cdot \frac{cx}{cx} + \frac{1}{cx} \cdot \frac{ab}{ab} = \underline{\underline{\frac{cx+ab}{abcx}}}$$

**Beispiele:**

**1.** $\frac{2b}{3} - \frac{7b}{8} + \frac{11b}{12} + \frac{3b}{4} = \underline{\underline{\phantom{xx}}}$

Lösungsgang:

Hauptnenner bestimmen;

In der Folge des größten vorkommenden Nenners 12 ist 24 die erste Zahl, in der 3, 8 und 4 als Faktoren enthalten sind.

Erweiterungsfaktoren bestimmen;

$24 : 3 = 8$; $24 : 8 = 3$; $24 : 12 = 2$; $24 : 4 = 6$

Bruchterme erweitern;

$$\frac{2b \cdot 8}{3 \cdot 8} - \frac{7b \cdot 3}{8 \cdot 3} + \frac{11b \cdot 2}{12 \cdot 2} + \frac{3b \cdot 6}{4 \cdot 6}$$

$$= \frac{16b}{24} - \frac{21b}{24} + \frac{22b}{24} + \frac{18b}{24}$$

Bruchterme zusammenfassen.

$$= \frac{16b - 21b + 22b + 18b}{24}$$

$$= \frac{35b}{24} = \underline{\underline{1\frac{11}{24}b}}$$

**2.** $\frac{3a-4b}{3}+\frac{a+6b}{4}-\frac{7a+b}{6}=$

Der Hauptnenner kann bei dieser Aufgabe sofort angegeben werden.

Beim Erweitern der Bruchterme ist darauf zu achten, dass die Zählerterme Summen sind.

Da vor dem letzten Bruchterm ein Minuszeichen steht, muss man den Zählerterm $14a+2b$ in eine Klammer einschließen, wenn man alle Zählerterme auf einen gemeinsamen Bruchstrich schreibt.

**2.** $\frac{3a-4b}{3}+\frac{a+6b}{4}-\frac{7a+b}{6}=$

Hauptnenner: $\underline{\underline{12}}$

$$\frac{(3a-4b)\cdot 4}{3\cdot 4}+\frac{(a+6b)\cdot 3}{4\cdot 3}-\frac{(7a+b)\cdot 2}{6\cdot 2}$$
$$=\frac{12a-16b}{12}+\frac{3a+18b}{12}-\frac{14a+2b}{12}$$
$$=\frac{12a-16b+3a+18b-(14a+2b)}{12}$$
$$=\frac{12a-16b+3a+18b-14a-2b}{12}$$
$$=\frac{12a+3a-14a-16b+18b-2b}{12}$$
$$=\underline{\underline{\frac{a}{12}}}$$

**3.** $\frac{5a}{2x}+\frac{3a}{8x}-\frac{7a}{12b}=$

Zur Bestimmung des Hauptnennerterms werden rationale Zahlen und Variable getrennt betrachtet.

In der Folge der 12 ist 24 die erste Zahl, die auch durch 2 und 8 teilbar ist. Das kleinste gemeinsame Vielfache nur der Variablen im Nenner ist $bx$. Also lautet der Hauptnennerterm $24\cdot bx=24bx$.

Die Erweiterungsfaktoren sind als Quotienten aus Hauptnennerterm und Teilnennertermen zu berechnen.

$\frac{24bx}{2x}=12b$; $\frac{24bx}{8x}=3b$; $\frac{24bx}{12b}=2x$ ► Erweiterungsfaktoren

Die Bruchterme werden erweitert und zusammengefasst.

$$\frac{5a\cdot 12b}{2x\cdot 12b}+\frac{3a\cdot 3b}{8x\cdot 3b}-\frac{7a\cdot 2x}{12b\cdot 2x}$$
$$=\frac{60ab}{24bx}+\frac{9ab}{24bx}-\frac{14ax}{24bx}$$
$$=\frac{60ab+9ab-14ax}{24bx}$$
$$=\underline{\underline{\frac{69ab-14ax}{24bx}}}$$

**4.** $\frac{2x+4n}{2x}-\frac{2x-4n}{6x}-\frac{2x-n}{12x}=$ ___

Der Hauptnenner kann sofort angegeben werden.

Achten Sie beim Erweitern der Bruchterme auf die Summen in den Zählertermen. Der ganze Zählerterm muss immer mit dem Erweiterungsfaktor multipliziert werden.

Ist der Zählerterm eine Summe, so setzt man ihn beim Schreiben eines gemeinsamen Bruchstrichs in Klammern. Das ist besonders dann wichtig, wenn ein Minuszeichen vor dem entsprechenden Bruchterm steht.

**4.** $\frac{2x+4n}{2x}-\frac{2x-4n}{6x}-\frac{2x-n}{12x}=$ ___

Hauptnenner: $\underline{\underline{12x}}$

$$\frac{(2x+4n)\cdot 6}{2x\cdot 6}-\frac{(2x-4n)\cdot 2}{6x\cdot 2}-\frac{2x-n}{12x}$$
$$=\frac{12x+24n}{12x}-\frac{4x-8n}{12x}-\frac{2x-n}{12x}$$
$$=\frac{12x+24n-(4x-8n)-(2x-n)}{12x}$$
$$=\frac{12x+24n-4x+8n-2x+n}{12x}$$
$$=\frac{12x-4x-2x+24n+8n+n}{12x}$$
$$=\frac{6x+33n}{12x}$$
$$=\frac{\not{3}(2x+11n)}{\not{3}\cdot 4x} \quad \blacktriangleright \text{ Kürzen}$$
$$=\underline{\underline{\frac{2x+11n}{4x}}}$$

**5.** $\frac{5a}{3a-9b}+\frac{3b}{4a-12b}-\frac{2}{3}=$ ___

Zunächst werden die Teilnennerterme in Produkte von Primfaktoren umgewandelt. Sodann wird aus diesen Primfaktorzerlegungen der Hauptnennerterm bestimmt. Die Erweiterungsfaktoren werden errechnet und die einzelnen Bruchterme werden mit ihren Erweiterungsfaktoren erweitert.

Anschließend werden diese Bruchterme zusammengefasst und so weit wie möglich gekürzt.

**5.** $\frac{5a}{3a-9b}+\frac{3b}{4a-12b}-\frac{2}{3}=$ ___

$3a-9b=3(a-3b);\quad 4a-12b=4(a-3b);\quad 3=1\cdot 3$

Hauptnenner: $3\cdot 4\cdot (a-3b)$

$$\left.\begin{array}{ll} 12(a-3b):3(a-3b) & =4 \\ 12(a-3b):4(a-3b) & =3 \\ 12(a-3b):3 & =4(a-3b) \end{array}\right\} \blacktriangleright \text{ Erweiterungsfaktoren}$$

$$\frac{5a}{3a-9b}+\frac{3b}{4a-12b}-\frac{2}{3}$$
$$=\frac{5a\cdot 4}{3(a-3b)\cdot 4}+\frac{3b\cdot 3}{4(a-3b)\cdot 3}-\frac{2\cdot 4(a-3b)}{3\cdot 4(a-3b)}$$
$$=\frac{20a}{12(a-3b)}+\frac{9b}{12(a-3b)}-\frac{8(a-3b)}{12(a-3b)}$$
$$=\frac{20a+9b-(8a-24b)}{12(a-3b)}$$
$$=\frac{20a+9b-8a+24b}{12(a-3b)}$$
$$=\frac{12a+33b}{12(a-3b)}$$
$$\frac{\not{3}(4a+11b)}{\not{3}\cdot 4(a-3b)}=\underline{\underline{\frac{4a+11b}{4(a-3b)}}}$$

**6.** $\frac{7x-2}{4x-2}-\frac{10x-3}{6x-3}=$

Zähler- und Nennerterme dieser ungleichnamigen Bruchterme sind Summen. Der Hauptnennerterm kann sofort angegeben werden.

Der Lösungsgang ist der gleiche wie bei der vorstehenden Aufgabe.

**6.** $\frac{7x-2}{4x-2}-\frac{10x-3}{6x-3}=$

$=\frac{7x-2}{2(2x-1)}-\frac{10x-3}{3(2x-1)}$

Hauptnenner: $\underline{\underline{6(2x-1)}}$

$=\frac{(7x-2)\cdot 3}{2(2x-1)\cdot 3}-\frac{(10x-3)\cdot 2}{3(2x-1)\cdot 2}$

$=\frac{21x-6}{6(2x-1)}-\frac{20x-6}{6(2x-1)}$

$=\frac{21x-6-(20x-6)}{6(2x-1)}$

$=\frac{21x-20x-6+6}{6(2x-1)}$

$=\underline{\underline{\frac{x}{6(2x-1)}}}$

**7.** $\frac{8a-5b}{4a+6b}-\frac{5x+3y}{3x+3y}+\frac{-2ay}{2ax+2ay+3bx+3by}=\frac{8a-5b}{2(2a+3b)}-\frac{5x+3y}{3(x+y)}+\frac{-2ay}{(2a+3b)(x+y)}$

Alle Teilnennerterme müssen als Faktoren im Hauptnennerterm enthalten sein. Daraus folgt für den Hauptnennerterm $2\cdot 3\cdot(2a+3b)(x+y)=6(2a+3b)(x+y)$.

Die weitere Rechnung verläuft wie folgt:

$=\frac{(8a-5b)\cdot(3x+3y)}{2(2a+3b)\cdot 3(x+y)}-\frac{(5x+3y)\cdot(4a+6b)}{3(x+y)\cdot 2(2a+3b)}+\frac{-2ay\cdot 6}{(2a+3b)(x+y)\cdot 6}$

$=\frac{24ax+24ay-15bx-15by}{6(2a+3b)(x+y)}-\frac{20ax+30bx+12ay+18by}{6(2a+3b)(x+y)}+\frac{-12ay}{6(2a+3b)(x+y)}$

$=\frac{24ax+24ay-15bx-15by-(20ax+30bx+12ay+18by)-12ay}{6(2a+3b)(x+y)}$

$=\frac{24ax+24ay-15bx-15by-20ax-30bx-12ay-18by-12ay}{6(2a+3b)(x+y)}$

$=\frac{24ax-20ax+24ay-12ay-12ay-15bx-30bx-15by-18by}{6(2a+3b)(x+y)}$

$=\underline{\underline{\frac{4ax-45bx-33by}{6(2a+3b)(x+y)}}}.$

## 1.7.2 Das Multiplizieren von Brüchen und Bruchtermen

Die Regel für die Multiplikation von Brüchen lautet:

Brüche werden multipliziert, indem man ihre Zähler und ihre Nenner multipliziert und das Produkt der Zähler durch das Produkt der Nenner dividiert.

$\frac{2}{3}\cdot\frac{4}{5}=\frac{2\cdot 4}{3\cdot 5}=\underline{\underline{\frac{8}{15}}}$

$2\frac{1}{2}\cdot\frac{2}{7}=\frac{5\cdot 2}{2\cdot 7}=\frac{10}{14}=\underline{\underline{\frac{5}{7}}}$

Ersetzt man in dieser Regel die Begriffe Zähler und Nenner durch Zählerterm und Nennerterm, ist sie auch für die Multiplikation von Bruchtermen, die Variable enthalten, gültig. Hinweise darauf, wie die Produkte zu bilden sind, wurden im Abschnitt über die Multiplikation mit Variablen gegeben.

**Beispiele:**

**1.** $\frac{7a}{8} \cdot \frac{48}{14} = \underline{\underline{\quad}}$

Man multipliziert die Zähler- und die Nennerterme miteinander. Um kürzen zu können, zerlegt man Zähler- und Nennerterme in Faktoren.

Es müssen nicht unbedingt Primfaktoren sein. Die 8 braucht man nicht weiter zu zerlegen, wie sie im Zähler- und Nennerterm vorkommt. Man kann sie auch unzerlegt kürzen.

**1.** $\frac{7a}{8} \cdot \frac{48}{14} = \frac{7a \cdot 48}{8 \cdot 14}$

$= \frac{\cancel{7} \cdot a \cdot \cancel{2} \cdot 3 \cdot \cancel{8}}{\cancel{8} \cdot \cancel{2} \cdot \cancel{7}}$

$= \underline{\underline{3a}}$

**2.** $\left(-\frac{341a}{36c}\right) \cdot \left(-8\frac{8}{17}b\right) = \underline{\underline{\quad}}$

Lösungsgang:

a) Vorzeichen bestimmen.
b) Gemischte Zahlen in unechte Brüche umwandeln.
c) Zähler- und Nennerterme multiplizieren.
d) Zähler- und Nennerterme in Faktoren zerlegen.
e) Gleiche Faktoren kürzen.

**2.** $\left(-\frac{341a}{36c}\right) \cdot \left(-8\frac{8}{17}b\right) = \frac{341}{36} \cdot \frac{a}{c} \cdot \frac{144}{17} \cdot \frac{b}{1}$

$= \frac{341 \cdot a \cdot 144 \cdot b}{36 \cdot c \cdot 17 \cdot 1}$

$= \frac{11 \cdot 31 \cdot a \cdot 4 \cdot \cancel{36} \cdot b}{\cancel{36} \cdot c \cdot 17 \cdot 1}$

$= \frac{11 \cdot 31 \cdot 4 \cdot a \cdot b}{c \cdot 17}$

$= \underline{\underline{\frac{1364ab}{17c}}}$

**3.** $\frac{12ab}{16xy} \cdot \frac{32x}{48a} = \underline{\underline{\quad}}$

Zerlegen Sie Zähler- und Nennerterme in Faktoren und kürzen Sie den Produktterm immer so weit es geht.

**3.** $\frac{12ab}{16xy} \cdot \frac{32x}{48a} = \frac{12ab \cdot 32x}{16xy \cdot 48a}$

$= \frac{\cancel{12}\cancel{a}b \cdot \cancel{2} \cdot \cancel{16}\cancel{x}}{\cancel{16}\cancel{x}y \cdot \cancel{2} \cdot 2 \cdot \cancel{12}\cancel{a}}$

$= \underline{\underline{\frac{b}{2y}}}$

**4.** $\frac{3(a-b)}{n+x} \cdot \frac{4(n+x)}{12(a-b)} = \underline{\underline{\quad}}$

Die Faktoren von Zähler- und Nennertermen können auch Summen sein. Beim Nennerterm des ersten Bruchterms die Klammer nicht vergessen, wenn man die Nennerterme unter einen gemeinsamen Bruchstrich schreibt.

**4.** $\frac{3(a-b)}{n+x} \cdot \frac{4(n+x)}{12(a-b)} = \frac{3\cancel{(a-b)} \cdot 4\cancel{(n+x)}}{\cancel{(n+x)} \cdot 12\cancel{(a-b)}}$

$= \frac{\cancel{3} \cdot \cancel{4}}{\cancel{3} \cdot \cancel{4}}$

$= \underline{\underline{1}}$

**5.** $\dfrac{3ax+6bx}{5x-15y}\cdot\dfrac{10x-30y}{6a+12b}=$ ___

Die Zähler- und Nennerterme der Bruchterme kann man in Faktoren zerlegen. Danach werden gleiche Faktoren gekürzt. Nach dem Kürzen bleibt im Zählerterm nur die Variable $x$ übrig.

**6.** $\dfrac{4x+6y}{3x}\cdot\dfrac{3a+3b}{2a}\cdot\dfrac{7ab}{2ax+2bx+3ay+3by}=$ ___

Lösungsgang:

a) Zähler- und Nennerterme der Bruchterme in Faktoren zerlegen.
b) Zähler- und Nennerterme miteinander multiplizieren, jedoch vorerst noch ohne sie auszurechnen.
c) Kürzen.

**7.** $\left(\dfrac{2a}{x}+4a-\dfrac{5a}{6x}\right)\cdot\left(-\dfrac{3x}{a}\right)=$ ___

Eine Summe soll mit einem eingliedrigen Faktor multipliziert werden. Das Distributivgesetz wird angewendet. Kürzen Sie jeden Bruchterm so weit wie möglich. Die entstehende Summe kann man vereinfachen.

**8.** $\left(\dfrac{5a}{12x}-\dfrac{5b}{6x}+\dfrac{5c}{4x}\right)\cdot\dfrac{6x}{5a-10b+15c}=$ ___

Bei dieser Aufgabe ist es zweckmäßig, die Bruchterme in der ersten Klammer auf den Hauptnennerterm zu bringen. Der Hauptnennerterm ist $12x$.

Es entstehen zwei Bruchterme, die miteinander multipliziert werden. Danach kürzen Sie gleiche Faktoren.

**5.**
$$\frac{3ax+6bx}{5x-15y}\cdot\frac{10x-30y}{6a+12b}=\frac{3x(a+2b)}{5(x-3y)}\cdot\frac{10(x-3y)}{6(a+2b)}$$
$$=\frac{3x(a+2b)\cdot 2\cdot 5(x-3y)}{5(x-3y)\cdot 2\cdot 3(a+2b)}$$
$$=\frac{x}{1}$$
$$=\underline{\underline{x}}$$

**6.**
$$\frac{4x+6y}{3x}\cdot\frac{3a+3b}{2a}\cdot\frac{7ab}{2ax+2bx+3ay+3by}$$
$$=\frac{2(2x+3y)}{3x}\cdot\frac{3(a+b)}{2a}\cdot\frac{7ab}{(2x+3y)(a+b)}$$
$$=\frac{2(2x+3y)\cdot 3\cdot(a+b)\cdot 7ab}{3x\cdot 2a\cdot(2x+3y)(a+b)}$$
$$=\underline{\underline{\frac{7b}{x}}}$$

**7.**
$$\left(\frac{2a}{x}+4a-\frac{5a}{6x}\right)\cdot\left(-\frac{3x}{a}\right)$$
$$=\frac{2a}{x}\cdot\left(-\frac{3x}{a}\right)+4a\cdot\left(-\frac{3x}{a}\right)-\frac{5a}{6x}\cdot\left(-\frac{3x}{a}\right)$$
$$=-\frac{2a\cdot 3x}{x\cdot a}-\frac{4a\cdot 3x}{a}+\frac{5a\cdot 3x}{2\cdot 3x\cdot a}$$
$$=-6-12x+\frac{5}{2}$$
$$=-6+2{,}5-12x$$
$$=\underline{\underline{-3{,}5-12x}}$$

**8.**
$$\left(\frac{5a}{12x}-\frac{5b}{6x}+\frac{5c}{4x}\right)\cdot\left(\frac{6x}{5a-10b+15c}\right)$$
$$=\left(\frac{5a}{12x}-\frac{5b\cdot 2}{6x\cdot 2}+\frac{5c\cdot 3}{4x\cdot 3}\right)\cdot\left(\frac{6x}{5a-10b+15c}\right)$$
$$=\left(\frac{5a}{12x}-\frac{10b}{12x}+\frac{15c}{12x}\right)\cdot\left(\frac{6x}{5a-10b-15c}\right)$$
$$=\left(\frac{5a-10b+15c}{12x}\right)\cdot\left(\frac{6x}{5a-10b+15c}\right)$$
$$=\frac{(5a-10b+15c)\cdot 6x}{2\cdot 6x(5a-10b+15c)}$$
$$=\underline{\underline{\frac{1}{2}}}$$

**9.** $\left(\frac{3a}{5b}-\frac{2x}{3y}\right)\cdot\left(\frac{10b}{15a}+\frac{9y}{8x}\right)=$ ___

Jedes Glied der ersten Klammer wird mit jedem Glied der zweiten Klammer multipliziert.

Die entstehenden Bruchterme werden jeder für sich geordnet und wo möglich gekürzt. Als Ergebnis erhält man ungleichnamige Bruchterme, die man nicht gleichnamig macht, sondern so stehen lässt, weil der Ausdruck, der nach dem Gleichnamig-Machen entstünde, komplizierter wäre als der vorliegende.

**9.** $\left(\frac{3a}{5b}-\frac{2x}{3y}\right)\cdot\left(\frac{10b}{15a}+\frac{9y}{8x}\right)$

$$=\frac{3\not a\cdot10\not b}{5\not b\cdot15\not a}+\frac{3a\cdot9y}{5b\cdot8x}-\frac{2x\cdot10b}{3y\cdot15a}-\frac{2\not x\cdot9\not y}{3\not y\cdot8\not x}$$

$$=\frac{\not3\cdot2\cdot\not5}{\not5\cdot\not3\cdot5}+\frac{27ay}{40bx}-\frac{\not5\cdot4bx}{\not5\cdot9ay}-\frac{\not2\cdot\not3\cdot3}{\not2\cdot\not3\cdot4}$$

$$=\frac{2}{5}+\frac{27ay}{40bx}-\frac{4bx}{9ay}-\frac{3}{4}$$

$$=\frac{27ay}{40bx}-\frac{4bx}{9ay}+\frac{8}{20}-\frac{15}{20}$$

$$=\underline{\underline{\frac{27ay}{40bx}-\frac{4bx}{9ay}-\frac{7}{20}}}$$

**10.** $\left(\frac{1}{x}+\frac{1}{y}\right)\cdot(x-y)-(x+y)\left(\frac{1}{x}-\frac{1}{y}\right)$ ► Klammerausdrücke multiplizieren

$=\frac{1}{x}\cdot x-\frac{1}{x}\cdot y+\frac{1}{y}\cdot x-\frac{1}{y}\cdot y-\left(x\cdot\frac{1}{x}-x\cdot\frac{1}{y}+y\cdot\frac{1}{x}-y\cdot\frac{1}{y}\right)$ ► Summanden vereinfachen

$=\frac{x}{x}-\frac{y}{x}+\frac{x}{y}-\frac{y}{y}-\left(\frac{x}{x}-\frac{x}{y}+\frac{y}{x}-\frac{y}{y}\right)$ ► Klammer auflösen

$=1-\frac{y}{x}+\frac{x}{y}-1-1+\frac{x}{y}-\frac{y}{x}+1$ ► Glieder ordnen

$=1-1-1+1-\frac{y}{x}-\frac{y}{x}+\frac{x}{y}+\frac{x}{y}$ ► gleichartige Glieder zusammenfassen

$=\frac{-y-y}{x}+\frac{x+x}{y}$ ► Zählerterme zusammenfassen

$=\frac{-2y}{x}+\frac{2x}{y}$ ► Minuszeichen des ersten Bruchterms vor den Bruchstrich schreiben

$=-\frac{2y}{x}+\frac{2x}{y}$ ► Den Bruchterm mit dem Rechenzeichen „+" an den Anfang setzen

$=\underline{\underline{\frac{2x}{y}-\frac{2y}{x}}}$

## 1.7.3 Das Dividieren von Brüchen und Bruchtermen

Unter dem **Kehrwert** oder **reziproken Wert** eines von 0 verschiedenen Bruches versteht man den Bruch, der entsteht, wenn man Zähler und Nenner vertauscht.

**Kehrwert, reziproker Wert**

Bruch $\frac{1}{3}$, Kehrwert $\frac{3}{1}=3$

Bruch $\frac{2}{7}$, Kehrwert $\frac{7}{2}$

Die Regel für die Division eines Bruches lautet:

Man dividiert einen Bruch durch einen Bruch, indem man den ersten Bruch mit dem Kehrwert des zweiten Bruches multipliziert.

$$\frac{1}{4} : \frac{1}{3} = \frac{1}{4} \cdot \frac{3}{1} = \underline{\underline{\frac{3}{4}}}$$

$$5 : \frac{1}{2} = 5 \cdot \frac{2}{1} = \frac{10}{1} = \underline{\underline{10}}$$

Bruchterme mit Variablen werden in gleicher Weise dividiert.

**Beispiele:**

**1.** $\frac{18x}{15y} : \frac{3b}{5a} = \underline{\underline{\qquad}}$

Man bildet den Kehrwert des Divisors, multipliziert mit ihm den Dividenden und vereinfacht den entstandenen Bruchterm durch Kürzen.

**1.** $$\frac{18x}{15y} : \frac{3b}{5a} = \frac{18x}{15y} \cdot \frac{5a}{3b} = \frac{2 \cdot \cancel{3} \cdot \cancel{3}x \cdot \cancel{5}a}{\cancel{3} \cdot \cancel{5}y \cdot \cancel{3}b} = \underline{\underline{\frac{2ax}{by}}}$$

**2.** $\left(-8\frac{8}{17}b\right) : \frac{243a}{34c} = \underline{\underline{\qquad}}$

Lösungsgang:

Vorzeichen bestimmen;
gemischte Zahl in echten Bruch umwandeln;
Kehrwert des Divisors bilden;
mit dem Kehrwert multiplizieren;
Zähler- und Nennerterme in Faktoren zerlegen und kürzen;
Resultat ordnen.

**2.** $$\left(-8\frac{8}{17}b\right) : \frac{243a}{34c} = -\frac{144}{17}b : \frac{243a}{34c} = -\frac{144b}{17} \cdot \frac{34c}{243a} = -\frac{\cancel{9} \cdot 16b \cdot 2 \cdot \cancel{17}c}{\cancel{17} \cdot \cancel{9} \cdot 27a} = -\frac{16 \cdot 2 \cdot b \cdot c}{27a} = \underline{\underline{-\frac{32bc}{27a}}}$$

**3.** $\frac{16ax}{5b} : \frac{4a}{15bc} = \underline{\underline{\qquad}}$

Man multipliziert den ersten Bruchterm mit dem Kehrwert des zweiten und kürzt so weit wie möglich.

**3.** $$\frac{16ax}{5b} : \frac{4a}{15bc} = \frac{16ax}{5b} \cdot \frac{15bc}{4a} = \frac{4 \cdot \cancel{4a} \cdot x \cdot 3 \cdot \cancel{5b} \cdot c}{\cancel{5b} \cdot \cancel{4a}} = 4x \cdot 3c = \underline{\underline{12cx}}$$

**4.** $\dfrac{12(x+y)}{9(a+b)}:\dfrac{8(x-y)}{3(a+b)}=$

Man multipliziert den Dividenden mit dem Kehrwert des Divisors. Die Klammern werden nicht ausmultipliziert. Durch $(a+b)$ kann man kürzen, die anderen Klammern bleiben stehen.

**4.** $$\dfrac{12(x+y)}{9(a+b)}:\dfrac{8(x-y)}{3(a+b)}=\dfrac{12(x+y)}{9(a+b)}\cdot\dfrac{3(a+b)}{8(x-y)}$$
$$=\dfrac{\cancel{3}\cdot\cancel{4}(x+y)\cdot\cancel{3}\cancel{(a+b)}}{\cancel{3}\cdot\cancel{3}\cancel{(a+b)}\cdot 2\cdot\cancel{4}(x-y)}$$
$$=\underline{\underline{\dfrac{x+y}{2(x-y)}}}$$

**5.** $\dfrac{6a-2b}{3x+15}:\dfrac{4c}{6x+30}=$

Der Zählerterm des Dividenden und beide Nennerterme können in Faktoren zerlegt werden. Dadurch kann im Verlauf der Rechnung gekürzt werden.

**5.** $$\dfrac{6a-2b}{3x+15}:\dfrac{4c}{6x+30}=\dfrac{2(3a-b)}{3(x+5)}:\dfrac{4c}{6(x+5)}$$
$$=\dfrac{2(3a-b)\cdot 6\cancel{(x+5)}}{3\cancel{(x+5)}\cdot 4c}$$
$$=\dfrac{\cancel{2}\cdot\cancel{2}\cdot\cancel{3}\cdot(3a-b)}{\cancel{3}\cdot\cancel{2}\cdot\cancel{2}\cdot c}$$
$$=\underline{\underline{\dfrac{3a-b}{c}}}$$

**6.** $\left[\left(\dfrac{12an(a+b)}{5bx}:\dfrac{4cn}{20b}\right):\dfrac{3ax+3bx}{5x}\right]:15a=$

Man löst die Klammern von innen nach außen auf. Die dadurch entstehenden Produktterme werden auf bzw. unter den gemeinsamen Bruchstrich geschrieben. Durch Kürzen wird das Resultat erreicht.

**6.** $$\left[\left(\dfrac{12an(a+b)}{5bx}:\dfrac{4cn}{20b}\right):\dfrac{3ax+3bx}{5x}\right]:15a$$
$$=\dfrac{12\cancel{a}\cancel{n}\cancel{(a+b)}\cdot 20\cancel{b}\cdot\cancel{5}\cancel{x}\cdot 1}{\cancel{5}\cancel{b}\cancel{x}\cdot 4c\cancel{n}\cdot 3x\cancel{(a+b)}\cdot 15\cancel{a}}$$
$$=\dfrac{12\cdot 20}{4c\cdot 3x\cdot 15}$$
$$=\dfrac{\cancel{3}\cdot\cancel{4}\cdot 2\cdot 2\cdot\cancel{5}}{\cancel{4}c\cdot 3x\cdot\cancel{3}\cdot\cancel{5}}=\underline{\underline{\dfrac{4}{3cx}}}$$

In der folgenden Aufgabe ist eine Summe umzuformen, von der zwei Summanden Quotienten oder Bruchterme sind. Beim Umformen ist zu beachten, dass z. B. $bc=\dfrac{bc}{1}$ ist.

**7.** $$\dfrac{x}{a(x+y)}:bc+\dfrac{x}{ab(x+y)}:c+\dfrac{2y}{abc(x+y)}=\dfrac{x}{a(x+y)}\cdot\dfrac{1}{bc}+\dfrac{x}{ab(x+y)}\cdot\dfrac{1}{c}+\dfrac{2y}{abc(x+y)}$$
$$=\dfrac{x}{a(x+y)\,bc}+\dfrac{x}{ab(x+y)\cdot c}+\dfrac{2y}{abc(x+y)}$$
$$=\dfrac{x}{abc(x+y)}+\dfrac{x}{abc(x+y)}+\dfrac{2y}{abc(x+y)}$$
$$=\dfrac{x+x+2y}{abc(x+y)}$$
$$=\dfrac{2x+2y}{abc(x+y)}=\dfrac{2\cancel{(x+y)}}{abc\cancel{(x+y)}}=\underline{\underline{\dfrac{2}{abc}}}$$

Eine Besonderheit liegt vor, wenn der Zähler- und der Nennerterm eines Bruchterms selbst wieder Bruchterme sind. Ein solcher Ausdruck oder Term heißt **Doppelbruch**.

**8.** $\dfrac{\frac{6m}{5a}}{\frac{18n}{10a}} = \underline{\underline{\qquad}}$

Oft ist es nützlich, den großen Bruchstrich zwischen den beiden Bruchtermen als Divisionszeichen zu schreiben. Man erkennt dadurch besser, wie der Doppelbruch vereinfacht werden kann.

**8.** $\dfrac{\frac{6m}{5a}}{\frac{18n}{10a}} = \dfrac{6m}{5a} : \dfrac{18n}{10a}$

$= \dfrac{6m \cdot 10\cancel{a}}{5\cancel{a} \cdot 18n}$

$= \dfrac{\cancel{6} \cdot m \cdot 2 \cdot \cancel{5}}{\cancel{5} \cdot 3 \cdot \cancel{6} \cdot n}$

$= \underline{\underline{\dfrac{2m}{3n}}}$

**9.** $\dfrac{\frac{1}{x}+\frac{1}{y}}{\frac{1}{x}-\frac{1}{y}} = \underline{\underline{\qquad}}$

Lösungsgang:

Die Summen im Zähler- und Nennerterm des Doppelbruchs werden gleichnamig gemacht und dann berechnet. Anschließend wird der Dividend mit dem Kehrwert des Divisors multipliziert und der entstandene Bruchterm so weit wie möglich gekürzt.

**9.** $\dfrac{\frac{1}{x}+\frac{1}{y}}{\frac{1}{x}-\frac{1}{y}} = \dfrac{\frac{1 \cdot y}{x \cdot y}+\frac{1 \cdot x}{x \cdot y}}{\frac{1 \cdot y}{x \cdot y}+\frac{1 \cdot x}{x \cdot y}}$

$= \dfrac{\frac{y}{xy}+\frac{x}{xy}}{\frac{y}{xy}-\frac{x}{xy}}$

$= \dfrac{\frac{y+x}{xy}}{\frac{y-x}{xy}}$

$= \dfrac{y+x}{xy} : \dfrac{y-x}{xy}$

$= \dfrac{y+x}{xy} \cdot \dfrac{xy}{y-x}$

$= \dfrac{(y+x) \cdot \cancel{xy}}{\cancel{xy} \cdot (y-x)}$

$= \underline{\underline{\dfrac{y+x}{y-x}}}$

● Dividend oder Divisor oder beide können auch Summen sein. Die Quotienten haben dann die Form $(a+b):c$, $a:(b+c)$ oder $(a+b):(c+d)$. Schreibt man sie als Bruchterme, erkennt man, welche der bereits bekannten Arbeitsweisen für ihre Berechnung oder Umformung heranzuziehen sind.

**Division von Summen**

$(12a+7b):5c=?$

$45x:(m+n)=?$

$(12a+8b):(6a+4b)=?$

$\dfrac{12a+7b}{5c}=?$ $\qquad \dfrac{45x}{(m+n)=?}$

$\dfrac{12a+8b}{6a+4b}=?$

a) $\frac{a+b}{c} = \underline{\underline{\quad}}$

Diesen Bruchterm kann man kürzen, falls sich die Summe im Zählerterm faktorisieren lässt, wenn sie also mittels Ausklammern in einen Produktterm verwandelt werden kann.

Der Bruchterm $\frac{a+b}{c}$ kann aber auch als Produktterm $\frac{1}{c}(a+b)$ aufgefasst werden.

Durch Anwendung des Distributivgesetzes erhält man hieraus $\frac{1}{c}(a+b) = \frac{1}{c}a + \frac{1}{c}b = \frac{a}{c} + \frac{b}{c}$, d.h., eine Summe wird durch eine Zahl, eine Variable oder einen Produktterm aus Zahlen und Variablen dividiert, indem jeder Summand durch die Zahl, die Variable oder den Produktterm dividiert wird.

**Beispiele:**

- $\frac{12a+8b}{4} = \frac{4(3a+2b)}{4} = \underline{\underline{3a+2b}}$
- $\frac{12a+8ab}{4a} = \frac{4a(3+2b)}{4a} = \underline{\underline{3+2b}}$
- $\frac{12a+8b}{4} = \frac{12a}{4} + \frac{8b}{4} = \underline{\underline{3a+2b}}$
- $\frac{12a+8b}{4a} = \frac{12a}{4a} + \frac{8b}{4a} = \underline{\underline{3+\frac{2b}{a}}}$
- $(12a+8b):4 = 12a:4+8b:4 = \underline{\underline{3a+2b}}$
- $(12a+8b):4a = 12a:4a+8b:4a$
  $= \underline{\underline{3+2b:a}}$

**Merke:**

Man dividiert eine Summe durch eine Zahl, eine Variable oder einen Produktterm aus Zahlen und Variablen, indem man jeden Summanden durch die Zahl, die Variable oder den Produktterm dividiert.

Falls sich die Summe faktorisieren lässt und Zähler- und Nennerterm gleiche Faktoren enthalten, kann man den Bruchterm durch diese gemeinsamen Faktoren kürzen.

b) $\frac{a}{b+c} = \underline{\underline{\quad}}$

Diesen Bruchterm kann man kürzen, falls sich der Nennerterm faktorisieren lässt und Zähler- und Nennerterm gemeinsame Faktoren enthalten. Andere Umformungen sind nicht möglich.

**Beispiele:**

- $\frac{9a}{3+6a} = \frac{9a}{3(1+2a)} = \underline{\underline{\frac{3a}{1+2a}}}$
- $\frac{7a}{3+6a} = \underline{\underline{\frac{7a}{3(1+2a)}}}$

c) $\frac{a+b}{c+d} = \underline{\underline{\quad}}$

Diesen Bruchterm kann man kürzen, falls sich Zähler- und Nennerterm faktorisieren lassen und die Produktterme gemeinsame Faktoren aufweisen.

**Beispiel:**

$\frac{4a+8b}{a+2b} = \frac{4(a+2b)}{a+2b} = \underline{\underline{4}}$

Es gibt noch ein weiteres Verfahren, das besprochen werden soll. Es geht auf die Erklärung der Division als spezielle verkürzte Subtraktion zurück: Dividieren heißt feststellen, wie oft der Divisor im Dividenden enthalten ist, wie oft man den Divisor vom Dividenden subtrahieren kann, bis man 0 erhält.

Die Aufgabe lautet: $(4a+8b):(a+2b)=\underline{\underline{\quad}}$. Man fragt, wie oft $a$ (der 1. Summand des Divisors) in $4a$ (dem 1. Summanden des Dividenden) enthalten ist, und erhält zur Antwort: 4-mal. Nun wird der Divisor mit 4 multipliziert, das Ergebnis unter den Dividenden in Klammern geschrieben und – da es subtrahiert werden muss – ein Minuszeichen davor gesetzt.

$$\begin{array}{l} \phantom{-}(4a+8b):(a+2b)=4 \\ -(4a+8b) \end{array}$$

Führt man die Subtraktion aus, erhält man schon 0, d.h., die Division geht ohne Rest auf, der Quotient ist 4.

$$\begin{array}{l} \phantom{-}(4a+8b):(a+2b)=4 \\ \underline{-(4a+8b)} \\ \phantom{-(4a+}0 \end{array}$$

Dieses Vorgehen ist mit dem schriftlichen Dividieren positiver ganzer Zahlen vergleichbar. Auch dort werden aus dem Divisor Zwischenergebnisse gebildet, die vom Dividenden abgezogen werden, bis man – wenn alle Ziffern des Dividenden der Reihe nach berücksichtigt wurden – bei 0 ankommt.

**Merke:**

Um eine Summe durch eine Summe zu dividieren, kann man
1. den Quotienten als Bruchterm schreiben, Zähler- und Nennerterm faktorisieren und durch die gemeinsamen Faktoren kürzen,
2. ein Divisionsverfahren anwenden, das dem schriftlichen Dividieren natürlicher Zahlen ähnlich ist.

**Beispiele:**

**1.** $\dfrac{6ab+3ac-18ad}{3a}=\underline{\underline{\quad}}$

**1.** $\dfrac{6ab+3ac-18ad}{3a}=\underline{\underline{\quad}}$

1. Weg: Ausklammern.

Der gemeinsame Faktor im Zählerterm ist $3a$. Er wird gegen die $3a$ des Nennerterms gekürzt.

$$\frac{6ab+3ac-18ad}{3a}=\frac{3a(2b+c-6d)}{3a}$$
$$=\underline{\underline{2b+c-6d}}$$

2. Weg: Anwenden des Distributivgesetzes.

Jedes Glied des Zählerterms enthält den Nennerterm $3a$ und wird sodann gekürzt.

$$\frac{6ab+3ac-18ad}{3a}=\frac{6\cancel{a}b}{3\cancel{a}}+\frac{\cancel{3}\cancel{a}c}{\cancel{3}\cancel{a}}-\frac{18\cancel{a}d}{3\cancel{a}}$$
$$=\frac{2\cdot\cancel{3}b}{\cancel{3}}+c-\frac{\cancel{3}\cdot 6d}{\cancel{3}}$$
$$=\frac{2\cdot b}{1}+c-\frac{1\cdot 6d}{1}$$
$$=\underline{\underline{2b+c-6d}}$$

In anderer Schreibweise: Jeder Summand wird einzeln dividiert.

$(6ab+3ac-18ad):3a=$
$6ab:3ac+3a:3a-18ad:3a=$
$\underline{\underline{2b+c-6d}}$

**2.** $\frac{-39ay+5by-91cy}{-13y}=\underline{\underline{\quad}}$

1. Weg: Ausklammern von $-13y$, dann den Bruchterm zerlegen und kürzen.

$$\frac{-13y(3a+7c)+5by}{-13y}=$$

$$\underline{\underline{3a+7c-\frac{5b}{13}}}$$

2. Weg: Zuerst Zerlegen des Bruchterms, dann Kürzen der entstandenen Bruchterme oder, in anderer Schreibweise, Dividieren jedes einzelnen Summanden durch $-13y$.

$$\frac{-39ay}{-13y}+\frac{5by}{-13y}-\frac{91cy}{-13y}=$$

$$\underline{\underline{3a-\frac{5b}{13}+7c}}$$

$$\underbrace{-39ay:-13y}_{3a}\quad \underbrace{+5by:-13y}_{-5b:13}\quad \underbrace{-91cy:-13y}_{+7c}$$

**3.** $\left(\frac{3x}{4c}-\frac{5b}{3d}+3\right):15bx=\underline{\underline{\quad}}$

Die zu dividierende Summe besteht aus Bruchtermen. Man macht diese gleichnamig, addiert bzw. subtrahiert sie und multipliziert den entstandenen Bruchterm mit dem Kehrwert von $15bx$. Zerlegen des Bruchterms und Kürzen der entstandenen Bruchterme führen zum Ziel.

$$\frac{9xd-20bc+36cd}{12cd}\cdot\frac{1}{15bx}=$$

$$\frac{9xd-20bc+36cd}{180bcdx}=$$

$$\underline{\underline{\frac{1}{20bc}-\frac{1}{9dx}+\frac{1}{5bx}}}$$

**4.** $(32ab+16ac):(4b+2c)=\underline{\underline{\quad}}$

1. Lösen durch Ausklammern:

Die Summanden des Zählerterms haben die gemeinsamen Faktoren 8 und $a$, man kann also $8a$ ausklammern. Der dadurch entstehende Bruchterm kann gekürzt werden.

$$\frac{32ab+16ac}{4b+2c}=\underline{\underline{\quad}}$$

$$\frac{32ab+16ac}{4b+2c}=\frac{8a(4b+2c)}{4b+2c}=\underline{\underline{8a}}$$

2. Lösen durch Dividieren:

a) Man dividiert den ersten Term des Dividenden durch den ersten Term des Divisors.

a) $32ab:4b=8a$

b) Mit dem gewonnenen Quotienten multipliziert man den Divisor.

b) $8a(4b+2c)=32ab+16ac$

c) Die erhaltene Summe wird vom Dividenden abgezogen. Es bleibt kein Rest, die Division geht auf.

c) $32ab+16ac-(32ab+16ac)=$
$32ab+16ac-32ab-16ac=0$

$$(32ab+16ac):(4b+2c)=\underline{\underline{8a}}$$
$$\frac{-(32ab+16ac)}{0}$$

**5.** $\frac{40cnx+48acn-24bcn}{10nx+12an-6bn}=\underline{\underline{\quad}}$

1. Lösen durch Ausklammern:

Sowohl im Zähler- als auch im Nennerterm kann ausgeklammert werden. Dadurch werden die gemeinsamen Faktoren von Zähler- und Nennerterm sichtbar, durch welche der Bruchterm gekürzt werden kann.

**5.** $\frac{40cnx+48acn-24bcn}{10nx+12an-6bn}=\underline{\underline{\quad}}$

$\frac{40cnx+48acn-24bcn}{10nx+12an-6bn}=$

$\frac{8cn(5x+6a-3b)}{2n(5x+6a-3b)}=\underline{\underline{4c}}$

2. Lösen durch Dividieren:

a) Man dividiert den ersten Term des Dividenden durch den ersten Term des Divisors.

b) Mit dem gewonnenen Quotienten multipliziert man den Divisor.

c) Die erhaltene Summe wird vom Dividenden abgezogen.
Es bleibt kein Rest, die Division geht auf.

$(40cnx+48acn-24bcn):(10nx+12an-6bn)=\underline{\underline{\quad}}$

$40cnx:10nx=4c$

Andere Schreibweise: $\frac{40cnx}{10nx}=4c$

$4c(10nx+12an-6bn)=$
$40cnx+48acn-24bcn$

$40cnx+48acn-24bcn-(40cnx+48acn-24bcn)$
$=0$

$$\begin{array}{l} (40cnx+48acn-24bcn):(10nx+12an-6bn)=\underline{\underline{4c}} \\ \underline{-(40cnx+48acn-24bcn)} \\ \qquad 0 \end{array}$$

**6.** $(18ax+9x+36a+18):(6a+3)=\underline{\underline{\quad}}$

Lösen durch Dividieren:

a) Man dividiert den ersten Term des Dividenden durch den ersten Term des Divisors.

b) Mit dem gewonnenen Quotienten multipliziert man den Divisor.

c) Die erhaltene Summe wird vom Dividenden abgezogen. Es bleibt ein Rest.

d) Man dividiert den ersten Term des Rests durch den ersten Term des Divisors.

e) Mit dem gewonnenen Quotienten multipliziert man den Divisor.

f) Die erhaltene Summe wird vom Rest $36a+18$ abgezogen
Es bleibt jetzt kein Rest, die Division geht auf.

Man notiert das Vorgehen beim Lösen durch Dividieren wie nebenstehend.

**6.** $(18ax+9x+36a+18):(6a+3)=\underline{\underline{\quad}}$

a) $18ax:6a=3x$

Andere Schreibweise: $\frac{18ax}{6a}=3x$

b) $3x(6a+3)=18ax+9x$

c) $18ax+9x+36a+18-(18ax+9x)=36a+18$

d) $36a:6a=6$; $\frac{36a}{6a}=6$

e) $6(6a+3)=36a+18$

f) $36a+18-(36a+18)=0$

$$\begin{array}{l} (18ax+9x+36a+18):(6a+3)=\underline{\underline{3x+6}} \\ \underline{-(18ax+9x)} \\ \qquad 0+36a+18 \\ \qquad \underline{-(36a+18)} \\ \qquad\qquad 0 \end{array}$$

**7.** $(2abx+2aby-3ax-3ay):(x+y)=\underline{\underline{2ab-3a}}$

$$\begin{array}{l} -(2abx+2aby) \\ \hline \qquad 0 \; -3ax-3ay \\ \qquad -(-3ax-3ay) \\ \hline \qquad\qquad 0 \end{array}$$

Lösungsgang:

a) $2abx:x=2ab$ ► Erstes Glied des Resultats

b) $2ab(x+y)=2abx+2aby$ ► Vom Dividenden subtrahieren

c) $2abx+2aby-3ax-3ay-(2abx+2aby)=-3ax-3ay$ ► Rest

d) $-3ax:x=-3a$ ► Zweites Glied des Resultats

e) $-3a(x+y)=-3ax-3ay$ ► Vom Rest subtrahieren

f) $-3ax-3ay-(-3ax-3ay)=0$ ► Es bleibt kein Rest.

**Anmerkung:**

Es ist zweckmäßig, die Summanden des Dividenden gegebenenfalls so umzustellen, dass die Folge der Variablen in den ersten Summanden des Dividenden der Folge der Variablen im Divisor entspricht.

**8.** $(20a-8ax-4cx+10c-31b+12{,}4bx):(10-4x)=\underline{\underline{\qquad}}$

Der zweite Summand des Divisors enthält die Variable $x$. Es ist zweckmäßig, die Summanden des Dividenden so zu ordnen, dass Zweiergruppen entstehen, deren zweiter Term ebenfalls $x$ als Variable enthält.

$(20a-8ax-31b+12{,}4bx+10c-4cx):(10-4x)=\underline{\underline{2a-3{,}1b+c}}$

$$\begin{array}{l} -(20a-8ax) \\ \hline \qquad 0 \quad -31b+12{,}4bx+10c-4cx \\ \qquad -(-31b+12{,}4bx) \\ \hline \qquad\qquad 0 \quad +10c-4cx \\ \qquad\qquad -(+10c-4cx) \\ \hline \qquad\qquad\qquad 0 \end{array}$$

Lösungsgang:

a) $20a:10=2a$ ► Erstes Glied des Resultats

b) $2a(10-4x)=20a-8ax$ ► Vom Dividenden subtrahieren

c) $20a-8ax-31b+12{,}4bx+10c-4cx-(20a-8ax)=$
$-31b+12{,}4bx+10c-4cx$ ► Erster Rest

d) $-31b:10=-3{,}1b$ ► Zweites Glied des Resultats

e) $-3{,}1b(10-4x)=-31b+12{,}4bx$ ► Vom ersten Rest subtrahieren

f) $-31b+12{,}4bx+10c-4cx-(-31b+12{,}4bx)=10-4cx$ ► Zweiter Rest

g) $10c:10=c$ ► Drittes Glied des Resultats

h) $c(10-4x)=10c-4cx$ ► Vom zweiten Rest subtrahieren

i) $10-4cx-(10-4cx)=0$ ► Es bleibt kein Rest

**9.** $\left(\frac{6a}{5b}-\frac{5c}{2x}\right):\left(\frac{2}{5c}-\frac{5b}{6ax}\right)=$

**9.** $\left(\frac{6a}{5b}-\frac{5c}{2x}\right):\left(\frac{2}{5c}-\frac{5b}{6ax}\right)=$

● Lösen durch Dividieren:

a) Man dividiert den ersten Term des Dividenden durch den ersten Term des Divisors. Dabei muss man die Regel für die Division durch einen Bruchterm beachten.

a) $\frac{6a}{5b}:\frac{2}{5c}=\frac{6a}{5b}\cdot\frac{5c}{2}=\frac{6\cdot 5\cdot a\cdot c}{2\cdot 5\cdot b}=\frac{3ac}{b}$

b) Mit dem gewonnenen Quotienten multipliziert man den Divisor.

b) $\frac{3ac}{b}\left(\frac{2}{5c}-\frac{5b}{6ax}\right)=\frac{2\cdot 3ac}{b\cdot 5c}-\frac{3ac\cdot 5b}{b\cdot 6ax}$

$=\frac{6a}{5b}-\frac{5c}{2x}$

c) Die erhaltene Summe wird vom Dividenden abgezogen. Es bleibt kein Rest, die Division geht auf.

c) $\frac{6a}{5b}-\frac{5c}{2x}-\left(\frac{6a}{5b}-\frac{5c}{2x}\right)=0$

$\left(\frac{6a}{5b}-\frac{5c}{2x}\right):\left(\frac{2}{5c}-\frac{5b}{6ax}\right)=\underline{\underline{\frac{3ac}{b}}}$

● Lösen durch Ausklammern:

$\left(\frac{6a}{5b}-\frac{5c}{2x}\right):\left(\frac{2}{5c}-\frac{5b}{6ax}\right)=$

a) Man macht die Bruchterme in den Klammern gleichnamig und führt die Subtraktionen aus.

a) $\frac{6a\cdot 2x-5c\cdot 5b}{10bx}:\frac{2\cdot 6ax-5b\cdot 5c}{30acx}=$

$\frac{12ax-25bc}{10bx}:\frac{12ax-25bc}{30acx}=$

b) Man multipliziert den Dividenden mit dem Kehrwert des Divisors und kürzt.

b) $\frac{(12ax-25bc)\cdot 30acx}{10bx\cdot(12ax-25bc)}=\frac{30acx}{10bx}=\underline{\underline{\frac{3ac}{b}}}$

**10.** $(12ax+16bx-15ay-25by):(3a+4b)=\underline{\underline{4x-5y-\frac{5by}{3a+4b}}}$

$\underline{-(12ax+16bx)}$

$0 \quad -15ay-25by$

$\quad \underline{-(-15ay-20by)}$

$\quad\quad -\ 5by$ ► Rest

Lösungsgang:

a) $12ax:3a=4x$ ► Erstes Glied des Resultats

b) $4x(3a+4b)=12ax+16bx$ ► Vom Dividenden subtrahieren

c) $12ax+16bx-15ay-25by-(12ax+16bx)=-15ay-25by$ ► Erster Rest

d) $-15ay:3a=-5y$ ► Zweites Glied des Resultats

e) $-5y(3a+4b)=-15ay-20by$ ► Vom ersten Rest subtrahieren

f) $-15ay-25by-(-15ay-20by)=-5by$ ► Rest

## Übungen zu 1.6.3

### Dividieren von Termen mit Vorzeichen

Berechnen Sie oder vereinfachen Sie so weit wie möglich die Quotienten:

**1.** $\frac{-27}{9}$ **2.** $\frac{15}{-5}$ **3.** $\frac{-25}{-5}$ **4.** $-\frac{-24}{6}$

**5.** $\frac{-3a}{5b}$ **6.** $\frac{15an}{-3b}$ **7.** $\frac{-20xy}{-4ab}$ **8.** $-\frac{-9ab}{3xy}$

**9.** $(-180a):3c$ **10.** $-\frac{16x}{6b}$ **11.** $-\frac{-36bc}{-8xz}$ **12.** $-\frac{15ax}{-3bc}$

**13.** $(-24xy):(-8n)$

### Das kleinste gemeinsame Vielfache von Zahlen und Termen mit Variablen (kgV)

Berechnen Sie das kgV:

**1.** 2; 5; 9
**2.** 4; 7; 28
**3.** 6; 9; 24
**4.** 24; 36; 40
**5.** 3; 4; 12; 15; 20

**6.** 3; 17; 51; 102
**7.** 16; 24; 49; 56
**8.** 66; 396; 714; 924
**9.** 44; 45; 484; 594
**10.** $5x$; $35cx$; $15c$

**11.** $abx$; $acx$; $bcx$
**12.** $12a$; $15b$; $16ac$
**13.** $6x$; $8x$; $5xz$; $12x$; $108xy$
**14.** $3a$; $16b$; $14ab$

**15.** $4mn$; $6mp$; $8np$; $10m$; $24p$
**16.** $4(a+1)$; $2(a+1)$; $15(a+1)$
**17.** $cd$; $a+b$; $d$
**18.** $5a(a+b)$; $20b(a+b)$; $15ab(a+b)$

**19.** $cy$; $2cy$; $n+x$
**20.** $4x-2$; $6x-3$
**21.** $4x+2y$; $6x+3y$; $8x+4y$
**22.** $x(x-c)$; $x(x-d)$; $(x-c)(x-d)$

**23.** $6x+6$; $2x+2$
**24.** $2x-5$; $4x-10$; $27x+21$
**25.** $24a$; $4a-2b$; $-8b+16a$; $12a-6b$
**26.** $4a-2b$; $15a$; $6a-3b$; $-4b+8a$

**27.** $(4x-8y)(b-3a)$; $(6a-2b)(2y-x)$
**28.** $(6a-2)(2x-8)$; $(12a-4)(2x-8)$; $(2-6a)(4-x)$
**29.** $(4x-2b)(3y-6a)$; $(6x-3b)(2y-4a)$; $(8x-4b)(3y-6a)$
**30.** $ab-a+b-1$; $ab-2a+b-2$

**31.** $ax-2x+2a-4$
$3x+6$

**32.** $ay+by+2a+2b$
$ay-by+2a-2b$

**33.** $bc+c+b+1$
$bc+c-b-1$
$(c+1)(c-1)$

**34.** $xy-x-y+1$
$xy+2y-x-2$
$xy+y-x-1$

**35.** $mn+m-2n-2$
$mn-m-2n+2$
$mn+2m-2n-4$

**36.** $9a+6b$
$3ax+3ay+2bx+2by$
$3x+3y$
$3a+2b$

**37.** $8x-20y$
$2ax+2cx-5ay-5cy$
$2a+2c$
$16x-40y$

## Kürzen von Bruchtermen

**1.** $\frac{\cancel{a}\cancel{x}by}{\cancel{a}\cancel{x}}=by$

**2.** $\frac{49ax}{7bx}$

**3.** $\frac{48n}{12bn}$

**4.** $\frac{54ax}{9x}$

**5.** $\frac{3abcd}{bc}$

**6.** $\frac{0{,}01ab}{0{,}1a}$

**7.** $\frac{18adx}{6bdx}$

**8.** $\frac{144cb}{12cd}$

**9.** $\frac{20\cdot 18\cdot 4\cdot x}{30\cdot 6\cdot a}$

**10.** $\frac{24\cdot 6\cdot 4\cdot ab}{12\cdot 8}$

**11.** $\frac{6a+6b}{6}$

**12.** $\frac{8x-8y}{8}$

**13.** $\frac{ax+bx}{x}$

**14.** $\frac{36a-12b+18c}{6}$

**15.** $\frac{anx+bnx+cnx}{nx}$

**16.** $\frac{26a+65b-39x}{13}$

**17.** $\frac{8ac-4adx-2a}{2a}$

**18.** $\frac{24ad-48bd+96cd}{12d}$

**19.** $\frac{39abd-12acd}{3a}$

**20.** $\frac{20a+8b-12c}{-4}$

**21.** $\frac{-6a+2a-8x}{-4ax}$

**22.** $\frac{5ab}{15ac-20ab}$

**23.** $\frac{6n+3x}{12n+15x}$

**24.** $\frac{(a+n)\,3x}{15ax(a+n)}$

**25.** $\frac{15a-6ab}{20c-8bc}$

**26.** $\frac{14ab+7ac+42ab}{70ab+14ac+7ab}$

**27.** $-\frac{b-2}{2-b}$

**28.** $-\frac{-a+x}{a-x}$

**29.** $-\frac{(3a+n)\cdot(b-c)}{c-b}$

**30.** $-\frac{(5x-b)\cdot(2a+c)}{-c-2a}$

**31.** $\frac{3(a+b)}{5(a+b)}$

**32.** $\frac{3ab-6ac}{3bx-6cx}$

**33.** $\frac{ax+ay}{bx+by}$

**34.** $\frac{15x-6bx}{20c-8bc}$

**35.** $\frac{-4xz}{2bxz-2axz}$

**36.** $\frac{5x(a+n)}{(a+n)\,15bx}$

**37.** $-\frac{x-a}{a-x}$

**38.** $\frac{25ab-5az}{15bx-3xz-5ab+az}$

**39.** $\frac{2ax+2cx-5ay-5cy}{3a+3c}$

**40.** $\frac{2ab+3ay-2bx-3xy}{2bc+3cy-2bx-3xy}$

**41.** $\frac{15AN+10AP-3BN-2BP}{15AN+3BN+10AP+2BP}$

## Erweitern von Bruchtermen

**1.** $\frac{15ax}{7bn}$ mit $(2c)$; $\frac{15ax}{7bn}=\frac{30acx}{14bcn}$

**2.** $\frac{3b}{7a}$ mit $(-2x)$

**3.** $\frac{3c}{3x+7a}$ mit $(-1)$

**4.** $\frac{8c+4b}{x}$ mit $(3a)$

**5.** $\frac{2ab+3ad-7ac}{5ab+7ac}$ mit $(-2x)$

**6.** $\frac{1{,}3x+3{,}2a-1{,}8b}{1{,}4a-3{,}6x}$ mit $(-0{,}2n)$

Bringen Sie alle nachfolgenden Bruchterme auf den neben dem Bruchterm stehenden Nenner:

**7.** $\frac{6x}{2y}$ $(14y)$; $\frac{6x\cdot 7}{2y\cdot 7}=\underline{\underline{\frac{42x}{14y}}}$ **8.** $\frac{4x}{3a}$ $(21ab)$ **9.** $\frac{7a}{-3b}$ $(-21bc)$

**10.** $\frac{-3x}{5y}$ $(-25y)$ **11.** $\frac{-9a}{-7b}$ $(28bc)$ **12.** $\frac{5x}{9y}$ $(-36yz)$

**13.** $\frac{x-y}{-3y}$ $(-12ay)$ **14.** $\frac{2x+3y}{-4a}$ $(32ab)$ **15.** $\frac{5x-6y}{7z}$ $(-42abz)$

**16.** $\frac{9a-7b}{-5c}$ $(-35cx)$ **17.** $\frac{3a-2b}{4x+2y}$ $(8cx+4cy)$ **18.** $\frac{a+3b}{3x-1}$ $(6x-2)$

Erweitern Sie folgende Bruchterme auf den neuen Nenner:

**19.** $\frac{4x}{3a}=\frac{}{21a}$ Erweiterungsfaktor? Lösung: $\frac{21a}{3a}=\frac{\cancel{3}\cdot 7\cdot \cancel{a}}{\cancel{3}\cdot \cancel{a}}$; Erweiterungsfaktor: 7; $\frac{4x\cdot 7}{3a\cdot 7}=\underline{\underline{\frac{28x}{21a}}}$

**20.** $\frac{5ab}{7xy}=\frac{}{35cxy}$ Erweiterungsfaktor?

**21.** $\frac{7a}{-3b}=\frac{}{-21bc}$ Erweiterungsfaktor?

**22.** $\frac{-3x}{5y}=\frac{}{-25y}$ Erweiterungsfaktor?

**23.** $\frac{-9a}{-7b}=\frac{}{28bc}$ Erweiterungsfaktor?

**24.** $\frac{5x}{9y}=\frac{}{-36yz}$ Erweiterungsfaktor?

**25.** $\frac{2x-3y}{5ab}=\frac{}{35abn}$ Erweiterungsfaktor?

**26.** $\frac{x-y}{3y}=\frac{}{12ay}$ Erweiterungsfaktor?

**27.** $\frac{a+3b}{3x-1}=\frac{}{6x-2}$ Erweiterungsfaktor?

**28.** $\frac{2x+3y}{-4a}=\frac{}{32ab}$ Erweiterungsfaktor?

**29.** $\frac{5x-6y}{7z}=\frac{}{-42abz}$ Erweiterungsfaktor?

**30.** $\frac{9a-7b}{5c+3x}=\frac{}{15cy+9xy}$ Erweiterungsfaktor?

**31.** $\frac{3c+2d}{5a-3b}=\frac{}{35axy-21bxy}$ Erweiterungsfaktor?

**32.** $\frac{5x-y}{3a-2b}=\frac{}{6am-9an-4bm+6bn}$ Erweiterungsfaktor?

**33.** $\frac{7x}{a+n}=\frac{}{(a+n)(3b+c)}$ Erweiterungsfaktor?

**34.** $\frac{5x-3a}{2y-d}=\frac{}{8cy-4cd+6by-3bd}$ Erweiterungsfaktor?

**35.** $\frac{3a+b}{m-1}=\frac{}{mx-m-x+1}$ Erweiterungsfaktor?

**36.** $\frac{4c+3d}{3a-4b}=\frac{}{9ax-12ay-12bx+16by}$ Erweiterungsfaktor?

## Übungen zu 1.7

### Addieren und Subtrahieren von gleichnamigen Bruchtermen

1. $\frac{6}{a}+\frac{5}{a}=\frac{11}{a}$

2. $\frac{4}{x}-\frac{2}{x}$

3. $\frac{5b}{x}-\frac{3b}{x}$

4. $\frac{5a}{11}+\frac{2a}{11}-\frac{4a}{11}+\frac{8a}{11}$

5. $\frac{16ab}{3a}-\frac{14ac}{3a}+\frac{15ac}{3a}$

6. $\frac{4x}{3b}-\frac{18bx}{3b}+\frac{20x}{3b}$

7. $\frac{n+x}{3}+\frac{n-x}{3}$

8. $\frac{n+x}{4}-\frac{n-x}{4}$

9. $\frac{6ab+x}{5c}-\frac{ab-x}{5c}$

10. $\frac{2+a}{x}-\frac{2-2a+5b}{x}$

11. $\frac{3a+5b}{a}-\frac{5b+8a}{a}$

12. $\frac{x+y}{2}-\frac{x-y}{2}$

13. $\frac{ab+c}{2a}-\frac{ab-c}{2a}$

14. $\frac{xy+y}{5}-\frac{xy-y}{5}$

15. $\frac{x+7}{-2}+\frac{3}{-2}-\frac{x-6}{-2}$

16. $\frac{5a+b}{-5}-\frac{a+b}{+5}-\frac{a+7b}{-5}$

17. $\frac{11b+ab}{5b}-\frac{2b-4ab}{5b}-\frac{4b-5ab}{5b}$

18. $\frac{3+a}{7a}-\frac{6-a}{-7a}+\frac{7a-5}{-7a}$

19. $\frac{4x+5y+6z}{3a}-\frac{3x-6y-6z}{3a}$

20. $\frac{1+a}{b}-\frac{1-2a+5b}{b}$

21. $\frac{mx+my}{m+n}+\frac{nx+ny}{n+m}$

22. $\frac{mx-my}{m+n}+\frac{nx-ny}{m+n}$

23. $\frac{ax+y}{a+n}+\frac{nx-y}{a+n}$

24. $\frac{ax+ay}{a+n}+\frac{nx+ny}{a+n}$

25. $\frac{3x-2y}{a+b}-\frac{3x+2y}{a+b}$

26. $\frac{ax-ay}{a+n}+\frac{nx-ny}{n+a}$

27. $\frac{17ax-5ab}{5x+2b}-\frac{2ax-11ab}{5x+2b}$

28. $\frac{11by+18ax}{x-y}+\frac{7ax-2by}{x-y}-\frac{7ax-4by}{x-y}$

29. $\frac{5c+4d}{c+d}-\frac{8c-13d}{c+d}+\frac{9c-11d}{c+d}$

30. $\frac{9a}{a+b}+\frac{9b}{a+b}$

31. $\frac{7x}{x+1}+\frac{7}{x+1}$

32. $\frac{7x-5y}{x-y}+\frac{8x+3y}{x-y}-\frac{8x-9y}{x-y}$

33. $\frac{17ax-5ab}{5x+2b}-\frac{2ax-11ab}{5x+2b}$

34. $\frac{5c+4d}{c+d}-\frac{13d-8c}{-d-c}+\frac{9c-11d}{c+d}$

35. $\frac{7x-5y}{x-y}-\frac{8x+3y}{y-x}-\frac{8x+5y}{x-y}$

36. $\frac{11ay+18ax}{x+y}+\frac{7ax-2ay}{x+y}-\frac{7ax-9ay}{x+y}$

### Addieren und Subtrahieren von ungleichnamigen Bruchtermen

1. $\frac{a}{6}+\frac{a}{12}=\frac{2a}{12}+\frac{a}{12}=\frac{3a}{12}=\frac{a}{4}$

2. $\frac{3x}{6}+\frac{5x}{9}$

3. $\frac{4a}{9}-\frac{8b}{27}$

4. $\frac{7b}{10}-\frac{9a}{20}+\frac{12c}{30}$

5. $\frac{3a-4b}{4}+\frac{a+6b}{3}-\frac{7a+b}{6}$

6. $\frac{4x-8y+5z}{2}-\frac{3x+7y-2z}{6}$

**7.** $\frac{2a+3b-c}{5}-\frac{5a+b+4c}{3}-3a$

**8.** $\frac{3ax-4bx-5cx}{3}-\frac{7ax-4bx+2cx}{15}$

**9.** $\frac{48ab+61ac}{6}-\frac{56ab-74ac}{7}$

**10.** $\frac{28y+25x}{5}+\frac{36x-35y}{7}$

**11.** $\frac{16ac+12ab}{4}-\frac{20ac+26ab}{5}$

**12.** $\frac{a+3b}{2}+\frac{3a-b}{4}+\frac{2a-5y}{8}$

Machen Sie folgende ungleichnamigen Bruchterme gleichnamig:

**13.** $a+b;\ \frac{2c}{6a-9b};\ \frac{3d}{15b-10a};$

$6a-9b = 3(2a-3b)$

$15b-10a = (-5)(2a-3b)$

$H: 3\cdot(-5)(2a-3b)$

$\frac{(a+b)(-15)(2a-3b)}{-15(2a-3b)};\quad \frac{-10c}{(-15)(2a-3b)};\quad \frac{9d}{(-15)(2a-3b)}$

**14. a)** $\frac{5x}{12a};\ \frac{8x}{15b}$  **b)** $\frac{7b}{12a};\ \frac{9d}{16c}$  **c)** $\frac{5a}{6x};\ \frac{3b}{8x};\ \frac{4a}{5x};\ \frac{7b}{12x};\ \frac{2a}{108x}$

**15. a)** $\frac{5x}{4x-2};\ \frac{2x}{6x-3}$  **b)** $\frac{2a}{4x-2y};\ \frac{3b}{6x-3y};\ \frac{4c}{8x-4y}$  **c)** $\frac{3c+1}{(2x-4y)\cdot(b-3a)};\ \frac{4c-1}{(6a-2b)\cdot(2y-x)}$

Vereinfachen Sie die folgenden algebraischen Summen:

**16.** $\frac{5x+3y}{3a}-\frac{2x+5y}{6b}-\frac{8x+6y}{6ab}$

**17.** $\frac{8x+7y}{10x}-\frac{9x-5y}{15x}-\frac{2}{3}$

**18.** $\frac{3a-4b}{2}-\frac{5a-10b}{10}-\frac{10ab-30b-8}{15}$

**19.** $\frac{4a-3b}{6n}+\frac{3a-8}{7n}-\frac{1}{2}$

**20.** $\frac{3x}{4b}+\frac{3ax}{8ab}-\frac{6x}{12a}$

**21.** $\frac{n-x}{4a}-\frac{n+x}{5a}+\frac{n+x}{3a}$

**22.** $\frac{2x+4n}{2x}+\frac{2x-4n}{6x}-\frac{x}{12x}$

**23.** $\frac{4}{a}+\frac{3}{b+c}$

**24.** $\frac{3}{4}-\frac{b}{a-b}$

**25.** $\frac{a}{y-c}+\frac{a}{x+b}$

**26.** $\frac{4x}{4c-3d}-\frac{3x}{3a-4b}$

**27.** $\frac{5x}{a+b}-\frac{3y}{cd}+\frac{4x}{a+b}+\frac{8y}{cd}+\frac{x}{cd}$

**28.** $\frac{12b}{n+x}+\frac{3a}{cy}-\frac{3b}{n+x}+\frac{4a}{cy}+\frac{b}{2cy}$

**29.** $\frac{7a-4}{4(a+1)}-\frac{a-2}{2(a+1)}$

**30.** $\frac{5x-2}{2(2x-1)}-\frac{2x-3}{3(2x-1)}$

**31.** $\frac{4x+4y}{6a-2}-\frac{x+3y}{3a-1}+\frac{4y}{9a-3}$

**32.** $\frac{3x}{4x+2b}+\frac{5b}{16x+8b}-\frac{13}{24}-\frac{2x}{12x+6b}$

**33.** $\frac{5a+7b}{12a+6b}-\frac{a+b}{2a+b}$

**34.** $\frac{2x+5}{4x-4}+\frac{5x-3}{6x-6}-\frac{2x+1{,}5}{2x-2}$

**35.** $\frac{4a-2}{2a+4}-\frac{8a-7}{6a+12}-\frac{2a-5}{10a+20}$

**36.** $\frac{4c+2d}{6c+6d}+\frac{3c}{8c+8d}-\frac{3}{2}$

**37.** $\frac{3a-b}{4a-2b}-\frac{2a+3b}{6a-3b}+\frac{5a+2b}{8a-4b}-1$

**38.** $\frac{2n-3x}{3a+3}-\frac{5x+2n}{5b-5}+\frac{ax+bx}{ab-a+b-1}$

**39.** $\frac{5a-7b}{9a+6b}-\frac{3x+5y}{6x+6y}+\frac{8by+ax-3ay-10bx}{2(3ax+3ay+2bx+2by)}$

**40.** $\frac{5x-4y}{8x-20y}-\frac{3a+c}{2a+2c}+\frac{14ax-52ay-22cy+2cx}{8(2ax+2cx-5ay-5cy)}$

**41.** $\frac{7x+3y}{10x+5y}-\frac{9a+2b}{14a+21b}-\frac{381bx+159by+20ay}{105(4ax+6bx+2ay+3by)}$

## Multiplizieren von Bruchtermen

1. $\frac{6a}{5y}\cdot\frac{15x}{9ab}=\frac{6a\cdot 15x}{5y\cdot 9ab}$
$=\frac{2\cdot\cancel{3a}\cdot\cancel{3}\cdot\cancel{5}x}{\cancel{5}y\cdot\cancel{3}\cdot\cancel{3}\cdot\cancel{a}b}$
$=\frac{2x}{by}$

2. $\frac{6x}{bc}\cdot\frac{bc}{18x}$

3. $\frac{125bx}{10ay}\cdot\frac{30ay}{25xz}$

4. $\frac{12a}{5b}\cdot 9\frac{1}{3}b\cdot\frac{15x}{14a}$

5. $\frac{21abc}{34xyz}\cdot\frac{35z}{4n}\cdot\left(-\frac{68y}{49bc}\right)$

6. $\left(-\frac{15ab}{76xy}\right)\cdot\left(-\frac{4x}{5b}\right)\cdot\left(-7\frac{3}{5}y\right)$

7. $\frac{a-b}{5}\cdot 20\cdot\frac{10}{a-b}$

8. $\frac{6ab}{5(x+y)}\cdot\frac{25(x+y)}{3b}$

9. $\frac{m+n}{a-b}\cdot\frac{a-b}{a-x}\cdot\frac{x-a}{m-n}$

10. $\frac{x-5}{6b}\cdot\frac{4x}{5-x}\cdot\left(-4\frac{1}{8}b\right)$

11. $\frac{a+b}{4x+4y}\cdot\frac{5x+5y}{a-b}$

12. $\frac{3a+3b}{5x-5y}\cdot\frac{10x-10y}{9a+9b}$

13. $\frac{4a+8}{12b-6}\cdot\frac{3a-6}{4b+2}\cdot\frac{5+10b}{a+2}$

14. $\frac{3c-2a}{15ab}\cdot\frac{5x+2b}{3c}\cdot\frac{9bc}{15cx+6bc-10ax-4ab}$

15. $\frac{4x-3y}{a-3b}\cdot\frac{3b-a}{36x-27y}$

16. $\frac{5n-15m}{105abc}\cdot\frac{3x+6y}{6a}\cdot\frac{84ab}{nx+2ny-3mx-6my}$

17. $\left(\frac{5ax}{c}+\frac{3}{4}-\frac{7a}{4c}\right)\frac{2c}{x}$

18. $\frac{20a}{3b}\left(\frac{9b}{8a}-\frac{6b}{25a}+3b\right)$

19. $\left(-\frac{8rs}{9yz}\right)\left(\frac{9yz}{4rs}-\frac{3yz}{32rs}-\frac{5z}{64s}\right)$

20. $\left(\frac{3ax}{5b+14c-40m}\right)\left(\frac{5b}{24a}+\frac{7c}{12a}-\frac{5m}{3a}\right)$

21. $\left(\frac{7ab}{8cx}-\frac{5a}{16x}+\frac{3b}{4c}\right)\left(\frac{32acx}{14ab-5ac+12bx}\right)$

22. $\left(\frac{a-b}{x+y}-\frac{3(a-b)}{2(x+y)}+\frac{1}{6d}\right)\left(-\frac{2(x+y)}{3(a-b)}\right)$

23. $\left(\frac{x}{3}+\frac{y}{4}\right)\left(\frac{9}{x}-\frac{8}{y}\right)$

24. $\left(\frac{3y}{10x}-\frac{6b}{15a}\right)\left(\frac{5x}{18y}-\frac{3a}{4b}+\frac{5ax}{9by}\right)$

25. $\left(\frac{1}{x}+\frac{1}{y}\right)\cdot(x-y)+(x+y)\cdot\left(\frac{1}{x}-\frac{1}{y}\right)$

26. $7\frac{1}{2}x\left(\frac{5}{3x}-\frac{a}{15}\right)-\frac{4}{26x}\left(2x-3\frac{1}{4}bx\right)$

27. $\left(\frac{a-b}{6(x+y)}-\frac{3(a-b)}{2(x+y)}\right)\left(\frac{x+y}{a-b}-\frac{2(x+y)}{3(a-b)}\right)$

28. $\left(\frac{3a}{x}+2a-\frac{4a}{6x}\right)\left(-\frac{2x}{3a}\right)$

29. $\left(\frac{a+b}{x+y}+\frac{3(a+b)}{2(x+y)}+\frac{1}{6d}\right)\left(-\frac{2(x+y)}{3(a+b)}\right)$

30. $\frac{a+c}{ac}\cdot\frac{a-c}{x}\cdot\frac{by}{a+c}\cdot\frac{cx}{a-c}$

31. $\frac{a+b}{n}\cdot\frac{c+d}{a-b}\cdot\frac{nx}{a+b}\cdot\frac{a-b}{c+d}$

Verwandeln Sie in Produkte:

32. $\frac{5a}{6x}+\frac{5b}{6y}=\frac{5}{6}\left(\frac{a}{x}+\frac{b}{y}\right)$

33. $\frac{2a}{3b}+\frac{5ac}{4bd}$

34. $\frac{7ad}{5c}-\frac{3d}{8c}$

35. $\frac{8axy}{20dn}-\frac{12ady}{36nx}$

36. $\frac{ap}{nx}+\frac{ar}{ns}-\frac{ax}{ny}$

37. $\frac{4x}{5y}+\frac{12n}{15m}-\frac{16a}{20c}$

38. $\frac{4x}{5y}+\frac{12nx}{15my}-\frac{16ax}{20cy}$

39. $\frac{14ax}{27bn}-\frac{63adx}{18bn}+\frac{84ax}{54bn}$

40. $\frac{7ac(a-b)}{16nx(a+b)}+\frac{21a(a-b)bc}{28x(a+b)y}-\frac{35a(a-b)ny}{12cx(a+b)}$

## Dividieren von Bruchtermen

**1.** $\frac{9x}{5b}:3a=\frac{9x}{5b}\cdot\frac{1}{3a}=\frac{\cancel{3}\cdot 3x\cdot 1}{5b\cdot\cancel{3}a}=\underline{\underline{\frac{3x}{5ab}}}$

**2.** $\frac{144abx}{3c}:12ax$

**3.** $\frac{5}{7}a:\frac{39a}{14b}$

**4.** $\frac{3a}{4b}:\frac{6ad}{2b}$

**5.** $\left(-6\frac{3}{5}x\right):\frac{55x}{10a}$

**6.** $\frac{34a}{35b}:\frac{85x}{63b}$

**7.** $\frac{11{,}8ab}{5{,}9xy}:\frac{0{,}2b}{3{,}5x}$

**8.** $(-18xy):\left(-\frac{9y}{3a}\right)$

**9.** $9a:\left(-\frac{18ab}{2c}\right)$

**10.** $\frac{a}{a+b}:\frac{x}{a+b}$

**11.** $\frac{ax+bx}{a-b}:(a+b)$

**12.** $\frac{6x+3y}{4a-4b}:\frac{12ax+6ay}{7ax-7bx}$

**13.** $\frac{8m+8n}{3a-3b}:\frac{4m+4n}{9a-9b}$

**14.** $\frac{6(x+y)}{15(x-y)}:\frac{3(x+y)}{5(x-y)}$

**15.** $\frac{6(x+y)}{54(a+b)}:\frac{12(x+y)}{27(a-b)}$

**16.** $\left[\left(\frac{2x}{4}:\frac{1}{3}\right):\frac{x}{5}\right]:4a$

**17.** $\left(\frac{3ax}{4bc}:\frac{6ad}{8c}\right):\frac{18x}{2b}$

**18.** $\left(\frac{12bx-12by}{5bx}:\frac{27b-27c}{4cn}\right):\frac{16bx-16by}{5bx-5cx}$

**19.** $\left(\frac{8ax(a+b)}{5n}:\frac{2ax(a+b)}{25n(c-n)}\right):\frac{c-n}{2b}$

**20.** $\left(\frac{3(a-1)}{a(x-1)}:\frac{5(1-a)}{a(x+1)}\right):\frac{1}{15(1-x)}$

**21.** $\left(\frac{3cnx-3bcx}{5ab}:\frac{9nx-9bx}{20bx+20by}\right):\frac{4cx+4cy}{3ad}$

**22.** $\left(\frac{2x-4}{by-3b}:\frac{6-3x}{xy+3x}\right):\frac{y+3}{3b-by}$

**23.** $\frac{3ab(a+b)}{5xy(c-d)}:\frac{3a+3b}{5c-5d}+\frac{5ab(b+c)}{4dx}:\frac{5by+5cy}{16d}-\frac{ab(3a+b)}{5cx}:\frac{y(6a+2b)}{10c}$

**24.** $\frac{\frac{m}{a}}{\frac{n}{a}}$

**25.** $\frac{1+\frac{b}{a}}{1+\frac{a}{b}}$

**26.** $\frac{\frac{x}{3}}{\frac{y}{2}}$

**27.** $\frac{\frac{18ab}{25xy}}{\frac{9b}{5y}}$

**28.** $\frac{x+\frac{x}{b}}{1+\frac{1}{b}}$

**29.** $\frac{c-\frac{d}{a}}{c+\frac{d}{a}}$

**30.** $\frac{\frac{a}{b}-\frac{x}{y}}{\frac{a}{b}+\frac{x}{y}}$

**31.** $\frac{\frac{1}{x}+y}{\frac{1}{x}-y}$

**32.** $\frac{\frac{3a}{b}\left(\frac{2x}{y}-\frac{x}{6y}\right)}{\frac{2x}{y}\left(\frac{a}{2b}+\frac{4a}{3b}\right)}$

**33.** $\frac{\frac{2m-3n}{3r}-\frac{m+4n}{2t}}{\frac{4t-3r}{6n}-\frac{t+2r}{m}}$

**34.** $\frac{\frac{4a-5b}{5x}-\frac{2a-3b}{3y}}{\frac{12y-10x}{15b}-\frac{y-x}{a}}$

Dividieren eines Summenterms durch einen Produktterm:

**1.** $(35abc+28abc-21abc):7bcd=\frac{5a}{d}+\frac{4a}{d}-\frac{3a}{d}=\underline{\underline{\frac{6a}{d}}}$

**2.** $(8ac-4adx-a):2a$

**3.** $(30ac-15bcd+35cx):5c$

**4.** $(39abd-12acd+45bcd):3d$

**5.** $(24nx-12bx+16cx):(-4x)$

**6.** $(36ab-12ac-24ax):(-6a)$

**7.** $(96x-64y+16z):(-16)$

**8.** $(25a+60b-125c):(-5)$

**9.** $(-39ay+5by-91cy):(-13y)$

**10.** $(-42ab+28ax-56bx):(-14abx)$

**11.** $\left(\frac{25cx}{16by}+\frac{5bx}{8cy}\right):\frac{5x}{4y}$

**12.** $\left(\frac{18bc}{5x}+\frac{21abc}{2y}-\frac{12ab}{5c}\right):3ab$

**13.** $\left(\frac{15x}{28ab}-\frac{20x}{21b}+\frac{10x}{7a}\right):\frac{5x}{7a}$

**14.** $\left(\frac{22pq}{39n}-\frac{99ps}{25v}+\frac{55ps}{17w}\right):11pq$

**15.** $(24ab+36ac-60bc):\frac{12abc}{23x}$

**16.** $\left(-\frac{15ab}{8xy}-\frac{25ac}{12x}+\frac{5a}{16y}\right):\left(-\frac{25ab}{6xy}\right)$

**17.** $\left(\frac{35ab}{12cx}-\frac{30b}{x}+\frac{45a}{8c}\right):\left(-\frac{5ab}{2c}\right)$

Dividieren eines Produktterms durch einen Summenterm:

**1.** $bn:(abn-bnx)=\dfrac{bn}{abn-bnx}$
$=\dfrac{\cancel{bn}}{\cancel{bn}(a-x)}$
$=\underline{\underline{\dfrac{1}{a-x}}}$

**2.** $18ax:(9ac-36ad+18ax)$

**3.** $bn:(abn-bnx)$

**4.** $2ab:(abx-cbx+b)$

**5.** $48abc:(12acx-36acy+48ac)$

## Dividieren von Summentermen

**1.** $(8a+4b):(2a+b)=\underline{\underline{4}}$
$\underline{-(8a+4b)}$
$\quad 0 \quad 0$

**a)** $\dfrac{8a}{2a}=4$

**b)** $4(2a+b)=8a+4b$

**2.** $(36x-54z):(4x-6z)$

**3.** $(70ac-90bc):(14a-18b)$

**4.** $(39n+26x-91z):(3n+2x-7z)$

**5.** $(cx+cy+dx+dy):(x+y)$

**6.** $(24ax+32bx-30ay-40by):(6a+8b)$

**7.** $(18ax-9x-36a+18):(6a-3)$

**8.** $(16xy+32xz+24by+48bz):(4y+8z)$

**9.** $(150ab-54b-200a+72):(6b-8)$

**10.** $(30ax-12ay-40bx+16by):(10x-4y)$

**11.** $(15cx-12bx+8by-10cy):(-4b+5c)$

**12.** $(45ax-36bx+30ay-24by):(15a-12b)$

**13.** $(2ax+ay+2bx+by):(2x+y)$

**14.** $(60ac+80bc+72ad+96bd):(12a+16b)$

**15.** $\dfrac{153px-72py-340qx+160qy}{17x-8y}$

**16.** $\left(\dfrac{1}{8}bx+\dfrac{1}{12}by-\dfrac{1}{10}cx-\dfrac{1}{15}cy\right):\left(\dfrac{1}{2}x+\dfrac{1}{3}y\right)$

**17.** $(56ac+77bc+48av+66bv):(8a+11b)$

**18.** $(0{,}1bx-0{,}2cx-0{,}5by+cy):(0{,}1b-0{,}2c)$

**19.** $\dfrac{8ax+16bx-24cx-10ay-20by+30cy}{2a+4b-6c}$

**20.** $\dfrac{14ax+10bx-6cx-21ap-15bp+9cp}{7a+5b-3c}$

**21.** $\left(\dfrac{126ax}{8b}-\dfrac{27nx}{4b}+\dfrac{14ab}{12x}-\dfrac{bn}{2x}\right):\left(\dfrac{18x}{2b}+\dfrac{4b}{6x}\right)$

**22.** $\left(\dfrac{10b}{6}-\dfrac{175mnxy}{36acd}+\dfrac{24abcd}{10xy}-7mn\right):\left(\dfrac{50xy}{18a}+4cd\right)$

**23.** $\left(\dfrac{24c}{2x}+\dfrac{16bc}{2ay}-\dfrac{12ad}{2b}-\dfrac{4dx}{y}\right):\left(\dfrac{3a}{b}+\dfrac{6x}{3y}\right)$

**24.** $\left(0{,}5ax-\dfrac{4{,}5abx}{3c}+\dfrac{25}{0{,}5}-\dfrac{150b}{c}\right):(2{,}5c-7{,}5b)$

**25.** $(15ax-10ac+5ad-6bx+4bc-2bd):(5a-2b)$

**26.** $(8ay+12by-2cy+10az+15bz-2{,}5cz):(4y+5z)$

**27.** $\dfrac{12ac+20ax+8ay-18bc-30bx-12by}{4a-6b}$

**28.** $\dfrac{16bx+8ax-24cx-20by-10ay+30cy}{2a+4b-6c}$

**29.** $\dfrac{28ax+20bx-12cx-42ap-30bp+18cp}{14a+10b-6c}$

**30.** $(30ax-12ay-40bx+20by):(10x-4y)$

**31.** $\dfrac{45ax-36bx+30ay-27by}{15a-12b}$

**32.** $\dfrac{30ax+24bx-35ay-30by}{5a+4b}$

## Vermischte Aufgaben zur Wiederholung von 1.6 und 1.7

Berechnen Sie den Wert folgender Bruchterme:

**1.** $-\dfrac{-32bc}{8x}$ **2.** $-\dfrac{-60PN}{-12B}$ **3.** $\dfrac{-42xz}{-7ab}$ **4.** $\dfrac{25ab}{-5x}$

**5.** $-\dfrac{45ax}{-9bc}$ **6.** $\dfrac{-36ab}{9c}$ **7.** $\dfrac{-16}{-4}$ **8.** $-\dfrac{-12ab}{-4xy}$

Zerlegen Sie die Koeffizienten folgender Produktterme in Primfaktoren:

**9.** $396xyz$ **10.** $462abn$ **11.** $204bcx$ **12.** $420ady$

**13.** $180abc$, $252ac$, $300acx$, $588acd$

**14.** $168axy$, $210ay$, $441xy$, $735axy$

**15.** $24bx$, $74cx$, $120bcx$

**16.** $108ax$, $36bx$, $72abx$

Berechnen Sie das kleinste gemeinsame Vielfache:

**17.** $315aby$, $140axy$, $210by$, $700ab$

**18.** $330xyz$, $220xz$, $132yz$, $792xy$

**19.** $48ax-72ay$, $-36aby+24abx$

**20.** $12ax-30bx$, $-10bc+4ac$

**21.** $2ax+3bx-2ay-3by$, $4ax+6bx+2ay+3by$, $(x-y)(2x+y)$

**22.** $3am+5mx+3an+5nx$, $6ay+10xy-3ab-5bx$, $2my-bm+2ny-bn$

Kürzen Sie folgende Bruchterme:

**23.** $\frac{ac+ad}{cx+dx}=\frac{a(c+d)}{x(c+d)}=\frac{a}{x}$

**24.** $\frac{24mr-16ms}{4m}$

**25.** $\frac{4x+12y}{8x+2y}$

**26.** $\frac{2x-8y}{3x-12y}$

**27.** $\frac{ax-bx}{am-bm}$

**28.** $\frac{14c-28}{21c-42}$

**29.** $\frac{18a-30b}{12a-20b}$

**30.** $\frac{5b+15c}{14b+42c}$

**31.** $\frac{55ay-66by}{45ax-54bx}$

**32.** $\frac{35rx-49rt}{25sx-35st}$

**33.** $\frac{3abm-4cdm-3abn+4cdn}{6abx-8cdx}$

**34.** $\frac{2acx-2acy-3bx+3by}{6ac-9b}$

**35.** $\frac{2ab-3ay+2bx-3xy}{2ab-3ay-2bx+3xy}$

**36.** $\frac{mx-m-nx+n}{am-bm-an+bn}$

Bringen Sie folgende Bruchterme auf einen anderen Nennerterm:

**37.** $\frac{1}{3}=\frac{\phantom{x}}{12x+12y}$; $\frac{1\cdot 4\cdot(x+y)}{3\cdot 4\cdot(x+y)}=\frac{4(x+y)}{12x+12y}$

**38.** $\frac{3a-13b}{5}=\frac{\phantom{x}}{15x-15y}$

**39.** $\frac{7x+8y}{4}=\frac{\phantom{x}}{8a+8b}$

**40.** $\frac{3x-5y}{2y}=\frac{\phantom{x}}{8ay+8by}$

**41.** $\frac{1}{a-b}=\frac{\phantom{x}}{b-a}$

**42.** $\frac{1}{a-b}=\frac{\phantom{x}}{ac-bc}$

**43.** $\frac{1}{a-b}=\frac{\phantom{x}}{5(b-a)}$

**44.** $\frac{9x-3y}{2a-3b}=\frac{\phantom{x}}{10acd-2am-15bcd+3bm}$

**45.** $\frac{3x-4d}{a+b}=\frac{\phantom{x}}{5acy-7az+5bcy-7bz}$

Suchen Sie den Hauptnennerterm und erweitern Sie die Bruchterme:

**46.** $\frac{2x}{3y}$; $\frac{5x}{6y}$; $\frac{3x}{12a+12b}$

$3y = 3\cdot y$
$6y = 2\cdot 3\cdot y$
$12a+12b = 2\cdot 2\cdot 3\cdot (a+b)$
Hauptnenner: $2\cdot 2\cdot 3\cdot y\cdot (a+b)$

$\frac{2x\cdot 4(a+b)}{3y\cdot 4(a+b)}$; $\frac{5x\cdot 2(a+b)}{6y\cdot 2(a+b)}$; $\frac{3x\cdot y}{(12a+12b)\cdot y}$

**47.** $\frac{3a}{4b}$; $\frac{5x}{6y}$ **48.** $\frac{5x}{12y}$; $\frac{7x}{8y}$ **49.** $\frac{6a}{7b}$; $\frac{4x}{5y}$ **50.** $\frac{2a}{5x}$; $\frac{3a}{7x}$; $\frac{7a}{10x}$

**51.** $\frac{2}{4x+4y}$; $\frac{1}{2a}$ **52.** $\frac{5a-b}{21a-28b}$; $\frac{a-3b}{9a+12b}$ **53.** $\frac{7x-11a}{30x+21a}$; $\frac{12x-35a}{70x+49a}$

Addieren und subtrahieren Sie folgende Bruchterme:

**54.** $\frac{16ab}{5x}-\frac{20ab}{5x}+\frac{13ab}{5x}-\frac{4ab}{5x}=\frac{16ab-20ab+13ab-4ab}{5x}$

$=\frac{16ab+13ab-20ab-4ab}{5x}$

$=\frac{29ab-24ab}{5x}$

$=\frac{5ab}{5x}$

$=\frac{ab}{x}$

**55.** $\frac{3a+5b}{2c}-\frac{2-2b+8a}{2c}+\frac{7a-3b+6}{2c}$

**56.** $\frac{34x}{3ab}-\frac{16x}{3ab}+\frac{14x}{3ab}-\frac{20x}{3ab}$

**57.** $\frac{4x+5y+6z}{3a}-\frac{3x-6y-6z}{3a}+\frac{2x+y}{3a}$

**58.** $\frac{5c+4d}{c+d}-\frac{13d-8c}{-c-d}+\frac{9c-11d}{c+d}$

**59.** $\frac{23x-20y}{x-y}+\frac{7x-3y}{y-x}-\frac{8x-9y}{x-y}$

**60.** $\frac{15x+a}{3}-\frac{7x-3a}{4}+\frac{3x+4a}{12}+\frac{5x-10a}{15}$

**61.** $\frac{3a-4b}{2}-\frac{7a-10b}{10}-\frac{10a-9b}{15}+\frac{3a-8b}{12}$

**62.** $\frac{5a+4b}{3y}-\frac{6a-7b}{9y}+\frac{8b-3a}{36y}$

**63.** $\frac{2x+5n}{2x}-\frac{2x-3n}{6x}+\frac{n}{12x}$

**64.** $\frac{3a}{2x-6}-\frac{10a}{3x-9}+\frac{a}{6x-30}$

*H*: Hauptnenner

$2x-6=2\cdot(x-3)$

$3x-9=3\cdot(x-3)$

$6x-30=2\cdot3\cdot(x-5)$

*H*: $2\cdot3\cdot(x-3)\cdot(x-5)$

$\frac{3a\cdot3(x-5)}{H}-\frac{10a\cdot2(x-5)}{H}+\frac{a(x-3)}{H}$

$\frac{9ax-45a-20ax+100a+ax-3a}{2\cdot3(x-3)(x-5)}=\frac{52a-10ax}{2\cdot3(x-3)(x-5)}=\frac{26a-5ax}{3(x-3)(x-5)}$

**65.** $\frac{2(b+y)}{27by}+\frac{3(a-x)}{9ay}$

**66.** $\frac{4}{3x}-\frac{5}{6y}-\frac{7}{8xy}+\frac{x-11xy}{12xy(a-b)}$

**67.** $\frac{20b}{a-3}-\frac{19b}{c-4}+\frac{b}{d-5}$

**68.** $\frac{x-y}{x+1}+\frac{x-y}{3x+3}-\frac{x+y}{9x+9}$

**69.** $\frac{6x-8}{20y+12}-\frac{6x+5}{15y-6}$

**70.** $\frac{5y}{4x-4y}+\frac{x+y}{3x-3y}-\frac{2x}{7x-7y}$

**71.** $\frac{2x+5}{4x-4}+\frac{5x-3}{6x-6}-\frac{2x+1{,}5}{2x-2}$

**72.** $\frac{3a-b}{4a-2b}-\frac{2a+3b}{6a-3b}+\frac{5a+2b}{8a-4b}-1$

**73.** $\frac{3+4a}{2a-3}-\frac{3x-5}{5x-1}+\frac{18-14ax-6a}{10ax-2a-15x+3}$

**74.** $\frac{8+5n}{n+1}-\frac{7a+3}{5a-3}+\frac{18n+27-15a}{5an-3n+5a-3}$

**75.** $\frac{3x-2y}{14x+21y}-\frac{3a+2b}{8a+8b}+\frac{35ay+8ax+24by}{24(2ax+2bx+3ay+3by)}$

**76.** $\frac{5c-7d}{12c+18d}-\frac{12a+15b}{5a+5b}+\frac{2{,}5bd-12{,}5bc+5{,}5ad+74{,}5ac}{15(2ac+2bc+3ad+3bd)}$

**77.** $6\frac{1}{7}ab\cdot 2\frac{3}{5}ac\cdot\frac{7x}{39ab}=\frac{43\cancel{a}\cancel{b}\cdot 13ac\cdot\cancel{7}x}{\cancel{7}\cdot 5\cdot 39\cancel{a}\cancel{b}}=\frac{43}{15}acx=\underline{\underline{2\frac{13}{15}acx}}$

**78.** $10bz\cdot\frac{8ax}{30by}$

**79.** $\frac{10abc}{6}\cdot\frac{12}{abc}$

**80.** $\frac{8x}{60y}\cdot 12ay$

**81.** $\frac{3x}{16y}\cdot(-4z)$

**82.** $\frac{4a+8b}{15c}\cdot\frac{21x}{a+2b}$

**83.** $\frac{4x-3y}{a-3b}\cdot\frac{3b-a}{36x-27y}$

**84.** $\frac{2ac}{gh}\cdot\frac{6abd}{ce}\cdot\left(-\frac{cg}{3a}\right)$

**85.** $\left(-\frac{a}{x}\right)\cdot\left(-\frac{x}{t}\right)\cdot\frac{3tx}{4a}$

**86.** $\frac{a+b}{4x+4y}\cdot\frac{5x+5y}{a-b}$

**87.** $\frac{5a}{7x}\cdot\frac{a-x}{15a}\cdot\frac{14ax}{a-x}$

**88.** $\frac{4a+8}{12b-6}\cdot\frac{3a-6}{4b+2}\cdot\frac{5+10b}{a+2}$

**89.** $\left(\frac{1}{x}+\frac{1}{y}\right)\cdot(x-y)+(x+y)\cdot\left(\frac{1}{x}-\frac{1}{y}\right)$

**90.** $\left(-\frac{3(a-b)}{2(x+y)}\right)\cdot\left(\frac{x+y}{a-b}-\frac{2(x+y)}{3(a-b)}+6d\right)$

**91.** $7\frac{1}{2}x\left(\frac{5}{3x}-\frac{a}{15}\right)-\frac{4}{26x}\left(2x-3\frac{1}{4}bx\right)$

Verwandeln Sie in Produktterme:

**92.** $\frac{Q}{T}\cdot(x-y)\cdot a+\frac{aQ}{T}\cdot(x-y)\cdot P=\underline{\underline{\frac{Qa}{T}\cdot(x-y)\cdot(1+P)}}$

**93.** $\frac{4abc}{5xy}-\frac{24acx}{15y}$

**94.** $\frac{24ab}{30}-\frac{16n}{20m}+8\frac{8x}{10y}$

**95.** $\frac{14ax}{27bc}-\frac{63adx}{18bn}+\frac{84anx}{54bn}$

**96.** $\frac{18(x+y)\cdot an}{15(a+b)\cdot bc}+\frac{54(x+y)\cdot a}{35(a+b)\cdot c}$

**97.** $\frac{xyz(a-b)}{a}:\frac{xz(a-b)}{a}:2y=\frac{\cancel{x}\cancel{y}\cancel{z}\cancel{(a-b)}\cdot\cancel{a}}{\cancel{a}\cdot\cancel{x}\cancel{z}\cancel{(a-b)}\cdot 2\cancel{y}}=\underline{\underline{\frac{1}{2}}}$

**98.** $4\frac{1}{3}ab:2\frac{1}{4}ac$

**99.** $3\frac{2}{3}ax:2\frac{1}{2}ay$

**100.** $\frac{9a}{8b}:\frac{a}{b}$

**101.** $\frac{12a}{25x}:\frac{24a}{5x}$

**102.** $\frac{am+an}{m}:\frac{ax+ay}{x}$

**103.** $\frac{5a-25b}{8a+40b}:\frac{6a-30b}{7a+35b}$

**104.** $\dfrac{\frac{1}{x}+\frac{1}{y}}{\frac{1}{x}-\frac{1}{y}}$

**105.** $\dfrac{\frac{a}{b}-\frac{x}{y}}{\frac{a}{b}+\frac{x}{y}}$

**106.** $\dfrac{\frac{3a}{b}\left(\frac{2x}{y}-\frac{x}{6y}\right)}{\frac{2x}{y}\left(\frac{a}{2b}+\frac{4a}{3b}\right)}$

**107.** $\dfrac{\frac{2m-3n}{3r}-\frac{m+4n}{2t}}{\frac{4t-3r}{6n}-\frac{t+2r}{m}}$

**108.** $\dfrac{\frac{5a-3b}{15x}-\frac{9a-8b}{12y}}{\frac{4y-9x}{4b}-\frac{3y-10x}{5a}}$

**109.** $\left(-\frac{4}{3}abc-\frac{3}{2}ac+\frac{2}{3}abc\right):\left(-\frac{2}{3}ac\right)=2b+\frac{9}{4}-b=\underline{\underline{\frac{9}{4}+b}}$

**110.** $(12ab-18bc-30bx):6b$

**111.** $(4ab-2ac+6a):2a$

**112.** $(20xz-5yz):5z-(2{,}4tx+3{,}6ty):(-12t)$

**113.** $(3ab+4b-33a-44):(3a+4)=\underline{\underline{b-11}}$
$-(3ab+4b)$
$0\quad 0-(-33a-44)$
$0\quad 0$

**114.** $\dfrac{54a+18b-6ax-2bx}{6a+2b}$

**115.** $\dfrac{30ax+24bx-35ay-28by}{5a+4b}$

**116.** $\dfrac{4{,}32ax+2{,}76ay-11{,}52bx-7{,}36by}{3{,}6x+2{,}3y}$

**117.** $\dfrac{0{,}6ac+0{,}25bc-1{,}44ad-0{,}6bd}{1{,}2a+0{,}5b}$

**118.** $\dfrac{4x-20-\frac{x}{a}+\frac{5}{a}}{x-5}$

**119.** $\dfrac{bm-\frac{1}{2}ab+2mx-ax}{\frac{3m}{4}-\frac{3a}{8}}$

**120.** $(20a+31b+10c+8ax+12{,}4bx+4cx):(10+4x)$

**121.** $\left(\dfrac{8c}{25}+\dfrac{28}{15bd}-\dfrac{3bcd}{5}-3\dfrac{1}{2}\right):\left(\dfrac{4x}{5ad}-\dfrac{3bx}{2a}\right)$

**122.** $\left(\dfrac{5b}{3}-\dfrac{175mnxy}{36acd}+\dfrac{12abcd}{5xy}-7mn\right):\left(\dfrac{3ab}{5xy}-\dfrac{7mn}{4cd}\right)$

**123.** $\left(\dfrac{12c}{x}+\dfrac{8bc}{ay}-\dfrac{6ad}{b}-\dfrac{2dx}{\frac{1}{2}y}\right):\left(\dfrac{4bc}{ax}-2d\right)$

**124.** Berechnen Sie den Abstand $x$ der Bohrungen im Flachstahl:

a) allgemein, mithilfe von Variablen, bei $n$ Bohrungen,

b) für $a = 20$ mm,
$b = 25$ mm,
$d = 12$ mm,
$n = 14$,
$l = 610$ mm.

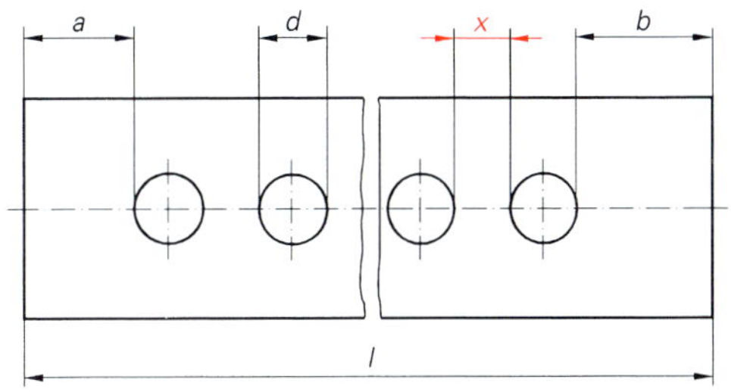


**125.** Ein Flachstahl hat Bohrungen mit gleichem Mittenabstand. Berechnen Sie den Mittenabstand $e$ zweier Bohrungen:

a) allgemein, mithilfe von Variablen, für $n$ Bohrungen,

b) für $a = 50$ mm,
$l = 580$ mm,
$n = 13$.

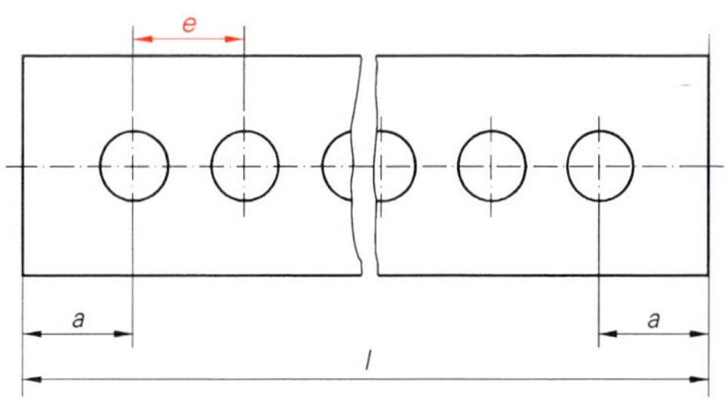


**126.** Eine Blechplatte ist siebartig nach nebenstehender Zeichnung mit Bohrungen versehen. Berechnen Sie die Gesamtzahl $n$ aller Bohrungen:

a) allgemein, mithilfe von Variablen,

b) für $e_1 = 20$ mm,
$e_2 = 15$ mm,
$a = 25$ mm,
$b = 15$ mm,
$A = 330$ mm,
$B = 195$ mm.

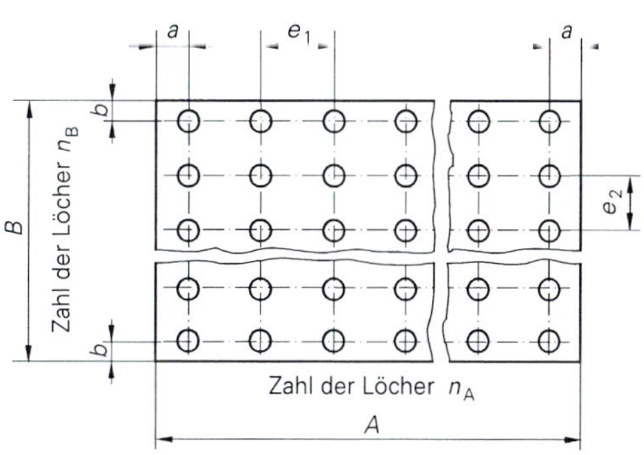

# Wiederholungsfragen zu 1.6 und 1.7

**1.** Wie heißen die Glieder einer Divisionsaufgabe?
**2.** Wie bildet man den Kehrwert eines Bruches?
**3.** Was ist das kgV zweier Terme?
**4.** Was muss man über die Null beim Dividieren wissen?
**5.** Nennen Sie die Vorzeichenregel beim Dividieren.
**6.** Was wissen Sie über das Kürzen von Brüchen?
**7.** Wie wird ein Bruch erweitert?
**8.** Wie werden gleichnamige Brüche addiert und subtrahiert?
**9.** Auf welche Weise addiert und subtrahiert man ungleichnamige Brüche?
**10.** Was wissen Sie über den Hauptnenner?
**11.** Auf welche Weise werden Brüche multipliziert?
**12.** Wie dividiert man Brüche?
**13.** Kann man eine Summe durch ein Produkt dividieren?
**14.** Was wissen Sie über das Dividieren von Summen?

# 1.8 Das Potenzieren

Besteht ein Produkt aus lauter gleichen Faktoren, so schreibt man es verkürzt als **Potenz**. Der **Exponent** (die Hochzahl) gibt an, wie oft die **Basis** (die Grundzahl) als Faktor gesetzt werden soll.

$3 \cdot 3 \cdot 3 \cdot 3 = 3^4 = 81$

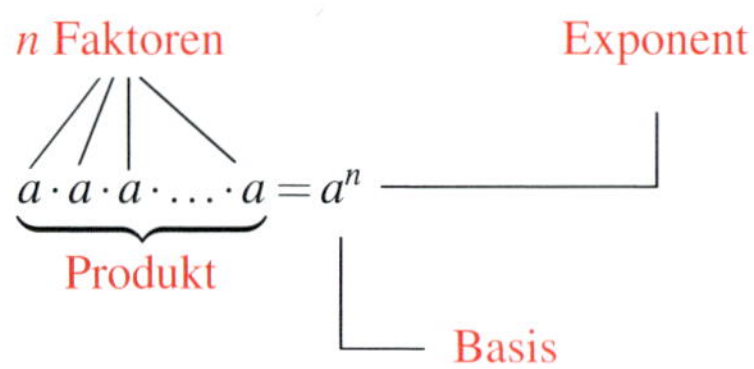


Der Term $a^n$ wird gelesen „$a$ hoch $n$“, $2^3$ also als „zwei hoch 3“.

Bei einer Potenz dürfen Basis und Exponent nicht vertauscht werden.

$2^3 = 8;\ 3^2 = 9$

$2^3 + 3^2$

Jede rationale Zahl kann Basis einer Potenz sein, der Exponent kann nach vorstehender Erklärung der Potenz jedoch nur eine natürliche Zahl größer oder gleich 2 sein.

$\frac{1}{2} \cdot \frac{1}{2} \cdot \frac{1}{2} = \left(\frac{1}{2}\right)^3$

$1{,}2 \cdot 1{,}2 \cdot 1{,}2 = 1{,}2^3$

$(-2) \cdot (-2) \cdot (-2)^2$

Mit Variablen wird das so ausgedrückt:

$a^n = b, \quad a \in \mathbb{Q}, \quad n \in \mathbb{N}$ und $n \geq 2$.

Man kann auch noch leicht eine vernünftige Festsetzung für den Fall $n=1$ treffen, also für $a^1$. Es liegt nahe, $a^1=a$ zu setzen.

$$a^4=a\cdot a\cdot a\cdot a$$
$$a^3=a\cdot a\cdot a$$
$$a^2=a\cdot a$$
$$a^1=a$$

Wenn die Basis $a$ einer Potenz $a^n$ eine positive rationale Zahl ist, besteht das durch sie bezeichnete Produkt aus lauter positiven Faktoren. Es ist also eine positive Zahl.

**Die Basis der Potenz ist positiv**

$$7\cdot 7\cdot 7\cdot 7=7^4=\underline{\underline{2401}}$$

$$\frac{1}{2}\cdot\frac{1}{2}\cdot\frac{1}{2}=\left(\frac{1}{2}\right)^3=\underline{\underline{\frac{1}{8}}}$$

Ist die Basis $a$ einer Potenz $a^n$ die 0, ist das zugehörige Produkt ebenfalls 0.

**Die Basis der Potenz ist 0**

$$0^n=0\cdot 0\cdot 0\cdot\ldots\cdot 0=0$$

Ist die Basis $a$ einer Potenz $a^n$ die 1, ist das zugehörige Produkt ebenfalls 1.

**Die Basis der Potenz ist 1**

$$1^n=1\cdot 1\cdot 1\cdot\ldots\cdot 1=1$$

Ist die Basis $a$ einer Potenz $a^n$ eine negative Zahl, muss man unterscheiden:

a) Der Exponent ist eine gerade Zahl,

b) der Exponent ist eine ungerade Zahl.

**Die Basis der Potenz ist negativ**

$$(-2)^2;\ \left(-\frac{1}{2}\right)^6;\ (-1{,}6)^4$$

$$(-4)^3;\ \left(-\frac{1}{2}\right)^5;\ (-1)^7$$

Zu a): Steht $n$ für eine gerade Zahl, $n=2,4,6,\ldots$ (man schreibt kurz $n=2m$ mit $m\in\mathbb{N}*$), erhält man nach der Vorzeichenregel für Produkte ein positives Produkt. Welche große Zahl man für $n$ auch wählt, es liegt immer eine gerade Anzahl von Minuszeichen vor, die paarweise zusammengefasst werden können. Jedes Paar ergibt nach der Regel $-\cdot-=+$ ein $+$ als Vorzeichen.

$$(-3)^2=(-3)\cdot(-3)=\underline{\underline{9}}$$

$$(-2)^6=\underbrace{\underbrace{\underbrace{(-2)(-2)}_{+}\,\underbrace{(-2)(-2)}_{+}}_{+}\,\underbrace{(-2)(-2)}_{+}}_{+}=\underline{\underline{64}}$$

Zu b): Steht $n$ für eine ungerade Zahl, $n=1,3,5,\ldots$ (man schreibt kurz $n=2m-1$, mit $m\in\mathbb{N}*$), erhält man nach der Vorzeichenregel für Produkte ein negatives Produkt. Hat man nämlich alle möglichen Paare von Minuszeichen gebildet, die jeweils $+$ als Vorzeichen erhalten, bleibt noch eines übrig, so dass sich nach der Regel $+\cdot-=-$ das Minuszeichen als Vorzeichen des Produktes ergibt.

$$(-4)^3=(-4)\cdot(-4)\cdot(-4)=\ 64$$

$$(-2)^5=\underbrace{\underbrace{\underbrace{(-2)(-2)}_{+}\,\underbrace{(-2)(-2)}_{+}}_{+}\,(-2)}_{-}=\underline{\underline{-32}}$$

Auch für den Fall, dass gleiche Variable als Faktoren auftreten, wird die abkürzende Schreibweise verwendet. Man bezeichnet solche Terme als **Potenzterme**. Der Potenzterm $(-a)^n$ bedeutet, dass der Term $(-a)$ $n$-mal als Faktor gesetzt ist. $(-a)$ kann eine negative Zahl sein, z. B. wenn man 2 für $a$ setzt: $-a=-2$. Dann ist $(-a)^n$ positiv oder negativ, je nachdem ob $n$ für eine gerade oder für eine ungerade Zahl steht. $(-a)$ kann aber auch für eine positive Zahl stehen, z. B. wenn man $-2$ für $a$ setzt: $(-a)=-(-2)=2$. Dann ist $(-a)^n$ stets positiv.

**Variable in Potenzen**

$$\underbrace{a \cdot a \cdot a \cdot \ldots \cdot a}_{n \text{ Faktoren}} = a^n$$ ► Potenzterm

$$\underbrace{(-a)\cdot(-a)\cdot(-a)\cdot\ldots\cdot(-a)}_{n \text{ Faktoren}} = (-a)^n$$ ► Potenzterm

Will man eine Aussage über das Vorzeichen nur des Potenzterms $(-a)^n$ treffen, muss man sowohl die Anzahl der Faktoren $a$ als auch die ihrer Vorzeichen „–“ beachten. Unter Anwendung der Regeln $-\cdot-=+$ und $+\cdot-=-$ erhält man:

$$(-a)^n = \begin{cases} a^n & \text{für } n=2m \\ -a^n & \text{für } n=2m-1 \end{cases}$$ oder,

was dasselbe für $m \in \mathbb{N}^*$ ist,

$$(-a)^{2m} = a^{2m} \quad \text{und}$$
$$(-a)^{2m-1} = -a^{2m-1}.$$

$$(-a)^4 = \underbrace{\underbrace{(-a)(-a)}_{+}\,\underbrace{(-a)(-a)}_{+}}_{+} =$$
$$= \underline{\underline{a^4}}$$

$$(-a)^3 = \underbrace{\underbrace{(-a)(-a)}_{+}(-a)}_{-} =$$
$$= \underline{\underline{-a^3}}$$

**Merke:**

Potenziert man eine Variable, vor der das Vorzeichen „+“ steht, mit einem beliebigen Exponenten, so erhält man die Potenz aus dieser Variablen und diesem Exponenten.

$$(+a)^n = a^n$$

Potenziert man eine Variable, vor der das Vorzeichen „–“ steht, mit einem geraden Exponenten, so erhält man die Potenz aus dieser Variablen und diesem Exponenten.

$$(-a)^{2n} = a^{2n}$$

Potenziert man eine Variable, vor der das Vorzeichen „–“ steht, mit einem ungeraden Exponenten, so erhält man die Potenz aus dieser Variablen und diesem Exponenten mit dem Vorzeichen „–“.

$$(-a)^{2n-1} = -a^{2n-1}$$

**Beispiele:**

**1.** $(-2ax)^3 = \underline{\underline{\quad}}$

Die Basis hat das Vorzeichen „–", der Exponent ist ungerade. Das Resultat hat das Vorzeichen „–".

**1.** $(-2ax)^3 = (-2ax) \cdot (-2ax) \cdot (-2ax)$
$= \underline{\underline{-8a^3x^3}}$

**2.** $(-3nx)^4 = \underline{\underline{\quad}}$

Die Basis hat das Vorzeichen „–", der Exponent ist gerade. Das Resultat hat das Vorzeichen „+".

**2.** $(-3nx)^4 = (-3nx) \cdot (-3nx) \cdot (-3nx) \cdot (-3nx)$
$= \underline{\underline{81n^4x^4}}$

## 1.8.1 Das Addieren und Subtrahieren von Potenzen und Potenztermen

Für das Addieren und Subtrahieren mit Variablen schlechthin gilt die Regel: Nur gleiche Variable bzw. ihre Vielfachen können zusammengefasst werden. Was bedeutet das für die Addition und Subtraktion von Potenztermen? Wann sind Potenzterme „gleiche Variable"?

$4a + 5a = (4+5)\,a$ ► Distributivgesetz
$= \underline{\underline{9a}}$

$4a - 5a = (4-5)\,a$ ► Distributivgesetz
$= (-1) \cdot a = \underline{\underline{-a}}$

$4a + 3b = \underline{\underline{\quad}}$ ► Summe kann nicht berechnet werden

Da für $a$ jede beliebige rationale Zahl eingesetzt werden kann, weiß man weder, wie groß $a$ noch wie groß $a^2$ oder $a^3$ sind. Deshalb kann die Summe $a^3 + a^2$ nicht berechnet werden. Die Potenzterme $a^2$ und $a^3$ gelten als voneinander verschieden, wie allgemein $a^m$ und $a^n$ mit $m \neq n$.

$x^3 + x^2 = \underline{\underline{\quad}}$ ► Summe kann nicht berechnet werden

$x^3 + x^2 = \underline{\underline{x^2(x+1)}}$ ► Ausklammern

$2m^2 + 4n^2 = \underline{\underline{\quad}}$ ► Summe kann nicht berechnet werden

$2m^2 + 4n^2 = 2(m^2 + 2n^2)$ ► Ausklammern

$3a^2 - 4b^3 = \underline{\underline{\quad}}$ ► Differenz kann nicht berechnet werden

Unter Umständen kann man gleiche Faktoren bei Summen oder Differenzen von Potenztermen ausklammern, aber noch weiter vereinfachen kann man den entstandenen Ausdruck nicht.

$3a^2 + 9b^3 = \underline{\underline{\quad}}$ ► Summe kann nicht berechnet werden

$3a^2 + 9b^3 = \underline{\underline{3(a^2 + 3b^3)}}$ ► Ausklammern

Ähnlich liegen die Verhältnisse, wenn voneinander verschiedene Basen vorliegen, etwa $a^2$ und $b^2$. Auch eine Summe wie $a^2 + b^2$ kann nicht weiter vereinfacht werden. Die Potenzterme $a^2$ und $b^2$ gelten als voneinander verschieden.

Die Terme $a^2$ und $a^2$ oder $x^n$ und $x^n$ bezeichnen aber stets dieselbe Zahl, welche rationalen Zahlen man für $a$ bzw. $x$ und welche natürliche Zahl man für $n$ $(n \in \mathbb{N}^*)$ auch einsetzt. Hierbei weiß man: $a^2 - a^2 = 0$ oder $a^2 + a^2 = 2a^2$.

$3a^2 + 4a^2 = (3+4)\,a^2$
$= \underline{\underline{7a^2}}$

$5x^n - 2x^n = \underline{\underline{3x^n}}$

Für das Addieren und Subtrahieren von Potenztermen gilt also folgende **Regel**:

Produktterme mit gleichen Potenztermen können addiert oder subtrahiert werden, indem man ihre Koeffizienten addiert bzw. subtrahiert und den gemeinsamen Potenzterm als Faktor beibehält.

$$a c^n + b c^n = (a+b)\, c^n$$

**Beispiele:**

**1.** $3a^2 + 2a^2 - a^2 = \underline{\underline{\quad}}$

Die Koeffizienten werden addiert bzw. subtrahiert.

**2.** $6x^4 + 5x^2 + 8x^4 - 2x^2 = \underline{\underline{\quad}}$

Ordnen nach gleichen Basen und Exponenten. Addieren bzw. Subtrahieren der Koeffizienten gleicher Potenzterme.

**1.** $3a^2 + 2a^2 - a^2 = \underline{\underline{\quad}}$

$$3a^2 + 2a^2 - a^2 = (3+2-1)\,a^2 = \underline{\underline{4a^2}}$$

**2.** $6x^4 + 5x^2 + 8x^4 - 2x^2 = \underline{\underline{\quad}}$

$$6x^4 + 8x^4 + 5x^2 - 2x^2 = \underline{\underline{14x^4 + 3x^2}}$$

**3.** $20a^2 b^3 + 6a^3 b^2 + 4a^3 b^2 + 2a^3 c^2 - 12a^2 b^3 = \underline{\underline{\quad}}$

Ordnen, dann die Glieder mit gleichen Potenztermen zusammenfassen.

$$20a^2 b^3 - 12a^2 b^3 + 6a^3 b^2 + 4a^3 b^2 + 2a^3 c^2 = 8a^2 b^3 + 10a^3 b^2 + 2a^3 c^2 = \underline{\underline{10a^3 b^2 + 8a^2 b^3 + 2a^3 c^2}}$$

## 1.8.2 Das Multiplizieren von Potenzen und Potenztermen

Potenzen sind Produkte in verkürzter Schreibweise. Das bestimmt die Regel der Multiplikation. $a^2 \cdot a^3$ lässt sich vereinfachen, im Gegensatz zu $a^2 + a^3$. Es ist doch $a^2 = a \cdot a$ und $a^3 = a \cdot a \cdot a$, also

$$a^2 \cdot a^3 = (a \cdot a) \cdot (a \cdot a \cdot a) = a \cdot a \cdot a \cdot a \cdot a = a^5$$

wegen der Assoziativität der Multiplikation. Das „Gesamtprodukt" hat also stets so viele Faktoren, wie die Summe der Exponenten angibt.

$$y^3 \cdot y^3 = (y \cdot y \cdot y) \cdot (y \cdot y \cdot y) = \underline{\underline{y^6}}$$

$$2m^2 \cdot 4m^3 = 2 \cdot 4 \cdot (m \cdot m)(m \cdot m \cdot m) = \underline{\underline{8m^5}}$$

$$\frac{b^2}{2} \cdot \frac{b^5}{4} = \frac{b^2 \cdot b^5}{2 \cdot 4} = \underline{\underline{\frac{b^7}{8}}}$$

$$a^2 \cdot a^3 = a^{2+3} = \underline{\underline{a^5}}$$

**Merke:**

Potenzterme mit gleichen Basen werden multipliziert, indem man die Exponenten addiert und die Basis beibehält.

$$a^m \cdot a^n = a^{m+n}$$

Die Gleichung $a^m \cdot a^n = a^{m+n}$ kann man auch von rechts nach links lesen, den Prozess, den sie beschreibt, gewissermaßen umkehren.

Ein Potenzterm kann in ein Produkt von Potenztermen umgeformt werden, indem man den Exponenten als Summe auffasst und mit jedem Summanden und der Basis einen Potenzterm bildet:

$a^{m+n} = a^m \cdot a^n$.

Sind die Basen der zu multiplizierenden Potenzterme voneinander verschieden, kann diese Regel nicht angewendet werden. Es gibt aber auch hierbei einen Fall, in dem eine weitere Umformung des Produkts möglich ist – dann nämlich, wenn die Potenzterme zwar unterschiedliche Basen, aber gleiche Exponenten haben:

$a^2 \cdot b^2 = a \cdot a \cdot b \cdot b = a \cdot b \cdot a \cdot b = (a \cdot b)^2$.

**Merke:**

Potenzterme mit gleichen Exponenten werden multipliziert, indem man die Basen multipliziert und den Exponenten beibehält.

$$a^n \cdot b^n = (a \cdot b)^n$$

Die Gleichung $a^n \cdot b^n = (a \cdot b)^n$ kann man auch von rechts nach links lesen, den Prozess, den sie beschreibt, gewissermaßen umkehren.

Ein Produktterm wird potenziert, indem man jeden seiner Faktoren potenziert und das Produkt dieser Potenzterme bildet:

$(a \cdot b)^n = a^n \cdot b^n$.

**Beispiele:**

**1.** $4a^3x^7 \cdot 5a^4x^2 = \underline{\underline{\qquad}}$

Das Produkt wird geordnet. Potenzterme mit gleichen Basen werden miteinander multipliziert.

**2.** $b^{5-x} \cdot b^{x+n} = \underline{\underline{\qquad}}$

Die Exponenten werden addiert.

**3.** $y^6 = \underline{\underline{\qquad}}$

Der Exponent kann als Summe $2+4$ aufgefasst werden.

**4.** $(3ab)^3 = \underline{\underline{\qquad}}$

Jeder Faktor wird mit 3 potenziert.

**1.** $4a^3x^7 \cdot 5a^4x^2 = \underline{\underline{\qquad}}$

$$\begin{aligned} 4a^3x^7 \cdot 5a^4x^2 &= 4 \cdot 5 \cdot a^3a^4x^7x^2 \\ &= \underline{\underline{20a^7x^9}} \end{aligned}$$

**2.** $b^{5-x} \cdot b^{x+n} = \underline{\underline{\qquad}}$

$$b^{5-x} \cdot b^{x+n} = b^{5-x+x+n} = \underline{\underline{b^{5+n}}}$$

**3.** $y^6 = \underline{\underline{\qquad}}$

$$y^6 = y^{2+4} = \underline{\underline{y^2y^4}}$$

**4.** $(3ab)^3 = \underline{\underline{\qquad}}$

$$(3ab)^3 = 3^3a^3b^3 = \underline{\underline{27a^3b^3}}$$

### 1.8.3 Das Dividieren von Potenzen und Potenztermen

Auch die Regeln für das Dividieren von Potenztermen ergeben sich aus der Erklärung der Potenzen als Produkte in spezieller Schreibweise. Man findet sie am leichtesten, wenn man sich der Bruchschreibweise für die Quotienten bedient. $\frac{a^4}{a^2}$ lässt sich vereinfachen, denn es ist $\frac{a^4}{a^2} = \frac{a \cdot a \cdot a \cdot a}{a \cdot a} = a^2$ nach Kürzen.

Stehen im Zähler des Bruchterms $m$ Faktoren $a$ und im Nenner $n$ Faktoren $a$, lässt sich der Bruchterm $n$- oder $m$-mal durch $a$ kürzen, je nachdem, ob $m > n$ oder $m < n$ ist.

$a^m = a \cdot a \cdot a \cdot \ldots \cdot a$ ► $m$ Faktoren $a$

$a^n = a \cdot a \cdot a \cdot \ldots \cdot a$ ► $n$ Faktoren $a$

a) $m > n$: $\frac{a^m}{a^n} = \frac{a \cdot a \cdot a \cdot \ldots \cdot a \text{ (}m\text{ Faktoren)}}{a \cdot a \cdot \ldots \cdot a \text{ (}n\text{ Faktoren)}}$

$= a \cdot a \cdot a \cdot \ldots \cdot a$ ($m - n$ Faktoren)

$= \underline{\underline{a^{m-n}}}$

$$\frac{x^4}{x^2} = \frac{x \cdot x \cdot x \cdot x}{x \cdot x} = \underline{\underline{x^2}}$$

$$\frac{m^7}{m^2} = \frac{m \cdot m \cdot m \cdot m \cdot m \cdot m \cdot m}{m \cdot m} = \underline{\underline{m^5}} = m^{7-2}$$

b) $m < n$: $\frac{a^m}{a^n} = \frac{a \cdot a \cdot \ldots \cdot a \text{ (}m\text{ Faktoren)}}{a \cdot a \cdot a \cdot \ldots \cdot a \text{ (}n\text{ Faktoren)}}$

$= \frac{1}{a \cdot a \cdot a \cdot \ldots \cdot a}$ ($n - m$ Faktoren)

$= \underline{\underline{\frac{1}{a^{n-m}}}}$

$$\frac{x^2}{x^4} = \frac{x \cdot x}{x \cdot x \cdot x \cdot x} = \frac{1}{x \cdot x} = \underline{\underline{\frac{1}{x^2}}} = \frac{1}{x^{4-2}}$$

$$\frac{m^2}{m^5} = \frac{m \cdot m}{m \cdot m \cdot m \cdot m \cdot m} = \frac{1}{m \cdot m \cdot m} = \underline{\underline{\frac{1}{m^3}}} = \frac{1}{m^{5-2}}$$

Bisher wurden die Fälle $m > n$ und $m < n$ betrachtet. Was geschieht, wenn $m = n$ ist?

Für $m = n = 3$ z. B. geht $\frac{a^m}{a^n}$ über in $\frac{a^3}{a^3}$. Durch Kürzen erhält man $\frac{a \cdot a \cdot a}{a \cdot a \cdot a} = 1$. Durch probeweises Anwenden der Regel $\frac{a^m}{a^n} = a^{m-n}$ erhielte man $\frac{a^3}{a^3} = a^{3-3} = a^0$.

$$\frac{x^2}{x^2} = \frac{x \cdot x}{x \cdot x} = \underline{\underline{1}}$$

$$\frac{b^4}{b^4} = \frac{b \cdot b \cdot b \cdot b}{b \cdot b \cdot b \cdot b} = \underline{\underline{1}}$$

Immer, wenn Basen und Exponenten der Potenzterme in Zähler und Nenner eines Bruchterms gleich sind, hat der Bruchterm den Wert 1.

Und immer erhielte man durch Anwenden der genannten Divisionsregel den Exponenten 0. Dabei muss man allerdings voraussetzen, dass die Basis selbst nicht 0 ist, weil die Division durch 0 nicht erklärt werden kann. Durch 0 darf man nicht teilen!

Deshalb **setzt** man **fest**:

**Potenziert man eine von 0 verschiedene, aber sonst beliebige Basis mit 0, erhält man 1.**

$a^0 = 5^0 = x^0 = 1, \quad a \neq 0, \quad x \neq 0.$

Eine weitere Ausdehnung des Begriffs Potenz bietet sich hier an. Löst man die Aufgabe $\frac{a^2}{a^4} =$ __ wie oben beschrieben, erhält man $\frac{1}{a^2}$. Würde man versuchsweise die Regel $\frac{a^m}{a^n} = a^{m-n}$ anwenden, erhielte man $a^{2-4} = a^{-2}$.

Analoge Ergebnisse erhält man in allen Fällen, in denen der Exponent im Nenner größer ist als der im Zähler. Kürzt man, erhält man $\frac{1}{a^n}$, wendet man die Regel an, erhält man $a^{-n}$.

Deshalb **setzt** man **fest**:

**Ein Potenzterm mit negativem Exponenten ist gleich seinem Kehrwert mit positivem Exponenten:**

$a^{-n} = \frac{1}{a^n}$.

Damit kann die Unterscheidung von $m > n$ und $m < n$ unterbleiben. Die beiden Regeln über das Dividieren von Potenztermen können zu einer zusammengefasst werden.

**Merke:**

Potenzterme mit gleichen Basen werden dividiert, indem man der gemeinsamen Basis die Differenz der Exponenten von Dividend und Divisor als Exponenten gibt.

$$\frac{a^m}{a^n} = a^{m-n} \quad \text{mit} \quad a \in \mathbb{Q}^* \quad \text{und} \quad m, n \in \mathbb{N}$$

Die Gleichung $\frac{a^m}{a^n} = a^{m-n}$ kann auch von rechts nach links gelesen werden. Damit wird der Prozess, den sie beschreibt, gewissermaßen umgekehrt.

$a^{m-n} = \frac{a^m}{a^n}$, in Worten:

Ein Potenzterm kann in einen Quotienten aus Potenztermen umgeformt werden, wenn man seinen Exponenten als Differenz auffasst und den Minuenden als Exponenten des Dividenden, den Subtrahenden als Exponenten des Divisors verwendet.

Auch die zweite Regel der Multiplikation von Potenztermen hat eine Entsprechung bei der Division.

Bestehen Zähler und Nenner eines Bruchterms aus je einem Potenzterm und sind deren Exponenten gleich, ihre Basen aber ungleich, so lässt sich dieser Bruchterm in die Potenz eines Bruchtermes umformen.

Es gilt:

$\frac{a^m}{b^m} = \left(\frac{a}{b}\right)^m$.

$\frac{a^3}{b^3} = \frac{a \cdot a \cdot a}{b \cdot b \cdot b} = \frac{a}{b} \cdot \frac{a}{b} \cdot \frac{a}{b} = \left(\frac{a}{b}\right)^3$

**Merke:**

Potenzterme mit gleichen Exponenten werden dividiert, indem man ihre Basen dividiert und diesem Quotienten den gemeinsamen Exponenten gibt.

Auch die Gleichung $\frac{a^m}{b^m} = \left(\frac{a}{b}\right)^m$ kann man von rechts nach links lesen, den Prozess, den sie beschreibt, also gewissermaßen umkehren.

$\left(\frac{a}{b}\right)^m = \frac{a^m}{b^m}$, in Worten:

Eine Potenz, deren Basis ein Bruchterm ist, kann in einen Bruchterm umgeformt werden, in dessen Zähler und Nenner Potenzterme stehen, die den Exponenten des Ausgangsterms haben.

**Beispiele:**

**1.** $\frac{y^k}{y^i} = \underline{\underline{\quad}}$

Die Basen sind gleich, also werden die Exponenten subtrahiert.

**2.** $\frac{c^3 d}{c d^2} = \underline{\underline{\quad}}$

1. Weg: Kürzen.

2. Weg: Anwenden der Regel für die Division von Potenztermen mit gleichen Basen und der Regel über Potenzterme mit negativen Exponenten.

**3.** $\frac{e^m f^n}{e^x f^y} = \underline{\underline{\quad}}$

Die Exponenten gleicher Basen werden subtrahiert.

**4.** $(ab)^{m-n} = \underline{\underline{\quad}}$

Jeder Faktor des Produktterms wird potenziert. Differenzen als Exponenten führen auf Bruchterme.

**5.** $\frac{a^{n+1} c^x}{a^n c^{x-1}} = \underline{\underline{\quad}}$

Exponenten gleicher Basen werden subtrahiert.

**6.** $\frac{24a^{c+x} + 28a^x b^x - 36a^c b^r - 42b^{x+r}}{6a^c + 7b^x} = \underline{\underline{\quad}}$

Ausklammern, dabei die Regel über die Multiplikation von Potenztermen mit gleichen Basen beachten.

**1.** $\frac{y^k}{y^i} = \underline{\underline{\quad}}$

$\frac{y^k}{y^i} = \underline{\underline{y^{k-i}}}$

**2.** $\frac{c^3 d}{c d^2} =$

$\frac{c^3 d}{c d^2} = \frac{c \cdot c \cdot c \cdot d}{c \cdot d \cdot d} = \underline{\underline{\frac{c^2}{d}}}$

$\frac{c^3 d}{c d^2} = c^{3-1} d^{1-2} = c^2 d^{-1} = \underline{\underline{\frac{c^2}{d}}}$

**3.** $\frac{e^m f^n}{e^x f^y} = \underline{\underline{\quad}}$

$\frac{e^m f^n}{e^x f^y} = \underline{\underline{e^{m-x} f^{n-y}}}$

**4.** $(ab)^{m-n} = \underline{\underline{\quad}}$

$(ab)^{m-n} = a^{m-n} b^{m-n} = \frac{a^m}{a^n} \cdot \frac{b^m}{b^n}$

$= \underline{\underline{\frac{(ab)^m}{(ab)^n}}}$

**5.** $\frac{a^{n+1} c^x}{a^n c^{x-1}} = \underline{\underline{\quad}}$

$\frac{a^{n+1} c^x}{a^n c^{x-1}} = a^{n+1-n} c^{x-(x-1)} = \underline{\underline{ac}}$

**6.** $\frac{24a^{c+x} + 28a^x b^x - 36a^c b^r - 42b^{x+r}}{6a^c + 7b^x} = \underline{\underline{\quad}}$

$\frac{4a^x(6a^c + 7b^x) - 6b^r(6a^c + 7b^x)}{6a^c + 7b^x} =$

$\frac{(4a^x - 6b^r)(6a^c + 7b^x)}{6a^c + 7b^x} = \underline{\underline{4a^x - 6b^r}}$

**7.** $\frac{(ab)^m}{(ac)^m} = \underline{\underline{\qquad}}$

Zähler- und Nennerterm sind Potenzen mit gleichem Exponenten. Sie können als Bruchterm mit dem gemeinsamen Exponenten aufgeschrieben werden.

**7.** $\frac{(ab)^m}{(ac)^m} = \underline{\underline{\qquad}}$

$\frac{(ab)^m}{(ac)^m} = \left(\frac{ab}{ac}\right)^m = \underline{\underline{\left(\frac{b}{c}\right)^m}}$

## 1.8.4 Das Potenzieren von Potenzen und Potenztermen

Eine Potenz zu potenzieren heißt, sie so oft als Faktor zu setzen, wie der Exponent angibt. Es handelt sich letzten Endes also wieder um eine spezielle Multiplikation. Kann man sie vereinfachen?

$(2^3)^2$ bedeutet nach obiger Erklärung $(2 \cdot 2 \cdot 2)^2$ und das ist $(2 \cdot 2 \cdot 2) \cdot (2 \cdot 2 \cdot 2)$, also ist $(2^3)^2$ gleichbedeutend mit $2^6$.

**Merke:**

Potenzen werden potenziert, indem man ihre Exponenten multipliziert und die Basis beibehält.

$$(a^m)^n = a^{m \cdot n} = a^{mn}$$

Die Gleichung $(a^m)^n = a^{mn}$ kann man auch von rechts nach links lesen, den Prozess, den sie beschreibt, gewissermaßen umkehren.

Ein Potenzterm, dessen Exponent als Produkt von zwei natürlichen Zahlen aufgefasst werden kann, kann als Potenz eines Potenztermes geschrieben werden, wobei der eine Faktor als Exponent der Basis, der andere als Exponent dieses Potenztermes auftritt:

$a^{mn} = a^{m \cdot n} = (a^m)^n$.

Auch hier haben die Klammern dieselbe Bedeutung wie früher – was in der Klammer steht, ist zuerst auszurechnen bzw. man rechne von innen nach außen. Der „innere“ Exponent, der über der Basis steht, und der „äußere“, der über der Potenz steht, können miteinander vertauscht werden. Das folgt aus der Tatsache, dass $a^{mn} = a^{nm}$ ist, weil die Multiplikation kommutativ ist.

$(2^3)^2 = 8^2 = \underline{\underline{64}}$

$[(2a^3x^4)^2]^3 = [2^2a^6x^8]^3 = \underline{\underline{64a^{18}x^{24}}}$

$(2^3)^2 = (2^2)^3 = \underline{\underline{64}}$

$[(2a^3x^4)^2]^3 = [(2a^3x^4)^3]^2 = \underline{\underline{64a^{18}x^{24}}}$

Es soll noch auf Sonderfälle hingewiesen werden.

Ist $a=1$, ist auch $(a^m)^n=1$. Ist $a=0$, ist auch $(a^m)^n=0$ für $m, n \in \mathbb{N}^*$. Ist $m=0$ oder $n=0$ und $a \neq 0$, ist $(a^m)^n=1$.

$$(1^2)^3=(1\cdot 1)(1\cdot 1)(1\cdot 1)=\underline{\underline{1}}$$

$$(0^2)^3=0\cdot 0\cdot 0\cdot 0\cdot 0\cdot 0=\underline{\underline{0}}$$

$$(a^0)^m=(a^m)^0=a^0=\underline{\underline{1}}$$

**Beispiele:**

**1.** $(y^3)^3=\underline{\underline{\quad\quad}}$

Die Exponenten werden miteinander multipliziert.

**1.** $(y^3)^3=\underline{\underline{\quad\quad}}$

$$(y^3)^3=y^{3\cdot 3}=\underline{\underline{y^9}}$$

**2.** $\left(\frac{3a^2}{2x^3}\right)^3=\underline{\underline{\quad\quad}}$

Auch die Koeffizienten müssen potenziert werden.

**2.** $\left(\frac{3a^2}{2x^3}\right)^3=\underline{\underline{\quad\quad}}$

$$\left(\frac{3a^2}{2x^3}\right)^3=\frac{3^3a^6}{2^3x^9}=\underline{\underline{\frac{27a^6}{8x^9}}}$$

**3.** $[(2r^2m^3)^4]^x=\underline{\underline{\quad\quad}}$

Zunächst wird die innere Klammer aufgelöst, dann die äußere.

**3.** $[(2r^2m^3)^4]^x=\underline{\underline{\quad\quad}}$

$$[(2r^2m^3)^4]^x=[2^4r^8m^{12}]^x$$
$$=\underline{\underline{16^x r^{8x} m^{12x}}}$$

## 1.8.5 Das Potenzieren von Summen und Summentermen

Sind zwei rationale Zahlen als Summanden von einer Klammer eingeschlossen und soll diese Summe potenziert werden, führt man zunächst die Addition in der Klammer aus und potenziert dann.
Sind in einer Summe Variablen enthalten, versagt dieses Verfahren im Allgemeinen. Es ließe sich nur anwenden, handelte es sich um gleiche Variable.

$$(4+5)^2=9^2=\underline{\underline{81}}$$

$$\left(\frac{1}{2}+\frac{1}{2}\right)^5=1^5=\underline{\underline{1}}$$

$$(5-3)^6=2^6=\underline{\underline{64}}$$

$$(3a+4b)^3=?$$

$$(3a+2a)^3=(5a)^3=\underline{\underline{125a^3}}$$

Um eine Antwort auf die Frage zu finden, wie in dem allgemeinen Fall potenziert wird, bedient man sich ein weiteres Mal der Erklärung der Potenz:

$$(a+b)^2=(a+b)\cdot(a+b).$$

Dieses Produkt kann man berechnen. Man erhält:

$$(a+b)^2=a^2+2ab+b^2.$$

$$(a+b)\cdot(a+b)=a^2+ab+ab+b^2$$
$$=\underline{\underline{a^2+2ab+b^2}}$$

Genauso verfährt man mit allen ähnlichen Aufgaben, z. B. mit

$(a+2b+3c)^2=(a+2b+3c)(a+2b+3c)$

$=a^2+4ab+6ac+12bc+4b^2+9c^2$

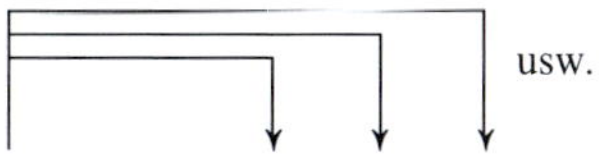


$(a+2b+3c)(a+2b+3c)=$

$a^2+2ab+3ac$

$+2ab \quad +4b^2+\ 6bc$

$+3ac \quad +\ 6bc+9c^2=$

$\underline{\underline{a^2+4ab+6ac+4b^2+12bc+9c^2}}$

Von besonderer Bedeutung sind die Potenzen der so genannten **Binome** (ein Binom ist ein zweigliedriger Ausdruck) $a+b$ und $a-b$, also die Potenzen der Terme $(a\pm b)^2, (a\pm b)^3, \dots (a\pm b)^n$. Hierbei ist die Schreibweise mit $\pm$ eine abkürzende Schreibweise für z. B. $(a+b)^2$ oder $(a-b)^2$. Berechnet man sie auf die geschilderte Weise und ergänzt die Resultate durch $(a\pm b)^0=1$ und $(a\pm b)^1=a\pm b$, erhält man:

$(a\pm b)^0=1$

$(a\pm b)^1=a\pm b$

$(a\pm b)^2=a^2\pm 2ab+b^2$

$(a\pm b)^3=a^3\pm 3a^2b+3ab^2+b^3$

$(a\pm b)^4=a^4\pm 4a^3b+6a^2b^2+4ab^3+b^4$

usw.

Schreibt man die Koeffizienten der Summanden der rechten Seiten geeignet auf, wobei man $a^n$ als $1\cdot a^n$ bzw. $b^n$ als $1\cdot b^n$ interpretiert, erhält man eine interessante Figur, das so genannte **Pascal'sche Dreieck**.

| | | | | | | | | | |
|---|---|---|---|---|---|---|---|---|---|
| 0. Zeile | | | | | 1 | | | | |
| 1. Zeile | | | | 1 | | 1 | | | |
| 2. Zeile | | | 1 | | 2 | | 1 | | |
| 3. Zeile | | 1 | | 3 | | 3 | | 1 | |
| 4. Zeile | 1 | | 4 | | 6 | | 4 | | 1 |

usw.

Alle seine Zeilen beginnen und enden mit einer 1. Diese 1 steht auf den Schenkeln eines gleichschenkligen Dreiecks.

Die Zahlen zwischen der Anfangs- und der End-Eins erhält man ab der zweiten Zeile durch Addition der rechts und links darüber stehenden Zahlen.

So ist die 2 der 2. Zeile die Summe der beiden 1 der 1. Zeile; die erste 3 der 3. Zeile die Summe von 1 und 2 der darüber stehenden 2. Zeile usw. Mithilfe dieser Vorschrift kann man das Pascal'sche Dreieck beliebig erweitern. So bekommt man einen vollständigen Überblick über die Koeffizienten der Summen der „ausgerechneten" Potenzbinome.

Für die Potenzbinome $(a+b)^n$ ist das im Folgenden bis $n=11$ ausgeführt.

| | |
|---|---|
| $(a+b)^0 = 1$ | 1 |
| $(a+b)^1 = 1\cdot a + 1\cdot b$ | 1 1 |
| $(a+b)^2 = a^2 + 2ab + b^2$ | 1 2 1 |
| $(a+b)^3 = a^3 + 3a^2b + 3ab^2 + b^3$ | 1 3 3 1 |
| $(a+b)^4 = a^4 + 4a^3b + 6a^2b^2 + 4ab^3 + b^4$ | 1 4 6 4 1 |
| $(a+b)^5 =$ | 1 5 10 10 5 1 |
| $(a+b)^6 =$ | 1 6 15 20 15 6 1 |
| $(a+b)^7 =$ | 1 7 21 35 35 21 7 1 |
| $(a+b)^8 =$ | 1 8 28 56 70 56 28 8 1 |
| $(a+b)^9 =$ | 1 9 36 84 126 126 84 36 9 1 |
| $(a+b)^{10} =$ | 1 10 45 120 210 252 210 120 45 10 1 |
| $(a+b)^{11} =$ | 1 11 55 165 330 462 462 330 165 55 11 1 |

Analysiert man die rechten Seiten dieser Ausdrücke, erkennt man drei weitere Gesetzmäßigkeiten, wenn man sich wie hier die Summanden jeder Zeile nach fallenden Potenzen des 1. Glieds des Binoms – hier $a$ – geordnet denkt:

1. Die Summanden sind nach steigenden Potenzen des 2. Glieds – hier $b$ – geordnet.
2. Bei jedem Summanden ist die Summe der Exponenten der Variablen $a$ und $b$ gleich dem Exponenten von $(a+b)$.
3. Würde man statt $(a+b)^n$ den Term $(a-b)^n$ betrachten, so würden die Vorzeichen abwechseln. Das erste Glied hat jedoch immer das Vorzeichen „+“.

Mithilfe des Pascal'schen Dreiecks und der angeführten Eigenschaften der rechten Seiten der Potenzen der Binome kann man ein Binom potenzieren, ohne die oft langwierigen Multiplikationen der Binome ausführen zu müssen. Es soll z. B. $(a-b)^5 = \underline{\underline{\quad}}$ berechnet werden.

Lösungsgang:

1. Man berechnet zunächst die Koeffizienten der entsprechenden Zeile des Pascal'schen Dreiecks.
2. Man schreibt die fallenden Potenzen des ersten Gliedes und die steigenden Potenzen des zweiten Gliedes so untereinander, dass die Summe der Exponenten beider Glieder immer gleich 5 ist.
3. Man multipliziert die Terme jeder Spalte miteinander.
4. Man verbindet die erhaltenen Ergebnisse aus jeder Spalte mit wechselnden Rechenzeichen, beginnend mit dem Rechenzeichen „–“.

| | | | | | |
|---|---|---|---|---|---|
| 1 | 5 | 10 | 10 | 5 | 1 |
| $a^5$ | $a^4$ $b$ | $a^3$ $b^2$ | $a^2$ $b^3$ | $a$ $b^4$ | $b^5$ |
| $a^5$ | $5a^4b$ | $10a^3b^2$ | $10a^2b^3$ | $5ab^4$ | $b^5$ |

$$\underline{\underline{a^5 - 5a^4b + 10a^3b^2 - 10a^2b^3 + 5ab^4 - b^5}}$$

Man vergleiche dieses Vorgehen mit dem Aufwand, den die Berechnung des Produkts $(a-b)\cdot(a-b)\cdot(a-b)\cdot(a-b)\cdot(a-b)=\underline{\underline{\phantom{x}}}$ erforderte!

Von besonderer Wichtigkeit und Nützlichkeit sind die folgenden binomischen Formeln:

$$(a+b)^2=a^2+2ab+b^2,$$
$$(a-b)^2=a^2-2ab+b^2,$$
$$(a+b)(a-b)=a^2-b^2.$$

Diese sollte man immer parat haben!

Die dritte dieser Formeln kann allerdings nicht nach dem Pascal-Schema berechnet werden; man muss die Klammen ausmultiplizieren.

## 1.8.6 Das Anwenden der binomischen Formeln beim Faktorisieren

Bisher wurden das Ausklammern und das Dividieren einer Summe durch eine Summe als Methoden verwendet, die es ermöglichen, eine Summe in ein Produkt zu verwandeln. Mitunter kann man durch Anwendung der binomischen Formeln schneller vorankommen. Man muss diese Formeln dazu von rechts nach links lesen und prüfen, ob der umzuwandelnde Ausdruck die Struktur einer dieser rechten Seiten hat.

**Beispiele**

für die Anwendung der 1. und 2. binomischen Formel:

**1.** $9x^2+6x+1=\underline{\underline{\phantom{xx}}}$

Zwei der Summanden sind Quadrate, $9x^2$ und 1, denn es gilt: $3x\cdot 3x=9x^2$ und $1\cdot 1=1$. Die 1. binomische Formel kann angewendet werden, denn $2\cdot 3x\cdot 1=6x$.

**1.** $9x^2+6x+1=\underline{\underline{\phantom{xx}}}$

$a^2+2ab+b^2=(a+b)^2$

$a^2 \mathrel{\hat{=}} 9x^2,\ b^2 \mathrel{\hat{=}} 1$; $a \mathrel{\hat{=}} 3x,\ b \mathrel{\hat{=}} 1$ — Das Zeichen „$\hat{=}$“ wird gelesen „entspricht“.

$2ab \mathrel{\hat{=}} 2\cdot 3x\cdot 1=6x$

$9x^2+6x+1=\underline{\underline{(3x+1)^2}}$

**2.** $25a^2-10ab+b^2=\underline{\underline{\phantom{xx}}}$

Zwei der Summanden sind Quadrate, das Mittelglied hat das Rechenzeichen „–“. Das verweist auf die 2. binomische Formel.

**2.** $25a^2-10ab+b^2=\underline{\underline{\phantom{xx}}}$

$a^2-2ab+b^2=(a-b)^2$

$a^2 \mathrel{\hat{=}} 25a^2,\ b^2 \mathrel{\hat{=}} b^2$

$a \mathrel{\hat{=}} 5a,\ b \mathrel{\hat{=}} b$

$2ab \mathrel{\hat{=}} 2\cdot 5a\cdot b = 10ab$

$25a^2-10ab+b^2=\underline{\underline{(5a-b)^2}}$

**3.** $25m^2-30mn+9n^2=\underline{\underline{\phantom{xx}}}$

Die Außenglieder dieses Terms sind Quadrate, das Mittelglied hat das Rechenzeichen „–“. Das verweist auf die 2. binomische Formel.

**3.** $25m^2-30mn+9n^2=\underline{\underline{\phantom{xx}}}$

$a^2 \mathrel{\hat{=}} 25m^2,\ b^2 \mathrel{\hat{=}} 9n^2$

$a \mathrel{\hat{=}} 5m,\ b \mathrel{\hat{=}} 3n$

$2ab \mathrel{\hat{=}} 2\cdot 5m\cdot 3n=30mn$

$25m^2-30mn+9n^2=\underline{\underline{(5m-3n)^2}}$

**4.** $96a^3x + 48a^2x^2 + 6ax^3 = \underline{\underline{\quad}}$

Hier sind Quadrate nicht sofort zu erkennen. Der Faktor $6ax$ kann aber ausgeklammert werden. Danach ist die Struktur des anderen Faktors zu untersuchen.

**4.** $96a^3x + 48a^2x^2 + 6ax^3 = \underline{\underline{\quad}}$

$6ax(16a^2 + 8ax + x^2) =$

$\underline{\underline{6ax(4a + x)^2}}$

**Beispiele**

für die Anwendung der 3. binomischen Formel:

**1.** $16x^2 - 9y^2 = \underline{\underline{\quad}}$

Der Term hat nur Quadrate und kein Mittelglied, die 1. und die 2. binomische Formel kommen also nicht in Frage.

**1.** $16x^2 - 9y^2 = \underline{\underline{\quad}}$

$a^2 - b^2 = (a + b) \cdot (a - b)$

$a^2 \mathrel{\hat{=}} 16x^2, \quad b^2 \mathrel{\hat{=}} 9y^2$

$a \mathrel{\hat{=}} 4x, \qquad b \mathrel{\hat{=}} 3y$

$16x^2 - 9y^2 = \underline{\underline{(4x + 3y) \cdot (4x - 3y)}}$

**2.** $4a^2b^2 - 1 = \underline{\underline{\quad}}$

Der Term enthält zwei Quadrate, die durch ein Minuszeichen verbunden sind. Das verweist auf die 3. binomische Formel.

**2.** $4a^2b^2 - 1 = \underline{\underline{\quad}}$

$a \mathrel{\hat{=}} 2ab, \quad b \mathrel{\hat{=}} 1$

$4a^2b^2 - 1 = \underline{\underline{(2ab + 1)(2ab - 1)}}$

**3.** $(4x + 2y)^2 - 9y^2 = \underline{\underline{\quad}}$

Der Klammerausdruck ist ein Quadrat. Er ist mit einem zweiten Quadrat durch ein Minuszeichen verbunden. Das verweist auf die 3. binomische Formel.

**3.** $(4x + 2y)^2 - 9y^2 = \underline{\underline{\quad}}$

$a \mathrel{\hat{=}} (4x + 2y), \quad b \mathrel{\hat{=}} 3y$

$(4x + 2y)^2 - 9y^2 =$

$[(4x + 2y) + 3y][(4x + 2y) - 3y] =$

$\underline{\underline{[4x + 5y] \cdot [4x - y]}}$

**4.** $\dfrac{x^3 - 1}{x^2 - 1} = \underline{\underline{\quad}}$

Der Nennerterm kann nach der 3. binomischen Formel in $(x + 1) \cdot (x - 1)$ zerlegt werden. Zum Kürzen des Bruchterms muss man prüfen, ob einer dieser beiden Faktoren im Zählerterm als Faktor enthalten ist. Dafür gibt es eine weitere Formel, die hier mitgeteilt werden soll:

$$a^3 - b^3 = (a^2 + ab + b^2) \cdot (a - b).$$

Damit lässt sich der Bruchterm so umformen, dass er durch $(x - 1)$ gekürzt werden kann.

**4.** $\dfrac{x^3 - 1}{x^2 - 1} = \underline{\underline{\quad}}$

$x^3 - 1 =$

$a^3 \mathrel{\hat{=}} x^3, \quad b^3 \mathrel{\hat{=}} 1$

$a \mathrel{\hat{=}} x, \qquad b \mathrel{\hat{=}} 1$

$x^3 - 1 = (x^2 + x + 1) \cdot (x - 1)$

$\dfrac{x^3 - 1}{x^2 - 1} = \dfrac{(x^2 + x + 1) \cdot (x - 1)}{(x + 1) \cdot (x - 1)}$

$= \underline{\underline{\dfrac{x^2 + x + 1}{x + 1}}}$

Auch für den Fall $a^3 + b^3$ gibt es eine Zerlegung in Faktoren, die ebenfalls nur mitgeteilt werden soll.

$$a^3 + b^3 = (a^2 - ab + b^2) \cdot (a + b)$$

**Beispiele:**

**1.** $125-216x^3 = \underline{\underline{\quad}}$

Welche Terme entsprechen dem $a$ und dem $b$ der Formel?

$a^3=125$, also $a=5$

$b^3=216x^3$, also $b=6x$

**1.** $125-216x^3 = \underline{\underline{\quad}}$

$a^3-b^3=(a^2+ab+b^2)(a-b)$

$a^2=25,\ ab=30x,\ b^2=36x^2$

$125-216x^3=\underline{\underline{(25+30x+36x^2)(5-6x)}}$

**2.** $64+125y^3 = \underline{\underline{\quad}}$

Welche Terme entsprechen dem $a$ und dem $b$ der Formel?

$a^3=64$, also $a=4$

$b^3=125y^3$, also $b=5y$

**2.** $64+125y^3 = \underline{\underline{\quad}}$

$a^3+b^3=(a^2-ab+b^2)(a+b)$

$a^2=16,\ ab=20y,\ b^2=25y^2$

$64+125y^3=(16-20y+25y^2)(4+5y)$

Eine weitere Möglichkeit, eine Summe in ein Produkt umzuwandeln, ergibt sich aus der folgenden Überlegung:

Es ist $(x+a)(x+b)=x^2+ax+bx+ab$
$\quad\quad\quad\quad\quad\quad\quad\quad\;=x^2+(a+b)x+ab.$

Der Koeffizient von $x$ und das Glied ohne $x$, man nennt dieses das **Absolutglied**, weisen einen Zusammenhang auf: Der Koeffizient ist $a+b$, das Absolutglied $a\cdot b$. Daraus folgt: Alle dreigliedrigen Summen der Gestalt $x^2+cx+d$, in denen $c$ und $d$ die Struktur $c=a+b$ und $d=ab$ haben, lassen sich in das Produkt $(x+a)(x+b)$ umformen.

**Beispiel:**

$y^2+8y+15=\underline{\underline{\quad}}$

Hier ist $a+b=8$,
$a\cdot b=15$.

Welche Zahlen für $a$ und $b$ erfüllen diese Bedingungen?

$y^2+8y+15=\underline{\underline{\quad}}$

$a=3,\ b=5$

$y^2+8y+15=\underline{\underline{(y+3)(y+5)}}$

## Übungen zu 1.8

**Das Vorzeichen beim Potenzieren**

**1.** $(-a)^4=(-a)\cdot(-a)\cdot(-a)\cdot(-a)=\underline{\underline{a^4}}$

**2.** $(-bx)^3$

**3.** $(-3)^2+(-4)^3$

**4.** $(-abx)^6$

**5.** $(-9)^2+(-4)^4-(-2)^3$

**6.** $\left(-1\frac{1}{2}\right)^2-\left(-3\frac{1}{4}\right)^3+\left(-2\frac{1}{2}\right)^3$

**7.** $\left(-3\frac{b}{x}\right)^3$

**8.** $\left(-\frac{4\cdot a}{5\cdot b}\right)^4$

**9.** $\left(-2\frac{1}{2}ax\right)^2$

**10.** $\left(-\frac{1}{2ab}\right)^5$

**11.** $7\cdot\left(\frac{3}{4}\right)^2-10\cdot\left(\frac{3}{5}\right)^2+27\cdot\left(-\frac{1}{3}\right)^3-36\cdot\left(\frac{5}{6}\right)^3$

**12.** $12\cdot\left(\frac{1}{5}\right)^5-7\cdot\left(-\frac{1}{8}\right)^3-9\cdot\left(-\frac{1}{4}\right)^3$

**13.** $10\cdot\left(-\frac{2}{3}\right)^2-5\cdot\left(-\frac{2}{3}\right)^3+16\cdot\left(-\frac{1}{9}\right)^2-10\cdot\left(-\frac{1}{3}\right)^4$

**14.** $10\cdot\left(1\frac{3}{4}\right)^2-4\cdot\left(-2\frac{1}{4}\right)^2+5\cdot\left(-3\frac{1}{8}\right)^2$

## Addieren und Subtrahieren von Potenztermen

**1.** $14a^2+3a^2+7a^2-4a^2b=\underline{\underline{24a^2-4a^2b}}$

**2.** $11a^3+5a^3-10a^3$

**3.** $b^5+b^5+b^5+b^5$

**4.** $6m^2x-4m^2x-m^2x$

**5.** $8ab^2+7ab^2-11ab^2-4ab^2$

**6.** $15{,}3a^2x^5-(3a^2x^5-14{,}3a^2x^5+22{,}4a^2x^5)$

**7.** $4a^4+3a^4+2a^8+10a^8$

**8.** $5x^5+9x^5-12x^3+15x^3-10x^3-6x^5$

**9.** $2{,}3n^2+1{,}6n^3-8{,}4n^3+20{,}4n^4+8{,}6n^3-6n^3$

**10.** $8a^3b^3x-7a^3b^2x^2+9a^3b^3x+14a^3b^2x^2$

**11.** $4\frac{1}{2}a^4-3\frac{2}{3}a^3-3\frac{1}{4}a^4+6\frac{3}{5}a^3$

**12.** $5\frac{1}{2}ab^2x-4\frac{1}{3}a^2bx-2\frac{3}{4}ab^2x+5\frac{2}{3}a^2bx$

**13.** $6a^2b+3n^2x^2-(3a^2b-2n^2x^2)$

**14.** $16a^4b-3a^3b^2-(7a^3b^2-6a^4b)$

**15.** $9a^2b^2x-(4a^2b^2x^2-2a^2b^2x+5a^2b^2x^2)$

**16.** $16x^5n^7-(3x^4y-6x^4y)+5x^5n^7+4x^4y$

**17.** $7a^2x^2+4m^2n^2-(4a^2b^2-2m^2n^2)$

**18.** $15a^4b^9-3a^3b^5-(7a^3b^5+8a^4b^9)$

**19.** $9a^2b^2c-(5a^2b^2c-3a^2b^2c+6a^2b^2c)+7$

**20.** $17x^5y^7-(3x^4z-6x^4z)+4x^5y^7+3x^4z$

**21.** $16{,}8d^2n^5-(4d^2n^5-16{,}7d^2n^5+23{,}9d^2n^5)$

## Multiplizieren von Potenztermen

**1.** $3a\cdot a^2=\underline{\underline{3a^3}}$

**2.** $a^3\cdot a^2$

**3.** $x^5\cdot x^9$

**4.** $n^4\cdot n^7$

**5.** $a^3\cdot a^2\cdot a^4$

**6.** $4x^3\cdot 5x^2\cdot 3x$

**7.** $3x^2\cdot 0{,}3x^2$

**8.** $0{,}3a^4\cdot 0{,}1a^5$

**9.** $2a^2b^3\cdot 3a^4b^5$

**10.** $5a^2n\cdot 6a^3n^7$

**11.** $1{,}6a^2bx\cdot 2{,}3a^5\cdot b^4x^3$

**12.** $\frac{1}{3}a^3b^4c^2\cdot\frac{3}{4}a^3b^5c^6$

**13.** $3n^3x^4z^7\cdot 5n^2x^3z^4\cdot 6n^3x^5z^2$

**14.** $(x^2-2)\cdot 3x^3$

**15.** $4a^2(3a^4-2a^3-5)$

**16.** $1{,}2n^2(12n^2-1{,}3x)$

**17.** $3{,}5ab^2\cdot(1{,}7a^2b-1{,}9a^3b^5+1{,}2b^5)$

**18.** $a^{3x}\cdot a^x$

**19.** $a^{6x}\cdot a^{9x}$

**20.** $b^{2a}\cdot b^{4a}$

**21.** $x^{3a}\cdot x$

**22.** $a^{x+y}\cdot a^{x-y}$

**23.** $n^{6x+a}\cdot n^{2x-2a}$

**24.** $b^{a-n}\cdot b^{a+n}$

**25.** $x^{6n+7b}\cdot x^{7n-3b}$

**26.** $(n+a)^{2x+3y}\cdot(n+a)^{4x-2y}$

**27.** $(a+b)^{2a-3}\cdot(a+b)^{4a+6}$

**28.** $(a+b)^a\cdot(a+b)^b$

**29.** $2n^{3x-2a}\cdot n^{x+a}+3a^{2x-3y}\cdot 5a^{3x+y}$

**30.** $2(n+x)^{4-3a}\cdot 3(n+x)^{3+a}-4(n+x)^7\cdot 3(n+x)^{-2a}$

**31.** $8a^{6-5y}\cdot 3a^{2+6y}-5a^{4+y}\cdot 6a^{2+3y}-(24a^{8+y}-10a^{6+4y})$

**32.** $(4a^{6+x}\cdot 2b^{3x+2}+3a^{2m}\cdot b^{3n+1})\cdot(4a^{6+x}\cdot 2b^{3x+2}-3a^{2m}\cdot b^{3n+1})$

**33.** $4a^2c^3x^4\cdot(5a^2c^5x^3-4a^4x)$

**34.** $(5b^2n^3x^4-3b^4x)\cdot 2b^2n^5x$

**35.** $2a^2b^3c^4\cdot(4a^3x-6a^2x^2y+7x^4y)$

**36.** $12(n-x)\cdot 6a^2n^2$

**37.** $15a^3b^6(25b^8c-8a^3b^2+9b^6x)$

**38.** $(5a^4+3xy^2)\cdot(5a^4-3xy^2)$

**39.** $\left(\frac{2ax}{5bn}-\frac{7ab}{4xy}\right)\cdot\left(\frac{2ax}{5bn}-\frac{7ab}{4xy}\right)$

**40.** $(2x)^2=\underline{\underline{4x^2}}$

**41.** $(4a)^3$

**42.** $(3abc)^4$

**43.** $(5bxy)^n$

**44.** $(1{,}5anx)^3$

**45.** $\frac{3}{4}\cdot(4ab)^4$

**46.** $(16xy)^2:4$

**47.** $(6ax)^3:3$

**48.** $25x^2\cdot(5xy)^2$

**49.** $15xy^2\cdot(4xy)^3$

## Dividieren von Potenztermen

**1.** $a^6 : a^4 = a^2$

**2.** $b^5 : b^3$

**3.** $x^8 : x^3$

**4.** $a^6 : a^7$

**5.** $x^2 : x^5$

**6.** $2a^3 : 2a^5$

**7.** $(a-b)^5 : (a-b)^3$

**8.** $(n+x)^5 : (n+x)^8$

**9.** $(n+a) : (n+a)^3$

**10.** $a^2 x^3 : a^3 x^2$

**11.** $3a^4 b : 2a^3 b^2$

**12.** $4n^7 x^3 : 8n^3 x^4$

**13.** $3a^4 x^4 z^2 : 4b^2 x^5 z$

**14.** $15x^3 n^2 b : 5x^4 n^3 b^2$

**15.** $36a^2 b^3 c^4 : 12ab^6 c^7$

**16.** $\frac{(anx)^x}{n^x}$

**17.** $\frac{(3a)^2}{4a^2}$

**18.** $(4ab)^3 : 2a^3 b^3$

**19.** $\frac{2a^3}{b} + \frac{3a^5}{b^3} = \frac{2a^3 b^2 + 3a^5}{b^3}$

**20.** $\frac{4a^3}{5x^2} + \frac{2n}{x^4}$

**21.** $\frac{5a^2 b}{n^4 x^5} - \frac{9c^3 n}{n^3 x^4}$

**22.** $\frac{2}{4} \cdot \frac{x^5 \cdot y^5}{x^4 y^6} + \frac{1}{3} \cdot \frac{x^3 \cdot y^7}{x^2 y^9}$

**23.** $\frac{28a^{12} b^{14} c^8}{14a^{14} b^{16} c^6} + \frac{6a^2 b^8 c^2}{2a^3 b^{10} c}$

**24.** $\frac{14a^4 b^5 x}{24ab^7 x} - \frac{9a^3 b}{13a^2 b^3} + \frac{1ab^8}{2b^{10}}$

**25.** $\frac{n^5 y^2 x^3}{n^4 y x^5} + \frac{2n^9 y^6 x^6}{x^4 n^8 y^5} - \frac{3n^{10} y^{11} x^{12}}{n^9 y^{10} x^{11}}$

**26.** $\frac{2b^2}{3a^2} \cdot \frac{15a}{12b^4}$

**27.** $\frac{6x^3}{y^6} \cdot \frac{8y^7}{9x^6}$

**28.** $\frac{4a^2 y^6}{5n^3 x^2} \cdot \frac{15n^3 x^3}{20ay^5}$

**29.** $\frac{3ab}{14xy^5} \cdot \frac{28xy^6}{12ab}$

**30.** $\frac{4x^2}{3y} \cdot \frac{aby^4}{16nx^3}$

**31.** $\left(\frac{2a}{b}\right)^3$

**32.** $\left(\frac{4x}{5y}\right)^4$

**33.** $\left(\frac{3c}{2d}\right)^5$

**34.** $\left(\frac{nx}{ab}\right)^c$

**35.** $\left(\frac{2a}{3x}\right)^4$

**36.** $3 \cdot \left(\frac{2abc}{x}\right)^3$

**37.** $\left(4\frac{1}{2}ab\right)^2$

**38.** $\left(5\frac{2}{3}xy\right)^3$

**39.** $\left(\frac{20a}{12x}\right)^3 \cdot \left(\frac{12x}{4x}\right)^4$

**40.** $\left(\frac{2n}{3m}\right)^6 \cdot \left(\frac{3m}{n}\right)^4$

**41.** $\frac{24x^3}{50a} \cdot \left(\frac{10a}{8x}\right)^5$

**42.** $\frac{2(a+b)^3}{3(a-b)^2} \cdot \frac{a-b}{(a+b)^2}$

**43.** $\frac{4xy}{6a^2 b^2} \cdot \frac{7ab}{8x^3 y^4} + \frac{9a^4 b}{10x^2 y^6} \cdot \frac{11y^6}{12a^5 b^6}$

**44.** $\frac{4a}{5b} : \frac{8a^2}{9b^2} = \frac{9b}{10a}$

**45.** $\frac{n^4}{x^3} : \frac{n^5 b^2}{cx^5}$

**46.** $\frac{4a^2 b^4}{5cx^2} : \frac{c^4 x^4}{a^3 b^2}$

**47.** $\frac{36a^5 b^3}{5x^4 y^2} : \frac{3a^3 x^2}{15b^3 y^4}$

**48.** $\frac{6(a-b)^2}{7(a+b)} : \frac{9(a-b)^3}{14(a+b)^4}$

**49.** $\left(\frac{13a^7}{10x^5} : \frac{26a^4}{30x^8}\right) - \left(\frac{24a^3 c}{13cx^4} : \frac{8}{26x^7}\right)$

**50.** $\left[\frac{(a-b)^{10}}{(n+x)^6} : \frac{(a-b)^8}{(n+x)^4}\right] - \left[\frac{(n+x)^5}{(a-b)^4} : \frac{(n+x)^3}{(a-b)^2}\right]$

**51.** $\left[\frac{(4xy)^4}{(4x)^8 \cdot y^8} \cdot \frac{3a^5 \cdot 2x^2}{6(ax)^2} : \frac{5a^3}{16x^4 y^4}\right]^{-2}$

**52.** $\frac{(a+b)^4}{(n+y)^6} \cdot \frac{9a^3 b^3}{16n^3 y^3} : \left[\frac{(a+b) \cdot 3ab}{(n+y) \cdot 4ny}\right]^3$

**53.** $\left[\frac{(6x^2 - 12ab) \cdot 4a}{(x^2 - 2ab) \cdot 6b}\right]^3 + \frac{(4a)^3}{b^3}$

**54.** $\left[\left(\frac{1}{1+a}\right)^4 : \left(\frac{1-a}{1}\right)^{-5}\right] \cdot \left(\frac{1-a}{1+a}\right)^{-4}$

**55.** $n^{2x} : n^{-4x} = n^{6x}$

**56.** $5a^{-2} b^4 : 3a^4 b^{-3}$

**57.** $\frac{3a^3 b^2}{4n^{-2} d^6} \cdot \frac{3a^{-4} b^3}{d^3 \cdot n^2}$

**58.** $\left(\frac{x}{n}\right)^{-a} \cdot \left(\frac{3a}{4b}\right)^{-a}$

**59.** $\frac{4a^2 b^{-6}}{d^2 c^{-4}} : \frac{12a^3 b^{-8}}{d^3 c^3}$

**60.** $\frac{(n+x)^3}{(n+x)^{-2}} \cdot \frac{(a+b)^{-4}}{(a+b)^{-8}}$

**61.** $\frac{4x^{-a} \cdot z^b}{5x^b \cdot z^{-c}} \cdot \frac{15x^{a-b} \cdot z^{-b}}{20z^c}$

**62.** $\frac{3a^{-3} \cdot b^2}{6x^{-3} c^5} \cdot \frac{12x^{-4} \cdot c^3}{9a^{-2} \cdot b^3} : \frac{a^{-5} b^6}{x^2 b^4}$

**63.** $\frac{a^{4x+b}}{a^{3x+2b}} = \underline{\underline{a^{x-b}}}$

**64.** $\frac{n^{4a-2b}}{n^{2a+2b}}$

**65.** $\frac{5b^{n+x}}{15b^x}$

**66.** $\frac{8a^{2x+6}}{24a^{2x-6}}$

**67.** $\frac{3(a+b)^{9x-3n}}{4(a-b)^{3x-4n}} \cdot \frac{4(a-b)^{7x-4n}}{3(a+b)^{5x-3n}}$

**68.** $\frac{b^{7x+5y}}{b^{4x-5y}} - \frac{b^{6y+8x}}{b^{5x-4y}}$

**69.** $\frac{4a^{5x}}{5a^4} - \frac{10a^{5x+n}}{12a^{n+4}}$

**70.** $\frac{3n^{2a+3b}}{2n^{a+b}} + \frac{5n^{3b}}{10n^{b-a}}$

**71.** $\frac{9ab^2x^2 + 6ab^2x^3 + 15ac^3x^2 + 10ac^3x^3}{3x^2 + 2x^3}$

**72.** $\frac{48a^{n+x} + 56a^x b^x - 72a^n b^c - 84b^{x+c}}{12a^n + 14b^x}$

**73.** $\frac{6b^{x+y} - 10b^{y+2z-x} - 12b^{x-z} + 20b^{z-x}}{3b^{x-z} - 5b^{z-x}}$

**74.** $\frac{40a^{3n+7} \cdot b^{4m+3}}{4a^{2n+3} \cdot b^{4m}} - \frac{250a^{n+3} \cdot b^{8m+5}}{10a^{n+1} \cdot b^{6m+1}}$

## Potenzieren von Potenztermen

**1.** $(a^3)^2 = \underline{\underline{a^6}}$
**2.** $(b^3)^4$
**3.** $(n^x)^2$
**4.** $(a^{n-1})^3$
**5.** $(n^3 b^4)^4$
**6.** $(3x^2 y^3)^2$
**7.** $4 \cdot (a^2 b^7)^3$
**8.** $(3ax^3)^7$
**9.** $\frac{4}{3}\left(\frac{3}{2}a^2 b^3\right)^3$
**10.** $(a^3)^{x+1}$
**11.** $(b^x)^{-n}$
**12.** $(a^{-b})^{-x}$
**13.** $\left(\frac{3}{7}a^3 b^6\right)^0$
**14.** $\left(\frac{1}{4}x^2\right)^0 : 2\left(\frac{a^6}{b}\right)^0$
**15.** $\left(\frac{4}{7}a^2\right)^{-3}$
**16.** $\left(\frac{a^0 \cdot b^2}{c^0}\right)^{2x}$
**17.** $\left(-\frac{2a^2 bx}{5c}\right)^{-4}$
**18.** $\left(-\frac{a^2}{x}\right)^{-5}$
**19.** $\left(-\frac{2a^2 b^{-2}}{3x^{-3}}\right)^{-2}$
**20.** $\left(\frac{a^{-3} \cdot b^4}{c^2 x^{-2} \cdot b^0}\right)^{-3}$
**21.** $(a^{-2} + b^{-3})^{-2}$
**22.** $[(ab)^x]^n$
**23.** $[(x^2)^3]^5$
**24.** $[(n^2 x^3)^2]^{-2}$
**25.** $\left[\left(-\frac{1}{2}\right)^{-2}\right]^{-3}$
**26.** $(a^{3x-b})^{2a}$
**27.** $(b^{xy})^{a-b}$
**28.** $(x^{a+b})^{a-b}$
**29.** $(a^{2x+5b})^{2x-5b}$
**30.** $(a^4)^3 + (3a^6)^2$
**31.** $4(b^5)^3 - 2(b^3)^5$
**32.** $\left(\frac{6a^2 b^3}{10x^2 y^3}\right)^3 : \left(\frac{3ab^2}{5x^2 y^2}\right)^3$
**33.** $\frac{(a^2+y^2)^{4a-2b}}{(a^2+y^2)^{3a-3b}}$
**34.** $\left(\frac{2a^4}{3b^5}\right)^3 \cdot \left(\frac{b^2}{a^2}\right)^2 : \left(\frac{2a}{3b}\right)^3$
**35.** $\frac{[(5a)^x]^{3b}}{(5a)^{2bx} \cdot (4c)^{bx}}$
**36.** $\left(\frac{a^2}{x^3}\right)^{-2} \cdot \left(\frac{2x^2}{5a^3}\right)^{-1} \cdot 2ax^{-4}$

## Potenzieren von Summentermen

**1.** $(2x+3a)^2$
**2.** $(6a-3b)^2$
**3.** $(2{,}5-b)^2$
**4.** $(1{,}5ax-2{,}5bc)^2$
**5.** $\left(\frac{1}{3}ab - \frac{3}{4}mn\right)^2$
**6.** $\left(\frac{2}{5}ax + \frac{3}{7}by\right)^2$
**7.** $\left(3\frac{1}{4}abc + 5\frac{2}{3}nx\right)^2$
**8.** $(a-b+c)^2$
**9.** $(a+2x-4)^2 \cdot 4$
**10.** **a)** $(a-b)^3$ **b)** $(a+b)^3$ **c)** $(a+b)^4$ **d)** $(a+b)^6$ **e)** $(a-b)^{11}$ **f)** $(a+b)^{12}$
**11.** $(2x+3n)^3$
**12.** $(2a-5c)^3$
**13.** $(0{,}5a^2 - 1{,}5x^2)^2$
**14.** $(4a^5 - 8b^2 c + 2x^3 z)^2$
**15.** $\left(\frac{2ax}{5bn} - \frac{7ab}{4xy}\right)^2$
**16.** $(0{,}2x^n + 5x^{n-2})^2$
**17.** $(1{,}5a^{x-1} - a^{x+3})^2$
**18.** $\left(\frac{1}{3}b^{x-1} + \frac{3}{4}b^{x-2}\right)^2$
**19.** $(3a+4b)^3$
**20.** $(5x^2-2y)^3$
**21.** $(a+b-c)^3$
**22.** $(5a^2+3b^3-4x^4)^3$

## Zerlegen in Faktoren

1. $a^3 - a^2 = \underline{\underline{a^2(a-1)}}$
2. $8x^4 + 12x^3$
3. $64a^2c^3 + 56a^3c^2$
4. $85a^5b^4 - 119a^4b^5$
5. $60a^3b^3c^2 + 70a^2b^2c^2 - 30ab^3c^3$
6. $28a^2x^2 - 21a^3x^3 - 35a^3x^2$
7. $45a^2y^2 - 63a^2y^3 + 36a^3y^2$
8. $1{,}5a^2b^2 + 2{,}5ab^3$
9. $-125a^4y^4 + 75a^2y^4 - 150a^3y^3$
10. $0{,}06x^3y^2 - 0{,}08x^2y^3$
11. $6xy^3 - 3xy^2 + 9xy$
12. $12a^4 - 20a^3 - 12a^2$
13. $4a^3b^2 - 12a^2b^3 - 16ab^2$
14. $4{,}2abc^2 + 3a^2bc - 3{,}6abc^2$
15. $6\frac{3}{4}x^2y - 11\frac{1}{4}xy^2$
16. $5\frac{1}{4}a^2x^2y + 6\frac{3}{4}a^2xy^2 - 3\frac{3}{4}a^3x$
17. $\frac{D^2\cdot\pi}{4} - \frac{d^2\cdot\pi}{4}$ (Kreisringinhalt)
18. $\frac{h^3}{2s} + \frac{2hs}{3}$ (Kreisabschnittsfläche)
19. $\frac{\pi sD}{2} + \frac{\pi sd}{2}$ (Mantel vom Kegelstumpf)
20. $\frac{D\cdot d\cdot\pi\cdot h}{12} + \frac{D^2\cdot\pi\cdot h}{12} + \frac{d^2\cdot\pi\cdot h}{12}$ (Volumen vom Kegelstumpf)
21. $\frac{D^2\cdot\pi\cdot l}{4} - \frac{d^2\cdot\pi\cdot l}{4}$ (Volumen vom Hohlzylinder)
22. $\frac{P(l-a)}{b}\cdot x - P(x-ax)$ ($x$ ausklammern)
23. $\frac{Ma^2}{12} + \frac{Mb^2}{12}$
24. $\frac{V_1^2}{2x\psi^2} - \frac{V_2^2}{2x}$
25. $18x^2y + 10y^2 - 63x^3 - 35xy = 2y(9x^2+5y) - 7x(9x^2+5y) = \underline{\underline{(9x^2+5y)\cdot(2y-7x)}}$
26. $10bc^2 + 12b^3 - 15c^3 - 18b^2c$
27. $3x^2 + 5x^2 + 5 - 3x$
28. $4a - 2 + 2a^5 - a^4$
29. $96x^3 + 108xy^2 - 99y^2z - 88x^2z$
30. $77a^2c^3 - 63c^4 - 72a^2c + 88a^4$
31. $24a^2x + 12a^2x^3 + 4ax^2y + 8ay$
32. $12an^3 - 8n^3x - 6a^2nx + 4anx^2$
33. $6a^2b^2 - 8a^2bx - 9a^2bc + 12a^2cx$
34. $13ab^3 + 15a^3 - 135a^2 - 117b^3$
35. $5{,}6a^2 - 7{,}2ab - 3{,}5ac + 4{,}5bc$
36. $\frac{1}{15}a^2 - \frac{1}{18}ab + \frac{1}{18}bx - \frac{1}{15}ax$
37. $\frac{5}{12}b^3 + \frac{7}{12}ab^2 - \frac{7}{16}a^2b - \frac{5}{16}ab^2$
38. $n^2 - m^2 = \underline{\underline{(n+m)\cdot(n-m)}}$
39. $x^2 - y^2$
40. $4 - a^2$
41. $9b^2 - 16c^2$
42. $b^2 - 9$
43. $\frac{1}{4}x^2 - 1$
44. $64n^2 - 25m^2$
45. $1 - a^2$
46. $b^4 - 16b^2$
47. $9b^3 - b$
48. $x^3 - 4x$
49. $5a^2 - 80$
50. $0{,}25a^2b^2 - 0{,}36x^2y^2$
51. $\frac{1}{36}x^2 - \frac{1}{4}y^2$
52. $2\frac{1}{4}a^2b^3 - 1\frac{9}{16}bx^2$
53. $x^4 - 16 = (x^2)^2 - 4^2 = (x^2+4)\cdot(x^2-4) = \underline{\underline{(x^2+4)\cdot(x+2)\cdot(x-2)}}$
54. $a^4 - 256$
55. $81x^4 - 16b^4$
56. $256 - 625a^4$
57. $16n^4 - \frac{1}{16}m^4$
58. $\frac{a^4}{256} - \frac{b^4}{81}$
59. $\frac{a^4b^4}{625} - \frac{x^4y^4}{81}$
60. $a^2 + 4a + 4$
61. $b^2 - 4b + 4$
62. $x^2 - 8x + 16$
63. $36a^2 - 60a + 25$
64. $n^2 + nx + \frac{1}{4}x^2$
65. $2b^2 - 12b + 18$

**66.** $36x^2-60x+25$

**67.** $0{,}81b^2+1{,}44b+0{,}64$

**68.** $72ab-120ab^2+50ab^3$

**69.** $\frac{4}{25}n^2-1\frac{1}{5}nx+2\frac{1}{4}x^2$

**70.** $a^2-13a+40=a^2-5a-8a+40=a(a-5)-8(a-5)=\underline{\underline{(a-5)\cdot(a-8)}}$

**71.** $n^2+6n-16$

**72.** $x^2-x-6$

**73.** $a^2-7ab+12b^2$

**74.** $x^2+18xy+77y^2$

**75.** $n^2-12n+27$

**76.** $63a^2+16ab+b^2$

**77.** $9c^2-36c+32$

**78.** $a^2-\frac{5}{6}a+\frac{1}{6}$

**79.** $27a^3-b^3=\underline{\underline{(9a^2+3ab+b^2)\cdot(3a-b)}}$

**80.** $x^3-y^3$

**81.** $64n^3-1$

**82.** $216-27b^3$

**83.** $64a^3b^3+27n^3$

**84.** $729x^3+1000$

**85.** $8b^3+125$

**86.** $\frac{a^2+ax}{a^2-ax}=\frac{a(a+x)}{a(a-x)}=\underline{\underline{\frac{a+x}{a-x}}}$

**87.** $\frac{ax+a+x+1}{a^2-1}$

**88.** $\frac{18x^2-27xy^3}{6xy-9y^4}$

**89.** $\frac{a^2-b^2}{4a^2+4ab}$

**90.** $\frac{9x+9xz}{1-z^2}$

**91.** $\frac{(a+b)^2}{a^2-b^2}$

**92.** $\frac{81a^2-49b^2}{63a-49b}$

**93.** $\frac{4x-4}{x^2-x}$

**94.** $\frac{(4a-1)^2}{16a^2-1}$

**95.** $\frac{n^2-m^2}{n^2+2nm+m^2}$

**96.** $\frac{2ab-2a^2+bc-ac}{2ab-2ac+bc-c^2}$

**97.** $\frac{x^3-b^3}{x-b}$

**98.** $\frac{n^3x-nx^3}{n-x}$

**99.** $\frac{3a^2(8b^3+64)}{(4b^2-8b+16)\cdot(6ab+12a)}$

**100.** $\frac{a^3-1}{a-1}$

**101.** $\frac{a^3+1}{a+1}$

**102.** $\frac{a^2-3a-4}{a^2-7a+12}$

**103.** $\frac{am+bm-an-bn}{a^2-b^2}$

**104.** $\frac{x^4z^2-x^2z^4}{x^2(x-z)^2}$

**105.** $\frac{a^2+ab+b^2}{(a+b)^2}\cdot\frac{a^2-b^2}{a^3-b^3}$

**106.** $(x^2-2x+1)\cdot\frac{x^2+x}{x^2-1}$

**107.** $\frac{(a^2+2ab+b^2)\cdot a}{a^2-b^2}:\frac{a^2}{(a+b)\cdot(a-b)}$

**108.** $\frac{x+y}{x-y}:\frac{5x}{x^2-y^2}$

**109.** $\left(\frac{a^2-4}{a^2-1}:\frac{a^2+2a+1}{a^2-4a+4}\right)\cdot\frac{a^2-a}{a^2+2a}$

**110.** $\left[\frac{4x^2-4xz}{6xz+6z^2}:\left(\frac{3x^2-3xz}{4x^3+8x^2z+4xz^2}:\frac{x^2-4xz+4z^2}{8x^3+8x^2z}\right)\right]:\frac{(x-2z)^2}{9xz(x^2-z^2)}$

Vereinfachen Sie nachfolgende Bruchterme durch Kürzen oder Dividieren:

**111.** $\frac{15x^2-4x-96}{3x-8}=(15x^2-4x-96):(3x-8)=\underline{\underline{5x+12}}$

$$\begin{array}{l}
-(15x^2-40x)\\
\hline
\quad 0\quad 36x-96\\
\qquad -(36x-96)\\
\hline
\qquad\quad 0\quad 0
\end{array}$$

**112.** $\frac{12a^2-2ab-24b^2}{6a+8b}$

**113.** $\frac{24x^2+73xz+24z^2}{8x+3z}$

**114.** $\frac{\frac{8}{3}a^4+\frac{16}{15}a^2b^2-\frac{6}{5}b^4}{\frac{2}{3}a^2+\frac{3}{5}b^2}$

**115.** $\frac{a^4-b^4}{a-b}$

**116.** $\frac{a^5+b^5}{a+b}$

**117.** $\frac{8n^3-26n^4+17n^5-26n^6-21n^7}{2n^2-5n^3-3n^4}$

**118.** $\frac{0{,}125a^6-0{,}064b^3}{0{,}5a^2-0{,}4b}$

**119.** $\frac{2a^2-9ab^2+4b^4}{a-4b^2}$

**120.** $\frac{1{,}2a^2x^2-1{,}5a^2y^3-7{,}2cx^2+9cy^3}{2{,}4x^2-3y^3}$

**121.** $\frac{81x^8-16z^4}{3x^2+2z}$

## Vermischte Aufgaben zur Wiederholung von 1.8

Verwandeln Sie in einen Produktterm:

**1.** $a^2+12a+36=\underline{\underline{(a+6)\cdot(a+6)}}$
**2.** $4x^2+12x+9$
**3.** $9b^4-12b^2c^2+4c^4$
**4.** $1-6xy+9x^2y^2$
**5.** $4a^4+4a^2+1$
**6.** $ax^2+6ax+9a$
**7.** $x^2-4$
**8.** $25b^2-4c^2$
**9.** $\frac{1}{4}-x^2$
**10.** $\frac{a^2}{16}-1$
**11.** $\frac{x^2}{25}-\frac{1}{a^2}$
**12.** $a^4-1$
**13.** $3a^2b-12b^3$
**14.** $(a-b)^2-c^2$
**15.** $64-(a-2b)^2$
**16.** $(x+2y)^2-(3x+y)^2$
**17.** $1-x^2-6xy-9y^2$
**18.** $2ab-a^2-b^2+c^2$
**19.** $3a^2+11a+6$
**20.** $5x^2+12x+4$
**21.** $3b^2-10b+3$
**22.** $3a^2-2a-5$
**23.** $2x^2-x-28$
**24.** $3(x+y)^2+11(x+y)+6$
**25.** $\frac{9a^2z^2}{x^2}-\frac{18abz^2}{xy}+\frac{9b^2z^2}{y^2}-\frac{4a^4}{x^2}+\frac{8a^3b}{xy}-\frac{4a^2b^2}{y^2}$
**26.** $(-2a)\cdot(-1)=\underline{\underline{2a}}$
**27.** $(-1)\cdot(-2)$
**28.** $-(-2x)^3\cdot(-3)^2$
**29.** $-(1)^3\cdot(-2)^3\cdot(-3)$
**30.** $(-2x)^2\cdot(-3)^2\cdot 4$
**31.** $(-b)^3\cdot(-2b)^2\cdot(3x)$
**32.** $(-2ab)\cdot(6b^3)$
**33.** $-(-2ab^2)\cdot(-3a^2b)$
**34.** $(-x^5)\cdot(-x^4)\cdot(a^2)^2$
**35.** $\frac{3a^2bc}{9ab^2c}=\underline{\underline{\frac{a}{3b}}}$
**36.** $\frac{x^2b-xb}{x^2b+xb}$
**37.** $\frac{x-2y}{x^2-2xy}$
**38.** $\frac{6x-3x^2}{6x+3x^2}$
**39.** $\frac{x^2-y^2}{x^2-4xy+3y^2}$
**40.** $(x^2-3xy-9y^2):(x+2y)$
**41.** $(x^2+3x-3):(x-1)$
**42.** $\frac{2x}{3y}\cdot\frac{9y^2}{10x^2}$
**43.** $\frac{1}{x^2}\cdot\frac{bx}{x+b}$
**44.** $\frac{x^2-4y^2}{x^2-y^2}\cdot\frac{x-y}{x+2y}$
**45.** $\frac{a+2}{a^2-a}\cdot\frac{a^2-5a}{a^2+8a+12}$
**46.** $\frac{1}{\pi v-\pi h}\cdot\frac{\pi vh}{v+h}$
**47.** $\frac{3a^2}{5y}:\frac{9a^3}{15y^2}=\frac{3a^2\cdot 15y^2}{5y\cdot 9a^3}=\underline{\underline{\frac{y}{a}}}$
**48.** $\frac{7}{a^2-b^2}:\frac{14}{a-b}$
**49.** $\left(1-\frac{x^2}{y^2}\right):\left(\frac{x}{y}+1\right)$
**50.** $\frac{xy}{x^2+2xy+y^2}:\frac{x^2+2xy}{x^2-y^2}$
**51.** $\frac{6x^4b^3}{5a^2y^4}:\left(-\frac{5xb^2}{9a^2y}\right)$
**52.** $\frac{c^{3a-b}}{y^{2a-3b}}:\frac{c^{2a-3b}}{y^{3a-2b}}$
**53.** $\frac{48a^{2x-3y}}{98x^{3a-2b}}:\frac{18a^{x-3y}}{35x^{3a-2b}}$
**54.** $\left(3\frac{3}{4}x^{2m-3}-3x^{3m-2}+1\frac{1}{2}x^{m+4}\right):\frac{3}{4}x^{m-1}$
**55.** $(a^5+b^5):(a+b)$
**56.** $\frac{16x^4-9b^4+30b^2c-25c^2}{4x^2-3b^2+5c}$
**57.** $x^{m-3}\cdot x^{5-m}\cdot x^{2m-2}$
**58.** $5x(2x^2-3xy-4y^2)$
**59.** $(a+b)^2\cdot(a+b)^3\cdot(a+b)$
**60.** $16\frac{1}{4}a^2b^2\cdot(12a^2-28ab+32b^2)$
**61.** $(10a^2-7ab+8b^2)\cdot(3a^2-8b^2)$
**62.** $\left(\frac{x-y}{a+b}\right)^3\cdot\left(\frac{a^2-b^2}{x^2-y^2}\right)^3$
**63.** $\left(\frac{24ab}{25c}\right)^4:\left(\frac{16a}{5bc}\right)^5$
**64.** $(x^2y^3)^2\cdot(x^3y^2)^2$
**65.** $(x^2y^2)^4:(x^2y^2)^3$
**66.** $\left(\frac{7a^{n+1}b^n}{8c^{2n-2}}\right)^5:\left(\frac{35a^4b^3}{24c^4}\right)^n$
**67.** $(0{,}4a^3-0{,}5b^3)^2$
**68.** $\left(\frac{3x^2y^3}{4z^3}-\frac{8z^2}{9x^3y^2}\right)^2$

**69.** $\left(\frac{3}{4}x^2-\frac{1}{2}xy-\frac{1}{3}y^2\right)^2$

**70.** $\frac{a^0\cdot b^0}{c^0}$

**71.** $19{,}5\cdot\frac{a^0\cdot x^0}{y^0}$

**72.** $\frac{b^0}{x^a\cdot y^a}$

**73.** $\left(\frac{1}{4}\right)^{-2}$

**74.** $\frac{1}{3^{-2}}$

**75.** $\frac{2^4}{\left(\frac{1}{4}\right)^{-3}}$

**76.** $\left(\frac{3}{5}\right)^{-3}\cdot\left(\frac{4}{7}\right)^{-3}\cdot\left(2\frac{1}{2}\right)^{-3}$

**77.** $(x^{-2})^3$

**78.** $(-x^{-2})^3$

**79.** $(-x^2)^{-3}$

**80.** $(-x^{-2})^{-3}$

**81.** $\frac{5}{3}x^{-4}y^3z:\frac{5}{6}x^{-6}y^{-5}z^3$

**82.** $-\left(\frac{-3xy^3}{4x}\right)^3$

**83.** $-\frac{10x^{-a}y^bz^2}{16d^{-3}}:10x^by^{-a}zd^4$

**84.** $\left(\frac{a^{-4}y^3}{x^2b^{-3}c^0}\right)^{-2}\cdot\left(\frac{a^{-3}y^2c^0}{x^{-1}b^{-4}}\right)^2$

**85.** $(2x^{-1}-3y)^2$

**86.** $(2a^{-1}-3b^{-1})^2$

**87.** $\left(\frac{x^{2n-3}}{y^{n+2}}:\frac{a^{3n+1}}{b^{2n-5}}\right):\left(\frac{x^{2n+1}}{y^{n+4}}:\frac{a^{3n-2}}{b^{2n+1}}\right)$

**88.** $(125a^3b^9)^{n+1}:(5a^nb^{3n-1})^3$

**89.** $\frac{3}{x}+\frac{4}{y}-\frac{1}{x}=\frac{3y}{xy}+\frac{4x}{xy}-\frac{y}{xy}=\frac{2y+4x}{xy}$

**90.** $\frac{a}{bc}+\frac{b}{ac}+\frac{c}{ab}$

**91.** $\frac{x}{5}+\frac{2x}{3}+\frac{3x}{5}$

**92.** $\frac{x}{3}-\frac{x-2}{4}$

**93.** $\frac{x}{x+y}+\frac{y}{x-y}$

**94.** $\frac{3a}{2b-6}+\frac{4a}{3b-9}$

**95.** $\frac{3a^2+1}{a^2+3a}-\frac{2a+1}{a+3}$

**96.** $\frac{2x+1}{x^2-x}-\frac{x+2}{x^2-1}$

**97.** $\frac{2a-3}{2a-4}-\frac{a-5}{3a-6}$

**98.** $\frac{a^2-5}{a^2-4}-\frac{a+1}{a-2}+\frac{a-1}{a+2}$

**99.** $\frac{2}{x^2-3x+2}+\frac{3}{x^2-4x+3}-\frac{5}{x^2-5x+6}$

**100.** $a+b+\frac{b^2}{a-b}$

**101.** $a-b-\frac{a^2}{a+b}$

**102.** $\frac{a^2+2a-1}{a+1}-(a+1)$

**103.** $x-3+\frac{1-x^2}{x+3}$

**104.** $\frac{a+\frac{a}{b}}{1+\frac{1}{b}}$

**105.** $\frac{x^2-y^2}{xy}:\frac{x-y}{x^2}$

**106.** $\frac{a^5+2}{2a^9}-\frac{3-a^6}{3a^{10}}-\frac{(2a-1)^2}{4a^{11}}$

**107.** $\frac{2a^{n+1}+3a^6+2a^5+1}{2a^{n+2}}-\frac{2a^{n-4}+3}{3a^{n-3}}-\frac{2a^{n-5}+9}{6a^{n-4}}$

**108.** $\left(\frac{24(a-b)}{12}:2\right)+\frac{14(a-b)}{7}$

**109.** $\frac{x^2-y^2}{(x-y)\cdot x}+\frac{x^2-y^2}{(x+y)\cdot x}$

**110.** $\frac{36x^2y-48xy^2}{4(x+y)}+\frac{45x^2y+60xy^2}{5(x+y)}$

**111.** $\left[(a^2-b^2):\frac{a+b}{x}\right]+\left[(a^2-b^2):\frac{a-b}{x}\right]$

**112.** $\left[\frac{(x-y)^8}{(a+b)^6}:\frac{(x-y)^6}{(a+b)^4}\right]-\left[\frac{(a+b)^5}{(x-y)^4}:\frac{(a+b)^3}{(x-y)^2}\right]$

**113.** $\frac{2x^2-2x-4}{15x^2+15x-30}:\frac{9x^2+18x+9}{10x^2-20x+10}$

**114.** $\frac{a^2-a}{a^2+2a}\cdot\frac{a^2-4}{a^2-1}:\frac{a^2+2a+1}{a^2-4a+4}$

**115.** $\frac{4x^2-4xy}{6xy+6y^2}:\left(\frac{3x^2-3xy}{4x^3+8x^2y+4xy^2}:\frac{2x^2-8xy+8y^2}{16x^3+16x^2y}\right)$

**116.** $\frac{3xy-y^2}{x^2-2xy+y^2}:\frac{y^2}{x-y}+\frac{x-3y}{x^2-y^2}\cdot\frac{2x+2y}{2x}$

# Wiederholungsfragen zu 1.8

1. Wie entsteht eine Potenz?
2. Benennen Sie die Bestandteile einer Potenz.
3. Was muss man über das Vorzeichen beim Potenzieren wissen?
4. Wie werden Potenzterme mit gleichen Basen und gleichen Exponenten addiert und subtrahiert?
5. Wie werden Potenzterme mit gleichen Basen multipliziert?
6. Auf welche Weise wird ein Produkt potenziert?
7. Wie potenziert man Bruchzahlen?
8. Was drückt der Exponent einer Potenz aus?
9. Wie geht man vor, wenn eine Summe oder Differenz potenziert werden soll?
10. In welche zwei Faktoren kann man $a^2 - b^2$ zerlegen?
11. Wie werden Potenzterme mit gleichen Basen dividiert?
12. Kann man bei einer Potenz Basis und Exponent vertauschen?
13. Welchen Wert hat eine Potenz mit von 0 verschiedener Basis und dem Exponenten Null?
14. Auf welche Weise kann man negative Exponenten bei Potenzen in positive umwandeln?
15. Wie werden Potenzen potenziert?

# 1.9 Die irrationalen und die reellen Zahlen

Der Lehrsatz des Pythagoras besagt, dass in jedem rechtwinkligen Dreieck die Summe der Flächeninhalte der Quadrate über den Katheten – das sind die Seiten, die den rechten Winkel einschließen – gleich dem Flächeninhalt des Quadrats über der Hypotenuse ist – das ist die Seite, die dem rechten Winkel gegenüber liegt. Bezeichnet man die Längen dieser Seiten mit $a$, $b$ und $c$, so gilt also: $c^2 = a^2 + b^2$.

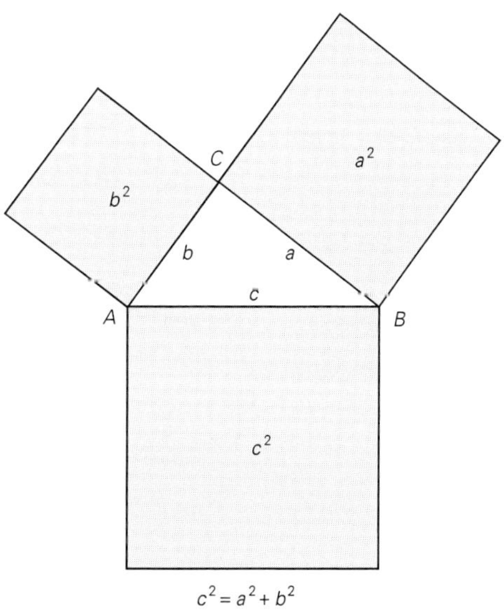

Nebenstehend ist ein Quadrat ABCD mit der Seitenlänge 1 so über dem Zahlenstrahl gezeichnet, dass die Seite $\overline{AB}$ mit der Strecke von 0 bis 1 zusammenfällt.

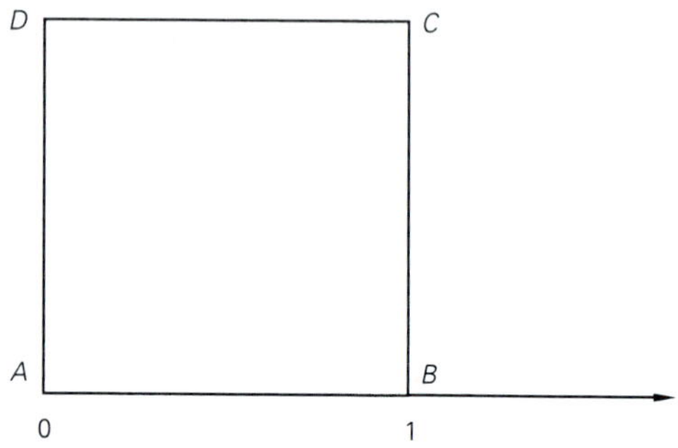


Welche Maßzahl $l$ hat die Länge der Diagonalen $\overline{AC}$ des Quadrats?

Da nach Voraussetzung die Längen der Seiten $\overline{AB}$ und $\overline{BC}$ gleich 1 sind, gilt nach dem pythagoreischen Lehrsatz

$$l^2 = 1^2 + 1^2, \quad \text{also} \quad l^2 = 2.$$

Zeichnet man um den Anfangspunkt 0 des Zahlenstrahls den Kreis K mit dem Radius $l$, so schneidet K den Zahlenstrahl in einem Punkt E, der rechts von 1 liegt. Wenn man wüsste, welche Zahl diesem Punkt E zugeordnet ist, dann wüsste man auch, welche Maßzahl $l$ ist, d.h., welche Maßzahl der Länge der Diagonalen $\overline{AC}$ zukommt, denn nach Konstruktion ist die Länge von $\overline{AE}$ gleich $l$.

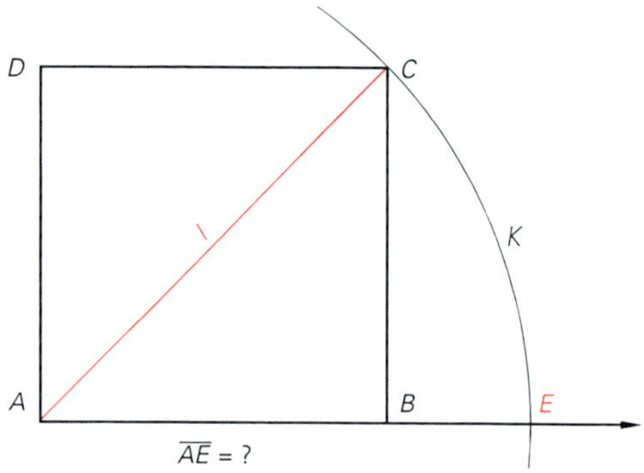


Gibt es eine rationale Zahl, die E zugeordnet ist? Man nimmt zunächst an, dass es eine solche rationale Zahl gäbe. Dann könnte sie in der Form $\frac{p}{q}$ mit teilerfremden ganzen Zahlen für $p$ und $q$ und $q \neq 0$ dargestellt werden.

Führt exaktes Schließen aus dieser Annahme zu einem Widerspruch, so folgt daraus, dass diese Annahme falsch war.

Man nennt eine solche Beweisführung einen **indirekten Beweis**.

Annahme: $l$ ist rational, also $l = \frac{p}{q}$ ($p$, $q$ für teilerfremde ganze Zahlen, $q \neq 0$).

| | | |
|---|---|---|
| Weil $l^2 = 2$ ist, gilt also: | $l^2 = \frac{p^2}{q^2} = 2.$ | |
| Daraus folgt: | $p^2 = 2q^2.$ | Weil $2q^2$ stets für eine gerade Zahl steht, muss auch $p^2$ und damit $p$ für eine gerade Zahl stehen. |
| Man kann also setzen: | $p = 2r,$ | wobei $r$ für eine ganze Zahl steht. |
| Daraus folgt: | $2q^2 = (2r)^2$ | |
| | $2q^2 = 4r^2$ | |
| | $q^2 = 2r^2,$ | d.h., auch $q$ muss für eine gerade Zahl stehen, weil dies für $q^2$ wegen $q^2 = 2r^2$ stets der Fall ist. |

Das ist aber ein Widerspruch zu der Annahme, dass $p$ und $q$ für teilerfremde ganze Zahlen stehen, denn als Stellvertreter für gerade Zahlen haben sie stets den gemeinsamen Teiler 2.

Daher kann l, also die Maßzahl der Länge von $\overline{AC}$ oder der Länge von $\overline{AE}$, keine rationale Zahl sein. Es gibt also, wie man sagt, auf der Zahlengeraden noch Lücken, das sind solche Punkte, denen keine rationale Zahl zugeordnet ist. Die Maßzahl der Länge von $\overline{AC}$ bzw. $\overline{AE}$ kann also auch nicht durch einen endlichen oder durch einen unendlichen periodischen Dezimalbruch angegeben werden, denn jeder solche Dezimalbruch stellt eine rationale Zahl dar.

Da die Strecke $\overline{AC}$ jedoch sicher eine Länge hat, muss man fragen: Welche nicht negative Zahl muss man für l setzen, so dass $l^2 = 2$ gilt?

Diese Zahl liegt offenbar zwischen 1 und 2, denn $1^2 < 2$ und $2^2 > 2$. Sie liegt aber auch zwischen 1,4 und 1,5, denn $1{,}4^2 = 1{,}96 < 2$ und $1{,}5^2 = 2{,}25 > 2$.

Man kann diese „Einschachtelung" von l durch Hinzunahme weiterer Dezimalstellen fortsetzen. Nennt man die Zahlen, mit denen begonnen wurde, $x_0$ und $y_0$, setzt also $x_0 = 1, y_0 = 2$ sowie weiter $x_1 = 1{,}4$ und $y_1 = 1{,}5$, so gilt $x_0^2 < x_1^2 < 2$ und $y_0^2 > y_1^2 > 2$.

Systematisches Probieren etwa mithilfe eines Taschenrechners führt zu immer weiterer Annäherung an 2 von unten und von oben, und zwar durch immer länger werdende Dezimalbrüche.

Die Zahl l liegt also zwischen 1 und 2, zwischen 1,4 und 1,5, zwischen 1,41 und 1,42 usw. 1; 1,4; 1,41 sind **untere Grenzen**, 2; 1,5; 1,42 **obere Grenzen** der Zahlenabschnitte, der **Intervalle**, in denen l liegt. Die folgende Tabelle enthält noch einige weitere untere bzw. obere Grenzen und zeigt, wie sich die Folgen der unteren und oberen Grenzen entwickeln, wenn man verlangt, dass die zweiten Potenzen ihrer Glieder immer näher an 2 heranrücken.

| Nr. | Untere Grenzen $x_n$ | $x_n^2$ | Obere Grenzen $y_n$ | $y_n^2$ |
|---|---|---|---|---|
| 0 | 1 | 1 | 2 | 4 |
| 1 | 1,4 | 1,96 | 1,5 | 2,25 |
| 2 | 1,41 | 1,9881 | 1,42 | 2,0164 |
| 3 | 1,414 | 1,999396 | 1,415 | 2,002225 |
| 4 | 1,4142 | 1,99996164 | 1,4143 | 2,00024449 |
| 5 | 1,41421 | 1,9999899241 | 1,41422 | 2,0000182084 |
| 6 | 1,424213 | 1,99999840936 | 1,414214 | 2,00000123779 |

Analysiert man das Vorgehen und die Tabelle, stellt man fest:

**1.** Die gesuchte Zahl l liegt in einer Folge von Intervallen, von denen jedes Intervall das nachfolgende enthält. Da die Grenzen der Intervalle zum Intervall selbst gehören, handelt es sich um sog. abgeschlossene Intervalle. Ein solches Intervall wird durch seine untere und seine obere Grenze bezeichnet, die in eckige Klammern gesetzt sind. Zu ihm gehören außer der unteren und der oberen Grenze alle rationalen Zahlen, die zwischen diesen Grenzen liegen. Das Intervall $[x_0, y_0]$ enthält das Intervall $[x_1, y_1]$, dieses das Intervall $[x_2, y_2]$ usw.

**2.** Da l keine rationale Zahl, somit auch kein endlicher Dezimalbruch ist, kann die Einschachtelung von l mithilfe von Dezimalbrüchen beliebig weit fortgesetzt werden, anders gesagt: Man kann immer wieder eine neue Dezimalstelle für die untere bzw. die obere Grenze hinzunehmen, nie ist die 2. Potenz dieser Dezimalbrüche gleich 2. Die Dezimalbrüche für die untere und für die obere Grenze werden daher unendlich. Und sie sind nicht periodisch. Periodisch könnten sie nur sein, wäre l eine rationale Zahl.

**3.** Die Längen der Intervalle werden immer kleiner.

Länge von $[x_0, y_0] = 2 - 1 = 1$. ► Man sagt, l ist bis auf Einer genau bestimmt.

Länge von $[x_1, y_1] = 1{,}5 - 1{,}4 = 0{,}1$. ► Man sagt, l ist bis auf $\frac{1}{10}$ genau bestimmt.

Länge von $[x_2, y_2] = 1{,}42 - 1{,}41 = 0{,}01$. ► Man sagt, l ist bis auf $\frac{1}{100}$ genau bestimmt.

Länge von $[x_3, y_3] = 1{,}415 - 1{,}414 = 0{,}001$. ► Man sagt, l ist bis auf $\frac{1}{1000}$ genau bestimmt.

⋮

Länge von $[x_6, y_6] = 1{,}414214 - 1{,}414213 = 0{,}000001$. ► Man sagt, l ist bis auf $\frac{1}{1000000}$ genau bestimmt.

Man sagt, die Einschachtelung, genauer die Intervallschachtelung erfasst die gesuchte Zahl l. Wie gezeigt wurde, ist l keine rationale Zahl. Es ist eine **irrationale Zahl**. Da für sie $l^2 = 2$ gilt und l nicht negativ ist, benutzt man zu ihrer Beschreibung ein Symbol, welches den Bezug zur 2 verdeutlicht. Man schreibt $l = \sqrt{2}$ und liest l gleich Wurzel aus 2. $\sqrt{2}$ bezeichnet also die durch die Intervallschachtelung erfasste nicht negative Zahl, deren Quadrat 2 ist.

Üblicherweise benutzt man zur angenäherten Darstellung der irrationalen Zahl $\sqrt{2}$ einen endlichen Dezimalbruch aus der Folge der $x_n$. Man schreibt also z. B. $l = \sqrt{2} = 1{,}41421$, und diese Darstellung ist nur in der letzten Ziffer nach dem Komma ungenau oder, wie man auch sagt, bis auf die letzte Ziffer genau oder auf $\frac{1}{10000}$ genau angegeben.

Auf die gleiche, eben beschriebene Weise kann man feststellen, dass es z. B. Zahlen geben muss, deren Quadrat 3 oder 8 ist und die auch keine rationalen Zahlen sind. Wieder könnte man durch entsprechende Intervallschachtelungen neue Zahlen erklären, die als unendliche nicht periodische Dezimalbrüche erscheinen und durch endliche Dezimalbrüche angenähert dargestellt werden können, z. B. $\sqrt{3} = 1{,}73205$ und $\sqrt{8} = 2{,}82842$.

**Merke:**

Durch Intervallschachtelungen in der Menge $\mathbb{Q}$ der rationalen Zahlen lassen sich neue Zahlen definieren, die man **irrationale Zahlen** nennt.

Die rationalen und die irrationalen Zahlen erfüllen die Zahlengerade lückenlos, d. h., jedem Punkt der Zahlengeraden ist nun eine Zahl, entweder eine rationale oder eine irrationale, zugeordnet.

Fasst man die Menge der rationalen Zahlen und die Menge der irrationalen Zahlen zusammen, erhält man die Menge der reellen Zahlen.

**Merke:**

Vereinigt man die Menge der irrationalen Zahlen mit der Menge der rationalen Zahlen, so entsteht die Menge der **reellen Zahlen**. Zu ihrer Kennzeichnung wird das Symbol $\mathbb{R}$ verwendet.

Das Rechnen mit reellen Zahlen kann mithilfe der Intervallschachtelungen erklärt werden und es kann gezeigt werden, dass die Gesetze des Rechnens mit rationalen Zahlen auch für die reellen Zahlen gelten. Die Gesetze der Kommutativität, der Assoziativität und der Distributivität sowie die Potenzgesetze sind ohne Einschränkung gültig. Das alles soll hier nur festgestellt, nicht aber durchgeführt oder bewiesen werden.

In der Praxis rechnet man nicht mit Intervallschachtelungen oder unendlichen Dezimalbrüchen, sondern nur mit sog. **rationalen Näherungen**, die dadurch entstehen, dass man alle Ziffern des unendlichen Dezimalbruchs von einer bestimmten Stelle an weglässt.

Bisher wurden nur Beispiele für positive irrationale Zahlen betrachtet. Aber jede der Zahlen $\sqrt{2}$, $\sqrt{3}$, $\sqrt{8}$ hat eine entgegengesetzte Zahl und es lassen sich leicht weitere positive und negative irrationale Zahlen konstruieren. Schreibt man nach einer ganzen Zahl für $n$ ein Komma und nach dem Komma zuerst eine 1, anschließend 01, sodann 001 usw., jedes Mal eine 0 mehr vor der 1, so entsteht ein Dezimalbruch der Form $n$, 101001000100001..., der sicher nicht periodisch ist. Da man für $n$ eine beliebige ganze Zahl setzen kann, entstehen schon auf diese Weise unendlich viele positive und negative unendliche und nicht periodische Dezimalbrüche.

Ein wohl weithin bekanntes Beispiel für eine irrationale Zahl ist die Zahl $\pi$, die bei Kreisberechnungen z.B. benötigt wird. Ihre ersten Stellen lauten: $\pi = 3{,}1415926535\ldots$.

**Vereinbarung:** Variable können von nun an auch für reelle Zahlen stehen. In Termen können auch reelle Zahlen vorkommen und Terme können sinnvoll aus reellen Zahlen und Variablen gebildet werden.

Der Betrag einer **reellen Zahl** wird genauso erklärt wie der einer rationalen:

$$|a| = \begin{cases} a & \text{für } a > 0, \\ 0 & \text{für } a = 0, \\ -a & \text{für } a < 0, \quad a \in \mathbb{R}. \end{cases}$$

# 1.10 Das Radizieren oder Wurzelziehen

## 1.10.1 Der allgemeine Wurzelbegriff

Für die Maßzahl $l$ der Länge der Diagonalen im Einheitsquadrat gilt $l^2 = 2$. Für $l$ selbst schreibt man $l = \sqrt{2}$. Diese Zahl $l$ ist eine nicht negative reelle Zahl. Es ist eine irrationale Zahl, die durch einen unendlichen nicht periodischen Dezimalbruch dargestellt und durch endliche Dezimalbrüche beliebig genau angenähert werden kann. Mit dem Symbol $\sqrt{\phantom{a}}$ drückt man eine Beziehung zwischen zwei nicht negativen reellen Zahlen aus. Schreibt man $w$ und $a$ für diese reellen Zahlen, so kann man sagen: Es ist $w = \sqrt{a}$ genau dann, wenn $w^2 = a$ ist.

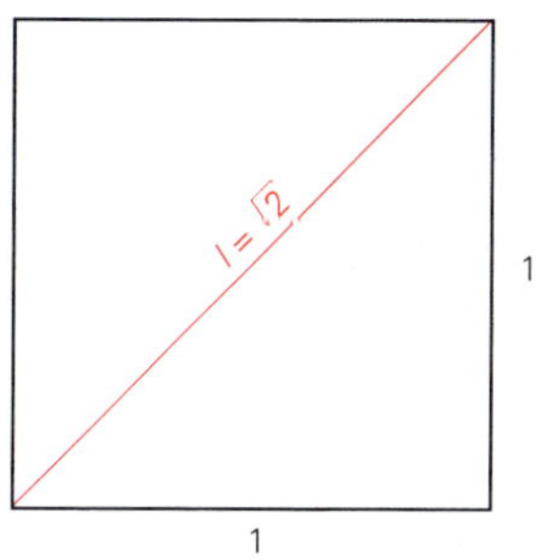


$l \;\; = \sqrt{2} = 1{,}414213'\ldots$

$\sqrt{2} = 1{,}41$ oder $\sqrt{2} = 1{,}414$ oder

$\sqrt{2} = 1{,}4142$ oder ...

In der Menge $\mathbb{R}$ der reellen Zahlen gibt es beliebig viele weitere nicht negative Zahlen für $w$ und $a$ derart, dass $w^2 = a$ gilt. Man braucht für $w$ ja nur eine beliebige reelle Zahl zu nehmen, diese mit 2 zu potenzieren und diesen Potenzwert für $a$ zu nehmen. Für $\sqrt{3}$ und $\sqrt{8}$ war das ja schon erörtert worden.

| $w$ | $w^2$ | $a$ |
|---|---|---|
| $\sqrt{2}$ | 2 | 2 |
| $\sqrt{3}$ | 3 | 3 |
| 2 | 4 | 4 |
| $\sqrt{8}$ | 8 | 8 |
| 3 | 9 | 9 |
| 4 | 16 | 16 |
| ⋮ | | |

**Merke:**

Stehen $w$ und $a$ für nicht negative reelle Zahlen und gilt $w^2 = a$, dann heißt $w$ die Quadratwurzel oder einfach die Wurzel aus $a$; man schreibt dafür $w = \sqrt{a}$. Es bedeutet also $w = \sqrt{a}$ dasselbe wie $w^2 = a$.

Es sei noch einmal hervorgehoben:

**1.** Wurzeln sind immer größer oder gleich 0.

$\sqrt{4} = 2$, denn $2 \geq 0$ und $2^2 = 4$.

Obwohl auch $(-2)^2 = 4$, heißt nur 2 die Wurzel oder Quadratwurzel aus 4. Andernfalls wäre der Wurzelbegriff nicht eindeutig und es würde sich der Widerspruch $2 = \sqrt{4} = -2$, also $2 = -2$, ergeben. Eine Schreibweise wie $\sqrt{4} = -2$ ist daher nicht erlaubt.

**2.** Das Zeichen $\sqrt{\phantom{x}}$ hat nur für Radikanden (das sind die Zahlen unter dem Wurzelzeichen) einen Sinn, die größer oder gleich 0 sind.

$\sqrt{4} = 2$, denn $4 \geq 0$ und $2^2 = 4$.

Nicht immer kann man eine Wurzel ohne Benutzung von Hilfsmitteln als Dezimalbruch angeben. Es gibt dafür Rechenverfahren und Zahlentafeln, doch benutzt man heute vor allem den Taschenrechner, um sie näherungsweise zu berechnen. Das Bestimmen einer Wurzel nennt man **Wurzelziehen** oder **Radizieren**.

**Quadratwurzeln**

| $n$ | $\sqrt{n}$ 0 | 1 | 2 | 3 | 4 | 5 | 6 | 7 | 8 | 9 |
|---|---|---|---|---|---|---|---|---|---|---|
| 0 | – | 1,0000 | 1,4142 | 1,7321 | 2,0000 | 2,2361 | 2,4495 | 2,6458 | 2,8284 | 3,0000 |
| 1 | 3,1623 | 3166 | 4641 | 6056 | 7417 | 8730 | 0000 | 1231 | 2426 | 3589 |
| 2 | 4,4721 | 5826 | 6904 | 7958 | 8990 | 0000 | 0990 | 1962 | 2915 | 3852 |
| 3 | 5,4772 | 5678 | 6569 | 7446 | 8310 | 9161 | 0000 | 0828 | 1644 | 2450 |
| 4 | 6,3246 | 4031 | 4807 | 5574 | 6332 | 7082 | 7823 | 8557 | 9282 | 0000 |
| 5 | 7,0711 | 1414 | 2111 | 2801 | 3485 | 4102 | 4833 | 5498 | 6158 | 6811 |
| 6 | 7460 | 8102 | 8740 | 9373 | 0000 | 0623 | 1240 | 1854 | 2462 | 3066 |
| 7 | 8,3666 | 4261 | 4853 | 5440 | 6023 | 6603 | 7178 | 7750 | 8318 | 8882 |
| 8 | 9443 | 0000 | 0554 | 1104 | 1652 | 2195 | 2736 | 3274 | 3808 | 4340 |
| 9 | 9,4868 | 5394 | 5917 | 6437 | 6954 | 7408 | 7980 | 8489 | 8995 | 9499 |
| 10 | 10,0000 | 0499 | 0995 | 1489 | 1980 | 2470 | 2956 | 3441 | 3923 | 4403 |

Man liest ab: $\sqrt{3} = 1{,}7321$; $\sqrt{104} = 10{,}1980$

Benutzt man die Taste $\sqrt{\phantom{x}}$ eines Taschenrechners, erhält man beispielsweise $\sqrt{3} = 1{,}7320508$, $\sqrt{104} = 10{,}198039$ und $\sqrt{1041} = 32{,}264531$.

Bisher wurden nur nicht negative reelle Zahlen betrachtet, die durch die Beziehung $w^2 = a$ miteinander verknüpft sind, von denen die eine – $a$ – das Quadrat der anderen – $w$ – ist und von denen $w$ die Quadratwurzel aus $a$ genannt wird. Es gibt im Bereich der nicht negativen reellen Zahlen beliebig viele Zahlen für $w$ und $a$, so dass $w^3 = a$ oder $w^4 = a$ oder allgemein $w^n = a$ mit $n \in \mathbb{N}^*$ gilt. Ist $w^3 = a$, nennt man $w$ die 3. Wurzel aus $a$ und schreibt $w = \sqrt[3]{a}$.

Ist $w^4 = a$, nennt man $w$ die 4. Wurzel aus $a$ und schreibt $w = \sqrt[4]{a}$.

Ist $w^n = a$, nennt man $w$ die $n$-te Wurzel aus $a$ und schreibt $w = \sqrt[n]{a}$.

| $w$ | $w^2$ | $w^3$ | $w^4$ | … | $w^n$ |
|---|---|---|---|---|---|
| $\sqrt{2}$ | 2 | $(\sqrt{2})^3$ | $(\sqrt{2})^4$ | | $(\sqrt{2})^n$ |
| 2 | 4 | 8 | 16 | | $2^n$ |
| 3 | 9 | 27 | 81 | | $3^n$ |
| 4 | 16 | 64 | 256 | | $4^n$ |
| ⋮ | | | | | |

In Analogie dazu schreibt man die Quadratwurzel auch in der Form $w = \sqrt[2]{a}$. Wendet man die Erklärung, dass $w = \sqrt[n]{a}$ dasselbe bedeutet wie $w^n = a$ auf $n = 1$ an, findet man, dass $w = \sqrt[1]{a}$ dasselbe ist wie $w^1 = a$, dass also $\sqrt[1]{a} = a$ gilt.

$\sqrt[2]{4} = \sqrt{4} = 2$

$\sqrt[2]{49} = \sqrt{49} = 7$

$\sqrt[1]{63} = 63$

**Merke:**

Gilt $w^n = a$ für nicht negative reelle Zahlen für $w$ und $a$ ($n \in \mathbb{N}^*$), dann heißt $w$ die $n$-te Wurzel aus $a$, in Zeichen $w = \sqrt[n]{a}$.

Auch für den Begriff der $n$-ten Wurzel gilt also:

**1.** Wurzeln sind immer größer oder gleich 0.

$\sqrt{4} = 2$, denn $2 > 0$ und $2^2 = 4$.

$\sqrt[4]{16} = 2$, denn $2 > 0$ und $2^4 = 16$.

$\sqrt[3]{27} = 3$, denn $3 > 0$ und $3^3 = 27$.

**2.** Das Zeichen $\sqrt{\ }$ hat nur für Radikanden einen Sinn, die größer oder gleich 0 sind.

$\sqrt{4} = 2$, denn $4 > 0$ und $2^2 = 4$.

$\sqrt[n]{0} = 0$, denn $0 = 0$ und $0^n = 0$ für $n \in \mathbb{N}^*$.

$\sqrt[n]{(-4)^2}$ ist sinnvoll, denn $(-4)^2 = 16$ und $16 > 0$.

**Anmerkung:**

**1.** Für alle $a \in \mathbb{R}$ gilt $\sqrt{a^2} = |a|$, denn:

**a)** Für $a < 0$ ist $a^2 > 0$, der Term $\sqrt{a^2}$ ist sinnvoll, die Wurzel kann bestimmt werden. Um sicherzustellen, dass diese Wurzel größer ist als 0, muss man $|a|$ schreiben, denn nach Definition des Betrags einer reellen Zahl ist $|a| = -a$ für $a < 0$.

**b)** Für $a \geq 0$ ist $a^2 \geq 0$ und $\sqrt{a^2} = a$ wäre korrekt. Wenn aber nicht ausdrücklich $a \geq 0$ vorausgesetzt ist, muss man $\sqrt{a^2} = |a|$ schreiben. Das ist auch für $a \geq 0$ richtig, weil laut Definition des Betrags $|a| = a$ für $a \geq 0$.

**2.** Radizieren und nachfolgendes Potenzieren mit dem gleichen Exponenten heben sich auf. $\sqrt[n]{a}$ ist ja gerade die nicht negative reelle Zahl, die mit $n$ potenziert $a$ ergibt. Es ist also $\left(\sqrt[n]{a}\right)^n = a$.

Die beim Radizieren wichtigen Begriffe heißen: Die nicht negative Zahl, aus der die Wurzel gezogen werden soll, heißt **Radikand**. Die natürliche Zahl, die angibt, die wievielte Wurzel gezogen werden soll, heißt **Wurzelexponent**. Den Ausdruck selbst nennt man **Wurzelterm**.

Wurzelexponent

$\sqrt[n]{a}\}$ Wurzelterm

Radikand

## 1.10.2 Das Addieren und Subtrahieren von Wurzeln und Wurzeltermen

Das Addieren und Subtrahieren von Wurzeltermen, deren Radikanden reelle Zahlen sind, ist das übliche Zahlenrechnen. Wenn die Wurzel eine irrationale Zahl ist, muss man vor dem Rechnen den unendlichen Dezimalbruch, von dem die Zahlentafel oder der Taschenrechner auch nur 4 oder 6 oder eine andere begrenzte Anzahl von Stellen bringen, auf eine sinnvolle Zahl von Stellen nach dem Komma runden. Oft sind zwei Stellen völlig ausreichend.

- $2 \cdot \sqrt{4} + \sqrt{9} = 2 \cdot 2 + 3 = \underline{\underline{7}}$
- $2 \cdot \sqrt{5} - \sqrt{3} = ?$

  $\sqrt{5} = 2{,}2361\ldots = 2{,}24$

  $\sqrt{3} = 1{,}7321\ldots = 1{,}73$

  $2 \cdot \sqrt{5} - \sqrt{3} = 2 \cdot 2{,}24 - 1{,}73 = \underline{\underline{2{,}75}}$
- $\sqrt[3]{20} - 2 \cdot \sqrt[3]{17} = ?$

  $\sqrt[3]{20} = 2{,}7144\ldots = 2{,}71$

  $\sqrt[3]{17} = 2{,}5713\ldots = 2{,}57$

  $\sqrt[3]{20} - 2 \cdot \sqrt[3]{17} = 2{,}71 - 5{,}14 = \underline{\underline{-2{,}43}}$

Als Rundungsregel kann man verwenden: Schließen an die Stelle, die als letzte stehen bleiben soll, eine 5, 6, 7, 8 oder 9 an, wird diese Stelle um 1 erhöht. Schließen sich 0, 1, 2, 3 oder 4 an, bleibt sie unverändert.

**Rundung auf zwei Stellen nach dem Komma**

$\sqrt{5} = 2{,}2361\ldots = 2{,}24$, da die dritte Stelle nach dem Komma 6 ist.

$\sqrt[3]{17} = 2{,}5713\ldots = 2{,}57$, da die dritte Stelle nach dem Komma 1 ist.

In manchen Fällen kann man vor dem Rechnen die (algebraischen) Summen durch die Anwendung des Distributivgesetzes vereinfachen. Man kann das Distributivgesetz aber nur anwenden, wenn die in den Summen vorkommenden Wurzelterme gleiche Radikanden und gleiche Wurzelexponenten haben.

- $2 \cdot \sqrt{4} + 7 \cdot \sqrt{4} = (2+7) \cdot \sqrt{4} = 9 \cdot \sqrt{4} = \underline{\underline{18}}$
- $5 \cdot \sqrt[3]{27} - 2 \cdot \sqrt[3]{27} = (5-2) \cdot \sqrt[3]{27} = 3 \cdot 3 = \underline{\underline{9}}$
- $5 \cdot \sqrt{a} + 3 \cdot \sqrt{a} = (5+3) \cdot \sqrt{a} = \underline{\underline{8 \cdot \sqrt{a}}}$
- $9 \cdot \sqrt{b} - 2\sqrt{b} = (9-2) \cdot \sqrt{b} = \underline{\underline{7\sqrt{b}}}$

Steht eine reelle Zahl als Faktor bei einem Wurzelterm, so nennt man sie **Koeffizient des Wurzelterms**.

**Merke:**

Produktterme mit gleichen Wurzeltermen werden addiert oder subtrahiert, indem man ihre Koeffizienten addiert oder subtrahiert und den gemeinsamen Wurzelterm als Faktor beibehält.

$$a\sqrt[n]{c}+b\sqrt[n]{c}=(a+b)\sqrt[n]{c}$$

**Beispiel:**

$5\frac{1}{2}\sqrt[7]{ax}+6\frac{1}{4}\sqrt[7]{ab}+\sqrt[7]{ax}-8\frac{1}{2}\sqrt[7]{ab}=$ __

$(ax,\ ab\in\mathbb{R}^{\geq 0})$

Die Summanden werden nach Gliedern mit gleichen Radikanden geordnet und dann zusammengefasst.

$$5\frac{1}{2}\sqrt[7]{ax}+6\frac{1}{4}\sqrt[7]{ab}+\sqrt[7]{ax}-8\frac{1}{2}\sqrt[7]{ab}$$
$$=5\frac{1}{2}\sqrt[7]{ax}+\sqrt[7]{ax}-\frac{34}{4}\sqrt[7]{ab}+\frac{25}{4}\sqrt[7]{ab}$$
$$=\underline{\underline{6\frac{1}{2}\sqrt[7]{ax}-2\frac{1}{4}\sqrt[7]{ab}}}$$

## 1.10.3 Das Multiplizieren von Wurzeln und Wurzeltermen

Das Multiplizieren von Wurzeln, deren Radikanden reelle Zahlen sind, ist das übliche Zahlenrechnen. Sind aber zwei Wurzeln mit gleichem Wurzelexponenten miteinander zu multiplizieren, kann man das auf zwei verschiedene Weisen tun. Entweder man radiziert jeden Faktor und multipliziert diese Ergebnisse oder man multipliziert die Radikanden und radiziert dieses Produkt.

$$\sqrt{3}\cdot\sqrt[3]{5}=1{,}73\cdot 1{,}71=\underline{\underline{2{,}96}}$$
$$\sqrt{4}\cdot\sqrt{16}=2\cdot 4=\underline{\underline{8}}$$
$$\sqrt{4}\cdot\sqrt{16}=\sqrt{4\cdot 16}=\sqrt{64}=\underline{\underline{8}}$$
$$\sqrt[3]{8}\cdot\sqrt[3]{27}=2\cdot 3=\underline{\underline{6}}$$
$$\sqrt[3]{8}\cdot\sqrt[3]{27}=\sqrt[3]{8\cdot 27}=\sqrt[3]{216}=\underline{\underline{6}}$$

Das zweite Verfahren ermöglicht mitunter eine einfachere und genauere Berechnung des Produkts zweier Wurzeln als das erste, nämlich dann, wenn die Wurzeln zwar selbst irrationale Zahlen sind, ihr Produkt aber rational ist. Das gilt nicht nur für das Produkt von Quadratwurzeln, sondern ganz allgemein.

$\sqrt{2}$ ist eine irrationale Zahl,
$\sqrt{8}$ ist eine irrationale Zahl,
$\sqrt{2}\cdot\sqrt{8}=1{,}41\cdot 2{,}83=3{,}99$ ► Produkt als Näherung,

aber:
$\sqrt{2}\cdot\sqrt{8}=\sqrt{2\cdot 8}=\sqrt{16}=4$ ► Produkt als rationale Zahl genau.

Es ist $\sqrt[n]{a}\cdot\sqrt[n]{b}=\sqrt[n]{a\cdot b}\qquad (a\in\mathbb{R}^{\geq 0},\ b\in\mathbb{R}^{\geq 0},\ n\in\mathbb{N}^*)$.

**Begründung:**

Die $n$-te Wurzel aus einer reellen nicht negativen Zahl ist diejenige nicht negative Zahl, die, in die $n$-te Potenz erhoben, den Radikanden ergibt. Steht $a$ für den Radikanden, findet man die $n$-te Wurzel aus $a$ offenbar dadurch, dass man $a$ in $n$ gleiche Faktoren zerlegt, denn ist $\upsilon$ ein solcher Faktor, so ist $\upsilon \cdot \upsilon \cdot \upsilon \cdot \ldots \cdot \upsilon$ (mit $n$ Faktoren $\upsilon$) gleich $a$.

Die Wurzel aus $a$ ist also einer von 1, 2, 3 oder $n$ gleichen Faktoren, in die man sich $a$ zerlegt denken muss, je nachdem, ob der Wurzelexponent 1, 2, 3 oder $n$ ist. Man kann also $\sqrt[n]{a} = \sqrt[n]{\upsilon \cdot \upsilon \cdot \upsilon \cdot \ldots \cdot \upsilon}$ ($n$ Faktoren $\upsilon$ mit $\upsilon \in \mathbb{R}^{\geq 0}$) $= \upsilon$ und $\sqrt[n]{b} = \sqrt[n]{w \cdot w \cdot w \cdot \ldots \cdot w}$ ($n$ Faktoren $w$ mit $w \in \mathbb{R}^{\geq 0}$) $= w$ schreiben, also $\sqrt[n]{a} \cdot \sqrt[n]{b} = \upsilon \cdot w$. $\upsilon \cdot w$ ist aber auch die $n$-te Wurzel aus $(\upsilon \cdot w) \cdot (\upsilon \cdot w) \cdot (\upsilon \cdot w) \cdot \ldots \cdot (\upsilon \cdot w)$ (mit $n$ Faktoren $\upsilon \cdot w$), also $\upsilon \cdot w = \sqrt[n]{(\upsilon \cdot w) \cdot (\upsilon \cdot w) \cdot (\upsilon \cdot w) \cdot \ldots \cdot (\upsilon \cdot w)}$ ($n$ Faktoren) $= \sqrt[n]{\upsilon^n \cdot w^n} = \sqrt[n]{a \cdot b}$, was zu zeigen war.

**Beispiele:**

**1.** $\sqrt{64} \cdot \sqrt[3]{27} = \underline{\underline{\quad}}$

Da die Wurzelexponenten nicht gleich sind, muss man zuerst radizieren und dann multiplizieren.

**2.** $\sqrt[3]{64} \cdot \sqrt[3]{27} = \underline{\underline{\quad}}$

Da die Wurzelexponenten gleich sind, kann man die Radikanden multiplizieren und das Produkt radizieren. Man kann aber auch jeden Radikanden einzeln radizieren und die Ergebnisse multiplizieren.

**3.** $\sqrt{a} \cdot \sqrt{a^3} = \underline{\underline{\quad}}$ $(a \in \mathbb{R}^{\geq 0})$

Das Produkt der Radikanden wird radiziert.

**1.** $\sqrt{64} \cdot \sqrt[3]{27} = \underline{\underline{\quad}}$

$\sqrt{64} \cdot \sqrt[3]{27} = 8 \cdot 3 = \underline{\underline{24}}$

**2.** $\sqrt[3]{64} \cdot \sqrt[3]{27} = \underline{\underline{\quad}}$

$\sqrt[3]{64} \cdot \sqrt[3]{27} = \sqrt[3]{1728} = \underline{\underline{12}}$

$\sqrt[3]{64} = 4, \ \sqrt[3]{27} = 3$

$\sqrt[3]{64} \cdot \sqrt[3]{27} = 4 \cdot 3 = \underline{\underline{12}}$

**3.** $\sqrt{a} \cdot \sqrt{a^3} = \underline{\underline{\quad}}$ $(a \in \mathbb{R}^{\geq 0})$

$\sqrt{a} \cdot \sqrt{a^3} = \sqrt{a \cdot a^3} = \sqrt{a^4} = \underline{\underline{a^2}}$

**Merke:**

Zwei Wurzelterme mit gleichen Wurzelexponenten werden multipliziert, indem man die Radikanden multipliziert und das Produkt radiziert.

$$\sqrt[n]{a} \cdot \sqrt[n]{b} = \sqrt[n]{ab} \quad (a, b \in \mathbb{R}^{\geq 0}, n \in \mathbb{N}^*)$$

Diese Gleichung kann man oft auch von rechts nach links lesen, den Prozess, den sie beschreibt, gewissermaßen umkehren.

Allerdings muss hierbei außer $a \cdot b \in \mathbb{R}^{\geq 0}$ noch extra $a \in \mathbb{R}^{\geq 0}$ und $b \in \mathbb{R}^{\geq 0}$ vorausgesetzt werden, d. h., $a$ und $b$ dürfen nicht beide für negative Zahlen sehen. In einem solchen Falle wäre zwar noch $\sqrt[n]{ab}$ wegen $ab \geq 0$ erklärt, nicht aber $\sqrt[n]{a}$ und $\sqrt[n]{b}$. Man sagt, der Wurzelterm $\sqrt[n]{ab}$ besitzt eine größere Definitionsmenge als der Produktterm $\sqrt[n]{a} \cdot \sqrt[n]{b}$.

Ein Produkt $a \cdot b$ mit $a \in \mathbb{R}^{\geq 0}$ und $b \in \mathbb{R}^{\geq 0}$ kann man radizieren, indem man die Faktoren $a$ und $b$ einzeln radiziert und die Ergebnisse multipliziert:

$\sqrt[n]{ab} = \sqrt[n]{a} \cdot \sqrt[n]{b}$.

Soll ein Wurzelterm mit einer positiven Zahl multipliziert werden, kann man diese Zahl als Faktor unter die Wurzel bringen. Man muss ihr dort den Exponenten als Potenzexponenten geben, den der Wurzelterm als Wurzelexponent hat. Mithilfe von Variablen wird das wie folgt notiert:

$a\sqrt[n]{b} = \sqrt[n]{a^n \cdot b},\ a \in \mathbb{R}^+,\ b \in \mathbb{R}^{\geq 0}$

$2 \cdot \sqrt{9} = 2 \cdot 3 = 6$

$2 \cdot \sqrt{9} = \sqrt{2^2 \cdot 9} = \sqrt{36} = 6$

$2 \cdot \sqrt[3]{4} = \sqrt[3]{2^3 \cdot 4} = \sqrt[3]{8 \cdot 4} = \sqrt[3]{32}$

$a \cdot \sqrt[4]{26} = \sqrt[4]{a^4 \cdot 26},\ a \in \mathbb{R}^+.$

**Beispiele:**

**1.** $2\sqrt{36ab} = \underline{\underline{\quad}}$; $a \cdot b \in \mathbb{R}^{\geq 0}$

Der Radikand wird in die Faktoren 36 und $ab$ zerlegt. Diese werden radiziert.

**1.** $2\sqrt{36ab} = \underline{\underline{\quad}}$

$$2\sqrt{36ab} = 2 \cdot \sqrt{36}\sqrt{ab} = \underline{\underline{12\sqrt{ab}}}$$

**2.** $3\sqrt{50x} = \underline{\underline{\quad}}$; $x \in \mathbb{R}^{\geq 0}$

Der Faktor 50 unter der Wurzel kann in $2 \cdot 25$ zerlegt werden.

**2.** $3\sqrt{50x} = \underline{\underline{\quad}}$

$$3\sqrt{50x} = 3 \cdot \sqrt{2 \cdot 25x} = 3 \cdot 5\sqrt{2x} = \underline{\underline{15 \cdot \sqrt{2x}}}$$

**3.** $6\sqrt{\frac{3}{4}} \cdot 5\sqrt{\frac{8}{9}} \cdot 4\sqrt{\frac{3}{2}} = \underline{\underline{\quad}}$

Man multipliziert die Radikanden, radiziert dieses Produkt und multipliziert das Ergebnis mit den Koeffizienten der Wurzelterme.

**3.** $6\sqrt{\frac{3}{4}} \cdot 5\sqrt{\frac{8}{9}} \cdot 4\sqrt{\frac{3}{2}} = \underline{\underline{\quad}}$

$$6\sqrt{\frac{3}{4}} \cdot 5\sqrt{\frac{8}{9}} \cdot 4\sqrt{\frac{3}{2}} = 6 \cdot 5 \cdot 4\sqrt{\frac{3 \cdot 8 \cdot 3}{4 \cdot 9 \cdot 2}} = 120 \cdot \sqrt{1} = \underline{\underline{120}}$$

## 1.10.4 Das Dividieren von Wurzeln und Wurzeltermen

Das Dividieren von Wurzeln ist das übliche Zahlenrechnen. Sind aber zwei Wurzelterme mit gleichen Wurzelexponenten durcheinander zu dividieren, gibt es wieder zwei Wege: Entweder man radiziert Zählerterm und Nennerterm einzeln und dividiert dann diese Ergebnisse durcheinander oder man dividiert zuerst die Radikanden und radiziert dann diesen Quotienten.

$\sqrt{12} : \sqrt[3]{24} = 3{,}4641 : 2{,}8845 = \underline{\underline{1{,}2009}}$

$\frac{\sqrt{36}}{\sqrt{9}} = \frac{6}{3} = \underline{\underline{2}}$

$\frac{\sqrt{36}}{\sqrt{9}} = \sqrt{\frac{36}{9}} = \sqrt{4} = \underline{\underline{2}}$

$\frac{\sqrt[3]{216}}{\sqrt[3]{27}} = \frac{6}{3} = \underline{\underline{2}}$

$\frac{\sqrt[3]{216}}{\sqrt[3]{27}} = \sqrt[3]{\frac{216}{27}} = \sqrt[3]{8} = \underline{\underline{2}}$

Sind Variable beteiligt, kann man ganz genauso vorgehen.

**Merke:**

Zwei Wurzelterme mit gleichen Wurzelexponenten werden dividiert, indem man die Radikanden dividiert und den erhaltenen Quotienten radiziert.

$$\frac{\sqrt[n]{a}}{\sqrt[n]{b}} = \sqrt[n]{\frac{a}{b}}, \qquad a \in \mathbb{R}^{\geq 0},\ b \in \mathbb{R}^{+}$$

Diese Gleichung kann oft auch von rechts nach links gelesen werden. Der Prozess, den sie beschreibt, wird dadurch gewissermaßen umgekehrt.

Allerdings muss man hierbei nicht nur $\frac{a}{b} \in \mathbb{R}^{\geq 0}$, sondern auch extra $a \in \mathbb{R}^{\geq 0}$ und $b \in \mathbb{R}^{+}$ voraussetzen. $\frac{a}{b}$ ist auch dann größer oder gleich 0, wenn $a \leq 0$ und $b < 0$ sind. Für diese Fälle ist zwar noch $\sqrt[n]{\frac{a}{b}}$ erklärt, nicht aber $\sqrt[n]{a}$ und $\sqrt[n]{b}$ (mit Ausnahme von $a = 0$). Man sagt, der Wurzelterm $\sqrt[n]{\frac{a}{b}}$ besitzt eine größere Definitionsmenge als der Term $\frac{\sqrt[n]{a}}{\sqrt[n]{b}}$.

Einen Quotienten $\frac{a}{b}$ mit $a \in \mathbb{R}^{\geq 0}$ und $b \in \mathbb{R}^{+}$ kann man radizieren, indem man Zähler und Nenner einzeln radiziert und die Ergebnisse durcheinander dividiert:

$$\sqrt[n]{\frac{a}{b}} = \frac{\sqrt[n]{a}}{\sqrt[n]{b}}.$$

**Beispiele:**

**1.** $\sqrt{\frac{5x}{60}} : \sqrt{\frac{10x}{30}} = \underline{\underline{\quad}};\ x \in \mathbb{R}^{+}$

Dividend und Divisor sind Wurzelterme mit gleichen Exponenten. Also können die Radikanden unter ein gemeinsames Wurzelzeichen geschrieben und dort dividiert werden.

**2.** $\sqrt[3]{\frac{64a}{343}} = \underline{\underline{\quad}};\ a \in \mathbb{R}^{\geq 0}$

Zählerterm und Nennerterm werden einzeln radiziert, dabei ist zu beachten, dass der Zählerterm ein Produktterm ist. Dann werden die Ergebnisse durcheinander dividiert.

**1.** $\sqrt{\frac{5x}{60}} : \sqrt{\frac{10x}{30}} = \underline{\underline{\quad}};\ x \in \mathbb{R}^{+}$

$$\sqrt{\frac{5x}{60}} : \sqrt{\frac{10x}{30}} = \sqrt{\frac{5x}{60} : \frac{10x}{30}}$$

$$= \sqrt{\frac{5x \cdot 30}{60 \cdot 10x}} = \sqrt{\frac{1}{4}} = \underline{\underline{\frac{1}{2}}}$$

**2.** $\sqrt[3]{\frac{64a}{343}} = \underline{\underline{\quad}};\ a \in \mathbb{R}^{\geq 0}$

$$\sqrt[3]{64a} = 4 \cdot \sqrt[3]{a}$$

$$\sqrt[3]{343} = 7$$

$$\sqrt[3]{\frac{64a}{343}} = \frac{\sqrt[3]{64a}}{\sqrt[3]{343}} = \frac{4 \cdot \sqrt[3]{a}}{7} = \underline{\underline{\frac{4}{7}\sqrt[3]{a}}}$$

**3.** $5\cdot\sqrt[3]{\frac{8nx}{27x^2}\cdot 64ab}=\underline{\underline{\qquad}}$

$abn\in\mathbb{R}^{\geq 0},\ x\in\mathbb{R}^+$

Der Radikand wird geeignet in Produkte zerlegt und dann faktorweise radiziert.

**3.** $5\cdot\sqrt[3]{\frac{8nx}{27x^2}\cdot 64ab}=\underline{\underline{\qquad}};\ abn\in\mathbb{R}^{\geq 0},\ x\in\mathbb{R}^+$

$$5\cdot\sqrt[3]{\frac{8nx}{27x^2}\cdot 64ab}=5\cdot\sqrt[3]{\frac{8}{27}\cdot 64\cdot\frac{nx}{x^2}\cdot ab}$$
$$=5\cdot\sqrt[3]{\frac{8}{27}}\cdot\sqrt[3]{64}\cdot\sqrt[3]{\frac{abn}{x}}$$
$$=5\cdot\frac{2}{3}\cdot 4\cdot\sqrt[3]{\frac{abn}{x}}=\underline{\underline{\frac{40}{3}\sqrt[3]{\frac{abn}{x}}}}$$

## 1.10.5 Das Potenzieren von Wurzeln und Wurzeltermen

Ist eine Wurzel zu potenzieren, kann man das auf zwei verschiedene Weisen tun. Man kann zunächst die Wurzel ziehen und dieses Ergebnis dann potenzieren, man kann aber auch die Wurzel so oft als Faktor setzen, wie der vorliegende Potenzexponent angibt, und dieses Produkt berechnen. Dabei stellt man fest, dass der Potenzexponent, mit dem die Wurzel potenziert werden soll, als Potenzexponent über den Radikanden zu schreiben ist, bevor man radiziert.

$$\left(\sqrt{4}\right)^3=2^3=\underline{\underline{8}}$$
$$\left(\sqrt{4}\right)^3=\sqrt{4}\cdot\sqrt{4}\cdot\sqrt{4}=\sqrt{4\cdot 4\cdot 4}=\sqrt{4^3}$$
$$=\sqrt{64}=\underline{\underline{8}}$$
$$\left(\sqrt[3]{8}\right)^3=2^3=\underline{\underline{8}}$$
$$\left(\sqrt[3]{8}\right)^3=\sqrt[3]{8}\cdot\sqrt[3]{8}\cdot\sqrt[3]{8}=\sqrt[3]{8\cdot 8\cdot 8}=\sqrt[3]{8^3}=\underline{\underline{8}}$$
$$\left(\sqrt[4]{16}\right)^2=2^2=\underline{\underline{4}}$$
$$\left(\sqrt[4]{16}\right)^2=\sqrt[4]{16}\cdot\sqrt[4]{16}=\sqrt[4]{16^2}=\sqrt[4]{256}=4$$

Dieser zweite Weg ist auch gangbar, wenn in den Wurzeltermen Variable auftreten.

Es ist $\left(\sqrt[n]{a}\right)^m=\sqrt[n]{a}\cdot\sqrt[n]{a}\cdot\sqrt[n]{a}\cdot\ldots\cdot\sqrt[n]{a}$, $m$ Faktoren, $a\in\mathbb{R}^{\geq 0},\ n\in\mathbb{N}^*,\ m\in\mathbb{N}$

$=\sqrt[n]{a\cdot a\cdot a\cdot\ldots\cdot a}$ mit $m$ Faktoren $a$

$=\sqrt[n]{a^m}.$

**Merke:**

Ein Wurzelterm wird potenziert, indem man den Radikanden potenziert und die Potenz dann radiziert.

$$\left(\sqrt[n]{a}\right)^m=\sqrt[n]{a^m},\ a\in\mathbb{R}^{\geq 0},\ n\in\mathbb{N}^*,\ m\in\mathbb{N}$$

Diese Gleichung kann man auch oft von rechts nach links lesen, den Prozess, den sie beschreibt, gewissermaßen umkehren. Allerdings muss man hierbei nicht nur $a^m\in\mathbb{R}^{\geq 0}$, sondern extra auch $a\in\mathbb{R}^{\geq 0}$ voraussetzen. $\sqrt[n]{a^m}$ ist nämlich auch dann erklärt, wenn $a$ für eine negative reelle Zahl und $m$ für eine gerade natürliche Zahl steht. In diesem Falle ist aber $\left(\sqrt[n]{a}\right)^m$ nicht erklärt. Man sagt, der Term $\sqrt[n]{a^m}$ hat eine größere Definitionsmenge als der Term $\left(\sqrt[n]{a}\right)^m$.

Eine Potenz $a^m$ mit $a\in\mathbb{R}^{\geq 0}$ kann man radizieren, indem man die Basis radiziert und diese Wurzel mit dem Potenzexponenten der Basis potenziert:

$\sqrt[n]{a^m}=\left(\sqrt[n]{a}\right)^m.$

**Beispiele:**

**1.** $\left(\sqrt[2]{4}\right)^3 = \underline{\underline{\quad}}$

Man potenziert den Radikanden mit 3 und radiziert den Potenzwert.

**2.** $\sqrt[3]{8^5} = \underline{\underline{\quad}}$

Man zieht die 3. Wurzel aus der Basis und potenziert mit 5.

**3.** $\sqrt[n]{(a^n)^m} = \underline{\underline{\quad}}$; $a^{nm} \in \mathbb{R}^{\geq 0}$, $a^n \in \mathbb{R}^{\geq 0}$

Man zieht die $n$-te Wurzel aus $a^n$ und potenziert das Ergebnis mit $m$.

**1.** $\left(\sqrt[2]{4}\right)^3 = \underline{\underline{\quad}}$

$\left(\sqrt[2]{4}\right)^3 = \sqrt[2]{4^3} = \sqrt[2]{64} = \underline{\underline{8}}$

**2.** $\sqrt[3]{8^5} = \underline{\underline{\quad}}$

$\sqrt[3]{8^5} = \left(\sqrt[3]{8}\right)^5 = 2^5 = \underline{\underline{32}}$

**3.** $\sqrt[n]{(a^n)^m} = \underline{\underline{\quad}}$; $a^{nm} \in \mathbb{R}^{\geq 0}$, $a^n \in \mathbb{R}^{\geq 0}$

$\sqrt[n]{(a^n)^m} = \left(\sqrt[n]{a^n}\right)^m = \underline{\underline{|a|^m}}$

Die Erklärung, dass Wurzelziehen bedeutet, den Radikanden in gleiche Faktoren zu zerlegen, hilft auch bei der Lösung des folgenden **Problems**:

Mit welcher Zahl muss man den Radikanden potenzieren, damit die Wurzel gleich bleibt, obwohl der Wurzelexponent mit einer beliebigen natürlichen Zahl multipliziert wurde?

Es ist $\sqrt[4]{81} = 3$, denn $3 \cdot 3 \cdot 3 \cdot 3 = 81$, der Faktor 3 ist die gesuchte Wurzel. Für welche andere Zahl für x wäre $\sqrt[5 \cdot 4]{x}$ ebenfalls 3?

Der Radikand müsste $5 \cdot 4 = 20$ Faktoren 3 haben. 81 hat vier Faktoren 3, also wäre $81^5$ die verlangten 20 Faktoren 3.

Das heißt: $\sqrt[4]{81} = \sqrt[5 \cdot 4]{81^5}$.

Multipliziert man den Wurzelexponenten mit einer natürlichen Zahl und potenziert den Radikanden mit derselben Zahl, ändert sich der Wurzelwert nicht.

Bedenkt man, dass $81 = 81^1$, allgemein $a = a^1$ $(a \in \mathbb{R})$, so kann man formulieren:

**Merke:**

Man kann den Wurzelexponenten und den Exponenten des Radikanden eines Wurzelterms mit derselben von 0 verschiedenen natürlichen Zahl multiplizieren, ohne dass sich der Wert des Wurzelterms ändert. $\sqrt[n]{a^m} = \sqrt[cn]{a^{cm}}$, $a^m \in \mathbb{R}^{\geq 0}$; $c, n, m \in \mathbb{N}^*$

Diese Gleichung kann man auch oft von rechts nach links lesen, den Prozess, den sie beschreibt, gewissermaßen umkehren. Allerdings muss man hierbei nicht nur $a^{cm} \in \mathbb{R}^{\geq 0}$, sondern auch extra $a^m \in \mathbb{R}^{\geq 0}$ voraussetzen. Denn $\sqrt[cn]{a^{cm}}$ ist nämlich auch dann erklärt, wenn $a^m < 0$ und $c$ für eine gerade Zahl steht. In diesem Fall ist aber $\sqrt[n]{a^m}$ nicht erklärt. Man sagt, der Term $\sqrt[cn]{a^{cm}}$ hat eine größere Definitionsmenge als der Term $\sqrt[n]{a^m}$.

Haben der Wurzelexponent und der Potenzexponent des Radikanden eines Wurzelterms einen gemeinsamen Faktor $c$ und gilt mit $a^{cm} \in \mathbb{R}^{\geq 0}$ auch $a^m \in \mathbb{R}^{\geq 0}$, so kann man beide durch den gemeinsamen Faktor teilen, ohne dass sich der Wert des Wurzelterms ändert:
$\sqrt[cn]{a^{cm}} = \sqrt[n]{a^m}$.

**Beispiele:**

**1.** Die Exponenten werden mit ein und derselben Zahl oder Variablen multipliziert:

**a)** $\sqrt{2}=\sqrt[4]{4}=\sqrt[6]{8}=\sqrt[8]{16}$

**b)** $\sqrt[3]{a^6}=\sqrt[3n]{a^{6n}};\ a\in\mathbb{R},\ n\in\mathbb{N}^*$

**c)** $\sqrt[m]{c^d}=\sqrt[mn]{c^{dn}};\ c^d\in\mathbb{R}^{\geq 0};\ m,n\in\mathbb{N}^*$

**2.** Die Exponenten werden durch ein und dieselbe Zahl oder Variable dividiert:

**a)** $\sqrt[6]{2^{10}}=\sqrt[3]{2^5}=\sqrt[3]{32}$

**b)** $\sqrt[18]{(-8)^6}=\sqrt[6]{(-8)^2}=\sqrt[6]{64=2}$

Jedoch nicht:

$\sqrt[18]{(-8)^6}=\sqrt[9]{(-8)^3}$! Negative Radikanden sind nicht zugelassen.

**c)** $\sqrt[3n]{r^{9n}}=\sqrt[3]{r^9}=r^3;\ r\in\mathbb{R}^{\geq 0},\ n\in\mathbb{N}^*$

**d)** $\sqrt[4]{y^8}=\sqrt[1]{y^2}=y^2;\ y\in\mathbb{R}$

**e)** $\sqrt[m+n]{(ax)^{2(m+n)}}=\sqrt[1]{(ax)^2}=a^2x^2;\ a,x\in\mathbb{R};\ m,n\in\mathbb{N};\ m+n\neq 0$

## 1.10.6 Eine Erweiterung des Potenzbegriffs

Der Potenzbegriff wurde bisher mehrfach erweitert. Ursprünglich wurden Potenzen als eine abkürzende Schreibweise für Produkte aus gleichen Faktoren benutzt. Die Basis durfte eine beliebige rationale Zahl sein. Dann wurde erklärt, was die Terme $a^0$ und $a^1$ bedeuten sollen, wobei $0^0$ ausgeschlossen wurde, weil dieser Term nicht eindeutig erklärt werden kann. Sodann wurde festgesetzt, was unter einer Potenz mit negativen Exponenten verstanden werden soll: $a^{-n}=\frac{1}{a^n}$; $a\neq 0$. Schließlich wurde jede reelle Zahl als Basis einer Potenz zugelassen.

In $a^n=b$ stand bisher:

| $a$ für | und | $n$ für | Dann liegt $b$ in |
|---|---|---|---|
| $a\in\mathbb{N}$ | | $n\in\mathbb{N}$<br>$n\geq 2$ | $b\in\mathbb{N}$ |
| $a\in\mathbb{Q}$ | | $n\in\mathbb{N}$<br>$n\geq 2$ | $b\in\mathbb{Q}$ |
| $a\in\mathbb{Q}$ | $a\neq 0$ | $n=0$<br>$n=1$ | $b=1$<br>$b=a$ |
| $a\in\mathbb{Q}$ | | $n\in\mathbb{Z}$<br>$n<0$ | $b\in\mathbb{Q}$ |
| $a\in\mathbb{R}$ | | $n\in\mathbb{Z}$ | $b\in\mathbb{R}$ |

Alle Potenzgesetze gelten auch, wenn die Basen reelle Zahlen sind.

**1.** $a^m\cdot a^n=a^{m+n}$

**2.** $a^n\cdot b^n=(ab)^n$

**3.** $(a^n)^m=a^{nm},\ a,b\in\mathbb{R}$

Mithilfe des Wurzelbegriffs lassen sich Potenzen mit nicht negativen Basen und gebrochenen Zahlen als Exponenten definieren.

Nebenstehend werden mithilfe der Regel über die Division von Wurzelexponent und Potenzexponent des Radikanden eines Wurzelterms durch einen gemeinsamen Faktor Wurzeltermumformungen vorgenommen. Diese Beispiele legen eine Erklärung nahe, was unter einer Potenz mit einem gebrochenen Exponenten verstanden werden könnte. Sie motivieren folgende **Festsetzung**:

$$a^{\frac{m}{n}} = \sqrt[n]{a^m} \quad (a \in \mathbb{R}^{\geq 0}, m, n \in \mathbb{N}^*).$$

Diese Definition enthält als Spezialfall für $m = 1$ die Aussage:

$$a^{\frac{1}{n}} = \sqrt[n]{a}.$$

$\sqrt[4]{a^{12}} = \sqrt[1]{a^{\frac{12}{4}}} = a^{\frac{12}{4}} = a^3$

$\sqrt[6]{a^{12}} = \sqrt[1]{a^{\frac{12}{6}}} = a^{\frac{12}{6}} = a^2$

$\sqrt[12]{a^{12}} = \sqrt[1]{a^{\frac{12}{12}}} = a^{\frac{12}{12}} = a$

Offenbar gilt für diese Beispiele gemeinsam $\sqrt[n]{a^m} = a^{\frac{m}{n}}$, wenn $a \in \mathbb{R}^{\geq 0}$.

**Beispiele:**

**1.** $9^{\frac{2}{3}} = \sqrt[3]{9^2} = \sqrt[3]{81} = 4{,}33$

**2.** $49^{\frac{1}{2}} = \sqrt[2]{49} = 7$

**3.** $(4u)^{\frac{p}{q}} = \sqrt[q]{(4u)^p}$; $u \in \mathbb{R}^{\geq 0}$, $\frac{p}{q} \in \mathbb{Q}$

Ausdrücklich sei darauf hingewiesen, dass diese Festsetzung nur für nicht negativen Basen sinnvoll ist. Denn obwohl z. B. $(-2)^3 = -8$ ist, darf man nicht $(-8)^{\frac{1}{3}} = -2$ schreiben, weil einerseits dann $(-8)^{\frac{1}{3}} = \sqrt[3]{-8}$ wäre, was der Definition der Wurzel aus nur nicht negativen Radikanden widerspricht, und andererseits gelten würde $-2 = (-8)^{\frac{1}{3}} = (-8)^{\frac{2}{6}} = \sqrt[6]{(-8)^2} = \sqrt[6]{64} = 2$, also $-2 = 2$, was offensichtlich falsch ist.

Die Definition des erweiterten Potenzbegriffs umfasst den bisherigen Begriff einer Potenz für nicht negative Basen.

Setzt man den Nenner $n$ eines gebrochenen Exponenten $\frac{m}{n}$ gleich 1, geht die Potenz mit gebrochenem Exponenten in eine Potenz mit dem Zähler als Exponenten über. Diese Potenz erhält man auch, wenn man gemäß der Definition zur Wurzelschreibweise übergeht.

$a^{\frac{m}{n}}$ geht für $n = 1$ über in $a^{\frac{m}{1}} = a^m$.

Es ist $a^{\frac{m}{1}} = \sqrt[1]{a^m} = a^m$.

Ist $n$ ein Teiler von $m$, z. B. $m = nt$, so gilt auch hier, dass die neue Definition den bisherigen Potenzbegriff umfasst.

Wenn $m = nt$, so ist $a^{\frac{m}{n}} = a^t$.

Andererseits ist

$\sqrt[n]{a^m} = \sqrt[1]{a^{\frac{m}{n}}} = \sqrt[1]{a^t} = a^t$.

Die Erweiterung des Potenzbegriffs für nicht negative Basen und gebrochene Exponenten über den Wurzelbegriff wurde so getroffen, dass alle Potenzgesetze auch für diese Erweiterung gültig bleiben.

**1.** $a^m \cdot a^n = a^{m+n}$

Man setzt $m = \frac{p}{q}$ und $n = \frac{r}{s}$ und formt die erhaltenen Potenzen gemäß der Definition in Wurzelterme um. Diese können als Wurzelterme mit gleichen Wurzelexponenten geschrieben werden, so dass ihr Produkt nach dem Produktsatz für Wurzelterme berechnet werden kann. Die Anwendung des 1. Potenzgesetzes für nicht gebrochene Potenzexponenten und der anschließende Übergang zur Potenzschreibweise für den erhaltenen Wurzelterm liefert das gewünschte Ergebnis. Damit ist gezeigt, dass auch für gebrochene Exponenten gilt: Potenzterme mit gleichen Basen werden multipliziert, indem man ihre Exponenten addiert und die gemeinsame Basis beibehält.

$a^{\frac{p}{q}} \cdot a^{\frac{r}{s}} = ?$

$a^{\frac{p}{q}} = \sqrt[q]{a^p};\ a^{\frac{r}{s}} = \sqrt[s]{a^r}$

$\sqrt[q]{a^p} = \sqrt[q \cdot s]{a^{p \cdot s}};\ \sqrt[s]{a^r} = \sqrt[q \cdot s]{a^{r \cdot q}}$

$$\begin{aligned} \sqrt[qx]{a^{ps}} \cdot \sqrt[qs]{a^{rq}} &= \sqrt[qs]{a^{ps} \cdot a^{rq}} \\ &= \sqrt[qs]{a^{ps+rq}} \\ &= a^{\frac{ps+rq}{qs}} \\ &= a^{\frac{ps}{qs}+\frac{rq}{qs}} = a^{\frac{p}{q}+\frac{r}{s}} \end{aligned}$$

Also: $a^{\frac{p}{q}} \cdot a^{\frac{r}{s}} = a^{\frac{p}{q}+\frac{r}{s}}$

**2.** $a^n \cdot b^n = (a \cdot b)^n$

Man setzt $n = \frac{p}{q}$ und formt die erhaltenen Potenzterme gemäß der Definition in Wurzelterme um. In dem entstehenden Produktterm haben beide Wurzelterme den gleichen Wurzelexponenten. Man berechnet das Produkt nach dem Produktsatz für Wurzelterme, wendet das 2. Potenzgesetz für nicht gebrochene Potenzexponenten an und geht dann wieder zur Potenzschreibweise über.

$a^{\frac{p}{q}} \cdot b^{\frac{p}{q}} = ?$

$a^{\frac{p}{q}} = \sqrt[q]{a^p};\ b^{\frac{p}{q}} = \sqrt[q]{b^p}$

$$\begin{aligned} \sqrt[q]{a^p} \cdot \sqrt[q]{b^p} = \sqrt[q]{a^p \cdot b^p} &= \sqrt[q]{(a \cdot b)^p} \\ &= (ab)^{\frac{p}{q}} \end{aligned}$$

Also: $a^{\frac{p}{q}} \cdot b^{\frac{p}{q}} = (ab)^{\frac{p}{q}}$

**3.** $(a^m)^n = a^{m \cdot n}$

Man setzt $m = \frac{p}{q}$ und $n = \frac{r}{s}$. Auf den entstehenden Ausdruck $\left(a^{\frac{p}{q}}\right)^{\frac{r}{s}}$ wird zweimal, mit dem inneren Exponenten beginnend, die erweiterte Definition des Potenzbegriffs angewendet.

Der entstehende Wurzelterm wird nach der Potenzregel für Wurzelterme umgeformt.

Der Übergang zur Potenzschreibweise liefert dann das gewünschte Ergebnis.

$\left(a^{\frac{p}{q}}\right)^{\frac{r}{s}} = ?$

$\left(a^{\frac{p}{q}}\right)^{\frac{r}{s}} = \sqrt[s]{\left(\sqrt[q]{a^p}\right)^r}$

$\sqrt[s]{\left(\sqrt[q]{a^p}\right)^r} = \sqrt[s]{\sqrt[q]{a^{pr}}} = \sqrt[s]{a^{\frac{pr}{q}}}$

$\sqrt[s]{a^{\frac{pr}{q}}} = a^{\frac{pr}{qs}} = a^{\frac{p}{q} \cdot \frac{r}{s}}$

Also: $\left(a^{\frac{p}{q}}\right)^{\frac{r}{s}} = a^{\frac{p}{q} \cdot \frac{r}{s}}$

Damit ist gezeigt, dass die Potenzgesetze auch dann gelten, wenn die Potenzexponenten rationale Zahlen sind.

Die Frage liegt nahe, ob auch Potenzen mit irrationalen Zahlen als Potenzexponenten erklärt werden können. Irrationale Zahlen können durch Intervallschachtelungen bestimmt werden. Potenzen mit irrationalen Exponenten können ebenfalls beliebig genau durch Intervallschachtelungen erfasst und damit bestimmt werden. Zum Beispiel liegt $a^{\sqrt{2}}$ $(a \geq 0)$ zwischen $a^1$ und $a^2$, es ist

$a^1 < a^{\sqrt{2}} < a^2$. Weiter gilt:

$a^{1,4} < a^{\sqrt{2}} < a^{1,5}$

$a^{1,41} < a^{\sqrt{2}} < a^{1,42}$

usw.

Mithilfe von Intervallschachtelungen können also auch Potenzen mit irrationalen Potenzexponenten definiert werden. Deshalb kann man sagen: Für $a \geq 0$ darf im Potenzterm $a^n$ für $n$ jede reelle Zahl stehen.

## 1.10.7 Das Radizieren von Wurzeln und Wurzeltermen

Steht unter einem Wurzelzeichen ein weiteres Wurzelzeichen, ist also die Wurzel aus einer Wurzel zu ziehen, kann man die Wurzeln von innen nach außen ausrechnen.

$$\sqrt{\sqrt{16}} = \sqrt{4} = \underline{\underline{2}}$$

$$\sqrt{\sqrt[3]{729}} = \sqrt{9} = \underline{\underline{3}}$$

Schreibt man beide Wurzeln als Potenzen mit gebrochenen Exponenten, erkennt man eine andere Möglichkeit, die Aufgabe zu lösen.

$$\sqrt{\sqrt{16}} = \left((16)^{\frac{1}{2}}\right)^{\frac{1}{2}} = 16^{\frac{1}{4}} = \sqrt[4]{16} = \underline{\underline{2}}$$

$$\sqrt{\sqrt[3]{729}} = \left(729^{\frac{1}{3}}\right)^{\frac{1}{2}} = 729^{\frac{1}{6}} = \sqrt[6]{729} = \underline{\underline{3}}$$

Es zeigt sich, dass die Exponenten der Wurzeln multipliziert werden müssen, will man aus der „Doppelwurzel“ eine „einfache“ Wurzel machen.

$$\sqrt[3]{\sqrt{64}} = \left(64^{\frac{1}{2}}\right)^{\frac{1}{3}} = 64^{\frac{1}{6}} = \sqrt[6]{64} = \underline{\underline{2}}$$

**Merke:**

Eine Wurzel wird radiziert, indem man die Wurzelexponenten multipliziert und mit diesem Produkt als Wurzelexponenten die Wurzel aus dem Radikanden des inneren Wurzelzeichens zieht.

$$\sqrt[n]{\sqrt[m]{a}} = \sqrt[nm]{a}, \; a \in \mathbb{R}^{\geq 0}$$

Die Gleichung $\sqrt[n]{\sqrt[m]{a}} = \sqrt[nm]{a}$ kann auch von rechts nach links gelesen werden. Sie sagt dann aus: Ist der Exponent einer Wurzel ein Produkt, so kann man mit den einzelnen Faktoren nacheinander radizieren, denn es gilt:

$\sqrt[nm]{a} = \sqrt[n]{\sqrt[m]{a}}.$

Da die Multiplikation kommutativ ist, also $n \cdot m = m \cdot n$ gilt, ist die Reihenfolge der Exponenten der beiden Wurzeln beliebig.

$$\sqrt{\sqrt[3]{729}} = \sqrt[3]{\sqrt[2]{729}}$$

$$\sqrt[3]{\sqrt{64}} = \sqrt{\sqrt[3]{64}}$$

**Merke:**

Man kann beim Radizieren von Wurzeln die Wurzelexponenten vertauschen.

$$\sqrt[n]{\sqrt[m]{a}} = \sqrt[m]{\sqrt[n]{a}}$$

**Beispiele:**

1. $\sqrt{\sqrt[3]{x^2}} = \underline{\underline{\quad}}$; $x \in \mathbb{R}$

Wenn man die Wurzelexponenten vertauscht, kann man aus $x^2$ die Quadratwurzel ziehen.

1. $\sqrt{\sqrt[3]{x^2}} = \underline{\underline{\quad}}$

$\sqrt{\sqrt[3]{x^2}} = \sqrt[3]{\sqrt[2]{x^2}} = \underline{\underline{\sqrt[3]{|x|}}}$

2. $\sqrt[4]{\sqrt[3]{x^2}} \cdot \sqrt{\sqrt[6]{x^{10}}} + \sqrt[9]{y^6 \cdot \sqrt[4]{y^{12}}} = \underline{\underline{\quad}} y,\ x \in \mathbb{R}$

Im zweiten Summanden ist $\sqrt[4]{y^{12}} = |y|^3$. Man multipliziert die Wurzelkomponenten, fasst zusammen und radiziert.

2. $\sqrt[4]{\sqrt[3]{x^2}} \cdot \sqrt{\sqrt[6]{x^{10}}} + \sqrt[9]{y^6 \cdot \sqrt[4]{y^{12}}} = \underline{\underline{\quad}}$

$$\begin{aligned} \sqrt[4]{\sqrt[3]{x^2}} \cdot \sqrt{\sqrt[6]{x^{10}}} + \sqrt[9]{y^6 \sqrt[4]{y^{12}}} &= \\ \sqrt[12]{x^2} \cdot \sqrt[12]{x^{10}} + \sqrt[9]{y^6 \cdot |y|^3} &= \\ \sqrt[12]{x^{12}} + \sqrt[9]{|y|^9} &= \underline{\underline{|x| + |y|}} \end{aligned}$$

## Übungen zu 1.10

Bei allen Aufgaben sollen die Variablen so gewählt sein, dass der Radikand nicht negativ ist.

### Radizieren von Zahlen

| | | | | |
|---|---|---|---|---|
| **1.** $\sqrt{64009}$ | **2.** $\sqrt{28944}$ | **3.** $\sqrt{168100}$ | **4.** $\sqrt{3249}$ | **5.** $\sqrt{4032}$ |
| **6.** $\sqrt{9801}$ | **7.** $\sqrt{3481}$ | **8.** $\sqrt{1936}$ | **9.** $\sqrt{351649}$ | **10.** $\sqrt{638401}$ |
| **11.** $\sqrt{1102}$ | **12.** $\sqrt{1537}$ | **13.** $\sqrt{1823}$ | **14.** $\sqrt{4007}$ | **15.** $\sqrt{4264}$ |
| **16.** $\sqrt{7448}$ | **17.** $\sqrt{6178}$ | **18.** $\sqrt{7039}$ | **19.** $\sqrt{5213}$ | **20.** $\sqrt{9980}$ |
| **21.** $\sqrt{8427{,}24}$ | **22.** $\sqrt{193{,}21}$ | **23.** $\sqrt{6209{,}44}$ | **24.** $\sqrt{3956{,}41}$ | **25.** $\sqrt{473344}$ |
| **26.** $\sqrt{6225{,}21}$ | **27.** $\sqrt{0{,}01369}$ | **28.** $\sqrt{0{,}055696}$ | **29.** $\sqrt{0{,}0025}$ | **30.** $\sqrt{1{,}304164}$ |

Berechnen Sie die Seitenlängen von folgenden Quadraten:

| | | | | |
|---|---|---|---|---|
| **31.** 4624 $m^2$ | **32.** 6724 $cm^2$ | **33.** 7569 $cm^2$ | **34.** 687241 $m^2$ | **35.** 779689 $cm^2$ |
| **36.** 3981,61 $cm^2$ | **37.** 4664,89 $cm^2$ | **38.** 4238,01 $m^2$ | **39.** 5882,89 $m^2$ | **40.** 6384,01 $cm^2$ |

**41.** Die Seiten eines rechteckigen Bauplatzes sind 19,5 m × 10,4 m. Wie lang ist die Seite eines flächengleichen quadratischen Bauplatzes?

**42.** Eine Blechplatte (57 cm × 63 cm) soll durch eine quadratische Platte gleichen Flächeninhalts ersetzt werden. Wie lang ist eine Seite?

**43.** Es stehen 8 Bretter (je 26 cm breit und 52 cm lang) zur Verfügung, es soll daraus ein quadratischer Holzbelag hergestellt werden. Wie groß wird dieser höchstens sein?

**44.** Es sind 180 Steinplatten (je 8 cm × 10 cm) vorhanden. Wie groß ist die quadratische Fläche, die damit bedeckt werden kann?

**45.** 18 Blechstreifen (je 15 cm × 120 cm) sollen so zerschnitten und zusammengeschweißt werden, dass ein Quadrat entsteht. Wie groß ist es?

## Addieren und Subtrahieren von Wurzeltermen

**1.** $\sqrt{x}+\sqrt{x}=2\sqrt{x}$

**2.** $3\sqrt{a}+5\sqrt{a}$

**3.** $5\sqrt[3]{n}+4\sqrt[3]{n}-2\sqrt[3]{n}$

**4.** $a\sqrt[n]{ax}+b\sqrt[n]{ax}$

**5.** $3n\sqrt{a}-4a\sqrt{a}$

**6.** $\frac{3}{4}\sqrt[3]{a}-\frac{1}{2}\sqrt[3]{a}+\frac{1}{5}\sqrt{a}$

**7.** $\frac{3}{4}\sqrt[4]{16}-\frac{1}{2}\sqrt[4]{16}+\frac{2}{5}\sqrt[4]{16}$

**8.** $5\sqrt[3]{ax}-6\sqrt[3]{ab}-4\sqrt[3]{ax}+7\sqrt[3]{ab}$

**9.** $1{,}8\sqrt{x}-1{,}3\sqrt[3]{x}+2{,}7\sqrt{x}+2{,}9\sqrt[3]{x}$

**10.** $4\frac{1}{2}\sqrt{an}-7\frac{1}{2}\sqrt{an}+1\frac{1}{5}\sqrt{an}-\frac{1}{3}\sqrt{an}$

## Radizieren von Produkttermen und Multiplizieren von Wurzeltermen

**1.** $\sqrt{4\cdot 81}=2\cdot 9=18$

**2.** $\sqrt[3]{27\cdot 64}$

**3.** $\sqrt{125\cdot 625}$

**4.** $\sqrt[3]{125a}$

**5.** $\sqrt[3]{16}\cdot\sqrt[3]{4}$

**6.** $\frac{1}{6}\sqrt[4]{81a}$

**7.** $\sqrt{144(n+x)}$

**8.** $\sqrt{2}\cdot\sqrt{2}$

**9.** $\sqrt{5}\cdot\sqrt{5}$

**10.** $\sqrt{8}\cdot\sqrt{8}$

**11.** $\sqrt{8}\cdot\sqrt{2}$

**12.** $\sqrt[3]{3}\cdot\sqrt[3]{3}\cdot\sqrt[3]{3}$

**13.** $3\sqrt{3}\cdot 2\sqrt{3}$

**14.** $5a\sqrt[3]{7}\cdot 6b\sqrt[3]{7}\cdot\sqrt[3]{7}$

**15.** $4\sqrt{5}\cdot 3a\sqrt{5}$

**16.** $\sqrt[3]{4}\cdot 2a\sqrt[3]{2}$

**17.** $(3+4\sqrt{7})\cdot(3-4\sqrt{7})$

**18.** $(2\sqrt{4}+3a\sqrt{7})\cdot(2\sqrt{4}-3a\sqrt{7})$

**19.** $3\sqrt{3}\cdot 4\sqrt{\frac{8}{3}}\cdot 5\sqrt{2}$

**20.** $\sqrt[7]{8}\cdot\sqrt[7]{2}\cdot\sqrt[7]{8}$

**21.** $5b\sqrt{7}\cdot 6b\sqrt{\frac{32}{14}}$

**22.** $4\sqrt{\frac{3}{4}}\cdot 2\sqrt{\frac{1}{15}}\cdot 5\sqrt{80}$

**23.** $2\sqrt{\frac{2}{3}\cdot\frac{3}{4}}\sqrt{\frac{4}{7}}\cdot\sqrt{\frac{1}{2}\cdot\frac{1}{6}}\sqrt{12}\cdot\sqrt{7}$

Häufig kann man den Radikanden in Faktoren zerlegen und den Wurzelterm teilweise radizieren.

**24.** $\sqrt{72}=\sqrt{36\cdot 2}=6\sqrt{2}$

**25.** $\sqrt{32}$

**26.** $\sqrt{150}$

**27.** $3\sqrt{180}$

**28.** $3a\sqrt{200}$

**29.** $4x\sqrt{75}$

**30.** $2ab\sqrt{72}+5ab\sqrt{98}-2ab\sqrt{162}$

**31.** $4\sqrt[3]{16}+\sqrt[3]{54}+\sqrt[3]{128}-3\sqrt[3]{250}$

## Radizieren von Bruchtermen und Dividieren von Wurzeltermen

Die auftretenden Nenner werden als verschieden von 0 vorausgesetzt.

**1.** $\sqrt{\frac{25}{64}}=\frac{5}{8}$

**2.** $\sqrt[3]{\frac{64}{125}}$

**3.** $\sqrt{\frac{36}{x}}$

**4.** $\sqrt{\frac{4x}{49x^2}}$

**5.** $\sqrt[3]{\frac{27a}{343b}}$

**6.** $\sqrt{2\frac{1}{4}}$

**7.** $\sqrt[3]{3\frac{3}{8}}$

**8.** $2\sqrt{\frac{1}{4}}$

**9.** $\frac{\sqrt{75}}{\sqrt{18}}$

**10.** $\frac{\sqrt{54}}{\sqrt{108}}$

**11.** $\frac{\sqrt{98a^2b}}{\sqrt{128}}$

**12.** $\frac{\sqrt{12xy^2}}{\sqrt{3xy^4}}$

**13.** $\frac{\sqrt{24}}{\sqrt{6}}$

**14.** $\frac{\sqrt[3]{20}}{\sqrt[3]{\frac{5}{2}}}$

**15.** $\frac{16a\sqrt[3]{24}}{\sqrt[3]{3}}$

**16.** $\sqrt{12a}:\sqrt{3a}$

**17.** $\sqrt{\frac{5x}{6}}:\sqrt{\frac{20}{6x}}$

Schaffen Sie bei den folgenden Aufgaben die Wurzel aus dem Nenner weg (durch Erweitern der Brüche).

**18.** $\frac{3}{\sqrt{7}} = \frac{3\sqrt{7}}{\sqrt{7}\cdot\sqrt{7}} = \frac{3}{7}\cdot\sqrt{7}$

**19.** $\frac{5}{\sqrt{6}}$

**20.** $\frac{2}{\sqrt{2}}$

**21.** $\frac{3}{\sqrt{3}}$

**22.** $\frac{4}{\sqrt{4}}$

**23.** $\frac{n}{\sqrt{n}}$

**24.** $\frac{a}{\sqrt{b}}$

**25.** $\frac{12}{11\sqrt{24}}$

**26.** $\frac{1}{\sqrt{3}}$

**27.** $\frac{\sqrt{5}}{\sqrt{7}}$

**28.** $\frac{\sqrt{3}}{\sqrt{4}}$

**29.** $\frac{\sqrt{a}}{\sqrt{b}}$

**30.** $\frac{\sqrt{3}}{\sqrt{3}+\sqrt{5}} = \frac{\sqrt{3}\cdot(\sqrt{3}-\sqrt{5})}{(\sqrt{3}+\sqrt{5})\cdot(\sqrt{3}-\sqrt{5})} = \frac{3-\sqrt{15}}{-2} = -\frac{1}{2}\left(3-\sqrt{15}\right)$

**31.** $\frac{3}{3+\sqrt{3}}$

**32.** $\frac{4}{\sqrt{5}-2}$

**33.** $\frac{2+\sqrt{x}}{2-\sqrt{x}}$

**34.** $\frac{\sqrt{a}-\sqrt{b}}{\sqrt{a}+\sqrt{b}}$

## Radizieren von Potenztermen und Potenzieren von Wurzeltermen

**1.** $\sqrt[3]{8^2} = 2^2 = 4$

**2.** $\sqrt{4^3}$

**3.** $\sqrt{36^3}$

**4.** $\sqrt[3]{27^4}$

**5.** $\sqrt[3]{125^2}$

**6.** $\sqrt{a^4}$

**7.** $\sqrt[3]{a^3}$

**8.** $\sqrt{6^4}$

**9.** $\sqrt[x]{a^x}$

**10.** $\sqrt{a^2 b^2}$

**11.** $\sqrt{36x^2}$

**12.** $\sqrt[3]{216x^3}$

**13.** $\sqrt{4a^2\cdot 36b^2}$

**14.** $\sqrt[x]{a^x\cdot b^{2x}}$

**15.** $\sqrt{a^7\cdot b^5}$

**16.** $\sqrt{50x^4}$

**17.** $\sqrt[3]{a^9 b^{12}}$

**18.** $\sqrt[2a]{x^{4a}}$

**19.** $\sqrt[3]{64a^{12}b^6}$

**20.** $\sqrt{(x^2)^n}$

**21.** $\sqrt[3]{(a-b)^6}$

**22.** $\sqrt[x]{(a+b)^{2x}}$

**23.** $\sqrt[3]{125(a+b-c)^3}$

**24.** $\sqrt[n]{a b^n}$

**25.** $4\sqrt{49a^2}$

**26.** $\sqrt[3]{x}\cdot\sqrt[3]{x^2}$

**27.** $\sqrt{a^3 b}\cdot\sqrt[6]{a^3 b^3}$

**28.** $3\sqrt[3]{a}\cdot\sqrt[3]{a^2}$

**29.** $\sqrt[12]{x^{18}}\cdot\sqrt[34]{x^{51}}$

**30.** $\sqrt[4]{(n+x)^3}\cdot\sqrt[4]{(n+x)^5}$

**31.** $(\sqrt{3})^2$

**32.** $\left(\sqrt[3]{7}\right)^3$

**33.** $\left(\sqrt[3]{4}\right)^6$

**34.** $\left(\sqrt[6]{a}\right)^3$

**35.** $\left(\sqrt[an]{x}\right)^n$

**36.** $(2\sqrt{a})^7$

**37.** $\left(4x\sqrt[3]{n}\right)^3$

**38.** $(2a\sqrt{an})^4$

**39.** $\left(\sqrt[3]{x}\right)^2\cdot\left(\sqrt[6]{x}\right)^3$

**40.** $\left(\sqrt[4]{49a}\right)^2 : 14$

**41.** $(\sqrt{x}-\sqrt{y})^2$

**42.** $6\sqrt[6]{x^2} - 3\sqrt[12]{x^4}$

**43.** $\sqrt{b^6} + b\sqrt[3]{b^6}$

**44.** $4\sqrt{x}\cdot\sqrt[3]{x} + 6\sqrt[6]{x}\cdot\sqrt[6]{x^5}$

**45.** $3\left(\sqrt[5]{n}\right)^3\cdot\left(\sqrt[5]{n}\right)^2$

**46.** $\sqrt{\frac{a^2 b}{c^2}} = \left|\frac{a}{c}\right|\cdot\sqrt{b}$

**47.** $\sqrt{\frac{2a^2}{3}}$

**48.** $\sqrt{\frac{1a^2}{4b^4}}$

**49.** $\sqrt[3]{\frac{24a^4}{3\cdot a}}$

**50.** $\sqrt[6]{\left(\frac{n^4\cdot x^3}{nx}\right)^2}$

**51.** $\sqrt[3]{\left(\frac{16a^8}{81a^4}\right)^2}$

**52.** $\frac{\sqrt{32n^5}}{\sqrt{2n^3}}$ **53.** $16\sqrt{a^6b^7} : 4\sqrt{a^4b^5}$ **54.** $2\left(\sqrt[5]{3}\right)^5 : 8\left(\sqrt[7]{2}\right)^7$

**55.** $\sqrt{\frac{x^{-7}}{x^{-5}}}$ **56.** $\sqrt{n^2x} + n\sqrt{x}$ **57.** $\sqrt{b^{-2}\cdot a^3} : \sqrt{a^{-3}\cdot b^2}$

**58.** $\frac{4\sqrt[a]{b^3}}{\sqrt[a]{b^2c}} - 3\sqrt[a]{\frac{b}{c}} + \frac{2\sqrt[a]{b}}{\sqrt[a]{c}}$ **59.** $\sqrt[m]{b^{m+x}} = \underline{\underline{|b|\cdot\sqrt[m]{b^x}}}$ **60.** $\sqrt[x]{x^{x+2}}$

**61.** $\sqrt[2a+1]{b^{4a^2-1}}$ **62.** $\sqrt[a]{\left(\frac{n^{x+a}}{n^x}\right)^c}$ **63.** $\sqrt[a-b]{(n+x)^{(a-b)\cdot 3}}$

**64.** $\sqrt[5]{b^{n+5}} + 3b\sqrt[5]{b^n}$ **65.** $2\sqrt[3]{x^{3a-3b}} - \sqrt[7]{x^{7a-7b}}$ **66.** $\sqrt[4]{x^{4+1}\cdot n} + \sqrt[4]{n^{4+1}\cdot x}$

**67.** $\sqrt[3]{x^{\frac{3}{2}-b}}\cdot\sqrt[3]{x^{\frac{3}{2}+b}}$ **68.** $\sqrt[a-b]{x^{a^2-2ab+b^2}} : \sqrt[a+b]{x^{a^2+2ab+b^2}}$

**69.** $36^{\frac{1}{2}} = \sqrt{36} = \underline{\underline{6}}$ **70.** $\left(\frac{9}{16}\right)^{\frac{1}{2}}$ **71.** $125^{\frac{2}{3}}$

**72.** $(144x^2)^{\frac{1}{2}}$ **73.** $25^{0,5}$ **74.** $\left(3\frac{3}{8}\right)^{\frac{1}{3}}$

**75.** $x^{\frac{2}{3}} : x^{-\frac{2}{3}}$ **76.** $\left(1\frac{7}{9}\right)^{-\frac{1}{2}}$ **77.** $a^{\frac{8}{5}} : \left[a\left(a^{\frac{4}{5}}\cdot a^{\frac{7}{10}}\right)\right]$

**78.** $x^{\frac{2}{3}}\cdot x^{\frac{5}{6}}\cdot\sqrt[12]{x^{-18}}$ **79.** $\left(\frac{a^0\cdot a^{-4}}{a^{-7}}\right)^{\frac{1}{3}}$ **80.** $\frac{x^{\frac{2}{3}}}{\sqrt[3]{x}} + 3x^{-\frac{5}{6}}\cdot x^{\frac{4}{3}}$

## Radizieren von Wurzeln und Wurzeltermen

**1.** $\sqrt[3]{\sqrt{729}} = \sqrt{\sqrt[3]{729}} = \sqrt{9} = \underline{\underline{3}}$ **2.** $\sqrt[4]{\sqrt[3]{16}}$ **3.** $\sqrt[x]{\sqrt{a^x}}$

**4.** $\sqrt[3]{\sqrt{125x^3}}$ **5.** $\sqrt[3]{\sqrt{512a^3}}$ **6.** $\sqrt[3]{\sqrt{x^3}}$ **7.** $\sqrt{x^3\sqrt{x^3}}$

**8.** $\sqrt[5]{\sqrt[2]{x^5}} + 3\sqrt[4]{\sqrt[3]{x^6}}$ **9.** $\sqrt[a]{\sqrt[x]{b}}\cdot\sqrt[ax]{b^2}$ **10.** $\sqrt[a]{\sqrt[x]{a^3}}\cdot\sqrt[ax]{a^2}$

## Vermischte Aufgaben zur Wiederholung von 1.10

**1.** $\sqrt{8} + \sqrt{32} = \sqrt{4\cdot 2} + \sqrt{16\cdot 2} = 2\sqrt{2} + 4\sqrt{2} = \underline{\underline{6\sqrt{2}}}$

**2.** $\sqrt{72} - \sqrt{18}$ **3.** $\sqrt{75} - \sqrt{48}$ **4.** $\sqrt{27} - \sqrt{12}$

**5.** $\left(\sqrt{2} - 1\right)^2$ **6.** $\left(\frac{\sqrt{6} - 3}{3}\right)^2$ **7.** $\left(\sqrt{6} - 2\right)\cdot\left(\sqrt{6} + 2\right)$

Schaffen Sie die Wurzel aus dem Nenner weg.

**8.** $\frac{4}{\sqrt{3} - 1}$ **9.** $\frac{6}{\sqrt{3} - \sqrt{2}}$ **10.** $\frac{16}{\sqrt{5} - \sqrt{3}}$

**11.** $\frac{x}{\sqrt{x} - \sqrt{y}}$ **12.** $\frac{2 + 3\sqrt{a}}{3 + 2\sqrt{a}}$ **13.** $\frac{3\sqrt{5} + 5\sqrt{3}}{5\sqrt{3} - 3\sqrt{5}}$

**14.** $\sqrt{49a-147b}=\sqrt{7^2(a-3b)}=\underline{\underline{7\sqrt{a-3b}}}$

**15.** $\left(\frac{1}{3}\sqrt[3]{\frac{1}{64}}\right)^3$

**16.** $\left(5x\cdot\sqrt{\frac{2y}{50z^3}}\right)^2$

**17.** $\left(\frac{3x}{2y}\cdot\sqrt[3]{\frac{y^2}{x^2}}\right)^3$

**18.** $2a^2\sqrt{9a^2+81}+27a^2\sqrt{4a^2+36}$

**19.** $\sqrt{\frac{16a+32b}{25x-50y}}$

**20.** $\sqrt{\frac{4x^2}{9}-\frac{9y^2}{16}}$

**21.** $\frac{\sqrt{128a^2b^3}}{\sqrt{2b}}$

**22.** $\frac{\sqrt{125x^3y}}{\sqrt{5xy}}$

**23.** $\sqrt{\frac{50a}{27b}}:\sqrt{\frac{2a^3}{3b^3}}$

**24.** $\sqrt[3]{x^2+2xy+y^2}:\sqrt[3]{x^2-y^2}$

**25.** $1\frac{1}{9}\sqrt{a}:\frac{7}{10}\sqrt[3]{ab}$

**26.** $\sqrt[a]{\sqrt{x^{2a}y^{6a}}}$

**27.** $\left(\frac{1}{27}\right)^{\frac{1}{3}}$

**28.** $\left(\frac{9}{4}\right)^{-\frac{1}{2}}$

**29.** $\left(\frac{16}{36}\right)^{-\frac{1}{2}}$

**30.** $\left(6\frac{1}{4}\right)^{-\frac{1}{2}}$

**31.** $27^{-\frac{2}{3}}$

**32.** $\left(\frac{4x^4}{25}\right)^{\frac{1}{2}}$

**33.** $3\sqrt{96x}-2\sqrt{150x}$

**34.** $4\sqrt{4a}+3\sqrt{16a}$

**35.** $36^{\frac{3}{2}}+16^{\frac{1}{2}}+8^{\frac{2}{3}}-125^{\frac{1}{3}}+27^{\frac{1}{3}}$

**36.** $16^{-\frac{1}{2}}+8^{-\frac{1}{3}}+4^{\frac{3}{2}}-144^{\frac{1}{2}}$

**37.** $4x^{\frac{3}{4}}:5x^{-\frac{2}{3}}$

**38.** $\sqrt[3]{x^{n+3}}+2x\sqrt[3]{x^n}$

**39.** $\sqrt[3]{24a^4b^4c}+\sqrt[3]{81a^4bc^4}+\sqrt[3]{192ab^4c^4}-4\sqrt[3]{3abc}$

**40.** $\sqrt[x]{a^{x+1}\cdot b}+\sqrt[x]{ab^{m+1}}$

**41.** $\sqrt[a]{\frac{x^{a+4}}{y^{a+3}}}+\sqrt[b]{\frac{x^{b+5}}{y^{6+b}}}-\sqrt[a]{\frac{x^{a+7}}{y^{8+a}}}$

**42.** $\sqrt[5]{x^3}\cdot\sqrt[5]{x^{y-2}}\cdot\sqrt[5]{x^{4-y}}$

**43.** $4\sqrt[5]{(a-b)^3}\cdot\sqrt[5]{(a-b)^2}\cdot\sqrt{c}-3\sqrt[x]{(a-b)^{x-4}}\cdot\sqrt{c}\cdot\sqrt[x]{(a-b)^4}$

**44.** $\sqrt[9]{\frac{(x+y)^6}{z^5}}\cdot\sqrt[9]{\frac{(x+y)^3}{z^4}}$

**45.** $\left(\sqrt{\frac{y^4}{x^3}}-\sqrt{\frac{x^3}{y^2}}\right)\cdot\sqrt{\frac{x^5}{y^6}}$

**46.** $x\sqrt[3]{\frac{1}{x}}-y\sqrt[3]{\frac{1}{y}}$

**47.** $\frac{2\sqrt[x]{b}}{\sqrt[x]{c}}+\frac{4\sqrt[x]{b^2}}{\sqrt[x]{bc}}-3\sqrt[x]{\frac{b}{c}}$

**48.** $\frac{\sqrt[m-x]{c^{m+3x}}}{\sqrt[m-x]{c^{4x}}}+\frac{\sqrt[m+x]{c^{3m+2x}}}{\sqrt[m+x]{c^{2m+x}}}$

**49.** $\sqrt[ax+bx]{(c+d)^{a+b}}+\sqrt[ax-bx]{(c+d)^{a-b}}$

**50.** $12\sqrt[x^2-y^2]{(m+n)^{x-y}}\cdot 7\sqrt[(x+y)^2]{(m+n)^{x+y}}$

**51.** $\sqrt[2a-4b]{(x-y)^2}:3\sqrt[3a-6b]{(x-y)^3}$

**52.** $\sqrt[9]{a^6\cdot\sqrt[4]{a^{12}}}+\sqrt{\sqrt[6]{b^{10}}}\cdot\sqrt[3]{\sqrt[4]{b^2}}$

**53.** $\sqrt[3]{x\sqrt{x}}-4\sqrt{x}$

**54.** $\sqrt[ab]{x^2}\cdot\sqrt[a]{\sqrt[b]{x}}$

**55.** $\sqrt[x]{\sqrt[y]{a^2}}:\sqrt[xy]{a}$

**56.** $\left(\frac{a^{-3}\cdot a^0}{a^{-6}}\right)^{\frac{1}{3}}$

**57.** $x^{\frac{5}{6}}\cdot x^{\frac{2}{3}}\cdot\sqrt[6]{x^{-9}}$

**58.** $\sqrt[-\frac{2}{3}]{4}-\sqrt[-\frac{1}{2}]{8}$

**59.** $2x^{-\frac{5}{6}}\cdot x^{\frac{4}{3}}+\frac{x^{\frac{2}{3}}}{\sqrt[3]{x}}$

**60.** $\frac{2}{a^{-3}}+\left(a^{\frac{1}{4}}\right)^{-\frac{4}{3}}$

**61.** $F=\sqrt{2\upsilon^2-\upsilon\sqrt{4\upsilon^2-(\upsilon\sqrt{2})^2}}$

Wie groß ist $F$ für $\upsilon=12$?

# Wiederholungsfragen zu 1.9 und 1.10

**1.** Wie kann man irrationale Zahlen darstellen?

**2.** Was sind rationale Näherungen irrationaler Zahlen?

**3.** Benennen Sie die einzelnen Bestandteile des Terms $\sqrt[n]{a^m}$.

**4.** Nennen Sie die Definition der $n$-ten Wurzel.

**5.** Für welche Zahlen stehen die Variablen in $\sqrt{a} = b$?

**6.** Wann kann man eine algebraische Summe aus Wurzeltermen vereinfachen?

**7.** Nennen Sie die Regeln für das Multiplizieren von Wurzeltermen mit gleichen Wurzelexponenten und das Radizieren von Produkttermen.

**8.** Wie werden Bruchterme radiziert?

**9.** Wie ist der Term $a^{\frac{m}{n}}$ definiert?

**10.** Welche Zahlen dürfen für $a$ in $a^{\frac{m}{n}}$ eingesetzt werden?

**11.** Warum darf man nicht $(-64)^{\frac{1}{3}} = -4$ schreiben, obwohl $(-4)^3 = -64$ ist?

# 1.11 Das Logarithmieren

Der Ausdruck $a^n = b$ wurde bisher unter zwei verschiedenen Gesichtspunkten betrachtet.

**1.** Beim Potenzieren waren $a$ und $n$ gegeben, der Potenzwert $b$ war zu bestimmen. Dabei waren vier Fälle zu unterscheiden.

**a)** $n \in \mathbb{N}$. Hierbei stand $a$ für eine beliebige reelle Zahl.

$a^n$ bedeutet $a \cdot a \cdot a \cdot \ldots \cdot a$ mit $n$ Faktoren $a$ für $n \geq 2$. Zusätzlich wurde festgelegt: $a^1 = a$ und $a^0 = 1$. Ist $n = 0$, muss $a = 0$ ausgeschlossen werden, weil $0^0$ nicht eindeutig erklärt werden kann.

$$2^3 = 2 \cdot 2 \cdot 2 = \underline{\underline{8}}$$

$$(-3)^3 = (-3) \cdot (-3) \cdot (-3) = \underline{\underline{-27}}$$

$$\left(\frac{1}{2}\right)^3 = \frac{1}{2} \cdot \frac{1}{2} \cdot \frac{1}{2} = \underline{\underline{\frac{1}{8}}}$$

$$(\sqrt{2})^4 = \sqrt{2} \cdot \sqrt{2} \cdot \sqrt{2} \cdot \sqrt{2} = 2 \cdot 2 = \underline{\underline{4}}$$

**b)** $n \in \mathbb{Z}$. Hierbei stand $a$ für eine beliebige von 0 verschiedene reelle Zahl. Es gilt:

$$a^{-n} = \frac{1}{a^n}.$$

$$2^{-2} = \frac{1}{2^2} = \underline{\underline{\frac{1}{4}}}$$

$$(-3)^{-2} = \frac{1}{(-3)^2} = \underline{\underline{\frac{1}{9}}}$$

$$\left(\frac{1}{2}\right)^{-2} = \frac{1}{\left(\frac{1}{2}\right)^2} = \frac{1}{\frac{1}{4}} = \frac{1}{1} \cdot \frac{4}{1} = \underline{\underline{4}}$$

**c)** $n \in \mathbb{Q}^*$. Für $n = \frac{p}{q}$ wurde der Term $a^{\frac{p}{q}}$ mithilfe des Wurzelbegriffs erklärt:

$$a^{\frac{p}{q}} = \sqrt[q]{a^p}.$$

$$4^{\frac{1}{2}} = \sqrt[2]{4} = \underline{\underline{2}}$$

$$\left(\sqrt[2]{8}\right)^{\frac{1}{3}} = \sqrt[3]{\left(\sqrt[2]{8}\right)^1} = \sqrt[3]{\sqrt[2]{8}} = \sqrt{\sqrt[3]{8}} = \underline{\underline{\sqrt[2]{2}}}$$

Hierbei durfte $a$ nur für nicht negative reelle Zahlen stehen, damit alle Potenzgesetze gültig blieben. Der Potenzexponent $\frac{p}{q}$ konnte sowohl positiv als auch negativ sein. Für $\frac{p}{q} > 0$ und $a \neq 0$ gilt:

$$a^{-\frac{p}{q}} = \frac{1}{a^{\frac{p}{q}}} = \frac{1}{\sqrt[q]{a^p}}.$$

$$4^{-\frac{1}{2}} = \sqrt[2]{4^{-1}} = \sqrt[2]{\frac{1}{4}} = \underline{\underline{\frac{1}{2}}},$$

aber auch

$$4^{-\frac{1}{2}} = \frac{1}{4^{\frac{1}{2}}} = \frac{1}{\sqrt[2]{4}} = \underline{\underline{\frac{1}{2}}}$$

**d)** $n \in \mathbb{R}$. Hierbei galt, dass $a$ nur für eine nicht negative reelle Zahl stehen darf.

$$5^{\sqrt{2}} = 5^{1,414} = \underline{\underline{9,74}}$$

**2.** Beim Radizieren waren $b$ und $n$ gegeben, der Wurzelwert $a$ war als nicht negative reelle Zahl zu bestimmen.

Hierbei stand $n$ für eine von 0 verschiedene natürliche Zahl und $b$ für eine nicht negative reelle Zahl. Unter diesen Voraussetzungen bedeutet der Ausdruck $a^n = b$ dasselbe wie $a = \sqrt[n]{b}$.

$\sqrt{4} = 2$, denn $2^2 = 4$.

$\sqrt[4]{16} = 2$, denn $2^4 = 16$.

$\sqrt[2]{\sqrt[2]{2}} = (2^{\frac{1}{2}})^{\frac{1}{2}} = 2^{\frac{1}{4}} = \sqrt[4]{2} = \underline{\underline{1,19}}$

Es gibt hinsichtlich der drei Variablen in dem Ausdruck $a^n = b$ einen weiteren Gesichtspunkt: Es können $a$ und $b$ als positive reelle Zahlen gegeben sein und eine Zahl für $n$ ist zu bestimmen.

Das bedeutet: Bestimme eine reelle Zahl für $n$ so, dass sich $b$ ergibt, wenn man $a$ mit der Zahl für $n$ potenziert.

Hierbei muss allerdings $a \neq 1$ vorausgesetzt werden, denn, da $1^n = 1$ für jedes $n$ gilt, lässt sich eine Zahl für $n$ nicht eindeutig bestimmen.

Auch für diese Aufgabenstellung gibt es, wie für das Radizieren, eine besondere Schreibweise. $\log_a b = n$ beschreibt die Situation. Man liest sie: Der Logarithmus von $b$ zur Basis $a$ ist $n$. Der Logarithmus von $b$ zur Basis $a$ ist also die Zahl, mit der man $a$ potenzieren muss, um $b$ zu erhalten.

Die Variablen in dem Ausdruck $a^n = b$ erhalten unter diesem Gesichtspunkt neue Namen. $b$ heißt der zum Logarithmus $n$ und der Basis $a$ gehörende **Numerus**. Der Vorgang, der $a$ und $b$ den Logarithmus $n$ zuordnet, heißt **Logarithmieren**.

$\log_2 8 = 3$, denn $2^3 = 8$.

$\log_3 81 = 4$, denn $3^4 = 81$.

$\log_{10} 100 = 2$, denn $10^2 = 100$.

$\log_{10} 1 = 0$, denn $10^0 = 1$.

$\log_{10} \frac{1}{100} = -2$, denn $10^{-2} = \frac{1}{10^2} = \frac{1}{100}$.

Numerus

$\log_a b = n$ —— Logarithmus

Basis

Den Logarithmus berechnen heißt also, den Exponenten einer Potenz zu bestimmen.

Die Variable $n$ kann für jede reelle Zahl stehen, $n \in \mathbb{R}$, also sowohl positiv als negativ, sowohl rational als irrational sein. Beispielsweise gilt für jede zulässige Basis $a$, dass $\log_a a^{\sqrt{2}} = \sqrt{2}$.

**Merke:**

$\log_a b$ $(a, b \in \mathbb{R}^+,\ a \neq 1)$ ist diejenige reelle Zahl für $n$, für die gilt $a^n = b$. $\log_a b$ wird der Logarithmus von $b$ zur Basis $a$ genannt.

Einige Logarithmen sind leicht angebbar. Aus der obigen Erklärung ergeben sich z. B. für eine beliebige Basis a mit $a \in \mathbb{R}^+$ und $a \neq 1$ unmittelbar die Logarithmen der Potenzen von $a$.

$$\log_a 1 = \log_a a^0 = 0$$
$$\log_a a^1 = 1$$
$$\log_a a^2 = 2$$
$$\vdots$$
$$\log_a a^n = n$$

$\log_a a^n = n$, denn der Logarithmus von $a^n$ zur Basis $a$ ist ja gerade die Zahl, mit der man $a$ potenzieren muss, um $a^n$ zu erhalten.

Dabei kann für $n$ auch ein Bruch oder eine irrationale Zahl stehen, z. B.

$$\log_a a^{\frac{p}{q}} = \frac{p}{q};$$

Ähnlich begründet man, dass $a^{\log_a b} = b$ ist, denn der Logarithmus von $b$ zur Basis $a$ ist gerade die Zahl, mit der man $a$ potenzieren muss, um $b$ zu erhalten.

$$10^{\log_{10} 100} = 10^2 = 100.$$

In der Regel werden die Logarithmen aus speziellen Tafeln entnommen oder mit dem Taschenrechner näherungsweise bestimmt.

$\log_{10} 325 = 2{,}5119$, denn $10^{2{,}5119} = 325$
$\log_5 325 = 3{,}5935$, denn $5^{3{,}59325} = 325$
$\log_2 325 = 8{,}3452$, denn $2^{8{,}3452} = 325$

Alle Logarithmen mit der gleichen Basis bilden ein **Logarithmensystem**.

Von den vielen denkbaren Basen werden i. Allg. nur die 2, die 10 und die Zahl e benutzt. Für sie gibt es spezielle Schreibweisen. Die Euler'sche Zahl e, nach dem Mathematiker Leonhard Euler benannt, ist eine irrationale Zahl, deren erste Stellen lauten:

$e = 2{,}718281828459\ldots$ .

Sie ist für viele naturwissenschaftliche Fragestellungen von großer Bedeutung.

Für das praktische Rechnen wird meist der Logarithmus zur Basis 10 genutzt.

**Basis 2**

$\log_2 b = \operatorname{lb} b$ ► binäre Logarithmen

**Basis e**

$\log_e b = \ln b$ ► natürliche Logarithmen, logarithmus naturalis

**Basis 10**

$\log_{10} b = \lg b$ ► Zehnerlogarithmen, auch Briggs'sche Logarithmen, nach dem Engländer H. Briggs

## 1.11.1 Logarithmengesetze

Der Logarithmus von 1000 zur Basis 10 ist 3, denn $10^3 = 1000$, in Zeichen: $\lg 1000 = 3$. Man kann 1000 in $10 \cdot 100$ zerlegen. Wie findet man 3 als Logarithmus von $10 \cdot 100$ zur Basis 10?

Es ist $\lg 10 = 1$, $\lg 100 = 2$. Offenbar ist $\log 1000 = \lg 10 + \lg 100 = 1 + 2 = 3$. Weitere Beispiele bestätigen die Vermutung, dass der Logarithmus eines Produkts gleich der Summe der Logarithmen der Faktoren ist.

$\lg 1\,000\,000 = 6$, denn $10^6 = 1\,000\,000$

Man wandelt 1 000 000 in Produkte aus Potenzen von 10 um. Dafür gibt es folgende Möglichkeiten:

$$1\,000\,000 = 10 \cdot 100\,000 = 10^1 \cdot 10^5$$
$$= 100 \cdot 10\,000 = 10^2 \cdot 10^4$$
$$= 1000 \cdot 1000 = 10^3 \cdot 10^3$$

Nun betrachtet man die Summe der Logarithmen dieser Faktoren.

$$\lg 10 + \lg 100\,000 = 1 + 5 = 6$$
$$\lg 100 + \lg 10\,000 = 2 + 4 = 6$$
$$\lg 1000 + \lg 1000 = 3 + 3 = 6$$

$\lg 1\,000\,000$ ist gleich der Summe der Logarithmen der Zehnerpotenzfaktoren, in die man 1 000 000 zerlegen kann.

Wie kann man zeigen, dass diese Vermutung über Logarithmen ganz allgemein gilt, dass also $\log_a(u \cdot v) = \log_a u + \log_a v$ ist?

Das beweist man mithilfe des dieser Gleichung entsprechenden Potenzgesetzes $a^x \cdot a^y = a^{x+y}$.

Man setzt $\log_a u = x$ und $\log_a v = y$. Damit gilt $a^x = u$ und $a^y = v$. Also ist $u \cdot v = a^x \cdot a^y = a^{x+y}$.

Daraus erhält man $\log_a(u \cdot v) = \log_a a^{x+y} = x + y$ und wegen $x = \log_a u$ und $y = \log_a v$ also $\log_a(u \cdot v) = \log_a u + \log_a v$, was zu zeigen war.

**Merke:**

Ein Produkt wird logarithmiert, indem man die Logarithmen der Faktoren addiert.

$$\log_a(u \cdot v) = \log_a u + \log_a v$$

Die Formel für das Logarithmieren eines Bruchterms $\frac{u}{v}$ wird mithilfe des Potenzgesetzes $\frac{a^x}{a^y} = a^{x-y}$ hergeleitet.

Man setzt wieder $\log_a u = x$ und $\log_a v = y$, bildet den Quotienten $\frac{u}{v}$ und bestimmt davon den Logarithmus zur Basis $a$.

$\log_a u = x$, also $u = a^x$,

$\log_a v = y$, also $v = a^y$,

$$\frac{u}{v} = \frac{a^x}{a^y} = a^{x-y},$$

$$\log_a \frac{u}{v} = \log_a a^{x-y} = x - y = \log_a u - \log_a v.$$

**Merke:**

Ein Bruch wird logarithmiert, indem man vom Logarithmus des Zählers den Logarithmus des Nenners subtrahiert.

$$\log_a \frac{u}{v} = \log_a u - \log_a v$$

Soll der Potenzterm $b^n$ logarithmiert werden, findet man die dafür geltende Formel durch die Anwendung des Potenzgesetzes $(a^x)^y = a^{x \cdot y}$. Man setzt $\log_a b = x$. Damit ist $a^x = b$. Also gilt: $b^n = (a^x)^n = a^{x \cdot n} = a^{n \cdot x}$.

Durch Logarithmieren erhält man:

$\log_a b^n = \log_a a^{n \cdot x} = n \cdot x$ und wegen $x = \log_a b$ also $\log_a b^n = n \cdot \log_a b$.

**Merke:**

Eine Potenz wird logarithmiert, indem man den Logarithmus der Potenzbasis mit dem Exponenten multipliziert.

$$\log_a b^n = n \cdot \log_a b$$

Diese Regel gilt auch, wenn $n$ für eine negative Zahl oder 0 steht. Für $n = \frac{1}{m}$ mit $m \in \mathbb{N}^*$ erhält man aus dieser Merkregel eine Regel für das Wurzelziehen:

$$\log_a b^{\frac{1}{m}} = \log_a \sqrt[m]{b} = \frac{1}{m} \cdot \log_a b.$$

## 1.11.2 Das Rechnen mit Logarithmen zur Basis 10

Man nennt die Logarithmen zur Basis 10 auch **dekadische Logarithmen**. Die 10 ist für das logarithmische Rechnen deshalb gut geeignet, weil man jede positive Zahl leicht als Produkt aus einer Zehnerpotenz und einer Zahl, die kleiner als 10, aber größer oder gleich 1 ist, schreiben kann. Das hat Auswirkungen auf den Logarithmus dieser Zahl.

In den folgenden Beispielen werden die dekadischen Logarithmen von 3,5 und von Produkten aus 3,5 mit Zehnerpotenzen bestimmt. Grundlage dieser Überlegungen ist die Tatsache, dass $10^{0,5441} = 3,5$ ist, was man einer Zahlentafel entnimmt oder mit dem Taschenrechner feststellt. Es gilt also: $\lg 3,5 = 0,5441$.

| | |
|---|---|
| $3,5 = 10^0 \cdot 3,5$ | $\lg(10^0 \cdot 3,5) = \lg 10^0 + \lg 3,5 = 0 + 0,5441$ |
| $35,0 = 10^1 \cdot 3,5$ | $\lg(10^1 \cdot 3,5) = \lg 10^1 + \lg 3,5 = 1 + 0,5441$ |
| $350,0 = 10^2 \cdot 3,5$ | $\lg(10^2 \cdot 3,5) = \lg 10^2 + \lg 3,5 = 2 + 0,5441$ |
| $3500,0 = 10^3 \cdot 3,5$ | $\lg(10^3 \cdot 3,5) = \lg 10^3 + \lg 3,5 = 3 + 0,5441$ |
| $\vdots$ | $\vdots$ |
| Aber auch: | |
| $0,35 = 10^{-1} \cdot 3,5 = \frac{3,5}{10}$ | $\lg \frac{3,5}{10} = \lg 3,5 - \lg 10 = 0,5441 - 1$ |
| $0,035 = 10^{-2} \cdot 3,5 = \frac{3,5}{100}$ | $\lg \frac{3,5}{100} = \lg 3,5 - \lg 100 = 0,5441 - 2$ |
| $0,0035 = 10^{-3} \cdot 3,5 = \frac{3,5}{1000}$ | $\lg \frac{3,5}{1000} = \lg 3,5 - \lg 1000 = 0,5441 - 3$ |
| $0,00035 = 10^{-4} \cdot 3,5 = \frac{3,5}{10000}$ | $\lg \frac{3,5}{10000} = \lg 3,5 - \lg 10000 = 0,5441 - 4$ |
| $\vdots$ | $\vdots$ |

Die Beispiele zeigen: Jede positive Zahl für $x$ lässt sich in der Form $x = a \cdot 10^z$ mit $z \in \mathbb{Z}$ und $1 \leq a < 10^2$ schreiben. Daraus folgt: $\lg x = \lg 10^z + \lg a = z + \lg a$, also $\lg x = z + \lg a$, wobei $0 \leq \lg a < 1$.

Man nennt $z$ die **Kennziffer** und $\lg a$ die **Mantisse** von $\lg x$.

Zu einer Ziffernfolge des Numerus gehört genau eine Mantisse des Logarithmus. Die Kennziffer des dekadischen Logarithmus hängt davon ab, wie groß der Numerus ist, der durch die Ziffernfolge des Numerus dargestellt wird.

Die Kennziffer des dekadischen Logarithmus für eine Zahl, die größer als 1 ist, ist immer um 1 kleiner als die Anzahl der Stellen dieser Zahl vor dem Komma.

Die Kennziffer des dekadischen Logarithmus für eine Zahl, die kleiner als 1 ist, ist negativ und gleich der Anzahl der Nullen vor der ersten von 0 verschiedenen Ziffer, wobei das Komma nicht berücksichtigt wird.

Die Mantissen kann man aus Logarithmentafeln entnehmen. Diese sind wie die nebenstehend auszugsweise abgebildete meist 4-stellig. Sehr häufig enthalten auch Taschenrechner Tasten für lg und ln. Die Mantissen sind dann meist 8-stellig.

| N. | L. 0 | 1 | 2 | 3 | 4 | 5 | 6 | 7 | 8 | 9 |
|---|---|---|---|---|---|---|---|---|---|---|
| 0 | $-\infty$ | 0000 | 3010 | 4771 | 6021 | 6990 | 7782 | 8451 | 9031 | 9542 |
| 1 | 0000 | 0414 | 0792 | 1139 | 1461 | 1761 | 2041 | 2304 | 2553 | 2788 |
| 2 | 3010 | 3222 | 3424 | 3617 | 3802 | 3979 | 4150 | 4313 | 4472 | 4624 |
| 3 | 4771 | 4914 | 5051 | 5185 | 5315 | 5441 | 5563 | 5682 | 5798 | 5911 |
| 4 | 6021 | 6128 | 6232 | 6335 | 6435 | 6532 | 6628 | 6721 | 6812 | 6902 |
| 5 | 6990 | 7076 | 7160 | 7243 | 7324 | 7404 | 7482 | 7559 | 7634 | 7709 |
| 6 | 7782 | 7853 | 7924 | 7993 | 8062 | 8129 | 8195 | 8261 | 8325 | 8388 |
| 7 | 8451 | 8513 | 8573 | 8633 | 8692 | 8751 | 8808 | 8865 | 8921 | 8976 |
| 8 | 9031 | 9085 | 9138 | 9191 | 9243 | 9294 | 9345 | 9395 | 9445 | 9494 |
| 9 | 9542 | 9590 | 9638 | 9685 | 9731 | 9777 | 9823 | 9868 | 9912 | 9956 |
| 10 | 0000 | 0043 | 0086 | 0128 | 0170 | 0212 | 0253 | 0294 | 0334 | 0374 |
| 11 | 0414 | 0453 | 0492 | 0531 | 0569 | 0607 | 0645 | 0682 | 0719 | 0755 |
| 12 | 0792 | 0828 | 0864 | 0899 | 0934 | 0969 | 1004 | 1038 | 1072 | 1106 |
| 13 | 1139 | 1173 | 1206 | 1239 | 1271 | 1303 | 1335 | 1367 | 1399 | 1430 |
| 14 | 1461 | 1492 | 1523 | 1553 | 1584 | 1614 | 1644 | 1673 | 1703 | 1732 |
| 15 | 1761 | 1790 | 1818 | 1847 | 1875 | 1903 | 1931 | 1959 | 1987 | 2014 |
| 16 | 2041 | 2068 | 2095 | 2122 | 2148 | 2175 | 2201 | 2227 | 2253 | 2279 |
| 17 | 2304 | 2330 | 2335 | 2380 | 2405 | 2430 | 2455 | 2480 | 2504 | 2529 |
| 18 | 2553 | 2577 | 2601 | 2625 | 2648 | 2672 | 2695 | 2718 | 2742 | 2765 |
| 19 | 2788 | 2810 | 2833 | 2856 | 2878 | 2980 | 2923 | 2945 | 2967 | 2989 |
| 20 | 3010 | 3032 | 3054 | 3075 | 3096 | 3118 | 3139 | 3160 | 3181 | 3201 |
| 21 | 3222 | 3243 | 3263 | 3284 | 3304 | 3324 | 3345 | 3365 | 3385 | 3404 |
| 22 | 3424 | 3444 | 3464 | 3483 | 3502 | 3522 | 3541 | 3560 | 3579 | 3598 |
| 23 | 3617 | 3636 | 3655 | 3674 | 3692 | 3711 | 3729 | 3747 | 3766 | 3784 |
| 24 | 3802 | 3820 | 3838 | 3856 | 3874 | 3892 | 3909 | 3927 | 3945 | 3962 |
| 25 | 3979 | 3997 | 4014 | 4031 | 4048 | 4065 | 4082 | 4099 | 4116 | 4133 |
| 26 | 4150 | 4166 | 4183 | 4200 | 4216 | 4232 | 4249 | 4265 | 4281 | 4298 |
| 27 | 4314 | 4330 | 4346 | 4362 | 4378 | 4393 | 4409 | 4425 | 4440 | 4456 |

**Beispiele:**

- Die Numeri sind größer als 1.

In diesen Fällen addiert man Kennziffer und Mantisse, schreibt also z. B. statt $1 + 0{,}5441$ die Summe 1,5441.

1. $\lg 3{,}5 \quad = 0 + 0{,}5441 = 0{,}5441$
2. $\lg 35 \quad = 1 + 0{,}5441 = 1{,}5441$
3. $\lg 350 \quad = 2 + 0{,}5441 = 2{,}5441$
4. $\lg 2450 = 3 + 0{,}3892 = 3{,}3892$

- Die Numeri sind kleiner als 1.

In diesen Fällen lässt man die Differenz aus Mantisse und Kennziffer stehen, wenn man eine Logarithmentafel verwendet. Der Taschenrechner gibt die ausgerechnete Differenz aus.

1. $\lg 0{,}35 \quad = 0{,}5441 - 1 = -0{,}4559$
2. $\lg 0{,}035 \quad = 0{,}5441 - 2 = -1{,}4559$
3. $\lg 0{,}0035 = 0{,}5441 - 3 = -2{,}4559$
4. $\lg 0{,}074 \quad = 0{,}8692 - 2 = -1{,}1308$

Umgekehrt gilt auch:

Hat ein dekadischer Logarithmus die Kennziffer $z \in \mathbb{Z}$ mit $z \geq 0$, so hat der zugehörige Numerus $z+1$ Stellen vor dem Komma.

Hat ein dekadischer Logarithmus die Kennziffer $z \in \mathbb{Z}$ mit $z < 0$, so hat der zugehörige Numerus $|z|$ Nullen vor der ersten von 0 verschiedenen Ziffer und $|z+1|$ Nullen nach dem Komma.

Sucht man mithilfe einer Logarithmentafel den Numerus zu einem gegebenen dekadischen Logarithmus, so entnimmt man der Tafel die zur Mantisse des Logarithmus gehörende Ziffernfolge und gibt dieser sodann den Stellenwert, welchen die Kennziffer bestimmt. Mit $N$ sei der Numerus, mit $N \lg x$ der zum dekadischen Logarithmus von $x$ gehörende Numerus bezeichnet.

Wenn der gegebene Logarithmus eine negative Kennziffer hat, führt das gleiche Verfahren zum Ziel.

Im nebenstehenden Beispiel steht $M$ für die Mantisse.

● Der dekadische Logarithmus eines Numerus sei 3,3181. Die Mantisse dieses Logarithmus ist 3181.

Die zugehörige Ziffernfolge des Numerus ist laut Tafel 208.

Wegen der Kennziffer $z=3$ ist der zugehörige Numerus vierstellig, also 2080.

Es ist also $N \lg 3{,}3181 = 2080$.

● $\lg N = 0{,}4378 - 3$; $M = 4378$; $z = -3$

Laut Tafel zu $M$ gehörende Ziffernfolge: 274

Wegen $z = -3$ hat $N$ drei Nullen vor der ersten von 0 verschiedenen Ziffer.

Also: $N \lg(0{,}4378 - 3) = 0{,}00274$

Bestimmt man den Numerus zu einem gegebenen dekadischen Logarithmus mithilfe eines Taschenrechners, gibt man den Logarithmus ein, drückt die Taste $10^x$ (bei manchen Rechnern muss man die Tastenfolge F und $\lg x$ wählen, das hängt vom jeweiligen Rechner ab) und erhält den zugehörigen Numerus.

Liegt ein dekadischer Logarithmus in der Form $(0, \ldots - z)$ vor, rechnet man zunächst diese Differenz aus und gibt das Ergebnis mithilfe der Taste $10^x$ in den Rechner ein.

### 1.11.3 Anwendungen der Logarithmengesetze

Es folgen einige einfache Beispiele dafür, wie man früher mithilfe der Logarithmen und der Logarithmengesetze Multiplikations-, Divisions- und Potenzierungs- bzw. Radizierungsaufgaben gelöst hat. Heute wird man dazu in jedem Falle den Taschenrechner benutzen.

Am Beispiel einer Gleichung, in der eine Variable als Exponent auftritt, wird gezeigt, wie man solche Gleichungen lösen kann.

**Beispiele:**

**1.** $4{,}56 \cdot 1{,}84 \cdot 0{,}0365 = \underline{\underline{\quad\quad}}$

Man bestimmt den Logarithmus des Produkts als Summe der Logarithmen der Faktoren. Danach wird der zum ermittelten Logarithmus gehörende Numerus bestimmt. Dieser ist das Resultat der gestellten Aufgabe.

**a)** Benutzt an eine Logarithmentafel, erhält man für lg 0,0365 den Wert 0,5623 – 2. Addiert man diese Differenz zu den Logarithmen der beiden anderen Faktoren, erhält man eine Differenz mit dem Subtrahenden 1. Diese $(-1)$ bewirkt beim Aufsuchen des Numerus, dass dieser mit 0, … beginnt.

$$\begin{aligned} &\lg(4{,}56 \cdot 1{,}84 \cdot 0{,}0365) = \\ &\lg 4{,}56 + \lg 1{,}84 + \lg 0{,}0365 = \\ &0{,}6590 + 0{,}2648 + 0{,}5623 - 2 = \\ &1{,}4861 - 2 = \\ &0{,}4861 - 1 \end{aligned}$$

Der Numerus zu 0,4861 – 1 ist 0,306, also:
$4{,}56 \cdot 1{,}84 \cdot 0{,}0365 = \underline{\underline{0{,}306}}$

**b)** Benutzt man einen Taschenrechner, erhält man für $\lg 0{,}0365 = -1{,}4377$. Die Addition der Logarithmen der drei Faktoren führt unmittelbar zum Logarithmus des zu bestimmenden Numerus als $-0{,}5139$.

$$\begin{aligned} &\lg 4{,}56 + \lg 1{,}84 + \lg 0{,}0365 = \\ &0{,}6590 + 0{,}2648 + (-1{,}4377) = \\ &-0{,}5139 = \end{aligned}$$

Der Numerus zu $-0{,}5139$ ist $\underline{\underline{0{,}306}}$.

**2.** $\dfrac{38{,}2}{0{,}356} = \underline{\underline{\quad\quad}}$

Man bestimmt den Logarithmus des Quotienten als die Differenz der Logarithmen von Zähler und Nenner. Danach wird der zum ermittelten Logarithmus gehörende Numerus bestimmt. Dieser ist das Resultat der gestellten Aufgabe.

**a)** Beim Rechnen mithilfe einer Logarithmentafel muss man beachten, dass eine Differenz zu subtrahieren ist.

$$\begin{aligned} \lg \frac{38{,}2}{0{,}356} &= \lg 38{,}2 - \lg 0{,}356 \\ &= 1{,}5821 - (0{,}5514 - 1) \\ &= 1{,}5821 - 0{,}5514 + 1 \\ &= 2{,}0307 \end{aligned}$$

Der zugehörige Numerus ist 107,3.

Also: $\dfrac{38{,}2}{0{,}356} = \underline{\underline{107{,}3}}$

**b)** Beim Rechnen mit dem Taschenrechner ist ein negativer Logarithmus zu subtrahieren. Dadurch erhält man den Logarithmus des zu bestimmenden Numerus.

$$\begin{aligned} &\lg 38{,}2 - \lg 0{,}356 = \\ &1{,}5821 - (-0{,}4486) = \\ &1{,}5821 + 0{,}4486 = 2{,}0307 \end{aligned}$$

Der zugehörige Numerus ist 107,3.

**3.** $100 \cdot \sqrt[7]{0{,}68 \cdot \sqrt[5]{200}} = \underline{\underline{\qquad}}$

Man bestimmt den Logarithmus des Produkts als Summe der Logarithmen der Faktoren. Dabei ist zu beachten, dass zwei der Faktoren Potenzen mit gebrochenen Exponenten sind. Danach wird der zum ermittelten Logarithmus gehörende Numerus bestimmt. Dieser ist das Resultat der gestellten Aufgabe.

Beim Arbeiten mit dem Taschenrechner entfällt wieder das Rechnen mit der Differenz für den lg 0,68.

**3.** $100 \cdot \sqrt[7]{0{,}68 \cdot \sqrt[5]{200}} = \underline{\underline{\qquad}}$

$$\lg\left(100 \sqrt[7]{0{,}68 \sqrt[5]{200}}\right) =$$

$$\lg 100 + \lg \sqrt[7]{0{,}68 \cdot \sqrt[5]{200}} =$$

$$\lg 100 + \frac{1}{7} \lg\left(0{,}68 \cdot \sqrt[5]{200}\right) =$$

$$\lg 100 + \frac{1}{7} \lg\left(0{,}68 + \frac{1}{5} \lg 200\right) =$$

$$2 + \frac{1}{7}\left(0{,}8325 - 1 + \frac{1}{5} \cdot 2{,}3010\right) =$$

$$2{,}0418$$

Der zugehörige Numerus ist $\underline{\underline{110{,}10}}$.

**4.** $15^x = 215$

Durch Anwendung der Regel über das Logarithmieren einer Potenz holt man die Variable $x$ aus dem Exponenten. Die entstehende Gleichung wird dann wie gewohnt gelöst.

**4.** $15^x = 215$

$$\lg 15^x = \lg 215$$

$$x \cdot \lg 15 = \lg 215$$

$$x = \frac{\lg 215}{\lg 15} = \frac{2{,}3324}{1{,}1761} = \underline{\underline{1{,}983}}$$

**Übungen** **zu 1.11**

Berechnen Sie konventionell und mithilfe von Logarithmen:

**1.** $8{,}4395 \cdot 98{,}273$ **2.** $948{,}76 \cdot 0{,}043875$ **3.** $43\,765 : 74\,013$ **4.** $\dfrac{8{,}3709 \cdot 834{,}64}{7308}$

Berechnen Sie mithilfe von Logarithmen:

**1.** $\left(\dfrac{13}{11}\right)^9$ **2.** $\left(\dfrac{7}{8}\right)^{13}$ **3.** $\sqrt[10]{8379}$ **4.** $\sqrt[5]{8{,}1904}$

**5.** $\sqrt{\dfrac{788}{431}}$ **6.** $\sqrt[3]{\dfrac{229}{531}}$ **7.** $\sqrt[4]{0{,}47 \cdot \sqrt{\dfrac{19}{34}}}$ **8.** $\sqrt[3]{78 + \sqrt[5]{31}}$

# Wiederholungsfragen zu 1.11

1. Wie liest man folgenden Logarithmus: $\log_a b$?
2. Benennen Sie die einzelnen Glieder von $\log_a b$.
3. Was versteht man unter einem Logarithmus zur Basis $a$?
4. Welche Logarithmengesetze kennen Sie?
5. Welche Vorzeichen haben die dekadischen Logarithmen der Zahlen, die kleiner als 1 sind?
6. Erklären Sie die Begriffe Kennziffer und Mantisse eines Logarithmus am Beispiel der dekadischen Logarithmen.
7. Wie bestimmt man die Kennziffern der dekadischen Logarithmen?

# 2 Gleichungen

## 2.1 Grundlegende Begriffe

Zahlen, Variablen und mithilfe der Rechenzeichen sowie anderer mathematischer Symbole sinnvoll aus ihnen zusammengesetzte Ausdrücke heißen **Terme**. Treten in solchen Termen Variable auf, so muss angegeben werden, für welche Zahlen (natürliche, ganze, rationale, reelle) oder Größen sie stehen. Man sagt auch: Es muss angegeben werden, für welchen Bereich ein Term definiert ist.

Solche Angaben müssen mitunter ergänzt werden durch Hinweise darauf, welche Zahlen man für bestimmte Variable nicht einsetzen darf.

**Terme**

$2;\ -2;\ \frac{1}{2};\ -\frac{1}{2};\ 2+3;\ 4\cdot 5$

$a;\ b;\ 4x;\ \frac{m}{3};\ (-a);\ x\cdot(-y);\ 4(a+b)$

mit $a, b, m, x, y \in \mathbb{R}$.

$\sqrt{a}$ mit $a \in \mathbb{R}^{\geq 0}$.

$\log_a b$ mit $a, b \in \mathbb{R}^+$ und $a \neq 1$.

$\sqrt{1-x}$ mit $x \in \mathbb{R}$ und $x \leq 1$.

$\frac{a}{b}$ mit $a, b \in \mathbb{N}$ und $b \neq 0$.

$a^n$ mit $a \in \mathbb{R}$ und $n \in \mathbb{N}$, jedoch nicht gleichzeitig 0 für $a$ und 0 für $n$.

Zwei Terme können durch ein Gleichheitszeichen verbunden werden. Je nach der Natur der Terme nennt man das entstehende Gebilde eine Gleichheitsaussage oder eine Gleichung.

Verbindet man zwei Terme, in denen keine Variablen vorkommen, durch ein Gleichheitszeichen, so entsteht eine **Gleichheitsaussage**.

Solche Gleichheitsaussagen sind entweder wahr oder falsch. Wenn eine Aussage nicht wahr ist, so ist sie falsch. Wenn eine Aussage nicht falsch ist, so ist sie wahr.

**Gleichheitsaussagen**

$2 = 2;\ 4+2 = 6$

$3\cdot 5 = 15;\ 18:6 = 3$

$\sqrt{16} = 4$

$3^3 = 37$

$\lg 10 = 1$

$9+4 = 13$ ► Wahre Gleichheitsaussage

$9+4 = 12$ ► Falsche Gleichheitsaussage

$3\cdot 5 = 10;\ 4 = 7$ ► Falsche Gleichheitsaussagen

Man erklärt in der Mathematik den Begriff „Aussage" ganz allgemein mittels der Eigenschaften, wahr oder falsch zu sein. Wenn man sinnvoll davon sprechen kann, dass ein schriftsprachliches Gebilde wahr oder falsch ist, nennt man es eine **Aussage**.

Verbindet man zwei Terme, in denen in mindestens einem der Terme Variable vorkommen, durch ein Gleichheitszeichen, so entsteht eine **Gleichung**.

Da Gleichungen also Variable enthalten, muss angegeben werden, für welche Zahlen eines Zahlbereichs bzw. für welche Größen eines Größenbereichs diese Variablen stehen sollen. Das kann z. B. die Menge $\mathbb{N}$ der natürlichen oder die Menge $\mathbb{R}$ der reellen Zahlen sein, das kann aber auch der Größenbereich der Längen oder der Massen sein, um auch hierfür nur zwei Beispiele zu nennen.

**Gleichungen**

$x+2=4;\ x \in \mathbb{R}$

$4x+5y=100;\ x, y \in \mathbb{R}$

$3(a+b)=a-b;\ a, b \in \mathbb{Q}$

$\frac{1}{2}x+\frac{1}{3}x=9;\ x \in \mathbb{R}$

$10\,\mathrm{m}+x=24\,\mathrm{m}-x$; $x$ steht für eine Größe der Größenart Länge in m.

$15\,\mathrm{kg}+3x=60\,\mathrm{kg}$; $x$ steht für eine Größe der Größenart Masse in kg.

Man sagt, es muss angegeben werden, in welchem **Grundbereich** die Gleichung betrachtet wird.

Aber nicht immer sind die in einer Gleichung vorkommenden Terme, welche Variable enthalten, für den gesamten Grundbereich der Gleichung erklärt, d. h., die Variablen in diesen Termen stehen nicht stellvertretend für alle Elemente des Grundbereiches. Die Menge der Elemente aus dem Grundbereich, für welche die Variablen eines Terms stehen können, nennt man den **Definitionsbereich des Terms** und sagt, der Term ist für diese Menge definiert.

Außerdem sind nicht immer alle Terme einer Gleichung, die Variable enthalten, für dieselben Elemente des Grundbereiches der Gleichung definiert. Ihre Definitionsbereiche können unterschiedlich sein. Das wirkt sich auf die Gleichung aus: Die Definitionsbereiche der Terme in einer Gleichung bestimmen den Definitionsbereich der Gleichung. Eine Gleichung ist nur für die Elemente des Grundbereiches definiert, für die jeder Term definiert ist. Der **Definitionsbereich einer Gleichung** ist also die Menge der Elemente ihres Grundbereiches, für die jeder ihrer Terme definiert ist.

**Grundbereich:** $\mathbb{R}$

$\frac{1}{x}=\sqrt{x}$ ► Gleichung

Der Term $\frac{1}{x}$ ist nur für von 0 verschiedene reelle Zahlen erklärt. Sein Definitionsbereich ist daher $\mathbb{R}^*$ und man schreibt $\frac{1}{x};\ x \in \mathbb{R}^*$. Der Term $\sqrt{x}$ ist nur für nicht negative reelle Zahlen erklärt. Sein Definitionsbereich ist daher $\mathbb{R}^{\geq 0}$ und man schreibt $\sqrt{x};\ x \in \mathbb{R}^{\geq 0}$.

Die Terme $\frac{1}{x}$ und $\sqrt{x}$ der Gleichung $\frac{1}{x}=\sqrt{x}$ haben unterschiedliche Definitionsbereiche. Daher ist diese Gleichung auch nur für solche reellen Zahlen definiert, die in den beiden Definitionsbereichen der Terme zugleich liegen. Es muss also für die Gleichung gleichzeitig $x \in \mathbb{R}^*$ und $x \in \mathbb{R}^{\geq 0}$ gelten.

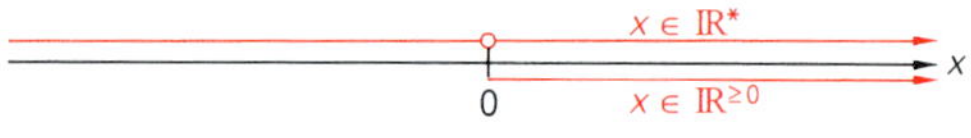


Diese Bedingung wird genau von allen positiven reellen Zahlen erfüllt.

Der Definitionsbereich der Gleichung ist also $\mathbb{R}^+$ und man schreibt

$\frac{1}{x}=\sqrt{x};\ x \in \mathbb{R}^+$.

**Merke:**

Der Definitionsbereich einer Gleichung ist die Menge der Elemente des Grundbereichs der Gleichung, für die jeder ihrer Terme definiert ist.

Von Gleichungen kann man nicht sagen, ob sie wahr oder falsch sind. Es sind keine Aussagen. Erst wenn man aus dem Definitionsbereich der Gleichung Zahlen oder Größen für die Variablen setzt, entstehen Aussagen. Man nennt Gebilde dieser Art **Aussageformen**. Sie sind mit Aussagen insofern verwandt, als sie in Aussagen übergehen, wenn man für die vorkommenden Variablen zulässige Zahlen oder Größen setzt.

$x+2=4$ ▶ Gleichung als Aussageform

Setzt man für $x$ die natürliche Zahl 2, so erhält man

$2+2=4.$ ▶ Wahre Aussage

Setzt man für $x$ die natürliche Zahl 3, so erhält man

$3+2=4.$ ▶ Falsche Aussage

Aber nicht nur Gleichungen sind Aussageformen, sondern ganz allgemein jedes Gebilde, welches eine Variable enthält, die für die Elemente einer Zahlenmenge oder eines Größenbereichs oder für andere mathematische Objekte steht.

$a \in \mathbb{Q}$ ▶ Aussageform

$2 \in \mathbb{Q}$ ▶ Wahre Aussage

$n$ ist eine gerade Zahl. ▶ Aussageform

2 ist eine gerade Zahl. ▶ Wahre Aussage

Man erklärt in der Mathematik ganz allgemein den Begriff der „Aussageform“ mittels des Begriffs der Aussage: Eine Aussageform ist ein schriftsprachliches Gebilde, das in eine wahre oder falsche Aussage übergeht, wenn man für die vorkommenden Variablen zulässige Zahlen oder Größen setzt.

**Anmerkung:**

Das Gebilde $a+b=b+a \, (a, b \in \mathbb{R})$ ist eine Aussageform. Da diese in eine wahre Aussage übergeht, welche reellen Zahlen man für $a$ und $b$ auch setzt, nennt man sie eine **allgemeingültige Aussageform**. Das Gebilde „für alle $a, b \in \mathbb{R}$ gilt: $a+b=b+a$“ ist eine Aussage, sogar eine wahre Aussage, denn es ist das Kommutativgesetz der Addition reeller Zahlen.
Nicht nur durch das Setzen von Zahlen oder Größen für Variablen gehen also Aussageformen in Aussagen über, sondern auch – wie hier – durch das Voranstellen des Redeteils „für alle …“.

**Merke:**

Werden zwei Terme, die keine Variablen enthalten, durch ein Gleichheitszeichen verbunden, entsteht eine Gleichheitsaussage.

Werden zwei Terme, in denen in mindestens einem der Terme Variable vorkommen, durch ein Gleichheitszeichen verbunden, entsteht eine Gleichung.

# 2.2 Das Umformen von Gleichheitsaussagen und Gleichungen

Addiert man auf beiden Seiten einer wahren Gleichheitsaussage dieselbe reelle Zahl, entsteht wieder eine wahre Gleichheitsaussage. Das kann man durch Ausrechnen überprüfen. Diese Feststellung gilt auch für andere Rechenoperationen. Man kann auf beiden Seiten einer wahren Gleichheitsaussage dieselbe reelle Zahl addieren oder subtrahieren, man kann jede Seite mit derselben Zahl multiplizieren oder durch dieselbe von 0 verschiedene Zahl dividieren – immer erhält man wieder eine wahre Gleichheitsaussage.

$4 = 4$ ► Wahre Gleichheitsaussage
$4 + 3 = 4 + 3$ ► Wahre Gleichheitsaussage
$9 = 9$ ► Wahre Gleichheitsaussage
$7 + 9 = 7 + 9$ ► Wahre Gleichheitsaussage
$9 = 9$ ► Wahre Gleichheitsaussage
$9 - 2 = 9 - 2$ ► Wahre Gleichheitsaussage
$2{,}5 = 2{,}5$ ► Wahre Gleichheitsaussage
$3 \cdot 2{,}5 = 3 \cdot 2{,}5$ ► Wahre Gleichheitsaussage
$15 = 15$ ► Wahre Gleichheitsaussage
$15 : 3 = 15 : 3$ ► Wahre Gleichheitsaussage

Man kann die Seiten einer wahren Gleichheitsaussage vertauschen. Man kann beide Seiten mit derselben natürlichen Zahl oder, falls auf beiden Seiten nicht negative Zahlen stehen, mit derselben reellen Zahl potenzieren. Die wahre Gleichheitsaussage geht dadurch immer wieder in eine wahre Gleichheitsaussage über.

$17 \cdot 3 = 102 : 2$ ► Seiten vertauschen
$102 : 2 = 17 \cdot 3$

$3 \cdot 5 = 15$ ► Seiten mit 2 potenzieren
$(3 \cdot 5)^2 = 15^2$

$27 = 27$ ► Seiten mit $\frac{1}{3}$ potenzieren
$27^{\frac{1}{3}} = 27^{\frac{1}{3}}$ oder $\sqrt[3]{27} = \sqrt[3]{27}$.

So einfach liegen die Dinge bei Gleichungen nicht. Natürlich kann man auch auf beiden Seiten einer Gleichung dieselbe Zahl addieren, subtrahieren, mit derselben Zahl multiplizieren und durch dieselbe von 0 verschiedene Zahl dividieren. Aber ebenso wenig wie man von der Ausgangsgleichung sagen kann, ob sie wahr oder falsch ist, kann man das von der entstehenden Gleichung. Und doch erwartet man, dass die erste und die zweite Gleichung irgendwie verwandt, vielleicht in irgendeinem Sinne gleich sind.

**1)** $x + 4 = 12$ ► Ausgangsgleichung
Addiere 3 auf beiden Seiten!
$x + 4 + 3 = 12 + 3$, also
$x + 7 = 15$ ► Endgleichung

**2)** $x + 4 = 12$ ► Ausgangsgleichung
Subtrahiere 2 auf beiden Seiten!
$x + 2 = 10$ ► Endgleichung

**3)** $x + 4 = 12$ ► Ausgangsgleichung
Multipliziere beide Seiten mit 5!
$5(x + 4) = 5 \cdot 12$, also
$5x + 20 = 60$ ► Endgleichung

**4)** $x + 2 = 10$ ► Ausgangsgleichung
Dividiere beide Seiten durch 2!
$\frac{x + 2}{2} = 5$ ► Endgleichung

Aufklärung erhält man, wenn man fragt, welche reellen Zahlen man für die Variablen setzen kann, damit die Gleichungen in wahre Gleichheitsaussagen übergehen. Steht $x_1$ für eine reelle Zahl, welche die Ausgangsgleichung in eine wahre Gleichheitsaussage überführt, so führt $x_1$ auch die Endgleichung in eine wahre Aussage über.

**Zu 1):** Die Ausgangsgleichung $x+4=12$ z.B. geht in eine wahre Gleichheitsaussage über, setzt man für $x$ die Zahl 8:

$8+4=12$ ► $x_1=8$.

Die Endgleichung $x+7=15$ geht ebenfalls in eine wahre Gleichheitsaussage über, setzt man für $x$ die Zahl 8:

$8+7=15$ ► $x_1=8$.

Die Endgleichungen der Beispiele 1 bis 4 gehen wie die ihnen gemeinsame Ausgangsgleichung in wahre Gleichheitsaussagen über, setzt man 8 für $x$.

**Zu 4):** Setzt man in der Ausgangsgleichung $x+2=10$ und in der Endgleichung $\frac{x+2}{2}=5$ jeweils für $x$ die Zahl 8, so gehen beide Gleichungen in wahre Gleichheitsaussagen über.

Bisher wurde gewissermaßen stillschweigend die Menge $\mathbb{R}$ der reellen Zahlen als Grundbereich der Gleichungen vorausgesetzt. Die Gleichung $x+1=\frac{3}{2}$ hat in $\mathbb{R}$ die Lösung $\frac{1}{2}$, aber die Gleichung hat keine Lösung, wenn man sie in $\mathbb{N}$ betrachtet, der Menge der natürlichen Zahlen.

Zahlen oder Größen, die eine Gleichung in eine wahre Aussage überführen, nennt man in der Mathematik **Lösungen** der Gleichung. Natürlich können nur solche Zahlen oder Größen Lösungen einer Gleichung sein, die auch in ihrem Definitionsbereich liegen. Dabei darf man für ein und dieselbe Variable stets nur ein und dieselbe Zahl oder Größe setzen.

Man nennt Gleichungen, welche, in demselben Grundbereich betrachtet, die gleichen Lösungen haben, **lösungsgleich** oder auch **äquivalent**.

Die Umformungen, die von einer Gleichung zu einer lösungsgleichen Gleichung führen, heißen **äquivalente Umformungen**. Äquivalente Umformungen liefern also stets lösungsgleiche Gleichungen. Aber lösungsgleiche Gleichungen brauchen nicht durch Äquivalenzumformungen zu entstehen, wie man am Beispiel der Gleichungen $\frac{1}{x}=0$ und $x^2=-1$ sieht. Beide Gleichungen haben in $\mathbb{R}$ keine Lösungen, sind also in $\mathbb{R}$ lösungsgleich, gehen aber nicht durch äquivalente Umformungen auseinander hervor.

Diesem Sachverhalt Rechnung tragend, wird im Folgenden stets von lösungsgleichen Gleichungen, nicht von äquivalenten Gleichungen gesprochen.

**Beispiele:**

**1.** $x+4=7;\ x\in\mathbb{R}$

Durch Subtraktion von 4 auf beiden Seiten der Gleichung wird eine zur Ausgangsgleichung lösungsgleiche Gleichung gewonnen. Das Subtrahieren von 4 ist eine äquivalente Umformung. Aus der entstehenden Gleichung ist die Lösung der Gleichung unmittelbar ablesbar.

**1.**
$$\begin{aligned} x+4 &= 7;\ x\in\mathbb{R} \\ x+4-4 &= 7-4 \\ x &= 3 \end{aligned}$$

Lösung: $\underline{\underline{3}}$

**2.** $5x - 3{,}5 = -3;\ x \in \mathbb{R}$

Durch Addition von 3,5 wird die Ausgangsgleichung in eine lösungsgleiche Gleichung umgeformt. Aus dieser Gleichung entsteht bei Division durch 5 eine weitere, zu ihr und der Ausgangsgleichung lösungsgleiche Gleichung, aus welcher die Lösung unmittelbar abgelesen werden kann.

**2.** $5x - 3{,}5 = -3;\ x \in \mathbb{R}$

$$5x - 3{,}5 + 3{,}5 = -3 + 3{,}5$$
$$5x = 0{,}5$$
$$\frac{5x}{5} = \frac{0{,}5}{5}$$
$$x = 0{,}1$$

Lösung: $\underline{\underline{0{,}1}}$

**Merke:**

Gleichungen heißen lösungsgleich, wenn sie, in demselben Grundbereich betrachtet, die gleichen Lösungen haben.

In den bisher behandelten Beispielen trat nur eine sog. Gleichungsvariable auf, die mit $x$ bezeichnet wurde. Als Gleichungsvariablen werden in der Regel die letzten Buchstaben des Alphabets verwendet, es ist aber unerheblich, welche Buchstaben man dafür nimmt.

Eine Gleichung mit einer Gleichungsvariablen heißt **lineare Gleichung**, wenn die Gleichungsvariable in ihr oder in einer ihrer äquivalenten Umformungen nur mit dem Exponenten 1 vorkommt und nicht in einem Nenner steht.

**Lineare Gleichungen**

$4x = 16;\ \frac{3}{2}x = 9$

$x + 4 = 12;\ x - 4{,}25 = 13$

$3x + 4 = 11;\ 3{,}4x - 2{,}8 = 17$

Die Grundform einer solchen Gleichung ist $ax + b = 0$ mit $a \neq 0$. Ihr Definitionsbereich ist stets $\mathbb{R}$.

Eine Gleichung mit einer Gleichungsvariablen heißt **quadratische Gleichung**, wenn die Gleichungsvariable in ihr oder einer ihrer äquivalenten Umformungen auch mit dem Exponenten 2, aber nicht mit einem höheren Exponenten vorkommt und nicht in einem Nenner steht.

**Quadratische Gleichungen**

$x^2 - 4x + 4 = 0;\ x \in \mathbb{R}$
ist äquivalent zu
$(x-2)^2 = 0;\ x \in \mathbb{R}$.
$(x-2)(x-3) = 0;\ x \in \mathbb{R}$
ist äquivalent zu
$x^2 - 5x + 6 = 0;\ x \in \mathbb{R}$.

Die Grundform einer solchen Gleichung ist $ax^2 + bx + c = 0$ mit $a \neq 0$. Ihr Definitionsbereich ist stets $\mathbb{R}$.

Eine Gleichung mit einer Gleichungsvariablen heißt **Bruchgleichung**, wenn die Gleichungsvariable mindestes einmal in einem Nenner vorkommt.

**Bruchgleichungen**

$\frac{10}{x} = 5;\ x \in \mathbb{R}^*$

$\frac{1}{x-2} + \frac{1}{2} = x + \frac{1}{2};\ x \in \mathbb{R}$ und $x \neq 2$

Eine Gleichung mit einer Gleichungsvariablen heißt **Wurzelgleichung**, wenn die Gleichungsvariable nur unter Wurzelzeichen vorkommt und nicht in einem Nenner steht.

**Wurzelgleichungen**

$\sqrt{1-x} = 10;\ x \in \mathbb{R}$ und $x \leq 1$

$\sqrt{x} + 2 = \sqrt{x + 16};\ x \in \mathbb{R}^{\geq 0}$

Die äquivalenten Umformungen der linearen Gleichungen in den obigen Beispielen 1. und 2. führten jedes Mal auf eine Gleichung der Gestalt „$x$ = Zahl“, aus welcher die eine Lösung der Gleichung unmittelbar abgelesen werden konnte.

Es gibt aber Gleichungen, die mehrere oder sogar unendlich viele Lösungen haben.

Die Gleichung $x+y=4$ hat, wenn $x \in \mathbb{N}$ und $y \in \mathbb{N}$, fünf Lösungen; 5 Paare von natürlichen Zahlen erfüllen die Gleichung, wie man auch sagt.

| $x$ | $y$ | $x+y$ |
|---|---|---|
| 0 | 4 | 4 |
| 1 | 3 | 4 |
| 2 | 2 | 4 |
| 3 | 1 | 4 |
| 4 | 0 | 4 |

Lösungen in $\mathbb{N}$ für $x+y=4$

Dieselbe Gleichung hat für $x \in \mathbb{R}$ und $y \in \mathbb{R}$ unendlich viele Lösungen, darunter auch die oben angeführten 5 Paare. Welche reelle Zahl man für $x$ auch setzt, immer gibt es eine reelle Zahl für $y$, welche die entstandene Gleichung erfüllt.

| $x$ | $y$ | $x+y$ |
|---|---|---|
| 0 | 4 | 4 |
| 1 | 3 | 4 |
| $\sqrt{2}$ | $4-\sqrt{2}$ | 4 |
| $\sqrt{3}$ | $4-\sqrt{3}$ | 4 |
| 0,5 | 3,5 | 4 |
| −2 | 6 | 4 |
| ⋮ | ⋮ | 4 |

Lösungen in $\mathbb{R}$ für $x+y=4$

Man fasst alle Lösungen einer Gleichung oft zu einer Menge zusammen, die man die **Lösungsmenge** der Gleichung nennt. Eine Menge kann natürlich auch nur ein Element enthalten oder sogar gar keines. Der letztere Fall tritt ein, wenn die Gleichung nicht lösbar ist.

Zur Beschreibung der Lösungsmenge $L$ einer Gleichung verwendet man als Symbol zwei geschweifte Klammern, schreibt also z.B. für die Lösung der Gleichung $2x+5=9$; $x \in \mathbb{R}$ symbolisch $L=\{2\}$.

Wenn man weiß, welche Umformungen eine Gleichung in eine lösungsgleiche Gleichung überführen, kann man lineare Gleichungen so umformen, dass man aus ihnen ihre Lösungen leicht ablesen kann. Der Gleichung $0{,}997x+3165{,}045=3180$ sieht man nicht ohne weiteres an, welche Lösung sie in $\mathbb{R}$ hat. Anders ist das bei der Gleichung $x=15$, denn hier sieht man sofort, dass 15 eine Lösung der Gleichung ist. Beide Gleichungen sind in $\mathbb{R}$ lösungsgleich.

Äquivalente Umformungen einer Gleichung mit einer Gleichungsvariablen haben stets das Ziel, die Gestalt „$x=$Zahl" herzustellen. Allerdings kann man nicht immer eine lineare Gleichung mit einer Gleichungsvariablen durch äquivalente Umformungen in diese Gestalt bringen.

**Beispiele:**

**1.** $x+2=2(x-2)-x+6$; $x \in \mathbb{R}$

Die Form „$x=$Zahl" existiert nicht. Was bedeutet das? Hat die Gleichung keine Lösung oder kann man diese nur auf andere Weise gewinnen?

**1.** $x+2=2(x-2)-x+6$; $x \in \mathbb{R}$

$x+2=2(x-2)-x+6$ ► Klammer auflösen

$x+2=2x-4-x+6$ ► Zusammenfassen

$x+2=x+2$ ► 2 subtrahieren

$x=x$

Die Gleichung $x=x$ hat offenbar viele Lösungen, denn für welche Zahl $x$ auch steht, die Gleichung $x=x$ geht stets in eine wahre Aussage über. Jede reelle Zahl ist eine Lösung der Gleichung – die Gleichung ist allgemein gültig.

**2.** $x+2=2(x-2)+5-x;\ x\in\mathbb{R}$

Die Form „$x=$Zahl“ existiert nicht. Wie viele Lösungen hat die Gleichung $x=x-1$?

**2.** $x+2=2(x-2)+5-x;\ x\in\mathbb{R}$

$x+2=2(x-2)+5-x$ ► Klammer auflösen

$x+2=2x-4+5-x$ ► Zusammenfassen

$x+2=x+1$ ► 2 subtrahieren

$x=x-1$

Die Gleichung $x=x-1$ hat offenbar keine Lösung, denn für welche reelle Zahl $x$ auch steht, die Gleichung $x=x-1$ geht nie in eine wahre Aussage über. Die Gleichung hat keine Lösung, die Lösungsmenge ist die leere Menge. Die Gleichung ist nicht erfüllbar.

**Merke:**

- Eine Gleichung lösen heißt, diejenigen Zahlen oder Größen aus ihrer Definitionsmenge zu bestimmen, die sie in eine wahre Gleichheitsaussage überführen, die also die Gleichung erfüllen, wenn man sie für die Variablen der Gleichung setzt.
- Hat eine Gleichung nur eine Gleichungsvariable und heißt diese z. B. $x$, so versucht man durch geeignete Umformungen eine Gleichung der Gestalt „$x=$Zahl“ herzustellen. Aus einer solchen Gleichung lässt sich die Lösung sofort ablesen.
- Eine lineare Gleichung mit einer Gleichungsvariablen hat entweder eine oder keine Lösung oder unendlich viele Lösungen.

Oft sind Gleichungen zu lösen, in denen neben der Gleichungsvariablen noch andere Variable vorkommen. Diese haben, wie die folgenden Beispiele zeigen, generalisierenden und vereinfachenden Charakter.

Gleichungen wie $x+3=4$, $x+8=-11$ und $x-9=5$ haben alle die Form $x+a=b$ mit $a,b\in\mathbb{R}$.

Gleichungen wie $3x=9, 4x=16$ usw. haben die Form $ax=b$ mit $a,b\in\mathbb{R}$. Die Variablen $a$ und $b$ stellen also gewissermaßen die Struktur, die Form einer Gleichung heraus. Man nennt $a$ und $b$ daher **Formvariable** im Unterschied zu der Gleichungsvariablen $x$. Die Lösung jeder Gleichung der Form $x+a=b$ heißt immer $b-a$. Man könnte $x=b-a$ als Lösungsformel für die Gleichungen der Form $x+a=b$ auffassen.

Während die Gleichungsvariable für jede Zahl aus dem Definitionsbereich der Gleichung steht, muss man sich die Formvariablen während des Lösens einer Gleichung als Konstante, also als Festbleibende vorstellen.

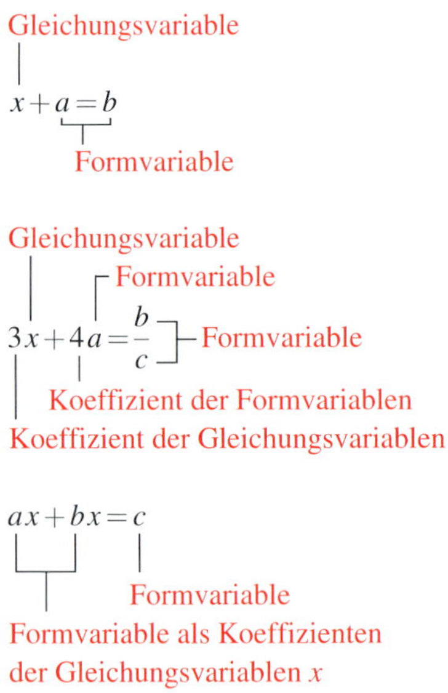

Auch solche Gleichungen können oft nach der Gleichungsvariablen „aufgelöst" werden, d.h., es kann oft eine Gleichung der Gestalt „$x=$Term ohne Gleichungsvariable" hergestellt werden. Dieses Auflösen verläuft ganz ähnlich dem bisherigen Vorgehen.

Man darf auf beiden Seiten einer Gleichung nicht nur dieselben Zahlen addieren oder subtrahieren oder mit derselben von 0 verschiedenen Zahl multiplizieren oder dividieren, sondern darf dasselbe auch mit den Formvariablen oder Termen mit Formvariablen tun. Denn diese Formvariablen oder Terme mit Formvariablen stehen ja stellvertretend für Zahlen, die im Unterschied zu den Zahlen für die Gleichungsvariable während der Rechnung als fest gelten. Sie sind sog. (feste) **Zahlenterme**. Dabei muss man nicht nur bei der Division, sondern auch bei der Multiplikation fordern, dass der Term, mit dem dividiert bzw. multipliziert wird, von 0 verschieden ist. Die Multiplikation beider Seiten einer Gleichung mit 0 führt zwar auf die wahre Gleichheitsaussage $0=0$, nicht aber zu einer zur Ausgangsgleichung lösungsgleichen Gleichung, aus der man die Lösung unmittelbar ablesen kann.

- $x-a=b$ ▶ Ausgangsgleichung
  Addition von $a$:
  $x=a+b$ ▶ Endgleichung
  Lösung: $\underline{\underline{a+b}}$
- $x+4m=5m$ ▶ Ausgangsgleichung
  Subtraktion von $4m$:
  $x=m$ ▶ Endgleichung
  Lösung: $\underline{\underline{m}}$
- $\frac{x}{m}=n,\ m\neq 0$ ▶ Ausgangsgleichung
  Multiplikation mit $m$:
  $x=mn$ ▶ Endgleichung
  Lösung: $\underline{\underline{mn}}$
- $2ax=2b$ ▶ Ausgangsgleichung
  Division durch $2a$; $a\neq 0$:
  $x=\frac{2b}{2a}=\frac{b}{a}$ ▶ Endgleichung
  Lösung: $\underline{\underline{\frac{b}{a}}}$

**Merke:**

- Addiert oder subtrahiert man auf beiden Seiten einer Gleichung ein und denselben Zahlenterm, erhält man eine zur Ausgangsgleichung lösungsgleiche Gleichung.
- Multipliziert man beide Seiten einer Gleichung mit demselben Zahlenterm, erhält man eine zur Ausgangsgleichung lösungsgleiche Gleichung, sofern der Zahlenterm für eine von 0 verschiedene Zahl steht.
- Dividiert man beide Seiten einer Gleichung durch ein und denselben Zahlenterm, erhält man eine zur Ausgangsgleichung lösungsgleiche Gleichung, sofern der Zahlenterm für eine von 0 verschiedene Zahl steht.
- Vertauscht man die beiden Seiten einer Gleichung, so erhält man eine zur Ausgangsgleichung lösungsgleiche Gleichung.

Durch Anwendung dieser Merkregeln auf eine Gleichung entstehen immer wieder lösungsgleiche Gleichungen und man kann sicher sein, dass deren Lösungsmengen übereinstimmen. Oft ist es aber nötig zu prüfen, ob man richtig umgeformt und gerechnet hat. Dazu dient die so genannte **Probe**. Man setzt den errechneten Wert anstelle der Variablen in der Ausgangsgleichung und prüft, ob die Gleichung in eine wahre Aussage übergeht. Dabei formt man beide Seiten der Gleichung so lange für sich um, bis feststeht, dass links der gleiche Term steht wie rechts. Ist das der Fall, ist das ein Anzeichen dafür, dass der errechnete Wert die Lösung ist. Ist das nicht der Fall, so hat man sich sicher irgendwo verrechnet und muss gegebenenfalls seine Rechnung nochmals überprüfen.

**Beispiele:**

**1.** $5x-3=17;\ x\in\mathbb{R}$ ▶ Ausgangsgleichung

Durch Addition von 3 und anschließende Division durch 5 entsteht

$x=4$ ▶ Endgleichung,

aus der man die Lösung 4 unmittelbar ablesen kann.

Probe: Setze für $x$ in der Ausgangsgleichung 4 und forme jede Seite der Gleichung für sich um.

$5\cdot 4-3 \quad | 17$
$20-3 \quad | 17$

$\underline{\underline{17=17}}$ ▶ wahre Gleichheitsaussage

**2.** $mx+n=m^2+n;\ x\in\mathbb{R}\ (m,n\in\mathbb{R}, m\neq 0)$

Durch Subtraktion von $n$ auf beiden Seiten und anschließende Division durch $m\neq 0$ erhält man die Lösung $m$.

Probe: Setze $m$ für $x$ in der Ausgangsgleichung und forme jede Seite für sich um.

$m\cdot m+n \quad | m^2+n$

$\underline{\underline{m^2+n=m^2+n}}$ ▶ allgemein gültige Aussageform

# 2.3 Das Lösen von Gleichungen

Bei dem folgenden systematischen Lösen von Gleichungen soll zwischen Gleichungen mit und ohne Formvariable unterschieden werden. Wenn nicht ausdrücklich etwas anderes vermerkt ist, sollen alle folgenden Gleichungen im Grundbereich $\mathbb{R}$ der reellen Zahlen betrachtet werden.

## 2.3.1 Das Lösen linearer Gleichungen mit einer Gleichungsvariablen, die keine Formvariablen enthalten

Das Lösen von Gleichungen der Art $x-3=12$, $4x+3=15$, $\frac{x}{2}+\frac{x}{3}=5$, aber auch $x=2x-1$ geschieht durch äquivalentes Umformen der Ausgangsgleichungen mit dem Ziel, eine Endgleichung der Gestalt „$x=$Zahl" herzustellen. Steht dabei die Gleichungsvariable auf beiden Seiten einer Gleichung, so dürfen auch mit ihr die beschriebenen Operationen durchgeführt werden. Das gilt aber mit einer **Einschränkung**: Kommt es bei den Umformungen dazu, dass auf beiden Seiten das gleiche Vielfache der Gleichungsvariablen steht, wie z. B. in $x=x+1$, so darf man nicht etwa nach Subtraktion von $x$ auf beiden Seiten wegen $x-x=0$ die Gleichungsvariable aus der Gleichung entfernen. Täte man das, erhielte man nicht wie gewünscht eine zur Ausgangsgleichung lösungsgleiche Gleichung, sondern „nur" eine Gleichheitsaussage, im Beispiel $0=1$. Stattdessen vereinbart man, damit die Gleichungsvariable nach Subtraktion nicht verschwindet, sie auf einer der Seiten der Gleichung mit dem Koeffizienten 0 stehen zu lassen. Im Beispiel schreibt man also entweder $0\cdot x=1$ oder $0=0\cdot x+1$.

Erhält man durch äquivalentes Umformen der Ausgangsgleichung eine Endgleichung der Gestalt „$x=$Zahl", so sagt man, man habe die Ausgangsgleichung nach $x$ **aufgelöst** oder auch, man habe die Gleichungsvariable $x$ **isoliert**.

Bei Berücksichtigung dieser Vereinbarung können die **Umformungsregeln** unter Verwendung des allgemeinen Termbegriffs wie folgt formuliert werden:

**1.** Addiert oder subtrahiert man auf beiden Seiten einer Gleichung ein und denselben Term, erhält man eine zur Ausgangsgleichung lösungsgleiche Gleichung.

**2.** Multipliziert man beide Seiten einer Gleichung mit demselben Term, erhält man eine zur Ausgangsgleichung lösungsgleiche Gleichung, sofern der Term für eine von 0 verschiedene Zahl steht.

**3.** Dividiert man beide Seiten einer Gleichung durch ein und denselben Term, erhält man eine zur Ausgangsgleichung lösungsgleiche Gleichung, sofern der Term für eine von 0 verschiedene Zahl steht.

**4.** Vertauscht man beide Seiten einer Gleichung, erhält man eine zur Ausgangsgleichung lösungsgleiche Gleichung.

Die auf beiden Seiten der Gleichungen vorzunehmenden Operationen werden nach einem senkrechten Strich auf der rechten Seite angegeben. Wo immer möglich, werden die Beispiele mit der zur Ausgangsgleichung lösungsgleichen Gleichung der Gestalt „$x=$Zahl" beendet. Existiert diese Endgleichung, kann man die Lösung unmittelbar ablesen, sie wird deshalb nicht noch einmal aufgeschrieben. Auf die schriftliche Durchführung der Probe wird in den Fällen, wo sie leicht durch Kopfrechnen anzustellen ist, verzichtet.

In den folgenden Beispielen 1. bis 7. ist stets $\mathbb{R}$ der Definitionsbereich der Gleichungen. Auf eine gesonderte Angabe des Definitionsbereiches wird daher verzichtet.

**Beispiele:**

**1.** $x-3=8$

Durch Addition von 3 wird die äquivalente Gleichung der Form „$x=$Zahl" hergestellt. Die Lösung 11 kann dann unmittelbar abgelesen werden.

**1.** $x-3=8$

$$x-3=8 \quad |+3$$
$$x-3+3=8+3$$
$$\underline{\underline{x=11}}$$

**2.** $11-x=10$

Durch Addition von $x$ und Subtraktion von 10 wird $x$ isoliert. Aus der Gleichung „Zahl $=x$" lässt sich die Lösung der Ausgangsgleichung unmittelbar entnehmen.

**2.** $11-x=10$

$$11-x=10 \quad |+x$$
$$11-x+x=10+x$$
$$11=10+x \quad |-10$$
$$\underline{\underline{1=x}}$$

**3.** $4x=20$

Die Division durch 4 führt auf die Gestalt „$x=$Zahl". Die Lösung 5 kann jetzt unmittelbar abgelesen werden.

**3.** $4x=20$

$$4x=20 \quad |:4$$
$$\frac{4x}{4}=\frac{20}{4}$$
$$\underline{\underline{x=5}}$$

**4.** $x+2=x+4$

Die Gleichungsvariable $x$ kommt auf beiden Seiten der Gleichung vor.
Nach der Subtraktion von 2 wird auch $x$ auf beiden Seiten subtrahiert.
Anstelle von $x-x$ wird auf einer der Seiten $0\cdot x$ geschrieben.
Die entstandene Gleichung und damit die Ausgangsgleichung ist unerfüllbar; sie hat keine Lösung.

**4.** $x+2=x+4$

$$\begin{aligned} x+2 &= x+4 && \mid -2 \\ x &= x+2 && \mid -x \\ x-x &= x-x+2 \\ 0\cdot x &= 2 \end{aligned}$$

**5.** $3(9-2x)=5(2x-9)$

Die Klammern werden ausmultipliziert. Sodann werden $10x$ und 27 auf beiden Seiten subtrahiert.

Durch Zusammenfassen und Division beider Seiten durch $-16$ wird $x$ isoliert.

**5.**

$$\begin{aligned} 3(9-2x) &= 5(2x-9) \\ 27-6x &= 10x-45 && \mid -10x \\ 27-6x-10x &= -45 && \mid -27 \\ -16x &= -45-27 \\ -16x &= -72 && \mid :(-16) \\ x &= \frac{9}{2} \end{aligned}$$

Um nachzuprüfen, ob die Rechnung stimmt, wird die Probe gemacht.

Probe: $3\left(9-2\cdot\frac{9}{2}\right) \;\Big|\; 5\left(2\cdot\frac{9}{2}-9\right)$

$3\cdot 0 \;\mid\; 5\cdot 0$

$0=0$

**6.** $7\cdot(4x-3)+3\cdot(7-8x)=1$

Nach dem Ausmultiplizieren der Klammern werden die Summanden mit $x$ zusammengefasst. Die Gleichung wird nach Termen ohne $x$ geordnet und $x$ wird isoliert.

**6.** $7\cdot(4x-3)+3\cdot(7-8x)=1$

$$\begin{aligned} 28x-21+21-24x &= 1 \\ 28x-24x-21+21 &= 1 \\ 4x &= 1 && \mid :4 \\ x &= \frac{1}{4} \end{aligned}$$

Um nachzuprüfen, ob die Rechnung stimmt, wird die Probe gemacht.

Probe: $7\cdot\left(4\cdot\frac{1}{4}-3\right)+3\cdot\left(7-8\cdot\frac{1}{4}\right) \quad \mid 1$

$7(1-3)+3(7-2) \quad \mid 1$

$-14+15 \quad \mid 1$

$1=1$

**7.** $2x+4=4\left(\frac{x}{2}+1\right)$

Die Klammer wird aufgelöst.
Nach der Subtraktion von 4 und $2x$ wird auf einer Seite der Gleichung anstelle von $2x-2x$ der Term $0\cdot x$ geschrieben.
Es entsteht eine allgemein gültige Gleichung.

**7.** $2x+4=4\left(\frac{x}{2}+1\right)$

$2x+4=4\left(\frac{x}{2}+1\right)$ ► Klammer auflösen

$$\begin{aligned} 2x+4 &= 2x+4 && \mid -4 \\ 2x &= 2x && \mid -2x \\ 0\cdot x &= 0 \end{aligned}$$

Die Ausgangsgleichung hat unendlich viele Lösungen.

Kommen in einer Gleichung Brüche vor, überführt man sie durch Multiplikation mit dem Hauptnenner der Brüche in eine zur Ausgangsgleichung lösungsgleiche Gleichung, in welcher keine Brüche mehr vorkommen.

**Beispiele:**

**1.** $\frac{x}{2}-\frac{x}{3}+\frac{x}{4}-\frac{x}{6}+\frac{x}{8}+\frac{x}{12}=11;\ x\in\mathbb{R}$

Die Teilnenner sind 2, 3, 4, 6, 8 und 12. Schon in $2\cdot 12=24$ sind alle Teilnenner als Faktoren enthalten. 24 ist also der Hauptnenner. Mit ihm wird die Gleichung multipliziert. Die Summanden mit $x$ werden zusammengefasst und $x$ wird isoliert.

**1.** $\frac{x}{2}-\frac{x}{3}+\frac{x}{4}-\frac{x}{6}+\frac{x}{8}+\frac{x}{12}=11;\ x\in\mathbb{R}$

$$\begin{aligned} \frac{x}{2}-\frac{x}{3}+\frac{x}{4}-\frac{x}{6}+\frac{x}{8}+\frac{x}{12}&=11 \quad &|\cdot 24\\ 12x-8x+6x-4x+3x+2x&=264\\ 11x&=264 \quad &|:11\\ \underline{\underline{x}}&\underline{\underline{=24}} \end{aligned}$$

Probe: Setzt man 24 für $x$ in der linken Seite der Ausgangsgleichung, erhält man:
$12-8+6-4+3+2=11$ und es ist also $11=11$.

**2.** $4-\frac{7-3x}{5}=3-\frac{3-7x}{10}+\frac{x+1}{2};\ x\in\mathbb{R}$

Der Hauptnenner ist 10. Die Ausgangsgleichung wird mit 10 multipliziert, die Glieder mit $x$ werden zusammengefasst und $x$ wird isoliert.

**2.** $4-\frac{7-3x}{5}=3-\frac{3-7x}{10}+\frac{x+1}{2};\ x\in\mathbb{R}$

$$\begin{aligned} 4-\frac{7-3x}{5}&=3-\frac{3-7x}{10}+\frac{x+1}{2} \quad &|\cdot 10\\ 40-2(7-3x)&=30-(3-7x)+5(x+1)\\ 40-14+6x&=30-3+7x+5x+5\\ 26+6x&=32+12x \quad &|-12x\\ 26-6x&=32 \quad &|-26\\ -6x&=6 \quad &|:(-1)\\ \underline{\underline{x}}&\underline{\underline{=-1}} \end{aligned}$$

Um die Probe durchzuführen, setzt man für $x$ den errechneten Wert $-1$ in der Ausgangsgleichung. Dabei muss das Vorzeichen „–“ besonders beachtet werden.

Probe: $4-\frac{7-3(-1)}{5}\ \Big|\ 3-\frac{3-7(-1)}{10}+\frac{-1+1}{2}$

$4-2\ |\ 3-1+0$

$\underline{\underline{2=2}}$

## 2.3.2 Das Lösen linearer Gleichungen mit einer Gleichungsvariablen, die Formvariablen enthalten

Das Lösen von linearen Gleichungen, in denen neben der Gleichungsvariablen $x$ noch Formvariablen vorkommen, z. B. $ax+b=c$ mit $a\neq 0$, geschieht mithilfe derselben Regeln, die beim Lösen linearer Gleichungen angewandt wurden, in denen neben der Gleichungsvariablen nur noch reelle Zahlen auftraten. Das Ziel der äquivalenten Umformungen ist, eine Gleichung der Gestalt „$x=$Term“ zu gewinnen. Aber auch hierbei können Gleichungen auftreten, die nicht genau eine Lösung haben, die also nicht in die gewünschte Gestalt gebracht werden können. Wie bei linearen Gleichungen ohne Formvariable können auch hier noch die Fälle eintreten, dass eine Gleichung keine Lösung oder unendlich viele Lösungen hat.

Folgende Lösungsschritte sind zu beachten:

1. Kommen Klammern vor, werden sie zuerst aufgelöst.
2. Kommen Brüche vor, wird die Gleichung mit dem Hauptnenner dieser Brüche multipliziert.
3. Die Gleichung wird so geordnet, dass der Summand, der die Gleichungsvariable enthält, allein auf einer Seite der Gleichung steht.
4. Durch geeignete Multiplikation oder Division wird die Gleichungsvariable isoliert.
5. Wird eine Probe durchgeführt, werden die linke und die rechte Seite der Ausgangsgleichung so lange unabhängig voneinander umgeformt, bis erkennbar ist, dass auf beiden Seiten gleiche Terme stehen.

Die folgenden Beispiele werden wo immer möglich mit der zur Ausgangsgleichung lösungsgleichen Gleichung der Form „$x = \text{Term}$“ beendet. Aus dieser Endgleichung kann die Lösung unmittelbar abgelesen werden, sie wird deshalb nicht noch einmal aufgeschrieben. Die auftretenden Formvariablen stehen für reelle Zahlen. Wenn Einschränkungen zu beachten sind, so sind diese jeweils nach der betreffenden Gleichung notiert. Bei allen Gleichungen ist der Definitionsbereich stets $\mathbb{R}$. Auf eine gesonderte Angabe des Definitionsbereiches wird daher verzichtet.

**Beispiele:**

**1.** $mx - n = p$; $m \neq 0$; löse auf nach $x$!

Durch Addition von $n$ und Division durch $m$ $(m \neq 0)$ wird eine Lösung für $x$ bestimmt.

**1.** $mx - n = p$; $m \neq 0$; löse auf nach $x$!

$$\begin{aligned} mx - n &= p \quad &&| +n \\ mx &= p + n \quad &&| :m \\ x &= \frac{p+n}{m} \end{aligned}$$

Probe:
$$\begin{aligned} m \cdot \frac{p+n}{m} - n \quad &| \, p \\ p + n - n \quad &| \, p \\ p &= p \end{aligned}$$

**2.** $5x - a = 3x + b$; löse auf nach $x$!

Die Glieder mit $x$ werden zusammengefasst, die Gleichung sodann geordnet und $x$ isoliert.

**2.** $5x - a = 3x + b$; löse auf nach $x$!

$$\begin{aligned} 5x - a &= 3x + b \quad &&| -3x \\ 2x - a &= b \quad &&| +a \\ 2x &= b + a \quad &&| :2 \\ x &= \frac{a+b}{2} \end{aligned}$$

Bei der Probe muss man beachten, dass beide Summanden in den Zählern der Bruchterme mit 5 bzw. mit 3 multipliziert werden müssen.

Probe:
$$\begin{aligned} 5 \cdot \frac{a+b}{2} - 2 \quad &\Big| \quad 3 \cdot \frac{a+b}{2} + b \\ \frac{5}{2}a + \frac{5}{2}b - a \quad &\Big| \quad \frac{3}{2}a + \frac{3}{2}b + b \\ \frac{3}{2}a + \frac{5}{2}b \quad &= \frac{3}{2}a + \frac{5}{2}b \end{aligned}$$

**3.** $a \cdot (x-b) = c$; $a \neq 0$; löse auf nach $x$!

Die Klammer wird ausmultipliziert, die Gleichung geordnet und $x$ isoliert.

**3.** $a \cdot (x-b) = c$; $a \neq 0$; löse auf nach $x$!

$$ax - ab = c \quad | +ab$$
$$ax = c + ab \quad | : a;\ a \neq 0$$
$$x = \frac{ab+c}{a}$$

Bei der Probe entsteht in der Klammer auf der linken Seite eine Differenz, die man vereinfachen könnte, wenn man den Subtrahenden mit $a$ erweitert.

Probe:
$$a\left(\frac{ab+c}{a} - b\right) \quad | \ c$$
$$ab + c - ab \quad | \ c$$
$$c = c$$

**4.** $4(x-a) = 3x + 5b$; löse auf nach $x$!

Die Klammer wird ausmultipliziert, die Glieder mit $x$ werden zusammengefasst, die Gleichung wird geordnet und $x$ isoliert.

**4.** $4(x-a) = 3x + 5b$; löse auf nach $x$!

$$4x - 4a = 3x + 5b \quad | -3x$$
$$4x - 3x - 4a = 5b \quad | +4a$$
$$x = 4a + 5b$$

Bei der Probe wird das Distributivgesetz angewendet.

Probe:
$$4(4a+5b-a) \quad | \ 3(4a+5b)+5b$$
$$16a + 20b - 4a \quad | \ 12a + 15b + 5b$$
$$12a + 20b = 12a + 20b$$

**5.** $3(x-a) + x = 4x$; löse auf nach $x$!

Die Klammer wird ausmultipliziert und anschließend werden die Glieder mit $x$ zusammengefasst. Die Gleichungsvariable $x$ lässt sich nicht isolieren (durch 0 darf man nicht teilen!). Für $a \neq 0$ besitzt die Gleichung keine Lösung, für $a = 0$ ist jede reelle Zahl Lösung.

**5.** $3(x-a) + x = 4x$; löse auf nach $x$!

$$3x - 3a + x = 4x$$
$$4x - 3a = 4x \quad | -4x$$
$$0 \cdot x - 3a = 0 \quad | +3a$$
$$0 \cdot x = 3a$$

► $x$ darf nicht verschwinden

► $a \neq 0$: keine Lösung

► $a = 0$: jede reelle Zahl ist Lösung

**6.** $mx = nx - p$; löse auf nach $x$!

Die Gleichung wird geordnet und $x$ wird isoliert. Im Fall $m - n \neq 0$ kann durch $m - n$ dividiert werden.

**6.** $mx = nx - p$; löse auf nach $x$!

$$mx = nx - p \quad | -nx$$
$$(m-n)x = -p \quad | : (m-n);\ m - n \neq 0$$
$$x = \frac{p}{n-m}$$

Bei der Probe wird die rechte Seite gleichnamig gemacht.

Probe:
$$\frac{mp}{n-m} \quad \Big| \ \frac{np}{n-m} - p$$
$$\frac{mp}{n-m} \quad \Big| \ \frac{np - p(n-m)}{n-m}$$
$$\frac{mp}{n-m} = \frac{mp}{n-m}$$

Im Falle $m - n = 0$ lautet die zur Ausgangsgleichung lösungsgleiche Gleichung $(m-n)x = -p$ dann $0 \cdot x = -p$. Diese Gleichung hat für $p \neq 0$ keine Lösung, für $p = 0$ ist jede reelle Zahl Lösung.

**7.** $\frac{mx}{a}-\frac{mx}{b}=\frac{b-a}{ab}$; $a,b\neq 0$; löse auf nach $x$!

Der Hauptnennerterm ist $ab$. Mit ihm wird die Gleichung multipliziert. Dann wird die Gleichung geordnet und $x$ isoliert. Im Fall $m(b-a)\neq 0$ kann durch $m\cdot(b-a)$ dividiert werden.

**7.** $\frac{mx}{a}-\frac{mx}{b}=\frac{b-a}{ab}$; $a,b\neq 0$; löse auf nach $x$!

$$\frac{mx}{a}-\frac{mx}{b}=\frac{b-a}{ab} \qquad |\cdot ab$$

$$bmx-amx=b-a$$

$$mx\cdot(b-a)=b-a \qquad |:m\cdot(b-a)$$

$$\underline{\underline{x=\frac{1}{m}}}$$

Für die Probe werden die Quotiententerme $\frac{mx}{a}$ und $\frac{mx}{b}$ in $\frac{m}{a}\cdot x$ und $\frac{m}{b}\cdot x$ zerlegt. Setzt man $\frac{1}{m}$ für $x$, so kann man kürzen.

Probe: $\frac{m}{a}\cdot\frac{1}{m}-\frac{m}{b}\cdot\frac{1}{m} \quad \Big|\ \frac{b-a}{ab}$

$$\frac{1}{a}-\frac{1}{b} \quad \Big|\ \frac{b-a}{ab}$$

$$\underline{\underline{\frac{b-a}{ab}=\frac{b-a}{ab}}}$$

Im Falle $m(b-a)=0$ lautet die zur Ausgangsgleichung lösungsgleiche Gleichung $mx(b-a)=b-a$ dann $x\cdot 0=b-a$. Wen auch $b-a=0$ gilt, ist die Gleichung allgemein gültig, d.h., ihre Lösungsmenge ist $\mathbb{R}$. Ist hingegen $b-a\neq 0$, so besitzt die Gleichung keine Lösung.

**8.** $\frac{6a-bx}{2a}+\frac{9b-cx}{3b}+\frac{20c-dx}{5c}=10$; $a,b,c\neq 0$; löse auf nach $x$!

Der Hauptnennerterm ist $30abc$. Mit ihm wird die Gleichung multipliziert. Durch Kürzen wird die Gleichung vereinfacht. Die entstandene Gleichung wird wie üblich umgeformt.

$$\frac{30abc(6a-bx)}{2a}+\frac{30abc(9b-cx)}{3b}+\frac{30abc(20c-dx)}{5c}=10\cdot 30abc$$

$$15bc(6a-bx)+10ac(9b-cx)+6ab(20c-dx)=300abc$$

$$90abc-15b^2cx+90abc-10ac^2x+120abc-6abdx=300abc$$

$$x(-15b^2c-10ac^2-6abd)+300abc=300abc \qquad |-300abc$$

$$x(-15b^2c-10ac^2-6abd)=0 \qquad |:(-15b^2c-10ac^2-6abd)$$

Setzt man $-15b^2c-10ac^2-6abd\neq 0$ voraus, kann man die Division durchführen und erhält:

$$\underline{\underline{x=0}}$$

Probe: $\frac{6a}{2a}+\frac{9b}{3b}+\frac{20c}{5c} \quad |\ 10$

$$3+3+4 \quad |\ 10$$

$$\underline{\underline{10=10}}$$

Ist andernfalls $-15b^2c-10ac^2-6abd=0$, so geht die zur Ausgangsgleichung lösungsgleiche Gleichung $x(-15b^2c-10ac^2-6abd)=0$ in die Gleichung $x\cdot 0=0$ über. Diese Gleichung ist für jede reelle Zahl anstelle von $x$ erfüllt, d.h., sie ist allgemein gültig. In diesem Fall ist also $\mathbb{R}$ die Lösungsmenge.

## 2.3.3 Einige Beispiele für das Lösen von Bruchgleichungen und quadratischen Gleichungen

Die Gleichungen in den folgenden Beispielen werden mithilfe der gleichen Regeln äquivalent umgeformt wie die linearen Gleichungen. Eine Probe ist deshalb eigentlich nicht erforderlich. Wird sie dennoch angestellt, dient sie der Überprüfung der Richtigkeit der Rechnung.

Die Umformungen werden wo immer möglich mit der Herstellung von Gleichungen der Gestalt „$x=$Zahl“ oder „$x=$Term“ beendet. Aus ihnen kann die jeweilige Lösung unmittelbar abgelesen werden, sie wird deshalb nicht noch einmal gesondert aufgeschrieben.

**Beispiele:**

**1.** $\frac{5}{x}=9;\ x\in\mathbb{R}^*$

Nach Multiplikation mit $x$ und Division durch 9 seht $x$ auf der rechten Seite der Gleichung isoliert.

**1.** $\frac{5}{x}=9;\ x\in\mathbb{R}^*$

$$\frac{5}{x}=9 \quad |\cdot x$$

$$5=9x \quad |:9$$

$$\underline{\underline{\frac{5}{9}=x}}$$

**2.** $\frac{666}{-x}=2{,}25;\ x\in\mathbb{R}^*$

Im Nenner der linken Seite steht $-x$. Durch die Multiplikation mit diesem Term und die Division durch 2,25 entsteht eine Gleichung der Gestalt „Zahl$=x$“.

**2.** $\frac{666}{-x}=2{,}25;\ x\in\mathbb{R}^*$

$$\frac{666}{-x}=2{,}25 \quad |\cdot(-x)$$

$$666=-2{,}25x \quad |:2{,}25$$

$$\frac{666}{2{,}25}=-x \quad |(-1)$$

$$\underline{\underline{-296=x}}$$

**3.** $\frac{7}{x}+\frac{4}{3}=\frac{23-x}{3x}-\frac{1}{x};\ x\in\mathbb{R}^*$

Der Hauptnenner ist $3x$. Die Gleichung wird mit $3x$ multipliziert, die Glieder mit $x$ werden zusammengefasst und nach dem Ordnen wird $x$ isoliert.

**3.** $\frac{7}{x}+\frac{4}{3}=\frac{23-x}{3x}-\frac{1}{x};\ x\in\mathbb{R}^*$

$$\frac{7}{x}+\frac{4}{3}=\frac{23-x}{3x}-\frac{1}{x} \quad |\cdot 3x$$

$$3\cdot 7+4\cdot x=23-x-3 \quad |+x$$

$$21+5x=23-3 \quad |-21$$

$$5x=23-3-21$$

$$5x=-1 \quad |:5$$

$$\underline{\underline{x=-\frac{1}{5}}}$$

**4.** $\dfrac{\dfrac{2x+4}{3}}{\dfrac{9x-5}{4}}=2;\ x\in\mathbb{R},\ x\neq\dfrac{5}{9}$

Die Gleichung wird mit $\dfrac{9x-5}{4}$ multipliziert, sodann wie üblich geordnet und $x$ isoliert.

Der Doppelbruchterm geht dadurch in einen einfachen Bruchterm über. Die entstehende Gleichung wird mit dem Hauptnenner ihrer Teilnenner multipliziert.

Setzt man den errechneten Wert für $x$ in die Ausgangsgleichung, entstehen Brüche, die leicht ausgerechnet werden können.

**4.** $\dfrac{\dfrac{2x+4}{3}}{\dfrac{9x-5}{4}}=2;\ x\in\mathbb{R},\ x\neq\dfrac{5}{9}$

$$\dfrac{\dfrac{2x+4}{3}}{\dfrac{9x-5}{4}}=2 \qquad \Big|\cdot\dfrac{9x-5}{4}$$

$$\dfrac{2x+4}{3}=\dfrac{9x-5}{2} \qquad |\cdot 6$$

$$2\cdot(2x+4)=3\cdot(9x-5)$$

$$4x+8=27x-15 \qquad |-4x$$

$$8=27x-4x-15 \qquad |+15$$

$$15+8=23x$$

$$23=23x \qquad |:23$$

$$\underline{\underline{1=x}}$$

Probe: $\dfrac{\dfrac{2+4}{3}}{\dfrac{9-5}{4}} \quad |2$

$\dfrac{2}{1} \quad |2$

$\underline{\underline{2=2}}$

**5.** Lösungsgang:

a) Den ersten Teilnenner faktorisieren
b) Den Hauptnenner bestimmen
c) Mit dem Hauptnenner multiplizieren
d) Ausklammern
e) Ordnen
f) $|-6x$
g) Zusammenfassen und $|-71$
h) $|:(-7)$

**5.** $\dfrac{3(x+1)}{2x-16}-4+\dfrac{2(x+1)}{x-8}=\dfrac{3(x-1)}{x-8};\ x\in\mathbb{R}, x\neq 8$

a) $2x-16=2(x-8)$
b) Hauptnenner: $2(x-8)$
c) $3(x+1)-4\cdot 2(x-8)+4(x+1)=6(x-1)$
d) $3x+3-8x+64+4x+4=6x-6$
e) $3x-8x+4x+3+64+4=6x-6$
f) $3x-8x+4x-6x+64+4+3=-6$
g) $-7x=-77$
h) $\underline{\underline{x=11}}$

**6.** $\dfrac{x^2-1}{x+1}+\dfrac{1-x^2}{1-x}=a;\ x\in\mathbb{R},\ x\neq-1,\ x\neq 1$

Diese auf den ersten Blick kompliziert erscheinende Gleichung kann mithilfe der dritten binomischen Formel zu einer einfachen linearen Gleichung äquivalent umgeformt werden. Die Glieder mit $x$ werden zusammengefasst und nach dem Ordnen wird $x$ isoliert. Der Term $\frac{a}{2}$ ist nur dann Lösung der Gleichung, falls $a\neq-2$ und $a\neq 2$, weil $-1$ und $1$ nicht zum Definitionsbereich der Gleichung gehören.

**6.** $\dfrac{x^2-1}{x+1}+\dfrac{1-x^2}{1-x}=a;\ x\in\mathbb{R};\ x\neq-1;\ x\neq 1$

$x^2-1=(x+1)(x-1)$ ► 3. binomische Formel

$1-x^2=(1+x)(1-x)$ ► 3. binomische Formel

$$x-1+1+x=a$$

$$2x=a \qquad |:2$$

$\underline{\underline{x=\dfrac{a}{2}}}$ ► Lösung $\frac{a}{2}$, falls $a\neq-2$ und $a\neq 2$

**7.** $\dfrac{a-bm}{mx} - \dfrac{c-bn}{nx} = 1$; $x \in \mathbb{R}^*$, $m, n \neq 0$; löse auf nach $x$!

Der Hauptnennerterm lautet $mnx$. Die Gleichung wird mit diesem Term multipliziert, wobei Hauptnennerterm und Teilnennerterme durch die jeweils gleichen Faktoren gekürzt werden. Nach dem Zusammenfassen und Ordnen der Gleichung wird $x$ isoliert.

**7.** $\dfrac{a-bm}{mx} - \dfrac{c-bn}{nx} = 1$; $x \in \mathbb{R}$, $m, n \neq 0$; löse auf nach $x$!

$$\frac{a-bm}{mx} - \frac{c-bn}{nx} = 1 \qquad | \cdot mnx$$

$$n(a-bm) - m(c-bn) = mnx$$

$$an - bmn - mc + bmn = mnx \qquad | : mn$$

$$\underline{\underline{\frac{an-mc}{mn} = x}}$$

Nur für $an - mc \neq 0$ liegt der für $x$ errechnete Term im Definitionsbereich der Gleichung und ist eine Lösung der Gleichung, wie auch die Probe zeigt.

Der besseren Übersicht halber wird bei der Probe zunächst jeder der Quotienten der linken Seite als Produktterm mit dem Faktor $\frac{1}{x}$ geschrieben. Für $\frac{1}{x}$ wird sodann der Kehrwert des errechneten Wertes gesetzt.

Probe:

$$\frac{a-bm}{m} \cdot \frac{1}{x} - \frac{c-bn}{n} \cdot \frac{1}{x} \qquad | \, 1$$

$$\frac{a-bm}{m} \cdot \frac{mn}{an-mc} - \frac{c-bn}{n} \cdot \frac{mn}{an-mc} \qquad | \, 1$$

$$\frac{(a-bm) \cdot n}{an-mc} - \frac{(c-bn) \cdot m}{an-mc} \qquad | \, 1$$

$$\frac{an - bmn - cm + bnm}{an - cm} \qquad | \, 1$$

$$\frac{an-mc}{an-mc} \qquad | \, 1$$

$$\underline{\underline{1 = 1}}$$

**8.** $\dfrac{b-x}{a+x} + \dfrac{c-x}{a-x} = \dfrac{a(c-2x)}{a^2-x^2}$; $x \in \mathbb{R}$, $x \neq a$, $x \neq -a$; löse auf nach $x$!

Die Teilnennerterme der linken Seite der Gleichung sind als Faktoren im Nennerterm der rechten Seite enthalten. Der Hauptnennerterm ist also $(a+x)(a-x)$. Mit ihm wird die Gleichung multipliziert.

$$(b-x)(a-x) + (c-x)(a+x) = a(c-2x)$$

$$ab - ax - bx + x^2 + ac - ax + cx - x^2 = ac - 2ax$$

$$ab - 2ax - bx + cx + x^2 - x^2 + ac = ac - 2ax$$

$$ab - bx + cx = 0$$

$$x(c-b) = -ab \quad \text{und für } c - b \neq 0$$

$$\underline{\underline{x = \frac{ab}{b-c}}}$$

Der für $x$ errechnete Term liegt nicht im Definitionsbereich der Gleichung, falls $\frac{ab}{b-c} = a$ oder $\frac{ab}{b-c} = -a$ ist. Das wäre für $a = 0$ oder $c = 0$ oder $c = 2b$ der Fall. In diesen Fällen besitzt die Gleichung also keine Lösung. Für $c - b = 0$ ist die Ausgangsgleichung lösungsgleich zur Gleichung $x \cdot 0 = -ab$. Diese Gleichung hat keine Lösung, falls $ab \neq 0$, und sie hat jede reelle Zahl als Lösung, falls $ab = 0$.

Probe für den Fall $a \neq 0$, $c \neq 0$, $c \neq 2b$ und $b \neq c$:

**Linke Seite, 1. Term:**

$$\frac{b-\dfrac{ab}{b-c}}{a+\dfrac{ab}{b-c}}=\frac{b^2-bc-ab}{ab-ac+ab}=\frac{b^2-bc-ab}{2ab-ac}$$

**Linke Seite, 2. Term:**

$$\frac{c-\dfrac{ab}{bc}}{a-\dfrac{ab}{bc}}=\frac{bc-c^2-ab}{ab-ac-ab}=\frac{bc-c^2-ab}{-ac}$$

**Linke Seite, 1. Term plus 2. Term:**

$$\frac{b^2-bc-ab}{2ab-ac}+\frac{bc-c^2-ab}{-ac}=\frac{(b^2-bc-ab)(-c)+(bc-c^2-ab)(2b-c)}{a(2b-c)(-c)}$$

$$=\frac{\begin{array}{l}-b^2c+bc^2+abc+c^3-2ab^2\\ +2b^2c-2bc^2+abc\\ \quad -bc^2\end{array}}{ac(c-2b)}$$

$$=\frac{b^2c-2bc^2+2abc-2ab^2+c^3}{ac(c-2b)}$$

**Rechte Seite:**

$$\frac{a\left(c-\dfrac{2ab}{b-c}\right)}{a^2-\dfrac{a^2b^2}{(b-c)^2}}=\frac{a\cdot\dfrac{bc-c^2-2ab}{b-c}}{\dfrac{a^2(b-c)^2-a^2b^2}{(b-c)^2}}=\frac{a(bc-c^2-2ab)(b-c)}{a^2(b-c)^2-a^2b^2}$$

$$=\frac{a(bc-c^2-2ab)(b-c)}{a^2[(b-c)^2-b^2]}$$

$$=\frac{\begin{array}{l}b^2c-bc^2-2ab^2+c^3+2abc\\ \quad -bc^2\end{array}}{a(b^2-2bc+c^2-b^2)}$$

$$=\frac{b^2c-2bc^2+2abc-2ab^2+c^3}{ac(c-2b)}$$

**Feststellung:** Auf der linken Seite steht derselbe Term wie auf der rechten Seite. Der errechnete Term stellt also für den angegebenen Fall die Lösung der Ausgangsgleichung dar.

Mitunter sind Bruchgleichungen und quadratische Gleichungen so beschaffen, dass sich im Verlaufe ihrer Umformung die Glieder der Gleichungsvariablen, welche den Exponenten 2 haben, aufheben, die Gleichungen also auf lineare Gleichungen führen. Zwei Aufgaben dieser Art werden nachfolgend gelöst.

**9.** $$\frac{2x}{1-x}-\frac{2}{x-1}=\frac{2x^2-6}{1-x^2}-\frac{8}{x+1};\; x\in\mathbb{R},\ x\neq 1,\ x\neq -1$$

$$\frac{2x}{1-x}-\frac{2\cdot(-1)}{(x-1)\cdot(-1))}=\frac{2x^2-6}{1-x^2}-\frac{8}{x+1}$$

$$\frac{2x}{1-x}-\frac{-2}{1-x}=\frac{2x^2-6}{1-x^2}-\frac{8}{x+1}$$

$$\frac{2x}{1-x}+\frac{2}{1-x}=\frac{2x^2-6}{(1-x)(1+x)}-\frac{8}{1+x}$$

Die Gleichung wird mit dem Hauptnenner $(1-x)(1+x)$ multipliziert:

$$2x(1+x)+2(1+x)=2x^2-6-8(1-x)$$
$$2x+2x^2+2+2x=2x^2-6-8+8x$$
$$2x+2x-8x=-6-8-2$$
$$-4x=-16$$
$$4x=16$$
$$\underline{\underline{x=4}}$$

Probe: $\frac{8}{-3}-\frac{2}{3} \;\Big|\; \frac{32-6}{1-16}-\frac{8}{5}$

$-\frac{10}{3} \;\Big|\; -\frac{26}{15}-\frac{8}{5}$

$-\frac{10}{3} \;\Big|\; -\frac{26}{15}-\frac{24}{15}$

$-\frac{10}{3} \;\Big|\; -\frac{50}{15}$

$\underline{\underline{-\frac{10}{3}=-\frac{10}{3}}}$

**10.** $(x-a)(x-b)=x^2-a^2$; $x\in\mathbb{R}$; löse auf nach $x$!

Die Klammern werden ausmultipliziert. Der Term $x^2$ steht auf beiden Seiten der Gleichung, kann also subtrahiert werden. Danach kann man zusammenfassen, indem man $x$ ausklammert, ordnet und $x$ isoliert.

Dabei wird eine Fallunterscheidung notwendig.

Die Probe für den Fall $a+b\neq 0$ führt auf die wahre Gleichheitsaussage $0=0$. Der errechnete Term $a$ ist also Lösung.

**10.** $(x-a)(x+a)=x^2-a^2$; $x\in\mathbb{R}$; löse auf nach $x$!

$$x^2-ax-bx+ab=x^2-a^2 \quad | -x^2$$
$$-x(a+b)+ab=-a^2 \quad | -ab$$
$$-x(a+b)=-a^2-ab \quad | \cdot(-1)$$
$$x(a+b)=a(a+b)$$

Für $a+b\neq 0$ kann man diese Gleichung durch $a+b$ dividieren:

$$\underline{\underline{x=a.}}$$

Für $a+b=0$ ist die Ausgangsgleichung lösungsgleich zur Gleichung $x\cdot 0=0$, d.h., sie ist allgemein gültig. In diesem Fall ist also jede reelle Zahl Lösung.

### 2.3.4 Das Lösen von Wurzelgleichungen

Gleichungen, bei denen die Gleichungsvariable nur unter Wurzelzeichen mit einem Wurzelexponenten größer oder gleich 2 vorkommt, werden als **Wurzelgleichungen** bezeichnet.

Die in einer Wurzelgleichung auftretenden Terme sind häufig nicht im gesamten Grundbereich $\mathbb{R}$ der Gleichung definiert. Zum Beispiel ist der Term $\sqrt{(x-1)^2}$ für alle $x \in \mathbb{R}$ erklärt, der Term $\sqrt{x}$ aber nur für $x \in \mathbb{R}^{\geq 0}$ und der Term $\sqrt{x-4}$ nur für alle $x \in \mathbb{R}$ mit $x \geq 4$.

Das muss bei der Angabe des Definitionsbereichs einer Wurzelgleichung beachtet werden, denn der Definitionsbereich einer Gleichung ist der Teilbereich ihres Grundbereichs, für den alle in der Gleichung vorkommenden Terme definiert sind. Im Folgenden wird der Definitionsbereich einer Gleichung mit $D(G)$, der Definitionsbereich eines Terms mit $D(T)$ bezeichnet.

**Beispiele:**

**1.** Gleichung: $\sqrt{x} = \sqrt{x+9} - 1$

$D(G)$: $\mathbb{R}^{\geq 0}$

$D(\sqrt{x})$: $\mathbb{R}^{\geq 0}$

$D(\sqrt{x+9})$: $x \in \mathbb{R}$ und $x \geq -9$

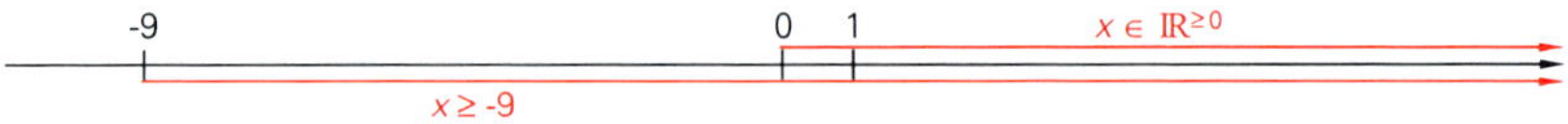


**2.** Gleichung: $\sqrt{x} = \sqrt{41-x} - 1$

$D(G)$: $x \in \mathbb{R}^{\geq 0}$ und $x \leq 41$, also $0 \leq x \leq 41$

$D(\sqrt{x})$: $\mathbb{R}^{\geq 0}$

$D(\sqrt{41-x})$: $x \in \mathbb{R}$ und $x \leq 41$

**Merke:**

Der Definitionsbereich einer Wurzelgleichung ist die Menge der Elemente ihres Grundbereichs, für die jeder Wurzelterm definiert ist.

**a)** Wurzelgleichungen, in denen nur ein Wurzelterm vorkommt.

Um eine solche Wurzelgleichung zu lösen, ordnet man sie so, das der Wurzelterm allein auf einer Seite der Gleichung steht. Das geschieht durch äquivalentes Umformen auf der Grundlage der Umformungsregeln für Gleichungen. Durch anschließendes Quadrieren beider Seiten fällt das Wurzelzeichen weg und die entstandene Gleichung kann nach der Gleichungsvariablen aufgelöst werden.

$\sqrt{T_1} + T_2 = T_3$, und mindestens $T_1$ enthält eine Gleichungsvariable.

**Beispiel:**

$\sqrt{x} + 2 = 17$; $D(G)$: $\mathbb{R}^{\geq 0}$

$$\sqrt{x} + 2 = 17 \quad | -2$$
$$\sqrt{x} = 15$$
$$(\sqrt{x})^2 = 15^2$$
$$x = 225;\ 225 \in \mathbb{R}^{\geq 0}$$

Probe:

$$\sqrt{225} + 2 \quad | \ 17$$
$$15 + 2 \quad | \ 17$$
$$17 = 17$$

Lösung: 225

Das Quadrieren beider Seiten einer Gleichung ist nicht immer eine äquivalente Umformung. Die durch das Quadrieren entstehende Gleichung hat mitunter mehr Lösungen als die Ausgangsgleichung, es können sog. Scheinlösungen auftreten. Man sagt, Quadrieren ist im Allgemeinen nur eine **Folgerungsumformung**.

Immer dann, wenn im Verlaufe der Umformungen quadriert wurde, muss mit Scheinlösungen gerechnet werden. Deshalb hat bei solchen Gleichungen die Probe eine andere Bedeutung als z. B. bei linearen Gleichungen. Jetzt ist sie Bestandteil des Lösungsvorganges. Sie muss angestellt werden, um entscheiden zu können, ob alle Lösungen der Endgleichung auch Lösungen der Ausgangsgleichung sind.

Die Gleichung $x+2=2$ z. B. als Ausgangsgleichung hat die Lösung 0 für $x$. Quadriert man beide Seiten, erhält man:

$$x^2+4x+4=4 \quad | -4$$

$$x^2+4x=0.$$

Ausklammern von $x$ liefert

$$x(x+4)=0.$$

Ein Produkt ist gleich 0, wenn mindestens einer seiner Faktoren 0 ist. Es kann also $x=0$ oder $x+4=0$ sein.

Aus der einen Gleichung erhält man die Lösung 0 für $x$, aus der anderen $-4$.

0 erfüllt die Ausgangsgleichung, denn

$0+2 \quad | 2$ und $2=2$.

$-4$ erfüllt die Ausgangsgleichung nicht, denn

$-4+2 \quad | 2$, aber $-2 \neq 2$.

**b)** Wurzelgleichungen, in denen zwei Wurzelterme mit Gleichungsvariablen auf beiden Seiten vorkommen, aber sonst kein weiterer Term.

Durch Quadrieren beider Seiten einer solchen Wurzelgleichung entfallen die Wurzelzeichen und die entstehende Gleichung kann nach der Gleichungsvariablen aufgelöst werden.

$\sqrt{T_1}=\sqrt{T_2}$, und sowohl $T_1$ als auch $T_2$ enthalten die Gleichungsvariable.

**Beispiel:**

$$\sqrt{x}=\sqrt{2x-2}$$

Der Term $\sqrt{x}$ ist zwar für alle $x \geq 0$ erklärt, der Term $\sqrt{2x-2}$ aber nur für $x \geq 1$. Deshalb gilt für den Definitionsbereich der Gleichung

$D(G)\colon x \in \mathbb{R}^{\geq 0}$ und $x \geq 1$.

$$(\sqrt{x})^2=(\sqrt{2x-2})^2$$

$$x=2x-2$$

$$x=2;\ 2 \in D(G)$$

Die vermutliche Lösung wird zunächst mit dem Definitionsbereich verglichen. Liegt sie im Definitionsbereich der Gleichung, wird durch die Probe festgestellt, ob sie die Gleichung erfüllt.

Probe:

$\sqrt{2} \quad | \sqrt{2\cdot 2-2}$

$\sqrt{2}=\sqrt{2}$; Lösung: 2

**c)** Wurzelgleichungen, in denen zwei Wurzelterme mit einer Gleichungsvariablen und andere Terme ohne Gleichungsvariable vorkommen.

$\sqrt{T_1}+\sqrt{T_2}=T_3$, und $T_1$ und $T_2$ enthalten eine Gleichungsvariable.

Zunächst stellt man durch äquivalente Umformungen der Ausgangsgleichung eine Gleichung her, in welcher auf beiden Seiten je ein Wurzelterm mit einer Gleichungsvariablen steht.

Nach dem Quadrieren beider Seiten dieser Gleichung bleibt noch ein Wurzelterm mit einer Gleichungsvariablen in der Gleichung stehen.

Die so entstandene Gleichung entspricht dem unter a) behandelten Typ.

**Beispiel:**

$\sqrt{x+104}-\sqrt{x}=8$; $D(G)$: $\mathbb{R}^{\geq 0}$

$$\begin{aligned}\sqrt{x+104}-\sqrt{x}&=8 && \mid +\sqrt{x}\\ \sqrt{x+104}&=8+\sqrt{x} && \mid \text{quadrieren}\\ x+104&=64+16\sqrt{x}+x\\ 40&=16\sqrt{x}\\ \frac{5}{2}&=\sqrt{x}\\ \frac{25}{4}&=x;\ \frac{25}{4}\in D(G)\end{aligned}$$

Probe:

$$\begin{aligned}&\sqrt{\frac{25}{4}+104}-\sqrt{\frac{25}{4}} \quad \mid 8\\ &\sqrt{\frac{25+416}{4}}-\frac{5}{2} \quad \mid 8\\ &\frac{21}{2}-\frac{5}{2} \quad \mid 8\\ &\underline{\underline{8=8}};\quad \underline{\underline{\text{Lösung: } \frac{25}{4}}}\end{aligned}$$

**Merke:**

Die vermutlichen Lösungen einer Wurzelgleichung müssen zunächst mit dem Definitionsbereich der Wurzelgleichung verglichen werden. Liegen sie nicht in diesem Bereich, sind es keine Lösungen. Liegen sie im Definitionsbereich, muss durch die Probe überprüft werden, ob sie Lösungen sind oder nicht.

**Beispiele:**

**1.** $18-2\cdot\sqrt{x}=4$; $D(G)=\mathbb{R}^{\geq 0}$

Durch Subtraktion von 18 auf beiden Seiten der Gleichung und Division durch $-2$ wird die Form „Wurzelterm = Zahl" hergestellt. Durch Quadrieren beider Seiten erhält man eine lineare Gleichung der Gestalt „$x$ = Zahl". Die damit errechnete mögliche Lösung wird mit dem Definitionsbereich der Ausgangsgleichung verglichen und durch die Probe überprüft.

**1.** $18-2\cdot\sqrt{x}=4$; $D(G)=\mathbb{R}^{\geq 0}$

$$\begin{aligned}18-2\cdot\sqrt{x}&=4 && \mid -18\\ -2\cdot\sqrt{x}&=-14 && \mid :(-2)\\ \sqrt{x}&=7\\ x&=49;\ 49\in D(G)\end{aligned}$$

Probe:

$$\begin{aligned}&18-2\cdot\sqrt{49} \quad \mid 4\\ &18-14 \quad \mid 4\\ &\underline{\underline{4=4}};\quad \underline{\underline{\text{Lösung: } 49}}\end{aligned}$$

**2.** $4 \cdot \sqrt[3]{5x-8} = 3 \cdot \sqrt[3]{9x+1}$ | **2.** $4 \cdot \sqrt[3]{5x-8} = 3 \cdot \sqrt[3]{9x+1}$

Wegen des Wurzelterms auf der linken Seite der Gleichung muss $5x-8 \geq 0$, also $x \geq \frac{8}{5}$ sein. Wegen des Wurzelterms auf der rechten Seite muss $9x+1 \geq 0$, also $x \geq -\frac{1}{9}$ gelten. Der Definitionsbereich der Gleichung ist also $D(G)$: $x \in \mathbb{R}$ und $x \geq \frac{8}{5}$.

Beide Seiten der Gleichung werden mit 3 potenziert. Die entstehende lineare Gleichung wird nach $x$ aufgelöst. Die dadurch errechnete mögliche Lösung wird mit dem Definitionsbereich der Gleichung verglichen und durch die Probe überprüft.

$$\left(4 \cdot \sqrt[3]{5x-8}\right)^3 = \left(3 \cdot \sqrt[3]{9x+1}\right)^3$$
$$64(5x-8) = 27(9x+1)$$
$$320x - 512 = 243x + 27$$
$$77x = 539$$
$$x = 7;\ 7 \in D(G)$$

Probe:

$4 \cdot \sqrt[3]{27}$ $\mid 3 \cdot \sqrt[3]{64}$

$12 = 12$

7 ist eine Lösung der Ausgangsgleichung, denn es ist $7 > \frac{8}{5}$ und die Probe liefert eine wahre Aussage; Lösung: 7

**3.** $\sqrt{x-1} = \sqrt{x+4} - 1$ | **3.** $\sqrt{x-1} = \sqrt{x+4} - 1$

Wegen des Wurzelterms auf der linken Seite der Gleichung muss $x-1 \geq 0$, also $x \geq 1$ sein. Wegen des Wurzelterms auf der rechten Seite muss $x+4 \geq 0$, also $x \geq -4$ gelten. Der Definitionsbereich der Gleichung ist also $D(G)$: $x \in \mathbb{R}$ und $x \geq 1$.

Beide Seiten werden quadriert. Auf der rechten Seite steht auch nach dem Quadrieren noch ein Wurzelterm. Die entstandene Gleichung wird so umgeformt, dass dieser Wurzelterm allein auf der rechten Seite steht, danach wird erneut quadriert. Die entstehende Gleichung wird nach $x$ aufgelöst, die mögliche Lösung wird mit dem Definitionsbereich der Gleichung verglichen und durch die Probe überprüft.

$$\left(\sqrt{x-1}\right)^2 = \left(\sqrt{x+4} - 1\right)^2$$
$$x - 1 = x + 4 - 2 \cdot \sqrt{x+4} + 1$$
$$-6 = -2\sqrt{x+4} \quad |:(-2)$$
$$3 = \sqrt{x+4}$$
$$9 = x + 4$$
$$5 = x;\ 5 \in D(G)$$

Probe:

$\sqrt{4}$ $\mid \sqrt{9} - 1$

$2 = 2$; Lösung: 5

**4.** $\sqrt{3x-7} = \sqrt{4x-9}$ | **4.** $\sqrt{3x-7} = \sqrt{4x-9}$

Wegen des Wurzelterms auf der linken Seite der Gleichung muss $3x-7 \geq 0$ sein, also $x \geq \frac{7}{3}$. Wegen des Wurzelterms auf der rechten Seite muss $4x-9 \geq 0$, also $x \geq \frac{9}{4}$ gelten. Der Definitionsbereich der Gleichung ist also $D(G)$: $x \in \mathbb{R}$ und $x \geq \frac{7}{3}$.

Beide Seiten werden quadriert. Die entstandene Gleichung wird nach $x$ aufgelöst. Die mögliche Lösung wird mit dem Definitionsbereich der Gleichung verglichen.

$$\left(\sqrt{3x-7}\right)^2 = \left(\sqrt{4x-9}\right)^2$$
$$3x-7 = 4x-9$$
$$2 = x;\ 2 \notin D(G)$$

Da 2 wegen $2 < \frac{7}{3}$ nicht im Definitionsbereich der Gleichung liegt, kann 2 nicht Lösung der Ausgangsgleichung sein. Die Gleichung besitzt keine Lösung.

**5.** $\sqrt{-2x+1} = -\sqrt{3};\ D(G)\colon x \in \mathbb{R}$ und $x \leq \frac{1}{2}$

Beide Seiten der Gleichung werden quadriert. Die entstandene Gleichung wird nach $x$ aufgelöst.

Die mögliche Lösung wird mit dem Definitionsbereich der Gleichung verglichen und durch die Probe überprüft. Obwohl $-1$ im Definitionsbereich der Gleichung liegt, ist $-1$ keine Lösung der Ausgangsgleichung, wie die Probe zeigt. Die Gleichung besitzt keine Lösung.

**5.** $\sqrt{-2x+1} = -\sqrt{3};\ D(G)\colon x \in \mathbb{R}$ und $x \leq \frac{1}{2}$

$$\left(\sqrt{-2x+1}\right)^2 = \left(-\sqrt{3}\right)^2$$
$$-2x+1 = 3$$
$$-2x = 2$$
$$x = -1;\ -1 \in D(G)$$

Probe:

$$\sqrt{2+1} \quad | -\sqrt{3}$$
$$\sqrt{3} \neq -\sqrt{3}$$

$-1$ ist nicht Lösung der Ausgangsgleichung.

### 2.3.5 Das Lösen von Betragsgleichungen

Gleichungen, bei denen die Gleichungsvariable in Betragsstriche eingeschlossen ist, werden als **Betragsgleichungen** bezeichnet. Man löst Betragsgleichungen, indem man sie in Gleichungen ohne Betragsstriche umwandelt und diese nach der Gleichungsvariablen auflöst.

**Betragsgleichungen**

$|x| = 7;\ x \in \mathbb{R}$

$|x+5| = 9;\ x \in \mathbb{R}$

$2|x| = 10;\ x \in \mathbb{R}$

$|x| + 5 = 15;\ x \in \mathbb{R}$

$|2x+5| = 20;\ x \in \mathbb{R}$

Die Grundlage für die Umwandlung einer Betragsgleichung in Gleichungen ohne Betragsstriche liefert die Definition des Betrags einer reellen Zahl.

**Betrag einer reellen Zahl**

$$|a| = \begin{cases} a & \text{für } a \geq 0, \\ -a & \text{für } a < 0. \end{cases}$$

Diese Definition ermöglicht es, von einer in Betragsstriche eingeschlossenen Variablen zur entsprechenden Variablen ohne Betragsstriche überzugehen. Um sie anwenden zu können, formt man, wenn nötig, eine Betragsgleichung so um, dass der Term mit den Betragsstrichen allein auf einer Seite der Gleichung steht.

**Beispiele:**

- $|x| + 5 = 9 \quad | -5$
  $|x| = 4$
- $2|x| = 10 \quad | :2$
  $|x| = 5$

In der Betragsgleichung $|x|=6$ z. B. steht $x$ für eine beliebige reelle Zahl. Nach der Definition des Betrags einer reellen Zahl muss man die Fälle $x \geq 0$ und $x < 0$ unterscheiden.

$|x|=6$; $x \in \mathbb{R}$

1. Fall: $x \geq 0$. Dann ist $|x| = \underline{x=6}$.

2. Fall: $x < 0$. Dann ist $|x| = -x = 6$, also $\underline{x=-6}$.

Die Betragsgleichung $|x|=6$ hat die Lösungen 6 und $-6$. Benutzt man die Mengenschreibweise für die Lösungsmenge, so gilt also $L=\{6;\ -6\}$.

**Beispiele:**

**1.** $|x|=a$; $x \in \mathbb{R}$

**1.** $|x|=a$; $x \in \mathbb{R}$

Hier soll $a \geq 0$ vorausgesetzt werden. Wäre $a < 0$, hätte die Gleichung keine Lösung, denn der Betrag einer reellen Zahl ist stets nicht negativ.

Die Anwendung der Definition des Betrags einer reellen Zahl führt zu den Lösungen der Gleichung.

**Anmerkung:** Ist $a \neq 0$, so gibt es zwei, sonst nur eine Lösung.

1. Fall: $x \geq 0$. Dann ist $|x| = \underline{x=a}$.

2. Fall: $x < 0$. Dann ist $|x| = -x = a$, also $\underline{x=-a}$.

$\underline{\underline{L=\{a;\ -a\}}}$

Probe 1: $|a| \,|\, a$

$\underline{\underline{a=a}}$

Probe 2: $|-a| \,|\, a$

$\underline{\underline{a=a}}$

**2.** $|x|+5=6$; $x \in \mathbb{R}$

Durch Subtraktion von 5 auf beiden Seiten der Betragsgleichung entsteht eine Gleichung der Gestalt „$|x| = \text{Term}$". Die Fallunterscheidung $x \geq 0$ und $x < 0$ führt zu den Lösungen der Gleichung, die leicht bestätigt werden können.

**2.** $|x|+5=6$; $x \in \mathbb{R}$

$|x|+5=6 \quad |-5$

$|x|=1$

1. Fall: $x \geq 0$. Dann ist $|x| = \underline{x=1}$.

2. Fall: $x < 0$. Dann ist $|x| = -x = 1$, also $\underline{x=-1}$.

$\underline{\underline{L=\{1;\ -1\}}}$

**3.** $|x|+a=b$; $x \in \mathbb{R}$

**3.** $|x|+a=b$; $x \in \mathbb{R}$

Hier soll $b-a \geq 0$ vorausgesetzt werden, weil sonst die Betragsgleichung keine Lösung hätte.

Diese Gleichung wird nach dem Muster von Beispiel 2 gelöst.

**Anmerkung:** Ist $a \neq b$, so gibt es zwei, sonst nur eine Lösung.

$|x|=b-a$

1. Fall: $x \geq 0$. Dann ist $|x| = \underline{x=b-a}$.

2. Fall: $x < 0$. Dann ist $|x| = -x$,

also $-x=b-a$ oder $\underline{x=a-b}$.

$\underline{\underline{L=\{a-b;\ b-a\}}}$

Die Probe soll nur exemplarisch für den Fall $a, b > 0$ und $b \geq a$ durchgeführt werden. Dann gilt $|b-a| = b-a$.

Probe:

$|b-a|+a \,|\, b$ ► $a, b > 0$; $b \geq a$

$b-a+a \,|\, b$

$\underline{\underline{b=b}}$

**4.** $|x-5|=10;\ x\in\mathbb{R}$

Die anzustellende Fallunterscheidung bezieht sich auf den vollständigen Term zwischen den Betragsstrichen.

Die Probe kann leicht im Kopf durchgeführt werden.

**4.** $|x-5|=10;\ x\in\mathbb{R}$

1. Fall: $x-5\geq 0$. Dann ist $|x-5|=x-5$, also $x-5=10$ und folglich $\underline{x=15}$.

2. Fall: $x-5<0$. Dann ist $|x-5|=-(x-5)$, also $-(x-5)=10$ und folglich $x-5=-10$, d. h., $\underline{x=-5}$.

$\underline{\underline{L=\{-5;\ 15\}}}$

**5.** $|x+a|=b,\ x\in\mathbb{R};\ b\geq 0$

Wie im Beispiel 4 betrifft die Fallunterscheidung den Term zwischen den Betragsstrichen.

**5.** $|x+a|=b, x\in\mathbb{R};\ b\geq 0$

1. Fall: $x+a\geq 0$. Dann ist $|x+a|=x+a$, also $x+a=b$ und folglich $\underline{x=b-a}$.

2. Fall: $x+a<0$. Dann ist $|x+a|=-(x+a)$, also $-(x+a)=b$ und folglich $x+a=-b$, d. h., $\underline{x=-a-b}$.

$\underline{\underline{L=\{-a-b;\ b-a\}}}$

Die beiden Proben verlaufen ähnlich, es soll daher nur die Probe für den errechneten Term $b-a$ durchgeführt werden.

Probe:

$|b-a+a|\,|\,b$

$|b|\,|\,b$ ► $b>0$

$\underline{\underline{b=b}}$

**6.** $|x^2-2|=2;\ x\in\mathbb{R}$

Der Term zwischen den Betragsstrichen ist quadratisch. Auf ihn bezieht sich die Fallunterscheidung. Diese liefert für den Fall $x^2-2\geq 0$ zwei Lösungen und für den Fall $x^2-2<0$ eine Lösung, die sich durch eine Probe (im Kopf!) leicht bestätigen lassen.

**6.** $|x^2-2|=2;\ x\in\mathbb{R}$

1. Fall: $x^2-2\geq 0$, d. h., $x\leq -\sqrt{2}$ oder $x\geq\sqrt{2}$. Dann ist $|x^2-2|=x^2-2$, also $x^2-2=2$ d. h., $x^2=4$ und folglich $\underline{x=-2}$ oder $\underline{x=2}$.

2. Fall: $x^2-2<0$, d. h., $-\sqrt{2}<x<\sqrt{2}$. Dann ist $|x^2-2|=-(x^2-2)$, also $-(x^2-2)=2$ d. h., $x^2-2=-2$ bzw. $x^2=0$ und folglich $x=0$.

$\underline{\underline{L=\{-2;\ 0;\ 2\}}}$

**Merke:**

Betragsgleichungen werden gelöst, indem man sie mithilfe der Definition des Betrags einer reellen Zahl und der mit dieser Definition verbundenen Fallunterscheidungen in Gleichungen ohne Betragsstriche überführt.

## 2.3.6 Proportionen und das Lösen von Verhältnisgleichungen

- Wird eine Federwaage verschieden belastet, so entsteht nebenstehende Messreihe. Man kann erkennen, dass die Werte der Reihe $A$ in einem bestimmten Verhältnis zu den Werten der Reihe $B$ stehen. Die Zahlen der Reihe $A$ sind das Fünffache der Zahlen der Reihe $B$.

$$\frac{10}{2}=\frac{50}{10}=\frac{100}{20}=5$$

| | $\frac{\text{Gewicht}}{\text{kg}}$ | $\frac{\text{Ausdehnung}}{\text{cm}}$ | |
|---|---|---|---|
| $a_1$ | 10 | 2 | $b_1$ |
| $a_2$ | 50 | 10 | $b_2$ |
| $a_3$ | 100 | 20 | $b_3$ |
| | $A$ | $B$ | |

- Auch zwischen den Kosten, die beim Kauf mehrerer Flaschen Bier entstehen, und ihrer genauen Anzahl besteht ein festes Verhältnis.

  Bildet man die Quotienten aus einander zugeordneten Zahlen beider Folgen, erkennt man, dass alle diese Quotienten gleich sind.

| $B$: Anzahl der Flaschen | 1 | 2 | 3 |
|---|---|---|---|
| $A$: $\frac{\text{Kosten}}{€}$ | 0,55 | 1,10 | 1,65 |

$$\frac{0{,}55}{1}=\frac{1{,}10}{2}=\frac{1{,}65}{3}=0{,}55$$

Gleichheitsaussagen, bei denen zwei Quotienten durch ein Gleichheitszeichen verbunden sind, werden als **Proportionen** bezeichnet, unabhängig davon, ob die Quotienten mit Bruchstrich oder Doppelpunkt geschrieben sind.

Sind mehr als zwei Quotienten in ein und demselben Ausdruck durch Gleichheitszeichen verbunden, spricht man von einer **fortlaufenden Proportion**.

Auch dann, wenn die Quotienten Formvariable enthalten, heißt die Verbindung zweier solcher Quotienten durch ein Gleichheitszeichen eine Proportion bzw. eine fortlaufende Proportion, wenn es mehr als zwei sind.

**Beispiele:**

**1.** $\frac{1}{2}=\frac{2}{4}$ oder $1:2=2:4$ ▶ Proportion; $\frac{1}{2}=\frac{2}{4}=\frac{3}{6}=\ldots$ ▶ fortlaufende Proportion

**2.** $\frac{a}{b}=\frac{c}{d}$ oder $a:b=c:d$ ▶ Proportion; $\frac{a}{b}=\frac{c}{d}=\frac{e}{f}=\ldots$ ▶ fortlaufende Proportion

- Bei einer Untersuchung verschiedener Quader aus demselben Stahl hat man ihre Volumina und Massen gemessen.

  Bildet man die Quotienten aus Masse und zugehörigem Volumen, sind alle diese Quotienten gleich. Jeder von ihnen gibt die **Dichte** des Stahls an.

| $V$ | $10\ \text{cm}^3$ | $14\ \text{cm}^3$ | $24\ \text{cm}^3$ |
|---|---|---|---|
| $m$ | 78 g | 109,2 g | 187,2 g |

$$\frac{78\ \text{g}}{10\ \text{cm}^3}=\frac{109{,}2\ \text{g}}{14\ \text{cm}^3}=\frac{187{,}2\ \text{g}}{24\ \text{cm}^3}=7{,}8\ \frac{\text{g}}{\text{cm}^3}$$

Den drei Beispielen ist gemeinsam:

**1.** Es existieren jeweils zwei Folgen $a_1, a_2, a_3, \ldots$ und $b_1, b_2, b_3, \ldots$ von Zahlen oder Größen, bei denen die Zahlen oder Größen der einen Folge in bestimmter Weise den Zahlen oder Größen der anderen Folge zugeordnet sind.

**2.** Die Quotienten aus einander zugeordneten Zahlen oder Größen sind gleich, welches Paar man auch wählt. Man sagt: Die Quotienten sind **konstant**. Sie bilden eine fortlaufende Proportion: $\frac{a_1}{b_1} = \frac{a_2}{b_2} = \frac{a_3}{b_3} = \ldots$ Es gilt also $\frac{a_n}{b_n} = q, b_n \neq 0$, wenn $a_n$ ein beliebiges Glied der einen Folge und $b_n$ das zugeordnete Glied der anderen Folge ist. Die Folgen sind **quotienten- oder verhältnisgleich**. Zwei Folgen mit dieser Eigenschaft heißen **proportional** zueinander. Die Zahlen oder Größen der einen Folge sind proportional den Zahlen oder Größen der anderen Folge. Zwischen den Folgen besteht **Proportionalität**.

**3.** Man kann diesen Zusammenhang, diese Proportionalität auch anders beschreiben. Offenbar ist die Aussage $\frac{a_n}{b_n} = q$ der Aussage $a_n = q \cdot b_n$ äquivalent. Daher kann man die Proportionalität zweier Folgen also auch so beschreiben: Jede Zahl oder Größe der einen Folge geht aus der zugeordneten Zahl oder Größe der anderen Folge durch Multiplikation mit ein und demselben Faktor hervor. Diesen Faktor nennt man **Proportionalitätsfaktor**.

**Merke:**

Bestehen zwischen den Gliedern $a_1, a_2, a_3, \ldots$ der einen Folge und den zugeordneten Gliedern $b_1, b_2, b_3, \ldots$ einer anderen Folge von Zahlen oder Größen die Beziehungen $\frac{a_n}{b_n} = q$ bzw. $a_n = q \cdot b_n$, so sind die Folgen proportional zueinander. Der Faktor $q$ in $a_n = q \cdot b_n$ heißt Proportionalitätsfaktor.

Auch in den folgenden beiden Beispielen ist jeweils einer Zahl einer Folge eine andere Zahl einer anderen Folge zugeordnet. Beide Folgen sind aber nicht proportional zueinander.

- Durchfährt man eine Strecke von 40 km gleich bleibend mit verschiedenen Geschwindigkeiten, so erhält man verschiedene Fahrzeiten. Die Werte der dabei entstehenden Messreihen $A$ und $B$ stehen jetzt in einem Zusammenhang anderer Art.

  $20 \cdot 120 = 2400$

  $40 \cdot 60 = 2400$

  $80 \cdot 30 = 2400$

| | $\frac{\text{Geschwindigkeit}}{\frac{\text{km}}{\text{h}}}$ | $\frac{\text{Fahrzeit}}{\text{min}}$ | |
|---|---|---|---|
| $a_1$ | 20 | 120 | $b_1$ |
| $a_2$ | 40 | 60 | $b_2$ |
| $a_3$ | 80 | 30 | $b_3$ |
| | $A$ | $B$ | |

- Eine Pumpe füllt ein Bassin in 12 Stunden. Setzt man eine weitere, gleich starke Pumpe ein, verkürzt sich die Zeit, die zum Füllen des Beckens benötigt wird, auf die Hälfte.

| Anzahl der Pumpen | 1 | 2 | 3 | 4 | 6 |
|---|---|---|---|---|---|
| $\frac{\text{Füllzeit}}{\text{h}}$ | 12 | 6 | 4 | 3 | 2 |

$1 \cdot 12 = 2 \cdot 6 = 3 \cdot 4 = 4 \cdot 3 = 6 \cdot 2 = 12$

In den vorstehenden Beispielen sind die Produkte aus jeder Zahl der einen Folge mit der zugeordneten Zahl der andere Folge konstant. Man nennt die beiden Folgen **produktgleich**.

Gleichheitsaussagen, bei denen zwei Produkte aus je zwei Faktoren durch ein Gleichheitszeichen verbunden sind, werden als **Produktengleichheitsaussage** bezeichnet. Die Faktoren können reelle Zahlen oder Formvariable sein.

Die Gemeinsamkeiten beider Beispiele sind:

**1.** Es existieren jeweils zwei Folgen $a_1, a_2, a_3, \ldots$ und $b_1, b_2, b_3, \ldots$ von Zahlen oder Größen, bei denen die Zahlen oder Größen der einen Folge in bestimmter Weise den Zahlen oder Größen der anderen Folge zugeordnet sind.

**2.** Die Produkte aus einander zugeordneten Zahlen oder Größen sind gleich, welches Paar man auch wählt. Die Produkte sind konstant: $a_n \cdot b_n = q$. Zwei Folgen mit dieser Eigenschaft heißen **antiproportional** zueinander. Die Zahlen oder Größen der einen Folge sind zu den Zahlen oder Größen der anderen Folge antiproportional. Zwischen den Folgen besteht **Antiproportionalität**.

**3.** Offenbar ist die Aussage $a_n \cdot b_n = q$ der Aussage $a_n = \frac{q}{b_n}$ mit $b_n \neq 0$ äquivalent. Man kann die Antiproportionalität zweier Folgen also auch so beschreiben: Jede Zahl oder Größe der einen Folge geht aus dem Kehrwert der zugeordneten Zahl oder Größe der anderen Folge durch Multiplikation mit ein und demselben Faktor hervor. Man nennt solche Folgen deshalb auch **umgekehrt** oder **indirekt proportional**.

Proportionalität und Antiproportionalität spiegeln Gesetzmäßigkeiten wider, wie sie in vielen praktischen Sachverhalten und realen Zusammenhängen bestehen. Sie sind deswegen für die Lösung bestimmter Aufgaben, die sich aus solchen Sachverhalten und Zusammenhängen ergeben, von Bedeutung. Hat man nämlich einen vorliegenden Sachverhalt analysiert und Proportionalität oder Antiproportionalität festgestellt sowie die betreffenden Folgen der $a_n$ und $b_n$ von Zahlen oder Größen erfasst, kann man das zu einem beliebigen $a$ aus der Folge der $a_n$ gehörende $b$ aus der Folge der $b_n$ oder das zu einem beliebigen $b$ aus der Folge der $b_n$ gehörende $a$ aus der Folge der $a_n$ berechnen.

Die beschriebenen Experimente mit der Federwaage hatten ergeben, dass die Ausdehnung der Feder der Belastung durch die Gewichte proportional ist.

| | | | |
|---|---|---|---|
| $\frac{\text{Gewicht}}{\text{kg}}$ | 10 | 50 | 100 |
| $\frac{\text{Ausdehnung}}{\text{cm}}$ | 2 | 10 | 20 |

Kann man berechnen, welche Ausdehnung der Feder bei einer Belastung mit 25 kg eintritt? In der Tabelle wäre für diesen Fall in der oberen Zeile 25, in der unteren als Variable für die Längen der Ausdehnung der Feder z. B. $x$ einzutragen. Wegen der Eigenschaften proportionaler Folgen würde z. B. die folgende Gleichung gelten:

$10 : 2 = 25 : x$

| | | | | | | |
|---|---|---|---|---|---|---|
| $\frac{\text{Gewicht}}{\text{kg}}$ | 10 | 50 | 100 | 25 | ... | $a_n$ |
| $\frac{\text{Ausdehnung}}{\text{cm}}$ | 2 | 10 | 20 | $x$ | ... | $b_n$ |

Löse $10:2=25:x$ nach $x$ auf!

$$\frac{10}{2}=\frac{25}{x} \quad |\cdot x$$

$$5x=25$$

$$x=5,$$

d. h., die Federwaage würde sich bei Belastung mit 25 kg um 5 cm ausdehnen.

Man findet das Resultat auch, wenn man die Beziehung $a_n=q\cdot b_n$ benutzt. Im Beispiel ist $q=5$. Es ist also die Gleichung $25=5x$ zu lösen, benutzt man wieder $x$ als Variable für die verschiedenen Ausdehnungen der Feder. Auch hier erhält man natürlich $x=5$ als lösungsgleiche Gleichung.

Solche Gleichungen, in denen zwei Quotienten durch ein Gleichheitszeichen verbunden sind, von denen mindestens einer eine Gleichungsvariable enthält, nennt man **Verhältnisgleichungen**, unabhängig davon, ob die Quotienten mit Bruchstrich oder Doppelpunkt aufgeschrieben werden.

Man stößt auf Verhältnisgleichungen, will man aus drei Gliedern zweier proportionaler Folgen ein viertes Glied berechnen. Dazu ist das Paar $\langle 0|0\rangle$, das zu jeder Proportionalität gehört, allerdings ungeeignet. In Verhältnisgleichungen sind also alle Glieder als von 0 verschieden vorauszusetzen. Schreibt man die Verhältnisgleichung mit Bruchstrichen, kann man sie mithilfe der Regeln über das äquivalente Umformen von Gleichungen nach der Gleichungsvariablen auflösen.

Löse $\frac{a}{b}=\frac{c}{x}$ oder $\frac{a}{b}=\frac{x}{d}$ nach $x$ auf! Aus $\frac{a}{b}=\frac{c}{x}$ mit $x\in\mathbb{R}^*$ folgt nach Multiplikation mit $x$ und Division durch $\frac{a}{b}$ die Gleichung $x=\frac{bc}{a}$.

Aus $\frac{a}{b}=\frac{x}{d}$ mit $x\in\mathbb{R}$ erhält man nach Multiplikation mit $d$ die Gleichung $x=\frac{ad}{b}$.

Die Überlegungen zum Durchfahren einer Strecke von 40 km mit unterschiedlichen, aber während der Strecke gleich bleibenden Geschwindigkeiten hatten ergeben, dass zwischen Fahrzeit und Geschwindigkeit Antiproportionalität besteht.

| Geschwindigkeit $\frac{\text{km}}{\text{h}}$ | | Fahrzeit min | |
|---|---|---|---|
| $a_1$ | 20 | 120 | $b_1$ |
| $a_2$ | 40 | 60 | $b_2$ |
| $a_3$ | 80 | 30 | $b_3$ |

Kann man berechnen, mit welcher Geschwindigkeit gefahren werden muss, wenn man die Strecke in 12 min zurücklegen will? In der Tabelle wäre in der linken Spalte $x$ als Variable für die verschiedenen Geschwindigkeiten einzusetzen und in der rechten Spalte 12 min.

Wegen der Eigenschaften antiproportionaler Folgen muss gelten: $a_1\cdot b_1=a_4\cdot b_4$, also $20\cdot 120=x\cdot 12$.

| Geschwindigkeit $\frac{\text{km}}{\text{h}}$ | | Fahrzeit min | |
|---|---|---|---|
| $a_1$ | 20 | 120 | $b_1$ |
| $a_2$ | 40 | 60 | $b_2$ |
| $a_3$ | 80 | 30 | $b_3$ |
| $a_4$ | $x$ | 12 | $b_4$ |

Löse $20 \cdot 120 = x \cdot 12$ nach $x$ auf!

$$\frac{20 \cdot 120}{12} = x$$
$$x = 200$$

Man muss also mit einer Geschwindigkeit von $200\,\frac{\text{km}}{\text{h}}$ fahren, wenn man die 40 km in 12 min zurücklegen will.

Dasselbe Resultat erhält man, wenn man die Beziehung $a_n \cdot b_n = q$ benutzt. Im Beispiel ist $q = 2400$. Es ist also die Gleichung $12x = 2400$ zu lösen, benutzt man $x$ als Variable für die verschiedenen Geschwindigkeiten. Auch hier erhält man natürlich die lösungsgleiche Gleichung $x = 200$.

Man nennt die hierbei auftretenden Gleichungen der Gestalt $a \cdot b = x \cdot c$ **Produktengleichungen**.

Man stößt auf Produktengleichungen, will man aus drei Gliedern zweier antiproportionaler Folgen ein viertes Glied berechnen. Dabei kann die Gleichungsvariable sowohl auf der rechten als auch auf der linken Seite der Produktengleichung vorkommen.

Löse $ax = bc$ oder $ad = bx$ nach $x$ auf! Division durch $a$ mit $a \neq 0$ bzw. $b$ mit $b \neq 0$ liefert

$$x = \frac{bc}{a} \quad \text{bzw.} \quad x = \frac{ad}{b}.$$

Benutzt man für eine Proportion das Divisionszeichen, schreibt also $a:b = c:d$, sind damit einige neue Bezeichnungen verbunden. Je nach ihrer Stellung in der Proportion spricht man von **Innengliedern** $(b, c)$, **Außengliedern** $(a, d)$, von **Vordergliedern** $(a, c)$ und **Hintergliedern** $(b, d)$.

Innenglieder

$a:b = c:d$

Außenglieder

Vorderglieder

$a:b = c:d$

Hinterglieder

Vergleicht man die Form $a:b = c:d$ einer Proportion mit der Form $\frac{a}{b} = \frac{c}{d}$ und der daraus durch Multiplikation mit dem Hauptnennerterm $bd$ entstehenden Aussageform, so erkennt man, dass das Produkt der Innenglieder dem Produkt der Außenglieder gleich ist.

$a:b = c:d$ kann geschrieben werden als

$$\frac{a}{b} = \frac{c}{d}.$$

$$\frac{a}{b} = \frac{c}{d} \quad | \cdot bd$$

$$ad = bc$$

Diese Feststellung gilt auch dann, wenn statt einer Proportion eine Verhältnisgleichung betrachtet wird.

$a:b = x:d$ mit $x$ als Gleichungsvariablen kann geschrieben werden als $\frac{a}{b} = \frac{x}{d}$. Hieraus folgt durch Multiplikation mit $bd$ die Gleichung $ad = bx$.

**Merke:**

Sowohl in einer Proportion als auch in einer Verhältnisgleichung ist das Produkt der Innenglieder gleich dem Produkt der Außenglieder.

Diese Regel wird häufig dazu benutzt, eine Verhältnisgleichung in eine Produktengleichung umzuwandeln, was den Rechenaufwand beim anschließenden Lösen der Gleichung fast immer verringert.

Mit der Äquivalenz der Aussageformen $a:b=c:d$ und $\frac{a}{b}=\frac{c}{d}$ lassen sich auch die folgenden Aussagen begründen:

- Man kann bei einer Proportion die beiden Glieder einer Seite mit der gleichen von 0 verschiedenen Zahl multiplizieren oder durch die gleiche von 0 verschiedene Zahl dividieren. Das entspricht dem Erweitern bzw. Kürzen der Bruchterme.

| $a:b=c:d$ | $1:2=4:8$ | $1\cdot 8=2\cdot 4$ |
|---|---|---|
| $a:b=(n\cdot c):(n\cdot d)$ | $1:2=(3\cdot 4):(3\cdot 8)$ | $1\cdot 24=2\cdot 12$ |
| $a:b=\frac{c}{n}:\frac{d}{n}$ | $1:2=\frac{4}{3}:\frac{8}{3}$ | $1\cdot\frac{8}{3}=2\cdot\frac{4}{3}$ |

- Man kann bei einer Proportion alle Glieder mit der gleichen natürlichen Zahl potenzieren oder radizieren. Dabei müssen für das Radizieren die Radikanden als nicht negativ vorausgesetzt werden.

| $a:b=c:d$ | $1:4=4:16$ | $1\cdot 16=4\cdot 4$ |
|---|---|---|
| $a^n:b^n=c^n:d^n$ | $1^2:4^2=4^2:16^2$ | $1\cdot 256=16\cdot 16$ |
| $\sqrt[n]{a}:\sqrt[n]{b}=\sqrt[n]{c}:\sqrt[n]{d}$ | $\sqrt{1}:\sqrt{4}=\sqrt{4}:\sqrt{16}$ | $1\cdot 4=2\cdot 2$ |

- Man darf die inneren $(i)$, die äußeren $(ä)$ Glieder und die Verhältnisse $(V)$ miteinander vertauschen.

($V+i+ä$ heißt: Man hat die Verhältnisse, die inneren und äußeren Glieder vertauscht.)

| $a:b=c:d$ | | $1:2=4:8$ | $1\cdot 8=2\cdot 4$ |
|---|---|---|---|
| $a:c=b:d$ | $i$ | $1:4=2:8$ | $1\cdot 8=4\cdot 2$ |
| $d:b=c:a$ | $ä$ | $8:2=4:1$ | $8\cdot 1=2\cdot 4$ |
| $d:c=b:a$ | $i+ä$ | $8:4=2:1$ | $8\cdot 1=4\cdot 2$ |
| $c:d=a:b$ | $V$ | $4:8=1:2$ | $4\cdot 2=8\cdot 1$ |
| $c:a=d:b$ | $V+i$ | $4:1=8:2$ | $4\cdot 2=1\cdot 8$ |
| $b:d=a:c$ | $V+ä$ | $2:8=1:4$ | $2\cdot 4=8\cdot 1$ |
| $b:a=d:c$ | $V+i+ä$ | $2:1=8:4$ | $2\cdot 4=1\cdot 8$ |

Die Vertauschbarkeit der inneren Glieder ergibt sich aus der Multiplikation von $\frac{a}{b}=\frac{c}{d}$ mit $\frac{b}{c}$, die der äußeren Glieder analog aus der Multiplikation mit $\frac{d}{a}$.

$\frac{a}{b}=\frac{c}{d} \quad \left|\cdot\frac{b}{c}\right.$ ergibt $\frac{a}{c}=\frac{b}{d}$.

$\frac{a}{b}=\frac{c}{d} \quad \left|\cdot\frac{d}{a}\right.$ ergibt $\frac{d}{b}=\frac{c}{a}$.

Der Vertauschung der Verhältnisse entspricht die Vertauschung der Seiten der Proportion und der Vertauschung von Vorder- und Hintergliedern der Übergang zu den Kehrwerten der Bruchterme.

Aus $\frac{a}{b}=\frac{c}{d}$ folgen $\frac{c}{d}=\frac{a}{b}$ und $\frac{b}{a}=\frac{d}{c}$.

Auch diese Aussagen bleiben richtig, wenn an die Stelle von Proportionen Verhältnisgleichungen treten.

In den folgenden Verhältnisgleichungen soll die Gleichungsvariable immer $x$ heißen. Die vorkommenden anderen Variablen sind Formvariable. Sie werden als von 0 verschieden vorausgesetzt.

Die Umformungen werden jedes Mal bis zu einer Gleichung der Gestalt „$x=$ Term“ geführt, aus welcher die Lösung unmittelbar ablesbar ist. Die Lösungsmenge wird daher nicht gesondert aufgeschrieben.

**Beispiele:**

**1.** $m : x = p : q;\quad x \in \mathbb{R}^*$

Durch Vertauschen von Vorder- und Hintergliedern kommt $x$ in den Zählterm.

$$x : m = q : p \quad | \cdot m$$
$$x = \frac{mq}{p}$$

Dasselbe erreicht man durch Multiplikation mit $x$.

$$\frac{m}{x} = \frac{p}{q} \quad | \cdot x$$
$$m = \frac{px}{q};\ \text{daraus folgt: } x = \frac{mq}{p}$$

Möglich ist auch der Weg über das Produkt der Innen- und Außenglieder.

$$px = mq;\ \text{daraus folgt: } x = \frac{mq}{p}$$

**2.** $2 : \sqrt{3} = \sqrt{x} : 6;\quad x \in \mathbb{R}^{\geq 0}$

Durch Quadrieren eines jeden Glieds der Proportion entsteht eine Gleichung, in der $x$ nur noch linear vorkommt.

$$4 : 3 = x : 36 \quad | \cdot 36$$
$$\frac{4 \cdot 36}{3} = x;\ \text{daraus folgt: } x = 48$$

Man kann auch zunächst das Produkt der Innen- und der Außenglieder bilden und diese Gleichung quadrieren.

$$\sqrt{3x} = 12$$
$$3x = 144;\ \text{daraus folgt: } x = 48$$

**3.** $\frac{5x-7}{3} : \frac{3x+5}{4} = 6 : 5;\quad x \in \mathbb{R},\ x \neq -\frac{5}{3}$

Man bildet das Produkt der Innenglieder und setzt es dem Produkt der Außenglieder gleich. Die Nenner der entstehenden Gleichung werden durch Multiplikation mit dem Hauptnenner beseitigt.

$$6 \cdot \frac{3x+5}{4} = 5 \cdot \frac{5x-7}{3}$$ ▶ linke Seite durch 2 kürzen

$$3 \cdot \frac{3x+5}{2} = 5 \cdot \frac{5x-7}{3} \quad | \cdot 6$$
$$9(3x+5) = 10(5x-7)$$
$$27x + 45 = 50x - 70;\ \text{daraus folgt: } x = 5$$

**Beispiele** **für Textaufgaben, die auf Proportionen und Verhältnisgleichungen führen:**

**1.** Eine Mauer ist 25 m lang, $\frac{3}{5}$ m dick und $2\frac{1}{3}$ m hoch; eine zweite ist 18 m lang, $\frac{1}{3}$ m dick und $1\frac{2}{3}$ m hoch. Wie verhalten sich die Anzahlen der zu den Mauern verwendeten Ziegelsteine zueinander?

Zwischen den Volumina der Mauern und den Anzahlen der für sie verwendeten Ziegelsteine besteht Proportionalität.

Das Volumen der 1. Mauer verhält sich zum Volumen der 2. Mauer wie die Anzahl der für die 1. Mauer verwendeten Ziegelsteine zur Anzahl der für die 2. Mauer verwendeten.

Volumen $V_1$ der 1. Mauer: $25 \cdot \frac{3}{5} \cdot \frac{7}{3}\ \text{m}^3$

Volumen $V_2$ der 2. Mauer: $18 \cdot \frac{1}{3} \cdot \frac{5}{3}\ \text{m}^3$

$$V_1 : V_2 = \left(25 \cdot \frac{3}{5} \cdot \frac{7}{3}\ \text{m}^3\right) : \left(18 \cdot \frac{1}{3} \cdot \frac{5}{3}\ \text{m}^3\right)$$
$$= 35 : 10$$
$$= 3{,}5 : 1$$

Die Anzahlen der verwendeten Ziegelsteine verhalten sich wie 3,5 : 1, d. h., zum Bau der 1. Mauer braucht man 3,5-mal so viel Steine wie zum Bau der 2. Mauer.

**2.** Ein Autofahrer legt in einer Zeit von 45 Minuten eine Strecke von 60 km mit konstanter Geschwindigkeit zurück. Ein Radfahrer benötigt für dieselbe Strecke bei gleich bleibender Geschwindigkeit 3 Stunden. Um wievielmal ist der Autofahrer schneller als der Radfahrer?

Der zurückgelegte Weg ist das Produkt aus Geschwindigkeit und Zeit: $s = v \cdot t$. Im Beispiel sind $s$ und $t$ bekannt, $v$ ist zu bestimmen. Es gilt $v = s : t$.

Ist $v_A$ die Geschwindigkeit des Autofahrers und $v_R$ die Geschwindigkeit des Radfahrers, so muss $v_A : v_R$ bestimmt werden, um die gestellte Frage beantworten zu können.

$$v_A = 60\,\text{km} : \frac{3}{4}\,\text{h} = 80\,\frac{\text{km}}{\text{h}}$$

$$v_R = 60\,\text{km} : 3\,\text{h} = 20\,\frac{\text{km}}{\text{h}}$$

Der Autofahrer fährt 4-mal schneller als der Radfahrer.

$$v_A : v_R = \frac{80\,\frac{\text{km}}{\text{h}}}{20\,\frac{\text{km}}{\text{h}}} = \frac{4}{1} = \underline{\underline{4:1}}$$

**3.** Ein Rechteck hat die Seitenlängen $a_1 = 12\,\text{cm}$ und $b_1 = 5\,\text{cm}$. Wie groß ist $b_2$, wenn $a_2$ um 8 cm länger ist als $a_1$ und die Fläche des Rechtecks unverändert bleibt?

Verändern sich die Seitenlängen eines Rechtecks bei festbleibendem Flächeninhalt, so besteht zwischen ihnen Antiproportionalität, denn ihr Produkt ist konstant.

$b_2$ ist 3 cm lang, wenn $A = 60\,\text{cm}^2$ und $a_2 = 20\,\text{cm}$ betragen.

Es gilt:
$a_1 \cdot b_1 = a_2 \cdot b_2 = \ldots = A$, wenn $A$ der Flächeninhalt des Rechtecks ist. Hieraus folgt wegen $a_2 = a_1 + 8\,\text{cm} = 20\,\text{cm}$ und $A = 60\,\text{cm}^2$, dass

$$\underline{\underline{b_2}} = \frac{60\,\text{cm}^2}{20\,\text{cm}} = \underline{\underline{3\,\text{cm}}} \text{ ist.}$$

**4.** Für 40 kg Bronze braucht man 5,6 kg Zinn. Wie viel kg Zinn sind zur Herstellung von 130 kg Bronze erforderlich?

Für 40 kg Bronze braucht man 5,6 kg *Zinn*,
für 130 kg Bronze braucht man $x$ kg *Zinn*; $x \in \mathbb{R}^+$.

Die Massen der Bronzen stehen im gleichen Verhältnis zueinander wie die Massen des notwendigen Zinns.

$$40 : 130 = 5{,}6 : x$$
$$40x = 130 \cdot 5{,}6$$
$$x = \frac{130 \cdot 5{,}6}{40} = \underline{\underline{18{,}2}}$$

Es werden 18,2 kg Zinn zur Herstellung von 130 kg Bronze gebraucht.

**5.** Berechnen Sie die Höhe eines Hauses, dessen Schatten eine Länge von 55 m hat, wenn bei gleichem Sonnenstand der Schatten eines 180 cm großen Mannes 4,5 m lang ist.

Ein 4,5 m langer Schatten entspricht 1,8 m *Höhe*;
ein 55 m langer Schatten entspricht $x$ m *Höhe*; $x \in \mathbb{R}^+$.

Schattenlängen und -höhen bilden das gleiche Verhältnis.

$$4{,}5 : 55 = 1{,}8 : x$$
$$4{,}5x = 55 \cdot 1{,}8$$
$$x = \frac{55 \cdot 1{,}8}{4{,}5} = \underline{\underline{22}}$$

Das Haus hat eine Höhe von 22 m.

**6.** Das Alter eines Sohnes verhält sich zu dem des Vaters wie 6 : 13. Der Vater ist 28 Jahre älter als der Sohn. Wie alt ist jeder?

| | |
|---|---|
| Alter des Sohnes: | $x$ *Jahre*; $x \in \mathbb{R}^+$ |
| Alter des Vaters: | $x + 28$ *Jahre* |
| Das Verhältnis des Alters des Sohnes zum Alter des Vaters ist 6 : 13. | $x : (x+28) = 6 : 13$<br>$13x = (x+28) \cdot 6$<br>$13x = 6x + 6 \cdot 28$<br>$7x = 6 \cdot 28$ |
| Der Sohn ist 24 Jahre alt, der Vater 28 Jahre älter, also 52 Jahre alt. | $x = \frac{6 \cdot 28}{7} = \underline{\underline{24}}$<br>$24 + 28 = \underline{\underline{52}}$ |

**7.** Auf wie viel € wächst ein Kapital von 15 000 € bei einem Zinssatz von 6,25% in einem Jahr?

Zinserträge und Zinssätze sind einander proportional. Das Anfangskapital entspricht dem Zinssatz 100%. Also gilt:

| | |
|---|---|
| Zinssatz zu 100% wie Zinsertrag $x$ in € zu Anfangskapital. | $6{,}25\% : 100\% = x : 15000\,€;\ x \in \mathbb{Q}^+$<br>$100\%\,x = 6{,}25\% \cdot 15000\,€$ |
| Das Endkapital beträgt 15 000 € + 937,50 € = 15 937,50 €. | $\underline{\underline{x = 937{,}50\,€}}$ |

Setzt man für den Zinssatz $p\%$, für den zugehörigen Zinsertrag $P$ € und das Anfangskapital $G$ €, so ergeben sich folgende Beziehungen:

$$p : 100 = P : G \quad \text{oder} \quad P = \frac{G \cdot p}{100} \quad \text{und} \quad p = \frac{P \cdot 100}{G}.$$

**8.** Welches Kapital wächst bei einem Zinssatz von 4% in einem Jahr auf 950 €?

| | |
|---|---|
| Dem Anfangskapital von $x$ € entsprechen 100%, dem Endkapital von 950 € entsprechen 104%. | $x\,€ : 950\,€ = 100\% : 104\%;\ x \in \mathbb{Q}^+$<br>$x : 950 = 100 : 104$<br>$104x = 95000$ |
| Das Anfangskapital betrug 913,46 €. | $\underline{\underline{x = 913{,}46}}$ |

**9.** Eine Maschine wurde für 3200 € gekauft und nach einem Jahr für 2600 € wieder verkauft. Für wie viel Prozent des Anschaffungspreises wurde die Maschine verkauft?

| | |
|---|---|
| Dem Anschaffungspreis entsprechen 100%. Für den Prozentsatz des Verkaufspreises wird $x$ gesetzt. | $x : 100\% = 2600\,€ : 3200\,€;\ x \in \mathbb{Q}^+$<br>$x = \frac{2600\,€}{3200\,€} \cdot 100\%$<br>$\underline{\underline{x = 81{,}25\%}}$ |

Die Maschine wurde für 81,25% des Anschaffungspreises wieder verkauft.

**10.** Wie viel kg von jedem Metall sind in 7,5 kg Lot von folgendem Mischungsverhältnis: 42% Zinn, 38% Blei, 20% Wismut? Stellen Sie die Anteile graphisch in Prozentsätzen der Kreisfläche dar.

Für 100 kg Lot sind nötig: 42 kg *Zinn*,
für 7,5 kg Lot sind nötig: $x$ kg *Zinn*; $x \in \mathbb{R}^+$

$100 : 7{,}5 = 42 : x$

$x = \underline{\underline{3{,}15}}$

Es sind 3,15 kg Zinn nötig.

Für 100 kg Lot sind nötig: 38 kg *Blei*,
für 7,5 kg Lot sind nötig: $x$ kg *Blei*; $x \in \mathbb{R}^+$

$100 : 7{,}5 = 38 : x$

$x = \underline{\underline{2{,}85}}$

Es sind 2,85 kg Blei nötig.

Für 100 kg Lot sind nötig: 20 kg *Wismut*,
für 7,5 kg Lot sind nötig: $x$ kg *Wismut*; $x \in \mathbb{R}^+$

$100 : 7{,}5 = 20 : x$

$x = \underline{\underline{1{,}5}}$

Es sind 1,5 kg Wismut nötig.

Für die graphische Darstellung der Metallanteile des Lots in Form von Ausschnitten eines Kreises nutzt man die Proportionalität zwischen der Größe $A_K$ der Flächen der Kreisausschnitte und der Größe $w_K$ der Winkel, welche die Radien der Kreisausschnitte bilden.

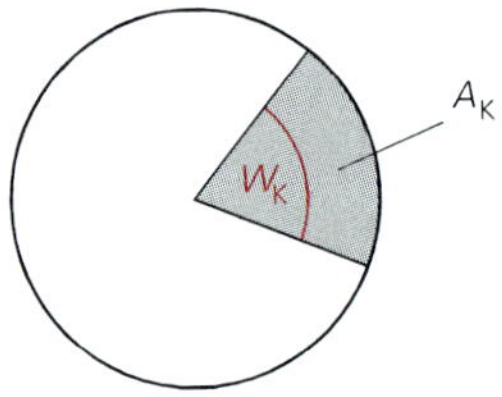


Die Folge der $A_K$ ist der Folge der $w_K$ proportional.

Soll die Fläche des Kreisausschnitts 42% des vollen Kreises umfassen, so muss der Winkel zwischen den Radien des Kreisausschnitts 42% des vollen Mittelpunktswinkels von 360° betragen.

Es gilt also:

$$42\% : 100\% = x : 360°$$

$$x = \frac{42\%}{100\%} \cdot 360°$$

$$x = 151{,}2°.$$

Den 42% Zinn entspricht ein Winkel des Kreisausschnittes von 151,2°. Die Anteile Blei und Wismut werden ebenso berechnet.

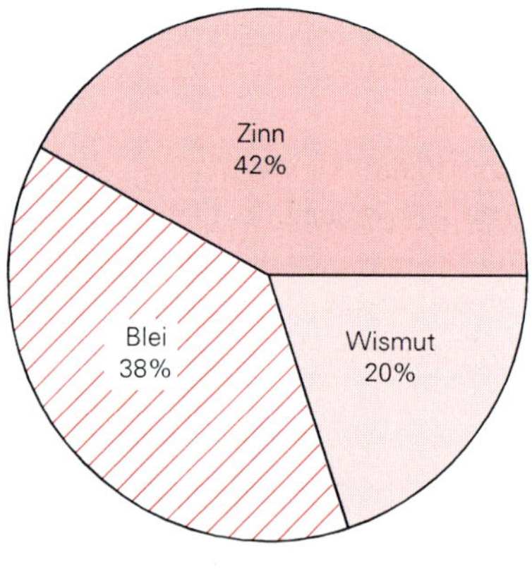

**11.** Der Energieverbleib im Kraftfahrzeug ist folgendermaßen:

Kühlwassererwärmung = 33%; Auspuffwärme, Abstrahlung = 35%; Reibungsverluste = 8%; Triebwerksverluste = 6%; Nutzleistung = 18%.

Stellen Sie den Energieverbleib in der üblichen Darstellung graphisch dar (Sankey-Diagramm).

Als Maßstab wurde gewählt
100% ≙ 20 mm.

Kühlwasserverluste ≙ 6,6 mm, denn:
100% ≙ 20 mm.
33% ≙ $x$ mm; $x \in \mathbb{R}$
$100 : 33 = 20 : x; x = \underline{\underline{6{,}6}}.$

Bei gleicher Rechnung ergeben die anderen Verluste:

Auspuffwärme ≙ 7 mm,
Reibungsverluste ≙ 1,6 mm,
Triebwerksverluste ≙ 1,2 mm,
Nutzleistung ≙ 3,6 mm.

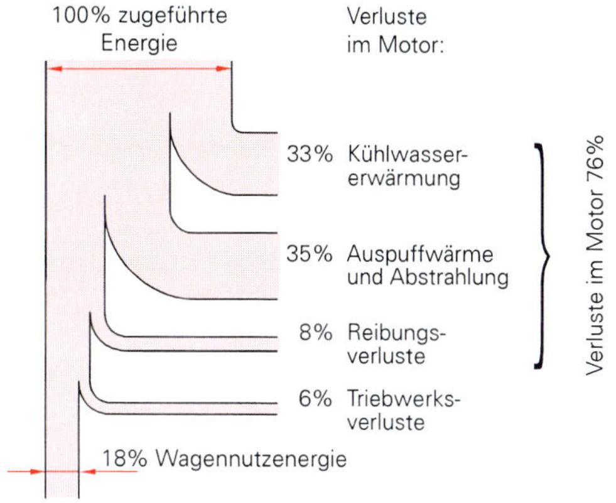


**12.** Die Steigung einer Eisenbahnlinie beträgt 1 : 200. Es werden 15 m lange Schienen verlegt. Um wie viel mm muss das eine Ende einer Schiene höher sein als das andere?

Steigung 1 : 200 bedeutet:

Nach 200 m ist die Strecke gestiegen um 1 m,
nach 15 m ist die Strecke gestiegen um $x$ m; $x \in \mathbb{R}$.

Das eine Ende der Schiene ist um 0,075 m = 75 mm höher als das andere Ende.

$$200 : 15 = 1 : x$$
$$200x = 15$$
$$x = \underline{\underline{0{,}075}}$$

## 2.3.7 Das Lösen von Textaufgaben, die auf lineare Gleichungen mit einer Gleichungsvariablen führen

Die Mathematik findet in nahezu allen Lebensbereichen von der praktischen bis zur wissenschaftlichen Tätigkeit Anwendung. Es gibt viele Sachverhalte und Probleme, die, obwohl sie nicht mathematischer Natur sind, mit den Mitteln, den Aussagen und Methoden der Mathematik bearbeitet und gelöst werden können. Solche Aufgaben, bei denen ein nicht mathematisches Problem mithilfe der Mathematik gelöst wird, nennt man Sach- und Anwendungsaufgaben. Sie können von sehr unterschiedlicher Art sein. Die Palette reicht vom Sachverhalt, dessen Beziehung zur Mathematik noch gar nicht klar oder ersichtlich ist, bis hin zum Sachverhalt, der die Mathematik, die zu seiner Bearbeitung verwendet werden kann, schon erkennen lässt. Solche Sachverhalte werden in der Regel als Texte vorliegen, können aber auch in Gestalt von Bildern oder Skizzen gegeben sein. Sind sie durch Texte gegeben, spricht man von **Textaufgaben**.

Solche Textaufgaben, die mittels linearer Gleichungen mit einer Variablen gelöst werden können, sind Gegenstand dieses Abschnitts. Er führt von leicht in Mathematik zu „übersetzenden“ Texten – das sind eigentlich nur „eingekleidete“ Aufgaben – bis zu solchen, die außer mathematischen z. B. auch physikalische oder technische Kenntnisse erfordern.

**1.** Zu welcher natürlichen Zahl muss man 8 addieren, um 21 zu erhalten?

Man schreibt $x$ als Variable für die möglichen natürlichen Zahlen; $x \in \mathbb{N}$. $x+8$ soll 21 sein.

Die entstehende Gleichung wird nach $x$ aufgelöst. Sie hat die Lösung 13.

$$x+8=21 \quad | -8$$
$$x=21-8$$
$$\underline{\underline{x=13}}$$

Die Probe wird bei Textaufgaben immer mithilfe des Textes durchgeführt.

Probe: Addiert man 8 zu 13, erhält man, wie verlangt, 21.

**2.** Von welcher natürlichen Zahl muss man 5 subtrahieren, um 7 zu erhalten?

Man schreibt $x$ als Variable für die möglichen natürlichen Zahlen; $x \in \mathbb{N}$. $x-5$ soll 7 sein.

Die entstehende Gleichung wird nach $x$ aufgelöst. Sie hat die Lösung 12.

$$x-5=7 \quad | +5$$
$$x=7+5$$
$$\underline{\underline{x=12}}$$

Führt die Probe am Text zu einer wahren Aussage, ist die Lösung richtig.

Probe: Subtrahiert man 5 von 12, erhält man 7, wie im Text verlangt.

**3.** Das Achtfache einer natürlichen Zahl, vermindert um 1, ist 15. Wie heißt die Zahl?

Man schreibt $x$ als Variable für die möglichen natürlichen Zahlen; $x \in \mathbb{N}$.

Man soll das Achtfache von $x$ bilden. $8x-1$ soll 15 sein.

Die entstehende Gleichung wird nach $x$ aufgelöst. Ihre Lösung heißt 2.

$$8x$$
$$8x-1=15 \quad | +1$$
$$8x=16 \quad | :8$$
$$\underline{\underline{x=2}}$$

Probe: Das Achtfache von 2 ist 16. 16 vermindert um 1 ergibt 15, wie im Text verlangt.

**4.** Wenn man zur Breite eines Platzes 13,2 m addiert, so erhält man 38,7 m. Wie breit ist der Platz?

Man schreibt $x$ als Variable für die möglichen Größen der Größenart Länge. Addiert man 13,2 m zu $x$, erhält man 38,7 m.

Der Platz ist 25,5 m breit, wie man leicht überprüft.

$$x+13{,}2\,\text{m}=38{,}7\,\text{m}$$ ► Größengleichung
$$x=38{,}7\,\text{m}-13{,}2\,\text{m}$$
$$\underline{\underline{x=25{,}5\,\text{m}}}$$

Sind in einer Gleichung Größen miteinander verknüpft, bezeichnet man die Gleichung als **Größengleichung**. Im Unterschied dazu nennt man Gleichungen, die keine Größen enthalten, **Zahlenwertgleichungen**.

Größengleichungen werden in gleicher Weise äquivalent umgeformt wie Zahlenwertgleichungen. Verwendet man anstelle der Größen nur ihre Maßzahlen, muss man die Dimension der Lösung gesondert, am besten vor dem Aufstellen der Zahlenwertgleichung, bestimmen.

**5.** Ein Dreieck hat einen Umfang von 58 cm. Die Seite a ist 3 cm kürzer als die Seite b und die Seite c ist 10 cm länger als die Seite a. Wie lang ist jede der drei Seiten?

Aus dem Text geht hervor: Kennt man die Länge der Seite b, kann man die Länge der Seite a und mit dieser die Länge der Seite c berechnen. Die möglichen Längen von b werden mit $x$ bezeichnet.

Setzt man für die Längen von a und c jeweils $l_a$ und $l_c$, kann man $l_a$ und $l_c$ durch $x$ ausdrücken. Die Summe der Seitenlängen ergibt den Umfang.

Die entstehende Gleichung wird nach $x$ aufgelöst. Ihre Lösung ist die Länge der Seite b. Damit gilt für a:
$l_a = 18\,\text{cm} - 3\,\text{cm} = 15\,\text{cm}$ und für c:
$l_c = l_a + 10\,\text{cm} = 15\,\text{cm} + 10\,\text{cm} = 25\,\text{cm}$.

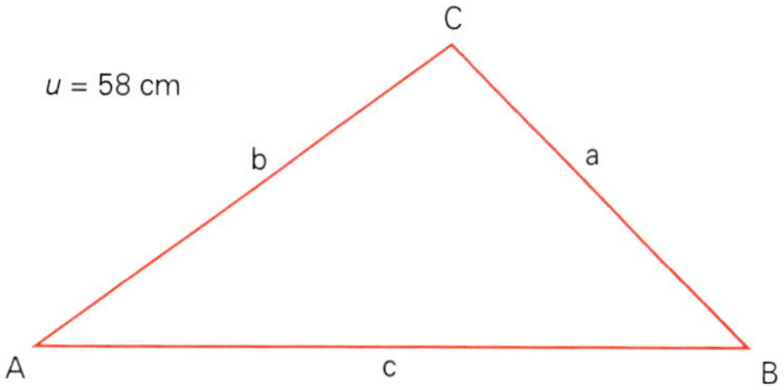


$l_a = x - 3\,\text{cm}$

$l_c = l_a + 10\,\text{cm} = x - 3\,\text{cm} + 10\,\text{cm}$

$l_a + x + l_c = x - 3\,\text{cm} + x + x - 3\,\text{cm} + 10\,\text{cm}$

$x - 3\,\text{cm} + x + x - 3\,\text{cm} + 10\,\text{cm} = 58\,\text{cm}$

$$3x + 10\,\text{cm} - 6\,\text{cm} = 58\,\text{cm}$$
$$3x + 4\,\text{cm} = 58\,\text{cm}$$
$$3x = 54\,\text{cm}$$
$$\underline{\underline{x = 18\,\text{cm}}}$$

Probe: Addiert man 15 cm, 18 cm und 25 cm, erhält man 58 cm.

**6.** Der Weg von A über B und C nach D ist 90 km lang. B liegt von C fünfmal so weit entfernt wie B von A. C liegt von D viermal so weit entfernt wie A von B. Wie weit ist A von B entfernt?

Wenn man wüsste, wie lang $\overline{AB}$ ist, wüsste man auch die Längen der Strecken $\overline{BC}$ und $\overline{CD}$. Für die möglichen Längen von $\overline{AB}$ wird die Gleichungsvariable $x$ geschrieben.

Die Länge von $\overline{BC}$ ist fünfmal die Länge von $\overline{AB}$, also $5x$.

Die Länge von $\overline{CD}$ ist viermal die Länge von AB, also $4x$. Die Länge von $\overline{AD}$ ist die Summe der Längen von $\overline{AB}, \overline{BC}, \overline{CD}$.

Der Weg von A nach B ist 9 km lang, der von B nach C ist $5 \cdot 9\,\text{km} = 45\,\text{km}$ und der von C nach D ist $4 \cdot 9\,\text{km} = 36\,\text{km}$ lang.

Die Länge von $\overline{AD}$ beträgt 90 km.

$$x + 5x + 4x = 90\,\text{km}$$
$$10x = 90\,\text{km}$$
$$\underline{\underline{x = 9\,\text{km}}}$$

Probe: Die Summe der einzelnen Weg beträgt $9\,\text{km} + 45\,\text{km} + 36\,\text{km} = 90\,\text{km}$, wie für den Weg von A nach D verlangt.

Aus den bisher behandelten Beispielen lassen sich einige **allgemeine Aussagen** über ein geeignetes Vorgehen beim Lösen von Textaufgaben ableiten.

Man kann **vier Schritte** oder **Etappen** unterscheiden.

Zunächst muss man sich über den Inhalt der Aufgaben und ihre Fragestellung klar werden. Man legt fest, wofür die Gleichungsvariable stehen soll, und notiert, welche Zahlen bzw. Größen noch vorkommen und in welchen Beziehungen sie zueinander und zu der Gleichungsvariablen stehen. Dabei entstehen Terme. Oft ist es zweckmäßig, eine Skizze zum Sachverhalt anzufertigen oder die vorliegenden Aussagen in einer Tabelle zu erfassen.

Im zweiten Schritt fragt man nach dem Zusammenhang, der zwischen den notierten Termen besteht. Man überlegt vor allem, welche Terme gleichgesetzt werden können. Das führt zu einer Gleichung.

Hat man die Gleichung, den so genannten Ansatz, gefunden, löst man sie nach der Gleichungsvariablen auf.

Um zu prüfen, ob Ansatz und Rechnung richtig waren, macht man schließlich die Probe am Text, d. h., man setzt im Text an den entsprechenden Stellen den berechneten Wert und prüft, ob man eine wahre Aussage erhält. Ist das der Fall, so ist es ein Indiz dafür, dass der errechnete Wert tatsächlich die Lösung ist. Andernfalls muss man Ansatz und Rechnung noch einmal überprüfen.

Als Merkhilfe kann die folgende Kurzfassung dienen.

- Festlegen, wofür die Gleichungsvariable stehen soll.
- Sich aus dem Text ergebende Terme notieren.
- Äquivalente Terme suchen und Gleichung aufstellen.
- Gleichung lösen.
- Probe am Text.

### • Textaufgaben, die mithilfe von Formeln gelöst werden

Nicht selten müssen bei der Frage, welche Terme durch ein Gleichheitszeichen verbunden werden können, Formeln berücksichtigt werden, welche zum Sachverhalt vorliegen. Man fragt dann: In welcher Formel ist von den auftretenden Größen die Rede, welche dieser Formeln ist anwendbar? Eine Formel ist dann anwendbar, wenn außer der Gleichungsvariablen alle anderen in ihr vorkommenden Größen bekannt sind.

**Beispiel 7:** Im Dreieck ABC sind die Winkel $\beta = 42°$ und $\gamma = 80°$ bekannt. Wie groß ist der Winkel $\alpha$?

Als Gleichungsvariable für die möglichen Winkelgrößen wird $\alpha$ benutzt, $0° < \alpha < 180°$.

$\alpha$ ist mit $\beta$ und $\gamma$ in dem Satz über die Summe der Innenwinkel eines Dreiecks verknüpft. Er lautet: $\alpha + \beta + \gamma = 180°$. Alle in dieser Gleichung vorkommenden Größen bis auf die für $\alpha$ sind bekannt. Die Gleichung kann nach $\alpha$ aufgelöst werden. Ihre Lösung ist die gesuchte Winkelgröße.

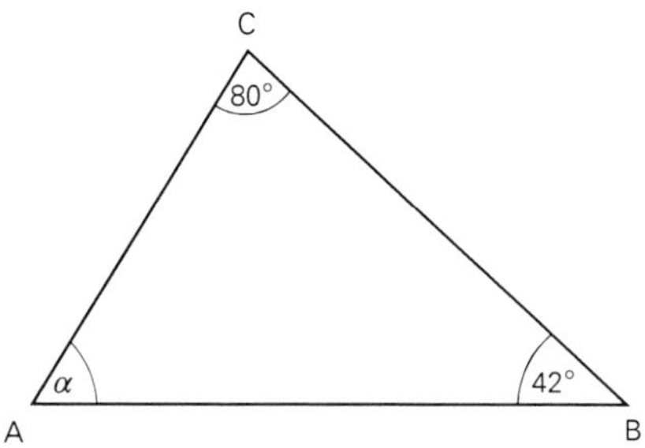


$\alpha + \beta + \gamma = 180°$

$\alpha + 42° + 80° = 180°$

$\alpha = 180° - 42° - 80°$

$\underline{\underline{\alpha = 58°}}$

**Beispiel 8:** Vom Dreieck ABC sind der Flächeninhalt $A_{\triangle} = 1250{,}4\,\text{cm}^2$ und die Länge $c = 65\,\text{cm}$ der Seite $\overline{\text{AB}}$ bekannt. Wie groß ist die Höhe $h$ von C auf $\overline{\text{AB}}$?

Als Gleichungsvariable für die Längen der Dreieckshöhe in cm wird $h$ benutzt.

Die Formel für den Flächeninhalt eines Dreiecks lautet $A_{\triangle} = \frac{g \cdot h}{2}$. Die Gleichungsvariable $h$ steht für die Höhe auf $\overline{\text{AB}}$, $A_{\triangle}$ und $c$ sind bekannt. Die Gleichung kann nach $h$ aufgelöst werden.

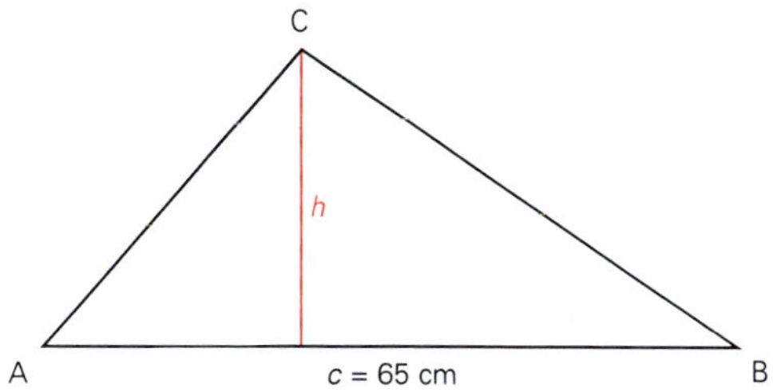


Für die Maßzahl $z$ von $h$ gilt: $z \in \mathbb{R}^+$.

$$A_{\triangle} = \frac{gh}{2}$$

$$2A_{\triangle} = g \cdot h \quad \text{und} \quad h = \frac{2A_{\triangle}}{g}$$

$$\underline{\underline{h}} = \frac{2 \cdot 1250{,}4\,\text{cm}^2}{65\,\text{cm}} = \underline{\underline{38{,}47\,\text{cm}}}$$

**Beispiel 9:** Die beiden Arme eines Hebels sind $a = 250\,\text{mm}$ und $b = 730\,\text{mm}$ lang. Auf den Endpunkt des kürzeren Arms wirkt die Kraft $F_1 = 600\,\text{N}$. Welche Kraft muss auf den Endpunkt von $b$ wirken, damit $F_1$ ausgeglichen wird?

Als Variable für die möglichen Kräfte, gemessen in N, die auf den Endpunkt von $b$ wirken, wird $F_2$ geschrieben. Die Maßzahlen von $F_2$ sind positive reelle Zahlen. Nach dem Hebelgesetz der Mathematik gilt die Gleichgewichtsbedingung

$F_1 \cdot a = F_2 \cdot b$.

Außer der Größe für $F_2$ sind in dieser Formel alle Größen bekannt; sie kann nach $F_2$ aufgelöst werden.

$F_1 = 600\,\text{N}$

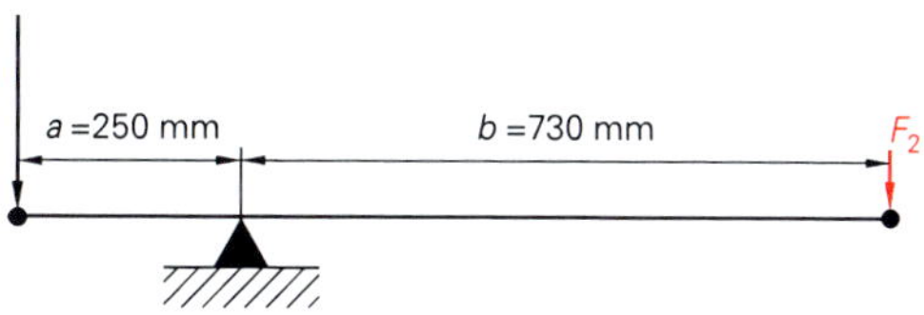


$$F_1 \cdot a = F_2 \cdot b \quad |:b$$

$$\underline{\underline{F_2}} = \frac{F_1 \cdot a}{b} = \frac{600\,\text{N} \cdot 250\,\text{mm}}{730\,\text{mm}} = \underline{\underline{205{,}5\,\text{N}}}$$

Eine Kraft von 205,5 N hält den Hebel im Gleichgewicht.

**Beispiel 10:** Zwei Radfahrer A und B fahren von den Orten P und Q, deren Entfernung 140 km beträgt, mit konstanter Geschwindigkeit gleichzeitig einander entgegen. A legt in der Stunde 12,5 km zurück, B 15,5 km. Nach wie viel Stunden Fahrt begegnen sie einander? Wie weit sind sie dann von P entfernt?

Eine Skizze verdeutlicht den Sachverhalt.

Mit der Gleichungsvariablen $t$ wird die mögliche Fahrzeit beider Radfahrer, die ja bis zum Treffpunkt für beide gleich ist, bezeichnet.

Die Geschwindigkeit von A wird mit $v_{\text{A}}$ bezeichnet, die von B mit $v_{\text{B}}$.

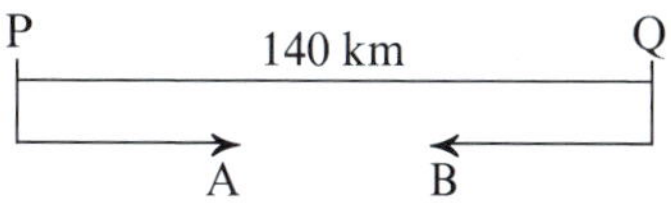


$$v_{\text{A}} = 12{,}5\,\frac{\text{km}}{\text{h}}$$

$$v_{\text{B}} = 15{,}5\,\frac{\text{km}}{\text{h}}$$

Der Weg, den die Radfahrer jeweils zurücklegen, wird nach der Formel $s = v \cdot t$ (Weg gleich Geschwindigkeit mal Zeit) berechnet.

Der Weg, den A zurücklegt, wird mit $s_A$ bezeichnet, der von B mit $s_B$.

$$s_A = v_A \cdot t = 12{,}5\,\frac{\text{km}}{\text{h}} \cdot t$$

$$s_B = v_B \cdot t = 15{,}5\,\frac{\text{km}}{\text{h}} \cdot t$$

Wenn A und B sich treffen, haben sie zusammen die gesamte Strecke von P nach Q, also 140 km durchfahren.

$$s_A + s_B = 140\,\text{km}$$

Daraus ergibt sich eine Gleichung, die nach $t$ aufgelöst wird.

$$12{,}5\,\frac{\text{km}}{\text{h}} \cdot t + 15{,}5\,\frac{\text{km}}{\text{h}} \cdot t = 140$$

$$28\,\frac{\text{km}}{\text{h}} \cdot t = 140\,\text{km}$$

$$t = \frac{140\,\text{km}}{28\,\frac{\text{km}}{\text{h}}}$$

$$\underline{\underline{t = 5\,\text{h}}}$$

Die Radfahrer treffen sich nach 5-stündiger Fahrt. Sie sind dann von dem Ort P

$5\,\text{h} \cdot 12{,}5\,\frac{\text{km}}{\text{h}} = 62{,}5$ km entfernt.

**Beispiel 11:** Zwei Arbeiter gehen jeden Tag in gleichmäßigem Tempo von A nach B zur Arbeit. Der erste legt in der Minute 80 m, der zweite 66 m zurück. Der zweite Arbeiter geht 10 Minuten früher fort. Kann der erste Arbeiter ihn einholen? Nach wie viel Minuten wäre das gegebenenfalls möglich?

Eine Skizze verdeutlicht den Sachverhalt.

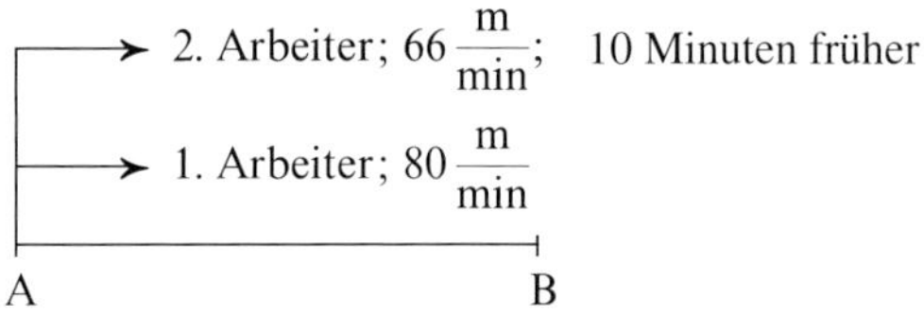


Mit der Gleichungsvariablen $t$ wird die Laufzeit des 1. Arbeiters in Minuten bezeichnet. Ihre Maßzahl ist eine rationale Zahl.

Die Geschwindigkeit des 1. Arbeiters wird mit $v_1$ bezeichnet, die des 2. mit $v_2$.

$$v_1 = 80\,\frac{\text{m}}{\text{min}}$$

$$v_2 = 66\,\frac{\text{m}}{\text{min}}$$

Wenn der 1. Arbeiter den 2. einholt, haben beide den gleichen Weg zurückgelegt.

Der Weg des 1. Arbeiters wird mit $s_1$, der des 2. mit $s_2$ bezeichnet. Dabei muss berücksichtigt werden, dass der 2. Arbeiter 10 Minuten früher als der 1. Arbeiter losgeht.

$$s_1 = 80\,\frac{\text{m}}{\text{min}} \cdot t$$

$$s_2 = 66\,\frac{\text{m}}{\text{min}} \cdot 10\,\text{min} + 66\,\frac{\text{m}}{\text{min}} \cdot t$$

Aus $s_1 = s_2$ gewinnt man eine Gleichung, die nach der Gleichungsvariablen $t$ aufgelöst wird.

$$80\,\frac{\text{m}}{\text{min}} \cdot t = 66\,\frac{\text{m}}{\text{min}} \cdot 10\,\text{min} + 66\,\frac{\text{m}}{\text{min}} \cdot t$$

$$\left(80\,\frac{\text{m}}{\text{min}} - 66\,\frac{\text{m}}{\text{min}}\right) \cdot t = 660\,\text{m}$$

$$14\,\frac{\text{m}}{\text{min}} \cdot t = 660\,\text{m}$$

$$\underline{\underline{t = 47{,}14\,\text{min}}}$$

Damit der 1. Arbeiter den 2. Arbeiter nach 47,14 min überhaupt einholen kann, muss der Weg nach B mindestens

$80\,\frac{\text{m}}{\text{min}} \cdot 47{,}14\,\text{min} = 3771{,}2\,\text{m}$ lang sein.

## • Textaufgaben, die auf Gleichungen mit Klammertermen führen

**Beispiel 12:** Ein Meister ist 40 Jahre alt, sein Auszubildender ist 16 Jahre alt. In wie viel Jahren ist der Meister doppelt so alt wie der Auszubildende?

Die Gleichungsvariable $x$ steht für die Jahre, die von jetzt an vergehen.

Ist der Meister 40 Jahre $+x$, so ist der Auszubildende 16 Jahre $+x$. Für welche $x$ ist 40 Jahre $+x$ das Doppelte von 16 Jahre $+x$?

$$40\,\text{Jahre} + x = 2(16\,\text{Jahre} + x)$$
$$= 32\,\text{Jahre} + 2x$$
$$\underline{\underline{8\,\text{Jahre} = x}}$$

In 8 Jahren ist der Meister doppelt so alt wie sein Auszubildender.

**Beispiel 13:** Ein Rechteck hat einen Umfang von 240 mm. Die Länge ist um 34 mm größer als die Breite. Wie lang sind die Seiten des Rechtecks?

Für den Umfang $u$ des Rechtecks gilt: $u = 2a + 2b$, wenn seine Seitenlängen $a$ und $b$ heißen.

Als Variable für die Breite des Rechtecks in mm soll $x$ geschrieben werden. Steht $a$ für die Länge, dann gilt $a = x + 34\,\text{mm}$. Aus $u = 2a + 2b$ ergibt sich damit eine Gleichung, die nach $x$ aufgelöst wird.

Die Breite des Rechtecks beträgt 43 mm, seine Länge 43 mm + 34 mm, also 77 mm.

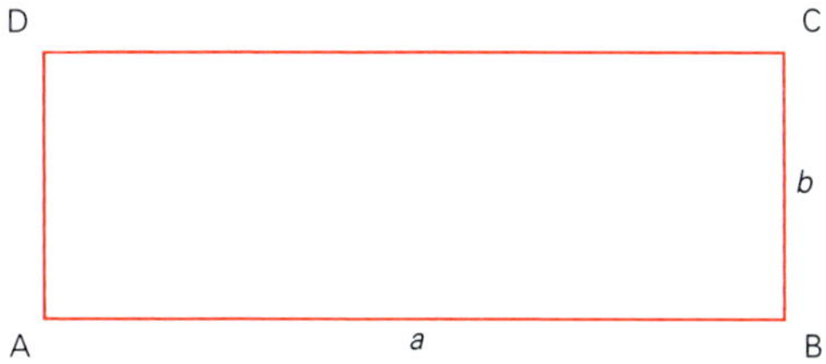


$$u = 240\,\text{mm}$$

$$240\,\text{mm} = 2(x + 34\,\text{mm}) + 2x$$
$$= 4x + 68\,\text{mm}$$
$$172\,\text{mm} = 4x$$
$$\underline{\underline{x = 43\,\text{mm}}}$$

**Beispiel 14:** Wie groß sind die Kräfte $F_1$ und $F_2$?

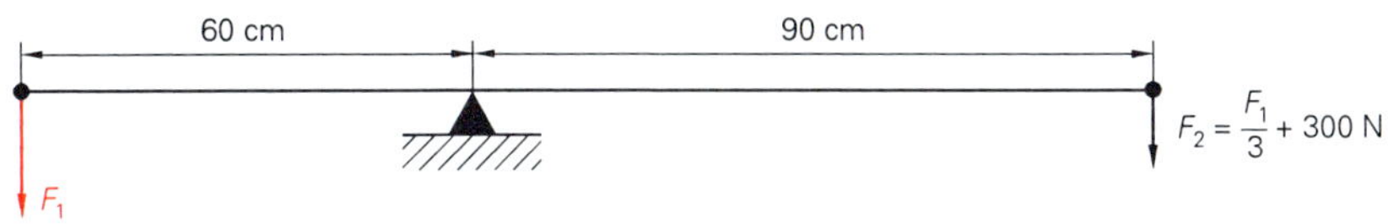


$F_1$ wird als Gleichungsvariable für die Kraft in N genommen. Ihre Maßzahl ist eine positive reelle Zahl.

Aus den in der Aufgabenstellung genannten Größen und dem Hebelgesetz folgt eine Gleichung für $F_1$. Sie wird nach $F_1$ aufgelöst. Mit dem für $F_1$ errechneten Wert lässt sich auch $F_2$ bestimmen.

Für $F_2$ ist vorausgesetzt:

$F_2 = \frac{F_1}{3} + 300\,\text{N}$. Also ist

$F_2 = 300\,\text{N} + 300\,\text{N} = 600\,\text{N}$.

$$F_1 \cdot 60\,\text{cm} = \left(\frac{F_1}{3} + 300\,\text{N}\right) \cdot 90\,\text{cm}$$
$$= \frac{F_1 \cdot 90\,\text{cm}}{3} + 27\,000\,\text{Ncm}$$
$$= F_1 \cdot 30\,\text{cm} + 27\,000\,\text{Ncm}$$
$$F_1 \cdot 30\,\text{cm} = 27\,000\,\text{Ncm}$$
$$\underline{\underline{F_1 = 900\,\text{N}}}$$

### • Textaufgaben, die auf Gleichungen mit Bruchtermen führen

**Beispiel 15:** Die Zahl 279 soll so in zwei natürliche Zahlen als Summanden zerlegt werden, dass bei Division des einen Summanden durch 4 und des anderen Summanden durch 7 die Summe der Quotienten 57 ist. Wie heißen beide Summanden?

Die Gleichungsvariable $x$ steht für den einen Summanden. Der andere ist dann $279-x$. Der erste wird durch 4, der zweite durch 7 dividiert. Die Summe der Bruchterme ist 57.

Der eine Summand ist 160, der andere 279 – 160, also 119.

$$\frac{x}{4}+\frac{279-x}{7}=57 \quad |\cdot 4\cdot 7$$
$$7x+4(279-x)=57\cdot 28$$
$$7x+1116-4x=1596 \quad |-1116$$
$$3x=480$$
$$\underline{\underline{x=160}}$$

**Beispiel 16:** Der Wert eines Bruches beträgt $\frac{1}{4}$. Vermindert man den Zähler um 1 und vergrößert den Nenner um 2, so erhält der Bruch den Wert $\frac{3}{14}$. Wie heißt der veränderte Bruch?

Alle Brüche, die durch Erweitern aus $\frac{1}{4}$ hervorgehen, haben den Wert $\frac{1}{4}$. Die Gleichungsvariable $x$ mit $x \in \mathbb{Z}^*$ stehe für die Erweiterungszahl, mit der $\frac{1}{4}$ erweitert wird. Der Term $\frac{1}{4}\cdot\frac{x}{x}$ bezeichnet alle Brüche mit dem Wert $\frac{1}{4}$.

Vermindert man die Zähler um 1 und vergrößert den Nenner um 2, so erhält man einen Bruchterm mit dem Wert $\frac{3}{14}$.

Die entstandene Gleichung wird nach $x$ aufgelöst.

Der veränderte Bruch heißt $\frac{10-1}{40+2}$, also $\frac{9}{42}$.

Zähler: $x-1$

Nenner: $4x+2$

$$\frac{x-1}{4x+2}=\frac{3}{14}$$
$$14\cdot(x-1)=(4x+2)\cdot 3$$
$$14x-14=12x+6$$
$$2x=20$$
$$\underline{\underline{x=10}}$$

**Beispiel 17:** Ein Kunde erhält 5% Rabatt. Gäbe der Verkäufer nur 4% Rabatt, so wäre der Abzug vom Kaufpreis um 2,50 € geringer. Wie teuer war die Ware?

Man berechnet den Prozentwert – ein solcher ist der Rabatt – nach der Formel Prozentwert gleich Prozentsatz mal Grundwert, dividiert durch 100, also $P=\frac{p\cdot G}{100}$. Die Gleichungsvariable $x$ stehe für die möglichen Grundwerte, d. h. die möglichen Kaufpreise der Ware.

Man berechnet den Rabatt bei 5% und den Rabatt bei 4%.

$$R_1=\frac{5\cdot x}{100}$$
$$R_2=\frac{4\cdot x}{100}$$

Es ist $R_2+2{,}50\,€=R_1$. Daraus gewinnt man eine Gleichung, die nach $x$ aufgelöst wird.

Die Ware kostete 250 €.

$$\frac{4x}{100}+2{,}50\,€=\frac{5x}{100} \quad |\cdot 100$$
$$4x+250\,€=5x$$
$$\underline{\underline{250\,€=x}}$$

**Beispiel 18:** Wie viel $cm^3$ an 72%igem Alkohol muss man mit 435 $cm^3$ an 32%igem Alkohol mischen, um 42%igen Alkohol zu erhalten?

Die Gleichungsvariable $x$ steht für mögliche Volumina des 72%igen Alkohols in $cm^3$.

Zuerst berechnet man den Anteil reinen Alkohols in den 435 $cm^3$ der 32%igen Mischung. Entsprechend ist die Menge des reinen Alkohols in der 72%igen Mischung zu beschreiben.

$$A_1 = \frac{32 \cdot 435\,cm^3}{100} = \frac{13\,920\,cm^3}{100}$$

$$A_2 = \frac{72 \cdot x}{100}$$

Die Summe der Volumina des 72%igen und des 32%igen Alkohols ist $435\,cm^3 + x$. Diese Mischung soll 42%ig sein. Der Anteil reinen Alkohols in ihr ist also bestimmbar.

$$A_3 = \frac{42 \cdot (435\,cm^3 + x)}{100}$$

Es ist $A_1 + A_2 = A_3$. Hieraus gewinnt man eine Gleichung für $x$, die nach $x$ aufgelöst wird.

$$\frac{13\,920\,cm^3}{100} + \frac{72x}{100} = \frac{42(435\,cm^3 + x)}{100} \quad | \cdot 100$$

$$13\,920\,cm^3 + 72x = 18\,270\,cm^3 + 42x$$

$$30x = 4350\,cm^3$$

$$\underline{\underline{x = 145\,cm^3}}$$

Es sind 145 $cm^3$ an 72%igem Alkohol nötig, um die verlangte Mischung herzustellen.

**Beispiel 19:** In einen Wasserbehälter münden drei Rohre. Das 1. allein füllt den Behälter in 10 Minuten, das 2. allein in 18 Minuten, das 3. allein in 22 Minuten. In welcher Zeit wird der Behälter gefüllt, wenn Wasser durch alle Rohre gleichzeitig fließt?

$x$ sei die Gleichungsvariable für die Zeit in Minuten.

Das erste Rohr füllt in einer Minute $\frac{1}{10}$ des Behälters, das zweite $\frac{1}{18}$ und das dritte $\frac{1}{22}$. Durch die drei Rohre zusammen werden in einer Minute $\frac{1}{10} + \frac{1}{18} + \frac{1}{22}$ des Behälters gefüllt.

Es verhält sich das Volumen des in einer Minute gefüllten Teils des Behälters zum ganzen Volumen des Behälters wie eine Minute zu $x$.

$$\left(\frac{1}{10} + \frac{1}{18} + \frac{1}{22}\right) : 1 = 1\,\text{min} : x$$

$$\left(\frac{1}{10} + \frac{1}{18} + \frac{1}{22}\right) x = 1\,\text{min}$$

Der Hauptnenner der Brüche ist $2 \cdot 5 \cdot 9 \cdot 11$. Mit ihm wird die Gleichung multipliziert.

$$(99 + 55 + 45)x = 990\,\text{min}$$

$$\underline{\underline{x}} = \frac{990\,\text{min}}{199} = \underline{\underline{4{,}9755\,\text{min}}}$$

In etwa 5 Minuten ist der Behälter gefüllt, wenn alle drei Rohre zugleich in Betrieb sind.

**Beispiel 20:** Man mischt 150 g Kupfer $\left(\varrho = 8{,}85\,\frac{\text{g}}{\text{cm}^3}\right)$ mit 45 g Zink $\left(\varrho = 7{,}1\,\frac{\text{g}}{\text{cm}^3}\right)$. Welchen Wert hat die Dichte der Legierung?

$x$ sei die Gleichungsvariable einer Legierung in $\frac{\text{g}}{\text{cm}^3}$. Für sie gilt:

Die Dichte einer Legierung ist gleich dem Quotienten aus der Masse und dem Volumen der Legierung. Die Masse der Legierung ist gegeben, denn es gilt das Gesetz von der Erhaltung der Masse. Für das Volumen gilt ein solches Gesetz nicht, das Volumen der Legierung lässt sich deshalb nur näherungsweise als Summe aus dem Volumen des Kupfers und des Zinks berechnen.
Setzt man die für $m_\text{L}$ und $V_\text{L}$ errechneten Werte in den Term $\frac{m}{V}$ ein, erhält man eine Näherung für $x$. Die Dichte der Legierung beträgt ungefähr $8{,}5\,\frac{\text{g}}{\text{cm}^3}$.

$$x = \frac{m}{V}$$

$$m_\text{L} = 150\,\text{g} + 45\,\text{g} = 195\,\text{g}$$ ▶ Masse der Legierung

$$V_\text{Kupfer} = \frac{150\,\text{g}}{8{,}85\,\frac{\text{g}}{\text{cm}^3}} = 16{,}95\,\text{cm}^3$$

$$V_\text{Zink} = \frac{45\,\text{g}}{7{,}1\,\frac{\text{g}}{\text{cm}^3}} = 6{,}34\,\text{cm}^3$$

$$V_\text{L} \approx 16{,}95\,\text{cm}^3 + 6{,}34\,\text{cm}^3 \approx 23\,\text{cm}^3$$

$$\underline{\underline{x}} \approx \frac{195\,\text{g}}{23\,\text{cm}^3} \approx \underline{\underline{8{,}5\,\frac{\text{g}}{\text{cm}^3}}}$$

**Beispiel 21:** Wie schwer muss ein Brett aus Fichtenholz sein, wenn es, ganz unter Wasser getaucht, noch eine Tragkraft von 750 N haben soll? $\left(\text{Fichte: } \gamma = 4{,}5\,\frac{\text{N}}{\text{dm}^3}\text{; Wasser: } \gamma = 10\,\frac{\text{N}}{\text{dm}^3}\right)$

Zwischen dem Volumen $V$, der Gewichtskraft $F$ und der Wichte $\gamma$ eines Stoffes besteht die Beziehung $\gamma = \frac{F}{V}$. Soll das Brett im Wasser schweben, muss seine Auftriebskraft der Summe aus einer Gewichtskraft und 750 N gleich sein. Die Auftriebskraft ist aber auch gleich der Gewichtskraft der verdrängten Wassermenge.

$x$ sei die Gleichungsvariable für die Gewichtskraft des Brettes in N.

Zunächst bestimmt man das Volumen $V$ der verdrängten Wassermenge.

$$V = \frac{x}{4{,}5\,\frac{\text{N}}{\text{dm}^3}}$$

Sodann bestimmt man die Gewichtskraft $F$ der verdrängten Wassermenge. Das ist die Auftriebskraft des Brettes.

$$F = V \cdot 10\,\frac{\text{N}}{\text{dm}^3} = \frac{x}{4{,}5\,\frac{\text{N}}{\text{dm}^3}} \cdot 10\,\frac{\text{N}}{\text{dm}^3}$$
$$= \frac{x}{4{,}5} \cdot 10$$

Die Auftriebskraft des Brettes ist aber auch die Summe aus seiner Gewichtskraft und 750 N.

$$\frac{x}{4{,}5} \cdot 10 = x + 750\,\text{N} \quad | \cdot 4{,}5$$
$$10x = 4{,}5x + 3375\,\text{N}$$
$$5{,}5x = 3375\,\text{N}$$
$$\underline{\underline{x = 613{,}64\,\text{N}}}$$

Das Brett muss eine Gewichtskraft von 613,64 N haben. Das entspricht einer Masse von 61,36 kg.

**Beispiel 22:** Ein Mann will seiner Frau Rosen mitbringen. Würde er 26 Rosen kaufen wollen, so fehlten ihm 9 €, würde er 16 Rosen kaufen, so hätte er noch 6 € übrig. Wie viel € kostet eine Rose? Wie viel Geld besitzt der Mann?

Die Gleichungsvariable $x$ steht für den möglichen Preis einer Rose in €.

26 Rosen kosten 9 € mehr, als er Mann besitzt, er hat also $26x - 9$ €. 16 Rosen kosten 6 € weniger, als der Mann besitzt, er hat also $16x + 6$ €. Daraus gewinnt man eine Gleichung, die man nach $x$ auflöst.

$$26x - 9\text{ €} = 16x + 6\text{ €}$$
$$10x = 15\text{ €}$$
$$\underline{\underline{x = 1{,}50\text{ €}}}$$

Eine Rose kostet 1,50 €. Der Mann besitzt $26 \cdot 1{,}50\text{ €} - 9\text{ €} = 30\text{ €}$.

## Übungen zu 2.3.1 und 2.3.2

Der Definitionsbereich der folgenden Gleichungen ist stets die Menge $\mathbb{R}$ der reellen Zahlen. Lösen Sie die Gleichungen nach $x$ auf!

### Lineare Gleichungen mit einer Gleichungsvariablen ohne Formvariable

**1.** $x - 3 = 4$ **2.** $x - 9 = 1$ **3.** $x - 0{,}5 = 2{,}5$ **4.** $x - 3\frac{1}{4} = 2\frac{1}{4}$

**5.** $x - 9\frac{2}{3} = 4\frac{1}{5}$ **6.** $x + 21 = 39$ **7.** $x + 44 = 79$ **8.** $x + 7{,}5 = 12{,}5$

**9.** $x + 1{,}25 = 3{,}75$ **10.** $x + 2\frac{1}{2} = 3\frac{2}{5}$ **11.** $x + 17 = 15$ **12.** $x + 1{,}2 = 1$

**13.** $x + 13\frac{1}{2} = 5$ **14.** $1{,}5x = 12$ **15.** $7{,}25x = 29$ **16.** $0{,}8x = 1{,}6$

**17.** $2x = \frac{1}{2}$ **18.** $5x = \frac{5}{7}$ **19.** $0{,}3x = \frac{3}{10}$ **20.** $1{,}25x = \frac{5}{9}$

**21.** $\frac{x}{4} = 5$ **22.** $\frac{x}{7} = 8$ **23.** $\frac{x}{0{,}5} = 20$ **24.** $\frac{x}{2{,}7} = 5{,}2$

**25.** $\frac{x}{3} = \frac{2}{3}$ **26.** $\frac{x}{5} = 6\frac{2}{15}$ **27.** $\frac{x}{\frac{1}{2}} = 4\frac{2}{3}$ **28.** $\frac{x}{\frac{17}{5}} = 4\frac{7}{17}$

**29.** $30 = x - 6$ **30.** $5\frac{1}{2} = 4\frac{1}{2} + x$ **31.** $\frac{4}{5} = 8x$ **32.** $3\frac{3}{5} = 2\frac{1}{2}x$

**33.** $4\frac{2}{3} = 1\frac{3}{7}x$ **34.** $2{,}5 = \frac{x}{4}$ **35.** $3\frac{1}{2} = \frac{x}{0{,}5}$ **36.** $4\frac{1}{5} = \frac{x}{3\frac{5}{7}}$

**37.** $3x + 2x - x = 12$ **38.** $8x + 43 = 5x + 76$ **39.** $6x + 5 = 41$ **40.** $15x - 3\frac{1}{2} = 1\frac{1}{2}$

**41.** $7{,}1x - 12{,}79 = 5{,}8 - 4{,}8x - 2{,}4x$ **42.** $\frac{1}{3}x = 2\frac{2}{3} - \frac{x}{2}$ **43.** $x + 4x - 24 = 9x - 22 - 3x$

**44.** $3x + 11\frac{1}{2} + 13\frac{1}{2}x = x + 19{,}5 - \frac{x}{2}$ **45.** $0{,}76 - 8{,}7x - 2{,}1x = 0{,}28$ **46.** $\frac{1}{2}x = 2\frac{2}{3} - \frac{1}{3}x$

**47.** $7{,}4 = 14{,}4x - 9{,}4 - 3{,}2x$

**48.** $\frac{6}{16}x + \frac{5}{12}x - 2{,}4 = \frac{8}{5} - \frac{5}{24}x$

**49.** $\frac{3}{4}x = 5 - \frac{1}{2}x$

**50.** $\frac{3}{5}x + 4 = 25$

**51.** $2{,}1x + 18{,}4 = 5{,}7x - 3{,}2$

## Lineare Gleichungen mit einer Gleichungsvariablen und Formvariablen

**52.** $4a + 2x = 5a$

**53.** $x - 2\frac{1}{4}c = 4\frac{1}{2}c$

**54.** $5b + 2x = 3a$

**55.** $11x + 7 - 5a = 4x + 9 + 3a$

**56.** $\frac{1}{4}x + 2a = 3a - \frac{1}{2}x$

**57.** $\frac{x}{2} + 2\frac{1}{4}b = 4\frac{1}{2}b$

**58.** $0{,}6a - \frac{3}{10}x = 0{,}8a - \frac{2}{5}x$

**59.** $5b + 2x - 4a$

**60.** $x - 4\frac{1}{2}b = 2\frac{1}{4}b$

**61.** $11 = \frac{12 - x}{a}$

**62.** $15x + 98 + 72a - 36b = 25x + 72a - 36b - 2$

**63.** $12x + 7 - 5a = 4x + 9 + 3a$

**64.** $cx - 3c + 2dx = 6d$

**65.** $2ab - nx = ax - 2bn$

**66.** $3b + ax = bx + 3a$

**67.** $2n - nx = mx - 2m$

**68.** $ap + bx = ax + bp$

**69.** $4m + nx - 2n = 2mx$

**70.** $c - dx = cx - d$

**71.** $cx - 17nx + 85dn = 5cd$

**72.** $4ab + 6bx = 4ax + 6ab$

**73.** $6bc - 2bx = 15ac - 5ax$

**74.** $3sx - 9s = x - 3r$

**75.** $39bn - 3bx = 7ax - 91an$

**76.** $4bc - 2bcx = 4cx - 8c$

**77.** $45 - 15x = 9bx - 27b$

**78.** $8ac - 2cx = 12ab - 3bx$

**79.** $4rx = 4mr + 6sx - 6ms$

Stellen Sie die folgenden Formeln nach den angegebenen Formvariablen um!

**80.** $A = \frac{a \cdot b}{2}$ $\quad a = \frac{2 \cdot A}{b}$ $\quad b = \frac{2 \cdot A}{a}$

**81.** $U = d \cdot \pi$

$d = ?$

**82.** $A = a \cdot b$

$b = ?$

**83.** $M = d \cdot \pi \cdot h$

$d = ?;\ h = ?$

**84.** $V = \frac{A \cdot h}{3}$

$A = ?;\ h = ?$

**85.** $n_1 \cdot d_1 = n_2 \cdot d_2$

$n_2 = ?;\ d_2 = ?$
$d_1 = ?;\ n_1 = ?$

**86.** $F \cdot a = Q \cdot b$

$F = ?;\ Q = ?$
$a = ?;\ b = ?$

**87.** $M = \frac{d \cdot \pi \cdot s}{2}$

$d = ?;\ s = ?$

**88.** $P = \frac{F \cdot r \cdot \pi \cdot n}{75 \cdot 30}$

$F = ?;\ r = ?;$
$n = ?$

**89.** $Z = \frac{p \cdot K \cdot J}{100}$

$p = ?;\ K = ?$

**90.** $A = \frac{a_1 + a_2}{2} \cdot b$

$a_1 = ?;\ a_2 = ?;$
$b = ?$

**91.** $V = \frac{A_1 + A_2}{2} \cdot h$

$A_1 = ?;\ h = ?$

**92.** $M = \frac{D + d}{2} \cdot \pi \cdot s$

$D = ?;\ d = ?;\ s = ?$

**93.** $P = \frac{1{,}73 \cdot U \cdot I \cdot 0{,}7}{1000}$

$U = ?;\ I = ?$

**94.** $Pe = \frac{2\pi \cdot Q \cdot l \cdot n}{60 \cdot 75}$

$Q = ?;\ l = ?;\ n = ?$

## Lineare Gleichungen mit Klammern ohne und mit Formvariablen

Lösen Sie die Gleichungen nach $x$ auf!

**1.** $3x+30-(x+28)=3x-(2x+4)$

**2.** $3x+12-(12x+18)=-2x+36$

**3.** $9x-[4x-(4+x)]=4x+8$

**4.** $7x-[8x-(5x-30)]=12$

**5.** $5-[7x-(5x-30)]=-125$

**6.** $5-5x-(10-6x)=5$

**7.** $11=(24-x)-(19-2x)$

**8.** $45-9x=33+15x-(15-3x)$

**9.** $25x-(19x-48)=18x-(36-13)-(66-5x)$

**10.** $16x+19-(28+127)=24-(5x+13+14x)$

**11.** $x-(a-2b)=2b-(x+3a)$

**12.** $3x-[5x-(105-30x)-35]=12$

**13.** $47-(8x-17)=38x-[5-7x-(25-4x)]$

**14.** $19{,}3x-5{,}4-[15{,}6-(5{,}2x+20{,}1)]=7{,}3x-(17{,}8x+1{,}6)$

**15.** $15x-[5-(12x+6)+13x]=7x+15$

**16.** $50-[(2-5x)-(16-4x)]=85$

**17.** $3x-(2x+15)=11-[(23x-11)+(7x-9)-(18x+19)]$

**18.** $37-[(4x-19)-(32-5x)]=5x-[(3x+2)+20]$

**19.** $51-(8x-15)=36x-[55-(7x+23)+2x]$

**20.** $x+9=3x-[(3-10x)-(6x-15)]$

**21.** $12+12x-[22-33x-(3x-7)]=39x-[20-(17-9x)-15x]-(21x-2)$

**22.** $18{,}3x-6{,}4-[15{,}6-(5{,}2x+20{,}1)]=6{,}3x-(17{,}8x+2{,}6)$

**23.** $-(27x-3)=-[(22x-19)-(2-11x)]$

**24.** $2b-\{5a-[18+3b+8a-(3a+5b)-22]-7\}=4-x$

**25.** $15{,}2-[8{,}6-(26x-4{,}4)+9{,}6]=13x-[3{,}48-(7{,}4-32x)]-[5{,}6x-(2{,}8-14x)-5{,}68]$

## Lineare Gleichungen mit Produkttermen ohne und mit Formvariablen

Lösen Sie die Gleichungen nach $x$ auf!

**1.** $12(x-1)=64-14(x-2)$

**2.** $9(3x-11)=6(3x-10)$

**3.** $5(8x+1)+13x=6(9x-4)$

**4.** $8(x+3)+7(x+2)=x+6(x+1)$

**5.** $8(3{,}6x-2)-21{,}42=3{,}1(7x-5{,}2)$

**6.** $5{,}5x-3(x-3)=1{,}5(9-x)+23{,}5$

**7.** $-x+2(x+9)=7x-4(x+0{,}5)$

**8.** $18(15x-28)-8(42-x)=14x-9(512-20x)$

**9.** $5x+6(x+1)=8(x+3)+7(x+2)$

**10.** $2[3x+2(3x-2)]=4(4x-1)$

**11.** $9(5x-24)-[4(42-x)-9(256-10x)]=7x$

**12.** $2(x-28)-[6(18-2x)-4(8x+12)]=8[5x-(3x-8)]$

**13.** $30x-[15(x-2)-6(3x+1)+10(x+1)+6(2+x)]=150$

**14.** $9(10x-48)-4(84-2x)=14x-18(256-10x)$

**15.** $2(10x+48)-3(2x-15)=4(2x-30)+5(3x+10)+3(4x-5)+37$

**16.** $\frac{8}{3}\left(6x-\frac{9}{2}\right)-\frac{3}{2}\left(8x+\frac{1}{3}\right)=4x-\frac{1}{2}-\frac{4}{5}\cdot\left(10x-\frac{5}{8}\right)+3\frac{1}{2}$

**17.** $24(3x+2)=12(2x+5)-2[3(2x-7)-9(4x-1)]$

**18.** $50-2[2(x-6)+4(x+9)]=6[4x-(x+8)]$

**19.** $10[16-3(2x-3)+3x]-42(x-7)=8[2(3x-1)-4(x+5)+13]$

**20.** $(5+4b)\cdot(3x-6)=(6x-7)\cdot(2b+10)$

**21.** $2[3-(3x+7)(4-6c)]=(4c+5)(9x-10)-14c$

**22.** $5[3-(8x+1)(6-3a)]=3[40ax-3(5x-a)]$

**23.** $15-[6x(2+a)-(5x-3)(2-a)]=(x-2)(3-4a)-7ax$

**24.** $6[5-(6x-2)(5+3c)]=3[15cx-5(8x-2c)]-153cx-54x$

## Lineare Gleichungen mit Brüchen und Bruchtermen

Lösen Sie die Gleichungen nach $x$ auf!

**1.** $\frac{2x}{4}-36=\frac{2x}{5}-34$

**2.** $\frac{5x}{4}+\frac{2}{3}-\frac{7x}{6}=\frac{4}{3}$

**3.** $\frac{5x}{4}+\frac{x}{2}=\frac{3x}{2}+\frac{5}{2}$

**4.** $\frac{x}{18}+\frac{x}{3}=\frac{x}{9}+50$

**5.** $\frac{4x}{3}+\frac{2x}{5}=2x-4$

**6.** $\frac{18-2x}{4}+3x=\frac{8x}{3}+x+1$

**7.** $\frac{x}{2}-\frac{2x}{3}=\frac{3x}{5}-\frac{3x}{4}-\frac{5}{3}$

**8.** $\frac{0{,}975x-1{,}5}{4}+1{,}3x=20{,}28+0{,}97x$

**9.** $\frac{8x-22}{4}-20=\frac{5(x-7)}{2}-8$

**10.** $\frac{5}{2}+\frac{8x-7}{6}=3-\frac{14x+3}{10}$

**11.** $2x-2-\frac{2x-4}{2}+\frac{2x-6}{3}=0$

**12.** $\frac{7}{2}-\frac{x}{2}-\frac{2x+3}{9}=3-\frac{5x+1}{8}$

**13.** $\frac{2x-5}{3}+\frac{6x+3}{2}=10x-35$

**14.** $\frac{3}{2}(x+3)-(x-2)=\frac{1}{4}(3x-5)+\frac{3}{4}$

**15.** $\frac{19(x-4)}{3}+\frac{2(9-x)}{3}=\frac{2(5x-3)}{7}-5x$

**16.** $\frac{2(3x-5)}{0{,}25}-\frac{2x+0{,}4}{0{,}15}=\frac{2(4x-1)}{4{,}5}-10$

**17.** $\frac{10x-6}{7}-\frac{18-2x}{3}=5x+\frac{19}{3}(x-4)$

**18.** $\frac{2x-0{,}2}{5}+\frac{4x+0{,}6}{3}=4x-1{,}2$

**19.** $\frac{2x+3}{4}=\frac{2(x-1)}{6}$

**20.** $1+\frac{2(x-3)}{4}=\frac{x-2}{3}$

**21.** $\frac{1}{6}(2x-57)-\frac{5}{3}=x-\left(3x-\frac{2x-5}{10}\right)$

**22.** $1=\frac{x-2}{10}-\frac{2x-14}{10}$

**23.** $3-\frac{2x-3}{4}=\frac{8x-11}{12}$

**24.** $2x=\frac{12x+14}{12}-\frac{2x+8}{16}$

**25.** $\frac{2x+8}{28}+\frac{x-4}{6}=2$

**26.** $\frac{14}{15}-\frac{4x-6}{10}=\frac{6x-8}{30}$

**27.** $\frac{2x+10}{8}-\frac{x+3}{20}=\frac{4x+9}{10}-\frac{14x-2}{50}$

**28.** $\frac{6x-10}{0{,}25}+10-\frac{8x-2}{4{,}5}=\frac{2x+0{,}4}{0{,}15}$

Die Nennerterme in den folgenden Gleichungen werden verschieden von 0 vorausgesetzt.

**29.** $a+\frac{x}{b}=c$ **30.** $a=c+\frac{x}{b}$ **31.** $m-\frac{x}{c}=a$ **32.** $\frac{abx}{m}+\frac{abx}{n}=\frac{m+n}{mn}$

**33.** $\frac{mx}{cd}+\frac{1}{a}=\frac{m}{ad}+\frac{x}{c}$ **34.** $\frac{cx}{ab}+d=c+\frac{dx}{ab}$ **35.** $\frac{2ax}{bc}-\frac{x}{c}=\frac{2a}{bd}-\frac{1}{d}$

**36.** $\frac{2x+4a}{a}+\frac{4(a+b)}{ab}=\frac{4b+2x}{b}+\frac{4x}{a}$ **37.** $\frac{c(x+a)}{a}-\frac{2a(x-c)}{c}=x+\frac{cx}{a}$ **38.** $\frac{2x}{c}+\frac{2x}{d}=2c+2d$

## Übungen zu 2.3.3

### Bruchgleichungen

Bestimmen Sie für jede Gleichung den Definitionsbereich unter der Voraussetzung, dass der Grundbereich, in welchem die Bruchgleichungen betrachtet werden, die Menge $\mathbb{R}$ ist. Lösen Sie die Gleichungen nach $x$ auf!

**1.** $\frac{4}{5x}-\frac{7}{10x}=\frac{1}{10}$ **2.** $\frac{8}{10x}-\frac{7}{10x}=\frac{2}{20}$ **3.** $\frac{6}{x}-\frac{3}{2x}+\frac{4}{3x}=17{,}5$

**4.** $\frac{3}{x}-\frac{1}{3x}=\frac{6-5x}{2x}+\frac{2}{3}$ **5.** $\frac{5}{4}-\frac{5x-16}{6x}=\frac{8}{3x}+\frac{7x+12}{15x}$ **6.** $\frac{69-3x}{3x}-\frac{3}{4x}=\frac{21}{x}+\frac{11}{4}$

**7.** $\frac{7{,}5}{9x}-\frac{2}{3x}-\frac{1}{6}=\frac{5}{6x}-\frac{11}{12x}$ **8.** $\frac{3}{5x}+\frac{9}{10x}=\frac{13}{8x}-\frac{1}{8}$ **9.** $\frac{4}{x-3}=2$

**10.** $\frac{4}{2x}=\frac{1}{x-1}$ **11.** $\frac{3x}{25-x}=2$ **12.** $\frac{4}{x+1}=\frac{10}{x+4}$

**13.** $\frac{6}{x+2}+\frac{1}{2x-6}-\frac{5}{6x-18}=\frac{4}{x+2}$ **14.** $\frac{4}{x+1}=\frac{7}{4x+4}+\frac{3}{2x-2}$

**15.** $\frac{2a}{x+1}+b=\frac{2b}{x+1}+a$ **16.** $\frac{3x-6}{x-3}+\frac{4x-30}{3x-9}=\frac{2x+12}{x-3}$

**17.** $\frac{3x+3}{2x-16}-4+\frac{2x+2}{x-8}=\frac{3(x-1)}{x-8}$ **18.** $\frac{20x+2}{6x+6}-1=\frac{6x-4}{2x+2}$

**19.** $\frac{11x-2}{2x+6}-\frac{3x-1}{x+3}=\frac{2x+15}{2x+6}$ **20.** $\frac{1{,}5}{x-2}-\frac{2}{x+2}=\frac{4{,}5}{(x-2)(x+2)}$

**21.** $\frac{8}{2x-4}+\frac{12}{x+2}=\frac{32}{(x+2)(x-2)}$ **22.** $\frac{1}{2x-3}+\frac{2}{6x-9}=\frac{5}{5x-2}$

**23.** $4a-\frac{2ab}{x}=\frac{2a^2}{x}$ **24.** $\frac{6}{b+x}-\frac{4}{2b+x}=\frac{3}{b+x}$ **25.** $\frac{a}{x}+n=\frac{a(b+n)}{bx}$

**26.** $\dfrac{\frac{3x-3}{5}}{\frac{13x+3}{7}}=\frac{1}{5}$ **27.** $\dfrac{\frac{4(x-4)}{5}}{\frac{3(3x+5)}{4}}=\frac{1}{6}$ **28.** $\dfrac{10}{\frac{1}{5}+\frac{1}{x}}=48$ **29.** $\dfrac{\frac{4(4x-1)}{3}}{\frac{3(5x+1)}{2}}=\frac{4}{3}$

**30.** $\dfrac{\frac{2}{a}-\frac{2}{x}}{\frac{1}{a}+\frac{1}{x}}=\frac{2}{3}$ **31.** $\dfrac{\frac{35x+5}{4}}{\frac{8x-2}{7}}=8$ **32.** $\dfrac{\frac{5(2x+3)}{4}}{\frac{5x-5}{3}}=1$

### Gleichungen ohne und mit Formvariablen, in denen die Gleichungsvariable auch mit höheren Exponenten als 1 vorkommt

Lösen Sie die Gleichungen nach $x$ auf! Die Nennerterme werden verschieden von 0 vorausgesetzt. Bestimmen Sie die Definitionsbereiche der Gleichungen.

**1.** $\frac{2x}{1-x}-\frac{2}{x-1}=\frac{2x^2-6}{1-x^2}-\frac{8}{x+1}$

**2.** $\frac{14-3x}{2x+4}-\frac{7}{6}=\frac{x^2-6x+2}{4-x^2}+\frac{5x}{6-3x}$

**3.** $\frac{2x^2-6}{1-x^2}+\frac{2x+2}{x-1}=\frac{16}{2x+2}$

**4.** $\frac{16}{2x+4}+\frac{14}{x+3}=\frac{74}{x^2+5x+6}$

**5.** $\frac{a+n}{(x-n)\cdot x(a-x)}=\left(\frac{1}{a-x}+\frac{1}{x-n}\right)\cdot\frac{1}{a-n}$

**6.** $\frac{x(c-a)}{d^2-x^2}=\frac{a+x}{d+x}+\frac{c+x}{d-x}$

**7.** $\frac{2b+6c}{4c+2x}-\frac{12c^2}{4c^2-x^2}=\frac{3c-9b}{6c-3x}$

**8.** $\frac{a-b}{x}=\frac{a^2-b^2}{ax+b}$

**9.** $(5cx+2b)^2-(3cx+4b)^2=(4cx-6b)^2$

**10.** $\frac{1{,}5x+2a}{0{,}5x+a}-\frac{1{,}5x^2+2ax-2a}{0{,}5x(x+2a)}=\frac{1}{1{,}5x}$

**11.** $\frac{1{,}5}{0{,}5x}-\frac{1}{0{,}5x}=\frac{6x+10}{2n+4m}-\frac{9x}{3n+6m}$

**12.** $\frac{2a^2}{2a-2b}-\frac{4x}{2a+2b}=\frac{4a^2b-2ab^2}{a^2-b^2}-\frac{a^2+x}{a+b}$

**13.** $(bx^2+cx-d)\,a=b(ax^2-cx+d)$

**14.** $\frac{c+x}{x(a-b)}-\frac{x-b}{x(a+b)}=\frac{1}{x}+\frac{2a}{a^2-b^2}$

**15.** $\frac{2x^2}{c+x}+\frac{(b+c)^2}{c+x}=\frac{x(b+x)}{c+x}+x$

**16.** $\frac{x}{(x-c)(d-b)}+\frac{d+b}{x(x-c)}=\frac{x-b}{x(d-b)}+\frac{c(b+c)+d^2}{x(x-c)(d-b)}$

**17.** $\frac{12x+2c-6b}{8x+8b+6c}=\frac{9x-9b+12c}{6x+12b+15c}$

**18.** $\frac{x-3c^2}{2b}+\frac{2b^2}{x}=\frac{c(15c^2+13b^2)}{2bx}-\frac{c}{x}(11c+x)+\frac{x+b^2}{2b}$

**19.** $\frac{10a-35b}{6x^2-x-1}=\frac{6a-10b}{4x-2}-\frac{2a-1{,}5b}{1{,}5x+0{,}5}$

**20.** $\frac{(2x+2a)(a-x)}{(a+3x)(2x-a)}=\frac{2x-4a}{2x-a}-\frac{8x-4a}{2a+6x}$

**21.** $\frac{(2x+6a)(x+9b)-2a^2}{(3b+x)(x-a)}=\frac{2b+6x}{x-a}-\frac{8x-4a}{6b+2x}$

**22.** $\frac{3dx+2cd+2d^2-2c^2+7x^2-(c-d)(3x-d)}{2x^2+dx-2cx-cd}=\frac{6x-2c+4d}{2x-2c}+\frac{x+c-2d}{d+2x}$

## Übungen zu 2.3.4

### Wurzelgleichungen

Bestimmen Sie von jeder Wurzelgleichung den Definitionsbereich! Beachten Sie, dass alle Radikanden größer oder gleich 0 vorausgesetzt werden müssen!

Überprüfen Sie, ob die vermutliche Lösung im Definitionsbereich der Gleichung enthalten ist. Beachten Sie, dass Scheinlösungen auftreten können und Sie daher unbedingt die Probe durchführen müssen.

**1.** $3+2\sqrt{x}=5$

**2.** $4+\frac{1}{2}\sqrt{x}=6$

**3.** $\sqrt[3]{7x-6}+6=10$

**4.** $4\sqrt[3]{5x-8}=3\sqrt[3]{9x+1}$

**5.** $\frac{1}{4}\sqrt[3]{5x+4}=\frac{1}{3}\sqrt[3]{9x+1}$

**6.** $\sqrt{2x-8}=\sqrt{5x-17}$

**7.** $\sqrt{x+4}=\sqrt{5x}-2$

**8.** $\sqrt{x+5}=\sqrt{x+10}-1$

## Übungen zu 2.3.5

### Betragsgleichungen in $\mathbb{R}$ ($a, b, c, m$ Formvariable)

**1.** $|x| = 15$

**2.** $|x| = m^2$

**3.** $|x+12| = 72$

**4.** $|12-x| = 72$

**5.** $3 \cdot |x| = 15$

**6.** $\frac{1}{2} \cdot |x-24| = 12$

**7.** $|x+a| = b+c$

**8.** $|x+2r| = \frac{m}{2}$

## Übungen zu 2.3.6

Drücken Sie folgende Verhältnisse in den kleinsten natürlichen Zahlen aus!

**1.** $136\,\text{m} : 85\,\text{m} = 8\,\text{m} : 5\,\text{m}$

**2.** $147\,\text{cm} : 105\,\text{cm}$

**3.** $1644\,€ : 384\,€$

**4.** $486\,\text{km} : 324\,\text{km}$

**5.** $\frac{1}{3} : 2$

**6.** $\frac{8}{5} : \frac{5}{2}$

**7.** $4\frac{1}{5}\,\text{g} : 3\frac{3}{4}\,\text{g}$

**8.** $0{,}78\,\text{kg} : 1{,}17\,\text{kg}$

**9.** $0{,}48 : 1{,}28$

**10.** $\frac{4{,}2}{a} : \frac{2{,}8}{a}$

Lösen Sie die Verhältnisgleichungen nach $x$ auf! Der Grundbereich der Gleichungen ist $\mathbb{R}$.

**11.** $3:4 = 9:x$

$3 \cdot x = 4 \cdot 9$

$x = \frac{36}{3} = \underline{\underline{12}}$

**12.** $10:x = 2:1$

**13.** $6:4 = x:4$

**14.** $14:5 = 28:x$

**15.** $8\frac{1}{3} : 1\frac{2}{3} = 1\frac{3}{7} : x$

**16.** $10ab : 6bx = 3\frac{1}{2}a : 2\frac{1}{2}$

**17.** $5\frac{1}{3} : 7\frac{1}{2} = 1\frac{1}{3} : x$

**18.** $\frac{5}{2}a : \frac{5}{3}b = \frac{3}{4}a : bx$

**19.** $\frac{4a}{6b} : \frac{6a}{8c} = \frac{24c}{15b} : x$

**20.** $6:10 = x:(x+40)$

**21.** $x:(2x+7) = 9:21$

**22.** $(13x+1):7 = 14:20$

**23.** $\left(x+1\frac{1}{2}\right) : \left(x+\frac{1}{2}\right) = \left(x-\frac{1}{6}\right) : \left(x-\frac{1}{2}\right)$

**24.** $28:(x-9) - 35:(2x-19)$

**25.** $(x+0{,}3):(x+3{,}6) - (x-1{,}9):(x-0{,}8)$

**26.** $(x-b):a = (x-a):b$

**27.** $2x:(2x+b) = (3x+2b):(3x+4b)$

**28.** $11{,}4:0{,}95 = x:1{,}75$

**29.** $100:x = 144:n$

**30.** $6:[2(x+1)] = 9:(4x-1)$

### Textaufgaben, die auf Verhältnisgleichungen führen

**31.** Man zerlege die Zahl 63 in zwei Summanden, die sich zueinander verhalten wie 6 : 8.

**32.** Die Differenz aus 12 und einer Zahl verhält sich zur Summe aus 18 und der gleichen Zahl wie 4 : 3. Wie heißt die Zahl?

**33.** Die Luft besteht aus Sauerstoff und Stickstoff, und zwar im Massenverhältnis von 24 : 76. Wie viel Gramm beider Gase sind in 4 kg Luft enthalten?

**34.** Die Flusslängen von Rhein und Elbe verhalten sich wie 12 : 10. Die Elbe ist 1100 km lang. Wie lang ist der Rhein?

**35.** Ein Geselle verdient in $9\frac{1}{2}$ Stunden 114 €, ein anderer in 8 Stunden 80 €. Wie verhalten sich ihre Stundenlöhne zueinander?

**36.** Wie viel wiegt der in einem Zimmer von 4,5 m Länge, 3,5 m Breite und 4 m Höhe enthaltene Sauerstoff und der Stickstoff, wenn das Gewicht von 1 l Luft 1,3 g beträgt und das Massenverhältnis von Sauerstoff zu Stickstoff den Wert 24 : 76 hat?

**37.** Ein Behälter enthält 450 l Wasser und wird bei geöffnetem Hahn in 12 Minuten gefüllt. Wie viel Liter Wasser waren in dem Behälter nach 7 Minuten?

**38.** Bei 12 Arbeitsstücken fallen $3\frac{1}{3}$ kg Späne an. Wie viel kg Späne entstehen bei 100 Arbeitsstücken?

**39.** Ein Verkehrsflugzeug mit 420 km/h legt einen Weg in 55 min zurück. Wie viel Zeit braucht eine neuzeitliche Reisemaschine mit 850 km/h für diesen Weg?

**40.** Für 100 g Lot braucht man 90 g Zinn und 10 g Blei. Wie viel g Zinn und Blei sind in 4,5 kg Lot enthalten?

**41.** Silberlot 9 enthält 43% Kupfer, 48% Zink und 9% Silber. Wie viel kg von jedem Metall sind in 8,5 kg Lot enthalten? Stellen Sie die Anteile graphisch in Prozentsätzen der Kreisfläche dar.

**42.** Ein Architekt erhält für die Bauleitung $3\frac{1}{4}$% der Bausumme, die 264 215,– € beträgt. Wie hoch war sein Verdienst?

**43.** Der Neubau eines Schulgebäudes ist auf 6 356 000,– € veranschlagt. Nach Fertigstellung ergibt sich eine Überschreitung um 8%. Wie viel € hat die Herstellung der Schule in Wirklichkeit gekostet?

**44.** Die Drehzahlen zweier Riemenscheiben *A* und *B* verhalten sich wie 204 zu 286. Welches Verhältnis besteht zwischen den Durchmessern? Wie groß ist der Durchmesser von *A*, wenn der von *B* 240 mm beträgt?

**45.** Ein Elektromotor mit einer Drehzahl von 1400 1/min und einer Riemenscheibe von 120 mm Durchmesser treibt eine Bohrmaschine mit einer Riemenscheibe von 340 mm. Wie viel Umdrehungen macht der Bohrer?

**46.** Ein Elektromotor mit der Drehzahl 1440 1/min soll eine Schleifscheibe von 60 mm Durchmesser antreiben. Die Schleifscheibe soll laut Angabe auf dem Pappring eine Umfangsgeschwindigkeit von 30 m/s haben, ihre Riemenscheibe hat 40 mm Durchmesser. Welchen Durchmesser muss die Riemenscheibe des Motors erhalten?

**47.** Ein Elektromotor mit der Drehzahl 960 1/min hat ein Zahnrad mit 30 Zähnen. Über ein zweites Zahnrad mit 300 Zähnen treibt er eine Kurbelwelle an. Das Zahnrad auf der Kurbelwelle hat 48 Zähne. Wie hoch ist die Drehzahl der Kurbelwelle? Wie groß ist das Gesamtübersetzungsverhältnis?

**48.** Ein leichter Verbrennungsmotor hat folgenden Energieverbleib:

| | | | |
|---|---|---|---|
| Kühlwasserverluste | 30%, | Getriebeverluste | 4%, |
| Auspuffgasverluste | 34%, | Nutzleistung | 32%. |

a) Stellen Sie die Verluste graphisch dar (Sankey-Diagramm).
b) Der Motor hat 12 l Brennstoff verbraucht. Wie viel Liter waren für die einzelnen Verluste erforderlich?

**49.** Eine Eisenbahnlinie hat im Gebirge eine Steigung von 1 : 40. Wie viel Meter muss die Bahn zurücklegen, um 125 m zu steigen?

**50.** Eine Straße hat eine Steigung von 1 : 80. Um wie viel Meter ist ein Auto gestiegen, wenn es 2,4 km zurückgelegt hat?

**51.** Auf einer Zeichnung mit dem Maßstab 1 : 20 werden folgende Maße gemessen:

3,4 cm; 5,6 cm; 12 mm; 15,8 cm.

Wie groß sind die Maße in Wirklichkeit?

**52.** Ein Bauplatz ist 15,75 m × 16,80 m groß. Wie lang sind die entsprechenden Maße auf einer Zeichnung mit dem Maßstab 1 : 50?

**53.** Das Mischungsverhältnis von Kalk und Sand bei Kalkmörtel beträgt 1 : 3. Wie viel m³ Kalk braucht man für $7\frac{1}{3}$ m³ Sand? Wie viel m³ Mörtel entstehen, wenn 1 m³ Kalk und 3 m³ Sand 3,2 m³ Mörtel ergeben (Ausbeute gleich 3,2)?

**54.** Es werden 3250 l Zementmörtel 1 : 2 gebraucht.
a) Wie viel Liter Zement und Sand sind nötig? (Für 1 m³ sind 463 l Zement und 926 l Sand nötig.)
b) Wie viel kg Zement ergibt das, wenn die Dichte von Zement 1,5 kg/dm³ ist?
c) Um wie viel Prozent vermindert sich das Volumen?

**55.** Berechnen Sie die gleichen Werte für 785 l Zementmörtel 1 : 4. (Für 1 m³ werden 276 l Zement und 1100 l Sand benötigt.)

**56.** 1450 l Kalkmörtel 1 : 3 sollen in Kalkmörtel 1 : 2 umgewandelt werden. Wie viel Liter Kalk muss man beimischen?
1 m³ Kalkmörtel 1 : 3 erhält man aus 334 l Kalk und 1002 l Sand,
1 m³ Kalkmörtel 1 : 2 erhält man aus 442 l Kalk und 884 l Sand.

**57.** Es soll eine Rechtecksäule 30 cm × 45 cm × 250 cm aus Beton 1 : 8 (GT) hergestellt werden. Wie viel kg Zement und Kies sind nötig? (Für 1 m³ Beton werden 240 kg Zement und 1920 kg Kies benötigt.)

**58.** Berechnen Sie, wie viel kg Zement und Kies man für ein Fundament benötigt (Maße: Länge 2,3 m; Breite 0,8 m; Höhe 0,25 m), wenn es aus Beton 1 : 6 (GT) hergestellt wird. (Für 1 m³ Beton werden 300 kg Zement und 1810 kg Kies benötigt.)

**59.** Ein Maurer will aus 960 l gelöschtem Kalk Kalkmörtel 1 : 4 herstellen (Ausbeute 3,8).
a) Wie viel Liter Kalkmörtel können hergestellt werden?
b) Wie viel Sand muss man zugeben?

**60.** Ein Tauchsieder erzeugt bei einer Stromstärke von $I_1 = 2$ A eine Wärmewirkung $Q_1 = 3433$ J. Berechnen Sie die Wärmemenge $Q_2$, die ein Tauchsieder bei einer Stromstärke $I_2 = 4{,}5$ A erzeugt. (Bei gleichem Widerstand ist die in einem Leiter erzeugte Wärmemenge dem Quadrat der Stromstärke verhältnisgleich: $Q_1 : Q_2 = I_1^2 : I_2^2$.)

**61.** Ein Tauchsieder hat einen Widerstand $R_1 = 110\,\Omega$ und erzeugt eine Wärmemenge $Q_1 = 3433$ J. Wie groß wäre die erzeugte Wärmemenge $Q_2$ bei gleich bleibender Stromstärke und einem Widerstand $R_2 = 50\,\Omega$? (Bei gleich bleibender Stromstärke ist die in einem Leiter erzeugte Wärmemenge dem Widerstand direkt proportional: $Q_1 : Q_2 = R_1 : R_2$.)

**62.** Eine elektrische Leitung hat einen Widerstand $R_1 = 0{,}64\,\Omega$ bei einem Querschnitt $A_1 = 10\,\text{mm}^2$. Wie stark muss man ihren Querschnitt wählen, wenn verlangt wird, dass der Leitungswiderstand auf $R_2 = 0{,}16\,\Omega$ sinkt? (Der elektrische Widerstand eines Stoffes ist umgekehrt proportional mit dem Querschnitt: $R_1 : R_2 = A_2 : A_1$.)

**63.** Ein galvanisches Element hat eine elektromotorische Kraft $E = 2$ V und einen inneren Widerstand $R_i = 5\,\Omega$. Wie groß ist der äußere Widerstand $R_a$, wenn die Klemmenspannung $U = 1{,}5$ V beträgt? [Die Klemmenspannung $U$ eines Elementes verhält sich zur elektromotorischen Kraft $E$ wie der äußere Widerstand $R_a$ zu der Summe des äußeren und inneren Widerstandes: $R_a + R_i$; $U : E = R_a : (R_a + R_i)$.]

**64.** Ein mathematisches Pendel von 81 cm Länge braucht für eine Schwingung 2 Sekunden. Wie lang muss das Pendel werden, wenn die Schwingungszeit 1 Sekunde betragen soll? (Die Schwingungszeiten zweier Pendel verhalten sich wie die Wurzeln aus den Pendellängen: $T_1 : T_2 = \sqrt{l_1} : \sqrt{l_2}$.)

**65.** Bei einem Staudamm beträgt die Ausflussgeschwindigkeit des Wassers 12,5 m/s bei einer Druckhöhe von 8,20 m. Wie hoch wird die Ausflussgeschwindigkeit sein, wenn der Wasserspiegel auf 25 m steigt? (Die Ausflussgeschwindigkeiten verhalten sich wie die Quadratwurzeln aus den Druckhöhen: $v_1 : v_2 = \sqrt{h_1} : \sqrt{h_2}$.)

**66.** Die Rauminhalte $V_1$ und $V_2$ in m³ eines Gases verhalten sich bei gleichen Temperaturen umgekehrt wie die Drücke $p_1$ und $p_2$ in N/cm². Ein Gasbehälter enthält 270 m³ Gas unter einem Druck von 15 N/cm². Wie hoch wäre der Gasdruck, wenn sich die gleiche Gasmenge in einem Behälter von 305 m³ befände?

**67.** Die Durchflussmengen $Q_1$ und $Q_2$ in m³ durch ein Rohr verhalten sich wie die Geschwindigkeiten $v_1$ und $v_2$ in m/s der strömenden Flüssigkeit. Durch ein Rohr fließen $Q_1 = 2{,}5$ m³ pro Minute. Wird die Durchflussgeschwindigkeit um 1,2 m/s erhöht, so wird die Durchflussmenge um 1,6 m³ größer. Wie hoch war die ursprüngliche Durchflussgeschwindigkeit $v_1$?

**68.** Die Gewichtskraft eines Körpers ist von seiner Entfernung vom Erdmittelpunkt abhängig. Die Gewichtskräfte stehen im umgekehrten Verhältnis der Quadrate dieser Entfernung. Wie schwer würde ein Mensch in Mondentfernung sein ($\approx 348\,000$ km), wenn er auf die Erde die Gewichtskraft 750 N hat ($\approx 6370$ km vom Erdmittelpunkt)?

**69.** Auf dem Meer bilden der Radius ($r$) des sichtbaren Horizontes und die Beobachtungshöhe ($h$) folgendes Verhältnis: $r_1 : r_2 = \sqrt{h_1} : \sqrt{h_2}$. Wie groß ist der Radius des sichtbaren Horizontes bei 10 m Höhe, wenn er bei 2,25 m Höhe 30 km beträgt?

## Übungen zu 2.3.7

### Textaufgaben, die auf Gleichungen in $\mathbb{R}$ ohne Klammern führen

**1.** Zu welcher Zahl muss man 2,7 addieren, um 16,4 zu erhalten?

**2.** Addiert man zu einer Zahl 15, so erhält man 24. Wie heißt die Zahl?

**3.** Zu welcher Zahl muss man $1\frac{3}{4}$ addieren, um $3\frac{2}{3}$ zu erhalten?

**4.** Von welcher Zahl muss man 17 subtrahieren, um 29 zu erhalten?

**5.** Von welcher Zahl muss man 1,3 subtrahieren, um $-2{,}9$ zu erhalten?

**6.** Von welcher Zahl muss man $2\frac{1}{5}$ subtrahieren, um $3\frac{1}{3}$ zu erhalten?

**7.** Wenn man zur Höhe eines Turmes 17,2 m addiert, so erhält man 95,4 m. Wie hoch ist der Turm?

**8.** Subtrahiert man von der Länge einer Straße 14,75 km, so erhält man 135,71 km. Wie lang ist die Straße?

**9.** Subtrahiert man vom Gewicht einer Kiste $11\frac{1}{5}$ kg, so erhält man 1,5 kg. Wie viel kg wiegt die Kiste?

**10.** Multipliziert man eine Zahl mit 12 und subtrahiert davon 24, so erhält man 108. Wie heißt die Zahl?

**11.** Wenn man eine Zahl mit 6 multipliziert und zum Ergebnis 14 addiert, so erhält man 200. Wie heißt die Zahl?

**12.** Das $3\frac{1}{2}$fache einer Zahl, vermehrt um $9\frac{1}{5}$, ergibt 30,2. Wie heißt die Zahl?

**13.** Teilt man eine Zahl durch 13 und addiert zum Quotienten 9,2, so erhält man 11,7. Wie heißt die Zahl?

**14.** Teilt man das Gewicht eines Kraftwagens durch 30 und subtrahiert vom Quotienten 12 kg, so erhält man 20 kg. Wie viel kg wiegt der Kraftwagen?

**15.** Teilt man eine Anzahl Äpfel durch 12 und addiert zum Quotienten 19,5, so erhält man 23. Wie viel Äpfel sind vorhanden?

**16.** Multipliziert man den fünften Teil einer Zahl mit 4, so erhält man 28. Wie heißt die Zahl?

**17.** Multipliziert man die halbe Höhe eines Baumes mit 12, so erhält man 162 m. Wie hoch ist der Baum?

**18.** Multipliziert man den vierten Teil einer Menge Nägel mit 2,5, so erhält man 160. Wie viel Nägel sind vorhanden?

**19.** Multipliziert man den fünften Teil einer Zahl mit 9 und subtrahiert 8, so erhält man 100. Wie heißt die Zahl?

**20.** Multipliziert man den siebten Teil einer Zahl mit 5 und addiert 45, so erhält man 150. Wie heißt die Zahl?

**21.** Multipliziert man die Hälfte einer Zahl mit 4 und subtrahiert 20, so erhält man 50. Wie groß ist die Zahl?

**22.** Addiert man zum Fünffachen einer Zahl $\frac{5}{6}$, so erhält man das Dreifache der Zahl, vermehrt um $2\frac{1}{6}$. Wie heißt die Zahl?

**23.** Vermindert man die neunfache Besucherzahl eines Kinos um 492, so erhält man die siebenfache Besucherzahl, vermehrt um 84. Wie viel Kinobesucher sind vorhanden?

**24.** Dividiert man 817,8 durch eine bestimmte Zahl und addiert zum Bruch 13, so erhält man 100. Wie heißt die Zahl?

**25.** Der wievielte Teil von 2730 km, vermindert um 25 km, ergibt 45 km?

**26.** Berechnen Sie die Größe für die Variable $x$ von nachfolgenden Figuren:

a)

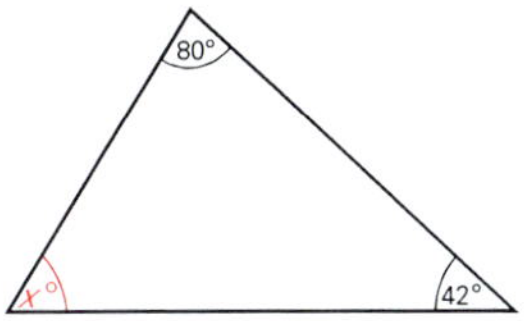


b)

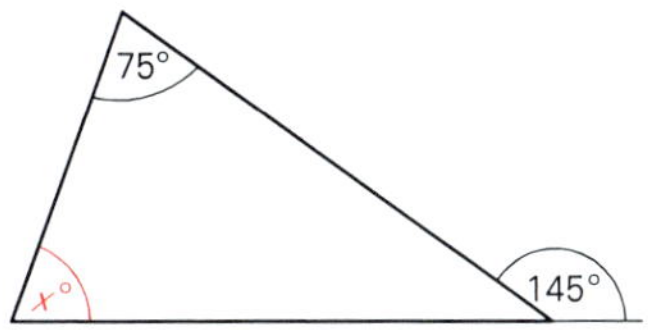


c)

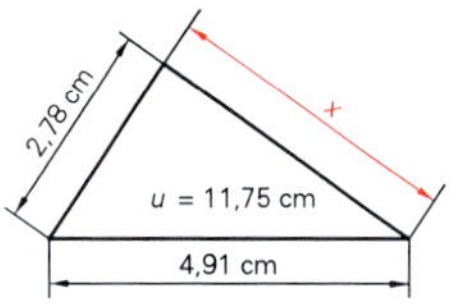


d)

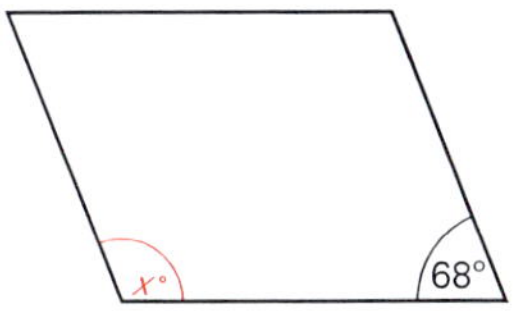


e)

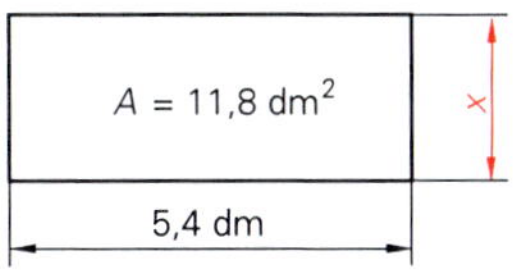


f)

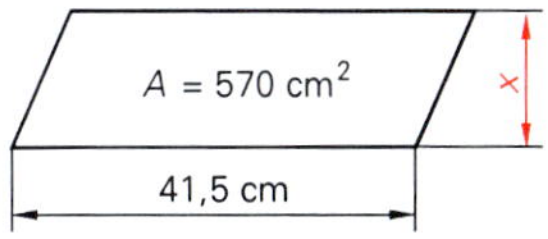


g) $x$: Umfang

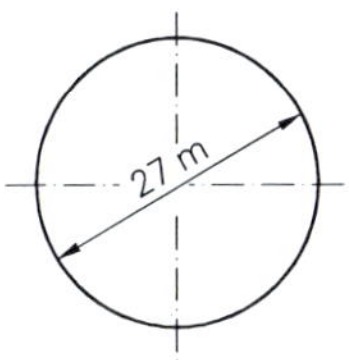


h)

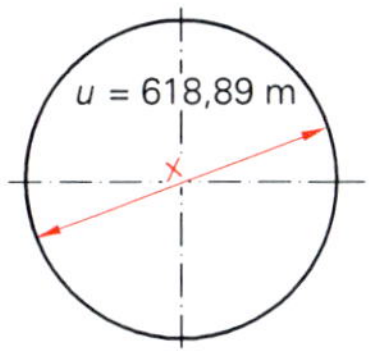


i)

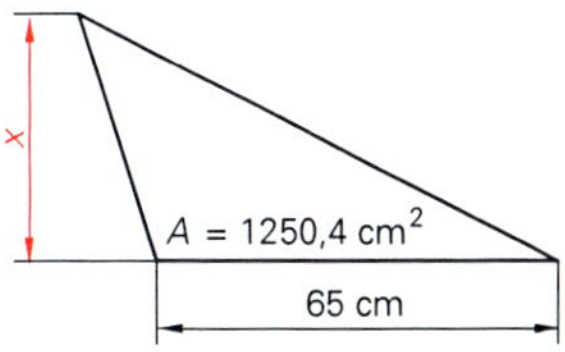


j)

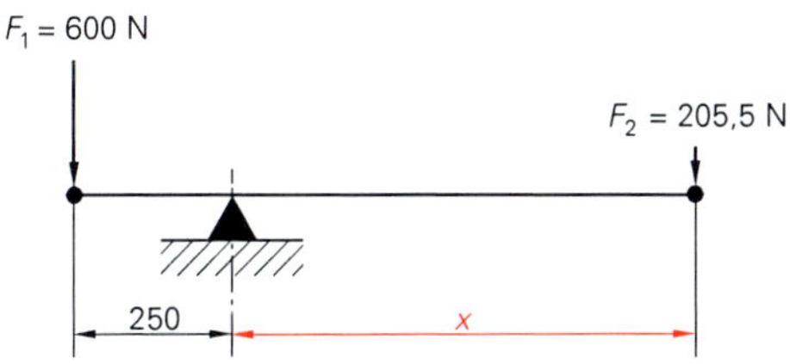


k)

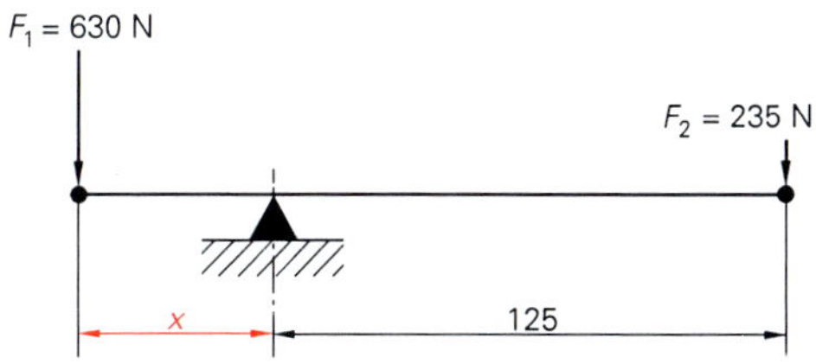


l)

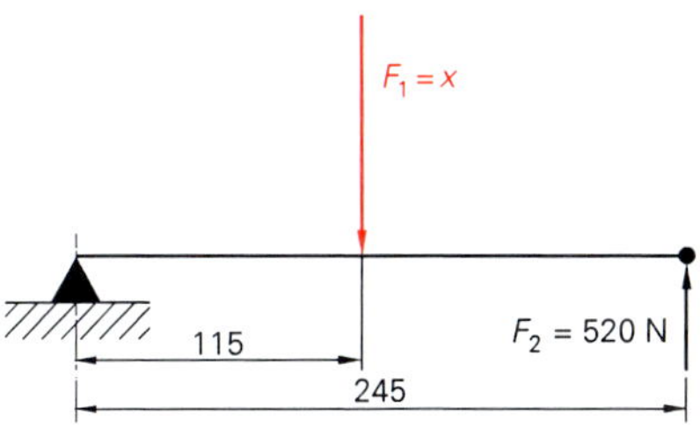


m)

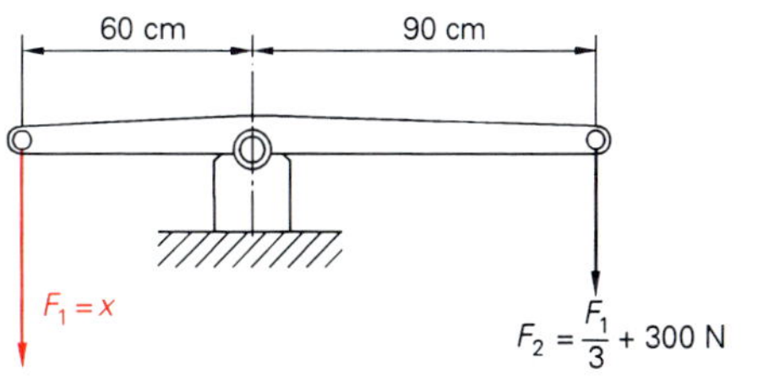

n)

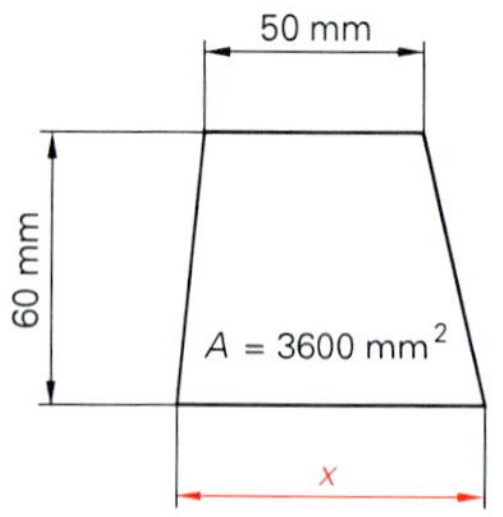


o)

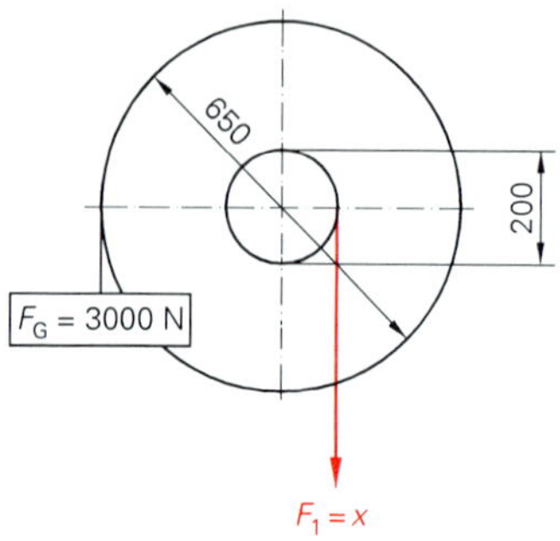


**27.** Drei Arbeiter ($A$, $B$, $C$) haben zusammen in zwei Tagen 270 € verdient, $B$ das Doppelte von $A$ und $C$ 30 € weniger als $B$. Wie viel € verdiente jeder?

**28.** Eine Straße ist 984 m lang. Sie besteht aus einer Steigung, einer ebenen Wegstrecke und einer Brücke. Die ebene Wegstrecke ist 5-mal und die Steigung 14,5-mal so lang wie die Brücke. Wie lang ist die Brücke?

**29.** Ein Meister kauft 15 kg Nägel und 1 kg Schrauben. 1 kg Schrauben kostet $2\frac{1}{2}$-mal so viel wie 1 kg Nägel. Im Ganzen zahlt er 87,50 €. Was kostet 1 kg einer jeden Sorte?

**30.** Zwei Arbeiter ($A$ und $B$) fahren täglich von $P$ aus mit dem Kraftwagen den gleichen Weg zur Arbeit nach $Q$. $A$ legt in der Stunde durchschnittlich 54 km $\left(\text{oder } 0{,}9\,\frac{\text{km}}{\text{min}}\right)$, $B$ legt 72 km $\left(\text{oder } 1{,}2\,\frac{\text{km}}{\text{min}}\right)$ zurück. Nach wie viel Minuten konnte $B$ den Arbeiter $A$ einholen, wenn dieser 7 Minuten früher losgefahren ist als $B$?

**31.** Ein Brückenpfeiler ist 24 m lang und wird in einen Fluss gestellt. Das Stück des Pfeilers, das im Erdboden versenkt ist, ist doppelt so lang und das Stück, das aus dem Wasser herausragt, ist fünfmal so lang wie das Stück, das sich im Wasser befindet. Wie tief ist der Fluss?

**32.** Zwei Kraftwagen ($A$ und $B$) fahren von Köln und Stuttgart (357 km) gleichzeitig einander entgegen. $A$ legt in der Stunde durchschnittlich 115 km zurück, $B$ 95 km. Nach wie viel Stunden Fahrt begegnen sie einander? Wie weit sind sie dann von Köln entfernt?

**33.** Zwei Kraftwagen ($A$ und $B$) fahren von München ($M$) und Mannheim ($N$) (360 km) gleichzeitig einander entgegen. $A$ legt in der Stunde durchschnittlich 120 km zurück, $B$ 105 km. Nach wie viel Stunden Fahrt begegnen sie einander? Wie weit sind sie dann von München entfernt?

**34.** Ein Dreieck hat einen Umfang von 43 cm. Die Seite $b$ ist 2 cm länger als die Seite $a$ und Seite $c$ ist 6 cm länger als die Seite $b$. Wie lang ist jede Seite?

**35.** Eine Hausfrau kauft 1 kg Kartoffeln, 1 kg Äpfel und 1 kg Bohnen. Die Äpfel kosten achtmal und die Bohnen $3\frac{1}{2}$-mal so viel wie die Kartoffeln. Im Ganzen zahlt sie 5 €. Wie viel € kostet jede Sorte?

**36.** Ein Schiff $A$ verlässt den Hafen mit einer gleich bleibenden Geschwindigkeit von 32 km/h. $4\frac{1}{2}$ Stunden später fährt ein anderes Schiff $B$ auf dem gleichen Kurs mit einer gleich bleibenden Geschwindigkeit von 35 km/h hinterher. Nach wie viel Stunden konnte Schiff $B$ das erste Schiff $A$ einholen? Wie viel km sind beide Schiffe dann vom Hafen entfernt?

**37.** Zwei Brüder ($A$ und $B$) fahren täglich mit dem Fahrrad zur Arbeit. $A$ legt in der Stunde durchschnittlich 18 km ($=0{,}3$ km/min), $B$ 15 km ($=0{,}25$ km/min) zurück. Sie erreichen gleichzeitig dieselbe Arbeitsstelle. Wie viel Minuten braucht $A$ für die Fahrt, wenn $B$ 10 Minuten früher losfährt? Wie weit ist die Arbeitsstelle entfernt?

## Textaufgaben, die auf Gleichungen in $\mathbb{R}$ mit Klammern führen

**1.** Subtrahiert man vom Dreifachen einer Zahl 11 und multipliziert die Differenz mit 2, so erhält man das Neunfache der Zahl, vermindert um 33. Wie heißt die Zahl?

**2.** Addiert man zum dritten Teil einer Zahl 9 und multipliziert die Summe mit 6, so erhält man das Fünffache der Zahl, vermehrt um 45. Wie heißt die Zahl?

**3.** Subtrahiert man vom Sechsfachen einer Zahl 9 und multipliziert die Differenz mit $1\frac{2}{3}$, so erhält man das Doppelte der Zahl, vermehrt um 6 und die Summe multipliziert mit $6\frac{1}{2}$. Wie heißt die Zahl?

**4.** Das 13fache einer Zahl, vermindert um das Achtfache der um 1 verkleinerten Zahl, ergibt 23. Wie heißt die Zahl?

**5.** Addiert man zur Hälfte einer Zahl das Fünffache der um 3 verkleinerten Zahl, so erhält man das Sechsfache der Zahl, vermindert um 10. Wie heißt die Zahl?

**6.** In einem Rechteck hat die Seite *a* eine Länge von 7 cm. Verkürzt man *a* um 2 cm und verlängert *b* um 2 cm, so ist das neue Rechteck um 2 $cm^2$ kleiner. Wie lang ist die Seite *b* vom ersten Rechteck?

**7.** In einem Dreieck ist die Grundseite 5 cm und die Höhe 8 cm lang. Um wie viel cm muss man die Grundseite *c* verlängern, wenn man die Höhe um 2 cm verkürzt, damit der Flächeninhalt um 4 $cm^2$ größer wird?

**8.** Von einem Trapez sind bekannt: $A = 84\,cm^2$; $a = 14\,cm$; $h = 8\,cm$. Wie lang ist die andere parallele Seite *c*?

**9.** Wie lang sind die Hebelarme *a* und *b*?

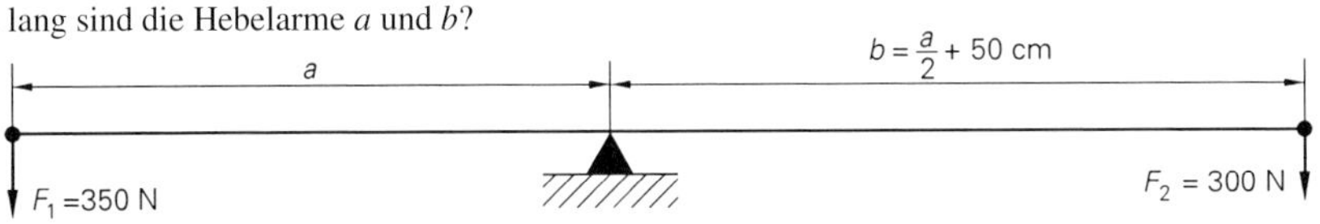


**10.** Zwei Arbeiter *A* und *B* sollen eine 1000 N schwere Last mit einer 3,2 m langen Stange transportieren. In welcher Entfernung von *B* muss die Last an der Stange befestigt werden, wenn auf *B* nur 300 N drücken sollen?

**11.** Eine Mutter von 42 Jahren hat eine 12-jährige Tochter. In wie viel Jahren ist die Mutter dreimal so alt wie ihre Tochter?

**12.** Zwei Kraftwagen fahren einander entgegen. Der erste fährt um 9 Uhr vom Ort *A* ab und legt durchschnittlich 67,5 km/h zurück. Der zweite fährt 2 Stunden später vom Ort *B* ab und legt durchschnittlich 90 km/h zurück. Wann und in welcher Entfernung vom Ort *B* werden sie sich treffen? Die Orte *A* und *B* sind 450 km voneinander entfernt.

**13.** Ein Wasserbehälter fasst 30 l Wasser. Er ist innen 30 cm breit und 50 cm lang. Jemand hat eine unbekannte Menge Wasser hineingegossen. Der Abstand des Wasserspiegels vom Boden ist 10 cm größer als von der Oberkante. Wie viel l Wasser enthält der Behälter?

**14.** Ein großer Fisch von 54 kg wird in 3 Teile zerlegt. Das Kopfende wiegt 10 kg, der Rumpf zweimal so viel wie Kopf- und Schwanzende zusammen. Welches Gewicht hat jeder Teil?

**15.** Der Kohlenvorrat für eine Anzahl Heizwerke reicht 5 Wochen. Werden 3 Heizwerke außer Dienst gestellt, so reichen die Kohlen für 7,5 Wochen. Wie viel Heizwerke sind vorhanden?

**16.** Das 14fache einer Zahl, vermehrt um das 10fache der um 2 vergrößerten Zahl, ist gleich dem 20fachen der um 3 vergrößerten Zahl, vermindert um 8. Wie groß ist die Zahl?

**17.** Von welcher Zahl ist das 21fache um 27 größer als das 9fache der um 17 vergrößerten Zahl?

**18.** Von zwei Brüdern ist der eine 21, der andere 17 Jahre alt. Vor wie viel Jahren war der ältere Bruder dreimal so alt wie der jüngere?

**19.** Ein Bauer musste wegen Futtermangels 38 Kühe verkaufen, weil sonst der Futtervorrat statt für 8 Wochen nur für 6 Wochen gereicht hätte. Wie viel Kühe besaß er?

**20.** Ein Zimmer hat bei unbekannter Breite eine Länge von 10 m. Würde man Länge und Breite um 1 m verkürzen, so wäre der Flächeninhalt 15 $m^2$ geringer. Wie breit ist das Zimmer?

**21.** Ein Schiff *A* verlässt einen Hafen in Japan mit einer Durchschnittsgeschwindigkeit von 40 km/h, um einen Hafen in Südamerika, in 8900 km Entfernung, anzulaufen. Von diesem Hafen fährt einen Tag und 6 Stunden später ein Schiff *B* auf der gleichen Route nach Japan mit einer Durchschnittsgeschwindigkeit von 50 km/h. Nach wie viel Tagen und Stunden nach Abfahrt von *A* sind die Schiffe noch 500 km voneinander entfernt?

**22.** Der Umfang eines gleichschenkligen Dreiecks beträgt 40 cm. Ein Schenkel ist 5 cm länger als die Grundseite. Wie lang sind Schenkel und Grundseite?

**23.** Am Ende einer 2,1 m langen Stange hängt ein Seil mit einer Last von 1200 N. Wie weit vom Stangenende muss man den Drehpunkt wählen, wenn die Last mit einer Kraft von 200 N, die auf das andere Ende der Stange drückt, gehoben werden soll? Die Gewichte von Stange und Seil werden nicht berücksichtigt.

**24.** Jemand hat für seinen Urlaub von bestimmter Dauer eine bestimmte Summe Geldes gespart. Gibt er täglich 12 € aus, so reicht er mit dem Geld 9 Tage länger als vorgesehen; gibt er aber täglich 17 € aus, so muss er seinen Urlaub um einen Tag abkürzen. Wie lange sollte seine Urlaubsreise dauern und wie viel Geld hatte er gespart?

## Textaufgaben, die auf Gleichungen in $\mathbb{R}$ mit Brüchen führen; gemischte Aufgaben

**1.** Addiert man zum Siebenfachen einer Zahl 3 und dividiert die Summe durch 5, so erhält man das Fünffache der Zahl, vermehrt um 24 und dividiert durch 10. Wie heißt die Zahl?

**2.** Ein Bruch ist gleich $\frac{17}{18}$. Welche Zahl muss man vom Zähler subtrahieren und zum Nenner addieren, damit sein Wert $\frac{2}{3}$ wird?

**3.** Das um 13 verkleinerte Neunfache einer Zahl, dividiert durch das um 13 vergrößerte Elffache derselben Zahl ergibt den Quotienten $\frac{5}{9}$. Wie heißt die Zahl?

**4.** Der Zähler eines Bruches ist um 8 größer als der Nenner. Vermehrt man beide um 4, so entsteht ein Bruch vom Wert $\frac{7}{5}$. Wie groß ist der Nenner des ursprünglichen Bruches?

**5.** Addiert man zu einer Zahl 7, dividiert die Summe durch 3 und addiert zum Quotienten 1, so erhält man dasselbe, wie wenn man zu der Zahl 31 addiert, die Summe durch 6 dividiert und vom Quotienten 1 subtrahiert. Wie heißt die Zahl?

**6.** Addiert man zu einer Zahl 3 und dividiert die Zahl 15 durch die Summe, so erhält man ebenso viel, wie wenn man von der Ausgangszahl 3 subtrahiert und die Zahl 6 durch diese Differenz dividiert. Wie heißt die Zahl?

**7.** Dividiert man 40 durch eine natürliche Zahl und 12 durch die dieser natürlichen Zahl vorhergehenden Zahl, so erhält man zwei Quotienten (Brüche), deren Differenz gleich 72, dividiert durch das Produkt der Zahlen, ist. Wie heißt die erste Zahl?

**8.** Addiert man zu einer Zahl 3, dividiert die Summe durch 4 und subtrahiert von diesem Bruch den 3. Teil der um 29 verkleinerten Zahl, so erhält man das Doppelte der Ausgangszahl. Wie heißt die Zahl?

**9.** Zu welchem Zinsfuß sind zwei Kapitalien von 28 000 € und 23 800 €, die gleiche Zinsen brachten, ausgeliehen, wenn das erste $\frac{3}{4}$% weniger einbringt als das zweite?

**10.** Ein Kaufmann verkauft einen Posten Ware für 1012,50 €. Wie hoch war der Einkaufspreis, wenn er die Ware mit 35% Aufschlag verkaufte?

**11.** Der Verkaufspreis einer Maschine betrug ursprünglich 11 500 €. Da sie nicht verkauft werden konnte, beauftragte der Händler einen Handelsvertreter mit dem Verkauf. Dadurch erhöhte sich der ursprüngliche Preis um die Provision des Vertreters, die 8% des neuen Verkaufspreises betrug. Wie hoch ist der Verkaufspreis?

**12.** Die jährlichen Zinsen zweier Kapitalien von 7000 € und 15 000 € betragen zusammen 1170 €. Zu wie viel Prozent ist das erste ausgeliehen, wenn das zweite Kapital 1% niedriger verzinst wird als das erste?

**13.** Ein Händler will Leinen kaufen. Würde er 60 lfd. m kaufen wollen, so fehlten ihm 140,– €, würde er 35 lfd. m kaufen, so hätte er 22,50 € übrig. Wie viel kostet der lfd. m Leinen? Wie viel Geld hat der Mann zur Verfügung?

**14.** Jemand zahlt für eine bestimmte Schuldsumme, die in 6 Monaten fällig ist, sogleich bar 1200 €, weil ihm $\frac{2}{3}$% Diskont (Nachlass) monatlich gewährt werden. Wie viel war er schuldig?

**15.** Zwei Kapitalien von 8000 € und 15 000 € bringen jährlich zusammen 1300 € Zinsen. Zu wie viel Prozent ist das erste Kapital ausgeliehen, wenn das zweite Kapital 1% höher verzinst wird als das erste?

**16.** Zwei Kapitalien von 5410 € und 1350 € bringen zusammen jährlich 290,65 € Zinsen. Das zweite Kapital ist um $1\frac{1}{2}$% höher verzinst als das erste. Mit wie viel Prozent wird das zweite Kapital verzinst?

**17.** Ein Kaufmann verkauft zwei Stücke Stoff. Verkauft er vom größeren 13 m, so sind beide Stücke gleich lang; verkauft er vom kürzeren 13 m, so ist dessen Rest gleich dem dritten Teil beider Stücke. Wie lang sind die Stücke?

**18.** Ein Mann will Schrauben kaufen. Würde er 45 Schrauben kaufen wollen, so würden ihm 0,75 € fehlen. Würde er 35 Schrauben kaufen, hätte er noch 0,25 € übrig. Was kostet eine Schraube? Wie viel Euro hat der Mann?

**19.** Ein Auto fährt am ersten Tag den 5. Teil seines ganzen Weges und noch 300 km, am zweiten Tag den 4. Teil des ganzen Weges und noch 250 km, doch an beiden Tagen gleich viel Kilometer. Wie viel km betrug der Weg?

**20.** Ein Apotheker will aus 5 l mit 90%igem Alkohol und 10 l mit 45%igem Alkohol durch Hinzufügen von Wasser 42%igen Alkohol herstellen. Wie viel Liter Wasser muss er zusetzen?

**21.** Ein Drogist hat 1,5 l mit 20%igem Eierlikör. Wie viel $cm^3$ mit 96%igem Alkohol muss er hinzufügen, damit der Eierlikör 35%ig wird?

**22.** Um Silberlot herzustellen, werden 3,5 kg Zink ($\varrho = 7{,}1\,kg/dm^3$), 4 kg Kupfer ($\varrho = 8{,}9\,kg/dm^3$) und 2,5 kg Silber ($\varrho = 10{,}5\,kg/dm^3$) zusammengeschmolzen. Welche Dichte hat die Legierung?

**23.** 7 kg Messing ($\varrho = 8{,}3\,kg/dm^3$) enthalten 5 kg Kupfer. Welche Dichte hat der zweite Legierungsbestandteil Zink? Die Dichte von Kupfer beträgt 8,9 $km/dm^3$.

**24.** Eine Salzlösung wiegt 200 Gramm und ist 30%ig. Wie viel Gramm Wasser müssen zugegossen werden, damit die Salzlösung 17%ig wird?

**25.** Wie viel Gramm Silber ($\varrho = 10{,}5\,kg/dm^3$) muss man mit 35 g Gold ($\varrho = 19{,}3\,kg/dm^3$) zusammenschmelzen, um eine Legierung mit der Dichte 16 $kg/d^3$ zu erhalten?

**26.** Mischt man 12 $dm^3$ Wasser mit 15 $dm^3$ Alkohol, so ist die Mischung 32%ig. Wievielprozentig war der benutzte Alkohol?

**27.** Wievielprozentig ist die Mischung, wenn man 15 $dm^3$ mit 62%igem Alkohol mit 8,5 $dm^3$ mit 38%igem Alkohol mischt?

**28.** Es sind 80%ige und 43%ige Schwefelsäuren vorhanden. Es werden 4,5 $dm^3$ von 50%iger Schwefelsäure benötigt. Wie viel $dm^3$ von jeder Sorte muss man nehmen?

**29.** Der Inhalt zweier Korbflaschen, die 25 l mit 85%igem bzw. 24 l mit 65%igem Alkohol enthalten, wird zusammengegossen. Wie viel Liter Wasser muss man hinzufügen, damit 61%iger Alkohol entsteht?

**30.** Für eine Glocke braucht man 300 kg Kupfer ($\varrho = 8{,}9\,kg/dm^3$) und 110 kg Zinn ($\varrho = 7{,}3\,kg/dm^3$). Welche Dichte hat die Legierung?

**31.** Ein Mann trinkt an einer Korbflasche Mineralbrunnen 21 Tage. Trinkt seine Frau auch davon, so reicht der Mineralbrunnen für 14 Tage. Wie lange bräuchte die Frau, um den Mineralbrunnen allein zu trinken?

**32.** Eine Zeitung hat für den Druck ihrer Auflage zwei Druckpressen zur Verfügung. Die große Presse schafft die Arbeit in 4 Stunden. Beide Pressen schaffen die Arbeit in $2\frac{2}{5}$ Stunden. Wie viel Stunden braucht die kleine Presse?

**33.** Eine Arbeit wird vom Arbeiter $A$ in 7 Tagen 4 Stunden, von den Arbeitern $A$ und $B$ in 3 Tagen ausgeführt. Wie viel Tage braucht $B$ allein? (1 Arbeitstag $\widehat{=}$ 8 Stunden)?

**34.** Ein Behälter fasst 860 l und kann durch drei Zuflussrohre $A$, $B$ und $C$ gefüllt werden. $A$ schafft in 2 min 17,2 Liter, $B$ in 3 min 12,9 Liter und $C$ in 14 min 43 Liter. In wie viel Minuten wird der Behälter gefüllt, wenn alle drei Rohre zugleich füllen?

**35.** Hubert braucht für eine Arbeit 9 Tage. Nachdem er 4 Tage gearbeitet hat, hilft ihm Rudi, und beide beenden den Rest der Arbeit in 2 Tagen. Wie viel Tage würde Rudi allein für die ganze Arbeit benötigen?

**36.** Ein Wasserbehälter hat zwei Zuflussrohre ($A$, $B$) und ein Abflussrohr ($C$). $A$ allein füllte den Behälter in 80 min, $B$ allein in 90 min. Durch $C$ kann der Behälter in 60 min geleert werden. In welcher Zeit ist der Behälter gefüllt, wenn alle drei Rohre zu gleicher Zeit in Tätigkeit sind?

**37.** Eine Arbeit wird von 4 Arbeitern ($A$, $B$, $C$, $D$) ausgeführt. $A$ allein braucht 8 Tage, $B$ allein 9 Tage, $C$ allein 10 Tage, $D$ allein 11 Tage. In welcher Zeit (Stunden) ist die Arbeit fertig, wenn alle zugleich arbeiten (1 Tag $\hat{=}$ 8 Stunden)?

**38.** Dieter benötigt für eine bestimmte Arbeit 9 Tage. Nachdem er schon 2 Tage gearbeitet hat, hilft ihm Peter, und sie beenden die Arbeit in 4 Tagen. Wie lange würde Peter allein für die ganze Arbeit brauchen?

**39.** Eine Badewanne kann durch den aufgedrehten Wasserhahn einer Leitung in 4 Minuten halb gefüllt werden. Die Entleerung der gleichen Wassermenge dauert 6 Minuten. Jemand lässt Wasser hinein und vergisst, den Abfluss zu schließen. Nach wie viel Minuten läuft die Wanne über?

## Technische Aufgaben, die auf lineare Gleichungen führen

## Gleichungen nach Sachgebieten geordnet

### a) Physik

**1.** Ein einarmiger Hebel ist 90 mm lang und wird als Sicherheitsventil verwendet. Die Verschlussklappe befindet sich 15 mm vom Drehpunkt entfernt. Wie schwer muss das Gegengewicht am Ende des Hebels sein, wenn eine Dampfkraft von 60 N die Verschlussklappe öffnen soll?

**2.** Welche Kraft muss an der Kurbel (60 cm lang) einer Winde wirken, wenn man eine Last von 1500 N heben will? Der Durchmesser der Trommel beträgt 40 cm.

**3.** Ein Gewicht aus Stahl ($\gamma = 78\,\mathrm{N/dm^3}$) hat eine Gewichtskraft von 150 N. Welche Gewichtskraft hat es im Wasser?

**4.** Wie viel Kubikmeter Leuchtgas sind erforderlich, um die leere Hülle eines Ballons ($F_G = 300\,\mathrm{N}$) und $Q_G = 2000\,\mathrm{N}$ Nutzlast zu heben? 1 l Luft: $F_G = 0{,}013\,\mathrm{N}$, 1 l Leuchtgas: $F_G = 0{,}006\,\mathrm{N}$.

**5.** Wie viel Liter Sauerstoff kann man in einer Stahlflasche von 40 l Inhalt bei 1177 $\mathrm{N/cm^2}$ Überdruck komprimieren?

**6.** Welche Kraft ist notwendig, um auf einer ebenen Straße einen Wagen von 6000 N und 10 kN Ladung fortzubewegen, wenn der Reibungskoeffizient 0,08 beträgt?

**7.** Wie lang ist der Weg, den ein frei fallender Stein in 3 Sekunden durchfällt (ohne Luftwiderstand)?

**8.** Von einem Turm braucht ein Stein 4 Sekunden bis zum Erdboden. Wie hoch ist der Turm? Wie groß ist die Aufprallgeschwindigkeit in m/s?

**9.** Ein Stein wird mit einer Geschwindigkeit von 40 m/s lotrecht in die Höhe geworfen. Wie hoch fliegt er und nach wie viel Sekunden erreicht er seine größte Höhe?

**10.** Ein Brunnen mit $\frac{1}{2}\,\mathrm{m^2}$ Bodenfläche ist 4,3 m hoch mit Wasser gefüllt. Wie groß ist der Wasserdruck auf den Boden?

**11.** Wie weit ist ein Gewitter entfernt, wenn zwischen Blitz und Donner 20 Sekunden vergehen?

**12.** Bei einer Außentemperatur von 291 K werden 14 m lange Eisenbahnschienen verlegt (Ausdehnungskoeffizient = 0,000012). Wie groß muss der Spalt sein, wenn im Sommer die Temperatur bis auf 343 K steigen kann?

**13.** Man gießt 12 kg Wasser von 291 K mit 6 kg Wasser von 349 K zusammen. Welche Temperatur hat das Gemisch?

**14.** Wie viel Kilogramm Schnee von 273 K muss man in 8 kg Wasser von 338 K schmelzen, wenn die Mischung eine Temperatur von 281 K haben soll? (Um 1 kg Schnee zu schmelzen, sind 335 kJ notwendig.)

### b) Maschinenbau

**15.** Wie tief ist der Schacht eines Bergwerkes, wenn der Förderkorb bei 6 m/s Geschwindigkeit zur Fahrt 1 min und 12 s braucht?

**16.** Eine Kurbelwelle macht 4800 Umdrehungen pro Minute (gemessen in 1/min). Die Hubhöhe des Kolbens beträgt 60 mm. Wie groß ist die mittlere Kolbengeschwindigkeit in m/s?

**17.** Von einer Welle aus Stahl mit 400 mm Länge und 50 mm ∅ soll ein Span abgedreht werden. Die Drehzahl der Welle beträgt 480 1/min, der Vorschub 0,2 mm/Umdr. Wie lange dauert die Arbeit?

**18.** Ein Schwungrad von 450 mm ∅ und 52 mm Breite ist am Umfang abzudrehen. Die Schnittgeschwindigkeit beträgt 12 m/min, der Vorschub 0,6 mm/Umdr.
a) Wie hoch muss die Drehzahl der Drehmaschine sein?
b) Wie lange dauert die Arbeit?

**19.** Mit einem Bohrer von 20 mm ∅ ist ein 75 mm tiefes Loch zu bohren. Die Anschnittlänge beträgt $\frac{1}{3}$ vom Bohrer-∅, die Schnittgeschwindigkeit 9,6 m/min und der Vorschub 0,2 mm/Umdr.
a) Wie hoch ist die Drehzahl des Bohrers?
b) Wie lange dauert die Arbeit?

**20.** Ein Rohr hat einen ∅ von 12 cm. Wie viel Liter/s ($m^3/h$) Wasser können abgezapft werden, wenn das Wasser eine Geschwindigkeit von 3 m/s hat?

**21.** Welche Wassermenge liefert eine doppelt wirkende Kolbenpumpe vom Wirkungsgrad $\eta = 0{,}8$, die bei einem Kolben-∅ $d = 120$ mm und einem Hub $s = 600$ mm je Minute 30 Umdrehungen macht?

**22.** Welche Leistung in kW ist erforderlich, um einen Fallhammer von $F_G = 2500$ N bei 1,25 m Hubhöhe je Minute 50 Schläge machen zu lassen?

**23.** Ein Aufzug hebt eine Last $F_G = 4000$ N in 6 s 12 m hoch. Wie viel kW entwickelt der Motor?

**24.** Auf einem Dampfkolben von 800 $cm^2$ Fläche drücken im Mittel 60 $N/cm^2$ Überdruck. Der Hub der Maschine beträgt 0,6 m, die Drehzahl beträgt 120 1/min. Wie viel kW entwickelt die Maschine?

**25.** Durch eine Riemenscheibe sollen bei 150 Umdrehungen/min 16,18 kW übertragen werden. Die am Umfang wirkende Kraft beträgt 2700 N. Wie groß muss man den ∅ der Scheibe wählen?

**26.** Eine Welle von 40 mm ∅, 800 mm lang, soll aus einem Vierkantstahl 50 × 50 (mm) geschmiedet werden. Wie lang ist der Vierkantstahl zu wählen, wenn 50 mm Abbrand zugeschlagen werden?

**27.** In einen Härtebehälter von 1 m Länge, 0,6 m Breite und 0,3 m Höhe werden 120 l Härteöl eingegossen. Wie hoch reicht der Ölspiegel?

**28.** Auf den Kolben einer Handdruckpumpe wirkt ein Gesamtdruck von 2512 N. Der einarmige Hebel ist 900 mm lang, 60 mm vom Drehpunkt greift die Kolbenstange an. Berechnen Sie die erforderliche Kraft $F$ in N.

**29.** Eine Schleifscheibe hatte 350 mm ∅ bei einer Umfangsgeschwindigkeit $v = 9$ m/s. Durch Abnutzung hat sich der ∅ der Scheibe auf 240 mm verringert. Wie viel Umdrehungen in der Minute muss die Scheibe machen, wenn die Umfangsgeschwindigkeit $v = 9$ m/s wieder erreicht werden soll?

**30.** Ein Elektromotor mit der Drehzahl 2800 1/min soll eine Schleifscheibe von 60 mm ∅ antreiben. Die Schleifscheibe muss laut Angabe auf dem Pappring eine Umfangsgeschwindigkeit von 30 m/s haben, ihre Riemenscheibe hat 40 mm ∅. Welchen ∅ muss die Riemenscheibe des Motors erhalten?

**31.** Ein Zuganker (Rundstahl) aus St 50 ($\sigma_z = 500\,N/mm^2$) wird mit einer Last $F_G = 192{,}3$ kN belastet.
a) Berechnen Sie die zulässige Beanspruchung, wenn der Anker etwa 10fache Sicherheit haben soll.
b) Wie groß ergibt sich hierzu der ∅ $d$ des Zugankers?

**32.** Ein zylindrischer Rohling von 20 mm ∅ soll durch ein Presswerkzeug in eine Kugel von 30 mm ∅ umgeformt werden. Auf welche Länge ist der Rohling abzuschneiden?

**33.** Das Schwungrad einer Dampfmaschine hat 3800 mm ∅ und $n = 90$ 1/min. Die durch den Riemen übertragene Umfangskraft beträgt 2700 N. Wie groß ist die Leistung der Maschine?

**34.** Welche Last vermag ein Drahtseil mit 8 Litzen zu je 6 Drähten von 1 mm ∅ aufzunehmen, wenn 1 $cm^2$ des Werkstoffes mit 4800 N belastet werden darf?

**35.** Wie dick muss ein Rundstahl sein, wenn die Belastung $F_G = 47{,}1$ kN beträgt ($\sigma_z = 150\,N/mm^2$)?

**36.** Ein rechteckiger Härtebehälter ist innen 650 mm lang, 340 mm breit und 750 mm hoch. Er soll 150 mm unter Oberkante mit Härteöl gefüllt werden.
a) Wie groß ist die einzufüllende Ölmenge?
b) Wie schwer ist diese (Dichte = 0,92 $kg/dm^3$)?

### c) Bauwesen

**37.** Ein Bauaufzug hebt in 9 s eine Masse von 650 kg 15 m hoch. Wie groß ist die Leistung des Antriebsmotors in kW, wenn durch Reibung 30% der Leistung verloren gehen?

**38.** Ein Waggon Kalk (15 t) fasst 17,2 $m^3$. Wie groß ist die Dichte des Kalkes?

**39.** Beim Mauern verliert der Mörtel etwa 14% seines Rauminhaltes (Pressung, Wasserabgabe, Rückstände, ...). Man benötigt 700 l Mörtel; wie viel muss man herstellen?

**40.** Wie viel Steine braucht man für ein Mauerstück von 2,08 m Länge, 0,76 m Breite und 2 m Höhe (für $1\ m^3 = 400$ Steine)?

**41.** Wie viel Liter Mörtel sind zur Vermauerung dieser Mauer (Nr. 40) nötig (für $1\ m^3 = 230$ l)?

**42.** Wie groß ist der Bedarf an Mauerziegeln und Mörtel bei einer $\frac{1}{2}$ Stein starken Wand für 6,5 $m^2$ (52 Mauerziegel und 36 l Mörtel für 1 $m^2$)?

**43.** Wie viel Kubikmeter Mörtel und wie viel Steine braucht man für $12\frac{1}{2}\ m^3$ Mauerwerk?

**44.** Berechnen Sie den Materialbedarf für 8 Pfeiler 51 cm $\times$ 64 cm von je 4,5 m Höhe.

**45.** Ein Stahldraht hat 6 Litzen mit je 37 Drähten. Jeder Draht hat 1,0 mm $\varnothing$. Die zulässige Belastung für Stahldraht soll 200 N/mm$^2$ betragen. Mit wie viel N kann das Drahtseil belastet werden?

**46.** Der $\varnothing$ einer Deckenstütze aus GG-10 ($\sigma_d = 100\ N/mm^2$) ist zu berechnen. Belastung 386 kN (bei 4-facher Sicherheit).

**47.** Der Außendurchmesser einer hohlen Deckenstütze aus Gusseisen beträgt 150 mm. Wie groß ist der innere Durchmesser bei 10-facher Sicherheit? Belastung 42 kN ($\sigma_z = 75\ N/mm^2$).

**48.** Welche Last vermag ein Drahtseil mit 4 Litzen zu je 4 Drähten von 0,8 mm $\varnothing$ aufzunehmen, wenn 1 mm$^2$ des Materials mit 600 N belastet werden kann und man mit zehnfacher Sicherheit rechnet?

**49.** Welche Grundfläche hat ein Pfeiler aus Klinkern von 35 N/mm$^2$ Festigkeit, wenn er eine Belastung von 250 kN aufnehmen soll und fünfzehnfache Sicherheit verlangt wird?

**50.** 1 $m^3$ Mauerziegel übt eine Gewichtskraft von 18 kN, 1 $m^3$ Klinker von 19 kN aus. Die Druckfestigkeit von Mauerziegeln beträgt 15 N/mm$^2$, die von Klinkern 25 N/mm$^2$. Bei welcher Schichthöhe tritt Zerstörung durch Eigengewicht bei beiden Sorten auf?

**51.** Ein Stahlanker hat einen $\varnothing$ von 11 mm und eine Zugfestigkeit von $420\ \frac{N}{mm^2}$. Bei welcher Belastung reißt er?

### d) Elektrotechnik

**52.** Eine Stromquelle schickt durch einen Widerstand $R = 60\,\Omega$ einen Strom von 3 Ampere. Wie groß ist die Klemmenspannung $U$?

**53.** Schließt man an das Lichtnetz (220 Volt) einen Widerstand an, so wird er von 4 Ampere durchflossen. Wie groß ist dieser Widerstand?

**54.** Welchen Widerstand $R$ hat eine Glühlampe von 220 V und 0,45 Ampere?

**55.** Eine Kochplatte ist an 220 V angeschlossen und hat einen Widerstand von $40\,\Omega$. Wie viele Ampere fließen durch die Sicherung?

**56.** Wie viel Watt (Kilowatt) pro Stunde verbraucht die Kochplatte in Aufgabe 55?

**57.** In einer Leuchte brennen 5 Glühlampen zu je 40 Watt. Wie viel kWh verbraucht die Leuchte bei 5 Stunden Brenndauer?

**58.** Ein elektrischer Herd hat 4 Platten (800 W, 2-mal 1200 W, 1800 W). Wie hoch ist die Stromrechnung im Monat (30 Tage), wenn man alle Platten je Tag 2 Stunden eingeschaltet hat und 1 kWh Strom 9 Cent kostet?

**59.** Ein elektrischer Wasserwärmer verbraucht 3200 Watt und erhitzt 60 l Wasser in 2 Stunden von 15 °C auf 65 °C. Wie teuer ist die Erwärmung von 1 l Wasser, wenn 1 kWh 9 Cent kostet? Mit welchem Wirkungsgrad arbeitet die Anlage (1 kWh = 3600 kJ)?

**60.** Eine Batterie liefert 16 Stunden lang bei einer Spannung von 240 V eine Stromstärke von 60 A. Wie viel kWh sind beim Laden aufzuwenden, wenn der Wirkungsgrad 75% beträgt?

**61.** Drei Widerstände $(20\,\Omega, 35\,\Omega, 60\,\Omega)$ können in Reihe oder parallel geschaltet werden. Wie groß ist der Kombinationswiderstand in beiden Fällen?

**62.** Ein Strommesser für Ablesungen bis 6 Ampere hat einen Widerstand $R_1$ von $0{,}5\,\Omega$. Wie groß muss ein parallel zu schaltender Widerstand $R_2$ sein, wenn man bis 30 Ampere messen will?

**63.** Ein Widerstand von $900\,\Omega$ wird von 4 mA durchflossen. Welcher Strom fließt durch einen dazu parallel liegenden Widerstand von $250\,\Omega$?

**64.** Eine Kupferleitung von 6,5 km Länge hat einen Querschnitt von 2,5 mm$^2$ $\left(\varrho = \frac{1}{56}\,\frac{\Omega\,\text{mm}^2}{\text{m}}\right)$. Wie dick muss eine gleich lange Aluminiumleitung sein, die den gleichen Widerstand haben soll $\left(\varrho = \frac{1}{35}\,\frac{\Omega\,\text{mm}^2}{\text{m}}\right)$; $\left[R = \frac{l \cdot \varrho}{A}\right]$?

**65.** Wie viel kg wiegt eine Rolle Kupferdraht von 200 m Länge und 1,5 mm$^2$ Querschnitt $\left(\text{Dichte} = \frac{8{,}85\,\text{kg}}{\text{dm}^3}\right)$?

**66.** Wie groß ist der Spannungsabfall in einer Leitung, die einen Widerstand von $0{,}3\,\Omega$ hat, wenn in der Leitung ein Strom von 20 A fließt?

**67.** Wie lang darf eine Leitung bei einer Belastung von 14 A sein, damit der Spannungsverlust in der Hin- und Rückleitung nicht mehr als 11 V beträgt, bei einem Drahtquerschnitt von 10 mm$^2$ Kupfer?

**68.** In einem elektrischen Kochtopf soll 1 l Wasser von 15 °C in 12 Minuten zum Kochen gebracht werden.
a) Welche elektrische Leistung ist erforderlich, wenn der Wirkungsgrad des Kochtopfes $\eta = 0{,}85$ beträgt?
b) Welche elektrische Arbeit in kWh wird in dieser Zeit verbraucht?
c) Wie teuer ist dieses elektrische Kochen, wenn 1 kWh 0,09 € kostet?

# Wiederholungsfragen zu 2.1 und 2.2

1. Wie entsteht eine Gleichung und wodurch unterscheidet sie sich von einer Gleichheitsaussage?
2. Was heißt es, eine Gleichung zu lösen?
3. Wann sind zwei Gleichungen lösungsgleich?
4. Wie lauten die Sätze über das äquivalente Umformen von linearen Gleichungen?

# Wiederholungsfragen zu 2.3

1. Welche Schritte muss man beim Lösen linearer Gleichungen im Allgemeinen gehen?
2. Bei welchen Gleichungen ist eine Probe zwingend notwendig? Welche Funktion hat sie in den anderen Fällen?
3. Wie kann man eine Gleichung mit Bruchtermen nennerfrei machen?
4. Welche Lösungsstrategie sollte man beim Lösen von Wurzelgleichungen verfolgen?
5. Warum haben Betragsgleichungen im Allgemeinen zwei Lösungen?
6. Wann sind zwei Zahlen- oder Größenfolgen proportional, wann antiproportional?
7. Welche Gestalt hat eine Verhältnisgleichung?
8. Was ist der Unterschied zwischen einer Verhältnisgleichung und einer Proportion?
9. Welche Möglichkeiten gibt es, eine Proportion umzuformen?
10. Wie formt man eine Verhältnisgleichung um?
11. Welche Schritte oder Etappen kann man beim Lösen von Textaufgaben unterscheiden?

## 2.4 Systeme linearer Gleichungen mit zwei und mehr Gleichungsvariablen

Wie groß sind zwei natürliche Zahlen, von denen man weiß:
1. Ihre Summe ist 6.
2. Addiert man zu der einen das Dreifache der anderen, erhält man 10.

Die Antwort kann man durch **systematisches Probieren** finden. Da die Summe der beiden natürlichen Zahlen 6 sein soll, können sie beide nicht sehr groß sein. Es ist also sicher zweckmäßig, das systematische Probieren mit der kleinsten natürlichen Zahl, der 0, zu beginnen. Wählt man für die erste Zahl 0, so muss die andere 6 sein, denn die Summe beider muss 6 sein. Jedoch „passt" das Paar $\langle 0|6\rangle$ nicht für die zweite Bedingung, denn addiert man zu der einen Zahl – der 0 – das Dreifache der anderen, also 18, so erhält man eben nicht 10.

Durch systematisches Vergrößern der ersten und Verkleinern der zweiten Zahl erhält man nebenstehende Zahlenpaare. Sie erfüllen immer die 1. Bedingung, aber nicht die 2. Erst das Paar $\langle 4|2\rangle$ erfüllt beide Bedingungen, denn $4+3\cdot 2=10$.

$$\langle 1|5\rangle \blacktriangleright \begin{cases} 1+5 &= 6 \\ 1+3\cdot 5 &= 16 \end{cases}$$

$$\langle 2|4\rangle \blacktriangleright \begin{cases} 2+4 &= 6 \\ 2+3\cdot 4 &= 14 \end{cases}$$

$$\langle 3|3\rangle \blacktriangleright \begin{cases} 3+3 &= 6 \\ 3+3\cdot 3 &= 12 \end{cases}$$

Im vorstehenden Beispiel ist von irgendwelchen zwei natürlichen Zahlen die Rede. Steht die Variable $x$ für die eine, so muss man für die andere eine weitere Variable $y$ schreiben, da ja beide Zahlen auch voneinander verschieden sein können.

$x$ stehe für eine natürliche Zahl und $y$ stehe für eine natürliche Zahl.

Dann kann man die beiden Bedingungen des vorstehenden Beispiels in Form von Gleichungen aufschreiben.

Die 1. Bedingung führt zu $x+y=6$,
die 2. Bedingung führt zu $x+3y=10$.

Es entsteht ein System von zwei Gleichungen mit den zwei Gleichungsvariablen $x$ und $y$. Da diese nur linear, d. h. in der ersten Potenz vorkommen und nicht in einem Nenner stehen, nennt man ein solches System auch ein **lineares Gleichungssystem mit zwei Gleichungsvariablen**.

**Gleichungssystem**

$$\begin{cases} x+\ \ y=6 \\ x+3y=10 \end{cases}$$ ► System aus zwei linearen Gleichungen mit zwei Gleichungsvariablen, $x\in\mathbb{N}$ und $y\in\mathbb{N}$

Setzt man in dem Gleichungssystem $\begin{cases} x+\ \ y=6 \\ x+3y=10 \end{cases}$ ► 4 für $x$ und 2 für $y$, gehen beide Gleichungen des Systems in wahre Gleichheitsaussagen über. Das Zahlenpaar $\langle 4|2\rangle$ erfüllt beide Gleichungen. Verabredungsgemäß entspricht die Reihenfolge der Zahlen oder Terme bei der Schreibweise $\langle \ldots|\ldots\rangle$ der alphabetischen Reihenfolge der Gleichungsvariablen. Im obigen Beispiel steht 4 als erste Zahl, weil im Alphabet $x$ vor $y$ steht.

Ein Zahlenpaar, das beide Gleichungen zugleich erfüllt, also beide Gleichungen in wahre Gleichheitsaussagen überführt, wenn man es für die Variablen in die Gleichungen einsetzt, heißt **Lösung des Systems**. Im Beispiel ist genau ein Zahlenpaar Lösung des Gleichungssystems. Man sagt: Das System ist **eindeutig lösbar**, hat eine **eindeutige Lösung**. Nicht alle Systeme aus zwei linearen Gleichungen mit zwei Gleichungsvariablen sind eindeutig lösbar. Wie bei linearen Gleichungen mit einer Gleichungsvariablen können auch bei Gleichungssystemen die Fälle eintreten, dass ein System keine Lösung hat, also unerfüllbar ist, oder dass es unendlich viele Lösungen hat. Zunächst sollen Gleichungssysteme untersucht werden, welche eine eindeutige Lösung haben.

Im Eingangsbeispiel wurde durch die Aufgabenstellung festgelegt, dass die Gleichungsvariablen $x$ und $y$ nur für natürliche Zahlen stehen können. Statt dessen hätte man auch fragen können, welche zwei reellen Zahlen die beiden gegebenen Bedingungen erfüllen. In einem Gleichungssystem können die Gleichungsvariablen also für natürliche oder reelle Zahlen, aber auch für ganze oder rationale Zahlen stehen. Wenn im Folgenden nicht ausdrücklich etwas anderes vermerkt ist, stehen $x$ und $y$ für reelle Zahlen.

Natürlich kommt man nicht bei jedem System linearer Gleichungen durch systematisches Probieren so schnell zum Ziel wie im obigen Beispiel. Ein solches Vorgehen kann sehr aufwändig sein oder aber überhaupt nicht gelingen. Welche anderen Methoden gibt es zum Lösen von linearen Gleichungssystemen? Nach welchen Leitgedanken wurden sie entwickelt?

Im Folgenden sollen vor allem Systeme aus zwei linearen Gleichungen mit zwei Gleichungsvariablen betrachtet werden. Aber auch der Fall, dass drei lineare Gleichungen mit genau drei Gleichungsvariablen vorliegen, wird behandelt werden.

Der Leitgedanke des Vorgehens ist, durch erlaubte Operationen ein gegebenes System in ein lösungsgleiches umzuformen, aus dem man leichter als beim Ausgangssystem ersehen kann, ob es lösbar ist oder nicht, und aus dem man im Falle der eindeutigen Lösbarkeit die Lösung unmittelbar entnehmen kann.

$$\begin{cases} x+\ \ y=6 \\ x+3y=10 \end{cases}$$ ► Ausgangssystem

Durch geeignete Umformungen wird angestrebt:

$$\begin{cases} \text{„}x=\text{Zahl“} \\ \text{„}y=\text{Zahl“} \end{cases}$$ ► Lösungsgleiches System

Das kann man erreichen, indem man mit dem gegebenen System Äquivalenzumformungen vornimmt. Ein Gleichungssystem geht z. B. in ein lösungsgleiches über, wenn in ihm eine Gleichung äquivalent umgeformt wird. Man sagt auch: Die Äquivalenzumformung einer Gleichung in dem System ist eine Äquivalenzumformung des Systems.

So ist das System

$$\begin{cases} x+\ \ y=6 \\ x+3y=10 \end{cases}$$

lösungsgleich dem System

$$\begin{cases} x+\ \ y \qquad\ =6 \\ x+3y+T_1=10+T_1\,, \end{cases}$$

in welchem $T_1$ irgendeinen in $\mathbb{R}$ definierten Term bezeichnet.

$x+3y=10$ ► Ausgangsgleichung

Addition von $T_1$ mit $D(T_1)=\mathbb{R}$ zur Ausgangsgleichung:

$x+3y+T_1=10+T_1$ ► Zur Ausgangsgleichung lösungsgleiche Gleichung

$$\begin{cases} x+\ \ y=6 \\ x+3y=10 \end{cases}$$ ► Ausgangssystem

Durch Addition von $T_1$ mit $D(T_1)=\mathbb{R}$ zur zweiten Gleichung erhält man:

$$\begin{cases} x+\ \ y \qquad\ =6 \\ x+3y+T_1=10+T_1 \end{cases}$$ ► Zum Ausgangssystem lösungsgleiches System

Wenn $T_1 = T_2$, ist auch

$x+3y+T_1 = 10+T_2$

eine Äquivalenzumformung der Gleichung $x+3y=10$, und damit ist das System

$$\begin{cases} x+\ \ y \qquad\quad = 6 \\ x+3y+T_1 = 10+T_2 \end{cases}$$

auch zum System

$$\begin{cases} x+\ \ y = 6 \\ x+3y = 10 \end{cases}$$ lösungsgleich.

Für $T_1 = T_2$ ist das System

$$\begin{cases} x+\ \ y \qquad\quad = 6 \\ x+3y+T_1 = 10+T_2 \end{cases}$$

ebenfalls lösungsgleich zum Ausgangssystem

$$\begin{cases} x+\ \ y = 6 \\ x+3y = 10. \end{cases}$$

Statt die gleichen Terme $T_1$ und $T_2$ auf beiden Seiten einer Gleichung zu addieren, kann man sie auch subtrahieren. Auch dann erhält man ein zum Ausgangssystem lösungsgleiches System.

So sind die Terme $x+y$ und 6 wegen $x+y=6$ gleich. Subtrahiert man von der linken Seite der Gleichung $x+3y=10$ den Term $x+y$, von der rechten Seite den Term 6, geht das Ausgangssystem in das lösungsgleiche System

$$\begin{cases} x+y = 6 \\ \ \ 2y = 4 \end{cases}$$ über.

Für $T_1 = x+y$ und $T_2 = 6$ mit $x+y=6$ erhält man:

$$\begin{cases} x+\ \ y \qquad\qquad\quad = 6 \\ x+3y-(x+y) = 10-6 \end{cases}$$

und hieraus nach Vereinfachung

$$\begin{cases} x+y = 6 \\ \ \ 2y = 4 \end{cases}$$

als ein zum Ausgangssystem lösungsgleiches System.

Dividiert man beide Seiten der 2. Gleichung des Systems durch 2, erhält man das wiederum zum Ausgangssystem lösungsgleiche System

$$\begin{cases} x+y = 6 \\ \quad\ y = 2. \end{cases}$$

Die Division der zweiten Gleichung dieses Systems durch 2 führt auf

$$\begin{cases} x+y = 6 \\ \quad\ y = 2. \end{cases}$$

Die Terme $y$ und 2 sind wegen $y=2$ gleich. Subtrahiert man von der linken Seite der Gleichung $x+y=6$ den Term $y$ und von der rechten Seite den Term 2, so erhält man das zum Ausgangssystem lösungsgleiche System

$$\begin{cases} \underline{\underline{x = 4}} \\ \underline{\underline{y = 2}}. \end{cases}$$

Aus ihm kann man die Lösung $\langle 4 | 2 \rangle$ unmittelbar ablesen.

$$\begin{cases} x+y = 6 \\ \quad\ y = 2 \end{cases}$$

---

$$\begin{cases} x+y-y = 6-2 \\ \qquad\quad\ y = 2 \end{cases}$$

---

$$\begin{cases} \underline{\underline{x = 4}} \\ \underline{\underline{y = 2}} \end{cases}$$ ► lösungsgleich zum Ausgangssystem

**Merke:**

Ein Gleichungssystem aus zwei linearen Gleichungen mit zwei Gleichungsvariablen, das eine eindeutige Lösung hat, wird gelöst, indem man es in ein zum Ausgangssystem lösungsgleiches System umformt, aus welchem die Lösung unmittelbar abgelesen werden kann. Heißen die Gleichungsvariablen $x$ und $y$, so hat dieses System die Gestalt

$$\begin{cases} \text{„}x = \text{Zahl“} \\ \text{„}y = \text{Zahl“} \end{cases}$$

Das Zahlenpaar $\langle x | y \rangle$, das man ihm für $x$ und $y$ entnimmt, erfüllt beide Gleichungen des Ausgangssystems. Es heißt **Lösung des Systems**.

Man kann auch andere als die beschriebene Äquivalenzumformungen eines Gleichungssystems vornehmen.

So ist die Auflösung der Gleichung $x+y=6$ nach $x$ oder nach $y$ sicher eine äquivalente Umformung der Gleichung $x+y=6$.

Daher ist das System $\begin{cases} x = 6-y \\ x+3y=10 \end{cases}$ lösungsgleich dem Ausgangssystem

$$\begin{cases} x+y=6 \\ x+3y=10. \end{cases}$$

Da man einen Term durch einen ihm gleichwertigen ersetzen kann, kann man in der zweiten Gleichung des abgeleiteten Systems $6-y$ für $x$ setzen und anschließend $y$ isolieren.

Das führt auf:

$$\begin{cases} x=6-y \\ y=2. \end{cases}$$

Setzt man in der 1. Gleichung dieses Systems 2 für $y$, erhält man das zum Ausgangssystem lösungsgleiche System

$$\begin{cases} \underline{\underline{x=4}} \\ \underline{\underline{y=2}}. \end{cases}$$

$x+y=6$ aufgelöst nach $x$:

$x=6-y$ ▶ lösungsgleich zu $x+y=6$

$x+y=6$ aufgelöst nach $y$;

$y=6-x$ ▶ lösungsgleich zu $x+y=6$

$\begin{cases} x = 6-y \\ x+3y=10 \end{cases}$ ▶ lösungsgleich zum Ausgangssystem

Setze in der 2. Gleichung $6-y$ für $x$!

$$\begin{cases} x = 6-y \\ \underline{6-y+3y=10} \quad | -6 \end{cases}$$

$$\begin{cases} x=6-y \\ \underline{2y=4} \quad |:2 \end{cases}$$

$$\begin{cases} x=6-y \\ y=2 \end{cases}$$

Wegen $y=2$ kann man in der 1. Gleichung dieses Systems 2 für $y$ setzen:

$$\begin{cases} x=6-2 \\ \underline{y=2} \end{cases}$$

$\begin{cases} \underline{\underline{x=4}} \\ \underline{\underline{y=2}} \end{cases}$ ▶ lösungsgleich zum Ausgangssystem

Man kann auch beide Gleichungen eines Gleichungssystems nach der gleichen Variablen auflösen.

Wählt man dafür $x$, so erhält man

$$\begin{cases} x=6-y \\ x=10-3y. \end{cases}$$

Die Gleichungen des Systems $\begin{cases} x+y=6 \\ x+3y=10 \end{cases}$ werden nach $y$ aufgelöst:

$$\begin{cases} y=6-x \\ y=\dfrac{10-x}{3}. \end{cases}$$

Setzt man nun in der 1. Gleichung für $x$ den gleichwertigen Term $10-3y$, setzt also die beiden rechten Seiten der Gleichungen gleich, so führt das auf das lösungsgleiche System

$$\begin{cases} 10-3y=6-y \\ \qquad x=10-3y. \end{cases}$$

Nach Vereinfachen der 1. Gleichung erhält man das System

$$\begin{cases} y=2 \\ x=10-3y \end{cases}$$

und hieraus durch Setzen von 2 für $y$ in der 2. Gleichung das zum Ausgangssystem lösungsgleiche System

$$\begin{cases} \underline{\underline{y=2}} \\ \underline{\underline{x=4}} \end{cases}$$

oder, da es auf die Reihenfolge der Gleichungen nicht ankommt,

$$\begin{cases} \underline{\underline{x=4}} \\ \underline{\underline{y=2}}. \end{cases}$$

In der 2. Gleichung wird für $y$ der gleichwertige Term $6-x$ gesetzt:

$$\begin{cases} \quad y=6-x \\ 6-x=\dfrac{10-x}{3}. \end{cases}$$

Die 2. Gleichung wird nach $x$ aufgelöst. Das neue System lautet dann:

$$\begin{cases} y=6-x \\ x=4. \end{cases}$$

Setzt man nun 4 für $x$ in der 1. Gleichung, erhält man

$$\begin{cases} y=6-4 \\ x=4, \end{cases}$$

also

$$\begin{cases} \underline{\underline{y=2}} \\ \underline{\underline{x=4}}. \end{cases}$$ ▶ lösungsgleich zum Ausgangssystem

Diesem System kann die Lösung $\langle 4|2\rangle$ unmittelbar entnommen werden.

Für das Lösen eines Systems aus zwei linearen Gleichungen mit zwei Gleichungsvariablen stehen also mehrere Methoden zur Verfügung. Stets ist das Ziel, ein dem Ausgangssystem lösungsgleiches System der Gestalt $\begin{cases} \text{„}x=\text{Zahl“} \\ \text{„}y=\text{Zahl“} \end{cases}$ herzustellen. Das gelingt immer dann, wenn das System eindeutig lösbar ist. Man eliminiert dazu zunächst aus einer Gleichung im System eine Gleichungsvariable, sodann aus der anderen oder einer ihr äquivalenten Gleichung die andere Variable.

**Merke:**

Ein Gleichungssystem wird äquivalent umgeformt, indem man seine Gleichungen äquivalent umformt.

Zu den Umformungsregeln, die für lineare Gleichungen mit einer Gleichungsvariablen gelten, treten hinzu:

1. Es dürfen nicht nur gleiche, sondern auch gleichwertige Terme addiert oder subtrahiert werden. Die linke und die rechte Seite einer Gleichung sind gleichwertige Terme.
2. Eine Gleichung kann nach einer Gleichungsvariablen aufgelöst werden.
3. Für eine Gleichungsvariable kann ein gleichwertiger Term gesetzt werden.
4. Die Gleichungen eines Systems dürfen ihren Platz im System vertauschen.

### 2.4.1 Die Additionsmethode

Bei dieser Methode versucht man, eine der zwei Gleichungsvariablen dadurch zu eliminieren, dass man zu beiden Seiten einer der Gleichungen geeignete gleichwertige Terme, die man aus der anderen Gleichung erhält, addiert.

Die Elimination gelingt sofort, wenn die Koeffizienten genau einer der Gleichungsvariablen in den zwei Gleichungen entgegengesetzt gleich sind. In diesem Falle braucht man nur die beiden Seiten der einen Gleichung zu den beiden Seiten der anderen Gleichung zu addieren. Man nennt diese Art der Addition auch die **Addition einer Gleichung zu einer Gleichung**.

Gibt es in den Gleichungen des Systems bei keiner der Gleichungsvariablen entgegengesetzt gleiche Koeffizienten, so versucht man sie dadurch herzustellen, dass man beide Seiten einer oder beider Gleichungen geeignet mit jeweils derselben von 0 verschiedenen Zahl multipliziert und dann die neuen Gleichungen addiert. Man nennt diese Art der Multiplikation auch die **Multiplikation einer Gleichung** mit einer Zahl.

**Beispiele:**

**1.** $\begin{cases} x+y=7 \\ x-y=1 \end{cases}$

**1.** $\begin{cases} x+y=7 \\ x-y=1 \end{cases}$ ⌉+ (Addition der 1. Gleichung zur 2. Gleichung)

In diesem System sind die Koeffizienten von $y$ in beiden Gleichungen entgegengesetzt gleich.

Durch Addition der 1. Gleichung zur 2. Gleichung und Division der so gewonnenen 2. Gleichung des neuen Systems durch 2 entsteht ein System, in welchem eine Gleichung $x=4$ heißt. Addiert man in diesem System das $(-1)$fache der 2. Gleichung zur 1., so erhält man ein System der gewünschten Gestalt.

$$\begin{cases} x+y=7 \\ 2x \phantom{+y} =8 & |:2 \end{cases}$$

$$\begin{cases} x+y=7 \\ x \phantom{+y} =4 & |\cdot(-1) \end{cases} \; ⌉+$$

$$\begin{cases} \underline{\underline{y=3}} \\ \underline{\underline{x=4}} \end{cases}$$

**Anmerkungen:**

- Operationen an einer Gleichung des Systems werden hinter der betreffenden Gleichung angegeben.
- Umformungen, die beide Gleichungen betreffen, werden durch das Symbol ⌉+ markiert, das angibt, welche Gleichung zu welcher Gleichung addiert wird. Bei dieser Addition wird immer die Gleichung umgeformt, auf die der Pfeil hinweist. Hierbei müssen eventuell durchzuführende Operationen mit der anderen Gleichung zuvor beachtet werden.
  Die Gleichung, von der der Pfeil wegweist, wird unverändert übernommen. Das gilt auch dann, wenn mit dieser Gleichung eine Operation durchgeführt werden soll.
- Die Sprechweise, z. B. „Addition der 1. Gleichung zur 2. Gleichung", drückt lediglich aus, dass man zur linken Seite der 2. Gleichung die linke Seite der 1. Gleichung addieren und entsprechend mit den rechten Seiten verfahren soll. Durch diese Addition fällt die 1. Gleichung nicht etwa weg – sonst erhielte man ja kein neues, zum Ausgangssystem lösungsgleiches System.

**2.** $\begin{cases} x+2y=10 \\ 2x+3y=17 \end{cases}$

**2.** $\begin{cases} x+2y=10 & |\cdot(-2) \\ 2x+3y=17 \end{cases}$

In diesem System gibt es bei keiner der Gleichungsvariablen entgegengesetzt gleiche Koeffizienten. Um sie bei einer der Gleichungsvariablen herzustellen, wird eine der Gleichungen entsprechend multipliziert.

Zuerst wird die 1. Gleichung des Ausgangssystems mit $-2$ multipliziert. Sodann wird die 2. Gleichung des entstandenen Systems zur 1. Gleichung addiert.

Im neuen System lautet eine Gleichung $-y=-3$. Diese wird mit 3 multipliziert und zur anderen Gleichung addiert. Die anschließende Multiplikation der 1. Gleichung mit $-1$ und Division der neuen 2. Gleichung durch 2 führt auf ein System, aus dem man die Lösung des Ausgangssystems unmittelbar ablesen kann.

$$\begin{cases} -2x-4y=-20 \\ 2x+3y=17 \end{cases} \quad (+)$$

$$\begin{cases} -y=-3 \\ 2x+3y=17 \end{cases}$$

$$\begin{cases} -y=-3 & |\cdot 3 \\ 2x+3y=17 \end{cases} \quad (+)$$

$$\begin{cases} -y=-3 & |\cdot(-1) \\ 2x=8 & |:2 \end{cases}$$

$$\begin{cases} \underline{\underline{y=3}} \\ \underline{\underline{x=4}} \end{cases}$$

**3.** $\begin{cases} 2x+4y=16 \\ 3x-3y=6 \end{cases}$

Zuerst wird die 1. Gleichung mit 3 und die 2. Gleichung mit 4 multipliziert, um entgegengesetzt gleiche Koeffizienten von $y$ zu erhalten. Sodann wird die 1. Gleichung des entstandenen Systems zur 2. Gleichung addiert.

Das neue System wird weiter vereinfacht, indem die 2. Gleichung durch 18 dividiert wird und die 1. Gleichung durch 6.

Nun wird die 2. Gleichung mit $-1$ multipliziert und zur 1. Gleichung addiert. Durch Division der neuen 1. Gleichung durch 2 erhält man ein unmittelbar lösbares Gleichungssystem.

**3.** $\begin{cases} 2x+4y=16 & |\cdot 3 \\ 3x-3y=6 & |\cdot 4 \end{cases}$

$$\begin{cases} 6x+12y=48 \\ 12x-12y=24 \end{cases}$$

$$\begin{cases} 6x+12y=48 \\ 12x-12y=24 \end{cases} \quad (+)$$

$$\begin{cases} 6x+12y=48 & |:6 \\ 18x=72 & |:18 \end{cases}$$

$$\begin{cases} x+2y=8 \\ x=4 & |\cdot(-1) \end{cases} \quad (+)$$

$$\begin{cases} 2y=4 & |:2 \\ y=4 \end{cases}$$

$$\begin{cases} \underline{\underline{y=2}} \\ \underline{\underline{x=4}} \end{cases}$$

Welche von 0 verschiedenen reellen Zahlen als Koeffizienten einer Gleichungsvariablen auch auftreten, durch eine geeignete Multiplikation der Gleichungen können sie immer entgegengesetzt gleichgemacht werden.

**Merke:**

Bei der Additionsmethode entsteht eine der Gleichungen des neuen, zum Ausgangssystem lösungsgleichen Systems dadurch, dass beide Gleichungen mit reellen Zahlen so multipliziert werden, dass beim Addieren beider Gleichungen eine der Gleichungsvariablen fortfällt.

## 2.4.2 Die Einsetzungsmethode

Bei dieser Methode wird eine der beiden Gleichungen des Ausgangssystems nach einer Gleichungsvariablen aufgelöst. Der dieser Gleichungsvariablen gleichwertige Term wird sodann in der anderen Gleichung für die betreffende Gleichungsvariable gesetzt. So entsteht eine Gleichung im System, die nur noch eine Gleichungsvariable enthält.

**Beispiel:**

$$\begin{cases} 15x+2y=126 \\ 3x-4y=12 \end{cases}$$

$$\begin{cases} 15x+2y=126 \\ 3x-4y=12 \end{cases}$$

Die 1. Gleichung wird nach $x$ aufgelöst, die 2. Gleichung unverändert übernommen.

$$\begin{cases} x=\dfrac{126-2y}{15} \\ 3x-4y=12 \end{cases}$$

Der zu $x$ gleichwertige Term $\dfrac{126-2y}{15}$ wird in der 2. Gleichung für $x$ gesetzt. Die entstehende Gleichung wird nach $y$ aufgelöst, die neue 1. Gleichung unverändert übernommen.

$$\begin{cases} x=\dfrac{126-2y}{15} \\ 3\cdot\dfrac{126-2y}{15}-4y=12 \end{cases}$$

$$\begin{cases} x=\dfrac{126-2y}{15} \\ 126-2y-20y=60 \end{cases}$$

$$\begin{cases} x=\dfrac{126-2y}{15} \\ y=3 \end{cases}$$

In der nach $x$ aufgelösten Gleichung wird 3 für $y$ gesetzt.

$$\begin{cases} x=\dfrac{126-6}{15} \\ y=3 \end{cases}$$

Das System $\begin{cases} x=8 \\ y=3 \end{cases}$ ist dem Ausgangssystem lösungsgleich.

$$\begin{cases} \underline{\underline{x=8}} \\ \underline{\underline{y=3}} \end{cases}$$

**Merke:**

Bei der Einsetzungsmethode entsteht eine der Gleichungen des neuen Systems dadurch, dass eine der Gleichungen nach einer Gleichungsvariablen aufgelöst und der für diese Gleichungsvariable errechnete Term in der anderen Gleichung für die betreffende Variable gesetzt wird.

Oft wendet man beim Lösen eines Systems aus zwei linearen Gleichungen mit zwei Gleichungsvariablen eine Kombination von Additionsmethode und Einsetzungsmethode an. Mittels der Additionsmethode eliminiert man eine der Gleichungsvariablen aus einer Gleichung des Systems, stellt also z. B. eine Gleichung der Gestalt „$x=$ Zahl“ her. Sodann setzt man den für $x$ errechneten Term anstelle von $x$ in der anderen Gleichung und isoliert $y$.

**Beispiele:**

**1.** $\begin{cases} x-y=1 \\ x+y=7 \end{cases}$

**1.** $\begin{cases} x-y=1 \\ x+y=7 \end{cases}$ ► Additionsmethode

Die Koeffizienten von $y$ sind in diesem System entgegengesetzt gleich.

Durch Addition der 2. Gleichung zur 1. und anschließende Division der 1. Gleichung des neuen Systems durch 2 entsteht ein System, in dem eine Gleichung $x=4$ lautet.

Setzt man 4 für $x$ in der anderen Gleichung des Systems, kann man $y$ isolieren. Man erhält ein zum Ausgangssystem lösungsgleiches System, aus welchem die Lösung unmittelbar entnommen werden kann.

$\begin{cases} 2x = 8 \quad |:2 \\ x+y=7 \end{cases}$

$\begin{cases} x=4 \\ x+y=7 \end{cases}$

$\begin{cases} x=4 \\ 4+y=7 \end{cases}$ ► Einsetzungsmethode

$\begin{cases} \underline{\underline{x=4}} \\ \underline{\underline{y=3}} \end{cases}$

**2.** $\begin{cases} x+2y=1 \\ 2x+8y=3 \end{cases}$

**2.** $\begin{cases} x+2y=1 \quad |\cdot(-2) \\ 2x+8y=3 \end{cases}$ + ► Additionsmethode

Die 1. Gleichung wird mit $(-2)$ multipliziert, um entgegengesetzt gleiche Koeffizienten bei $x$ zu erhalten, und sodann zur 2. Gleichung addiert.

Die 2. Gleichung des neuen Systems wird durch 4 dividiert.

$\begin{cases} x+2y=1 \\ 4y=1 \quad |:4 \end{cases}$

$\begin{cases} x+2y=1 \\ y=\frac{1}{4} \end{cases}$

In der 1. Gleichung des neuen Systems wird $\frac{1}{4}$ für $y$ gesetzt und $x$ isoliert.

$\begin{cases} x+2\cdot\frac{1}{4}=1 \\ y=\frac{1}{4} \end{cases}$ ► Einsetzungsmethode

Die Lösung des Systems ist jetzt ablesbar.

$\begin{cases} \underline{\underline{x=\frac{1}{2}}} \\ \underline{\underline{y=\frac{1}{4}}} \end{cases}$

### 2.4.3 Die Gleichsetzungsmethode

Bei dieser Methode werden beide Gleichungen des Ausgangssystems nach ein und derselben Gleichungsvariablen aufgelöst. Sodann werden die rechten Seiten der entstandenen Gleichungen gleichgesetzt.

**Beispiel:**

$$\begin{cases} 5x+3y=21 \\ 7x+8y=37 \end{cases}$$

| | |
|---|---|
| | $\begin{cases} 5x+3y=21 \\ 7x+8y=37 \end{cases}$ |
| Beide Gleichungen des Systems werden nach $x$ aufgelöst. | $\begin{cases} x=\dfrac{21-3y}{5} \\ x=\dfrac{37-8y}{7} \end{cases}$ |
| Die rechten Seiten der Gleichungen des neuen Systems werden gleichgesetzt, die 1. Gleichung wird beibehalten. | $\begin{cases} x=\dfrac{21-3y}{5} \\ \dfrac{21-3y}{5}=\dfrac{37-8y}{7} \end{cases}$ |
| Die 2. Gleichung wird nach $y$ aufgelöst. | $\begin{cases} x=\dfrac{21-3y}{5} \\ 7(21-3y)=5(37-8y) \end{cases}$ |
| | $\begin{cases} x=\dfrac{21-3y}{5} \\ y=2 \end{cases}$ |

Man kann nun den Rechengang wiederholen und die Gleichungen des Ausgangssystems nach der Gleichungsvariablen $y$ auflösen. Man erhielte dann nach Gleichsetzen der rechten Seiten eine Gleichung, aus der $x$ isoliert werden könnte. Die Gleichungen „$x=$Zahl" und „$y=$Zahl" aus beiden Rechengängen würden sodann zu einem neuen System zusammengefasst, welches dem Ausgangssystem lösungsgleich wäre, aus dem die Lösung des Ausgangssystems also unmittelbar abgelesen werden könnte.

Es ist im Allgemeinen mit weniger Rechenaufwand verbunden, wenn man die Gleichsetzungsmethode mit der Einsetzungsmethode kombiniert, ähnlich wie das bei der Additionsmethode gezeigt wurde.

| | |
|---|---|
| In der 1. Gleichung des letzten Systems wird 2 für $y$ gesetzt. | $\begin{cases} x=\dfrac{21-6}{5} \\ y=2 \end{cases}$ |
| Man erhält ein dem Ausgangssystem lösungsgleiches System, welchem die Lösung unmittelbar entnommen werden kann. | $\begin{cases} \underline{\underline{x=3}} \\ \underline{\underline{y=2}} \end{cases}$ |

**Merke:**

Bei der Gleichsetzungsmethode werden beide Gleichungen des Ausgangssystems nach ein und derselben Gleichungsvariablen aufgelöst. Sodann wird eine der Gleichungen des neuen Systems dadurch erzeugt, dass die rechten Seiten der umgestellten Gleichungen gleichgesetzt werden. Man kann die Rechnung durch Anwenden der Einsetzungsmethode zu Ende bringen.

Bisher wurden nur eindeutig lösbare Gleichungssysteme betrachtet, also solche Systeme, für die genau ein Paar reeller Zahlen bestimmt werden konnte, welches beide Gleichungen des Systems erfüllte. Nun sollen Systeme aus zwei linearen Gleichungen mit zwei Gleichungsvariablen untersucht werden, die **keine** oder **unendlich viele Lösungen** haben.

**Beispiele:**

**1.** $\begin{cases} 15x+2y=126 \\ 30x+4y=240 \end{cases}$

Löst man dieses System mithilfe der Additionsmethode, indem man die 1. Gleichung mit $-2$ multipliziert und dann zur 2. Gleichung addiert, so erhält man als zweite Gleichung im neuen System $0 \cdot x + 0 \cdot y = -12$.

**1.** $\begin{cases} 15x+2y=126 & | \cdot (-2) \\ 30x+4y=240 & \text{(+)} \end{cases}$

$\begin{cases} 15x+2y=126 \\ 0x+0y=-12 \end{cases}$ ► unerfüllbar, keine Lösung

Diese Gleichung ist unerfüllbar: Welche reellen Zahlen man für $x$ und $y$ auch setzt, die Summe $0 \cdot x + 0 \cdot y$ ist stets 0 und nie $-12$.

Da diese Gleichung unerfüllbar ist, gilt dies auch für das ganze System und damit auch für das Ausgangssystem. Es hat keine Lösung.

**2.** $\begin{cases} 15x+2y=126 \\ 30x+4y=252 \end{cases}$

Multipliziert man die 1. Gleichung mit $-2$ und addiert sie dann zur 2. Gleichung, so erhält man als 2. Gleichung im neuen System $0 \cdot x + 0 \cdot y = 0$.

**2.** $\begin{cases} 15x+2y=126 & | \cdot (-2) \\ 30x+4y=252 & \text{(+)} \end{cases}$

$\begin{cases} 15x+2y=126 \\ 0x+0y=0 \end{cases}$ ► unendlich viele Lösungen

Diese Gleichung ist allgemein gültig: Welche reellen Zahlen man für $x$ und $y$ auch setzt, die Summe $0 \cdot x + 0 \cdot y$ ist stets 0, wie in der Gleichung verlangt.

Da die 1. Gleichung erfüllbar ist, ist jede ihrer Lösungen also auch eine Lösung der 2. Gleichung und damit des ganzen Systems. Löst man die 1. Gleichung nach $y$ auf, so erkennt man, dass jedes Zahlenpaar für $\langle x | y \rangle$ mit $y = \frac{126 - 15x}{2}$ und $x \in \mathbb{R}$ eine Lösung dieser Gleichung und damit des ganzen Systems ist. Das sind unendlich viele Zahlenpaare, das System besitzt also unendlich viele Lösungen.

**Merke:**

Wenn ein System von zwei linearen Gleichungen mit zwei Gleichungsvariablen äquivalent in ein System der Gestalt

$\begin{cases} \text{„}x = \text{Zahl“} \\ \text{„}y = \text{Zahl“} \end{cases}$

umgeformt werden kann, so hat es genau eine Lösung, ist eindeutig lösbar.

Erhält man im Verlauf der äquivalenten Umformungen eine unerfüllbare Gleichung, so hat das System keine Lösung, ist nicht lösbar.

Erhält man im Verlauf der äquivalenten Umformungen eine allgemein gültige Gleichung und ist die andere Gleichung erfüllbar, so hat das System unendlich viele Lösungen.

Aus den Beispielen für Systeme, welche keine oder unendlich viele Lösungen haben, lässt sich ermitteln, woraus diese Besonderheiten folgen. Man vergleicht dazu jeweils die linken und die rechten Seiten der Gleichungen miteinander.

**1.** Der Term $30x+4y$ ist das Doppelte des Terms $15x+2y$, aber 240 ist nicht das Doppelte von 126. Wegen dieses Widerspruchs hat das System keine Lösung.

$$\begin{cases} 15x+2y=126 \\ 30x+4y=240 \end{cases} \qquad \begin{aligned} 30&=2\cdot 15 \\ 4&=2\cdot 2 \\ 240&\neq 2\cdot 126 \end{aligned}$$

- Es gilt: Gehen zwar die Terme auf den linken Seiten der beiden Gleichungen eines linearen Gleichungssystems durch Multiplikation mit einer reellen Zahl auseinander hervor, die Terme auf den rechten Seiten aber nicht durch Multiplikation mit derselben reellen Zahl, so hat das Gleichungssystem keine Lösung.

**2.** Der Term $30x+4y$ ist das Doppelte des Terms $15x+2y$, und 252 ist das Doppelte von 126. Das System hat unendlich viele Lösungen.

$$\begin{cases} 15x+2y=126 \\ 30x+4y=252 \end{cases} \qquad \begin{aligned} 30&=2\cdot 15 \\ 4&=2\cdot 2 \\ 252&=2\cdot 126 \end{aligned}$$

- Es gilt: Sind die beiden Gleichungen eines linearen Gleichungssystems erfüllbar und gehen diese durch Multiplikation mit einer von Null verschiedenen reellen Zahl auseinander hervor, so hat das System unendlich viele Lösungen.

Liegt keiner dieser beiden Fälle vor, so hat das System genau eine Lösung.

**Beispiele:**

**1.** $\begin{cases} 2{,}5x+y=10{,}25 \\ 2x+y=9 \end{cases}$

Der Term $2{,}5x+y$ kann nicht durch Multiplikation mit einer reellen Zahl in den Term $2x+y$ überführt werden. Da beide Gleichungen erfüllbar sind, hat also das System genau eine Lösung. Um sie zu bestimmen, kann jede der drei beschriebenen Methoden verwendet werden, in der Regel wählt man aber die, die ohne großen Rechenaufwand zum Ziel führt.

Hier bietet sich die Additionsmethode an, denn durch Multiplikation der 2. Gleichung mit $-1$ und anschließender Addition zur 1. Gleichung kann man die Gleichungsvariable $y$ leicht aus der 1. Gleichung eliminieren.

$$\begin{cases} 2{,}5x+y=10{,}25 \\ 2x+y=9 \quad |\cdot(-1) \end{cases} \; ]+$$

$$\begin{cases} 0{,}5x=1{,}25 \\ 2x+y=9 \end{cases}$$

Diesen Vorgang kann man auch als die **Subtraktion der 2. Gleichung von der 1. Gleichung** auffassen und symbolisch durch das Zeichen ]– zum Ausdruck bringen. Anschließend wird in der 1. Gleichung des neuen Systems $x$ isoliert und der für $x$ errechnete Wert anstelle von $x$ in die 2. Gleichung gesetzt. Isoliert man hier nun $y$, so erhält man ein System, dem man die Lösung unmittelbar entnehmen kann.

$$\begin{cases} 2{,}5x+y=10{,}25 \\ 2x+y=9 \end{cases} \; ]-$$

$$\begin{cases} 0{,}5x+\phantom{y}=1{,}25 \quad |:0{,}5 \\ 2x+y=9 \end{cases}$$

$$\begin{cases} x=2{,}5 \\ 2x+y=9 \end{cases}$$

$$\begin{cases} x=2{,}5 \\ 2\cdot 2{,}5+y=9 \quad |-5 \end{cases}$$

$$\begin{cases} \underline{\underline{x=2{,}5}} \\ \underline{\underline{y=4}} \end{cases}$$

**2.** $\begin{cases} x = 3y - 19 \\ x = 2y - 9 \end{cases}$

Auch bei diesem System kann man erkennen, dass es genau eine Lösung besitzt, denn beide Gleichungen des Systems sind erfüllbar und keine der Gleichungen ist ein Vielfaches der anderen.

Hier bietet sich zur Bestimmung der Lösung die Gleichsetzungsmethode an, weil beide Gleichungen des Systems bereits nach einer und derselben Gleichungsvariablen aufgelöst sind. Sie führt mit wenigen Schritten zum Ziel.

$$\begin{cases} x = 3y - 19 \\ x = 2y - 9 \end{cases}$$

$$\begin{cases} 3y - 19 = 2y - 9 \\ x = 2y - 9 \end{cases}$$

$$\begin{cases} \underline{\underline{y = 10}} \\ \underline{\underline{x = 11}} \end{cases}$$

**3.** $\begin{cases} 3x + 4y = 23 \\ x \qquad = 7{,}5 - y \end{cases}$

Bei diesem System kann man nicht ohne weiteres erkennen, ob es lösbar ist oder nicht, weil die Gleichungsvariablen auf unterschiedlichen Seiten der Gleichungen stehen.

Unabhängig davon wird man zur Lösung des Systems sich der Einsetzungsmethode bedienen, weil die 2. Gleichung des Systems bereits nach einer Gleichungsvariablen aufgelöst ist. Der zu $x$ gleichwertige Term $7{,}5 - y$ wird in der 1. Gleichung für $x$ gesetzt. Im entstandenen System wird die 1. Gleichung nach $y$ aufgelöst und schließlich der für $y$ errechnete Term in der anderen Gleichung für $y$ gesetzt.

Man erkennt, dass das Gleichungssystem eindeutig lösbar ist.

$$\begin{cases} 3x + 4y = 23 \\ x \qquad = 7{,}5 - y \end{cases}$$

$$\begin{cases} 3 \cdot (7{,}5 - y) + 4y = 23 \\ x = 7{,}5 - y \end{cases}$$

$$\begin{cases} y = \dfrac{1}{2} \\ x = 7{,}5 - y \end{cases}$$

$$\begin{cases} \underline{\underline{y = \dfrac{1}{2}}} \\ \underline{\underline{x = 7}} \end{cases}$$

**4.** $\begin{cases} 2x - 4y = -6 \\ 4x - 8y = 10 \end{cases}$

Hier erkennt man auch ohne Rechnung sofort, dass die Terme auf den linken Seiten durch Multiplikation mit einer reellen Zahl auseinander hervorgehen. Es gilt $4x - 8y = 2 \cdot (2x - 4y)$ oder auch $2x - 4y = \frac{1}{2} \cdot (4x - y)$. Für die Terme auf den rechen Seiten gilt dies aber nicht. Es ist $10 \neq 2 \cdot (-6)$.

Die Gleichungen des Systems widersprechen einander, das System hat keine Lösung.

**5.** $\begin{cases} x + 3y = 2 \\ 2x + 6y = 4 \end{cases}$

Hier sieht man auch ohne Rechnung, dass die 2. Gleichung durch Multiplikation mit 2 aus der 1. Gleichung hervorgeht. Da beide Gleichungen erfüllbar sind, hat das System unendlich viele Lösungen. Alle Zahlenpaare, welche die 1. Gleichung erfüllen, erfüllen auch die 2. Gleichung und umgekehrt.

Lösungen des Systems sind daher alle Zahlenpaare für $\langle x \mid y \rangle$ mit $y = \frac{1}{3}(2 - x)$ und $x \in \mathbb{R}$.

## 2.4.4 Das graphische Lösen von Gleichungssystemen im kartesischen Koordinatensystem

Stehen $x$ und $y$ für reelle Zahlen, so hat die Gleichung $x+y=6$ unendlich viele Lösungen. Man findet eine dieser Lösungen, wenn man etwa für $x$ irgendeine reelle Zahl setzt, z. B. die Zahl 1, und dann die Gleichung $1+y=6$ löst. Man erhält für $y$ die Lösung 5. Die Zahlen 1 für $x$ und 5 für $y$ lösen also die Gleichung $x+y=6$. Auf die gleiche Weise kann man mit anderen Zahlen für $x$ verfahren und jeweils eine Lösung für $y$ bestimmen.

| $x$ | $x+y=6$ | $y$ |
|---|---|---|
| $0$ | $0+y=6$ | $6$ |
| $\frac{1}{2}$ | $\frac{1}{2}+y=6$ | $5\frac{1}{2}$ |
| $1$ | $1+y=6$ | $5$ |
| $-1$ | $-1+y=6$ | $7$ |
| $2$ | $2+y=6$ | $4$ |
| $-2$ | $-2+y=6$ | $8$ |
| $\vdots$ | $\vdots$ | $\vdots$ |

Da die Variablen $x$ und $y$ in der Gleichung $x+y=6$ völlig gleichberechtigt sind, hätte man anstelle von $x$ auch für $y$ eine beliebige reelle Zahl setzen können, z. B. 5. Aus $x+5=1$ erhält man dann die Lösung 1 für $x$. Entsprechend könnte man mit anderen Zahlen für $y$ verfahren und eine Lösung für $x$ bestimmen.

| $y$ | $x+y=6$ | $x$ |
|---|---|---|
| $8$ | $x+8=6$ | $-2$ |
| $4$ | $x+4=6$ | $2$ |
| $7$ | $x+7=6$ | $-1$ |
| $5$ | $x+5=6$ | $1$ |
| $5\frac{1}{2}$ | $x+5\frac{1}{2}=6$ | $\frac{1}{2}$ |
| $6$ | $x+6=6$ | $0$ |
| $\vdots$ | $\vdots$ | $\vdots$ |

Zur Gleichung $x+y=6$ gehören also unendlich viele Zahlenpaare $\langle x\,|\,y\rangle$ mit $x\in\mathbb{R}$ und $y\in\mathbb{R}$, welche die Gleichung in eine wahre Aussage überführen. Bei dieser Paarschreibweise ist zu beachten, dass vereinbarungsgemäß immer die erste Zahl im Zahlenpaar für $x$ und die zweite für $y$ steht. Diese Paare heißen **Lösungen der Gleichung**.

Das Paar $\langle 1\,|\,5\rangle$ ist eine Lösung der Gleichung, das Paar $\langle 2\,|\,5\rangle$ aber nicht.

Man kann die Lösungen nicht alle aufschreiben. Deshalb denkt man sie sich durch die Gleichung $x+y=6$ indirekt gegeben und hält nur einige davon in einer sog. **Wertetabelle** fest.

Lösungen für $x+y=6$, wenn $x\in\mathbb{R}$ und $y\in\mathbb{R}$

| $x$ | $0$ | $\frac{1}{2}$ | $1$ | $-1$ | $2$ | $-2$ | … |
|---|---|---|---|---|---|---|---|
| $y$ | $6$ | $5\frac{1}{2}$ | $5$ | $7$ | $4$ | $8$ | … |

► Wertetabelle

Mithilfe des **kartesischen Koordinatensystems** kann man sich die Lösungsmenge der Gleichung $x+y=6$ veranschaulichen. Das kartesische Koordinatensystem besteht aus zwei senkrecht aufeinander stehenden Zahlengeraden, die **Koordinatenachsen** genannt werden.

Die waagerechte Achse heißt **Abszissenachse**, die vertikale Achse heißt **Ordinatenachse**. Vereinbarungsgemäß trägt man auf der Abszissenachse die reellen Zahlen für die Gleichungsvariable $x$ ab. Man nennt sie daher auch die ***x*-Achse**. Auf der Ordinatenachse trägt man die reellen Zahlen für die Gleichungsvariable $y$ ab. Man nennt sie daher auch ***y*-Achse**.

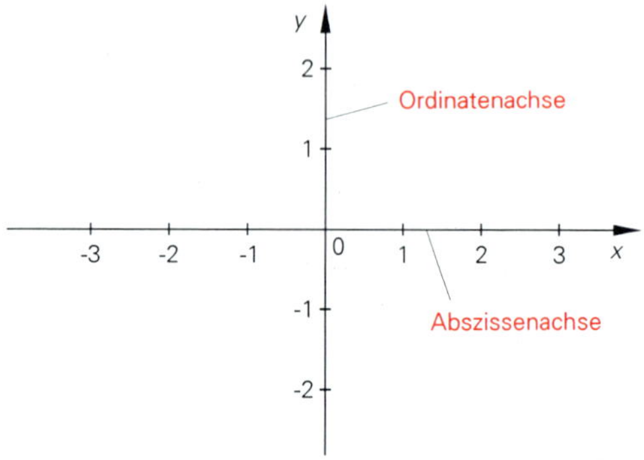


Denkt man sich das kartesische Koordinatensystem in eine Ebene gelegt, so ist es möglich, jedem Zahlenpaar aus reellen Zahlen genau einen Punkt der Ebene zuzuordnen und umgekehrt jeden Punkt der Ebene durch genau ein Paar reeller Zahlen zu beschreiben.

Ist z. B. das Zahlenpaar $\langle 2|3\rangle$ gegeben und der zugehörige Punkt zu bestimmen, so sucht man auf der $x$-Achse die Stelle 2 und auf der $y$-Achse die Stelle 3 auf. Durch diese Stellen zeichnet man jeweils die Parallele zu der anderen Koordinatenachse. Der Schnittpunkt dieser beiden Geraden ist der zum Paar $\langle 2|3\rangle$ gehörende Punkt P. Man schreibt $P\langle 2|3\rangle$ und nennt 2 und 3 die **Koordinaten von P**. 2 heißt **Abszisse**, 3 heißt **Ordinate** des Punktes P.

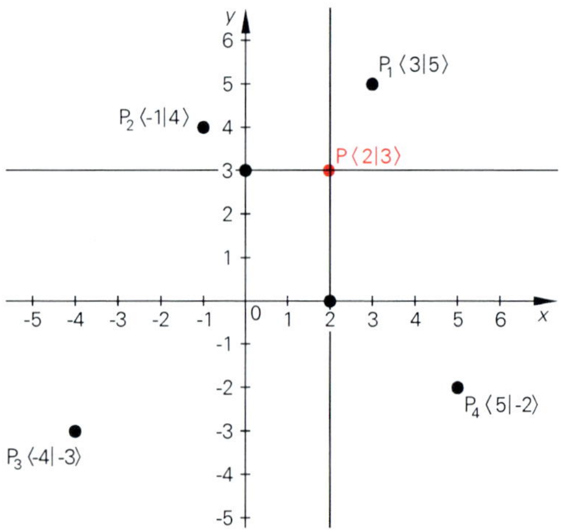


$\langle 3|5\rangle \blacktriangleright P_1\langle 3|5\rangle$; $\langle -1|4\rangle \blacktriangleright P_2\langle -1|4\rangle$;
$\langle -4|-3\rangle \blacktriangleright P_3\langle -4|-3\rangle$; $\langle 5|-2\rangle \blacktriangleright P_4\langle 5|-2\rangle$.

Ist umgekehrt wie nebenstehend ein Punkt P im Koordinatensystem gegeben, so findet man seine Koordinaten auf folgende Weise: Man zeichnet durch P die Parallele zur $y$-Achse. Wo sie die $x$-Achse schneidet, liest man die Abszisse von P, hier im Beispiel also 2, ab. Sodann zeichnet man die Parallele durch P zur $x$-Achse. Wo diese die $y$-Achse schneidet, liest man die Ordinate von P ab. Hier im Beispiel also 4.

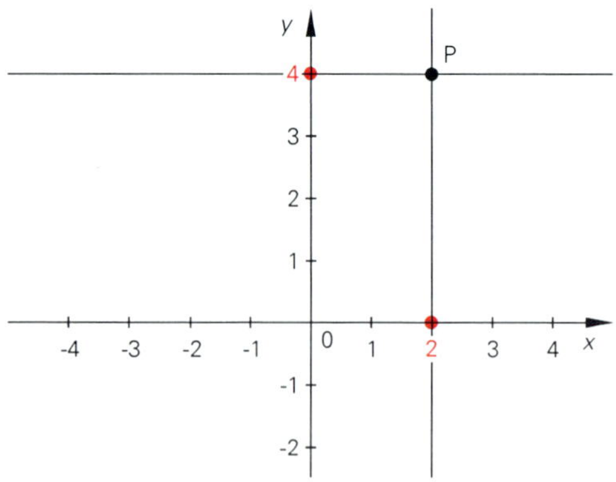

Die Koordinatenachsen teilen die Ebene in vier so genannte **Quadranten** ein. Sind beide Koordinaten eines Punktes positive Zahlen, so liegt der Punkt im I. Quadranten. Sind beide Koordinaten negativ, so liegt der zugehörige Punkt im III. Quadranten. Für $x<0$ und $y>0$ liegen die zugehörigen Punkte im II., für $x>0$ und $y<0$ im IV. Quadranten.

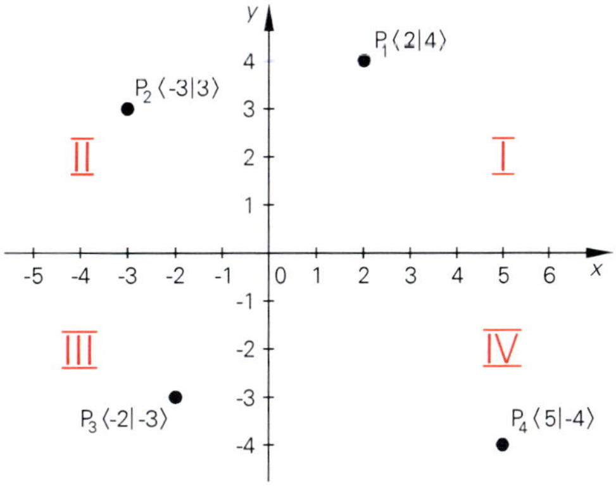


Die Gleichung $x+y=6$ hat, wie schon gesagt, unendlich viele Lösungen. Jede dieser Lösungen kann als ein Paar reeller Zahlen geschrieben werden. Einige Lösungen sind in der nebenstehenden Wertetabelle erfasst. Jedem Zahlenpaar entspricht genau ein Punkt im kartesischen Koordinatensystem. Trägt man daher die Punkte nach der eben erläuterten Vorschrift ins Koordinatensystem ein, erkennt man, dass sie alle auf einer Geraden liegen.

Diese Gerade ist der **Graph** oder das **Bild der Gleichung** $x+y=6$.

Wertetabelle für $x+y=6$ mit $x \in \mathbb{R}$ und $y \in \mathbb{R}$:

| $x$ | $-2$ | $-1$ | $0$ | $1$ | $3$ | $6$ | … |
|---|---|---|---|---|---|---|---|
| $y$ | $8$ | $7$ | $6$ | $5$ | $3$ | $0$ | … |

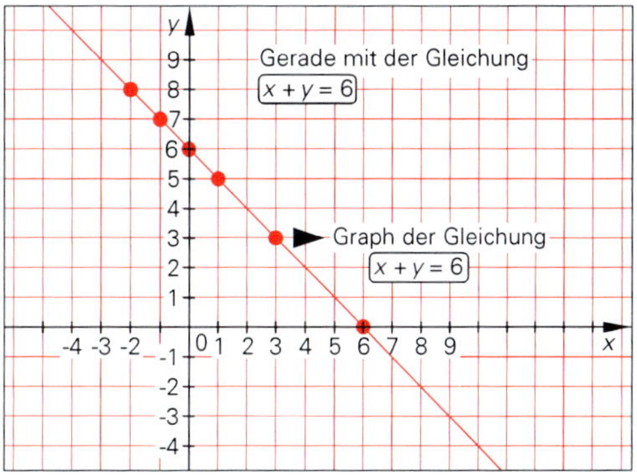


Sind die Graphen aller linearen Gleichungen mit zwei Gleichungsvariablen Geraden?

Die allgemeine Form einer solchen Gleichung mit den Gleichungsvariablen $x$ und $y$ und den Formvariablen $a$, $b$ und $c$ lautet $ax+by=c$; $x \in \mathbb{R}$ und $y \in \mathbb{R}$.

- Der Gleichung $x+y=6$ entspricht der Fall, dass in der allgemeinen Form der linearen Gleichung die Formvariablen $a$ und $b$ beide nicht gleich 0 sind. Für $a \neq 0$ und $b \neq 0$ ist also der Graph der Gleichung $ax+by=c$ im kartesischen Koordinatensystem eine Gerade.

Wertetabelle für $x+3y=10$; $x \in \mathbb{R}$, $y \in \mathbb{R}$:

| $x$ | $-1$ | $0$ | $1$ | $\frac{1}{2}$ | $2$ | $4$ | $10$ | … |
|---|---|---|---|---|---|---|---|---|
| $y$ | $\frac{11}{3}$ | $\frac{10}{3}$ | $\frac{9}{3}$ | $\frac{19}{6}$ | $\frac{8}{3}$ | $\frac{6}{3}$ | $0$ | … |

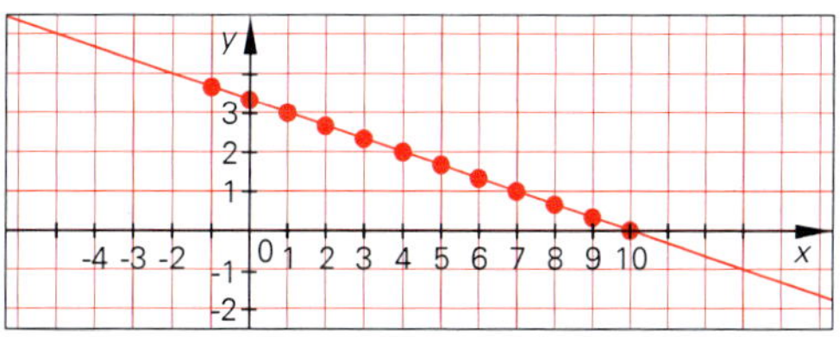

► Graph der Gleichung $x+3y=10$

- Ist $b \neq 0$, aber $a = 0$, lautet die lineare Gleichung $0 \cdot x + b \cdot y = c$. Dividiert man beide Seiten durch $b$, erhält man $0 \cdot x + y = \frac{c}{b}$. Wegen $0 \cdot x = 0$ für alle $x \in \mathbb{R}$ gilt also auch $y = \frac{c}{b}$ für alle $x \in \mathbb{R}$. D.h., welche Zahl man für $x$ auch setzt, der Wert für $y$ ist stets $\frac{c}{b}$, also konstant. Im Koordinatensystem ist der Graph dieser Gleichung daher eine Parallele zur $x$-Achse im Abstand $\left|\frac{c}{b}\right|$. Ist $\frac{c}{b} > 0$, verläuft die Parallele oberhalb der $x$-Achse und für $\frac{c}{b} < 0$ unterhalb. Ist $c = 0$, fällt die Gerade mit der $x$-Achse zusammen.

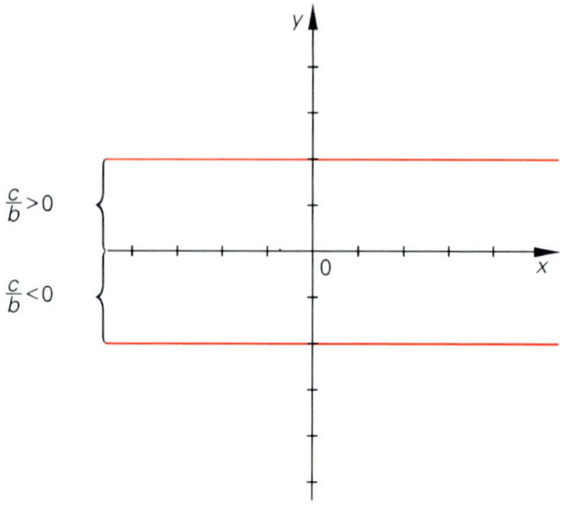


- Analoges gilt für den Fall $a \neq 0$ und $b = 0$. Man erhält $0 \cdot y + x = \frac{c}{a}$. Wegen $0 \cdot y = 0$ für alle $y \in \mathbb{R}$ gilt also auch $x = \frac{c}{a}$ für alle $y \in \mathbb{R}$. D.h., welche Zahl man für $y$ auch setzt, der Wert für $x$ ist stets $\frac{c}{a}$, also konstant. Im Koordinatensystem ist der Graph dieser Gleichung eine Parallele zur $y$-Achse im Abstand $\left|\frac{c}{a}\right|$. Ist $\frac{c}{a} > 0$, so verläuft diese Gerade rechts von der $y$-Achse, ist $\frac{c}{a} < 0$ links davon. Ist $c = 0$, fällt die Gerade mit der $y$-Achse zusammen.

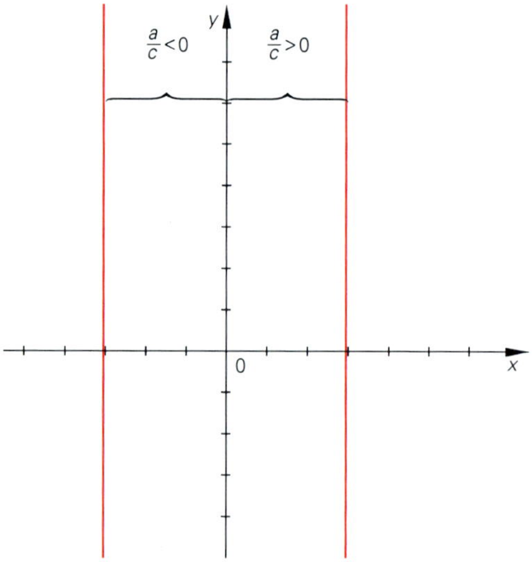


- Ist sowohl $a = 0$ als auch $b = 0$, so lautet die Gleichung $0 \cdot x + 0 \cdot y = c$. Für $c \neq 0$ ist diese Gleichung unerfüllbar, hat also keine Lösung. Für $c = 0$ ist diese Gleichung allgemein gültig, d.h., jedes Paar reeller Zahlen ist eine Lösung der Gleichung. Der Graph dieser Gleichung ist somit die ganze Ebene.

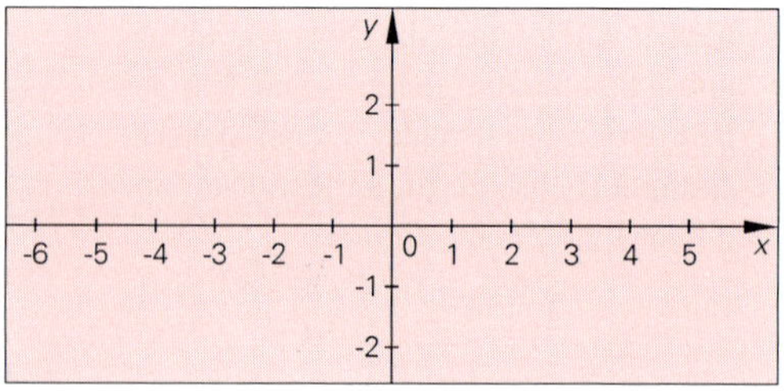

Nicht in allen Fällen stellt also eine lineare Gleichung der Form $ax+by=c$ mit den Gleichungsvariablen $x$ und $y$ und den Formvariablen $a$, $b$ und $c$ eine Gerade dar. Das ist nur dann der Fall, wenn für die Formvariablen $a$ und $b$ nicht gleichzeitig $a=0$ und $b=0$ gilt.

**Merke:**

Der Graph einer linearen Gleichung der Form $ax+by=c$ mit den Gleichungsvariablen $x$ und $y$ und den Formvariablen $a$, $b$ und $c$ ist

- leer, wenn $a=0$, $b=0$ und $c \neq 0$,
- eine Gerade, wenn nicht gleichzeitig $a=0$ und $b=0$,
- die ganze Ebene, wenn $a=0$, $b=0$ und $c=0$ ist.

Betrachtet man nicht nur eine lineare Gleichung mit den beiden Gleichungsvariablen $x$ und $y$, sondern zwei, also ein System aus zwei linearen Gleichungen mit zwei Gleichungsvariablen, so kann der Graph jeder dieser Gleichungen entweder leer ({ }), eine Gerade (g) oder die ganze Ebene (E) sein. Der rechnerischen Lösung eines solchen Systems durch Äquivalenzumformungen entspricht dann graphisch die Bestimmung aller Punkte, die auf den Graphen der beiden Gleichungen zugleich liegen. Kennt man diese Punkte, so liefern deren Koordinatenpaare die Lösungen des Gleichungssystems.

Es sind genau 9 Fälle denkbar, die auftreten können. Zur besseren Übersicht stellt man sich diese Fälle in einer Tabelle dar. Die Eingangsspalte enthält die möglichen Graphen der 1. Gleichung, die Eingangszeile die der 2. Gleichung. Im Schnitt einer Zeile mit einer Spalte schreibt man diejenige Punktmenge auf, die beiden Graphen gemeinsam ist.

Das geht gänzlich ohne Rechnung, nur allein unter Zuhilfenahme der Anschauung. Denn ist z. B. der Graph der einen Gleichung eine Gerade g, der der anderen Gleichung die Ebene E, so sind alle Punkte der Geraden g beiden Graphen gemeinsam.

In 8 der 9 Fälle kann man die Menge der beiden Graphen gemeinsamen Punkte leicht angeben.

| Graph der 1. Gleichung \ Graph der 2. Gleichung | { } | g | E |
|---|---|---|---|
| { } | { } | { } | { } |
| g | { } | ? | g |
| E | { } | g | E |

▸ Ist der Graph einer der Gleichungen leer, so gibt es keine gemeinsamen Punkte beider Graphen; das Gleichungssystem hat keine Lösungen.

▸ Ist der Graph einer der Gleichungen eine Gerade, der der anderen die ganze Ebene, so sind alle Punkte der Geraden gemeinsame Punkte beider Graphen; das Gleichungssystem besitzt die unendlich vielen Koordinatenpaare von Punkten auf der Geraden als Lösungen.

▸ Sind beide Graphen die ganze Ebene, so sind alle Punkte der Ebene gemeinsame Punkte beider Graphen; das Gleichungssystem ist allgemein gültig. Jedes Koordinatenpaar eines Punktes der Ebene ist eine Lösung des Gleichungssystems.

Nur für den Fall, dass die Graphen der beiden Gleichungen beide Geraden sind, muss man weitere Überlegungen anstellen. Aber auch hier hilft die Anschauung weiter. Zwei Geraden in einer Ebene können nämlich nur die folgenden Lagen zueinander haben:

**1.** Sie schneiden einander in genau einem Punkt;

**2.** sie sind parallel, fallen aber nicht zusammen. Sie haben keinen gemeinsamen Punkt;

**3.** sie fallen zusammen. Alle ihre Punkte sind gemeinsame Punkte.

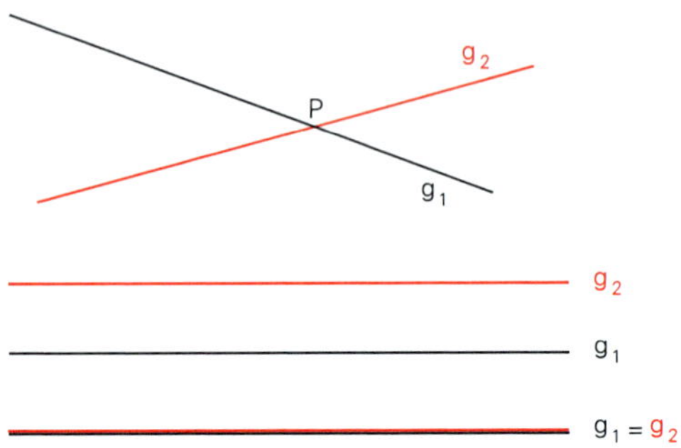


**Zu 1:** Das Koordinatenpaar des Schnittpunktes ist Lösung des Gleichungssystems.

**Beispiele:**

**1.** $\begin{cases} x + \phantom{3}y = 6 \\ x + 3y = 10 \end{cases}$

Die Graphen $g_1$ und $g_2$ beider Gleichungen sind Geraden. Wie das nebenstehende Bild zeigt, schneiden sie einander im Punkt $P\langle 4|2\rangle$. Das Zahlenpaar $\langle 4|2\rangle$ ist die Lösung des Gleichungssystems, wie man leicht rechnerisch überprüft.

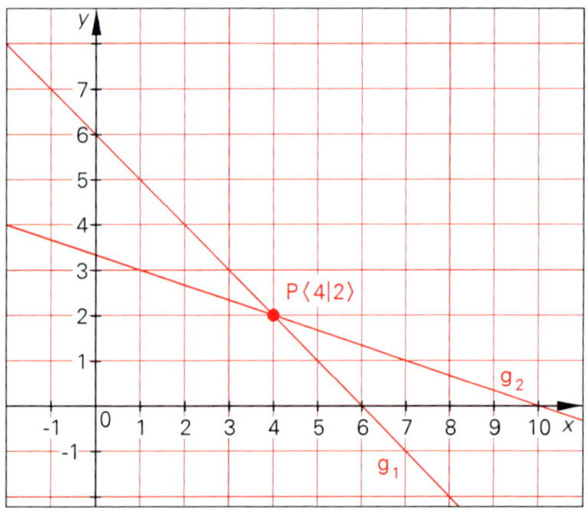


$P\langle 4|2\rangle$ ► Schnittpunkt

**2.** $\begin{cases} \phantom{2}x + y = 2 \\ 2x - y = 1 \end{cases}$

Die Graphen beider Gleichungen sind Geraden. Um sie zeichnen zu können, muss man zwei ihrer Punkte kennen, denn eine Gerade ist bereits durch die Angaben von zweien ihrer Punkte eindeutig festgelegt. Zur zeichnerischen Kontrolle wird in den Wertetabellen noch ein drittes Koordinatenpaar angegeben.

Wertetabelle zu $x + y = 2$:

| $x$ | $-1$ | $0$ | $2$ |
|---|---|---|---|
| $y$ | $3$ | $2$ | $0$ |

Wertetabelle zu $2x - y = 1$:

| $x$ | $-1$ | $0$ | $2$ |
|---|---|---|---|
| $y$ | $-3$ | $-1$ | $3$ |

Das nebenstehende Bild zeigt: Das Paar $\langle 1 | 1 \rangle$ ist die Lösung des Systems. Die Probe (im Kopf!) bestätigt die Ablesung.

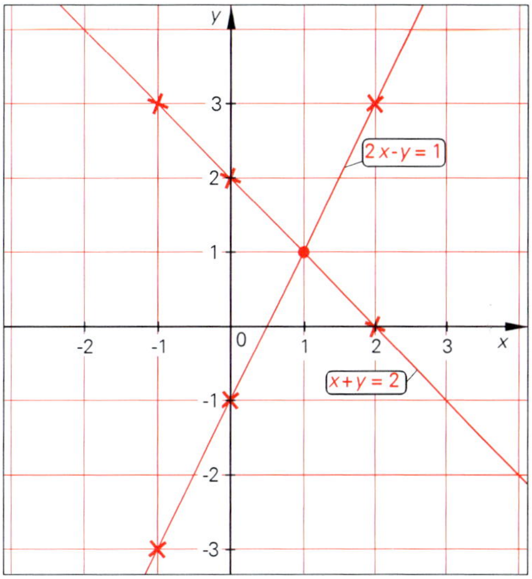


P$\langle 1 | 1 \rangle$ ► Schnittpunkt

**3.** $\begin{cases} -x+y=1 \\ x \quad\;\; =3 \end{cases}$

Wertetabelle zu $-x+y=1$:

| | | | |
|---|---|---|---|
| $x$ | $-1$ | 0 | 2 |
| $y$ | 0 | 1 | 3 |

Der Graph der Gleichung $x=3$ ist die Parallele zur $y$-Achse durch die Stelle 3 der $x$-Achse.

Das Zahlenpaar $\langle 3 | 4 \rangle$ ist die Lösung des Systems.

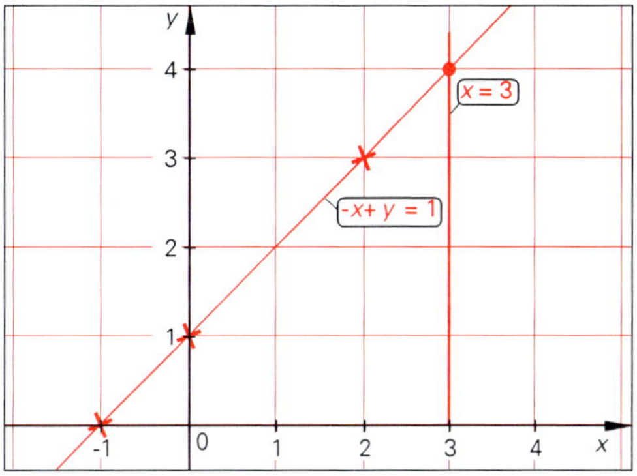


P$\langle 3 | 4 \rangle$ ► Schnittpunkt

**Zu 2:** Es gibt keine gemeinsamen Punkte beider Geraden. Das zugehörige Gleichungssystem hat daher keine Lösung. Dieser Fall tritt ein, wenn zwar die linke Seite der einen Gleichung des Systems durch die Multiplikation mit einer von 0 verschiedenen reellen Zahl in die linke Seite der anderen Gleichung übergeht, dies für die rechten Seiten der Gleichungen bei Multiplikation mit derselben Zahl aber nicht zutrifft. Im Verlauf der äquivalenten Umformungen eines solchen Systems tritt eine Gleichung der Form $0 \cdot x + 0 \cdot y = c$ mit $c \neq 0$ auf.

**Beispiel:**

$\begin{cases} 2x+3y=3 \\ 4x+6y=2 \end{cases}$

Hier gilt $4x+6y=2(2x+3y)$, aber $2 \neq 2 \cdot 3$. Das System hat also keine Lösung.

Stellt man Wertetabellen auf und zeichnet die zugehörigen Geraden, erkennt man, dass diese parallel sind.

Wertetabelle zu $2x+3y=3$:

| $x$ | 0 | 1 | 3 |
|---|---|---|---|
| $y$ | 1 | $\frac{1}{3}$ | $-1$ |

Wertetabelle zu $4x+6y=2$:

| $x$ | 0 | 1 | 3 |
|---|---|---|---|
| $y$ | $\frac{1}{3}$ | $-\frac{1}{3}$ | $\frac{5}{3}$ |

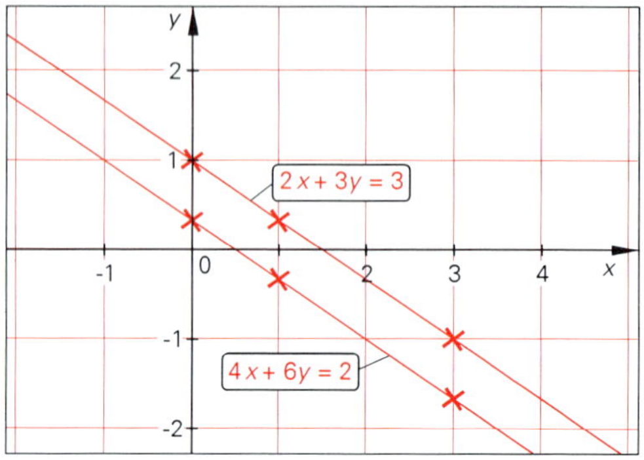


**Zu 3:** Die Geraden sind identisch. Das zugehörige Gleichungssystem hat daher unendlich viele Lösungen. Dieser Fall tritt ein, wenn die eine Gleichung des Systems durch Multiplikation mit einer von 0 verschiedenen reellen Zahl in die andere Gleichung des Systems übergeht. Beide Gleichungen stellen ein und dieselbe Gerade dar. Die Koordinatenpaare aller ihrer Punkte sind Lösungen des Systems. Im Verlauf der äquivalenten Umformungen des Systems tritt eine Gleichung der Form $0 \cdot x + 0 \cdot y = 0$ auf.

**Beispiel:**

$$\begin{cases} -2x + \phantom{2}y = 1 \\ -4x + 2y = 2 \end{cases}$$

Hier geht z. B. die 2. Gleichung aus der 1. Gleichung durch Multiplikation mit 2 hervor.

Wertetabelle für $-2x+y=1$:

| $x$ | $-1$ | 0 | 1 |
|---|---|---|---|
| $y$ | $-1$ | 1 | 3 |

Wertetabelle für $-4x+2y=2$:

| $x$ | $-2$ | 0 | $\frac{1}{2}$ |
|---|---|---|---|
| $y$ | $-3$ | 1 | 2 |

Die Graphen beider Gleichungen sind identisch.

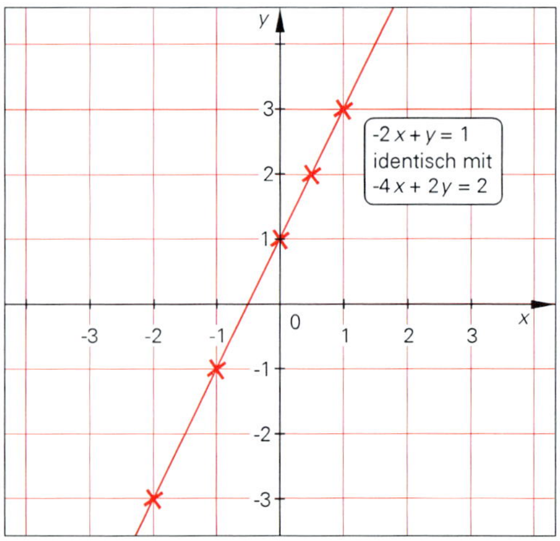


**Merke:**

Ein Gleichungssystem aus zwei linearen Gleichungen mit zwei Gleichungsvariablen, deren Graphen zwei Geraden sind, löst man graphisch in folgenden Schritten:

- Mithilfe von Wertetabellen werden im Koordinatensystem die Geraden gezeichnet, welche die Graphen der Gleichungen sind.
- Erhält man verschiedene Geraden, die einander schneiden, so liest man das Koordinatenpaar des Schnittpunkts ab. Dieses Zahlenpaar ist die eindeutige Lösung des Systems.
- Erhält man verschiedene Geraden, die einander parallel sind, so besitzt das System keine Lösung.
- Erhält man identische Geraden, so ist jedes Zahlenpaar eines Geradenpunkts eine Lösung des Systems. Das System besitzt dann also unendlich viele Lösungen.

## 2.4.5 Systeme linearer Gleichungen aus drei Gleichungen mit drei Gleichungsvariablen

Beim Lösen von Systemen aus drei linearen Gleichungen mit drei Gleichungsvariablen, etwa $x$, $y$ und $z$, verfolgt man – analog dem Vorgehen bei Systemen aus zwei Gleichungen mit zwei Gleichungsvariablen – das Ziel, durch äquivalente Umformungen ein lösungsgleiches System der Gestalt

$$\left\{\begin{array}{l} „x = \text{Zahl}“ \\ „y = \text{Zahl}“ \\ „z = \text{Zahl}“ \end{array}\right. \text{ herzustellen.}$$

Dazu versucht man zunächst das System äquivalent so umzuformen, dass zwei seiner Gleichungen nur noch je zwei gleiche Gleichungsvariable enthalten, z. B. $x$ und $y$. Erhält man ein solches System, so wird die äquivalente Umformung falls möglich so weit fortgesetzt, bis die besagten beiden Gleichungen in die Gestalt „$x = \text{Zahl}$“ und „$y = \text{Zahl}$“ überführt sind. Aus der im System verbliebenen dritten Gleichung versucht man dann anschließend mithilfe der Lösungen für $x$ und $y$ die noch fehlende Gleichung der Gestalt „$z = \text{Zahl}$“ herzustellen.

**Beispiel 1:**

In diesem Beispiel wird das Gleichungssystem zunächst mithilfe der Additionsmethode umgeformt. Im ersten Schritt wird die Gleichungsvariable $z$ aus einer der Gleichungen ① oder ② eliminiert.

Das geschieht hier durch Multiplikation der Gleichung ① mit 5 und anschließender Addition zur Gleichung ②. Die Gleichung ③ wird beibehalten.

$$\begin{array}{l} ① \\ ② \\ ③ \end{array} \left\{\begin{array}{rl} 2x+3y-\phantom{5}z=5 & |\cdot 5 \\ 4x-\phantom{3}y+5z=17 & \quad + \\ -x+6y+7z=32 & \end{array}\right.$$

► 1. Schritt

Die neue Gleichung ②′ enthält die Variable $z$ nicht mehr und kann durch Division durch 14 beim nächsten Schritt vereinfacht werden.

$$\begin{array}{l} ① \\ ②' \\ ③ \end{array} \left\{\begin{array}{rl} 2x+\phantom{1}3y-z=5 & \\ 14x+14y\phantom{-z}=42 & |:14 \\ -x+6y+7z=32 & \end{array}\right.$$

► 2. Schritt

Beim 3. Schritt wird die Gleichungsvariable $z$ ein zweites Mal eliminiert, und zwar diesmal aus einer der Gleichungen ① oder ③.

Das geschieht hier durch Multiplikation von ① mit 7 und anschließender Addition zu ③. ②′ wird beibehalten.

$$\begin{array}{l} ① \\ ②' \\ ③ \end{array} \left\{\begin{array}{rl} 2x+3y-\phantom{7}z=5 & |\cdot 7 \\ x+\phantom{3}y\phantom{+7z}=3 & \\ -x+6y+7z=32 & \quad + \end{array}\right.$$

► 3. Schritt

Auch die neue Gleichung ③′ enthält $z$ nicht mehr.

$$\begin{array}{l} ① \\ ②' \\ ③' \end{array} \left\{\begin{array}{rl} 2x+\phantom{2}3y-z=5 & \\ x+\phantom{27}y\phantom{-z}=3 & |\cdot(-13) \\ 13x+27y\phantom{-z}=67 & \quad + \end{array}\right.$$

► 4. Schritt

Im 4. Schritt wird dann aus einer der Gleichungen ②′ oder ③′ eine weitere Gleichungsvariable $x$ oder $y$ eliminiert.

Das geschieht hier durch Multiplikation von ②′ mit $-13$ und anschließender Addition zu ③′. Die Gleichung ① wird beibehalten.

$$\begin{array}{l} ① \\ ②' \\ ③'' \end{array}\begin{cases} 2x+3y-z=5 \\ \;\;x+\;\;y \qquad =3 \\ \qquad 14y \qquad =28 \quad |:14 \end{cases}$$

► 5. Schritt

Die neue Gleichung ③″ enthält nur noch die Variable $y$ und wird zweckmäßigerweise nach dieser im 5. Schritt aufgelöst.

$$\begin{array}{l} ① \\ ②' \\ ③''' \end{array}\begin{cases} 2x+3y-z=5 \\ \;\;x+\;\;y \qquad =3 \\ \qquad\;\; y \qquad =2 \end{cases} \quad \text{③''' } - \text{ ②'}$$

► 6. Schritt

Im 6. Schritt isoliert man dann auch die Variable $x$ in der Gleichung ②′, indem man von Gleichung ③‴ die Gleichung ②′ subtrahiert. Auch in diesem Schritt wird die Gleichung ① wieder beibehalten.

$$\begin{array}{l} ① \\ ②'' \\ ③''' \end{array}\begin{cases} 2x+3y-z=5 \\ \;\;x \qquad\qquad =1 \\ \qquad\;\; y \qquad =2 \end{cases}$$

► 7. Schritt

Beim 7. und hier letzten Schritt beendet man das Additionsverfahren, weil das Einsetzungsverfahren jetzt schneller zum Ziel führt.

Man setzt 1 für $x$ und 2 für $y$ in Gleichung ① und erhält so ein Gleichungssystem, aus welchem die Lösung unmittelbar abgelesen werden kann.

$$\begin{cases} \underline{\underline{z=3}} \\ \underline{\underline{x=1}} \\ \underline{\underline{y=2}} \end{cases}$$

**Beispiel 2:**

Das Gleichungssystem wird zunächst mithilfe der Additionsmethode umgeformt. Im 1. Schritt wird die Gleichungsvariable $x$ aus einer der Gleichungen ① oder ② eliminiert.

Das geschieht hier, indem man die Gleichung ② mit $-1$ multipliziert und anschließend zur Gleichung ① addiert.

Die Gleichung ③ wird beibehalten.

$$\begin{array}{l} ① \\ ② \\ ③ \end{array}\begin{cases} x+y \qquad =12 \\ x \qquad +z=10 \quad |\cdot(-1) \\ \qquad y+z=18 \end{cases} \quad \text{① } + \text{ ②}$$

► 1. Schritt

Im 2. Schritt wird die Gleichungsvariable $z$ aus einer der Gleichungen ①′ oder ③ eliminiert.

Das geschieht hier durch Addition von ③ zu ①′.

Die Gleichung ② wird beibehalten.

$$\begin{array}{l} ①' \\ ② \\ ③ \end{array}\begin{cases} \qquad y-z=2 \\ x \qquad +z=10 \\ \qquad y+z=18 \end{cases} \quad \text{①' } + \text{ ③}$$

► 2. Schritt

Im 3. Schritt wird die Gleichung ①″ nach $y$ aufgelöst, indem sie durch 2 dividiert wird.

Die Gleichungen ② und ③ werden beibehalten.

$$\begin{array}{l} ①'' \\ ② \\ ③ \end{array}\begin{cases} \qquad 2y=20 \quad |:2 \\ x \qquad +z=10 \\ \qquad y+z=18 \end{cases}$$

► 3. Schritt

$$\begin{array}{l} ①'' \\ ② \\ ③ \end{array}\begin{cases} \qquad\; y=10 \\ x \qquad +z=10 \\ \qquad y+z=18 \end{cases}$$

Im 4. Schritt wird in Gleichung ③ 10 für $y$ gesetzt und $z$ isoliert. Die Gleichungen ①″ und ② bleiben unverändert.

$$\begin{array}{l} (1'') \\ (2) \\ (3) \end{array} \left\{ \begin{array}{rl} & y = 10 \\ x & + z = 10 \\ & z = 8 \end{array} \right.$$

► 4. Schritt

Im letzten Schritt wird 8 für $z$ in der Gleichung ② gesetzt und $x$ isoliert.

$$\left\{ \begin{array}{l} \underline{\underline{y = 10}} \\ \underline{\underline{x = 2}} \\ \underline{\underline{z = 8}} \end{array} \right.$$

► 5. Schritt

Auch Systeme aus drei linearen Gleichungen mit drei Gleichungsvariablen haben nicht immer genau eine Lösung. Auch für sie gilt:

- Tritt im Verlaufe der äquivalenten Umformungen eine nicht erfüllbare Gleichung auf, so hat das System keine Lösung.
- Tritt im Verlaufe der äquivalenten Umformungen eine allgemein gültige Gleichung auf und sind die anderen Gleichungen mindestens erfüllbar, so hat das Gleichungssystem unendlich viele Lösungen. Diese unendlich vielen Lösungen können aber von ganz unterschiedlicher Art sein.

**Beispiel 1:**

$$\left\{ \begin{array}{l} 2x + 2y + 2z = 12 \\ x + y + z = 6 \quad | \cdot (-2) \\ x - y + z = 2 \end{array} \right. \quad (+)$$

$$\left\{ \begin{array}{l} 0 \cdot x + 0 \cdot y + 0 \cdot z = 0 \quad \blacktriangleright \text{ allgemein gültige Gleichung} \\ x + y + z = 6 \\ x - y + z = 2 \end{array} \right. \quad (+)$$

$$\left\{ \begin{array}{l} 0 \cdot x + 0 \cdot y + 0 \cdot z = 0 \\ 2x + 2z = 8 \quad |:2 \\ x - y + z = 2 \end{array} \right.$$

$$\left\{ \begin{array}{l} 0 \cdot x + 0 \cdot y + 0 \cdot z = 0 \\ x + z = 4 \\ x - y + z = 2 \end{array} \right. \quad (-)$$

$$\left\{ \begin{array}{l} 0 \cdot x + 0 \cdot y + 0 \cdot z = 0 \quad \blacktriangleright \text{ allgemein gültige Gleichung} \\ x + z = 4 \quad \blacktriangleright \text{ erfüllbare Gleichung} \\ y = 2 \quad \blacktriangleright \text{ erfüllbare Gleichung} \end{array} \right.$$

Das System hat unendlich viele Lösungen.

**Beispiel 2:**

$$\left\{ \begin{array}{l} 2x + 3y - 4z = 16 \\ 4x + 6y - 8z = 20 \quad |:2 \\ 2x + y + z = 9 \end{array} \right. \quad (-)$$

$$\left\{ \begin{array}{l} 0 \cdot x + 0 \cdot y + 0 \cdot z = 6 \quad \blacktriangleright \text{ nicht erfüllbare Gleichung} \\ 4x + 6y - 8z = 20 \\ 2x + y + z = 9 \end{array} \right.$$

Das System hat keine Lösung.

## 2.4.6 Textaufgaben, die auf Systeme linearer Gleichungen führen

Wie beim Lösen von Textaufgaben, die auf eine lineare Gleichung mit nur einer Gleichungsvariablen führen, kann man auch für das Lösen von Textaufgaben, die auf Systeme linearer Gleichungen mit zwei oder mehr Gleichungsvariablen führen, vier Schritte oder Etappen unterscheiden. In Kurzfassung lauten sie:

- festlegen, wofür die Gleichungsvariablen stehen sollen; sich aus dem Text ergebende Terme notieren;
- äquivalente Terme suchen, Gleichungen aufstellen, Gleichungssystem bilden;
- Gleichungssystem lösen;
- Probe am Text durchführen.

Die Hauptschwierigkeit bei solchen Textaufgaben besteht in dem Auffinden der zugehörigen Gleichungen. Im Unterschied zum Lösen eines Gleichungssystems lassen sich hierfür keine mathematischen Regeln angeben. Neben dem notwendigen Fachwissen gehören hierzu auch Phantasie und Ideenreichtum. Hat man zunächst **eine** zum Text passende Gleichung mit zwei Gleichungsvariablen gefunden, die weder allgemein gültig noch unerfüllbar ist, so muss man noch eine **zweite** aufstellen, falls man nach einer eindeutigen Lösung des Problems sucht. Denn veranschaulicht man sich die Gleichung durch ihren Graphen als Gerade, so muss es für eine eindeutige Lösung des Problems einen Schnittpunkt mit einer weiteren Geraden geben.

Ähnlich liegen die Verhältnisse bei Textaufgaben, die auf lineare Gleichungen mit drei Gleichungsvariablen führen. Auch hier benötigt man zur Bestimmung einer eindeutigen Lösung des Problems drei Gleichungen mit denselben drei Gleichungsvariablen. Gibt es eine eindeutige Lösung des Problems, so kann man sich diese drei Gleichungen als Ebenen im Raum veranschaulichen, die genau einen Schnittpunkt miteinander haben.

Die folgenden Textaufgaben können oft auch mithilfe nur einer Gleichungsvariablen gelöst werden. Man kann im Allgemeinen nicht angeben, welcher Lösungsweg leichter ist.

**Beispiel 1:** Von welchen natürlichen Zahlen ist die Differenz gleich 15 und die Summe gleich 25?

Die Gleichungsvariablen $x$ und $y$ stehen für natürliche Zahlen.

Man bildet die Differenz und ihre Summe.

Das entstehende Gleichungssystem wird mithilfe der Additionsmethode gelöst.

$$\begin{cases} x-y=15 \\ x+y=25 \end{cases} \quad +$$

$$\begin{cases} 2x=40 \\ x+y=25 \end{cases} \quad |:2$$

$$\begin{cases} x=20 \\ x+y=25 \end{cases} \quad \blacktriangleright\ 20 \text{ für } x\text{:}$$

$$\begin{cases} x=20 \\ y=5 \end{cases}$$

Löst man die Aufgabe mit nur einer Gleichungsvariablen $x$, so muss man verwenden, dass dann sowohl $x-15$ als auch $25-x$ für die andere Variable stünde, so dass man die Gleichung $x-15=25-x$ bilden kann. Sie führt auf die Lösung 20 für $x$ und somit auf den Wert 5 für den Term $x-15$ oder den Term $25-x$.

**Beispiel 2:** Ein m² Messingblech, 2,5 mm dick, wiegt 21 kg. Wie groß ist die Dichte $\varrho$ (kg/dm³) des Bleches? Wie viel kg Kupfer ($\varrho = 8{,}8\,\text{kg}/\text{dm}^3$) und Zink ($\varrho = 7{,}1\,\text{kg}/\text{dm}^3$) sind darin enthalten?

Als Gleichungsvariablen werden verwendet: $x$ für die Masse von Kupfer in kg,
$y$ für die Masse von Zink in kg.

Die Masse des Blechs ist gleich der Summe der Massen des Kupfers und des Zinks.

$$x + y = 21\,\text{kg} \qquad ①$$

Das Volumen des Blechs wird aus den gegebenen Abmessungen errechnet. Es wird in dm³ umgewandelt.

$$V = 100\,\text{cm} \cdot 10\,\text{cm} \cdot 0{,}25\,\text{cm} = 2500\,\text{cm}^3 = 2{,}5\,\text{dm}^3$$

Dieses Volumen ist aber auch der Summe der Volumina $V_K$ und $V_Z$ von Kupfer und Zink gleich.

$$V = V_K + V_Z$$

Die Dichte eines Stoffes ist erklärt als der Quotient aus Masse und Volumen. Damit lassen sich $V_K$ und $V_Z$ berechnen.

$$\varrho = \frac{m}{V}$$

$$V_K = \frac{x}{8{,}8\,\text{kg}/\text{dm}^3}, \qquad V_Z = \frac{y}{7{,}1\,\text{kg}/\text{dm}^3}$$

Ihre Summe führt zur zweiten Gleichung des Systems.

$$\frac{x}{8{,}8\,\text{kg}/\text{dm}^3} + \frac{y}{7{,}1\,\text{kg}/\text{dm}^3} = 2{,}5\,\text{dm}^3 \qquad ②$$

Das zu lösende System besteht aus den Gleichungen ① und ②.

Man multipliziert die Gleichung ② mit $8{,}8 \cdot 7{,}1\,\text{kg}/\text{dm}^3$. Es entsteht ③.

$$\begin{cases} x + y = 21\,\text{kg} \\ \dfrac{x}{8{,}8\,\text{kg}/\text{dm}^3} + \dfrac{y}{7{,}1\,\text{kg}/\text{dm}^3} = 2{,}5\,\text{dm}^3 \quad \left|\cdot 8{,}8 \cdot 7{,}1\,\dfrac{\text{kg}}{\text{dm}^3}\right. \end{cases}$$

$$\begin{cases} x + y = 21\,\text{kg} \\ 7{,}1x + 8{,}8y = 2{,}5 \cdot 8{,}8 \cdot 7{,}1\,\text{kg} \end{cases} \qquad ③$$

Das System aus den Gleichungen ① und ③ wird mithilfe des Einsetzungsverfahrens gelöst.

$$\begin{cases} y = 21\,\text{kg} - x \\ 7{,}1x + 8{,}8y = 2{,}5 \cdot 8{,}8 \cdot 7{,}1\,\text{kg} \end{cases}$$

$$\begin{cases} y = 21\,\text{kg} - x \\ 7{,}1x + 8{,}8(21\,\text{kg} - x) = 2{,}5 \cdot 8{,}8 \cdot 7{,}1\,\text{kg} \end{cases}$$

Zwischenrechnung:

$$7{,}1x - 8{,}8x = 8{,}8(2{,}5 \cdot 7{,}1 - 21)\,\text{kg}$$

$$x = 16{,}824\,\text{kg}$$

Die Lösung für $x$ ist 16,824 kg. Sie wird in ④ verwendet, um den Wert für $y$ berechnen zu können.

Das lösungsgleiche System heißt nun:

$$\begin{cases} x = 16{,}824\,\text{kg} \\ y = 21\,\text{kg} - x \end{cases} \qquad ④$$

In dem Blech sind 16,824 kg Kupfer und 4,176 kg Zink enthalten.

$$\begin{cases} \underline{\underline{x = 16{,}824\,\text{kg}}} \\ \underline{\underline{y = \phantom{1}4{,}176\,\text{kg}}} \end{cases}$$

Mithilfe der Definition der Dichte als Quotient aus Masse und Volumen eines Stoffes wird die Dichte des Blechs berechnet.

$$\varrho = \frac{m}{V} = \frac{21\,\text{kg}}{2{,}5\,\text{dm}^3}$$

$$\underline{\underline{\varrho = 8{,}4\,\frac{\text{kg}}{\text{dm}^3}}}$$

**Beispiel 3:** Zwei Autofahrer, A und B, fahren von zwei Orten, die 510 km voneinander entfernt sind, einander entgegen und treffen sich nach 4 Stunden. Würde B eine halbe Stunde nach A abfahren, so wären sie 4 Stunden nach Aufbruch noch 25 km voneinander entfernt. Wie viel km legt jeder in der Stunde zurück?

Als Gleichungsvariablen werden verwendet:

$x$ für die Geschwindigkeit von A in $\frac{\text{km}}{\text{h}}$ und

$y$ für die Geschwindigkeit von B in $\frac{\text{km}}{\text{h}}$.

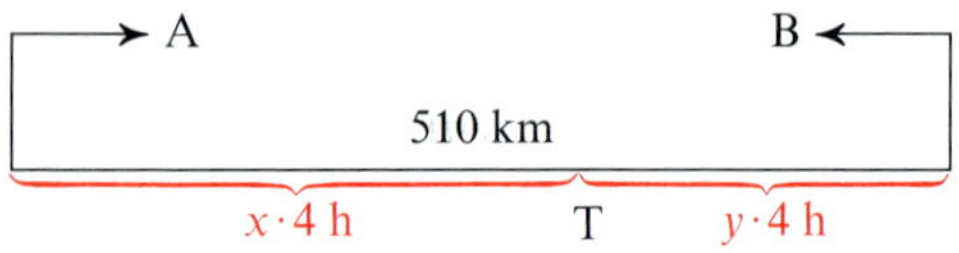


Nach 4 Stunden Fahrt haben beide zusammen den Weg von 510 km zurückgelegt. Der zurückgelegte Weg ist die Summe der Wege, die jeder Einzelne gefahren ist. Das gilt auch für den Fall, dass B eine halbe Stunde nach A abfährt.

Weg = Geschwindigkeit mal Zeit

$s = v \cdot t$

$x \cdot 4\,\text{h} + y \cdot 4\,\text{h} = 510\,\text{km}$ ①

$x \cdot 4\,\text{h} + y \cdot 3\frac{1}{2}\,\text{h} = 510\,\text{km} - 25\,\text{km}$

$= 485\,\text{km}$ ②

Das Gleichungssystem mit den Gleichungen ① und ② wird mit der Additionsmethode gelöst.

$$\begin{cases} x \cdot 4\,\text{h} + y \cdot 4\,\text{h} = 510\,\text{km} \\ x \cdot 4\,\text{h} + y \cdot \frac{7}{2}\,\text{h} = 485\,\text{km} \quad | \cdot (-1) \end{cases} \; +$$

$$\begin{cases} x \cdot 4\,\text{h} + y \cdot 4\,\text{h} = 510\,\text{km} \\ y \cdot \frac{1}{2}\,\text{h} = 25\,\text{km} \end{cases}$$

$$\begin{cases} x \cdot 4\,\text{h} + y \cdot 4\,\text{h} = 510\,\text{km} \\ y = 50\,\frac{\text{km}}{\text{h}} \end{cases}$$

Durch Setzen von $50\,\frac{\text{km}}{\text{h}}$ für $y$ in ① erhält man den gesuchten Wert für $x$.

$$\begin{cases} x \cdot 4\,\text{h} + 4\,\text{h} \cdot 50\,\frac{\text{km}}{\text{h}} = 510\,\text{km} \\ y = 50\,\frac{\text{km}}{\text{h}} \end{cases}$$

$$\begin{cases} x = 77{,}5\,\frac{\text{km}}{\text{h}} \\ y = 50\,\frac{\text{km}}{\text{h}} \end{cases}$$

A legt in der Stunde 77,5 km zurück, B legt in der Stunde 50 km zurück.

### Textaufgaben, die auf Systeme von linearen Gleichungen führen

1. Die Differenz zweier Zahlen beträgt 27. Multipliziert man die erste Zahl mit 2 und die zweite mit 3, so wird die Differenz gleich 41. Wie heißen die Zahlen?
2. Zwei Zahlen verhalten sich wie 3 : 5. Vermehrt man die erste um 3 und die zweite um 2, so verhalten sich die neuen Zahlen wie 2 : 3. Wie heißen die ursprünglichen Zahlen?
3. Die Quersumme einer zweizifferigen Zahl ist 12. Stellt man die Ziffern um, so ist die neue Zahl $1\frac{3}{4}$-mal kleiner als die ursprüngliche. Wie heißt die letztere?
4. Gibt ein Geselle einem zweiten 3 Schrauben ab, so haben beide gleich viel; gibt aber der zweite dem ersten 2 Schrauben, so hat der erste 6-mal so viel wie der zweite. Wie viele Schrauben hat jeder?

**5.** Zwei Kapitalien, 4350 € und 9750 €, sind zu verschiedenen Prozentsätzen ausgeliehen und bringen jährlich zusammen 1383 € Zinsen. Stünde das erste Kapital zum Prozentsatz des zweiten und das zweite zum Prozentsatz des ersten, so brächten sie zusammen 1437 € Zinsen. Zu wie viel Prozent stehen die Kapitalien?

**6.** Ein Wasserbehälter hat zwei Zuflussrohre. Ist das erste 24 min, das zweite 30 min geöffnet, so fließen 984 l ein. Ist hingegen das erste 18 min und das zweite 20 min geöffnet, so fließen 688 l ein. Wie viel Liter Wasser liefert jedes Rohr?

**7.** Wie viel Akkumulatorensäure von der Dichte $1{,}15\ \text{kg/dm}^3$ und wie viel von der Dichte $1{,}2\ \text{kg/dm}^3$ ergeben zusammen 2,5 l Säure von der Dichte $1{,}17\ \text{kg/dm}^3$?

**8.** Wie viel Kupfer von der Dichte $8{,}8\ \text{kg/dm}^3$ und wie viel Zinn von der Dichte $7{,}3\ \text{kg/dm}^3$ ergeben 60 kg Rotguss von der Dichte $8{,}5\ \text{kg/dm}^3$?

**9.** Zwei Arbeiter ($A$ und $B$) erhalten zusammen 630 € Wochenlohn (6 Tage). Wie viel € erhält jeder, wenn $A$ in 10 Tagen 30 € mehr verdient als $B$ in 7 Tagen?

**10.** Ein Motorboot fährt 48,27 km in 3 Stunden den Strom abwärts. Für den Rückweg braucht es 5 Stunden. Wie schnell würde das Boot im stillen Wasser fahren und wie hoch ist die Geschwindigkeit der Strömung?

**11.** Ein Flugzeug braucht für 579,24 km mit dem Wind 2 Stunden, für den Rückflug gegen den Wind $3\frac{3}{5}$ Stunden. Wie hoch ist die Geschwindigkeit des Flugzeuges und die des Windes?

**12.** 3 Pumpen sollen einen Wasserbehälter von $1200\ \text{m}^3$ Inhalt auspumpen. Die erste und zweite schaffen es in $10\frac{10}{11}$ Stunden, die erste und dritte in $8\frac{4}{7}$ Stunden, die zweite und dritte in $7\frac{1}{2}$ Stunden. Wie viel $\text{m}^3$ leistet jede Pumpe je Stunde? Wann ist der Behälter leer, wenn alle Pumpen zugleich arbeiten?

**13.** In einer Werkstatt zählen Meister, Geselle und Auszubildender zusammen 103 Jahre, Meister und Auszubildender 80 Jahre, Geselle und Auszubildender 39 Jahre. Wie alt ist jeder?

**14.** Eine Legierung (Bronze) besteht aus reinem Kupfer ($\varrho = 8{,}88\ \text{g/cm}^3$) und reinem Zinn ($\varrho = 7{,}29\ \text{g/cm}^3$). Sie wiegt in der Luft 1500 g, unter Wasser 1323 g. Wie viel Gramm von jedem Metall enthält die Legierung?

**15.** Ein Meister hat am 1. November zwei Wechsel über 2800,– € einzulösen. Löst er die Wechsel bereits am 1. August ein, so erhält er 2762,– €. Wie hoch sind die Wechsel, wenn für den einen 6%, für den anderen 5% Diskont gerechnet werden?

**16.** Zwei kleine kreisrunde Blechplatten haben zusammen den gleichen Umfang wie eine große Blechplatte von 3 m Durchmesser. Legt man die kleinere der beiden Blechplatten konzentrisch auf die größere, so entsteht ein Kreisring. Die große Blechplatte ist dann dreimal so groß wie der Kreisring. Wie groß sind die Durchmesser der beiden kleinen Blechplatten?

**17.** Vergrößert man den Durchmesser einer kreisrunden Grundfläche eines Fasses um 20 cm, so wächst der Flächeninhalt um $1963{,}5\ \text{cm}^2$. Wie groß war der Durchmesser vorher?

**18.** Ein Dampfer fährt gegen den Strom und legt eine Strecke von 120 km in 6 Stunden 20 Minuten zurück. Mit dem Strom braucht er nur 5 Stunden 45 Minuten. Welche Geschwindigkeit haben Schiff und Wasser?

**19.** Ein Schmiedehammer fällt aus einer Höhe von 2,35 m auf ein Schmiedestück. Welche Endgeschwindigkeit in m/s hat der Hammer?

**20.** Eine Kraft $F = 35\ \text{kN}$ soll in drei zueinander senkrecht stehende Teilkräfte $F_1$, $F_2$ und $F_3$ zerlegt werden, die sich wie $2:3:7$ verhalten. Alle Kräfte haben den gemeinsamen Angriffspunkt A. Wie groß sind die Kräfte?

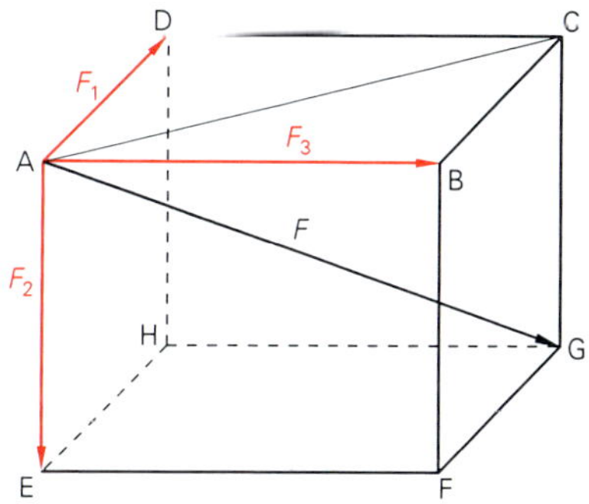

## Übungen zu 2.4

### Systeme linearer Gleichungen mit mehreren Gleichungsvariablen

Alle Gleichungsvariablen sollen für reelle Zahlen stehen. Die geschweiften Klammern, die im Text die Gleichungssysteme charakterisieren, sind im Folgenden weggelassen.

**1.** $2x+2y=20$
$2x-2y=4$

**2.** $x-\ y=65$
$2x+2y=214$

**3.** $10x+2y=80$
$3x+\ y=26$

**4.** $3x+\ 7y=60$
$2x+18y=80$

**5.** $18x-2y=12$
$3x+\frac{y}{3}=10$

**6.** $3x-3y=3$
$2x-\ y=11$

**7.** $6x+9y=-42$
$2x+4y=-16$

**8.** $6x+2y=-10$
$-x-2y=-5$

**9.** $4x-2y=16$
$3x+\ y=17$

**10.** $\frac{2}{3}x+\frac{5}{6}y=-11$
$\frac{1}{3}x+\frac{1}{6}y=-4$

**11.** $4x+6y=-36$
$3x+2y=-17$

**12.** $30x-28y=100$
$5x-\ 2y=30$

**13.** $5x-2y=27{,}2$
$5x-4y=20{,}4$

**14.** $5x+8y=47$
$8x-6y=0$

**15.** $x=3y-2$
$x=5y-12$

**16.** $4x=\ 6y+2$
$6x=14y-12$

**17.** $4{,}5x+4y=100$
$3x-8y=10$

**18.** $14x+\frac{y}{2}=188$
$6x+\frac{y}{8}=\frac{159}{2}$

**19.** $10(7x-1)+12(3+2y)=612$
$4x+158=6(9y-5)$

**20.** $5(x-4)-2(y+15)=-33$
$18y+16x-6(7y-1)=-186$

**21.** $\frac{5}{2}x-\frac{10}{3}y=10$
$\frac{22}{3}x-\frac{11}{2}y=55$

**22.** $ax+ny=a^2+n^2$; $a$, $n$ Formvariable
$ay+nx=a^2+n^2$

**23.** $\frac{2x+4}{5}+\frac{14x+5y}{10}=3$
$\frac{14y+4x}{8}-\frac{5y-x}{3}=1$

**24.** $2x+2y=2m+2n$; $m$, $n$ Formvariable
$x-y=m-n$

**25.** $\frac{2y-8}{4}+\frac{x+3}{20}=\frac{3}{4}$
$\frac{4x-y}{3}-\frac{3x-1}{10}=\frac{1}{2}$

**26.** $x+y=7$
$y+z=14$
$x+z=11$

**27.** $x+y=28$
$x+z=30$
$y+z=32$

**28.** $6x-\ 2y=22$
$5z+\ 7y=33$
$16z-14x=-54$

**29.** $2x+8y+14z=178$
$7x+\ y+\ 4z=74$
$4x+7y+\ z=77$

**30.** $14x-6y-\ 22z=76$
$18x+4y-120z=8$
$2x-2y-\ 2z=4$

**31.** $2x+3y+4z=49$
$3x+4y+5z=64$
$4x+5y+6z=79$

**32.** $6x-7y+\ 5z=31$
$9x+8y-13z=55$
$11x-5y-\ 7z=23$

**33.** $5x-2y+3u=22$
$3x-2z+\ u=2$
$4y-3z+2u=11$
$3y-2x+4z=29$

**34.** $x+y=8$
$y+z=14$
$z+n=22$
$n-x=10$

Lösen Sie die Gleichungssysteme Nr. 35–38; 44–49; 61 und 62 auch graphisch!

**35.** $4x-3y=11$
$4x+2y=26$

**36.** $11x-2y=41$
$5x+6y=67$

**37.** $15x-7y=38$
$3x+11y=20$

**38.** $2{,}8x+3{,}9y=6{,}5$
$2{,}1x-2{,}6y=1{,}6$

**39.** $1{,}7x-1{,}5y=0{,}1$
$1{,}3x-y=1{,}4$

**40.** $0{,}8x+1{,}3y=3{,}9$
$1{,}2x+2{,}6y=2{,}6$

**41.** $x+y=r$
$x-y=s$

**42.** $x+y=5p+q$
$x-y=p+5q$

**43.** $x+y=p^2-q^2$
$x-y=(p-q)^2$

**44.** $13x-9y=2$
$23x-15y=-2$

**45.** $31x-18y=-5$
$53x-24y=5$

**46.** $34x+13y=5$
$51x-4y=-63$

**47.** $26x-95y=9$
$13x-57y=-5$

**48.** $16x+15y=1$
$24x-3y=27$

**49.** $8x+13y=5$
$2x+7y=5$

**50.** $15x+32y=190$
$6x+12{,}8y=76$

**51.** $24x+40y=81$
$21x+35y=73$

**52.** $7{,}5x+10y=12{,}5$
$8{,}4x+11{,}2y=13{,}6$

**53.** $1{,}25x+1{,}5y=4{,}5$
$0{,}75x+0{,}9y=2{,}7$

**54.** $\frac{x}{7}+\frac{y}{5}=24$
$\frac{x}{6}-\frac{y}{12}=9$

**55.** $\frac{x}{10}+\frac{y}{3}=20$
$\frac{2x}{5}-\frac{3y}{16}=7$

**56.** $\frac{7x}{6}+\frac{3y}{25}=4{,}1$
$\frac{5x}{9}+\frac{7y}{30}=2\frac{5}{6}$

**57.** $\frac{5x}{42}+\frac{7y}{18}=4\frac{1}{3}$
$\frac{11x}{35}-\frac{13y}{36}=-1{,}05$

**58.** $\frac{x}{2}+\frac{y}{3}=4$
$x-\frac{y}{2}=1$

**59.** $5(x-3)-4(y+1)=5$
$2(x+2)-7(y-2)=6$

**60.** $12(x+2)-7(y-1)=118$
$5(x+4)-3(y+3)=47$

**61.** $3(x+1)-2(y-1)=11$
$2(x+1)+3(y+1)=22$

**62.** $8(x+3)-9(y-3)=50$
$9(x-3)+5(y+3)=2$

**63.** $px+qy=p^2+2pq-q^2$
$qx-py=q^2+2pq-p^2$

**64.** $ax-by=a^2+b^2$
$bx+ay=a^2+b^2$

# Wiederholungsfragen zu 2.4

1. Welcher Leitgedanke liegt den Methoden zur Lösung eines Systems linearer Gleichungen mit 2 oder 3 Gleichungsvariablen zugrunde?
2. Wie viele Lösungen kann ein System aus zwei linearen Gleichungen mit zwei Gleichungsvariablen in $\mathbb{R}$ haben und wann treten die einzelnen Fälle ein?
3. Welche Methoden zur Lösung eines Systems linearer Gleichungen mit 2 oder 3 Gleichungsvariablen kennen Sie?
4. Erklären Sie die einzelnen Methoden.
5. Welche Schritte oder Etappen können beim Lösen von Textaufgaben, die auf lineare Gleichungssysteme führen, unterschieden werden? Beschreiben Sie den 1. und den 2. Schritt so genau wie möglich.

# 3 Ungleichungen

## 3.1 Grundlegende Begriffe

Viele Gasversorgungsbetriebe bieten ihren Kunden die Wahl zwischen zwei verschiedenen Gastarifen an. Diese unterscheiden sich in der Höhe eines nur von der so genannten Nennwärmebelastung abhängigen Pauschalbetrags als Grundbetrag und der Höhe des Arbeitspreises für 1 kWh Erdgas. In Erfurt sind das die folgenden Tarife (Stand 1994):

**Tarif 1:** Grundbetrag 544,80 €, Arbeitspreis $0{,}0415\,\frac{€}{\text{kWh}}$;

**Tarif 2:** Grundbetrag 444,00 €, Arbeitspreis $0{,}0455\,\frac{€}{\text{kWh}}$.

Welcher dieser Tarife ist für einen Haushalt, in dem 70 000 kWh Erdgas verbraucht werden, der günstigere?

Da man weiß, wie viel kWh Gas verbraucht werden, ist die Frage leicht zu beantworten. Man multipliziert den Verbrauch in kWh mit $0{,}0415\,\frac{€}{\text{kWh}}$ bzw. $0{,}0455\,\frac{€}{\text{kWh}}$ und addiert den jeweils zutreffenden Grundbetrag.

**Tarif 1:** $544{,}80\,€ + 70\,000\,\text{kWh} \cdot 0{,}0415\,\frac{€}{\text{kWh}} = 3449{,}80\,€$

**Tarif 2:** $444{,}00\,€ + 70\,000\,\text{kWh} \cdot 0{,}0455\,\frac{€}{\text{kWh}} = 3629{,}00\,€$

Der 1. Tarif ist der günstigere, denn $3449{,}80 < 3629{,}00$.

Für einen nicht so großen Haushalt ist sicher die Frage interessant, bis zu welchem Gasverbrauch der niedrigere Grundbetrag zu einem günstigeren Gesamtpreis führt als der höhere Grundbetrag mit dem niedrigeren Gaspreis.

Nimmt man $x$ als Variable für den möglichen Gasverbrauch in kWh, so setzt sich die nach dem 1. Tarif zu zahlende Summe $S_1$ aus 544,80 € und $x \cdot 0{,}0415\,\frac{€}{\text{kWh}}$ zusammen, die nach dem 2. Tarif zu zahlende Summe $S_2$ aus 444,00 € und $x \cdot 0{,}0455\,\frac{€}{\text{kWh}}$.

Die Frage, bis zu welchem Verbrauch die Summe $S_2$ kleiner ist als $S_1$, führt auf den Vergleich der Terme

$$544{,}80\,€ + x \cdot 0{,}0415\,\frac{€}{\text{kWh}} \quad \text{und} \quad 444{,}00\,€ + x \cdot 0{,}0455\,\frac{€}{\text{kWh}},$$

also auf die Frage, bis zu welchem Verbrauch für $x$ gilt:

$$444{,}00\,€ + x \cdot 0{,}0455\,\frac{€}{\text{kWh}} < 544{,}80\,€ + x \cdot 0{,}0415\,\frac{€}{\text{kWh}}.$$

Wie das Beispiel zeigt, können Terme auch durch das Zeichen $<$ miteinander verbunden sein. Auch die Zeichen $>$, $<$ und $\geq$ können auftreten. Enthalten Terme, die durch eines der Zeichen $<$, $\leq$, $>$ oder $\geq$ verbunden sind, keine Variablen, so handelt es sich um Aussagen, die entweder wahr oder falsch sind. Man spricht in solchen Fällen genauer von **Ungleichheitsaussagen**. Enthalten hingegen zwei Terme, zwischen denen $<$, $\leq$, $>$ oder $\geq$ steht, Variable, so handelt es sich um Aussageformen. Solche heißen **Ungleichungen**.

**Ungleichheitsaussagen**

$2<3$ ▶ wahre Aussage
$-10\leq-2$ ▶ wahre Aussage
$4\geq4$ ▶ wahre Aussage
$4>5$ ▶ falsche Aussage
$-1\geq-2$ ▶ wahre Aussage
$7<6$ ▶ falsche Aussage

**Ungleichungen**

$2x+3<5$
$x+4\geq 2x+1$ ▶ Welche Zahlen für $x$ erfüllen jeweils diese Aussageformen?
$2x+4<10$

Im Folgenden sollen Ungleichungen betrachtet werden, die genau eine Variable enthalten.

Wie bei Gleichungen muss man auch bei Ungleichungen den Grundbereich festlegen, für dessen Elemente die Variable stehen soll. Ist dieser nicht ausdrücklich angegeben oder geht dieser nicht eindeutig aus dem Sachzusammenhang hervor, so versteht man darunter vereinbarungsgemäß immer die Menge $\mathbb{R}$ der reellen Zahlen.

Im obigen Einführungsbeispiel steht $x$ für eine Größe. Der Grundbereich der Ungleichung ist der Größenbereich der Größenart Arbeit, gemessen in kWh.

Die Variable $x$ steht in der Ungleichung

$$444{,}00\,€+x\cdot 0{,}0455\,\frac{€}{\text{kWh}}<544{,}80\,€+x\cdot 0{,}0415\,\frac{€}{\text{kWh}}$$

für eine Größe der Größenart Arbeit, gemessen in kWh, z. B. für 100 kWh oder für 1000 kWh.

Nicht immer sind die in einer Ungleichung vorkommenden Terme, welche Variable enthalten, für alle Elemente des Grundbereichs der Ungleichung erklärt. Ihr Definitionsbereich muss nicht mit dem Grundbereich übereinstimmen. Nicht immer haben alle in der Ungleichung vorkommenden Terme auch denselben Definitionsbereich.

Der **Definitionsbereich einer Ungleichung** besteht aus denjenigen Elementen des Grundbereichs, für die jeder ihrer Terme definiert ist.

- $\frac{x}{x+1}<5$

Grundbereich: $\mathbb{R}$

Definitionsbereich des Terms $\frac{x}{x+1}$:

$\mathbb{R}$ ohne $-1$, d. h. $x\in\mathbb{R}\setminus\{-1\}$.

Definitionsbereich der Ungleichung:

$\mathbb{R}$ ohne $-1$, d. h. $x\in\mathbb{R}\setminus\{-1\}$

- $\frac{2}{x-1}<\frac{4}{x+4}$

Grundbereich: $\mathbb{R}$

Definitionsbereich des Terms $\frac{2}{x+1}$:

$\mathbb{R}$ ohne 1, d. h. $x\in\mathbb{R}\setminus\{1\}$.

Definitionsbereich des Terms $\frac{4}{x+4}$:

$\mathbb{R}$ ohne $-4$, d. h. $x\in\mathbb{R}\setminus\{-4\}$.

Definitionsbereich der Ungleichung:

$\mathbb{R}$ ohne 1 und $-4$, d. h. $x\in\mathbb{R}\setminus\{1;\,-4\}$.

Den Definitionsbereich einer Ungleichung mit einer Variablen vermerkt man in der Regel hinter der entsprechenden Ungleichung. Man schreibt also z. B. $2x+3<5; x\in\mathbb{N}$ oder $2x+3<5; x\in\mathbb{Q}$.

Ist der Definitionsbereich einer Ungleichung mit einer Variablen nicht ausdrücklich vermerkt, so versteht man darunter die **maximal mögliche Teilmenge** von $\mathbb{R}$, in der alle Terme der Ungleichung erklärt sind. Für die Ungleichung

$$2x+3<5$$

ist das die Menge $\mathbb{R}$ selbst. Also ist diese Ungleichung wie folgt zu lesen:

$$2x+3<5;\quad x\in\mathbb{R}.$$

Dagegen ist die Ungleichung $\frac{2}{x-1}<\frac{4}{x+4}$ als

$$\frac{2}{x-1}<\frac{4}{x+4};\quad x\in\mathbb{R}\backslash\{1;\,-4\}$$

zu verstehen.

Jede Zahl aus dem Definitionsbereich einer Ungleichung, welche diese in eine wahre Ungleichheitsaussage überführt, heißt **Lösung der Ungleichung**. Man sagt auch: Diese Zahl **erfüllt** die Ungleichung. Man fasst alle Lösungen einer Ungleichung in der sog. **Lösungsmenge** zusammen. Eine Ungleichung hat in der Regel mehrere, meist sogar unendlich viele Lösungen. Das wirft die Frage auf, wie man eine solche Lösungsmenge aufschreiben kann.

Die Lösungen der nebenstehenden Ungleichung kann man **aufzählen**, weil ihre Lösungsmenge endlich ist. Nur wenn $x$ für die natürlichen Zahlen von 0 bis 7 steht, gilt nämlich $x+2<10$.

$x+2<10;\quad x\in\mathbb{N}$

Man schreibt die Lösungsmenge in der Form einer Aufzählung auf:

$L=\{0,1,2,\ldots,7\}$.

Enthält hingegen die Lösungsmenge unendlich viele Elemente, kann man diese nicht einzeln anführen. Man muss die Lösungsmenge mithilfe einer Eigenschaft der Elemente geeignet **beschreiben**.

Keine reelle Zahl größer oder gleich 3 erfüllt die Ungleichung $2x+4<10$. Aber alle reellen Zahlen, die kleiner als 3 sind, sind Lösungen der Ungleichung.

$2x+4<10;\quad x\in\mathbb{R}$

- Lösungen: Alle reellen Zahlen kleiner als 3.
- Schreibweise: Man schreibt die Lösungsmenge mithilfe dieser Eigenschaft und der Variablen $x$ auf:

  $L=\{x\in\mathbb{R}\,|\,x<3\}$.
- Sprechweise: $L$ ist die Menge aller reellen Zahlen, die kleiner als 3 sind.

Lösungsmengen von Ungleichungen können an der Zahlengeraden veranschaulicht werden. Den Lösungen der Ungleichung $x+2<10; x\in\mathbb{N}$ entsprechen die Punkte 0, 1, 2 bis 7 auf der Zahlengeraden. Sie werden als Vollpunkte markiert.

Den Lösungen der Ungleichung $2x+4<10; x \in \mathbb{R}$ entsprechen alle Punkte der Zahlengerade, die links von 3 liegen. Sie werden als Strahl aus 3 veranschaulicht; da 3 selbst nicht Lösung ist, wird der zugehörige Punkt als Hohlpunkt markiert.

**Merke:**

- Werden zwei Terme, die keine Variablen enthalten, durch eines der Zeichen $<, \leq, >$ oder $\geq$ verbunden, entsteht eine Ungleichheitsaussage.
- Werden zwei Terme, in denen in mindestens einem der Terme Variable vorkommen, durch eines der Zeichen $<, \leq, >$ oder $\geq$ verbunden, entsteht eine Ungleichung.
- Der Definitionsbereich einer Ungleichung ist die Menge der Elemente ihres Grundbereichs, für die alle Terme der Ungleichung definiert sind.
- Jedes Element des Definitionsbereichs einer Ungleichung, welches die Ungleichung in eine wahre Ungleichheitsaussage überführt, wenn man es für die Variable der Ungleichung setzt, heißt eine Lösung der Ungleichung.
  Alle Lösungen einer Ungleichung bilden ihre Lösungsmenge.

## 3.2 Das Umformen von Ungleichheitsaussagen und Ungleichungen

Die Frage des Einführungsbeispiels, bis zu welchem Verbrauch für $x$ die Ungleichung

$$444{,}00\,€ + x \cdot 0{,}0455\,\frac{€}{\text{kWh}} < 544{,}80\,€ + x \cdot 0{,}0415\,\frac{€}{\text{kWh}}$$

gilt, kann auf verschiedene Weise beantwortet werden.

Man kann versuchen, diese Frage durch systematisches Probieren zu beantworten. Dazu berechnet man für eine Reihe von Gasverbräuchen jeweils den Gesamtpreis nach Tarif 1 und nach Tarif 2. Zweckmäßigerweise hält man diese Berechnungen in einer Tabelle fest. Aus ihr entnimmt man, dass der gesuchte Grenzverbrauch, bis zu dem der Gesamtpreis nach Tarif 2 kleiner ist als der nach Tarif 1, zwischen 25 000 kWh und 30 000 kWh liegen muss. In diesem Bereich setzt man jetzt seine Berechnungen so lange fort, bis man den Grenzverbrauch genügend genau ermittelt hat.

**Systematisches Probieren**

| $x$ | $S_1$ | $S_2$ |
|---|---|---|
| 100 kWh | 548,95 € | 448,55 € |
| 1000 kWh | 586,30 € | 489,50 € |
| ⋮ | ⋮ | ⋮ |
| 25 000 kWh | 1582,30 € | 1581,50 € |
| 30 000 kWh | 1789,80 € | 1809,00 € |

► Die 1. Spalte enthält die Annahmen für die verbrauchten kWh, die 2. Spalte den Gesamtpreis nach Tarif 1, die 3. Spalte nach Tarif 2.

Das systematische Probieren kann sehr zeitaufwändig sein. Daher ist zu untersuchen, ob man die angegebene Ungleichung nicht auch durch Umformung ähnlich dem Vorgehen bei Gleichungen mittels Rechnung lösen kann.

Bei der Behandlung der Gleichung wurden zunächst die Operationen mit Gleichheitsaussagen untersucht. Auch jetzt sollen zuerst die möglichen Umformungen von Ungleichheitsaussagen betrachtet werden.

Addiert man auf beiden Seiten einer wahren Ungleichheitsaussage dieselbe reelle Zahl, so entsteht wieder eine wahre Ungleichheitsaussage. Das kann man durch Ausrechnen überprüfen. Diese Feststellung gilt auch für die Subtraktion. Die Subtraktion ein und derselben reellen Zahl auf beiden Seiten einer wahren Ungleichheitsaussage führt wieder auf eine wahre Ungleichheitsaussage.

**Addition reeller Zahlen**

- $4 < 5$ ▶ wahre Ungleichheitsaussage
  $4 + 3 < 5 + 3$ ▶ wahre Ungleichheitsaussage, denn $7 < 8$.
- $9 \geq 7$ ▶ wahre Ungleichheitsaussage
  $8 + 9 \geq 8 + 7$ ▶ wahre Ungleichheitsaussage, denn $17 \geq 15$.

**Subtraktion reeller Zahlen**

- $11 < 21$ ▶ wahre Ungleichheitsaussage
  $11 - 4 < 21 - 4$ ▶ wahre Ungleichheitsaussage, denn $7 < 17$.

Ähnlich liegen die Verhältnisse für die Multiplikation auf beiden Seiten einer wahren Ungleichheitsaussage mit derselben positiven reellen Zahl: Die wahre Ungleichheitsaussage geht wieder in eine wahre Ungleichheitsaussage über.

**Multiplikation mit positiven reellen Zahlen**

- $3 < 9$ ▶ wahre Ungleichheitsaussage
  $2 \cdot 3 < 2 \cdot 9$ ▶ wahre Ungleichheitsaussage, denn $6 < 18$.
- $5 \geq 4$ ▶ wahre Ungleichheitsaussage
  $5 \cdot 6 \geq 4 \cdot 6$ ▶ wahre Ungleichheitsaussage, denn $30 \geq 24$.

Multipliziert man allerdings auf beiden Seiten einer wahren Ungleichheitsaussage wie z.B. $5 < 7$ mit derselben negativen reellen Zahl, etwa mit $-3$, so erhält man in der Regel nur dann wieder eine wahre Ungleichheitsaussage, wenn man das Zeichen zwischen den multiplizierten Seiten „umkehrt“: $-15 > -21$.

**Multiplikation mit negativen reellen Zahlen**

- $5 < 8$ ▶ wahre Ungleichheitsaussage
  $(-2)\,5 < (-2)\,8$ ▶ falsche Ungleichheitsaussage, denn $-10$ ist nicht kleiner als $-16$.
  $(-2)\,5 > (-2)\,8$ ▶ wahre Ungleichheitsaussage, denn $-10 > -16$.

Da die Division durch eine von 0 verschiedene reelle Zahl gleichbedeutend ist mit der Multiplikation mit ihrem Kehrwert, treffen die für die Multiplikation geschilderten Gesetzmäßigkeiten auch für die Division zu.

**Division durch reelle Zahlen**

- $24 > 12$ ▶ wahre Ungleichheitsaussage
  $24 : 4 > 12 : 4$ ▶ wahre Ungleichheitsaussage, denn $6 > 3$.
  $24 : (-4) < 12 : (-4)$ ▶ wahre Ungleichheitsaussage, denn $-6 < -3$.

Auch das Vertauschen der Seiten einer wahren Ungleichheitsaussage führt in der Regel nicht auf eine neue wahre Ungleichheitsaussage. Diese erhält man aber immer dann, wenn man mit den Seiten auch das Zeichen zwischen ihnen vertauscht, denn die Ungleichung, die man so erhält, ist die von rechts gelesene Ausgangsungleichung.

**Vertauschen der Seiten**

- $5 < 7$ ► wahre Ungleichheitsaussage
  $7 < 5$ ► falsche Ungleichheitsaussage, denn $7 > 5$.
  $7 > 5$ ► wahre Ungleichheitsaussage
  $-1 \geq -5$ ► wahre Ungleichheitsaussage
  $-5 \leq -1$ ► wahre Ungleichheitsaussage

Die Aussagen über das Addieren und Subtrahieren derselben reellen Zahl auf beiden Seiten einer wahren Ungleichheitsaussage und über die Multiplikation auf beiden Seiten einer wahren Ungleichheitsaussage mit derselben positiven reellen Zahl sind den entsprechenden Aussagen über das Umformen von wahren Gleichheitsaussagen sehr ähnlich. Nur für den Fall, dass auf beiden Seiten einer wahren Ungleichheitsaussage mit derselben negativen Zahl multipliziert wird, und beim Vertauschen der Seiten einer wahren Ungleichheitsaussage tritt etwas Neues hinzu: Das Zeichen zwischen den Seiten muss umgekehrt werden, d. h., statt eines $<$ ist ein $>$ und statt eines $\leq$ ist ein $\geq$ zu schreiben und umgekehrt, damit jede wahre Ungleichheitsaussage wieder in eine solche übergeht.

**Addition einer reellen Zahl**

$$2 \cdot 3 = 6 \quad | +5$$
$$2 \cdot 3 + 5 = 6 + 5$$

► wahre Gleichheitsaussagen

$$5 < 6 \quad | +5$$
$$5 + 5 < 6 + 5$$

► wahre Ungleichheitsaussagen

**Multiplikation mit einer negativen reellen Zahl**

$$2 \cdot 3 = 6 \quad | \cdot (-2)$$
$$(-2) \cdot 2 \cdot 3 = (-2) \cdot 6$$
$$-12 = -12$$

► wahre Gleichheitsaussagen

$$5 < 6 \quad | \cdot (-2)$$
$$(-2) \cdot 5 > (-2) \cdot 6$$
$$-10 > -12$$

► wahre Ungleichheitsaussagen

**Vertauschen der Seiten**

$$17 = 12 + 5$$
$$12 + 5 = 17$$

► wahre Gleichheitsaussagen

$$17 < 12 + 10$$
$$12 + 10 > 17$$

► wahre Ungleichheitsaussagen

Die Umformungen, die auf wahre Ungleichheitsaussagen angewendet werden können und diese wieder in wahre Ungleichheitsaussagen überführen, lassen sich auf Ungleichungen übertragen, gerade so, wie sich die entsprechenden Regeln über das Umformen von wahren Gleichheitsaussagen auf das Umformen von Gleichungen übertragen ließen. Denn durch das Anwenden dieser Regeln auf Ungleichungen ändern sich deren Lösungsmengen nicht, es entstehen zur Ausgangsungleichung **lösungsgleiche Ungleichungen**. Die beschriebenen Umformungen sind **äquivalente Umformungen**.

Da in Ungleichungen „Gleichungsvariable" (besser spricht man hier von Lösungsvariable) und Formvariable und deren Vielfache auf beiden Seiten vorkommen können, müssen noch Regeln für das Operieren mit Termen, welche Variable enthalten, angegeben werden.

**Variable auf beiden Seiten einer Ungleichung**

$3x + 5 < x + 7$

$7x + a \geq 6x + b$

Für das Addieren bzw. Subtrahieren ein und desselben Terms mit einer Variablen auf beiden Seiten einer Ungleichung gilt dasselbe wie für das Addieren bzw. Subtrahieren von reellen Zahlen, wenn man beachtet, dass die Lösungsvariable – falls sie auf beiden Seiten der Ungleichung mit demselben Koeffizienten vorkommt – nicht durch Subtraktion aus der Ungleichung entfernt werden darf. Deshalb kann man die entsprechende Regel so formulieren, dass nicht zwischen Termen mit und ohne Variable unterschieden wird.

**Addieren und Subtrahieren von Termen**

$$\begin{aligned} 3x+5 &< x+7 && \mid -x \\ 2x+5 &< 7 && \mid -5 \\ 2x &< 2 && \mid :2 \\ \underline{\underline{x}} &\underline{\underline{< 1}} \end{aligned}$$

$$\begin{aligned} 7x+a &\geq 6x+b && \mid -6x \\ x+a &\geq b && \mid -a \\ \underline{\underline{x}} &\underline{\underline{\geq b-a}} \end{aligned}$$

$$\begin{aligned} 2x+2 &< 2x+6 && \mid -2 \\ 2x &< 2x+4 && \mid :2 \\ x &< x+2 && \mid -x \\ \underline{\underline{0 \cdot x}} &\underline{\underline{< 2}} \end{aligned}$$

Die Regel lautet: Auf beiden Seiten einer Ungleichung dürfen jeweils gleiche Terme addiert oder subtrahiert werden.

Muss man beide Seiten einer Ungleichung mit einem Term, der eine Variable enthält, multiplizieren bzw. beide Seiten durch einen solchen Term dividieren, so muss man bedenken, dass diese Variable in der Regel sowohl für Zahlen, die größer als 0 sind, als auch für Zahlen, die kleiner als 0 sind, stehen kann.

Deshalb muss man beim Multiplizieren und Dividieren einer Ungleichung mit einem Term, der eine Variable enthält, jeweils zwei Fälle unterscheiden:

**1. Fall:** Die Variable steht für eine positive Zahl. Dann wird beim Multiplizieren bzw. Dividieren das Zeichen zwischen den Seiten nicht geändert.

**2. Fall:** Die Variable steht für eine negative Zahl. Dann muss beim Multiplizieren und Dividieren gleichzeitig das Zeichen zwischen den Seiten umgekehrt werden.

**Multiplizieren und Dividieren von Termen**

$2 < \frac{1}{x}$; $x \in \mathbb{R}^*$

Für $x > 0$ erhält man $2x < 1$, also $x < \frac{1}{2}$.

► $L_1 = \left\{ x \in \mathbb{R}^* \mid 0 < x < \frac{1}{2} \right\}$

Für $x < 0$ erhält man $2x > 1$, also $x > \frac{1}{2}$.

► $L_2 = \{\,\}$

Die Lösungsmenge $L_2$ ist leer, da es keine Zahl für $x$ gibt, die zugleich kleiner als 0 und größer als $\frac{1}{2}$ ist.

Die Lösungsmenge $L$ der Ungleichung setzt sich dann aus der Lösungsmenge $L_1$ zum 1. Fall und aus der Lösungsmenge $L_2$ zum 2. Fall zusammen. Sie ist die **Vereinigung** dieser beiden Mengen, enthält also alle Elemente, die zu $L_1$ oder $L_2$ gehören. Man schreibt: $L = L_1 \cup L_2$.

Die Ungleichung $2 < \frac{1}{x}$; $x \in \mathbb{R}^*$ besitzt die Lösungsmenge $L = L_1 \cup L_2$. Da $L_2$ keine Elemente enthält, gehören zur Lösungsmenge $L$ nur die Elemente aus $L_1$, d. h., es gilt:

$$L = \left\{ x \in \mathbb{R}^* \mid 0 < x < \frac{1}{2} \right\}.$$

**Merke:**

- Eine Ungleichung lösen heißt, diejenigen Zahlen oder Größen aus ihrem Definitionsbereich zu bestimmen, die sie in eine wahre Ungleichheitsaussage überführen, die also die Ungleichung erfüllen, wenn man sie für eine Variable in der Ungleichung setzt.
- Hat eine Ungleichung nur eine Variable und heißt diese z. B. $x$, so versucht man durch äquivalente Umformungen eine lösungsgleiche Ungleichung der Gestalt „$x <$ Zahl“, „$x \leq$ Zahl“, „$x >$ Zahl“ oder „$x \geq$ Zahl“ herzustellen. Aus einer solchen Ungleichung lässt sich die Lösungsmenge der Ausgangsungleichung unmittelbar ablesen.
- Addiert oder subtrahiert man auf beiden Seiten einer Ungleichung ein und denselben Term, so erhält man eine zur Ausgangsungleichung lösungsgleiche Ungleichung.
- Multipliziert man beide Seiten einer Ungleichung mit derselben positiven Zahl oder derselben Variablen, die für positive reelle Zahlen steht, so erhält man eine zur Ausgangsungleichung lösungsgleiche Ungleichung.
- Multipliziert man eine Ungleichung mit derselben negativen reellen Zahl oder derselben Variablen, die für negative reelle Zahlen steht, so erhält man immer dann eine zur Ausgangsungleichung lösungsgleiche Ungleichung, wenn man gleichzeitig das Zeichen zwischen den Seiten der Ausgangsungleichung umkehrt, d. h., statt eines $<$ ein $>$ und statt eines $\leq$ ein $\geq$ schreibt und umgekehrt.
- Dividiert man beide Seiten einer Ungleichung durch dieselbe positive reelle Zahl oder dieselbe Variable, die für positive reelle Zahlen steht, so erhält man eine zur Ausgangsungleichung lösungsgleiche Ungleichung.
- Dividiert man beide Seiten einer Ungleichung durch dieselbe negative reelle Zahl oder dieselbe Variable, die für negative reelle Zahlen steht, so erhält man immer dann eine zur Ausgangsungleichung lösungsgleiche Ungleichung, wenn man gleichzeitig das Zeichen zwischen den Seiten der Ausgangsungleichung umkehrt.
- Vertauscht man beide Seiten einer Ungleichung, so erhält man immer dann eine zur Ausgangsungleichung lösungsgleiche Ungleichung, wenn man gleichzeitig das Zeichen zwischen den Seiten der Ausgangsungleichung umkehrt.

## 3.3 Das Lösen von Ungleichungen

### 3.3.1 Lineare Ungleichungen mit einer Gleichungsvariablen

Eine Ungleichung mit einer Lösungsvariablen heißt **lineare Ungleichung**, wenn die Lösungsvariable in ihr oder in einer ihrer äquivalenten Umformungen nur mit dem Exponenten 1 und nicht in einem Nenner, unter einer Wurzel oder zwischen Betragsstrichen vorkommt.

Um die Lösungen einer Ungleichung angeben zu können, versucht man sie so lange äquivalent umzuformen, bis man eine Form gefunden hat, aus der man diese Lösungen unmittelbar ablesen kann. In Analogie zum gleichen Ziel bei Gleichungen ist dies, wenn die Ungleichung nur eine Variable hat und diese $x$ heißt, eine Ungleichung der Gestalt „$x <$ Zahl“, „$x \leq$ Zahl“, „$x >$ Zahl“ oder „$x \geq$ Zahl“. Das soll an Beispielen gezeigt werden.

## • Rechnen ohne Formvariable

**Beispiele:**

**1.** $x - 5 < -3$

Die Addition von 5 führt auf eine Ungleichung der Gestalt „$x < \text{Zahl}$".

**1.** $x - 5 < -3;\ x \in \mathbb{R}$

$$x - 5 < -3 \quad | +5$$
$$\underline{\underline{x < 2}}$$

Alle reellen Zahlen, die kleiner als 2 sind, sind Lösungen der Ausgangsungleichung. Es gibt also unendlich viele Lösungen, die Lösungsmenge lautet, in **Mengenschreibweise** angegeben: $L = \{x \in \mathbb{R} \mid x < 2\}$.

Man veranschaulicht die Lösungsmenge $L$ an der Zahlengeraden.

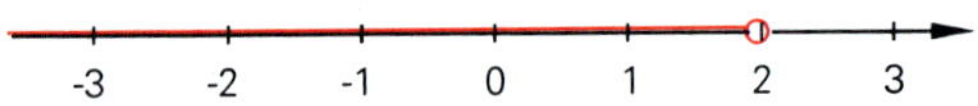


Der rot gezeichnete Strahl aus 2 trägt alle Lösungen. Die Zahl 2 selbst gehört nicht dazu, sie ist daher durch einen Hohlpunkt gekennzeichnet.

Die Lösungen der Ungleichung liegen in einem Intervall der Zahlengeraden. Man kann dieses Intervall ebenfalls zur Beschreibung der Lösungsmenge verwenden.

Die Lösungen der Ungleichung liegen im Intervall $(-\infty; 2)$. Dabei stellt $(-\infty; 2)$ nur eine andere Schreibweise für die Menge aller reellen Zahlen dar, die kleiner als 2 sind. Im Unterschied zur sog. Mengenschreibweise spricht man hier von der sog. **Intervallschreibweise**.

Eine Lösungsmenge wie z. B. $L = \{x \in \mathbb{R} \mid x \leq 2\}$ würde an der Zahlengeraden ebenfalls als Strahl aus 2 veranschaulicht werden.

Die Tatsache, dass hier aber die Zahl 2 mit zu den Lösungen zählt, wird im Bild jetzt durch einen Vollpunkt bei 2 gekennzeichnet.

In der Intervallschreibweise wird das dadurch ausgedrückt, dass nun am Intervallende bei 2 statt einer runden eine eckige Klammer steht: $(-\infty; 2]$.

Im Folgenden wird die Mengenschreibweise bevorzugt.

**2.** $2x + 5 < 11$

Zunächst wird auf beiden Seiten 5 subtrahiert, die entstandene Ungleichung sodann durch 2 dividiert.

Die Veranschaulichung der Lösungsmenge erfolgt an der Zahlengeraden.

**2.** $2x + 5 < 11;\ x \in \mathbb{R}$

$$2x + 5 < 11 \quad | -5$$
$$2x \quad < 6 \quad | :2$$
$$\underline{\underline{x < 3}}$$
$$L = \{x \in \mathbb{R} \mid x < 3\}$$

**3.** $-5x+10 \leq 20$

Zunächst wird auf beiden Seiten 10 subtrahiert, die entstandene Ungleichung sodann durch $-5$ dividiert. Dabei muss das Zeichen zwischen den Seiten umgekehrt werden.

Die Veranschaulichung der Lösungsmenge erfolgt wieder an der Zahlengeraden.

**3.** $-5x+10 \leq 20; \quad x \in \mathbb{R}$

$$\begin{aligned} -5x+10 &\leq 20 \quad &|-10 \\ -5x &\leq 10 \quad &|:(-5) \\ x &\geq -2 \end{aligned}$$

$L = \{x \in \mathbb{R} \mid x \geq -2\}$

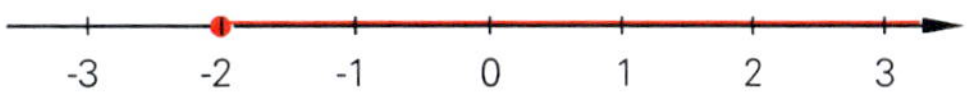


**4.** $444{,}00\,€ + x \cdot 0{,}0455\,\frac{€}{\text{kWh}} < 544{,}80 + x \cdot 0{,}0415\,\frac{€}{\text{kWh}}$ ► Einführungsbeispiel

Die Variable $x$ kommt auf beiden Seiten der Ungleichung vor. Durch Subtraktion des Terms $x \cdot 0{,}0415\,\frac{€}{\text{kWh}}$ auf beiden Seiten der Ungleichung wird die Variable auf der linken Seite isoliert.

$444{,}00\,€ + x \cdot (0{,}0455 - 0{,}0415)\,\frac{€}{\text{kWh}} < 544{,}80\,€$ ► Ausrechnen der Klammer

$$\begin{aligned} 444{,}00\,€ + x \cdot 0{,}004\,\frac{€}{\text{kWh}} &< 544{,}80\,€ \quad &| -444{,}00\,€ \\ x \cdot 0{,}004\,\frac{€}{\text{kWh}} &< 100{,}80\,€ \quad &|:0{,}004\,\frac{€}{\text{kWh}} \\ x &< 25\,200\,\text{kWh} \end{aligned}$$

► Grenzverbrauch

Werden weniger als 25 200 kWh Gas verbraucht, ist Tarif 2 günstiger als Tarif 1. Bei einem Gesamtverbrauch von 25 200 kWh Gas ist der Gesamtpreis nach beiden Tarifen gleich. Er beträgt 1590,60 €.

Da die beschriebenen Umformungen der Ungleichungen äquivalente Umformungen sind, die Lösungsmengen von Ausgangsungleichung und Endungleichung also übereinstimmen, ist eine **Probe** eigentlich nicht notwendig. Man wird eine solche jedoch durchführen, um zu überprüfen, ob man richtig gerechnet hat.

Die Ungleichung $-5x+10<20$ z. B. führt über $-5x<10$ zu $x>-2$. Hätte man $-5x<10$ falsch in $x<-2$ überführt, so würde die Probe beispielsweise mit dem Wert $-3$ die falsche Aussage $25<20$ liefern. Das wäre ein Anzeichen dafür, dass man sich verrechnet hat.

Wie bei den Gleichungen gibt es auch bei den Ungleichungen den Fall, dass eine Ungleichung der Gestalt „$x<$ Zahl“, „$x \leq$ Zahl“, „$x>$ Zahl“ oder „$x \geq$ Zahl“ nicht hergestellt werden kann.

**Beispiel 1:**

$3 \cdot (4x+4) < 6 \cdot (2x+10); \quad x \in \mathbb{R}$

$$\begin{aligned} 12x+12 &< 12x+60 \quad &|-12 \\ 12x &< 12x+48 \quad &|-12x \\ 0 \cdot x &< 48 \end{aligned}$$

Diese Ungleichung ist für jede reelle Zahl erfüllt, sie ist **allgemein gültig**, d. h., es ist $L = \mathbb{R}$.

**Beispiel 2:**

$3 \cdot (4x+8) < 6 \cdot (2x+4); \quad x \in \mathbb{R}$

$$\begin{aligned} 12x+24 &< 12x+24 \quad &|-24 \\ 12x &< 12x \quad &|-12x \\ 0 \cdot x &< 0 \end{aligned}$$

Diese Ungleichung ist für keine reelle Zahl erfüllt, sie ist **unerfüllbar**, d. h., es ist $L = \{\ \}$.

Lineare Ungleichungen, die weder allgemein gültig noch unerfüllbar sind, haben die Eigenschaft, dass ihre Lösungen entweder alle kleiner, kleiner gleich, größer oder größer gleich einer bestimmten Zahl sind. In der graphischen Darstellung der Lösungsmenge an der Zahlengeraden drückt sich das dadurch aus, dass von einem Punkt der Zahlengeraden der „Lösungsstrahl" entweder nach links oder nach rechts zeigt. Die diesem Punkt entsprechende Zahl ist die Lösung der zur Ungleichung zugehörigen Gleichung.

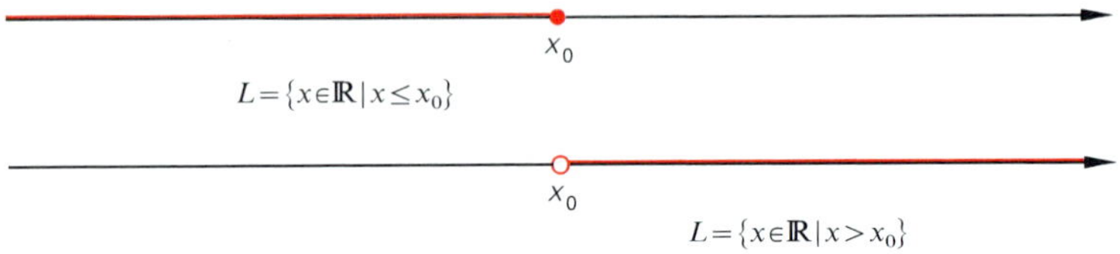


Diese Tatsache kann als Grundlage eines anderen Vorgehens zur Bestimmung der Lösungsmenge einer linearen Ungleichung mit einer Lösungsvariablen benutzt werden: Die zur Ungleichung gehörige Gleichung wird gelöst. Anschließend wird mit einer Zahl, die kleiner oder größer als die Lösungszahl ist, getestet, ob diese die Ungleichung erfüllt. Ist das z. B. für irgendeine Zahl, die kleiner als die Lösungszahl ist, der Fall, so sind alle Zahlen, die kleiner als die Lösungszahl sind, Lösungen der Ungleichung. Ist das nicht der Fall, so sind alle Zahlen, die größer sind als die Lösungszahl, Lösungen der Ungleichung. Entsprechendes gilt, wenn irgendeine Zahl, die größer ist als die Lösungszahl, die Ungleichung erfüllt oder nicht erfüllt.

**Beispiele:**

**1.** $2x+5<11$

Die zur Ungleichung gehörende Gleichung wird aufgestellt und gelöst.

**1.** $2x+5<11;\ x\in\mathbb{R}$

$2x+5=11 \quad |-5$

$2x=6 \quad |:2$

$\underline{\underline{x=3}}$

Sodann wird getestet, ob eine beliebige Zahl, die kleiner als 3 ist, z. B. 2, die Ungleichung erfüllt. Das ist hier der Fall, also sind alle reellen Zahlen kleiner als 3 Lösungen der Ungleichung.

$2x+5<11$ ► Test mit 2 für $x$

$2\cdot 2+5<11$

$9<11$ ► wahre Aussage

$L=\{x\in\mathbb{R}\,|\,x<3\}$ ► Lösungsmenge der Ungleichung

**2.** $10+4x\geq 12$

Die zur Ungleichung gehörende Gleichung wird aufgestellt und gelöst.

**2.** $10+4x\geq 12;\ x\in\mathbb{R}$

$10+4x=12 \quad |-10$

$4x=2 \quad |:4$

$\underline{\underline{x=\frac{1}{2}}}$

Hier wird jetzt getestet, ob eine beliebige Zahl, die kleiner als $\frac{1}{2}$ ist, z. B. 0, die Ungleichung erfüllt. Das ist hier nicht der Fall, also sind deshalb alle reellen Zahlen größer oder gleich $\frac{1}{2}$ Lösungen der Ungleichung.

$10+4\geq 12$ ► Test mit 0 für $x$

$10+4\cdot 0\geq 12$

$10\geq 12$ ► falsche Aussage

$L=\left\{x\in\mathbb{R}\,|\,x\geq\frac{1}{2}\right\}$ ► Lösungsmenge der Ungleichung

### • Rechnen mit Formvariablen

Auch in Ungleichungen können Formvariable vorkommen. Für sie muss angegeben werden, wofür sie stehen. Insbesondere muss aber beim Rechnen mit ihnen bedacht werden, dass beim Multiplizieren oder beim Dividieren Fallunterscheidungen notwendig werden können, wenn die betreffenden Formvariablen sowohl für positive als auch für negative reelle Zahlen stehen können.

**Beispiele:**

**1.** $ax+b<c;\ a\in\mathbb{R}^*;\ b,c\in\mathbb{R}$

Im 1. Schritt wird $b$ subtrahiert. Um durch $a$ dividieren zu können, müssen die Fälle $a>0$ und $a<0$ unterschieden werden.

**1.** $ax+b<c;\ x\in\mathbb{R}$

$$\begin{aligned} ax+b &< c \quad | -b \\ ax &< c-b \end{aligned}$$

**1. Fall:** $a>0$

Es folgt $x<\dfrac{c-b}{a}$.

**2. Fall:** $a<0$

Es folgt $x>\dfrac{c-b}{a}$.

**2.** $ax-2b>cx+2d;\ a,c\in\mathbb{R}^*, b,d\in\mathbb{R}$

Die Lösungsvariable $x$ kommt auf beiden Seiten der Ungleichung vor. Zunächst wird $cx$ subtrahiert und $2b$ addiert, mit der Absicht, $x$ zu isolieren. Ist $a\neq c$, so gelingt das, denn man kann $x$ ausklammern und durch $a-c$ dividieren.

Dabei sind die Fälle $a-c>0$ und $a-c<0$ zu unterscheiden.

**2.** $ax-2b>cx+2d;\ x\in\mathbb{R}$

$$\begin{aligned} ax-2b &> cx+2d \quad | -cx \\ ax-cx-2b &> 2d \quad | +2b \\ ax-cx &> 2d+2b \\ x(a-c) &> 2(b+d) \end{aligned}$$

**1. Fall:** $a-c>0$

Es folgt $x>2\dfrac{b+d}{a-c}$.

**2. Fall:** $a-c<0$

Es folgt $x<2\dfrac{b+d}{a-c}$.

Ist $a=c$, so gelingt die Isolierung von $x$ nicht, denn die linke Seite der letzten Ungleichung nimmt hier die Gestalt $0\cdot x$ an und durch 0 darf man nicht teilen.

Für $a-c=0$ folgt $0\cdot x>2(b+d)$.

Je nachdem, ob jetzt $b+d<0$ oder $b+d\geq 0$ ist, erhält man entweder eine allgemein gültige oder eine unerfüllbare Ungleichung, d. h., es gilt entweder $L=\mathbb{R}$ oder $L=\{\}$.

In diesem Fall gilt:
Für $b+d<0$ ist die Ungleichung $0\cdot x>2(b+d)$ allgemein gültig und für $b+d\geq 0$ unerfüllbar.

## 3.3.2 Beispiele nicht linearer Ungleichungen mit einer Gleichungsvariablen

In Ungleichungen mit einer Lösungsvariablen kann diese Variable auch mit größeren Exponenten als 1 vorkommen oder in einem Nenner, unter einer Wurzel oder zwischen Betragsstrichen stehen. Das Lösen solcher Ungleichungen soll kurz an einigen typischen Beispielen verdeutlicht werden.

**Beispiele:**

**1.** $|1+x|<10$ ► **Betragsungleichung**

Um diese Ungleichung zu lösen, wird von der Definition des Betrages einer reellen Zahl Gebrauch gemacht. Sie sieht zwei Fälle vor:

Für $a \geq 0$ ist $|a|=a$;
für $a<0$ ist $|a|=-a$.

Für die obige Ungleichung heißt das:

**1. Fall:** Ist $1+x \geq 0$, so gilt $|1+x|=1+x$.

**2. Fall:** Ist $1+x<0$, so gilt $|1+x|=-(1+x)$.

$|1+x|<10;\ x \in \mathbb{R}$

**1. Fall:** $1+x \geq 0$, also $x \geq -1$.
Es ist $|1+x|=1+x$ und damit

$$1+x<10 \quad |-1$$
$$x<9.$$

Wegen $x \geq -1$ und $x<9$ folgt $-1 \leq x<9$, also $L_1=\{x \in \mathbb{R} \mid -1 \leq x<9\}$.

**2. Fall:** $1+x<0$, also $x<-1$.
Es ist $|1+x|=-(1+x)$ und damit

$$-(1+x)<10 \quad |\cdot(-1)$$
$$1+x>-10 \quad |-1$$
$$x>-11.$$

Wegen $x<-1$ und $x>-11$ folgt $-11<x<-1$, also

$L_2=\{x \in \mathbb{R} \mid -11<x<-1\}$.

Die Lösungsmenge der Ausgangsungleichung setzt sich aus der Lösungsmenge $L_1$ zum 1. Fall und der Lösungsmenge $L_2$ zum 2. Fall zusammen.

Für die Lösungsmenge $L$ der Ausgangsungleichung gilt dann $L=L_1 \cup L_2$. Also ist $L=\{x \in \mathbb{R} \mid -11<x<9\}$.

Die Veranschaulichung der Lösungsmenge an der Zahlengeraden macht das Intervall $(-11;\ 9)$ sichtbar, in welchem die Lösungen der Ausgangsungleichung liegen.

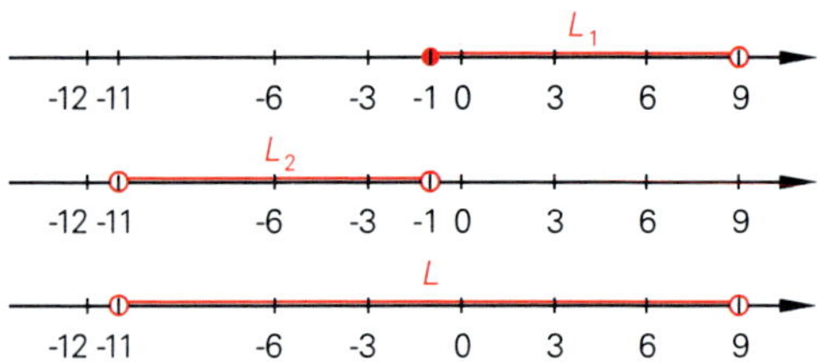


**2.** $\frac{2}{x+1}<\frac{6}{x+2}$ ► **Bruchungleichung**

$\frac{2}{x+1}<\frac{6}{x+2};\ x \in \mathbb{R} \backslash\{-1;\ -2\}$

Durch Multiplikation mit dem Hauptnennerterm $(x+1)(x+2)$ kann man die Ungleichung nennerfrei machen. Dazu muss man aber für die richtige Benutzung des Kleiner- und des Größerzeichens wissen, ob der Hauptnennerterm größer oder kleiner als 0 ist. Zu diesem Zweck zerlegt man den Definitionsbereich der Ungleichung in einzelne sich nicht überlappende Teilbereiche und löst die Ungleichung jeweils für jeden dieser Teilbereiche. Durch die Stellen $-1$ und $-2$, an denen die Ungleichung nicht definiert ist, wird hier der Definitionsbereich in die Intervalle $(-\infty;\ -2)$, $(-2;\ -1)$ und $(-1;\ +\infty)$ zerlegt.

Steht $x$ für die Zahlen aus dem Intervall $(-\infty;\,-2)$, gilt also $x<-2$, so ist sowohl $x+1$ als auch $x+2$ stets negativ, der Produktterm $(x+1)(x+2)$ also stets positiv. Multipliziert man daher die Ausgangsungleichung für diesen Fall mit diesem Produktterm, bleibt das Zeichen zwischen den Seiten erhalten. Nun wird die zur Ausgangsungleichung im Intervall $(-\infty;\,-2)$ lösungsgleiche Ungleichung gelöst. Für die Angabe ihrer Lösungsmenge muss man dabei die Voraussetzung $x<-2$ beachten.

Im Intervall $(-\infty;\,-2)$ gilt:

$\frac{2}{x+1}<\frac{6}{x+2}$ ist lösungsgleich zu

$$\begin{aligned} 2(x+2) &< 6(x+1). \\ 2x+4 &< 6x+6 \quad | -2x-6 \\ -2 &< 4x \quad |:4 \\ -0{,}5 &< x \end{aligned}$$

Wegen $x<-2$ und $x>-0{,}5$ gilt $L_1=\{\,\}$, denn es gibt keine reelle Zahl, die gleichzeitig größer $-0{,}5$ und kleiner als $-2$ ist.

Steht $x$ für die Zahlen aus dem Intervall $(-2;\,-1)$, gilt also $-2<x<-1$, so ist $x+1$ stets negativ und $x+2$ stets positiv. Der Produktterm $(x+1)(x+2)$ ist also stets negativ. Multipliziert man daher die Ausgangsungleichung für diesen Fall mit diesem Produktterm, muss man gleichzeitig das Zeichen zwischen den Seiten umkehren. Jetzt wird die zur Ausgangsungleichung im Intervall $(-2;\,-1)$ lösungsgleiche Ungleichung gelöst. Dabei muss man die Voraussetzung $-2<x<-1$ beachten.

Im Intervall $(-2;\,-1)$ gilt:

$\frac{2}{x+1}<\frac{6}{x+2}$ ist lösungsgleich zu

$$\begin{aligned} 2(x+2) &> 6(x+1). \\ 2x+4 &> 6x+6 \quad | -2x-6 \\ -2 &> 4x \quad |:4 \\ -0{,}5 &> x \end{aligned}$$

Wegen $-2<x<-1$ und $x<-0{,}5$ gilt
$L_2=\{x\in\mathbb{R}\mid -2<x<-1\}$.

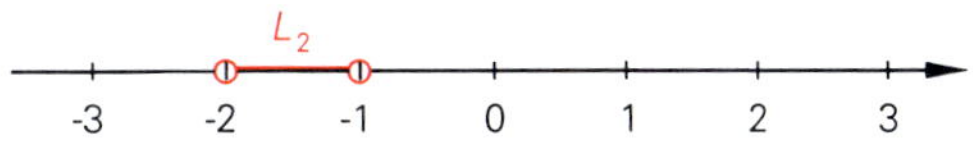


Steht $x$ für die Zahlen aus dem Intervall $(-1;\,+\infty)$, gilt also $-1<x<+\infty$, so sind $x+1$ und $x+2$ stets positiv, der Produktterm $(x+1)(x+2)$ also ebenfalls stets positiv. Multipliziert man daher die Ausgangsungleichung für diesen Fall mit diesem Produktterm, bleibt das Zeichen zwischen den Seiten erhalten.

Im Intervall $(-1;\,+\infty)$ gilt:

$\frac{2}{x+1}<\frac{6}{x+2}$ ist lösungsgleich zu

$2(x+2)<6(x+1)$.

Hieraus erhält man, wie bereits weiter oben gezeigt,

$x>-0{,}5$.

Wegen $x>-1$ und $x>-0{,}5$ gilt
$L_3=\{x\in\mathbb{R}\mid x>-0{,}5\}$.

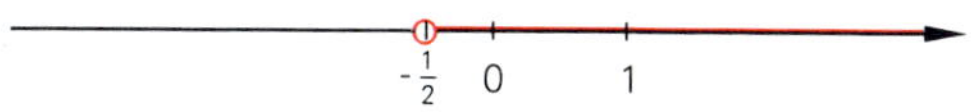


Die Lösungsmenge $L$ der Ausgangsungleichung setzt sich aus den Lösungsmengen $L_1$, $L_2$ und $L_3$ als Vereinigungsmenge zusammen. Man schreibt $L=L_1\cup L_2\cup L_3$.

Für die Lösungsmenge $L$ der Ausgangsgleichung gilt $L=L_1\cup L_2\cup L_3$, d. h.

$L=\{x\in\mathbb{R}\mid -2<x<-1 \text{ oder } x>-0{,}5\}$.

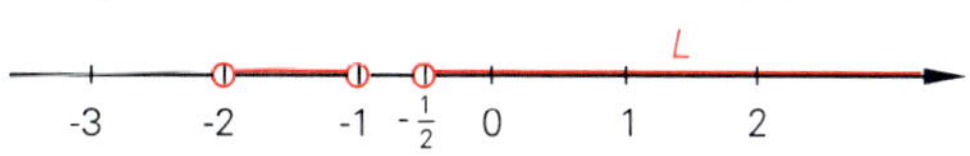

**3.** $(x+2)(x-3)>0$ ► **quadratische Ungleichung**

Beachte: $(x+2)(x-3)=x^2-x-6$.

**3.** $(x+2)(x-3)>0;\ x\in\mathbb{R}$

Man löst zuerst die zugehörige Gleichung. Ein Produkt ist gleich 0, wenn mindestens einer seiner Faktoren 0 ist.

$(x+2)(x-3)=0$

$x+2=0$, also $\underline{\underline{x=-2}}$ oder

$x-3=0$, also $\underline{\underline{x=3}}$.

$-2$ und 3 sind die Lösungen der Gleichung. Durch sie wird der Definitionsbereich der Ungleichung in drei sich nicht überlappende Intervalle zerlegt: $(-\infty;\,-2), (-2;3)$ und $(3;\,+\infty)$. Für jedes dieser Intervalle löst man jetzt die Ausgangsungleichung.

Steht $x$ für die Zahlen aus dem Intervall $(-\infty;\,-2)$, gilt also $x<-2$, so ist sowohl $x+2$ als auch $x-3$ stets negativ, der Produktterm $(x+2)(x-3)$ also stets positiv.

Im Intervall $(-\infty;\,-2)$ ist stets $(x+2)(x-3)>0$, d.h., die Zahlen dieses Intervalls sind Lösungen der Ungleichung.

► $L_1=\{x\in\mathbb{R}\,|\,x<-2\}$

Steht $x$ für die Zahlen des Intervalls $(-2;3)$, gilt also $-2<x<3$, so ist $x+2$ stets positiv, $x-3$ stets negativ, d.h., der Produktterm $(x+2)(x-3)$ ist stets negativ.

Im Intervall $(-2;3)$ ist stets $(x+2)(x-3)<0$, d.h., die Ungleichung hat in diesem Intervall keine Lösungen.

► $L_2=\{\ \}$

Steht $x$ für die Zahlen aus dem Intervall $(3;\,+\infty)$, gilt also $3<x<+\infty$, so sind $x+2$ und $x-3$ stets positiv, ihr Produkt also ebenfalls stets positiv.

Im Intervall $(3;\,+\infty)$ ist stets $(x+2)(x-3)>0$, d.h., die Zahlen dieses Intervalls sind Lösungen der Ungleichung.

► $L_3=\{x\in\mathbb{R}\,|\,x>3\}$

Die Lösungsmenge der Ausgangsungleichung setzt sich als Vereinigungsmenge aus den Mengen $L_1$, $L_2$ und $L_3$ zusammen.

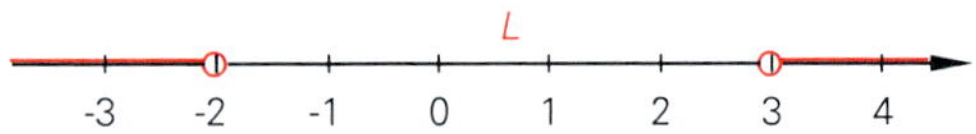


Es gilt $L=L_1\cup L_2\cup L_3$, d.h.,

$L=\{x\in\mathbb{R}\,|\,x<-2 \text{ oder } x>3\}$.

$L=\{x\in\mathbb{R}\,|\,x<-2 \text{ oder } x>3\}$.

**4.** $\sqrt{7-x}<x-1$ ► **Wurzelungleichung**

Man beseitigt die Wurzel durch Quadrieren auf beiden Seiten der Ungleichung. Mithilfe der binomischen Formel löst man den entstandenen Klammerausdruck auf. Addiert man dann auf beiden Seiten der Ungleichung den Term $x-7$ und fasst gleichartige Terme zusammen, so erhält man die Ungleichung aus dem vorstehenden 3. Beispiel. Allerdings muss die Ungleichung jetzt nicht für $x\in\mathbb{R}$, sondern für $x\in\mathbb{R}^{\leq 7}$ gelöst werden. Bei gleicher Vorgehensweise wie im 3. Beispiel erhält man jetzt durch die zusätzliche Bedingung $x\leq 7$ z.T. andere Lösungsmengen $L_1$, $L_2$ und $L_3$ für die quadratische Ungleichung.

$\sqrt{7-x}<x-1;\ \ x\in\mathbb{R}^{\leq 7}$

$(\sqrt{7-x})^2<(x-1)^2$

$7-x<(x-1)^2$ ► $(x-1)^2=x^2-2x+1$

$7-x<x^2-2x+1 \quad |+(x-7)$

$0<x^2-x-6$ ► $x^2-x-6=(x+2)(x-3)$

$0<(x+2)(x-3)$ ► siehe 3. Beispiel

$0<(x+2)(x-3);\ \ x\in\mathbb{R}^{\leq 7}$

Für das Intervall $(-\infty;\,-2)$ gilt: $L_1=\{x\in\mathbb{R}\,|\,x<-2\}$

Für das Intervall $(-2;3)$ gilt: $L_2=\{\ \}$

Für das Intervall $(3;7]$ gilt: $L_3=\{x\in\mathbb{R}\,|\,3<x\leq 7\}$

Die Lösungen dieser quadratischen Ungleichung müssen aber keine Lösungen der ursprünglichen Wurzelgleichung sein, da es darunter Scheinlösungen geben kann. Wie die Probe zeigt, sind nur die Zahlen aus dem Intervall $(3;7]$ auch Lösungen der Wurzelgleichung.

Probe: Für $x<-2$ besitzt die Ungleichung $\sqrt{7-x}<x-1$ keine Lösung, denn hierfür gilt stets $\sqrt{7-x}>0$, aber $x-1<0$. Andererseits sind alle Zahlen aus dem Intervall $(3;7]$ Lösungen der Wurzelungleichung.

► $L=(3;7]$

### 3.3.3 Textaufgaben, die auf lineare Ungleichungen führen

Nicht selten führt die mathematische Analyse eines praktischen oder technischen Sachverhalts auf eine Ungleichung. Dafür, wie man diese aus dem Text oder dem Sachverhalt gewinnt, lassen sich keine mathematischen Regeln angeben. Man muss den Text oder den Sachverhalt analysieren und die erkannten Beziehungen in mathematische Terme und Gleichungen bzw. Ungleichungen „übersetzen“.

**Beispiel 1:**

Die Freundinnen Anna und Sophia betreiben Schilanglauf. Annas Übungsstrecke ist 5500 m lang. Sie legte diese Strecke zuletzt in 30 Minuten zurück. Sophias Übungsstrecke ist nur 5200 m lang. Wie lange darf Sophia auf dieser Strecke höchstens unterwegs sein, um eine größere Durchschnittsgeschwindigkeit zu erreichen als Anna?

Aus der Physik ist der Begriff Durchschnittsgeschwindigkeit als Quotient aus zurückgelegtem Weg und dazu benötigter Zeit bekannt.

$$\text{Durchschnittsgeschwindigkeit} = \frac{\text{Weg}}{\text{Zeit}}$$

$x$ stehe als Variable für Sophias Laufzeit in Minuten.

Annas Durchschnittsgeschwindigkeit ist als Quotient aus 5500 m und 30 min bekannt.

$$\frac{5500\,\text{m}}{30\,\text{min}}$$ ► Annas Durchschnittsgeschwindigkeit

Für Sophias Durchschnittsgeschwindigkeit steht der Quotient aus 5200 m und $x$.

$$\frac{5200\,\text{m}}{x}$$ ► Sophias Durchschnittsgeschwindigkeit

Sophias Durchschnittsgeschwindigkeit soll größer sein als die Annas.

$$\frac{5200\,\text{m}}{x} > \frac{5500\,\text{m}}{30\,\text{min}}$$

Da vom Sachverhalt her $x>0\,\text{min}$ ist, kann die entstandene Ungleichung mit $x$ multipliziert werden ohne Umkehrung des Zeichens zwischen den Seiten der aufgestellten Ungleichung.

$$\frac{5200\,\text{m}}{x} > \frac{5500\,\text{m}}{30\,\text{min}} \quad \Big| \cdot x$$

$$5200\,\text{m} > x\cdot\frac{5500\,\text{m}}{30\,\text{min}} \quad \Big| \cdot \frac{30\,\text{min}}{5500\,\text{m}}$$

Die weitere Umformung der Ungleichung führt zur Aussage, dass Sophias Laufzeit weniger als 28,36 min betragen muss, wenn ihre Duchschnittsgeschwindigkeit größer sein soll als Annas Durchschnittsgeschwindigkeit.

$$5200\,\text{m}\cdot\frac{30\,\text{min}}{5500\,\text{m}} > x$$

$$\underline{\underline{28{,}26\,\text{min} > x}}$$

**Beispiel 2:**

In einem Dreieck ABC beträgt die Differenz der Länge der größten Seite zu den beiden anderen Seiten 2 cm bzw. 3 cm. Der Umfang soll größer als 20 cm und kleiner als 30 cm sein. Welche ganzzahligen Seitenlängen kommen unter diesen Bedingungen in Betracht?

$c$ steht als Variable für die Länge der größten Seite in cm und $a$ und $b$ stehen als Variablen für die Längen der anderen Seiten. Dann gilt: $c = a + 2\,\text{cm}$, $c = b + 3\,\text{cm}$, der Umfang $u$ beträgt $u = a + b + c$.

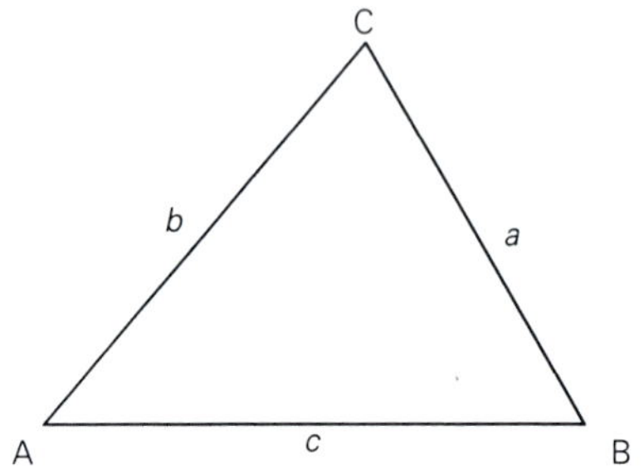


Der Umfang soll größer als 20 cm sein und kleiner als 30 cm.

$20\,\text{cm} < u \quad \text{und} \quad u < 30\,\text{cm}$

Diese Bedingungen können in einer Ungleichungskette zusammengefasst werden.

$20\,\text{cm} < u < 30\,\text{cm}$

Da $c = a + 2\,\text{cm}$, ist $a = c - 2\,\text{cm}$ und wegen $c = b + 3\,\text{cm}$ ist $b = c - 3\,\text{cm}$. Also gilt $u = a + b + c = c - 2\,\text{cm} + c - 3\,\text{cm} + c$.
Nach Addition von 5 und Division durch 3 erhält man eine Ungleichungskette, aus der die möglichen Längen für $c$ leicht abgelesen werden können.

$20\,\text{cm} < a + b + c < 30\,\text{cm}$

$20\,\text{cm} < 3c - 5 < 30\,\text{cm} \quad |+5$

$25\,\text{cm} < 3c < 35\,\text{cm} \quad |:3$

$8\frac{1}{3}\,\text{cm} < c < 11\frac{2}{3}\,\text{cm}$

$L = \{9\,\text{cm};\ 10\,\text{cm};\ 11\,\text{cm}\}$

## Übungen zu 3.3

Lösen Sie folgende Ungleichungen!
Wenn nichts anderes vermerkt ist, gilt stets $\mathbb{R}$ als ihr Grundbereich. Überlegen Sie, welchen Definitionsbereich die angegebenen Ungleichungen haben!

**1.** $8x - 24 < 0$

**2.** $4x + 3 \geq 11$

**3.** $7x - 5 < 30$

**4.** $-4x + 16 \leq 0$

**5.** $-6x - 6 > 0$

**6.** $\frac{x}{2} + 1 > 0$

**7.** $3x + 7 < 13 + 2x$

**8.** $7x - 6 > \frac{8x}{2}$

**9.** $2 - \frac{x}{10} > 2(7 - x)$

**10.** $13x - 5 \leq 8x + 15$

**11.** $3(x - 3) < 5 - 2(-x + 1)$

**12.** $5 - \frac{3x}{7} < 3 - \frac{5}{3}x$

**13.** $\frac{3}{2}x < 2(6 - x);\ x \in \mathbb{Q}^+$

**14.** $\frac{3}{2}x < 2(6 - x);\ x \in \mathbb{N}$

**15.** $\frac{x}{x+1} < 0$

**16.** $\frac{2x}{x+3} < 1$

**17.** $\frac{x+1}{x-1} > 0{,}5$

**18.** $|x - 5| > 10$

**19.** $|x - 1| + 3 < 5$

**20.** $2 \cdot |x + 2| < 32$

**21.** $4 + \sqrt{x} < 10$

**22.** $5 \cdot \sqrt{x} \geq \sqrt{x} + 12$

**23.** $(x - 4) \cdot (x + 5) < 0$

**24.** $x^2 - 1 \geq 0$

**25.** $5x - 8 < 2$

**26.** $\frac{9x}{2} - x < 7$

**27.** $10 - 7x < 12 - 12x$

**28.** $-9x - 8 < 16 - 3x$

**29.** $\frac{3x}{2} + 4 > x - 1$

**30.** $24(x+2) + 7(5-x) > 117$

**31.** $3(x+5) > 21 - 2(3-x)$

**32.** $12 + 2(x-1) < 0$

**33.** $\frac{4}{9}x + 2x < 2(x-1)$

**34.** $\frac{x}{x-1} < 4$

**35.** $\frac{(x+1)^2}{x-1} \geq x+1$

**36.** $\frac{4x^2}{4x+1} < x - 1$

**37.** $\frac{2x-3}{2x+3} < 1$

**38.** $\frac{2x-3}{2x+3} > 1$

**39.** $\frac{2(x-2)}{7} < \frac{2x^2}{x+2}$

**40.** $\frac{11}{2x} + 1 > \frac{1}{x}$

**41.** $(x-1)^2 > 0$

**42.** $|x+3| > 7$

**43.** $4|x-1| > 4$

**44.** $|x-1| > 0$

**45.** $\left|\frac{2x+1}{4}\right| > 9$

**46.** $\sqrt{x} + 4 < 2\sqrt{x}$

**47.** $\sqrt{3x+2} > 8$

**48.** $\sqrt{x+2} > \sqrt{x-2}$

**49.** Bei einer Autoverleihfirma A kostet ein PKW pro Tag 80,00 € Grundgebühr und für jeden gefahrenen Kilometer 0,56 €. Derselbe Typ kostet bei der Firma B pro Tag 75,00 € und pro Kilometer 0,58 €. In welchen Fällen leiht man bei der Firma A ein Auto für einen Tag billiger?

**50.** Prüfen Sie nach, ob folgende Aussage wahr ist: In jedem Dreieck ist der halbe Umfang größer als die längste Seite.

**51.** Personenkraftwagen eines bestimmten Typs werden mit Benzin- oder mit Dieselmotor geliefert. Der Wagen mit dem Benzinmotor kostet 24 500 €, der mit Dieselmotor 3500 € mehr. Der Benzinmotor verbraucht auf 100 km durchschnittlich 9 l Benzin, der Dieselmotor 6,5 l Diesel. Ein Liter Benzin soll mit 1,56 €, ein Liter Dieselkraftstoff mit 1,16 € gerechnet werden. Ab wie viel Betriebsjahren ist die anfängliche Mehrausgabe für den PKW mit Dieselmotor ausgeglichen, wenn man eine durchschnittliche Laufleistung von 15 000 km pro Jahr ansetzt und alle anderen anfallenden Kosten wie Steuer, Reparaturen usw. außer Acht lässt?

**52.** Die Haltbarkeitsbedingung für einen auf Zug belasteten Stab lautet $\frac{F}{A} < \sigma_{\text{zul}}$, wobei $F$ die auf den Stab wirkende Zugkraft und $A$ der Querschnitt des Stabes sind. Welcher Bedingung muss der Durchmesser $d$ eines Stabes mit kreisförmigem Querschnitt genügen, wenn der Stab aus einem Stahl mit $\sigma_{\text{zul}} = 160\,\frac{\text{N}}{\text{mm}^2}$ hergestellt ist und eine Zugkraft von $F = 40000\,\text{N}$ wirkt?

# Wiederholungsfragen zu 3.

**1.** Welche Zeichen können in Ungleichheitsaussagen und Ungleichungen vorkommen?

**2.** Was ist der Unterschied zwischen einer Ungleichheitsaussage und einer Ungleichung?

**3.** Welche Regeln gelten für das äquivalente Umformen von Ungleichungen?

**4.** Was versteht man unter der Lösungsmenge einer Ungleichung?

**5.** Welche Schreibweisen für die Lösungsmenge einer Ungleichung kennen Sie?

**6.** Wie veranschaulicht man die Lösungsmengen von Ungleichungen?

# 4 Funktionen

## 4.1 Der Relations- und Funktionsbegriff

In Wissenschaft und Technik, aber auch in der Praxis des täglichen Lebens sind nicht selten zwei Mengen von Zahlen, Größen oder von anderen Objekten in bestimmter Weise miteinander verknüpft, sodass jedem Element aus einer der Mengen mindestens ein Element aus der anderen Menge zugeordnet ist.

**Beispiel 1:** Bei einem Kranken wird 4 Tage lang regelmäßig morgens und abends das Fieber gemessen.

Die Menge der Messzeitwerte ist mit der Menge der Temperaturwerte in der folgenden Weise verknüpft:
Jedem Zeitpunkt, an dem gemessen wird, ist genau ein Temperaturwert zugeordnet. Zeitpunkt und zugehöriger Temperaturwert bilden ein Paar. Es gibt im Beispiel endlich viele, nämlich acht solcher Paare.
Sie können in einer Tabelle festgehalten werden. Oft werden sie als Punkte einer Ebene gedeutet und diese zu einer sogenannten Fieberkurve miteinander verbunden.

| Zeitpunkt | 1. Tag $7^{00}$ | 1. Tag $18^{00}$ | 2. Tag $7^{00}$ | 2. Tag $18^{00}$ |
|---|---|---|---|---|
| Temperatur | 37,3 °C | 37,7 °C | 38,5 °C | 38,4 °C |

| Zeitpunkt | 3. Tag $7^{00}$ | 3. Tag $18^{00}$ | 4. Tag $7^{00}$ | 4. Tag $18^{00}$ |
|---|---|---|---|---|
| Temperatur | 38,2 °C | 38,0 °C | 37,5 °C | 37,7 °C |

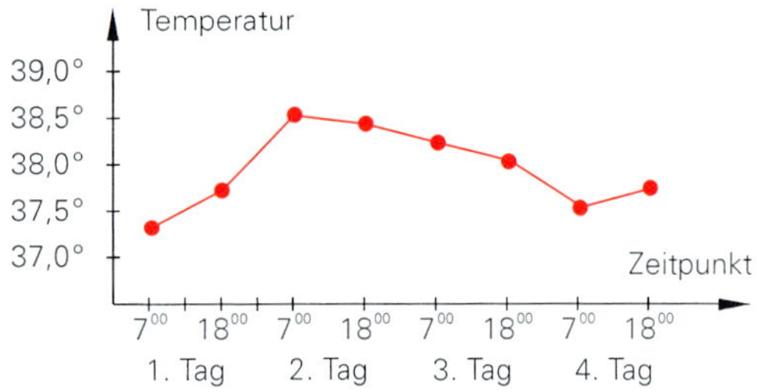


**Beispiel 2:** Fünf Schüler einer 8. Klasse sind Mitglieder desselben Sportvereins. In ihm können die Sportarten Turnen, Schwimmen, Tennis, Leichtathletik, Handball, Fußball und Volleyball betrieben werden. Einige der Schüler betreiben nicht nur eine Sportart.

In diesem Beispiel besteht die eine Menge aus denjenigen Schülern der 8. Klasse, die demselben Sportverein angehören, die andere Menge umfasst die Sportarten, die in diesem Verein betrieben werden können. Jedem Schüler sind die Sportarten, die er betreibt, zugeordnet.
Zur Veranschaulichung solcher Zuordnungen werden oft auch Mengendiagramme und Pfeile verwendet.

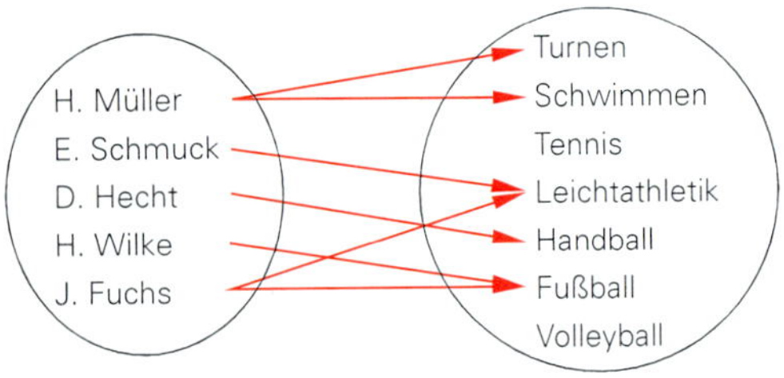


► … ⟶ … bedeutet:
… betreibt die Sportart …

Diejenige Menge, von welcher von jedem Element Pfeile ausgehen, welche also die Elemente enthält, denen andere Elemente zugeordnet werden, heißt **Ausgangsmenge**. Diejenige Menge, in welcher die Elemente liegen, bei denen die Pfeile enden, die also den Elementen der Ausgangsmenge zugeordnet sind, heißt **Zielmenge**.

Im obigen Beispiel enden nicht bei jedem Element der Zielmenge Pfeile. Es gibt also im betrachteten Sportverein Sportarten, die von keinem der fünf Schüler der 8. Klasse betrieben werden. Man nennt die Menge aller Elemente der Zielmenge, bei denen ein Pfeil endet, **Bildmenge**. Diese Menge enthält also alle Elemente der Zielmenge, die den Elementen der Ausgangsmenge auch wirklich zugeordnet sind.

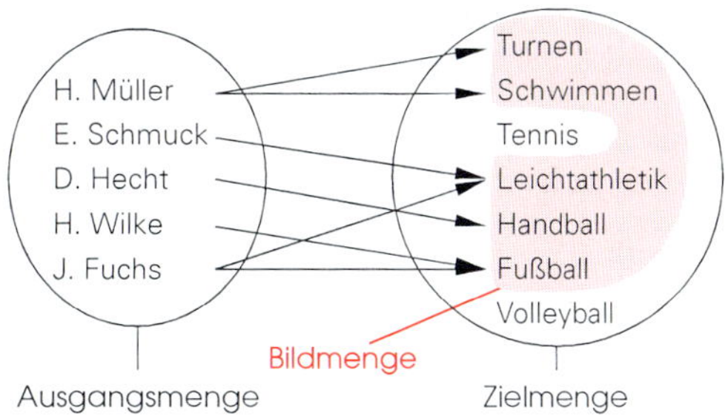


Die Bildmenge kann mit der Zielmenge übereinstimmen oder – wie hier – eine echte Teilmenge der Zielmenge sein.

**Beispiel 3:** Jeder natürlichen Zahl wird ihr Doppeltes zugeordnet.

In diesem Beispiel ist die Menge $\mathbb{N}$ der natürlichen Zahlen Ausgangsmenge, die Zielmenge kann wieder $\mathbb{N}$ sein, aber auch $\mathbb{Q}$ oder $\mathbb{R}$ können als Zielmenge genommen werden. Die Bildmenge ist in jedem Falle die Menge der geraden natürlichen Zahlen.

Steht $a$ für eine beliebige natürliche Zahl, so steht $2a$ für die ihr zugeordnete Zahl, d.h., $2a$ steht für eine gerade Zahl. Die Zuordnung von $a$ zu $2a$ wird durch einen kurzen Pfeil mit Querstrich symbolisiert und damit die Zuordnung wie folgt aufgeschrieben:

$a \mapsto 2a;\ a \in \mathbb{N};\ 2a \in \mathbb{N}$
(oder $2a \in \mathbb{Q}$
oder $2a \in \mathbb{R}$).

Eine Veranschaulichung dieser Zuordnung kann mittels einer Wertetabelle im kartesischen Koordinatensystem erfolgen.

► Wertetabelle für $a \mapsto 2a;\ a \in \mathbb{N};\ 2a \in \mathbb{N}$:

| $a$ | 0 | 1 | 2 | 3 | 4 | 5 | ... |
|---|---|---|---|---|---|---|---|
| $2a$ | 0 | 2 | 4 | 6 | 8 | 10 | ... |

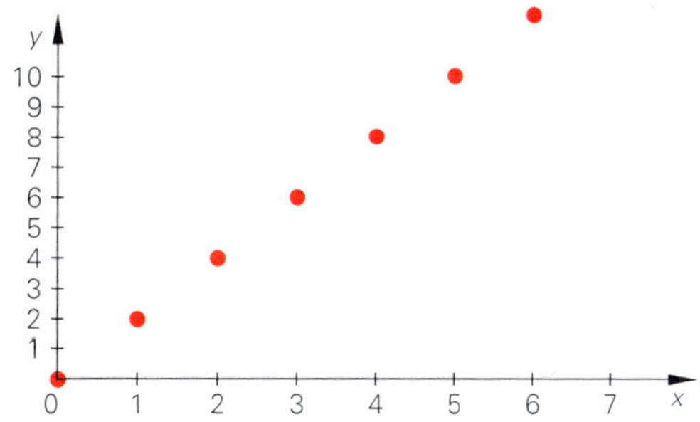


**Beispiel 4:** Ein Gegenstand, der von einem Hochhaus herabfällt, unterliegt dem Gesetz des freien Falls $s = \frac{g}{2}t^2$, wobei $s$ den Fallweg bezeichnet, den der Gegenstand unter erdnahen Bedingungen und unter Vernachlässigung des Luftwiderstands in der Fallzeit $t$ zurücklegt, und g die Fallbeschleunigung $9{,}81\ \frac{\mathrm{m}}{\mathrm{sec}^2}$ darstellt.

Jeder Fallzeit $t$ ist durch dieses Gesetz der Fallweg $\frac{g}{2}t^2$ zugeordnet:

$t \mapsto \frac{g}{2}t^2$.

Verwendet man als Näherung für g den Wert $10\,\frac{\text{m}}{\text{sec}^2}$ und wählt für $t$ volle Sekunden, so erhält man z. B. nebenstehende Zuordnung von Fallzeit zu Fallweg anhand einer Wertetabelle. Man kann die Paare dieser Tabelle als Punkte im Koordinatensystem veranschaulichen.

Zeichnet man nicht nur für die vollen Sekunden die zugehörigen Punkte ins Koordinatensystem ein, sondern auch für Zwischenwerte, so liegen alle diese Punkte auf einer Linie, die Teil einer Parabel ist.

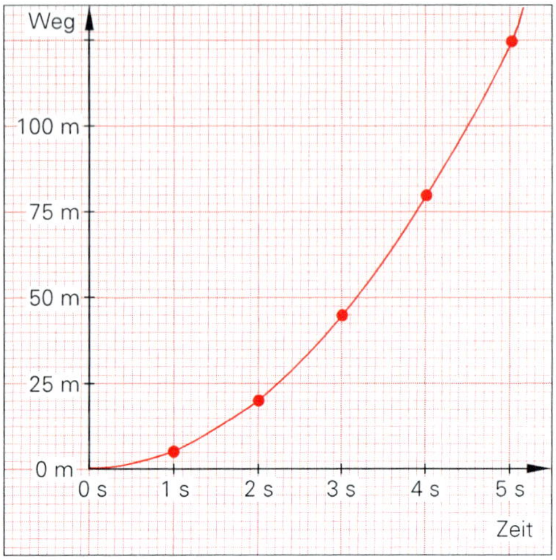


► Wertetabelle für $t \mapsto 5\,\frac{\text{m}}{\text{sec}^2}\cdot t^2$; $t \in \{1\text{ s}, 2\text{ s}, \ldots\}$:

| $t$ | 1 s | 2 s | 3 s | 4 s | 5 s | … |
|---|---|---|---|---|---|---|
| $\frac{g}{2}t^2$ | 5 m | 20 m | 45 m | 80 m | 125 m | … |

Die Zuordnungen der Beispiele 3 und 4 enthalten unendlich viele Paare. Im Beispiel 3 ist die Menge $\mathbb{N}$ der natürlichen Zahlen die Ausgangsmenge und jeder natürlichen Zahl wird eine gerade natürliche Zahl zugeordnet. Die Menge der geraden natürlichen Zahlen ist sowohl eine Teilmenge von $\mathbb{N}$ als auch von $\mathbb{Q}$ und $\mathbb{R}$. Um eine solche Zuordnung wie im Beispiel 3 vollständig zu beschreiben, genügt es nicht, nur die Ausgangsmenge und die Zuordnungsvorschrift anzugeben, man muss auch die Zielmenge benennen. Aber welche der drei Zielmengen für $a \mapsto 2a$; $a \in \mathbb{N}$ auch gewählt wird, stets ist die Bildmenge dieser Zuordnung eine echte Teilmenge der Zielmenge. Bild- und Zielmenge müssen also nicht immer übereinstimmen.

Die Zuordnungen der Beispiele 1 und 2 enthalten endlich viele Paare.

Während im Beispiel 1 jedem Zeitpunkt genau ein Temperaturwert zugeordnet ist, sind im Beispiel 2 zwei Schülern (H. Müller und J. Fuchs) jeweils zwei Sportarten zugeordnet.

**Relationen**

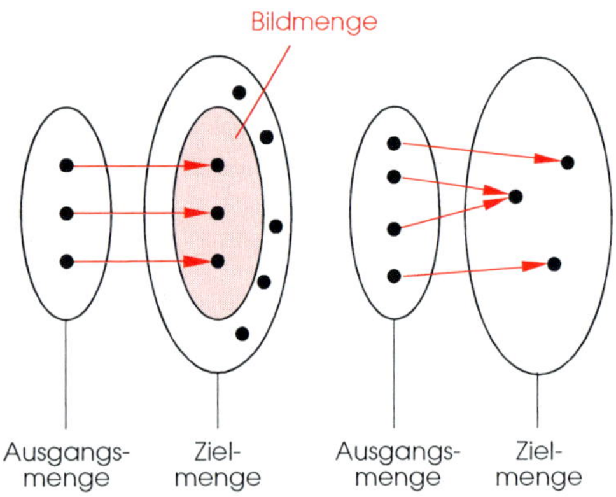


► **Eindeutige Zuordnungen – Funktionen**

Die Zuordnungen der Beispiele 1, 3 und 4 nennt man **eindeutig** – jedem Element der Ausgangsmenge ist genau ein Element der Zielmenge zugeordnet. Dabei darf zwei verschiedenen Elementen der Ausgangsmenge durchaus dasselbe Element der Zielmenge zugeordnet sein.

Die Zuordnung im Beispiel 2 ist also nicht eindeutig, denn es gibt in der Aussagemenge auch Elemente, denen jeweils mehrere Elemente in der Zielmenge zugeordnet sind.

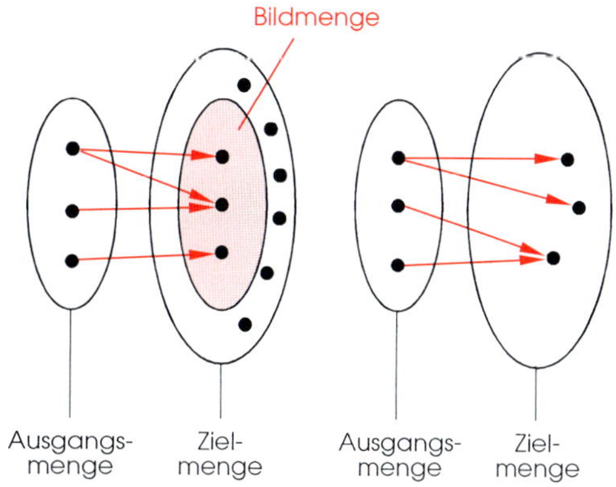


► **Nicht eindeutige Zuordnungen**

Zuordnungen, wie in den Beispielen 1 bis 4, heißen **Relationen**; eindeutige Zuordnungen, also eindeutige Relationen, heißen auch **Funktionen**. Zur vollständigen Beschreibung einer Relation oder Funktion gehören ihre Ausgangsmenge, ihre Zielmenge und ihre Zuordnungsvorschrift.

**Merke:**

- Besteht zwischen zwei Mengen $A$ und $Z$ eine Beziehung der Art, dass jedem Element von $A$ mindestens ein Element in $Z$ zugeordnet ist, so heißt eine solche Zuordnung eine **Relation**. Die Menge $A$ heißt **Ausgangsmenge**, die Menge $Z$ heißt **Zielmenge**.
- Ist diese Relation eindeutig, d. h., wird jedem Element der Ausgangsmenge genau ein Element in der Zielmenge zugeordnet, so heißt sie **Funktion**.
- Die allen Elementen der Ausgangsmenge zugeordneten Elemente in der Zielmenge bilden die **Bildmenge** der Relation oder Funktion.

## Schreib- und Sprechweisen

Funktionen werden häufig mit den Kleinbuchstaben $f$ oder $g$ bezeichnet. Ist $x_0$ ein Element der Ausgangsmenge einer Funktion $f$, so schreibt man für das dem $x_0$ durch $f$ zugeordnete Element in der Zielmenge $f(x_0)$. Man nennt $f(x_0)$ den **Funktionswert** von $f$ **an der Stelle** $x_0$ oder auch für das **Argument** $x_0$.

Die Funktion $f$ wird in der Form

$f\colon x \mapsto f(x)$; $x$ steht für Elemente der Ausgangsmenge $A$, $f(x)$ steht für Elemente der Zielmenge $Z$,

angegeben. Die Schreibfigur $x \mapsto f(x)$ symbolisiert die Zuordnungsvorschrift. In $x \mapsto f(x)$ heißt $f(x)$ **Funktionsterm**.

Zuordnungsvorschrift

$f\colon \overbrace{x \mapsto f(x)}$; $x \in A$ und $f(x) \in Z$

Funktionsterm

Argumentvariable

Funktionsname

$f\colon x \mapsto f(x)$; $x \in A$ und $f(x) \in Z$ wird gelesen:

$f$ ist die Funktion $x$ auf $f(x)$ mit $x$ Element (der Ausgangsmenge) $A$ und $f(x)$ Element (der Zielmenge) $Z$.

Funktionen, welche den Argumenten reelle Zahlen zuordnen, heißen **reellwertige Funktionen**.

**Beispiel: Anzahlfunktion**

Bei einer Verkehrszählung wurde festgestellt, wie viele Autos bestimmter Typen den Kontrollpunkt passierten. Nebenstehend ein Auszug aus der Zählliste.

Anzahlfunktion ► **Reellwertige Funktion**

| Typ | Typ 1 | Typ 2 | Typ 3 | Typ 4 | ... |
|---|---|---|---|---|---|
| Anzahl | 3 | 6 | 4 | 2 | ... |

Ausgangsmenge $A$: Menge der Autotypen
Zielmenge Z: Menge $\mathbb{N}$ der natürlichen Zahlen

Sind die Argumente reellwertiger Funktionen selbst auch reelle Zahlen, so spricht man von **reellen Funktionen**.

Die Zuordnung $x \mapsto 2x;\ x \in \mathbb{R},\ 2x \in \mathbb{R}$ ist eine reelle Funktion.

$x \mapsto 2x;\ x \in \mathbb{R},\ 2x \in \mathbb{R}$ ► **Reelle Funktion**

| $x$ | $-2$ | $-1$ | 0 | 1 | 2 | 3 | 4 | ... |
|---|---|---|---|---|---|---|---|---|
| $2x$ | $-4$ | $-2$ | 0 | 2 | 4 | 6 | 8 | ... |

Im Folgenden werden vor allem reelle Funktionen betrachtet. Die Ausgangsmenge ist also $\mathbb{R}$ oder eine Teilmenge $A$ von $\mathbb{R}$. **Die Zielmenge soll stets** $\mathbb{R}$ sein, deshalb kann zukünftig auf die gesonderte Angabe der Zielmenge verzichtet werden.

Man nennt die Ausgangsmenge $A$ einer reellen Funktion $f$ auch ihre **Definitionsmenge** oder ihren **Definitionsbereich**, abgekürzt als $D(f)$, und die Bildmenge der Funktion $f$ ihre **Wertmenge** oder ihren **Wertebereich**, abgekürzt als $W(f)$.

$f\colon x \mapsto f(x);\ D(f) = A$

wird gelesen:

$f$ ist die Funktion von $x$ auf $f(x)$ mit dem Definitionsbereich $A$.

## Veranschaulichung reeller Funktionen im kartesischen Koordinatensystem

Das kartesische Koordinatensystem ist ein System zweier senkrecht aufeinander stehender Zahlengeraden, den sog. Achsen des Koordinatensystems. Sie werden gewöhnlich als ***x*-Achse** und als ***y*-Achse** bezeichnet. Beide Achsen tragen reelle Zahlen, d.h., $x$ und $y$ sind Variable für reelle Zahlen: $x \in \mathbb{R}$ und $y \in \mathbb{R}$.

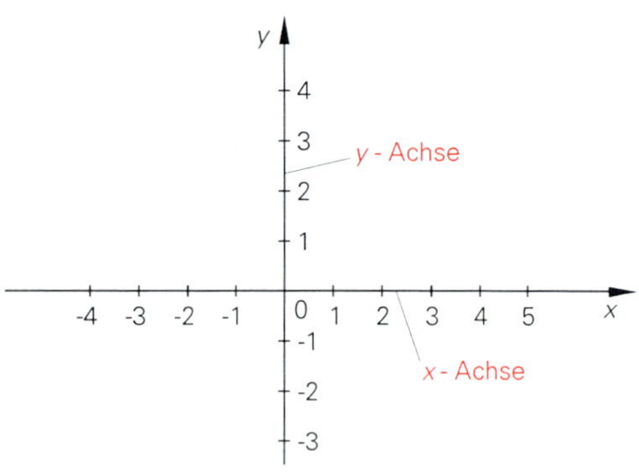

Mithilfe des Koordinatensystems kann jedem Paar reeller Zahlen $\langle x_0 \mid y_0 \rangle$ genau ein Punkt $P_0\langle x_0 \mid y_0 \rangle$ der Ebene zugeordnet werden. Man nennt $x_0$ und $y_0$ die **Koordinaten des Punktes** $P_0$, und zwar heißt $x_0$ die Abszisse, $y_0$ die Ordinate von $P_0$. Entsprechend nennt man die $x$-Achse auch **Abszissenachse**, die $y$-Achse auch **Ordinatenachse**.

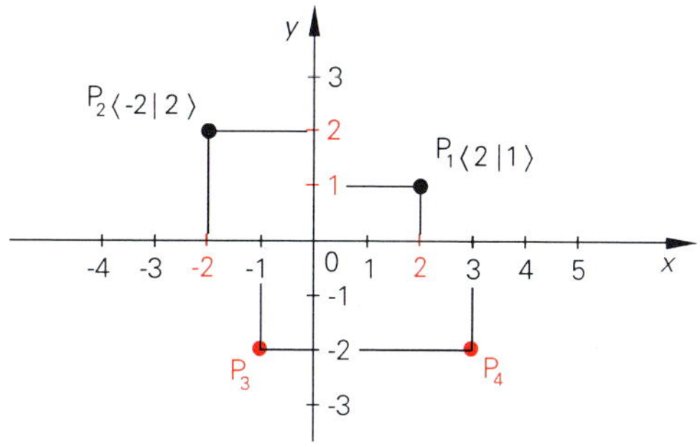


Umgekehrt kann jeder Punkt einer Ebene, in welcher ein Koordinatensystem liegt, eindeutig durch ein Paar reeller Zahlen beschrieben werden.

Zu $\langle 2 \mid 1 \rangle$ gehört der Punkt $P_1\langle 2 \mid 1 \rangle$.
Zu $\langle -2 \mid 2 \rangle$ gehört der Punkt $P_2\langle -2 \mid 2 \rangle$.
Zu $P_3$ gehört das Zahlenpaar $\langle -1 \mid -2 \rangle$.
Zu $P_4$ gehört das Zahlenpaar $\langle 3 \mid -2 \rangle$.

Denkt man sich daher für eine reelle Funktion $f\colon x \mapsto f(x);\ x \in A$ zu jedem Paar $\langle x_0 \mid y_0 \rangle$ mit $y_0 = f(x_0)$ den zugehörigen Punkt $P_0$ in ein und demselben kartesischen Koordinatensystem bestimmt, so erhält man eine Punktmenge, die man den **Graphen der Funktion** nennt und mit $G(f)$ bezeichnet. Hierbei trägt man verabredungsgemäß jedes Argument $x_0$ der Funktion auf der $x$-Achse und den jeweils dazugehörenden Funktionswert $f(x_0)$ auf der $y$-Achse ab. Auf diese Weise ist es oft möglich, eine reelle Funktion durch ihren Graphen zu veranschaulichen.
In der Praxis wird man nicht in jedem Fall zu jedem Argument $x_0$ einer Funktion $f$ den zugehörigen Funktionswert $f(x_0)$ bestimmen können. Her begnügt man sich mit der Bestimmung einer genügend großen Anzahl von Punkten des Graphen und verbindet, falls möglich, „nebeneinander liegende" Punkte durch eine Linie miteinander, um sich auf diese Weise eine Anschauung – zumindest für einen Teil des Graphen – der Funktion zu verschaffen.

**Beispiel:**

Es bezeichnete $A$ das abgeschlossene Intervall $[-2; 2]$. Um den Graphen der reellen Funktion $f\colon x \mapsto \sqrt{4-x^2};\ x \in A$ im Intervall $[-2; 2]$ zu zeichnen, stellt man zweckmäßigerweise eine Wertetabelle auf und bestimmt die zugehörigen Punkte im Koordinatensystem.

► Wertetabelle für $f\colon f(x) = \sqrt{4-x^2};\ \ x \in [-2; 2]$:

| $x$ | $-2$ | $-1{,}5$ | $-1$ | $-0{,}5$ | $0$ | $0{,}5$ | $1$ | $1{,}5$ | $2$ |
|---|---|---|---|---|---|---|---|---|---|
| $f(x)$ | 0 | 1,32 | 1,73 | 1,94 | 2 | 1,94 | 1,73 | 1,32 | 0 |

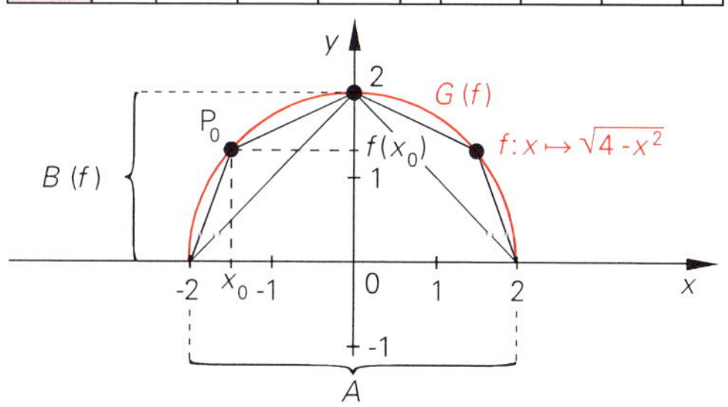


Verbindet man „nebeneinander liegende" Punkte, so erhält man eine immer bessere Vorstellung vom Verlauf des Graphen der Funktion, je mehr Punkte man berücksichtigt, d.h., wie umfangreich man seine Wertetabelle angelegt hat. Schließlich kann man erkennen, dass alle Punkte des Graphen auf einem Halbkreis um den Ursprung des Koordinatensystems vom Radius 2 oberhalb der $x$-Achse liegen. Der Graph der Funktion ist dieser Halbkreis.

Zu $\langle -2 \mid 0 \rangle$ gehört der Punkt $P\langle -2 \mid 0 \rangle$.
Zu $\langle -1{,}5 \mid 1{,}32 \rangle$ gehört der Punkt $P\langle -1{,}5 \mid 1{,}32 \rangle$.
⋮
Zu $\langle 0 \mid 2 \rangle$ gehört der Punkt $P\langle 0 \mid 2 \rangle$.
⋮
Zu $\langle 2 \mid 0 \rangle$ gehört der Punkt $P\langle 2 \mid 0 \rangle$.

Oft lässt sich aus dem Verlauf des Graphen einer reellen Funktion die Bildmenge der Funktion bestimmen. Im vorstehenden Beispiel entnimmt man der Zeichnung, dass alle Funktionswerte der Funktion im Intervall $[0;2]$ auf der $y$-Achse liegen und jede reelle Zahl aus dem Intervall $[0;2]$ auch als Funktionswert wirklich auftritt (hier sogar bis zu zweimal). Die Bildmenge $B(f)$ der Funktion ist also hier das abgeschlossene Intervall $[0;2]$. Ohne Zuhilfenahme der Zeichnung müsste man für die Bestimmung der Bildmenge einer reellen Funktion $f$ nach allen Werten aus der Zielmenge der Funktion fragen, die als Funktionswerte auftreten. Da $y$ die Variable für die Zielmenge bezeichnet und diese $\mathbb{R}$ ist, gehören genau die reellen Zahlen für $y$ aus der Zielmenge zur Bildmenge der Funktion, für welche die Gleichung $y=f(x)$ eine Lösung in $A$ besitzt.

Für das Beispiel entnimmt man einerseits der Gleichung $y=\sqrt{4-x^2}$, dass für $y$ nur nicht negative reelle Zahlen in Frage kommen, weil jede Wurzel aus einer nicht negativen Zahl ebenfalls nicht negativ sein muss.

Andererseits erkennt man, dass die Gleichung $y=\sqrt{4-x^2}$ für keine reellen Zahlen größer als 2 anstelle von $y$ eine Lösung für $x$ in $\mathbb{R}$ – also erst recht in ihrer Teilmenge $A$ – haben kann. Denn wählt man z.B. für $y$ die Zahl 3, so geht die Gleichung $3=\sqrt{4-x^2}$ nach dem Quadrieren beider Seiten in die Gleichung $9=4-x^2$ über. Hierzu lösungsgleich ist aber die Gleichung $x^2=-5$, und diese Gleichung besitzt in $\mathbb{R}$ keine Lösung, weil das Quadrat jeder reellen Zahl stets nicht negativ ist. Daher ist die Gleichung $y=\sqrt{4-x^2}$ mit der Gleichungsvariablen $x$ höchstens für die reellen Zahlen anstelle von $y$ lösbar, die der Bedingung $0 \leq y \leq 2$ genügen.

Für jede (feste) Stelle $y_0$ mit $0 \leq y_0 \leq 2$ gibt es aber auch (wenigstens) eine Stelle $x_0$ mit $x_0 \in A$, für die $f(x_0)=y_0$ gilt.

Denn löst man für eine solche Stelle $y_0$ die Gleichung $y_0=\sqrt{4-x^2}$ nach $x$ auf, so erhält man zunächst nach dem Quadrieren beider Seiten der Gleichung die lösungsgleiche Gleichung $y_0^2=4-x^2$ und hieraus durch äquivalente Umformung die Gleichung $x^2=4-y_0^2$. Diese für die Gleichungsvariable $x$ quadratische Gleichung besitzt in $A$ die Lösungen $x_1$ und $x_2$ mit $x_1=\sqrt{4-y_0^2}$ und $x_2=-\sqrt{4-y_0^2}$. Daher gilt für die Bildmenge $B(f)$ der Funktion $f\colon x \mapsto \sqrt{4-x^2}$; $x \in [-2;2]$ auch durch Rechnung $B(f)=[0;2]$.

$y=\sqrt{4-x^2}$

► $y \geq 0$ und $4-x^2 \geq 0$

$4=\sqrt{4-x^2}$ | Quadrieren
$16=4-x^2$ | $+x^2-16$
$\underline{\underline{x^2=-12}}$ ► Unerfüllbare Gleichung

$2=\sqrt{4-x^2}$ | Quadrieren
$4=4-x^2$ | $+x^2-4$
$x^2=0$
$\underline{\underline{x=0}}$ ► Lösung: $\underline{\underline{0}}$

Die Probe bestätigt die Lösung 0.

$1=\sqrt{4-x^2}$ | Quadrieren
$1=4-x^2$ | $+x^2-1$
$x^2=3$
$\underline{\underline{x=1{,}73}}$ ► Lösung: $\underline{\underline{1{,}73}}$

Die Probe bestätigt die Lösung 1,73.

$y_0=\sqrt{4-x^2};\ 0 \leq y_0 \leq 2$

► Quadrieren beider Seiten

$y_0^2=4-x^2$ | $+x^2-y_0^2$

$x^2=4-y_0^2$ ► Radizieren

$|x|=\sqrt{4-y_0^2}$

Die Betragsgleichung ist äquivalent zu den Gleichungen

$x=\sqrt{4-y_0^2}$ und $x=-\sqrt{4-y_0^2}$.

Wegen $0 \leq \sqrt{4-y_0^2} \leq 2$ sind

$\underline{\underline{x_1=\sqrt{4-y_0^2}}}$, $\underline{\underline{x_2=-\sqrt{4-y_0^2}}}$

Lösungen in $A$, was auch durch die Proben (im Kopf!) bestätigt wird.

**Anmerkung:**

Durch die Gleichung $x^2+y^2=r^2$ mit den beiden Gleichungsvariablen $x\in\mathbb{R}$, $y\in\mathbb{R}$ und der Formvariablen $r\in\mathbb{R}^+$ werden im kartesischen Koordinatensystem alle Punkte für $\mathrm{P}\langle x|y\rangle$ beschrieben, die vom Koordinatenursprung den Abstand $r$ haben. Alle Punkte zur Gleichung $x^2+y^2=4$ liegen also auf einem Kreis mit dem Radius 2 um den Koordinatenursprung.

Durch den Graphen der Funktion $f\colon x\mapsto\sqrt{4-x^2};\ x\in[-2;2]$ wird der oberhalb der $x$-Achse gelegene Halbkreis und durch den Graphen der Funktion $g\colon x\mapsto-\sqrt{4-x^2};x\in[-2;2]$ wird der unterhalb der $x$-Achse liegende Halbkreis mit dem Radius 2 beschrieben.

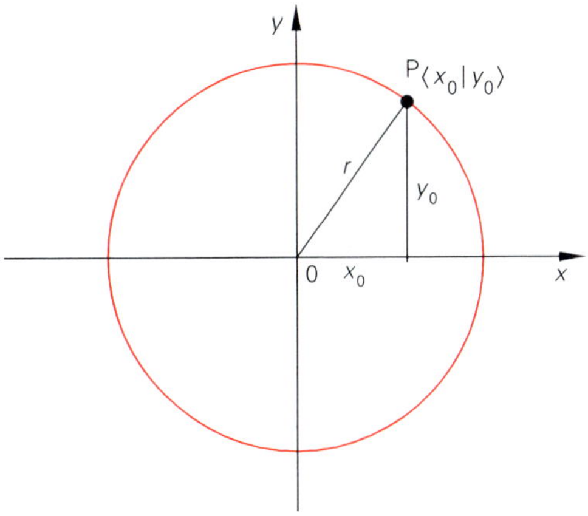


▶ Lehrsatz des Pythagoras:
$x_0^2+y_0^2=r^2$

Ist $A$ eine nicht leere Menge von reellen Zahlen und $f\colon x\mapsto f(x)$ eine reelle Funktion mit der Ausgangsmenge $A$, so ist durch den Funktionsterm $f(x)$ für jedes $x\in A$ jeweils eindeutig eine reelle Zahl als Funktionswert bestimmt. Beispielsweise gilt für den Funktionswert der Funktion $f\colon x\mapsto\sqrt{4-x^2}$ mit $A=[-2;2]$ und dem Wert 0 für $x$ die Aussage $f(0)=2$, denn $\sqrt{4-0^2}=\sqrt{4}=2$. In den Gleichungen $y=f(x)$ oder $f(x)=y$ mit $x\in A$ ist also die reelle Zahl für $y$ bereits durch eine Zahl für $x\in A$ fest bestimmt. Man bezeichnet daher für eine reelle Funktion $f$ jede Gleichung dieser Art als **Funktionsgleichung der Funktion** $f$ und die (Funktions-)Variable $x$ mit $x\in A$ als **unabhängige Veränderliche oder Variable**, während die Variable $y$ in diesem Sinne als (von der Variablen $x$) **abhängige Variable** bezeichnet wird. Diese Namensgebung für die Variablen $x$ und $y$ wird auch noch aus einem anderen Grund verständlich: Bei einer Funktion interessiert nicht so sehr die Frage, wie groß ein Funktionswert im Vergleich zu einem anderen ist, sondern vielmehr die Frage, wie sich die Funktionswerte ändern, wenn sich die Argumentwerte ändern.

**Anmerkung:**

Auf einem prinzipiellen Unterschied zwischen dem Lösen einer Gleichung wie z.B. $x+y=6;\ x\in\mathbb{R},\ y\in\mathbb{R}$ und dem Lösen der Funktionsgleichung $y=6-x; x\in\mathbb{R}$ sei kurz hingewiesen. Während in der Gleichung $x+y=6$ mit den zwei Gleichungsvariablen $x$ und $y$ die beiden Variablen völlig gleichberechtigt sind, man also unabhängig voneinander für jede dieser Variablen eine beliebige reelle Zahl setzen darf und für die Lösungen dieser Gleichung danach fragt, welche Zahlenpaare für $\langle x|y\rangle$ die Gleichung in eine wahre Gleichheitsaussage überführen, wird im Gegensatz dazu der Wert für $y$ bei der Funktionsgleichung allein aus dem Wert für die Variable $x$ bestimmt.

$x+y=6;\ \ x\in\mathbb{R},\ y\in\mathbb{R}$

Setzt man 1 für $x$ und 5 für $y$, so geht die Gleichung $x+y=6$ in die wahre Gleichheitsaussage $1+5=6$ über.

Setzt man 2 für $x$ und 3 für $y$, so geht die Gleichung $x+y=6$ in die falsche Gleichheitsaussage $2+3=6$ über.

$y=6-x; x\in\mathbb{R}$ ist Funktionsgleichung der Funktion $f\colon x\mapsto 6-x;\ x\in\mathbb{R}$.

Setzt man für $x$ die Zahl 1, so erhält man 5 für $y$, denn $6-1=5$.

Setzt man für $x$ die Zahl 4, so erhält man 2 für $y$, denn $6-4=2$.

Die Graphen von Funktionen lassen sich nicht in jedem Falle problemlos in einem kartesischen Koordinatensystem darstellen. Es gibt nämlich Funktionen, deren Graphen sich nicht durch einen geschlossenen Kurvenzug zeichnen lassen, weil es nicht möglich ist, „nebeneinander liegende" Punkte des Graphen miteinander zu verbinden. Darüber hinaus gibt es sogar Funktionen, von deren Graphen man sich überhaupt keine Vorstellung machen kann.

**Beispiele:**

**1.** Bei der Bundespost gilt für Briefe folgende Gebührenordnung (Stand 1993):

| | | |
|---|---|---|
| Standardbriefe | dürfen bis 20 g schwer sein; | sie kosten 1,00 DM Porto. |
| Kompaktbriefe | dürfen bis 50 g schwer sein; | sie kosten 2,00 DM Porto. |
| Großbriefe | dürfen bis 500 g schwer sein; | sie kosten 3,00 DM Porto. |
| Maxibriefe | dürfen bis 1000 g schwer sein; | sie kosten 4,00 DM Porto. |

Untenstehend ist der Graph dieser Funktion, die jedem solchen Gewichtsintervall genau eine Gebühr zuordnet, dargestellt.

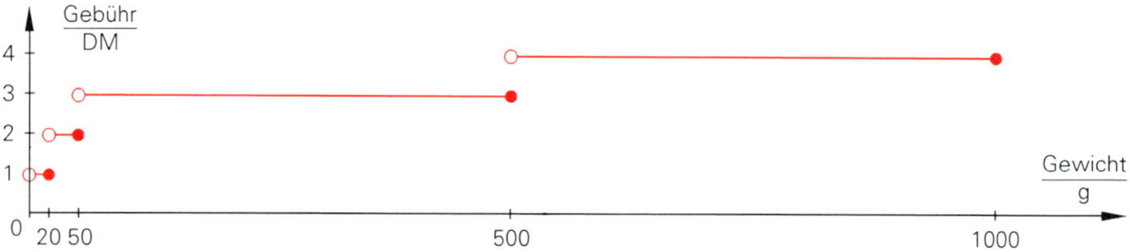


Man nennt eine Funktion dieser Art eine **abschnittsweise definierte Funktion**, weil sie für verschiedene Abschnitte ihres Definitionsbereichs durch unterschiedliche Funktionsterme erklärt ist. Hier z. B. gilt, wenn $P$ für die jeweilige Postgebühr und $G$ für das Gewicht eines Briefes steht:

$$P(G) = \begin{cases} 1\,\text{DM} & \text{für } 0\,\text{g} < G \leq 20\,\text{g}, \\ 2\,\text{DM} & \text{für } 20\,\text{g} < G \leq 50\,\text{g}, \\ 3\,\text{DM} & \text{für } 50\,\text{g} < G \leq 500\,\text{g}, \\ 4\,\text{DM} & \text{für } 500\,\text{g} < G \leq 1000\,\text{g}. \end{cases}$$

Der Graph dieser Funktion kann nur in den einzelnen Abschnitten als geschlossener Kurvenzug gezeichnet werden, nicht aber als Ganzes.

**2.** $f\colon x \mapsto \begin{cases} 1, \text{wenn } x \in \mathbb{Q} \text{ (rational)} \\ 0, \text{wenn } x \in \mathbb{R} \setminus \mathbb{Q} \text{ (irrational)} \end{cases}; x \in \mathbb{R}$

Der Graph dieser Funktion lässt sich nicht einmal abschnittsweise als geschlossene Linie zeichnen. Es gibt nämlich einerseits sowohl unendlich viele Punkte des Graphen, die auf der $x$-Achse liegen, aber auch unendlich viele Punkte des Graphen, die auf der Parallelen zur $x$-Achse im Abstand 1 liegen. Andererseits gibt es auf jeder dieser Geraden unendlich viele Punke, die nicht zum Graphen der Funktion gehören.

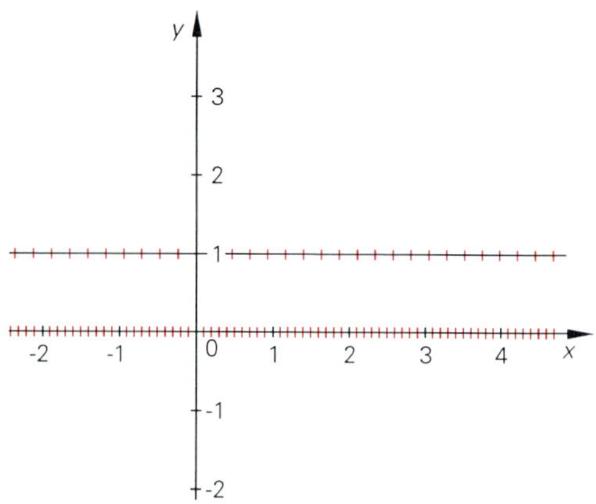

Wenn es denn schon nicht in jedem Falle möglich ist, den Graphen einer reellen Funktion zu zeichnen, wie kann man andererseits von einer ebenen Punktmenge feststellen, ob sie der Graph einer Funktion ist?

Die Bedingung dafür, dass eine im Koordinatensystem gegebene Punktmenge den Graphen einer Funktion darstellt, leitet sich aus der Tatsache ab, dass eine Funktion eine eindeutige Zuordnung ist.

Daher kann eine Punktmenge nicht der Graph einer Funktion sein, die verschiedene Punkte mit gleicher Abszisse enthält. Denn in einem solchen Falle wären einem $x$-Wert mehrere $y$-Werte zugeordnet, weil die entsprechenden Punkte in der Punktmenge „übereinander" liegen. Es gibt also in diesem Falle eine Parallele zur $y$-Achse, welche die gegebene Punktmenge in mehr als nur in einem Punkt schneidet.

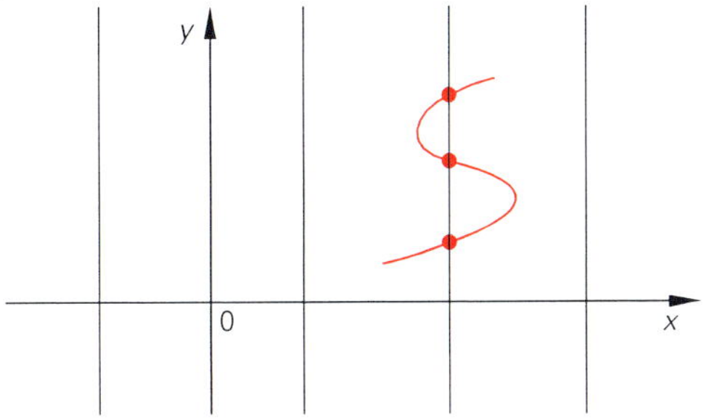


▶ Nicht Graph einer Funktion

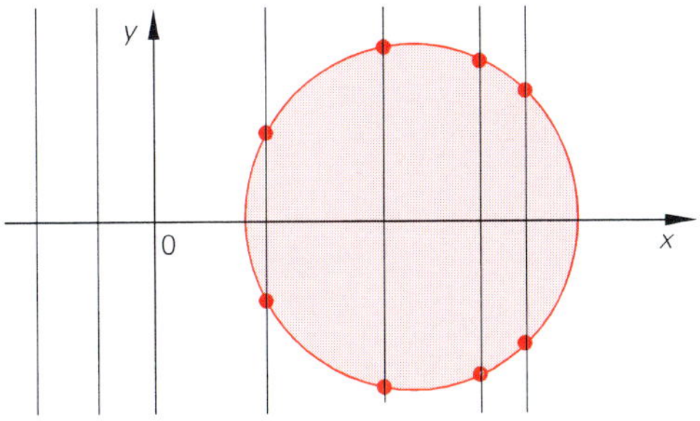


▶ Nicht Graph einer Funktion

Denkt man daran, dass eine ebene Punktmenge sich nicht über die ganze Ebene zu erstrecken braucht, sondern sich wie bei einer Kreisfläche nur auf einen gewissen Bereich der Ebene beschränken kann, so gibt es auch Parallelen zur $y$-Achse, welche die gegebene Punktmenge überhaupt nicht schneiden.

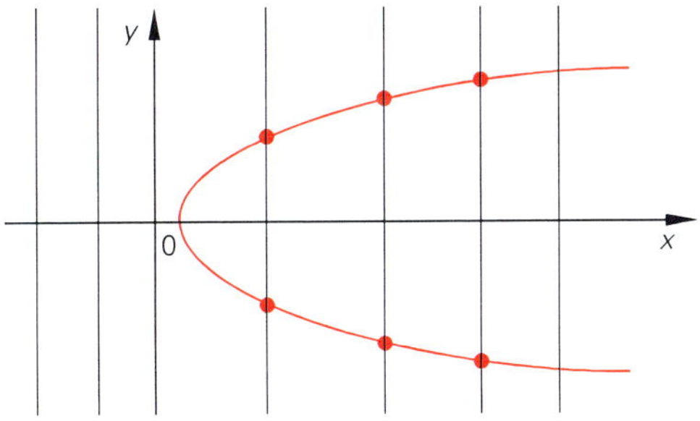


▶ Nicht Graph einer Funktion

Daher muss man sagen:
Eine in einem Koordinatensystem gegebene ebene Punktmenge stellt nur dann den Graphen einer Funktion dar, wenn jede Parallele zur $y$-Achse die Punktmenge in nur höchstens einem Punkt schneidet.

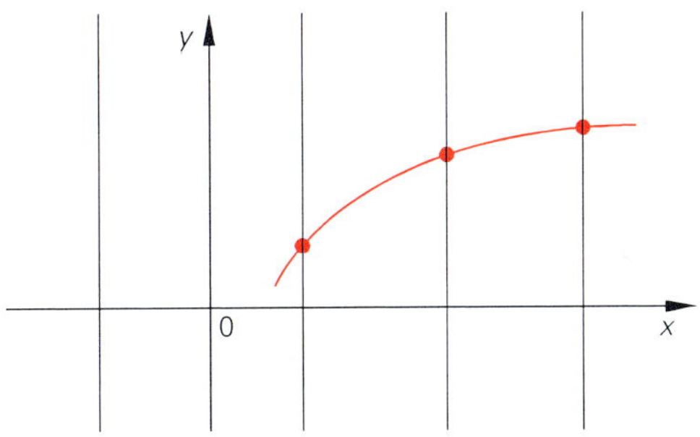


▶ Graph einer Funktion

## Reelle Funktionen mit einem einheitlichen Funktionsterm

Reelle Funktionen können abschnittsweise definiert sein. In jedem Abschnitt kann sich also der Funktionsterm ändern. Von besonderem Interesse sind reelle Funktionen $f\colon x \mapsto f(x);\ x \in A$, bei denen sich der Funktionsterm $f(x)$ durch einen einzigen in $\mathbb{R}$ erklärten Term $T(x)$ beschreiben lässt, d.h., es gilt $f(x) = T(x)$ für alle $x \in A$. Mithilfe dieses Terms kann man dann nämlich zu jedem Element $x_0$ des Definitionsbereichs der Funktion den zugehörigen Funktionswert $f(x_0)$ nach derselben Rechenvorschrift berechnen.

**Beispiele:**

- $f\colon x \mapsto f(x);\quad D(f) = \mathbb{R}$

Ist z.B. $f(x) = 2x$, so heißt die Funktion $f\colon x \mapsto 2x;\ D(f) = \mathbb{R}$, und für sie gilt:

$$f(0) = 2 \cdot 0 = 0$$
$$f(1) = 2 \cdot 1 = 2$$
$$f(2) = 2 \cdot 2 = 4$$
$$\vdots$$
$$f(x_0) = 2 \cdot x_0 = 2x_0$$

- $f\colon x \mapsto f(x);\quad D(f) = \mathbb{R}$

Ist z.B. $f(x) = x^2 + 1$, so heißt die Funktion $f\colon x \mapsto x^2 + 1;\ D(f) = \mathbb{R}$, und für sie gilt:

$$f(0) = 0^2 + 1 = 1$$
$$f(1) = 1^1 + 1 = 2$$
$$f(2) = 2^2 + 1 = 5$$
$$\vdots$$
$$f(x_0) = x_0^2 + 1$$

Eine Darstellung wie $f(x) = 2x$ oder $f(x) = x^2 + 1$ heißt eine **die Funktion *f* definierende Gleichung** und man schreibt in solchen Fällen die Funktion auch nur mithilfe der Gleichung auf, also z.B. $f\colon f(x) = 2x;\ D(f) = \mathbb{R}$ bzw. $f\colon f(x) = x^2 + 1;\ D(f) = \mathbb{R}$.

Oft wird umgekehrt eine reelle Funktion $f$ erst mithilfe eines Terms $T(x)$ definiert, der zu jeder reellen Zahl für $x$ aus seinem Definitionsbereich genau eine reelle Zahl liefert. Man drückt das in der Schreibweise dadurch aus, dass man $f(x) := T(x)$ schreibt und liest: Der Funktionsterm $f(x)$ ist definitionsgemäß gleich $T(x)$.

**Definition einer Funktion durch einen Term**

$T(x) = 5x + 5$ ► Term

$T(x) = 5x + 5;\ D(T) = \mathbb{R}$ ► Definitionsbereich des Terms

$f(x) := 5x + 5;\ D(f) = \mathbb{R}$

► $f$ ist die reelle Funktion, deren Funktionsterm definitionsgemäß gleich $5x + 5$ ist und deren Definitionsbereich gleich dem Definitionsbereich des sie definierenden Terms ist.

In solchen Fällen muss der Definitionsbereich der durch den Term definierten Funktion oft nachträglich erst ermittelt werden, wenn er sich nicht aus dem Sachzusammenhang ergibt. Man erhält ihn ansonsten als Definitionsbereich des Terms.

**Beispiel 1:** $T(x) = x^3$

Der Term $x^3$ kann als Funktionsterm aufgefasst werden, weil er für jede reelle Zahl für $x$ wieder genau eine reelle Zahl liefert.

$f\colon f(x) = x^3;\ D(f) = \mathbb{R}$

Es gilt für $T(x) = x^3$: $D(T) = \mathbb{R}$.

Durch die Festsetzung $f(x) := x^3$ wird eine reelle Funktion $f$ mit dem Definitionsbereich $D(f) = \mathbb{R}$ erklärt.

**Beispiel 2:** $T(x) = \pm\sqrt{x}$

Der Term $\pm\sqrt{x}$ kann nicht als Funktionsterm einer Funktion aufgefasst werden, weil er jeder nicht negativen reellen Zahl für $x$ zwei reelle Zahlen zuweist.

Es gilt für $T(x) = \pm\sqrt{x}$: $D(T) = \mathbb{R}^{\geq 0}$.

Steht $x$ für die Zahl 4, so gilt $\pm\sqrt{4} = \pm 2$. Steht $x$ für 3, so gilt $\pm\sqrt{3} = \pm 1{,}73$.

**Beispiel 3:** $T(x) = \dfrac{x}{x-2}$

Der Term $\dfrac{x}{x-2}$ kann als Funktionsterm aufgefasst werden, weil er für jede reelle Zahl seines Definitionsbereichs wieder genau eine reelle Zahl liefert.

Da der Nennerterm des Terms $\dfrac{x}{x-2}$ von 0 verschieden sein muss, gilt für $T(x) = \dfrac{x}{x-2}$: $D(T) = \mathbb{R}\setminus\{2\}$.

Durch die Festsetzung $f(x) := \dfrac{x}{x-2}$ wird eine reelle Funktion mit $D(f) = \mathbb{R}\setminus\{2\}$ erklärt.

## Funktionen in Sach- oder Anwendungsaufgaben

In Sach- oder Anwendungsaufgaben kommen als Ausgangs- und Zielmengen vor allem Mengen von Größen vor. So ist z. B. die Ausgangsmenge der Zuordnung von Fallzeit zu Fallweg (vgl. Beispiel 4, S. 299) beim freien Fall eine Menge von Größen der Größenart Zeit, angegeben in Sekunden. Ihre Zielmenge ist eine Menge von Größen der Größenart Länge, gemessen in Metern.

Will man solche Funktionen im kartesischen Koordinatensystem mit reellen Zahlengeraden als Achsen graphisch darstellen, so muss man die Achsen geeignet beschriften. Im Beispiel der Zuordnung von Fallzeiten zu Fallwegen werden dazu die Quotienten $\dfrac{\text{Weg}}{\text{m}}$ und $\dfrac{\text{Zeit}}{\text{sec}}$ benutzt. Dann stehen auf den Achsen reelle Zahlen und nicht Größen, denn wenn man z. B. die einen bestimmten Weg bezeichnende Größe 20 m durch m dividiert, erhält man die reelle Zahl 20 und analog aus $\dfrac{5\text{ sec}}{\text{sec}}$ die Zahl 5.

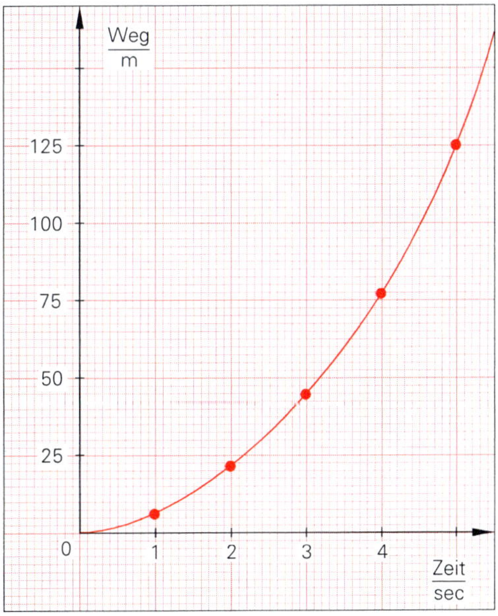


Man könnte aber diese Funktion auch dadurch als Zahl-Zahl-Funktion deuten, dass man von den Einheiten der jeweiligen Größen absieht und nur deren Zahlenwerte betrachtet.

**Merke:**

- Funktionen, deren Zielmenge $\mathbb{R}$ ist, heißen **reellwertige Funktionen**. Eine reellwertige Funktion, deren Ausgangsmenge $\mathbb{R}$ bzw. eine Teilmenge von $\mathbb{R}$ ist, heißt **reelle Funktion**.

  Die Ausgangsmenge einer reellen Funktion wird als **Definitionsbereich**, die Bildmenge als **Wertebereich** bezeichnet.
- Reelle Funktionen können häufig in einem Koordinatensystem durch ihre Graphen veranschaulicht werden. Der **Graph einer reellen Funktion** $f\colon x \mapsto f(x);\ x \in A$ ist die Menge der Punkte im Koordinatensystem, die den Zahlenpaaren für $\langle x | f(x) \rangle$ mit $x \in A$ entsprechen.
- Eine ebene Punktmenge ist nur dann der Graph einer reellen Funktion, wenn jede Parallele zur $y$-Achse den Graphen in höchstens einem Punkt schneidet.
- Jeder Term $T(x)$, welcher für die Zahlen seines Definitionsbereiches $D(T)$ jeweils eindeutig eine reelle Zahl liefert, definiert eine reelle Funktion

  $f\colon f(x) := T(x);\ \ D(f) = D(T)$.

**Anmerkungen:**

**1.** Eine Funktion $f\colon x \mapsto f(x);\ x \in A,\ f(x) \in Z$ bestimmt stets eine Menge so genannter geordneter Paare: $\{\langle x | f(x) \rangle \,|\, x \in A\}$. An erster Stelle eines solchen Paares steht ein Element aus der Ausgangsmenge der Funktion und an zweiter Stelle dessen Funktionswert aus der Zielmenge der Funktion. Wie gezeigt, müssen das nicht immer Zahlenpaare sein. Umgekehrt bestimmt eine Menge geordneter Paare aber auch eine Funktion, vorausgesetzt, zu jedem 1. Element der Paarmenge gehört stets nur genau ein 2. Element. Diese Tatsache wird in der mathematischen Literatur häufig zur Definition des Funktionsbegriffs benutzt: Eine Funktion ist eine Menge geordneter Paare, bei denen zu einem 1. Element genau ein 2. Element gehört.

**2.** Im Falle reeller Funktionen lassen sich die Zahlenpaare der Funktion eindeutig als Punkte im kartesischen Koordinatensystem darstellen. Wegen dieser engen Beziehung zwischen einer reellen Funktion und ihrem Graphen wird Letzterer auch oft mit der Funktion selbst identifiziert. Eine reelle Funktion kann also entweder durch ihre Zuordnungsvorschrift oder als Zahlenpaarmenge oder als Punktmenge im kartesischen Koordinatensystem gegeben sein.

Reelle Funktionen, die in ihrem ganzen Definitionsbereich durch einen einheitlichen Term definiert sind, lassen sich hinsichtlich der Struktur dieses Termes klassifizieren. Ist dieser Term z. B. ein in der Argumentvariablen linearer bzw. quadratischer Ausdruck, so spricht man von einer linearen bzw. quadratischen Funktion.

# 4.2 Lineare Funktionen und ihre Graphen

Durch die Wortvorschrift „Jeder natürlichen Zahl ist ihr Doppeltes vermehrt um 1 zugeordnet“ ist eine eindeutige Zuordnung, also eine reelle Funktion bestimmt. Die Ausgangsmenge, d.h. der Definitionsbereich der Funktion, ist $\mathbb{N}$. Zu jedem $x$ aus $\mathbb{N}$ gehört genau ein $2x+1$ aus $\mathbb{N}$, d.h., die Bildmenge der Funktion ist die Menge der ungeraden natürlichen Zahlen.

- Wertetabelle zur nebenstehenden Zuordnungsvorschrift:

| $x$ | 0 | 1 | 2 | 3 | 4 | ... |
|---|---|---|---|---|---|---|
| $2x+1$ | 1 | 3 | 5 | 7 | 9 | ... |

Die Funktion kann geschrieben werden als $f: x \mapsto 2x+1$; $D(f)=\mathbb{N}$ oder als $f: f(x)=2x+1$; $D(f)=\mathbb{N}$.

Zahlenpaaren sind im kartesischen Koordinatensystem Punkte zugeordnet.

Üblicherweise trägt man die Argumente auf der Abszissenachse ($x$-Achse), die Funktionswerte auf der Ordinatenachse ($y$-Achse) ab.

- Bild der Paarmenge im kartesischen Koordinatensystem:

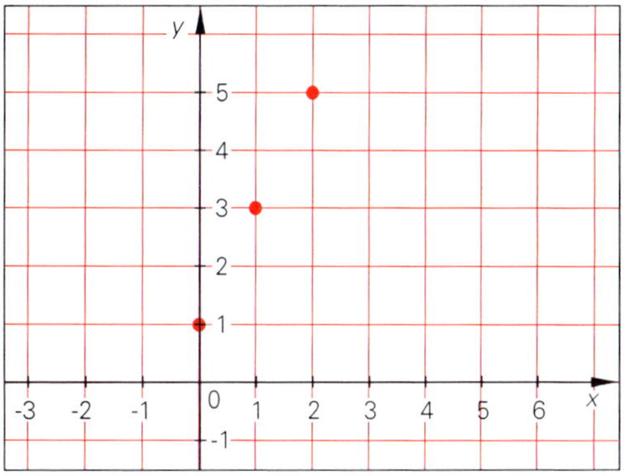


Man nennt die Menge der Punkte im kartesischen Koordinatensystem, welche den Zahlenpaaren der Funktion entsprechen, den **Graphen der Funktion**.

Der Graph der Funktion $f: f(x)=2x+1$; $D(f)=\mathbb{N}$ ist eine Menge von Punkten, die auf einer Geraden liegen, aber nicht die „volle“ Gerade bilden.

Betrachtet man statt der Funktion $f: f(x)=2x+1$; $D(f)=\mathbb{N}$ die Funktion $g: g(x)=2x+1$; $D(f)=\mathbb{R}$, so erhält man als ihren Graphen die volle Gerade, auf welcher auch die Punkte liegen, welche der Graph von $f$ sind.

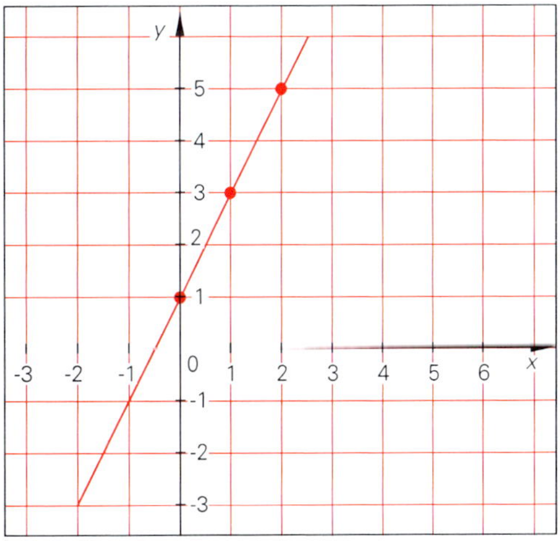


Ist der Funktionsterm $f(x)$ einer reellen Funktion $f: f(x); x \in D(f)$ durch einen in $x$ linearen Term definiert, gilt also $f(x)=mx+n$ mit reellen Zahlen für $m$ und $n$, so nennt man $f$ eine **lineare Funktion**. Da der Term $mx+n$ für alle $x \in \mathbb{R}$ erklärt ist, gilt in diesem Falle $D(f)=\mathbb{R}$.

Der Graph einer linearen Funktion ist eine Gerade, allerdings nie eine Parallele zur $y$-Achse, denn alle Punkte auf einer solchen Parallelen haben ein und dieselbe Abszisse, während als Ordinate jede reelle Zahl auftritt. Zu einem $x$-Wert auf einer solchen Parallelen gehören also unendlich viele $y$-Werte. Daher kann eine solche Parallele überhaupt nicht der Graph einer Funktion sein.

Gibt es außer diesen Parallelen zur $y$-Achse noch andere Geraden, die nicht Funktionsgraphen einer Funktion vom Typ $f\colon f(x)=mx+n$ sind?

Zur Beantwortung dieser Frage wird die allgemeine Geradengleichung herangezogen. Jede Gerade in einem $x$-$y$-Koordinatensystem kann durch eine lineare Gleichung mit den zwei Gleichungsvariablen $x$ und $y$ dargestellt werden. Die allgemeine Form einer solchen Gleichung lautet $ax+by=c$ mit $a$, $b$, $c$ als Formvariablen, $x$ und $y$ als voneinander unabhängigen Gleichungsvariablen und der Bedingung $\langle a|b\rangle \neq \langle 0|0\rangle$, d.h., für $a$ und $b$ darf nicht gleichzeitig 0 stehen.

- Ist $b=0$ und wegen der Voraussetzung $\langle a|b\rangle \neq \langle 0|0\rangle$ dann also $a\neq 0$, so lautet die allgemeine Form $ax+0\cdot y=c$ oder $ax=c$ bzw. $x=\frac{c}{a}$. Diese Gleichung wird von allen Zahlenpaaren erfüllt, in welchen $\frac{c}{a}$ für $x$ steht und eine beliebige reelle Zahl für $y$. Die Punkte, die zu diesen Zahlenpaaren gehören, haben also alle ein und dieselbe Abszisse, aber jede reelle Zahl als Ordinate. Diese Punkte bilden demnach die Parallele zur $y$-Achse durch die Stelle $x_0=\frac{c}{a}$.

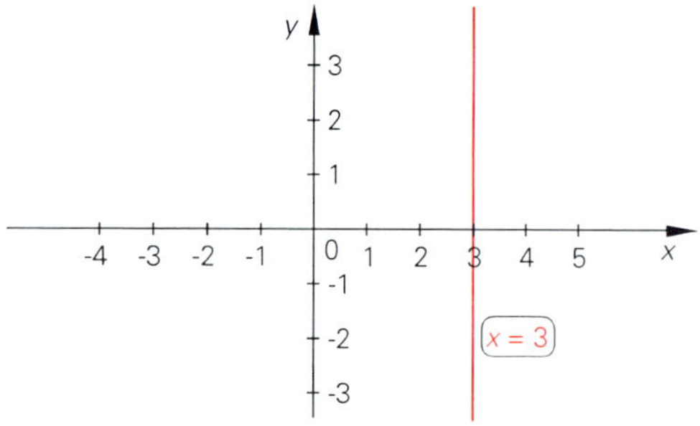


Mit 1 für $a$, 0 für $b$ und 3 für $c$ folgt aus $ax+by=c$:

$x+0\cdot y=3$ bzw. $x=3$.

- Ist $b\neq 0$, so kann man die Gleichung $ax+by=c$ nach $y$ auflösen und sodann durch $b$ dividieren. Man erhält:

$$y=-\frac{a}{b}x+\frac{c}{b}.$$

Diese Gleichung umfasst alle anderen Geraden der $x$-$y$-Ebene. Setzt man $-\frac{a}{b}=m$ und $\frac{c}{a}=n$, so erhält die Gleichung die Form $y=mx+n$, in welcher $m$ und $n$ als Formvariable für beliebige reelle Zahlen stehen.

Man nennt diese Form die **Normalform** einer linearen Gleichung mit zwei Gleichungsvariablen.

Für $b\neq 0$ kann die allgemeine Form $ax+by=c$ nach $y$ umgestellt werden:

$$\begin{aligned} ax+by&=c &&|-ax\\ by&=-ax+c &&|:b\\ y&=-\frac{a}{b}x+\frac{c}{b}. \end{aligned}$$

Setzt man z.B. 1 für $a$, 1 für $b$ und $-2$ für $c$, so erhält man:

$-\frac{a}{b}=-1$ und $\frac{c}{b}=-2$, also

$\underline{\underline{y=-x-2.}}$ ► Normalform

Setzt man z.B. 0 für $a$, 1 für $b$ und 3 für $c$, so erhält man:

$-\frac{a}{b}=0$ und $\frac{c}{b}=3$, also

$\underline{\underline{y=3.}}$ ► Normalform

Man kann den Term $mx+n$ mit reellen Zahlen für $m$ und $n$ jeweils als Funktionsterm einer reellen Funktion auffassen. Die Normalform einer jeden linearen Gleichung mit zwei Gleichungsvariablen ist also eine Funktionsgleichung: $y=f(x)$. Durch die Festsetzung $f\colon f(x):=mx+n;\quad D(f)=\mathbb{R}$ werden also alle linearen Funktionen erfasst, von denen man jetzt weiß, dass deren Graphen alle Geraden der Ebene außer den Parallelen zur $y$-Achse sind.

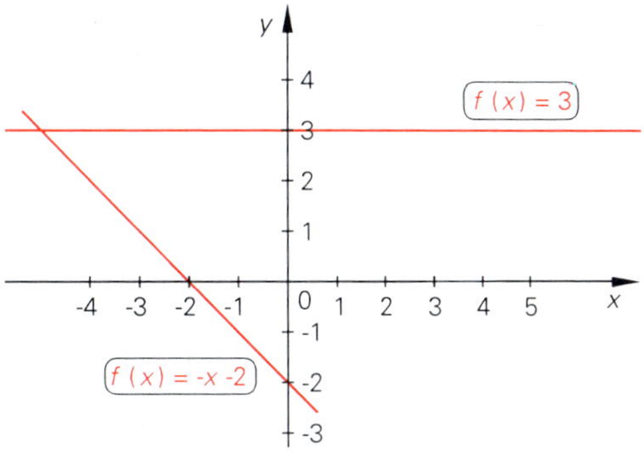


**Merke:**

- Funktionen vom Typ $f\colon f(x)=mx+n;\ D(f)=\mathbb{R}$ und $m, n \in \mathbb{R}$ heißen **lineare Funktionen**. Ihre Graphen sind Geraden.
- Nicht alle Geraden sind aber auch Graphen von Funktionen, denn keine der Parallelen zur $y$-Achse ist Graph einer Funktion.

## 4.2.1 Die Bedeutung von $m$ und $n$ in $f(x)=mx+n$ für die Graphen der Funktionen vom Typ $f\colon f(x)=mx+n;\ D(f)=\mathbb{R}$

- Welchen Graphen hat die Funktion $f\colon f(x)=x;\ D(f)=\mathbb{R}$?

Die Wertetabelle dieser Funktion lautet:

| | | | | | | | | |
|---|---|---|---|---|---|---|---|---|
| $x$ | $-3$ | $-2$ | $-1$ | 0 | 1 | 2 | 3 | … |
| $x$ | $-3$ | $-2$ | $-1$ | 0 | 1 | 2 | 3 | … |

Der Graph von $f$ ist die Gerade durch den Nullpunkt des Koordinatensystems, den sog. **Koordinatenursprung**, welche den Winkel von 90° zwischen der positiven Richtung der $x$-Achse und der positiven Richtung der $y$-Achse halbiert.

Man nennt $y=x$ auch die Gleichung dieser Geraden.

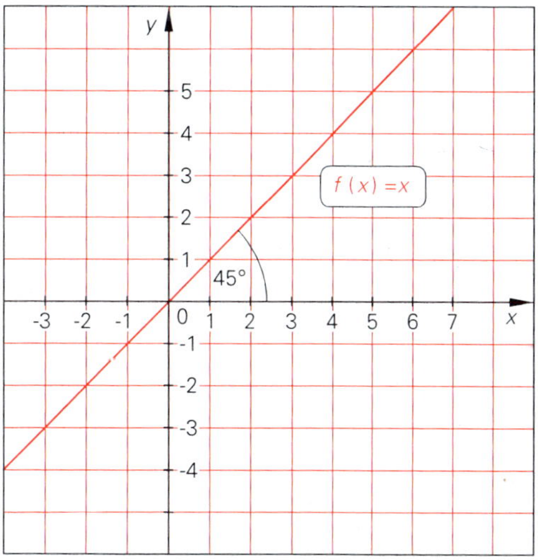


Die Funktion $f$ kann auch in der Form $f\colon x \mapsto x;\ D(f)=\mathbb{R}$ geschrieben werden. Diese Schreibweise zeigt deutlich, dass durch $f$ jede reelle Zahl sich selbst zugeordnet wird. $f$ wird deshalb **identische Funktion** genannt.

- Welchen Graphen hat die lineare Funktion $g$: $g(x) = x + 2; D(g) = \mathbb{R}$?

Die Wertetabelle dieser Funktion lautet:

| $x$ | $-3$ | $-2$ | $-1$ | 0 | 1 | 2 | 3 | ... |
|---|---|---|---|---|---|---|---|---|
| $x+2$ | $-1$ | 0 | 1 | 2 | 3 | 4 | 5 | ... |

Der Graph von $g$ ist natürlich ebenfalls eine Gerade. Diese geht aber nicht durch den Koordinatenursprung, sondern sie schneidet die $y$-Achse im Punkt $P\langle 0|2\rangle$. Sie ist parallel zum Graphen der identischen Funktion $f$.

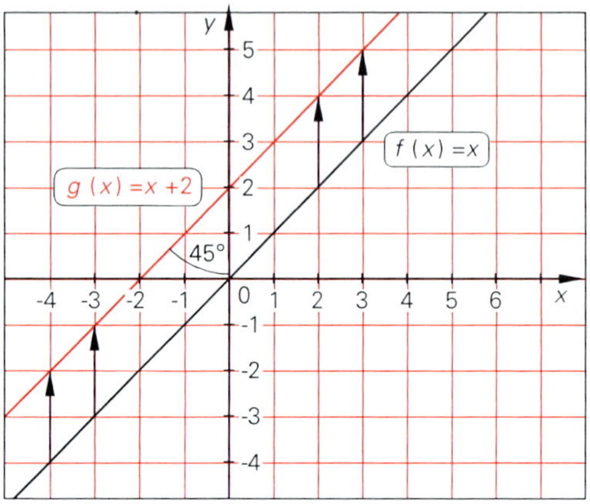


Vergleicht man die zweite Zeile der letzten Tabelle mit der zweiten Zeile der Wertetabelle der identischen Funktion $f$, so sieht man, dass hier alle Ordinaten um 2 größer sind als dort. Es ist ja hier eben $g(x) = x + \mathbf{2}$. Der Graph der Funktion $g$ ist, verglichen mit dem Graphen der identischen Funktion $f$, um 2 Einheiten in Richtung der positiven $y$-Achse verschoben. Man nennt das $x$-freie Glied 2 im Funktionsterm der linearen Funktion $g$ auch das **Absolutglied der Funktion**. Jede reelle Zahl als Absolutglied für $n$ in einer Funktion vom Typ $g$: $g(x) = x + n$; $D(g) = \mathbb{R}$ gibt an, an welcher Stelle der $y$-Achse der Graph der Funktion die $y$-Achse schneidet oder um wie viel Einheiten der Graph der Funktion $g$: $g(x) = x + n$; $D(g) = \mathbb{R}$ gegenüber dem Graphen der identischen Funktion $f$: $f(x) = x$; $D(f) = \mathbb{R}$ in Richtung der $y$-Achse verschoben ist. Ist $n > 0$, so erfolgt die Verschiebung in positiver Richtung der $y$-Achse, ist $n < 0$ in negativer Richtung der $y$-Achse.

- Welchen Graphen hat die Funktion $g$: $g(x) = x - 2$; $D(g) = \mathbb{R}$?

Der Graph dieser Funktion ist die Gerade, welche parallel zum Graphen der identischen Funktion $f$ ist und durch den Punkt $P\langle 0|-2\rangle$ geht. Während der Graph der identischen Funktion $f$ die $y$-Achse im Punkt $P\langle 0|0\rangle$ schneidet, schneidet der Graph der Funktion $g$ die $y$-Achse also im Punkt $P\langle 0|-2\rangle$, wie es auch aus dem Absolutglied der Funktion hervorgeht.

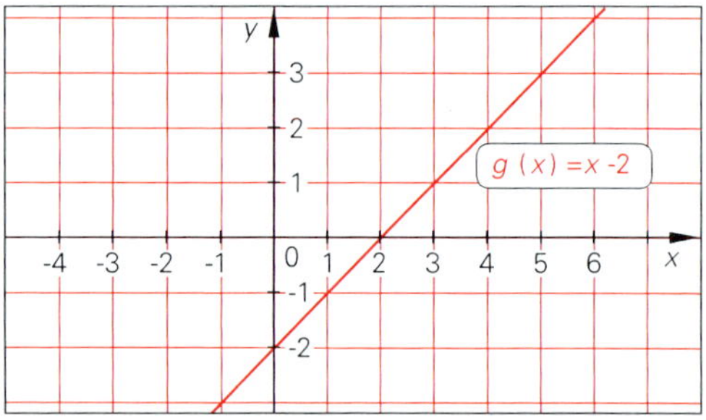


**Merke:**

Die Graphen der Funktionen vom Typ $g$: $g(x) = x + n$; $D(g) = \mathbb{R}$; $n \in \mathbb{R}$ sind Geraden, welche die $y$-Achse im Punkt $P\langle 0|n\rangle$ unter einem Winkel von 45° schneiden. Man sagt auch, die Geraden schneiden die $y$-Achse an der Stelle $n$. Der Graph der identischen Funktion ist die Winkelhalbierende des III. und I. Quadranten des Koordinatensystems.

- Welchen Graphen hat die Funktion $g$: $g(x)=2x$; $D(g)=\mathbb{R}$?

Die Wertetabelle dieser Funktion lautet:

| $x$ | $-3$ | $-2$ | $-1$ | 0 | 1 | 2 | 3 | ... |
|---|---|---|---|---|---|---|---|---|
| $2x$ | $-6$ | $-4$ | $-2$ | 0 | 2 | 4 | 6 | ... |

Der zugehörige Graph ist ebenfalls eine Gerade durch den Koordinatenursprung. Sie ist aber steiler als die Gerade, welche der Graph der identischen Funktion ist.

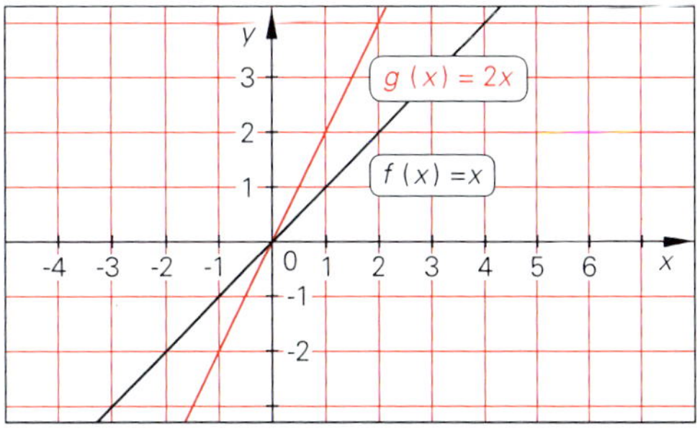


Vergleicht man die 2. Zeile der letzten Tabelle mit der 2. Zeile der Wertetabelle für die identische Funktion, so sieht man, dass die Zahlen und damit die Ordinaten aller Punkte des Graphen hier doppelt so groß sind wie dort. Macht man vom Koordinatenursprung aus einen Schritt auf der $x$-Achse nach rechts, so muss man von dort aus zwei Schritte in Richtung der positiven $y$-Achse machen, um wieder auf den Graphen zu treffen. Geht man von hier aus wieder einen Schritt nach rechts, parallel zur $x$-Achse, führen von dort wieder zwei Schritte nach oben, parallel zur $y$-Achse, zu einem Punkt der Geraden.

Das gilt für alle Punkte dieser Geraden: Geht man einen Schritt nach rechts in Richtung der positiven $x$-Achse und zwei nach oben in Richtung der positiven $y$-Achse, erreicht man wieder einen Punkt der Geraden.

Zeichnet man diese Schritte jeweils im Koordinatensystem als Strecken ein, so erhält man die Katheten von rechtwinkligen Dreiecken, deren Hypotenusen jeweils Strecken auf der Geraden sind.

In jedem der so entstehenden Dreiecke ist das Verhältnis aus der zur $y$-Achse parallelen Kathete und der zur $x$-Achse parallelen Kathete gleich 2.

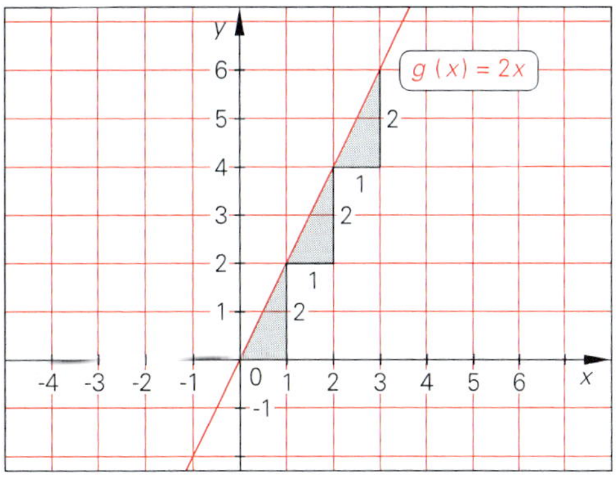


Das gilt auch allgemeiner für andere Dreiecke an den Graphen dieser Funktion.

Bildet man zu zwei beliebigen Punkten $P_1$ und $P_2$ der Geraden mit der Gleichung $y=2x$ ein rechtwinkliges Dreieck in der Weise, dass die Strecke $\overline{P_1P_2}$ Hypotenuse ist und die Katheten parallel zu den Achsen sind, so gilt für dieses Dreieck:

Haben die Punkte $P_1$ und $P_2$ die Abszissen $x_1$ und $x_2$, so gehören dazu die Ordinaten $g(x_1) = 2x_1$ und $g(x_2) = 2x_2$. Die Punkte $P_1$ und $P_2$ haben also die Koordinaten $P_1\langle x_1 | 2x_1\rangle$ und $P_2\langle x_2 | 2x_2\rangle$.

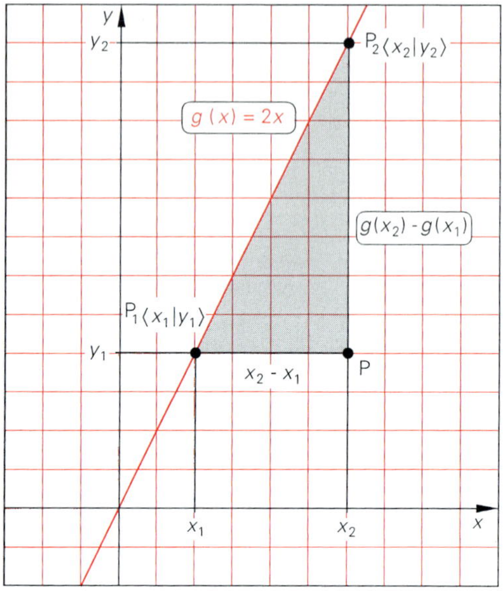


► $g(x_2) - g(x_1) = 2x_2 - 2x_1$

Die Länge der zur $x$-Achse parallelen Kathete des rechtwinkligen Dreiecks $P_1PP_2$ ist gleich der Differenz der Abszissen, also $x_2 - x_1$, die Länge der anderen Kathete ist gleich der Differenz der Ordinaten von $P_1$ und $P_2$, also $g(x_2) - g(x_1) = 2x_2 - 2x_1$. Bildet man jetzt den Quotienten aus Ordinaten- und Abszissendifferenzen, erhält man wieder als Verhältnis 2:

$$\frac{2x_2 - 2x_1}{x_2 - x_1} = \frac{2(x_2 - x_1)}{x_2 - x_1} = 2.$$

Es fällt auf, dass dieses Verhältnis also stets mit dem Koeffizienten 2 in der Gleichung der Geraden $y = 2x$ übereinstimmt. Das gilt für alle Funktionen vom Typ $g$: $g(x) = mx$; $D(g) = \mathbb{R}$.

Denn der Graph jeder Funktion des Typs $g$: $g(x) = mx$; $D(g) = \mathbb{R}$; $m \in \mathbb{R}$ ist eine Gerade.

Wählt man auf dem zu einem beliebigen Wert für $m$ gehörenden Graphen die beliebigen, aber verschiedenen Punkte $P_1\langle x_1 | mx_1\rangle$ und $P_2\langle x_2 | mx_2\rangle$ aus und bildet den Quotienten aus der Differenz von deren Ordinaten und Abszissen, erhält man:

$$\frac{mx_2 - mx_1}{x_2 - x_1} = \frac{m(x_2 - x_1)}{x_2 - x_1} = m.$$

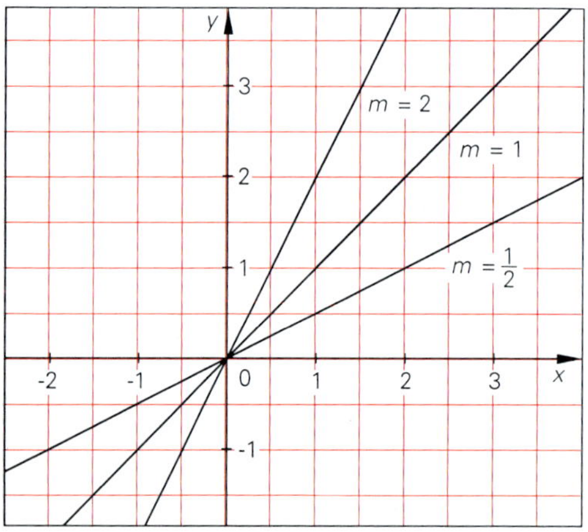


Je größer der Wert für $m$ ist, desto steiler ist die zugehörige Gerade. Man stellt fest:

Ist $m > 0$ und durchläuft man die Gerade im Sinne wachsender Abszissen, so werden mit größer werdenden Werten für $m$ die zugehörigen Geraden immer steiler. Man nennt daher den Faktor $m$ den **Steigungsfaktor der Geraden**.

Ein rechtwinkliges Dreieck, dessen Hypotenuse $P_1P_2$ auf einer Geraden liegt und dessen Katheten parallel zu den Koordinatenachsen sind, heißt **Steigungsdreieck** der Geraden.

Wie $P_1$ und $P_2$ auf der Geraden auch gewählt werden, stets ist der Quotient aus ihren Ordinaten- und Abszissendifferenzen gleich dem Steigungsfaktor $m$ der Geraden.

Für den Wert 0 für $m$ fällt der Graph von $f$ mit der $x$-Achse zusammen. Zu diesem Graphen können keine Steigungsdreiecke gebildet werden. Trotzdem ist auch hier der Quotient aus Ordinaten- und Abszissendifferenz gleich 0, weil die Ordinatendifferenz gleich 0, die Abszissendifferenz aber von 0 verschieden ist.

- Welchen Graphen hat die Funktion $g$: $g(x) = -x$; $D(g) = \mathbb{R}$?

Die Wertetabelle dieser Funktion lautet:

| $x$ | $-3$ | $-2$ | $-1$ | $0$ | $1$ | $2$ | $3$ | ... |
|---|---|---|---|---|---|---|---|---|
| $-x$ | $3$ | $2$ | $1$ | $0$ | $-1$ | $-2$ | $-3$ | ... |

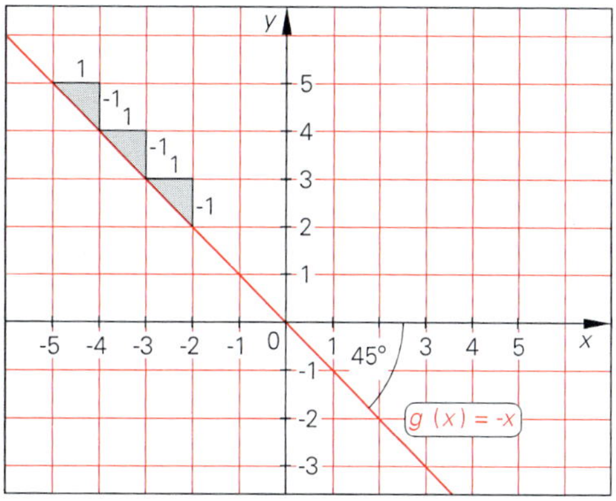


Der Graph von $g$ ist die Gerade durch den Koordinatenursprung, welche den Winkel von 90° zwischen der positiven Richtung der $x$-Achse und der negativen Richtung der $y$-Achse halbiert.

Für den Steigungsfaktor dieser Geraden gilt: $m = -1$. Geht man von irgendeinem Punkt der Geraden aus einen Schritt nach rechts in Richtung der positiven $x$-Achse, dann muss man einen Schritt nach unten in Richtung der negativen $y$-Achse gehen, um wieder zu einem Punkt der Geraden zu gelangen.

- Welchen Graphen hat die Funktion $g$: $g(x) = -2x$; $D(g) = \mathbb{R}$?

Die Wertetabelle dieser Funktion lautet:

| $x$ | $-3$ | $-2$ | $-1$ | $0$ | $1$ | $2$ | $3$ | ... |
|---|---|---|---|---|---|---|---|---|
| $-2x$ | $6$ | $4$ | $2$ | $0$ | $-2$ | $-4$ | $-6$ | ... |

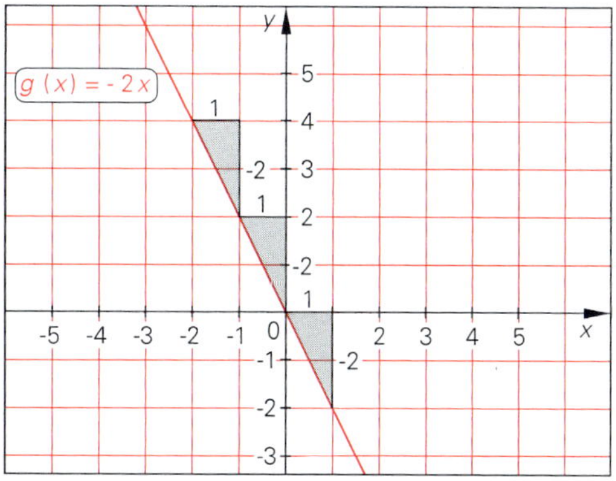


Der Graph dieser Funktion ist eine Gerade mit dem Steigungsfaktor $-2$. Sie geht durch den Koordinatenursprung. Wegen $m = -2$ gilt für sie: Geht man von irgendeinem ihrer Punkte einen Schritt nach rechts in Richtung der positiven $x$-Achse, muss man zwei Schritte in Richtung der negativen $y$-Achse nach unten gehen, um wieder auf einen Punkt der Geraden zu stoßen.

Man stellt fest: Ist $m < 0$ und durchläuft man die Geraden, welche die Graphen solcher linearer Funktionen sind, im Sinne wachsender $x$-Werte, so fallen diese Geraden umso stärker, je größer der Wert für $|m|$ ist.

- Welche Graphen haben die Funktionen vom Typ $g$: $g(x) = mx + n$; $D(g) = \mathbb{R}$ für $m = 0$, also die Funktionen mit einer Funktionsgleichung der Art $y = n$?

Die Wertetabelle jeder solchen Funktion lautet mit einer reellen Zahl für $n$:

| $x$ | $-3$ | $-2$ | $-1$ | $0$ | $1$ | $2$ | $3$ | ... |
|---|---|---|---|---|---|---|---|---|
| $n$ | $n$ | $n$ | $n$ | $n$ | $n$ | $n$ | $n$ | ... |

Der Graph von $g$ ist für jedes $n \in \mathbb{R}$ eine Parallele zur $x$-Achse durch den Punkt $\langle 0 \mid n \rangle$, also durch die Stelle $n$ der $y$-Achse.

Ist auch noch $n = 0$, so fällt der Graph von $g$ mit der $x$-Achse zusammen.

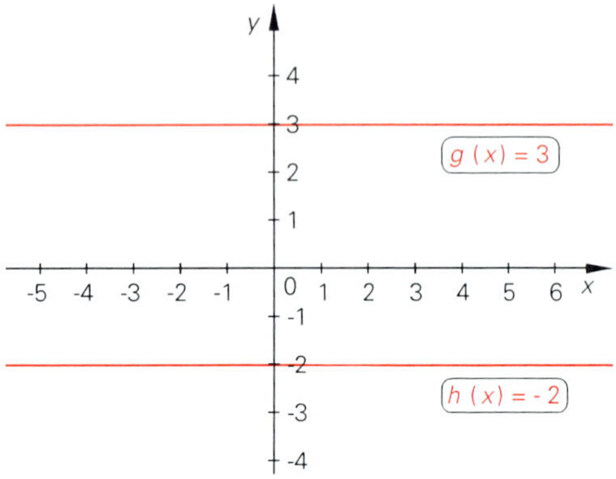


Da die Funktionswerte von $g$ für alle $x \in \mathbb{R}$ gleich $n$, also konstant sind, nennt man jede Funktion vom Typ $g$: $g(x) = n$; $D(g) = \mathbb{R}$ eine **konstante Funktion**.

**Merke:**

- Die Graphen der Funktionen vom Typ $f: f(x) = mx + n$; $D(f) = \mathbb{R}$, $m, n \in \mathbb{R}$ sind Geraden. Der Steigungsfaktor $m$ bestimmt deren Steilheit, das Absolutglied $n$ die Stelle, an welcher die Geraden jeweils die $y$-Achse schneiden.
- Für $m > 0$ steigen die Geraden und verlaufen durch den III. und den I. Quadranten.
  Für $m < 0$ fallen die Geraden und verlaufen durch den II. und den IV. Quadranten.
  Für $m = 0$ sind die Geraden parallel zur $x$-Achse. Ist auch noch $n = 0$, so fällt der Graph von $f: f(x) = 0$; $D(f) = \mathbb{R}$ mit der $x$-Achse zusammen.
- Für $n > 0$ schneiden die Geraden die $y$-Achse oberhalb des Koordinatenursprungs.
  Für $n < 0$ schneiden die Geraden die $y$-Achse unterhalb des Koordinatenursprungs.
  Für $n = 0$ gehen die Geraden durch den Koordinatenursprung.

## 4.2.2 Methoden zum Zeichnen der Graphen linearer Funktionen

Sind lineare Funktionen durch ihre Funktionsgleichungen $y = mx + n$; $m, n \in \mathbb{R}$ gegeben, so stehen für das Zeichnen ihrer Graphen mehrere Methoden zur Verfügung. Die gleichen Methoden sind anwendbar, wenn die Graphen linearer Gleichungen $ax + by = c$ mit $b \neq 0$ zu zeichnen sind. Man formt dazu die lineare Gleichung in ihre Normalform $y = mx + n$ um und fasst den Term $mx + n$ für reelle Zahlen anstelle von $m$ und $n$ als Funktionsterm auf, setzt also $y = f(x) := mx + n$.

Der Fall $m = 0$ braucht im Folgenden nicht berücksichtigt zu werden, denn die dazu gehörenden Graphen können als Parallelen zur $x$-Achse durch die Stelle $n$ der $y$-Achse ohne weiteres gezeichnet werden.

**1. Methode:** Da die Graphen Geraden sind und jede Gerade schon durch zwei ihrer Punkte festgelegt ist, berechnet man mithilfe der Funktionsgleichung zwei Zahlenpaare der Funktion, trägt sie als Punkte ins Koordinatensystem ein und verbindet sie miteinander durch eine Gerade.

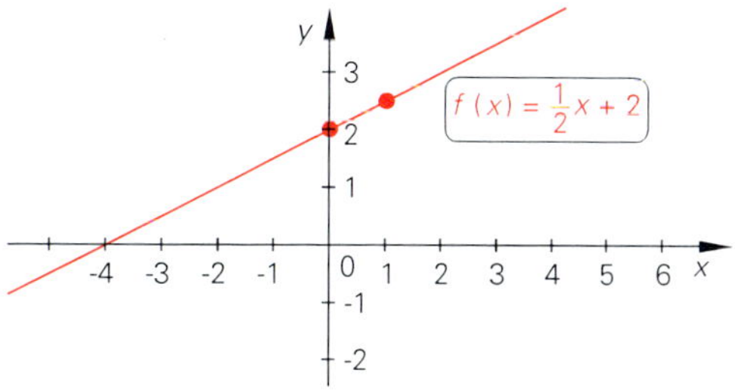


$$f(x)=\frac{1}{2}x+2 \blacktriangleright \begin{cases} x_1=0;\ f(x_1)=2 \\ x_2=1;\ f(x_2)=2\frac{1}{2} \end{cases}$$

Da der Definitionsbereich linearer Funktionen stets $\mathbb{R}$ ist, unterliegt die Auswahl geeigneter $x$-Werte als Abszissen dieser Punkte keiner Beschränkung.

Man nimmt zweckmäßigerweise als Abszisse des einen Punktes $x_1=0$. Dann ist $f(x_1)=m\cdot 0+n=n$; man braucht also nicht zu rechnen.

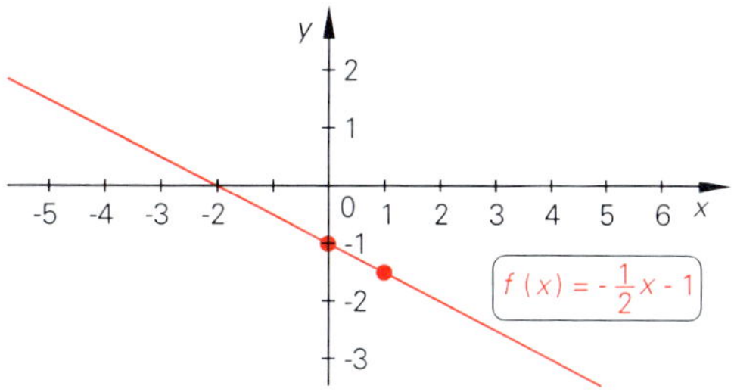


Nimmt man als Abszisse des zweiten Punktes $x_2=1$, so ist $f(x_2)=m\cdot 1+n=m+n$ und der Rechenaufwand ist auch gering.

$$f(x)=-\frac{1}{2}x-1 \blacktriangleright \begin{cases} x_1=0;\ f(x_1)=-1 \\ x_2=1;\ f(x_2)=-1\frac{1}{2} \end{cases}$$

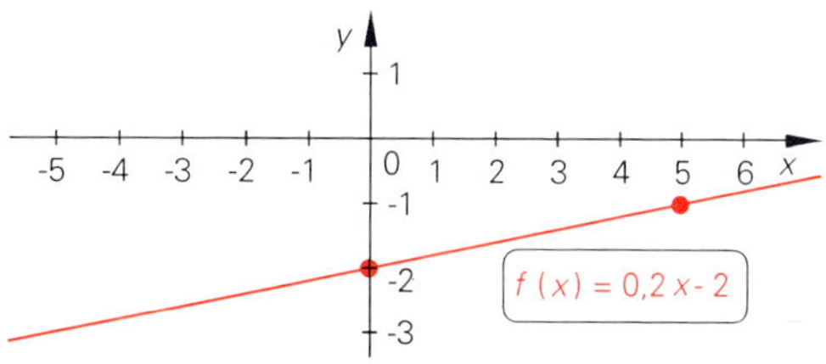


Es ist manchmal zweckmäßig, für die Abszisse des zweiten Punktes $x_2=2$ zu wählen oder eine noch größere reelle Zahl. Die Punkte $P_1$ und $P_2$ liegen dann weiter auseinander und die Zeichengenauigkeit ist größer.

$$f(x)=0{,}2x-2 \blacktriangleright \begin{cases} x_1=0;\ f(x_1)=-2 \\ x_2=5;\ f(x_2)=-1 \end{cases}$$

**2. Methode:** Man verwendet einen Punkt der Geraden und ihre Steigung, welche durch den Steigungsfaktor $m$ festgelegt ist.

Zweckmäßigerweise wählt man den Punkt $P_1\langle 0\,|\,n\rangle$. Man konstruiert nun das Steigungsdreieck des Graphen vom Punkt $P_1$ aus wie folgt: Man geht von dort eine Einheit nach rechts und so viele Einheiten nach oben (im Fall $m>0$) oder nach unten (im Fall $m<0$), wie der Steigungsfaktor angibt.

Auf diese Weise erhält man einen weiteren Punkt Q des Graphen und kann die Gerade, die durch $P_1$ und Q bestimmt ist, zeichnen.

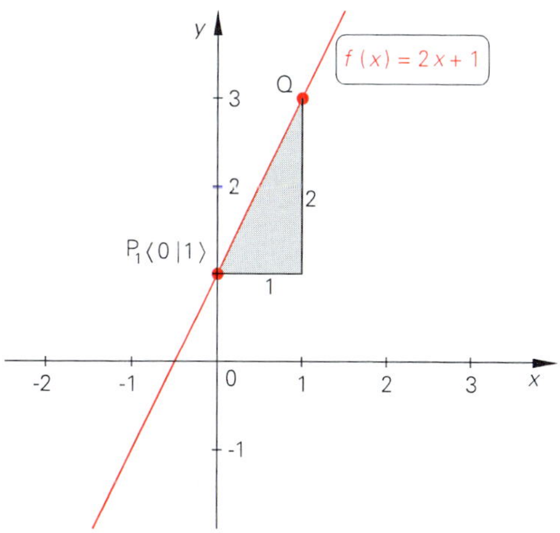

## 4.2.3 Bestimmung der Funktionsgleichung einer linearen Funktion aus ihrem Graphen

Bisher wurden die Bedeutungen der Formvariablen $m$ und $n$ in den Funktionsgleichungen $f(x) = mx + n$ der linearen Funktionen für die Lage ihrer Graphen im kartesischen Koordinatensystem untersucht. Mit Ausnahme der Parallelen zur $y$-Achse kann jede Gerade der Ebene Graph einer linearen Funktion sein.

Es wurden Methoden angegeben, wie die zu einer konkreten Funktionsgleichung gehörende Gerade gefunden werden kann.

Kann man umgekehrt auch von einer gegebenen Geraden, die keine Parallele zur $y$-Achse ist, auf die Funktionsgleichung derjenigen linearen Funktion schließen, deren Graph die Gerade ist?

Gegeben ist eine Gerade g, nicht parallel zur $y$-Achse.
Sie ist der Graph einer linearen Funktion vom Typ $f: f(x) = mx + n$. Wie findet man die Gleichung von g und damit die Funktionsgleichung der zugehörigen linearen Funktion?

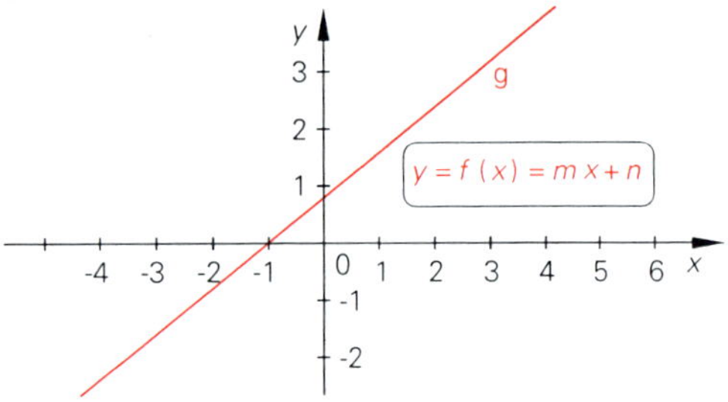


► Gleichung von $g$?

### ● 1. Methode

Da eine Gerade schon durch zwei ihrer Punkte eindeutig bestimmt ist, wird man versuchen, die gesuchte Gleichung aus den Koordinaten zweier Punkte von g zu gewinnen.

Es wurde schon gezeigt, dass für die Koordinaten von zwei verschiedenen Punkten $P_1\langle x_1 | y_1\rangle$ und $P_2\langle x_2 | y_2\rangle$ der Geraden stets gilt:

$$\frac{y_2 - y_1}{x_2 - x_1} = m.$$

Wählt man daher zwei solche Punkte auf der Geraden aus, so müssen auch die Koordinaten der übrigen Punkte für $P\langle x | y\rangle$ auf der Geraden die folgende Gleichung erfüllen:

$$\frac{y - y_1}{x - x_1} = m.$$

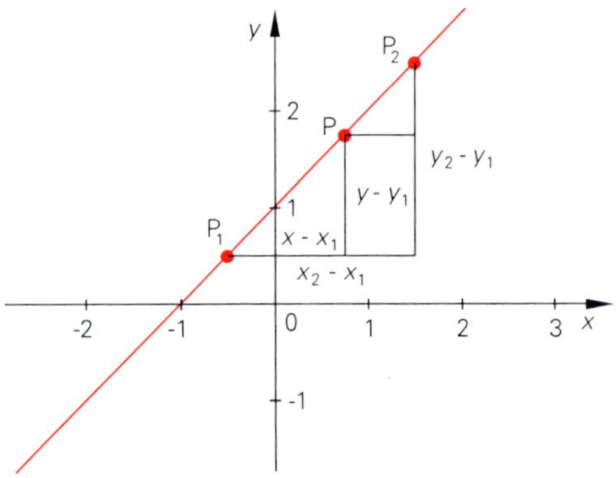


$\frac{y - y_1}{x - x_1} = m$ ► Punkt-Steigungs-Form

Diese Gleichung nennt man die **Punkt-Steigungs-Form** einer Geradengleichung.

Man kann also für die Koordinaten aller von $P_1$ verschiedenen Punkte auf der Geraden setzen:

$$\frac{y-y_1}{x-x_1}=\frac{y_2-y_1}{x_2-x_1}$$

$$\frac{y-y_1}{x-x_1}=\frac{y_2-y_1}{x_2-x_1}$$ ► Zwei-Punkte-Form

Diese Gleichung nennt man die **Zwei-Punkte-Form** einer Geradengleichung.

Löst man sie nach $y$ auf, so erhält man die Normalform der Geradengleichung mit Werten für $m$ und $n$ aus den Koordinaten der Punkte $P_1$ und $P_2$.

$$y-y_1=\frac{y_2-y_1}{x_2-x_1}(x-x_1)$$ ► $\frac{y_2-y_1}{x_2-x_1}=m$

$$y-y_1=m(x-x_1)$$

$$y=mx-mx_1+y_1$$ ► $-mx_1+y_1=n$

$$y=mx+n$$ ► Normalfunktion

Diese Normalform ist die gesuchte Funktionsgleichung derjenigen linearen Funktion, deren Graph die gegebene Gerade ist.

**Beispiel:**

Nebenstehend ist im kartesischen Koordinatensystem die Gerade g gegeben. Man wählt auf ihr die Punkte $P_1$ und $P_2$ beliebig aus, etwa $P_1\langle 1|3\rangle$ und $P_2\langle 3|7\rangle$. Sodann bildet man die Quotiententerme $\frac{y-y_1}{x-x_1}$ und $\frac{y_2-y_1}{x_2-x_1}$ und setzt sie gleich.

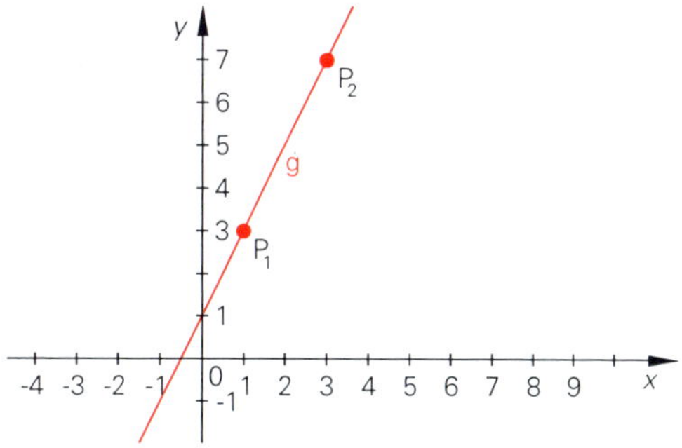


Die entstehende Gleichung löst man nach $y$ auf.

$$\frac{y-3}{x-1}=\frac{7-3}{3-1}$$

$$y-3=2(x-1)$$

$$\underline{\underline{y=2x+1}}$$

Die gegebene Gerade hat die Gleichung $y=2x+1$. Sie ist der Graph der Funktion $f\colon f(x)=2x+1;\ D(f)=\mathbb{R}$.

- **2. Methode**

Man kann die gesuchte Funktionsgleichung zu einer gegebenen Geraden g aber auch mithilfe des Steigungsdreiecks der Geraden finden.

Dazu liest man die Ordinate des Schnittpunkts $P\langle x_1|y_1\rangle$ der Geraden mit der $y$-Achse ab. Das ist der Wert für $n$ in der Gleichung $y=mx+n$. Sodann geht man von diesem Schnittpunkt eine Einheit nach rechts und stellt fest, um wie viele Einheiten man nun nach oben (Fall $m>0$) oder nach unten (Fall $m<0$) gehen muss, um wieder zu einem Punkt Q der Geraden zu gelangen.

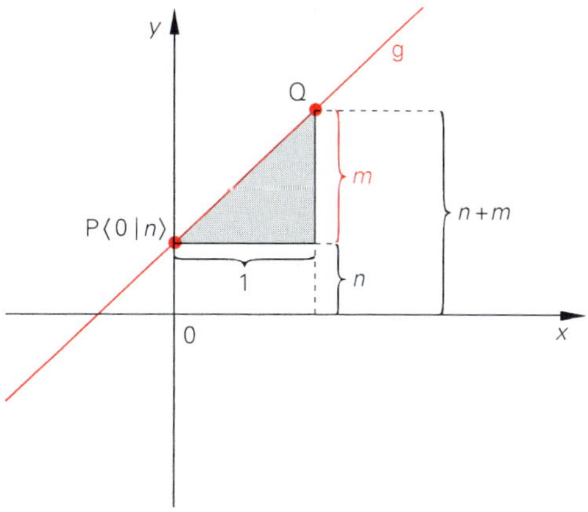

Die Anzahl dieser Einheiten mit dem entsprechenden Vorzeichen versehen ist der Wert für $m$ in der Gleichung $y = mx + n$.

Denn nach der Punkt-Steigungs-Form der Geradengleichung besitzt der Punkt Q die Koordinaten $\langle 1 \mid n+m \rangle$, sodass die Differenz der Ordinate von Q mit der von P gerade $m$ beträgt. Da die Werte für $m$ und $n$ jetzt eindeutig bestimmt sind, stellt die Gleichung $y = mx + n$ die gesuchte Funktionsgleichung zur gegebenen Geraden g dar.

$\frac{y - y_1}{x - x_1} = m$ ► Punkt-Steigungs-Form

Mit $x_1 = 0$, $y_1 = n$ und 1 für $x$ folgt:

$\frac{y-n}{1} = m, \quad \text{also} \quad y = n + m.$

Der Punkt Q besitzt daher die Koordinaten $\langle 1 \mid n+m \rangle$.

**Beispiel:**

Im nebenstehenden Schaubild ist die Gerade g gegeben. Sie schneidet die $y$-Achse im Koordinatenursprung, es ist also $x_1 = 0$ und $y_1 = 0$.

Geht man vom Koordinatenursprung um 1 nach rechts, muss man um 2 Einheiten nach unten gehen, um die Gerade wieder zu erreichen. Es ist also $m = -2$.

Damit erhält man aus der Punkt-Steigungs-Form der Geradengleichung $\frac{y-0}{x-0} = -2$ die Gleichung $y = -2x$ für g. Die Gerade g ist also der Graph der linearen Funktion $f\colon f(x) = -2x$; $D(f) = \mathbb{R}$.

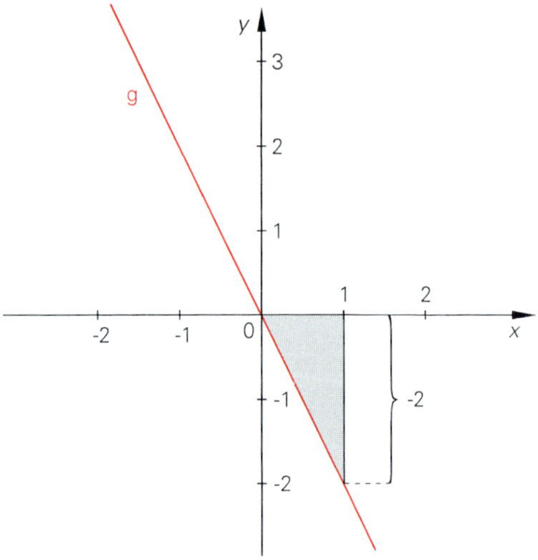


Die vorstehenden Beispiele haben gezeigt, wie man zu einer im kartesischen Koordinatensystem gezeichnet vorliegenden Geraden ihre Geradengleichung bestimmen kann. Sehr oft liegt eine Gerade aber zunächst noch nicht als Zeichnung vor. Das nachfolgende Beispiel zeigt, wie man in solchen Fällen gewisse Eigenschaften einer Geraden auch nur durch Rechnung ermitteln könnte.

**Beispiel:**

Von einer Geraden sind zwei Punkte bekannt: $P_1\langle -8 \mid -3 \rangle$ und $P_2\langle 4 \mid 6 \rangle$.

Bestimmen Sie

1. ihren Steigungsfaktor $m$;
2. ihren Schnittpunkt P mit der $y$-Achse;
3. ihre Gleichung und die Funktion, deren Graph die Gerade ist;
4. ihren Schnittpunkt $P_0$ mit der $x$-Achse.

Da eine Gerade bereits durch zwei ihrer Punkte eindeutig festgelegt ist, könnte man die Gerade durch die Punkte $P_1$ und $P_2$ sofort zeichnen und die nötigen Angaben der Zeichnung entnehmen. Allerdings treten hierbei sehr oft Fehler durch Ungenauigkeiten bei der Zeichnung und der Ablesung auf. Diese Fehler werden bei einer Rechnung vermieden.

**Lösung:**

**1.** Es gilt $m=\frac{y_2-y_1}{x_2-x_1}$. Die Koordinaten $\langle x_1|y_1\rangle$ und $\langle x_2|y_2\rangle$ der Punkte $P_1$ und $P_2$ sind gegeben.

Also gilt: $m=\frac{6-(-3)}{4-(-8)}=\frac{6+3}{4+8}$

$\underline{\underline{m=\frac{3}{4}}}.$

**2.** Der Schnittpunkt P der Geraden mit der $y$-Achse hat die Koordinaten $\langle 0|n\rangle$. Seine Koordinaten müssen die Punkt-Steigungs-Form der Geradengleichung erfüllen. Hieraus lässt sich der Wert für $n$ berechnen:

$\frac{y-y_1}{x-x_1}=m$ ► Setze 0 für $x$ und $n$ für $y$.

$\frac{n-y_1}{-x_1}=m$ ► $x_1=-8$, $y_1=-3$

$\frac{n+3}{8}=m$ ► $m=\frac{3}{4}$

$\frac{n+3}{8}=\frac{3}{4}$; es folgt: $\underline{\underline{n=3}}$.

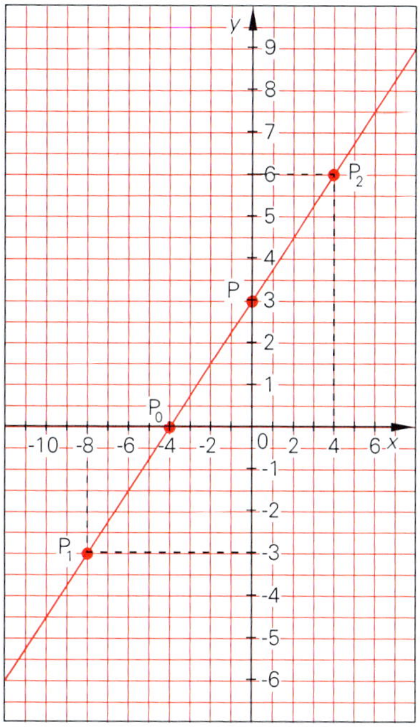


Der Punkt P hat die Koordinaten $\langle 0|3\rangle$.

**3.** Die Gleichung der Geraden lautet also $y=\frac{3}{4}x+3$. Sie ist der Graph der Funktion $f\colon f(x)=\frac{3}{4}x+3$; $D(f)=\mathbb{R}$.

**4.** Der Schnittpunkt $P_0$ der Geraden mit der $x$-Achse hat die Koordinaten $\langle x_0|0\rangle$, d.h., es ist der Wert für $x$, für den $f(x)=0$ gilt. Man setzt also $0=\frac{3}{4}x+3$ und erhält hieraus $\underline{\underline{x_0=-4}}$, d.h., der Punkt $P_0$ hat die Koordinaten $\langle -4|0\rangle$.

## Übungen zu 4.2.1 bis 4.2.3

**1.** Tragen Sie in ein Koordinatensystem folgende Punkte ein.

$P_1\langle 4|3\rangle$; $P_2\langle -2|5\rangle$; $P_3\langle -2|-3\rangle$; $P_4\langle -1{,}5|1{,}5\rangle$; $P_5\langle -2|-4\rangle$; $P_6\langle 8|-5\rangle$.

Stellen Sie für die folgenden Funktionen Wertetabellen für die $x$-Werte $-2$; $-1$; 0; 1; 2 auf. Es ist $D(f)=\mathbb{R}$.

**2.** $f\colon f(x)=3x-1$

**3.** $f\colon f(x)=4x+7$

**4.** $f\colon f(x)=5x-3$

**5.** $f\colon f(x)=\frac{2}{3}x+4$

**6.** $f\colon f(x)=4x-3$

**7.** $f\colon f(x)=x+2$

**8.** $f\colon f(x)=2x-\frac{1}{2}$

9. $f\colon f(x)=\frac{x}{2}+2\frac{1}{2}$

Zeichnen Sie die Graphen folgender Funktionen für $D(f)=\mathbb{R}$ und $D(g)=\mathbb{R}$.

**10.** $f\colon f(x)=\frac{1}{3}x$

**11.** $f\colon f(x)=x$

**12.** $f\colon f(x)=3x$

**13.** $f\colon f(x)=-\frac{2}{3}x$

**14.** $f\colon f(x)=-2x$

**15.** $f\colon f(x)=-\frac{1}{5}x$

**16.** $f\colon f(x)=-\frac{x}{2}$

**17.** $f\colon f(x)=\frac{x}{3}$

**18.** $f\colon f(x)=1{,}5x$

**19.** $g\colon g(x)=x-5$

**20.** $g\colon g(x)=2x+4$

**21.** $g\colon g(x)=4x-6$

**22.** $g\colon g(x)=\frac{x}{2}-2$

**23.** $g\colon g(x)=\frac{2x}{3}+3$

**24.** $g\colon g(x)=\frac{x}{2}+\frac{7}{2}$

**25.** $g\colon g(x)=-2x-1$

**26.** $g\colon g(x)=-3x-2$

**27.** $g\colon g(x)=\frac{2}{3}x-\frac{5}{4}$

**28.** $g\colon g(x)=\frac{2}{3}x+\frac{5}{4}$

**29.** $g\colon g(x)=\frac{2}{3}x-\frac{5}{4}$

**30.** $g\colon g(x)=-\frac{2}{3}x+\frac{5}{4}$

**31.** Zeichnen Sie nachfolgende Geraden, von denen zwei Punkte bekannt sind, und bestimmen Sie

**1.** den Steigungsfaktor $m$;

**2.** die Gleichung der zugehörigen Funktion.

a) $P_1\langle 8|4\rangle$, $P_2\langle 10|5\rangle$
b) $P_1\langle 2|\frac{2}{3}\rangle$, $P_2\langle 5|1\frac{2}{3}\rangle$
c) $P_1\langle 1|3\rangle$, $P_2\langle 2|6\rangle$
d) $P_1\langle 3|-6\rangle$, $P_2\langle -2|4\rangle$

**32.** Von einer Geraden sind zwei Punkte bekannt. Bestimmen Sie

**1.** den Steigungsfaktor $m$;

**2.** den Schnittpunkt der Geraden mit der $y$-Achse;

**3.** die Gleichung der zugehörigen Funktion;

**4.** den Schnittpunkt der Geraden mit der $x$-Achse.

a) $P_1\langle 3|4\rangle$, $P_2\langle 7|-1\rangle$
b) $P_1\langle -8|1\rangle$, $P_2\langle 2|-3\rangle$
c) $P_1\langle 4|3\rangle$, $P_2\langle -7|-1\rangle$
d) $P_1\langle 6|2\rangle$, $P_2\langle -3|-2\rangle$

## 4.2.4 Die Nullstelle einer linearen Funktion und das graphische Lösen einer linearen Gleichung bzw. Ungleichung

Eine Stelle $x_0 \in D(f)$ einer reellen Funktion $f\colon x \mapsto f(x);\ x \in D(f)$ heißt **Nullstelle der Funktion**, wenn gilt: $f(x_0)=0$.

Man findet die Nullstellen einer reellen Funktion, wenn man ihren Funktionsterm gleich 0 setzt, also $f(x)=0$ bildet, und die Gleichung mit der Gleichungsvariablen $x$ löst. Für die linearen Funktionen vom Typ $f\colon f(x)=mx+n;\ D(f)=\mathbb{R}$ sind also alle Lösungen für $x$ der Gleichungen $0=mx+n$ Nullstellen.

$f\colon f(x)=x^2-4;\ D(f)=\mathbb{R}$ ► $f(x)=0$

$0=x^2-4$, also $x^2=4$ und hieraus:

$\underline{\underline{x=2}}$ oder $\underline{\underline{x=-2}}$ ► Nullstellen sind 2 und $-2$

$g\colon g(x)=2x+4;\ D(g)=\mathbb{R}$ ► $g(x)=0$

$0=2x+4$

$\underline{\underline{x=-2}}$ ► Nullstelle ist $-2$

Stellt man die Graphen der linearen Funktionen im kartesischen Koordinatensystem dar, so findet man die Nullstellen der Funktionen als Abszissen der Punkte, in welchen die Graphen die $x$-Achse schneiden.

Diesen Zusammenhang kann man ausnutzen, um lineare Gleichungen mit einer Gleichungsvariablen oder um eine lineare Gleichung mit zwei Gleichungsvariablen in Normalform graphisch zu lösen.

## Graphisches Lösen linearer Gleichungen

● Eine lineare Gleichung mit einer Gleichungsvariablen lässt sich durch äquivalente Umformungen immer in die Form $ax+b=0$; $a, b \in \mathbb{R}$ bringen. Ihr Grundbereich ist $\mathbb{R}$.

$2x+3=7$ ► gegebene Gleichung

$2x-4=0$ ► umgeformte Gleichung

$f\colon f(x) := 2x-4$ ► zugehörige Funktion

Der Term $ax+b$ kann für jede Ersetzung von $a$ und $b$ durch reelle Zahlen als Funktionsterm aufgefasst werden. Setzt man $f\colon f(x) := ax+b$; $D(f) = \mathbb{R}$, so erhält man eine lineare Funktion. Man zeichnet ihren Graphen und liest für den Fall $a \neq 0$ die Lösung der Gleichung als Schnittstelle des Graphen von $f$ mit der $x$-Achse ab.

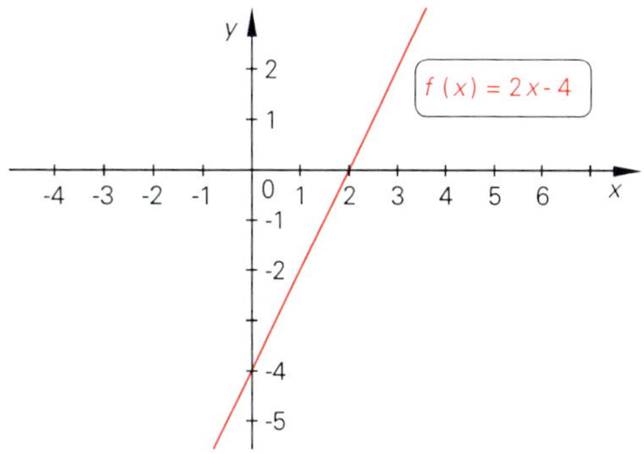


$x_0 = 2$ ► Nullstelle

$\underline{\underline{x_0 = 2}}$ ► Lösung der Ausgangsgleichung

Für $a=0$ und $b \neq 0$ besitzt der Graph von $f$ keine Schnittstelle mit der $x$-Achse, denn er ist eine Parallele im Abstand $|b|$ zur $x$-Achse und schneidet die $x$-Achse daher nicht.

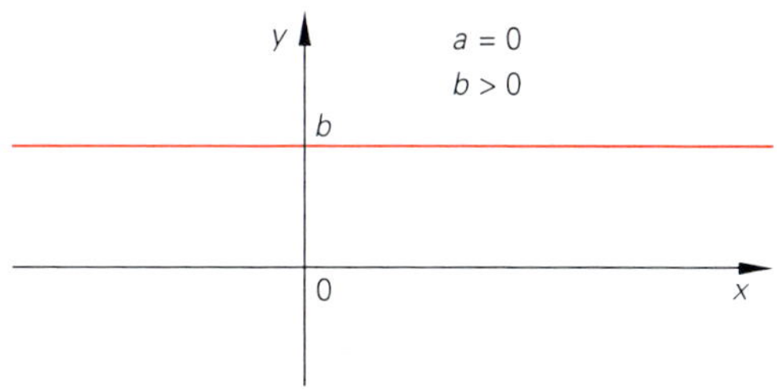


► keine Nullstelle ► keine Lösung

Für $a=0$ und $b=0$ fällt der Graph von $f$ mit der $x$-Achse zusammen. Jeder Punkt der $x$-Achse ist dann Schnittpunkt des Graphen mit der $x$-Achse, d.h., jede reelle Zahl ist eine Lösung der Ausgangsgleichung.

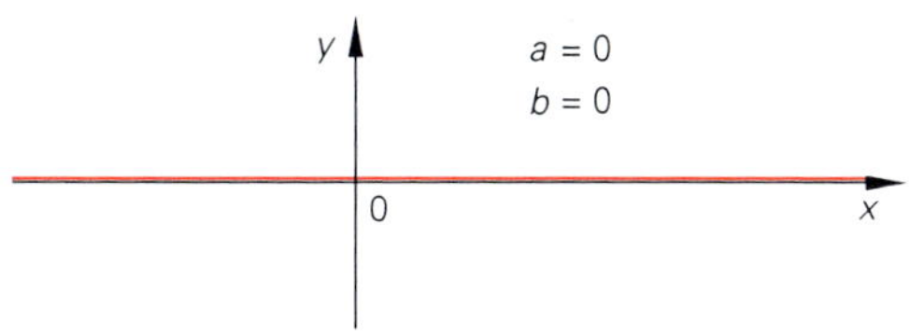


► Jede Stelle der $x$-Achse ist Nullstelle.

► Jede reelle Zahl ist Lösung.

**Beispiel:**

$7x-12=9x-11$

$7x-12=9x-11 \quad | -9x+11$
$-2x-1=0$

Die Gleichung wird in die Form $ax+b=0$ gebracht.

Mit dem Term $-2x-1$ wird die Funktion $g$: $g(x):=-2x-1$; $D(g)=\mathbb{R}$ definiert.

$g$: $g(x):=-2x-1$; $D(g)=\mathbb{R}$

Der Graph von $g$ wird gezeichnet. Die Gerade schneidet die $x$-Achse an der Stelle $x_0=-\frac{1}{2}$.

Die Nullstelle der Funktion und damit die Lösung der Gleichung ist $x_0=-\frac{1}{2}$.

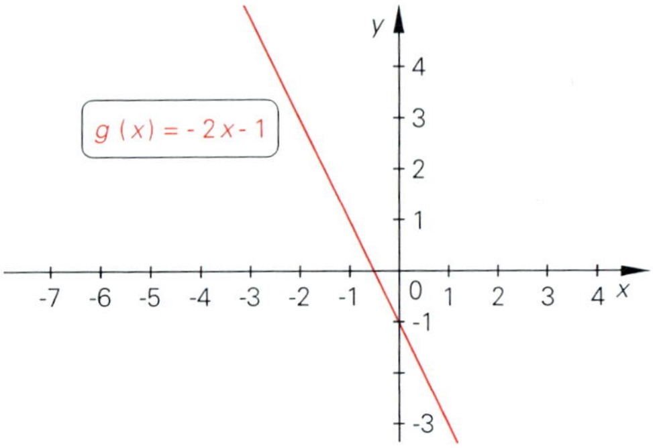


**Merke:**

Eine lineare Gleichung der Form $ax+b=0$; $a\in\mathbb{R}$, $b\in\mathbb{R}$ mit der Gleichungsvariablen $x\in\mathbb{R}$ wird graphisch in den folgenden Schritten gelöst:

**1.** Die Funktion $f$: $f(x)=ax+b$; $D(f)=\mathbb{R}$ wird definiert.

**2.** Der Graph von $f$ wird gezeichnet.

**3.** Die Schnittstellen des Graphen von $f$ mit der $x$-Achse sind – falls vorhanden – die Lösungen der Gleichung.

● Eine lineare Gleichung $ax+by=c$ mit den Gleichungsvariablen $x\in\mathbb{R}$ und $y\in\mathbb{R}$, für welche $b\neq 0$ ist, lässt sich auf ähnliche Weise graphisch lösen.

Die Normalform einer solchen Gleichung lautet $y=mx+n$; $m,n\in\mathbb{R}$.

Sie kann für jede reelle Zahl für $m$ und $n$ als Funktionsgleichung interpretiert werden.

$\frac{1}{2}x+y=-1$ ► gegebene Gleichung

$y=-\frac{1}{2}x-1$ ► Normalform der Gleichung

$f$: $f(x):=-\frac{1}{2}x-1$; $D(f)=\mathbb{R}$ ► zugehörige Funktion

Man zeichnet den jeweils zugehörigen Graphen der Funktion. Die Koordinatenpaare aller Punkte dieses Graphen sind die Lösungen der Gleichung.

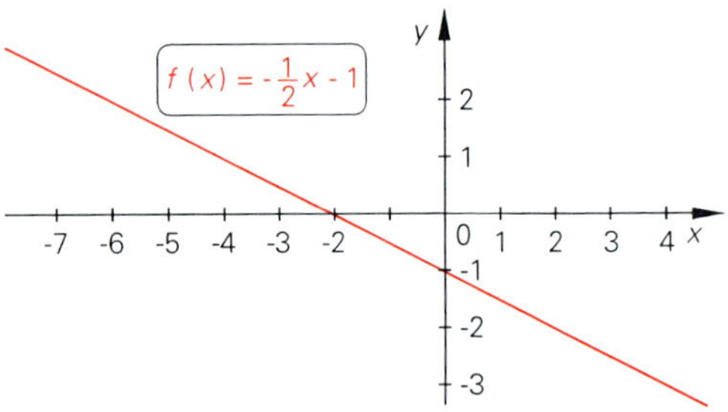

**Beispiel:**

Ein Radfahrer legte in einer Zeit von 6 Stunden 120 km zurück. Wie viel km hatte er nach 2,5 Stunden und nach 5,2 Stunden zurückgelegt, konstante Geschwindigkeit vorausgesetzt?

Könnte ein Mofa-Fahrer, der 2 Stunden später vom gleichen Ort wie der Radfahrer mit einer Geschwindigkeit von $35 \frac{\text{km}}{\text{h}}$ abfährt, den Radfahrer auf seiner Fahrtstrecke einholen? Wenn ja, nach wie viel Stunden geschähe das?

Zwischen Weg $s$, Zeit $t$ und Geschwindigkeit $v$ besteht die Beziehung $s = v \cdot t$, wobei $s$ den Weg in km, $v$ die Geschwindigkeit in $\frac{\text{km}}{\text{h}}$ und $t$ die Zeit in Stunden bedeuten. Da $v$ als konstant vorausgesetzt wird, ist die Zuordnung von Weg zu Zeit, also von $s$ zu $t$, eine lineare Funktion: $s$: $s(t) = v \cdot t$.

Ihr Graph ist eine Gerade. Sie kann in einem Koordinatensystem gezeichnet werden, dessen Achsen mit den Quotienten $\frac{\text{Weg}}{\text{km}}$ und $\frac{\text{Zeit}}{\text{h}}$ beschriftet sind.

Die Gerade geht durch $\langle 0|0 \rangle$ und $\langle 6|120 \rangle$. Man kann bei $t_1 = 2{,}5$ und $t_2 = 5{,}2$ ablesen, welche Wegstrecke der Fahrradfahrer bis dahin jeweils zurückgelegt hatte.

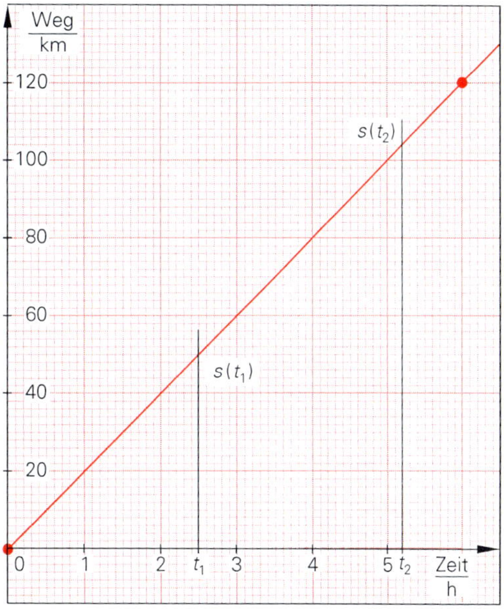


Auch für den Mofa-Fahrer handelt es sich bei der Zuordnung von Weg zu Zeit um eine Funktion. Ihre Funktionsgleichung lautet $s(t) = 35 \frac{\text{km}}{\text{h}} \cdot t$. Zeichnet man ihren Graphen in dasselbe Koordinatensystem ein wie den Graphen für die Fahrt des Radfahrers, kann man die Antworten auf die gestellten Fragen der graphischen Darstellung aus dem Schnittpunkt der beiden Halbgeraden entnehmen. Der Mofa-Fahrer könnte den Radfahrer nach ungefähr 4,6 h einholen.

Zum besseren Ablesen der Werte anhand der Graphen werden die Schaubilder jeweils auf ein sog. Millimeterpapier gezeichnet.

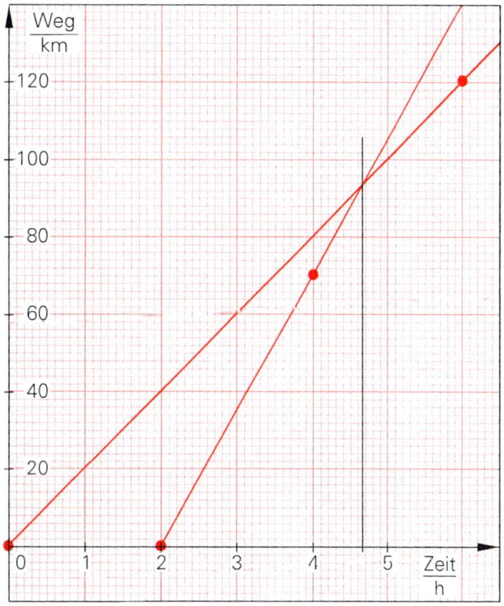

## Graphisches Lösen linearer Ungleichungen

● Eine lineare Ungleichung mit einer Lösungsvariablen $x$ lässt sich durch äquivalente Umformungen stets in eine der Formen $ax+b<0$, $ax+b\leq 0$, $ax+b>0$ oder $ax+b\geq 0$ bringen. Ihr Grundbereich ist $\mathbb{R}$.

Der Term $ax+b$ kann für jede Ersetzung von $a$ und $b$ durch reelle Zahlen als Funktionsterm einer linearen Funktion aufgefasst werden: $f\colon f(x)=ax+b$; $D(f)=\mathbb{R}$. Der Graph von $f$ ist eine Gerade. Soll z. B. $ax+b<0$ sein, muss wegen $f(x)=ax+b$ auch $f(x)<0$ sein. Man zeichnet den Graphen von $f$. Dieser schneidet die $x$-Achse, falls $a \neq 0$. In diesem Falle besitzt die Funktion $f$ daher eine Nullstelle $x_0$. Alle Lösungen der Ungleichung $ax+b<0$ liegen dann links oder rechts von dieser Nullstelle, je nachdem, ob für die Steigung $a$ der Geraden $a>0$ oder $a<0$ gilt. Gilt für die Steigung der Geraden $a=0$, so ist die Gerade eine Parallele zur $x$-Achse oder fällt mit der $x$-Achse zusammen, je nachdem, ob $b \neq 0$ oder $b=0$ ist.

Verläuft diese Gerade ganz unterhalb der $x$-Achse (im Fall $b<0$), so ist jede reelle Zahl für $x$ eine Lösung der Ungleichung $0\cdot x+b<0$, im anderen Fall ($b\geq 0$) keine reelle Zahl.

$2x+3<7$ ► gegebene Ungleichung

$2x-4<0$ ► umgeformte Ungleichung

$f\colon f(x)=2x-4$ ► zugehörige Funktion

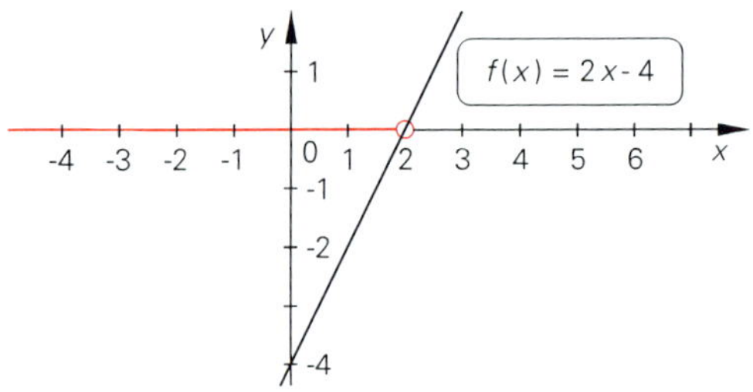


► $x_0=2$ ist Nullstelle der Funktion $f$.

Alle Zahlen für $x$ mit $x<2$ sind Lösungen von $2x+3<7$. Deren Lösungsmenge ist $L=\{x\in\mathbb{R} \mid x<2\}$.

$0\cdot x+2<0$ ► keine Lösung

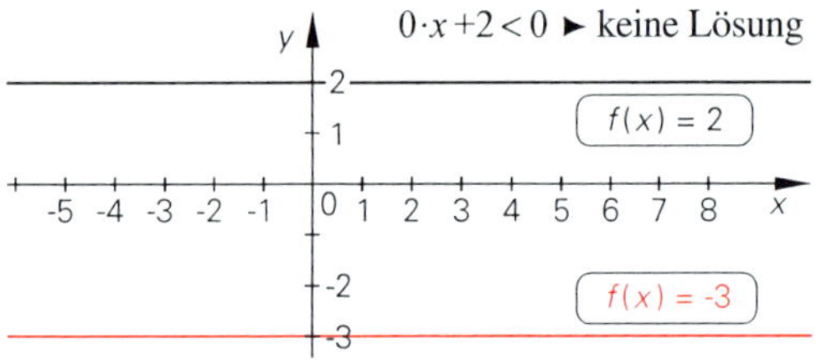


$0\cdot x-2<0$ ► Jede reelle Zahl ist Lösung

**Beispiel:**

$7x-4\leq 5x-6$

Die Ungleichung wird in die Form $ax+b\leq 0$ gebracht. Die zugehörige Funktion wird definiert. Der Graph der Funktion wird gezeichnet. Dieser schneidet die $x$-Achse an der Stelle $x_0=-1$. Wegen der positiven Steigung der Geraden ($a=2$) ist sowohl die Nullstelle $x_0=-1$ als auch jede reelle Zahl links von der Nullstelle der Funktion eine Lösung der Ausgangsungleichung.

Die Abszissen aller Punkte, für die $f(x)\leq 0$, sind Lösungen der Ungleichung. Die Lösungsmenge lautet $L=\{x\in\mathbb{R} \mid x\leq -1\}$.

$7x-4\leq 5x-6 \quad | -5x+6$

$2x+2\leq 0$

$f\colon f(x)=2x+2$

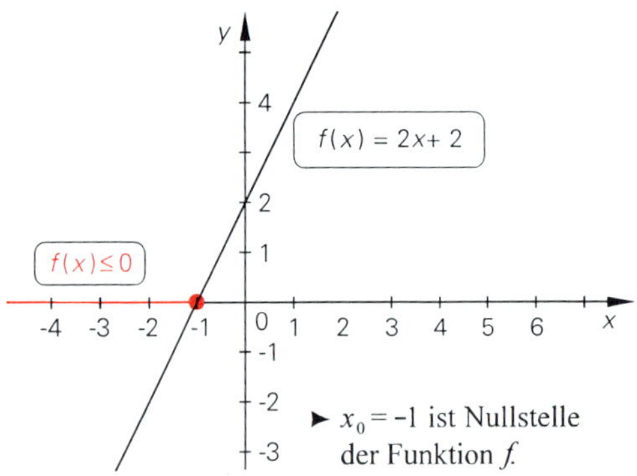

**Merke:**

Eine lineare Ungleichung der Form $ax+b<0$ mit der Lösungsvariablen $x$ (oder $ax+b\leq 0$, $ax+b>0, ax+b\geq 0$) wird graphisch in folgenden Schritten gelöst:

**1.** Die zu $a, b \in \mathbb{R}$ zugehörige Funktion $f$: $f(x):=ax+b$; $D(f)=\mathbb{R}$ wird definiert.

**2.** Der Graph von $f$ wird gezeichnet.

**3.** Die Lösungsmenge der Ungleichung ist die Menge der Abszissen aller derjenigen Punkte des Graphen von $f$, deren Ordinaten kleiner (oder kleiner und gleich, größer, größer und gleich) Null sind.

● Besteht eine lineare Ungleichung mit einer Lösungsvariablen $x$ aus der Verbindung zweier Terme der Form $ax+b$ und $cx+d$ durch eines der vier Ordnungszeichen $<$, $\leq$, $>$ oder $\geq$, etwa $ax+b<cx+d$, kann man mithilfe der Graphen linearer Funktionen ihre Lösungsmenge bestimmen, auch ohne die Ungleichung vorher umzuformen.

Ist z.B. $ax+b<cx+d$, so definiert man die zu den reellen Zahlen für $a$, $b$, $c$ und $d$ zugehörigen linearen Funktionen

$f$: $f(x):=ax+b$; $D(f)=\mathbb{R}$ und

$g$: $g(x):=cx+d$; $D(g)=\mathbb{R}$

und zeichnet deren Graphen. Verlaufen diese parallel zueinander und liegt der Graph von $f$ ganz unterhalb des Graphen von $g$, so ist jede reelle Zahl eine Lösung der Ungleichung. Liegt der Graph von $f$ ganz oberhalb des Graphen von $g$, so ist keine reelle Zahl Lösung der Ungleichung. Schneiden die Graphen einander, so liest man ab, welche Abszisse ihr Schnittpunkt hat. Dann bestimmt man die Lösungsmenge der Ungleichung als die Menge der $x$-Werte, für welche die zugehörigen Punkte des Graphen von $f$ kleinere Ordinaten haben als die zugehörigen Punkte des Graphen von $g$.

$x+2<-\frac{1}{2}x+\frac{1}{2}$ ► gegebene Ungleichung

$f$: $f(x):=x+2$; $D(f)=\mathbb{R}$

$g$: $g(x):=-\frac{1}{2}x+\frac{1}{2}$; $D(g)=\mathbb{R}$

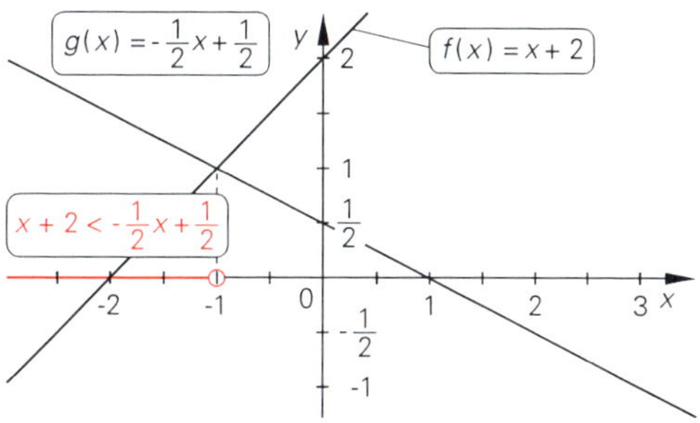


► $x_0=-1$ Schnittstelle der Graphen von $f$ und $g$

Analog verfährt man, wenn die Ungleichung in der Form $ax+b>cx+d$ vorliegt. Hier bestimmt man die Lösungsmenge der Ungleichung als die Menge der $x$-Werte, für welche die zugehörigen Punkte des Graphen von $f$ größere Ordinaten haben als die zugehörigen Punkte des Graphen von $g$.

$x+1>2$ ► gegebene Ungleichung

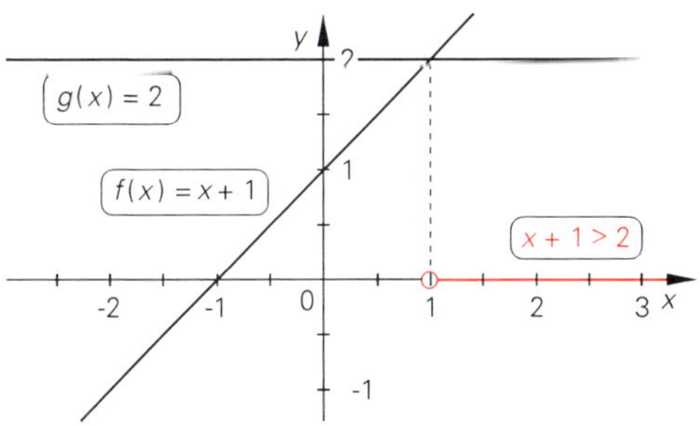


► $x_0=1$ Schnittstelle der Graphen von $f$ und $g$

**Beispiel:**

$\frac{3(x-2)}{4} > \frac{4(2-x)}{3}$

Beide Terme auf den Seiten der Ungleichung werden zunächst in die Form $ax+b$ bzw. $cx+d$ gebracht. Sodann werden die Funktionen *f* und *g* definiert.

$\frac{3(x-2)}{4} > \frac{4(2-x)}{3}$ ► gegebene Ungleichung

$\frac{3}{4}x - \frac{3}{2} > \frac{8}{3} - \frac{4}{3}x$ ► umgeformte Ungleichung

$f\colon f(x) := \frac{3}{4}x - \frac{3}{2};\quad D(f) = \mathbb{R}$

$g\colon g(x) = -\frac{4}{3}x + \frac{8}{3};\ D(g) = \mathbb{R}$

Nun zeichnet man die Graphen von *f* und *g*, die einander schneiden, und liest die Abszisse $x_0$ ihres Schnittpunktes ab.

Die *x*-Werte, für die $f(x) > g(x)$ ist, liegen hier rechts von der Stelle $x_0$.

Die Lösungsmenge ist also $L = \{x \in \mathbb{R} \mid x > 2\}$.

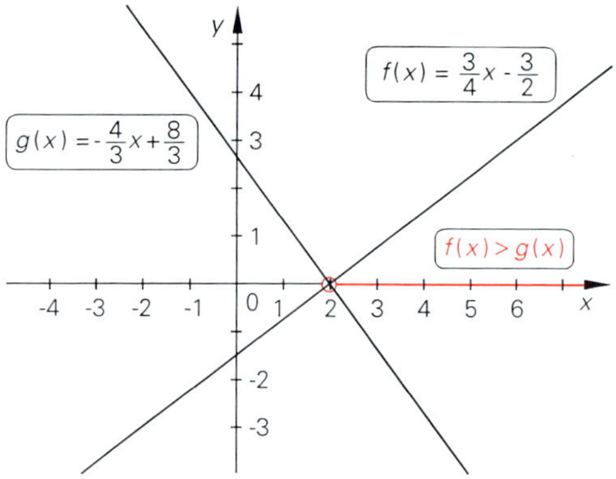


► $x_0 = 2$ Schnittstelle der Graphen von *f* und *g*

**Merke:**

Eine lineare Ungleichung der Form $ax+b < cx+d$ mit der Lösungsvariablen *x* (oder mit den Ordnungszeichen $\leq$, $>$, $\geq$) wird graphisch in folgenden Schritten gelöst:

1. Die zu den *a*, *b*, *c*, $d \in \mathbb{R}$ gehörenden Funktionen $f\colon f(x) := ax+b$; $D(f) = \mathbb{R}$ und $g\colon g(x) := cx+d$; $D(g) = \mathbb{R}$ werden definiert.
2. Die Graphen von *f* und *g* werden gezeichnet.
3. Die Lösungsmenge der Ungleichung ist die Menge der Abszissen aller derjenigen Punkte des Graphen von *f*, deren Ordinaten kleiner (oder kleiner und gleich, größer, größer und gleich) als die Ordinaten der entsprechenden Punkte des Graphen von *g* sind.

## 4.2.5 Eindeutige Zuordnungen von Größen

Um die Graphen von Funktionen zwischen Größenbereichen zeichnen zu können, wählt man ebenfalls zwei senkrecht aufeinander stehende Achsen. Sie tragen die Größen, welche durch die Funktion miteinander verknüpft sind und die nicht selten unterschiedlichen Größenarten angehören. Man setzt fest, wie viele Einheiten der beteiligten Größen jeweils einer Längeneinheit auf den Achsen entsprechen sollen. Diesen Maßstab wählt man so, dass möglichst viele Elemente der Ausgangsmenge und möglichst viele Elemente der Bildmenge auch wirklich graphisch erfasst werden können und man außerdem noch gut ablesen kann.

Dabei wird i. Allg. nur der I. Quadrant des Koordinatensystems gebraucht, weil die vorkommenden Größen in der Regel nur für positive Maßzahlen einen Sinn haben.

**Beispiele:**

**1.** Für eine elastische Stahlfeder mit der Federkonstanten $D = 2{,}5\,\frac{\mathrm{N}}{\mathrm{cm}}$ gilt für die zur Verlängerung $s$ der Feder benötigte Kraft $F$ nach dem Hooke'schen Gesetz: $F = D \cdot s$.

Das nebenstehende Schaubild zeigt den Graphen der Funktion zur Gleichung $F(s) = D \cdot s$ innerhalb des Gültigkeitsbereichs des Hooke'schen Gesetzes (das ist der Bereich, in dem die Stahlfeder nicht „überdehnt" wird), der den Definitionsbereich der Funktion darstellt.

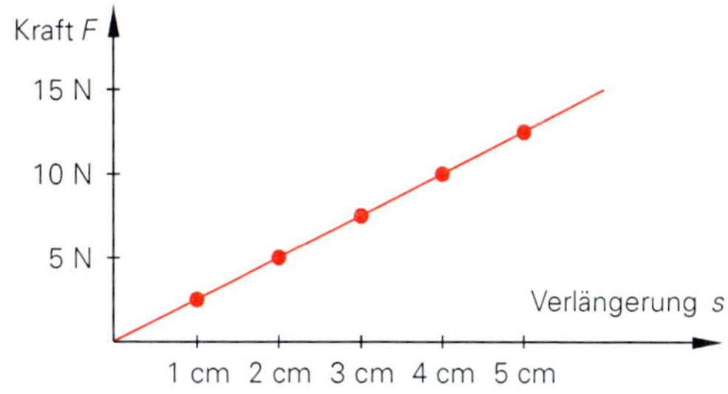


**2.** In einer 8. Klasse wurden die Körperhöhen der Jungen gemessen. Es wurde festgestellt, wie viele der Jungen jeweils gleich groß waren.

In diesem Beispiel wird einer Länge eine natürliche Zahl zugeordnet. Der Graph der Funktion besteht nur aus einzelnen Punkten.

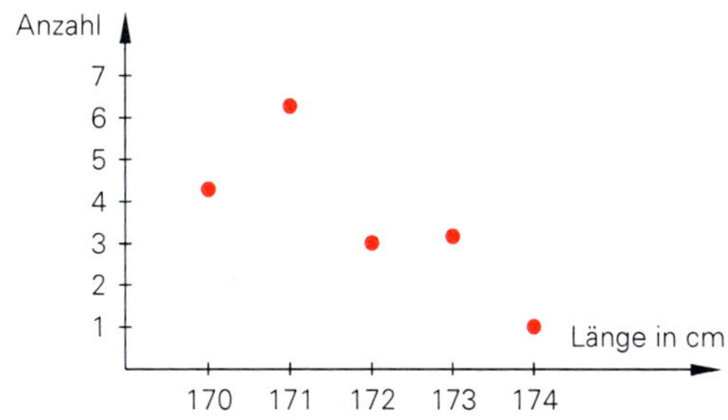


Man kann aber für die graphische Darstellung von Zuordnungen zwischen Größen auch das übliche Koordinatensystem benutzen, wenn man nur die Zahlenwerte der beteiligten Größen verwenden will. Um die jeweiligen Größeneinheiten auf den Koordinatenachsen unberücksichtigt lassen zu können, werden die Achsen mit den Quotienten aus der jeweiligen Größenart und der jeweiligen Einheit beschriftet.

Der Weg $s$, den ein Körper im freien Fall zurücklegt, hängt von der Fallzeit $t$ und der Fallbeschleunigung g ab. Er kann unter entsprechenden Bedingungen mittels des Gesetzes vom freien Fall $s = \frac{g}{2} t^2$ berechnet werden. Dabei wird $s$ gewöhnlich in Metern und $t$ in Sekunden gemessen. Das Fallgesetz definiert die Funktion $s$: $s(t) := \frac{g}{2} t^2$, für welche die Größen der Größenart Zeit den Definitionsbereich bilden.

Für $g = 10\,\frac{\mathrm{m}}{\mathrm{sec}^2}$ erhält man als Graphen der Funktion $s$ die nebenstehende Kurve.

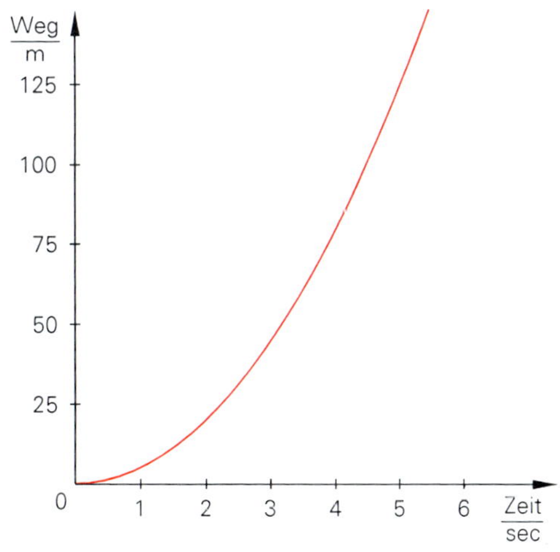

**Beispiel:**

Zwischen der Stromstärke $I$ in Ampere, der Spannung $U$ in Volt und dem Widerstand $R$ in Ohm besteht in einem elektrischen Stromkreis für Gleichstrom das Ohm'sche Gesetz $U = R \cdot I$.

Gegeben: 4 Stromkreise mit den Widerständen $R_1 = 10$ Ohm, $R_2 = 15$ Ohm, $R_3 = 20$ Ohm und $R_4 = 25$ Ohm.

Gesucht:
**1.** die 4 zugehörigen Graphen $f_1, \ldots, f_4$ bis $U = 30$ Volt,
**2.** die Stromstärken bei einer Spannung von 20 Volt,
**3.** die Spannungen bei einer Stromstärke von 0,6 Ampere.

**Lösung:**

**1.** Da im Beispiel der Widerstand $R$ als konstant gilt, kann man die Gleichung $U = R \cdot I$ als Funktionsgleichung einer Funktion vom Typ $f\colon f(x) = mx$ auffassen. Es ist nämlich $U(I) = R \cdot I$.

Da 4 Widerstände gegeben sind, gibt es also auch 4 Geraden als Graphen linearer Funktionen. Da sie durch den Koordinatenursprung gehen, genügt die Berechnung eines weiteren Punktes, um die Graphen zeichnen zu können. Der Graph von $f_1$ z.B. gehört zum Widerstand $R_1 = 10$ Ohm. Aus $U = 10 \cdot I$ erhält man für $I_1 = 3$ Ampere $U_1 = 30$ Volt. D.h., die Gerade, die als Graph zu $f_1$ gehört, geht durch den Punkt $\langle 3 \mid 30 \rangle$.

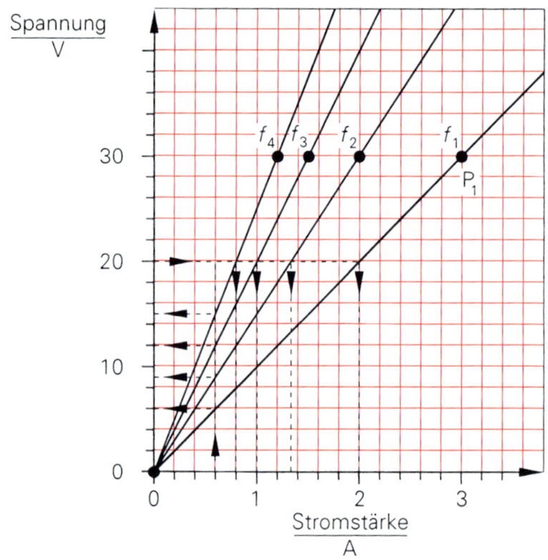


**2.** Die Parallele zur Abszissenachse durch den Punkt $\langle 0 \mid 20 \rangle$ schneidet die Graphen der Funktionen $f_1, \ldots, f_4$ in Punkten, deren Abszissen die zu 20 Volt gehörenden Stromstärken sind.

$f_1$ ► $I_1 = 2$ A $f_3$ ► $I_3 = 1$ A
$f_2$ ► $I_2 = 1{,}33$ A $f_4$ ► $I_4 = 0{,}8$ A

**3.** Die Senkrechte zur Abszissenachse durch den Punkt $\langle 0{,}6 \mid 0 \rangle$ schneidet die Graphen der Funktionen $f_1, \ldots, f_4$ in den Punkten, deren Ordinaten die zu 0,6 Ampere gehörenden Stromspannungen sind.

$f_1$ ► $U_1 = 6$ V $f_3$ ► $U_3 = 12$ V
$f_2$ ► $U_2 = 9$ V $f_4$ ► $U_4 = 15$ V

Im 2. und 3. Lösungsschritt wurden die gesuchten Stromstärken und Spannungen der Zeichnung entnommen. Sie lassen sich natürlich auch aus der Gleichung $U = R \cdot I$ berechnen.

Für 10 Ohm z.B. folgt aus $20\,\text{V} = 10\,\Omega \cdot I$ für $I$ die Lösung 2 A. Für denselben Widerstand folgt aus $U = 10\,\Omega \cdot 0{,}6\,\text{A}$ für $U$ die Lösung 6 V.

## Übungen zu 4.2.4 und 4.2.5

Lösen Sie die folgenden Gleichungen graphisch:

**1.** $2x+6=14$ **2.** $22=x+13$ **3.** $4x+6=3x+19$

**4.** $12x=10x+8$ **5.** $12x+4=24+13x$ **6.** $\frac{2}{3}x+\frac{1}{2}=\frac{1}{3}$

Bestimmen Sie die jeweils vorkommenden Funktionen und lösen Sie die Aufgaben graphisch:

**7.** Einem Wanderer, der 4 km in der Stunde zurücklegt, wird 5 Stunden nach seinem Aufbruch ein Radfahrer nachgeschickt, der in der Stunde 14 km fährt. Nach wie viel Stunden und Kilometern werden sie zusammentreffen?

**8.** Köln ist von Stuttgart 358 km entfernt. Um 7 Uhr verlässt ein Lastkraftwagen Köln in Richtung Stuttgart. Er legt in der Stunde 60 km zurück. Um 8 Uhr folgt in gleicher Richtung ein Personenkraftwagen mit einer Geschwindigkeit von $80\,\frac{\text{km}}{\text{h}}$. Wann und bei welcher Entfernung von Köln holt der PKW den LKW ein?

Lösen Sie die folgenden Ungleichungen graphisch:

**9.** $4x+2<0$ **10.** $-2x-1\geq 0$ **11.** $-3x+4(2x+1)\leq 0$

**12.** $x-\frac{1}{2}>2$ **13.** $\frac{x}{2}+\frac{1}{4}>\frac{5}{8}$ **14.** $\frac{1}{4}-\frac{x}{2}>\frac{5}{8}$

**15.** $4x+7<x+2$ **16.** $5x-3>x-\frac{1}{2}$ **17.** $3x-1\leq -x+6$

**18.** Für eine Bewegung mit gleich bleibender Geschwindigkeit gilt $s=v\cdot t$, also Weg gleich Geschwindigkeit mal Zeit.
Zeichnen Sie in ein und dasselbe Koordinatensystem die Graphen der Funktionen $f\colon f(t)\colon t\to v\cdot t$ für die Schallgeschwindigkeiten in folgenden Stoffen:

| Stoff | Geschwindigkeit m/s | Stoff | Geschwindigkeit m/s |
|---|---|---|---|
| Luft bei 288 K . | 340 | Eichenholz . . | 3350 |
| Wasserstoff . . | 1270 | Eisen . . . . . | 4900 |
| Meerwasser . . | 1510 | Aluminium . . | 5100 |

**19.** Für die Abhängigkeit der Masse eines Körpers von seinem Volumen gilt die Gleichung $m=\varrho\cdot V$, also Masse gleich Dichte mal Volumen.
Die Dichte von Stahl ist $\varrho=7{,}85\,\frac{\text{kg}}{\text{dm}^3}$, die von Duraluminium $\varrho=2{,}7\,\frac{\text{kg}}{\text{dm}^3}$.
Zeichnen Sie die zugehörigen Graphen bis $m=30\,\text{kg}$. Lesen Sie die Massen von Stahl und Duraluminium bei einem Volumen von 2,8 $\text{dm}^3$ und die Volumina von Stahl und Duraluminium bei einer Masse von 18 kg ab!

**20.** Für die jährliche Verzinsung eines Kapitals $K$ bei einem Zinssatz $p\,\%$ gilt die Gleichung $Z=\frac{K\cdot p}{100}$.
Zeichnen Sie für die Zinssätze 4% und 5,5% die Graphen der zugehörigen Funktionen bis $Z=100$ €.
Lesen Sie aus der Zeichnung die jeweiligen Zinsen für ein Kapital von 1400 € und die zugehörigen Kapitalbeträge für einen Zinsbetrag von 40 € ab.

# 4.3 Empirische Funktionen und ihre Schaubilder

In Wissenschaft und Technik wird der Zusammenhang zwischen zwei Größenbereichen häufig durch Schaubilder dargestellt. Man bedient sich dazu eines Koordinatensystems. Bei solchen Zusammenhängen ist oft eine Größe des einen Bereichs von der anderen Größe des anderen Bereichs abhängig, und zwar in dem Sinne, dass sich die eine ändern muss, wenn sich die andere ändert. Das Schaubild gibt Aufschluss darüber, wie diese Veränderung verläuft. Es stellt auf einen Blick den Zusammenhang dar.

Die Graphen solcher Zusammenhänge sind nicht immer Geraden, sondern oft Strecken- oder irgendwelche Kurvenzüge. Die Zuordnungen, die durch diese Zusammenhänge bestimmt sind, sind häufig Funktionen. Man spricht in diesem Fall von **empirischen Funktionen**.

**Beispiele** für die Graphen empirischer Funktionen:

**1.** Das nebenstehende Schaubild gibt Aufschluss über die Abhängigkeit von Zinngehalt und Schmelzpunkt bei der Blei-Zinn-Legierung.

**Deutung:** Reines Blei hat einen Schmelzpunkt von 603 K. Mit zunehmendem Zinngehalt sinkt der Schmelzpunkt und erreicht bei ungefähr 70% den tiefsten Punkt bei 453 K. Steigt der Zinngehalt über 70%, so erhöht sich der Schmelzpunkt. Reines Zinn hat einen Schmelzpunkt von 505 K.

**1.** Schmelzpunkt der Blei-Zinn-Legierung

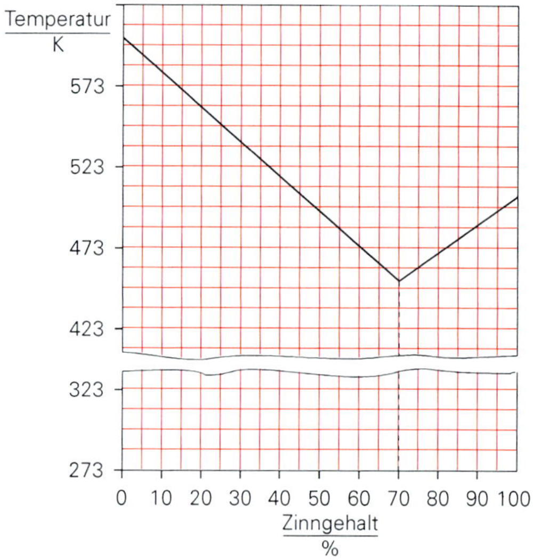


**2.** Dieses Schaubild zeigt die Abhängigkeit von Zylinderinhalt in $cm^3$ und Leistung in kW.

**Deutung:** Mit steigendem Zylinderinhalt nimmt die Leistung zu. Die Zunahme ist am Anfang etwas stärker als am Ende.
Ein 250-$cm^3$-Motor leistet $\approx 11$ kW.

**2.** Die kW-Leistung der Gebrauchsmotoren von Motorrädern

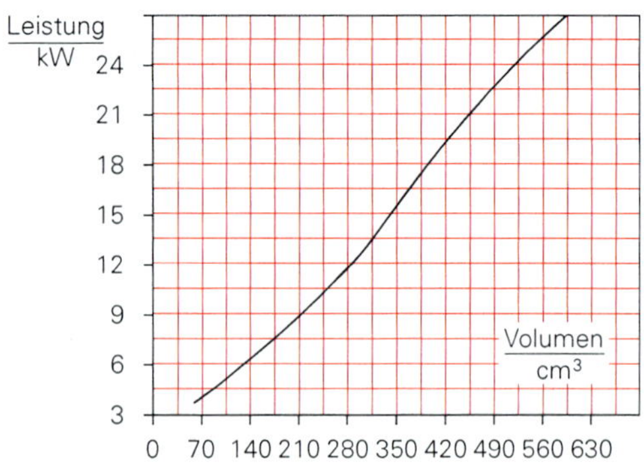

**3.** Diese Kurve ist die Leistungskurve eines 250-cm³-Motors.

**Deutung:** Bei 3500 Umdrehungen liegt die Leistung des Motors bei 8,5 kW. Ihren höchsten Wert erreicht sie bei 5100 Umdrehungen (10,5 kW), um bei höheren Drehzahlen wieder abzusinken (Grund: Abnahme der Zylinderfüllung).

**3.** Leistungskurve eines 250-cm³-Motors

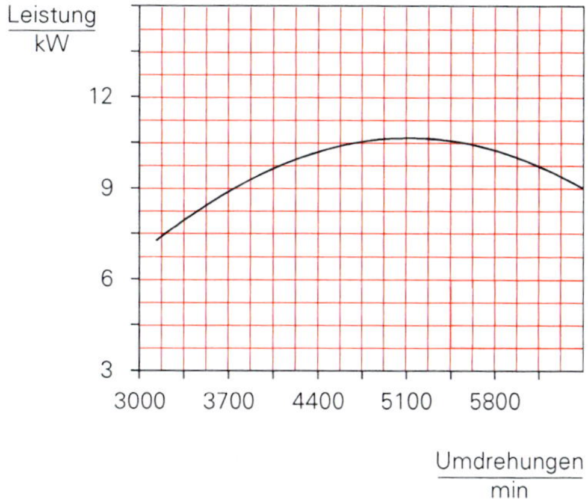


**4.** Diese Schaubilder geben Auskunft über die Eigenschaften zweier Ventilstähle. Es soll untersucht werden, welcher Stahl bessere Eigenschaften hat.

**Deutung:** Der Chrom-Nickel-Wolfram-Stahl (linkes Diagramm) zeigt in jeder Hinsicht die besten Eigenschaften. Er hat hohe Festigkeitswerte bis zu höchsten Temperaturen, bei $\approx 1073$ K noch 500 N/mm², gegenüber 140 N/mm² beim Chrom-Silizium-Stahl (rechtes Diagramm). Die Dehnung ist auch geringer. (In den Schaubildern gelten die Zahlenangaben für die Zugfestigkeit auch für die Prozentangaben der Dehnung.)

**4.** Vergleich der Eigenschaften zweier Stähle

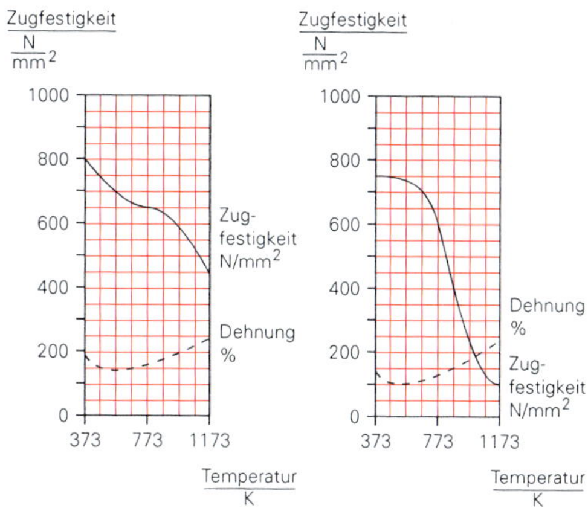


**5.** Je höher ein Werkstoff belastet wird, desto stärker dehnt er sich aus. Die Abhängigkeit von Spannung und Dehnung ist bei allen Werkstoffen verschieden.

**Deutung:** Werkzeugstahl hat eine hohe Festigkeit und eine mittlere Dehnung. Erst bei einer bestimmten Spannung fängt er an, sich merklich zu dehnen. Allgemeiner Baustahl hat eine geringere Festigkeit, aber eine größere Dehnung. Bei einer bestimmten Spannung hat die Kurve einen Knick (Fließgrenze, Streckgrenze). Hier nimmt die Dehnung trotz Zurückgehens der Spannung zu. Gusseisen hat eine geringe Festigkeit und fast keine Dehnung (spröder Werkstoff). Kupfer hat eine sehr große Dehnung.

**5.** Spannungs-Dehnungs-Schaubilder verschiedener Werkstoffe

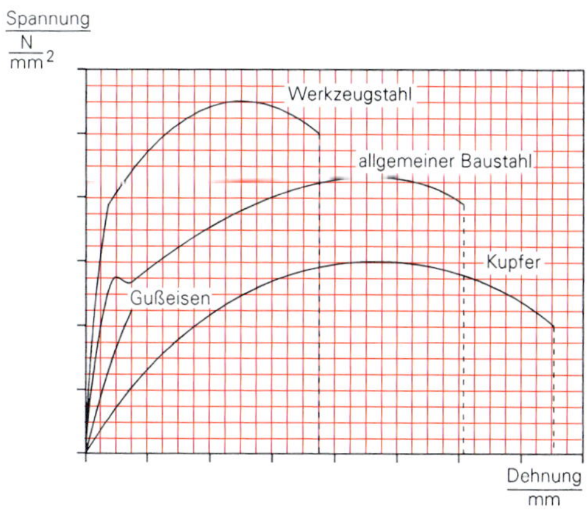

**6.** Man kann in ein Schaubild auch mehrere Kurven eintragen, z. B. die Leistungs- und Brennstoffverbrauchskurven eines 600-cm³-Motors.

**Deutung:** Bei ≈ 2900 Umdrehungen ≙ 63 km/h hat der Motor eine Leistung von ca. 17 kW und verbraucht ≈ 5 l Brennstoff auf 100 km. Bei zunehmender Geschwindigkeit steigen Leistung und Brennstoffverbrauch. Die höchste Leistung erreicht der Motor bei 4800 Umdrehungen ≙ 100 km/h. Der Brennstoffverbrauch liegt dann bei 9,75 l.

**6.** Leistungs- und Brennstoffverbrauchskurven eines 600-cm³-Motors

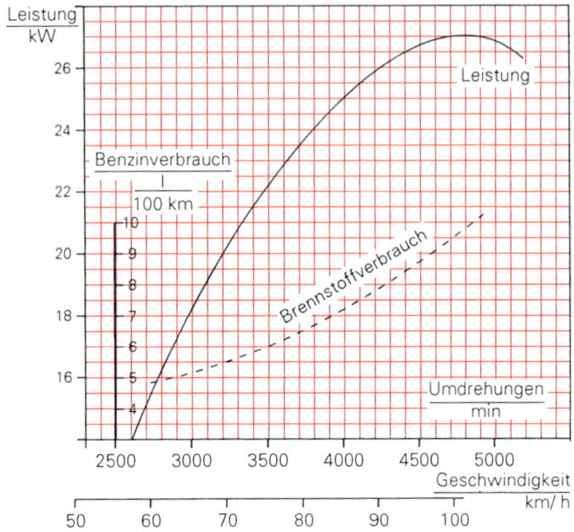


## Übungen zu 4.3

Deuten Sie die Schaubilder folgender empirischer Funktionen:

**1.** Abhängigkeit von Spannung und Dehnung bei Baustahl

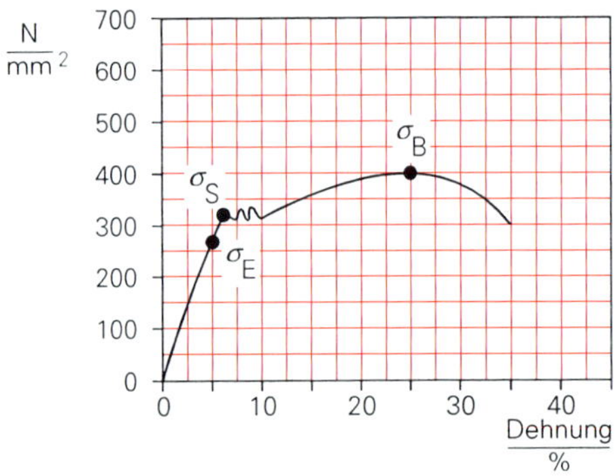


**2.** Härte (Stahl)

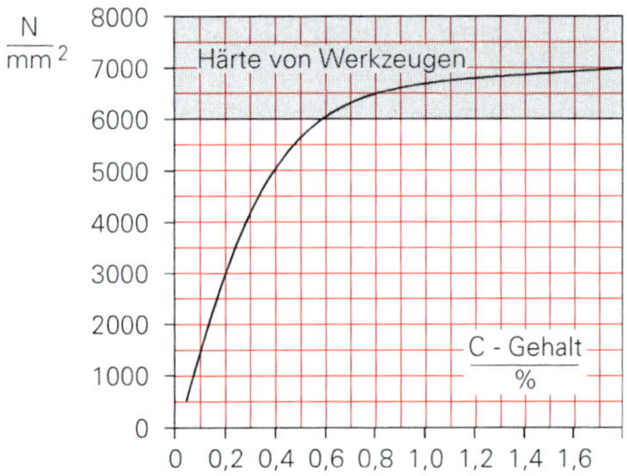


**3.** Schneidleistung von Schnellstahl

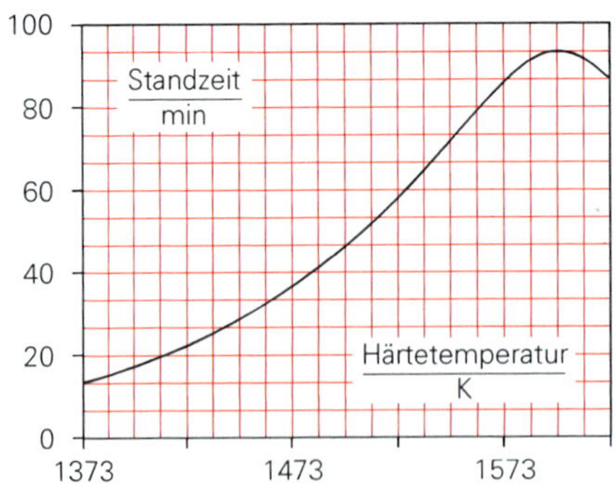


**4.** Kennlinie einer Metallfadenlampe ($M$) und einer Kohlenfadenlampe ($K$)

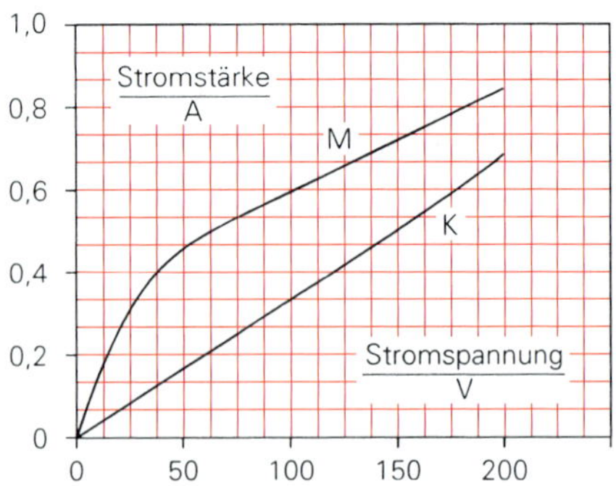

# 4.4 Potenzfunktionen

Funktionen von Typ $f$: $f(x)=x^n$; $n \in \mathbb{R}$ heißen **Potenzfunktionen**. Die zum Wert 1 für $n$ gehörende Potenzfunktion ist die identische Funktion $f$: $f(x)=x$ für alle $x \in \mathbb{R}$. Wird 0 für $n$ gesetzt, so versteht man darunter die konstante Funktion $f$: $f(x)=1$ für alle $x \in \mathbb{R}$. Die Graphen dieser Funktionen sind Geraden. Im Folgenden sollen einige weitere Typen von Potenzfunktionen untersucht werden, deren Graphen keine Geraden sind.

**1.** $n \in \mathbb{N}^{\geq 2}$, also $n$ steht für natürliche Zahlen größer oder gleich 2. Die Graphen dieser Funktionen sind **Parabeln**. Ihr Definitionsbereich ist $\mathbb{R}$.

**2.** $n \in \mathbb{Z}^{\leq -1}$, also $n$ steht für negative ganze Zahlen kleiner oder gleich $-1$. Die Graphen dieser Funktionen sind **Hyperbeln**. Ihr Definitionsbereich ist $\mathbb{R}^*$.

**3.** $n=\frac{1}{q}$; $q \in \mathbb{Z}^*$, $q \neq \pm 1$. Die Graphen dieser Funktionen sind **Parabel-** oder **Hyperbeläste**, je nachdem, ob $q>1$ oder $q<-1$ gilt. Ihr Definitionsbereich ist $\mathbb{R}^{\geq 0}$ für $q>1$ oder $\mathbb{R}^+$ für $q<-1$.

**Beispiele für Potenzfunktionen definierende Gleichungen**

$f(x)=x^{2n}$ ► 1 für $n$: $f(x)=x^2$
$f(x)=x^{2n+1}$ ► 1 für $n$: $f(x)=x^3$

$f(x)=x^{-2n}$ ► 1 für $n$: $f(x)=x^{-2}$
$f(x)=x^{-(2n+1)}$ ► 1 für $n$: $f(x)=x^{-3}$

$f(x)=x^{\frac{1}{q}}$ ► 2 für $q$: $f(x)=x^{\frac{1}{2}}$
► $-2$ für $q$: $f(x)=x^{-\frac{1}{2}}$

## 4.4.1 Die Parabeln mit den Gleichungen $y=x^n$; $n \in \mathbb{N}^{\geq 2}$

• Zu der Funktion $f$: $f(x)=x^2$; $D(f)=\mathbb{R}$ gehört die folgende Wertetabelle:

| | | | | | | | |
|---|---|---|---|---|---|---|---|
| $x$ | $-3$ | $-2$ | $-1$ | 0 | 1 | 2 | 3 | … |
| $x^2$ | 9 | 4 | 1 | 0 | 1 | 4 | 9 | … |

Ihr Graph wird **Normalparabel** genannt. Diese liegt symmetrisch zur $y$-Achse und hat ihren sog. **Scheitelpunkt** im Koordinatenursprung. Für den Wertebereich $W(f)$ der Funktion $f$ gilt: $W(f)=\mathbb{R}^{\geq 0}$. Man nennt die (Funktions-)Gleichung $y=x^2$ auch **Gleichung der Normalparabel**.

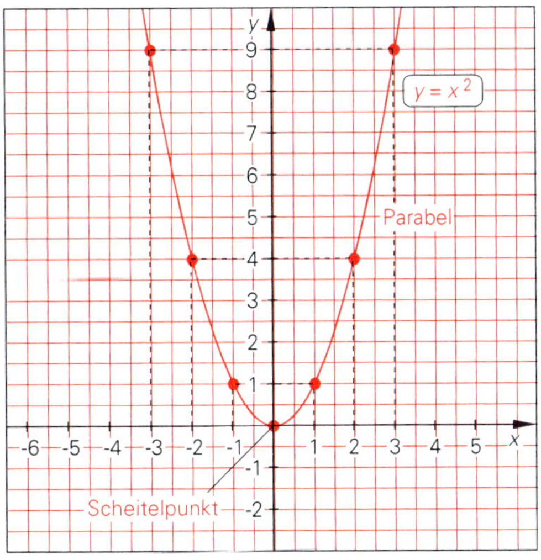

Normalparabel

- Zu der Funktion $f\colon f(x)=x^4$; $D(f)=\mathbb{R}$ gehört die folgende Wertetabelle:

| $x$ | $-3$ | $-2$ | $-1$ | $0$ | $1$ | $2$ | $3$ | ... |
|---|---|---|---|---|---|---|---|---|
| $x^4$ | 81 | 16 | 1 | 0 | 1 | 16 | 81 | ... |

Ihr Graph ist ebenfalls eine Parabel mit der (Funktions-)Gleichung $y=x^4$. Sie ist steiler als die Normalparabel. Die $y$-Achse ist wieder Symmetrieachse.

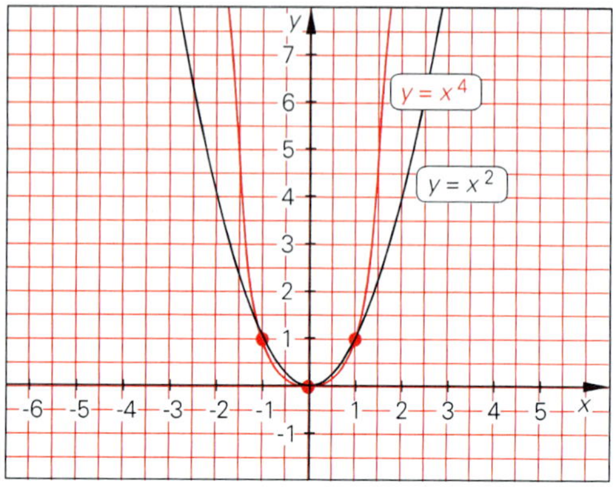


Beide Parabeln haben die Punkte $\langle 0|0\rangle$, $\langle -1|-1\rangle$ und $\langle 1|1\rangle$ gemeinsam, und das gilt für alle Graphen der Funktionen vom Typ $f\colon f(x)=x^{2n}$, also für Potenzfunktionen mit geraden positiven Exponenten. Für beide Funktionen gilt: $f(x)=f(-x)$ für alle $x\in\mathbb{R}$, d. h., ein beliebiger $x$-Wert und sein entgegengesetzter haben den gleichen Funktionswert. Funktionen mit dieser Eigenschaft heißen **gerade Funktionen**. Anschaulich drückt sich diese Eigenschaft in der Tatsache aus, dass die $y$-Achse Symmetrieachse der Graphen dieser Funktionen ist; mit anderen Worten: Die Graphen werden bei Spiegelung an der $y$-Achse auf sich selbst abgebildet.

Alle Funktionen vom Typ $f\colon f(x)=x^{2n}$; $D(f)=\mathbb{R}$ sind gerade Funktionen.

**Merke:**

- Die Graphen der Funktionen vom Typ $f\colon f(x)=x^{2n}$; $D(f)=\mathbb{R}$ und $n\in\mathbb{N}^*$ sind Parabeln, die sich nach oben öffnen. Ihre Funktionsgleichungen lauten $y=x^{2n}$. Die Parabel mit der Gleichung $y=x^2$ heißt **Normalparabel**.
- Alle Funktionen vom Typ $f\colon f(x)=x^{2n}$; $D(f)=\mathbb{R}$ sind gerade Funktionen.
  Ihre Graphen sind symmetrisch zur $y$-Achse und verlaufen für $|x|>1$ umso steiler, je größer der Wert für $n$ ist.
- Alle Graphen haben die Punkte $\langle -1|1\rangle$, $\langle 0|0\rangle$ und $\langle 1|1\rangle$ gemeinsam.

- Zu der Funktion $f\colon f(x)=x^3$; $D(f)=\mathbb{R}$ gehört die folgende Wertetabelle:

| $x$ | $-3$ | $-2$ | $-1$ | $0$ | $1$ | $2$ | $3$ | ... |
|---|---|---|---|---|---|---|---|---|
| $x^3$ | $-27$ | $-8$ | $-1$ | 0 | 1 | 8 | 27 | ... |

Ihr Graph ist eine sog. **kubische Parabel**. Sie verläuft vom III. in den I. Quadranten und geht durch den Koordinatenursprung. Die kubische Parabel ist punktsymmetrisch zum Koordinatenursprung, weil sie bei Spiegelung am Koordinatenursprung auf sich selbst abgebildet wird.

Die (Funktions-)Gleichung dieser Parabel lautet $y=x^3$.

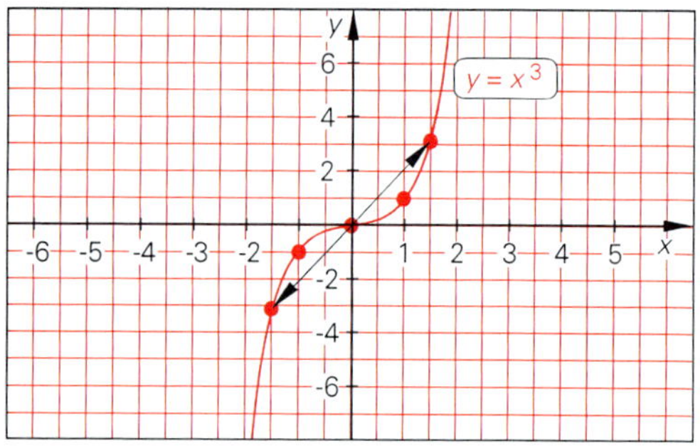


**Kubische Parabel**

► Um genügend viele Punkte des Graphen der kubischen Parabel darstellen zu können, wurde auf der Ordinatenachse eine andere Einheit gewählt als auf der Abszissenachse.

● Zu der Funktion $f: f(x) = x^5$; $D(f) = \mathbb{R}$ gehört die folgende Wertetabelle:

| $x$ | $-3$ | $-2$ | $-1$ | $0$ | $1$ | $2$ | $3$ | … |
|---|---|---|---|---|---|---|---|---|
| $x^5$ | $-243$ | $-32$ | $-1$ | $0$ | $1$ | $32$ | $243$ | … |

Ihr Graph ist ebenfalls eine kubische Parabel. Sie ist steiler als die kubische Parabel mit der Gleichung $y = x^3$, aber ebenfalls punktsymmetrisch zum Koordinatenursprung.

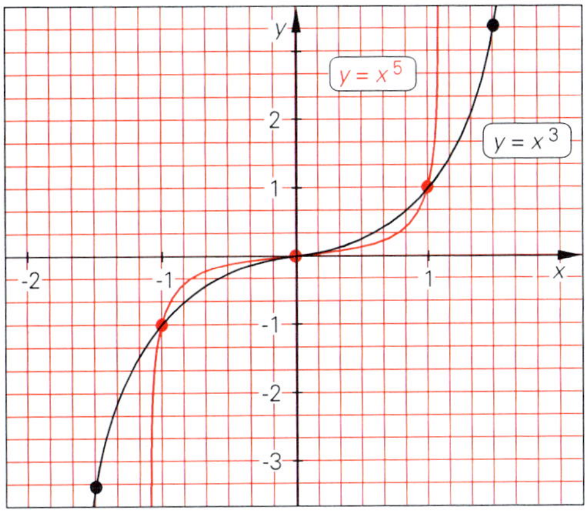


Beide kubischen Parabeln haben die Punkte $\langle 0 | 0 \rangle$, $\langle -1 | -1 \rangle$ und $\langle 1 | 1 \rangle$ gemeinsam, und das gilt für alle Graphen der Funktionen vom Typ $f: f(x) = x^{2n+1}$; $D(f) = \mathbb{R}$. Für diese Funktionen gilt: $f(-x) = -f(x)$ für alle $x \in \mathbb{R}$, d. h., zu einem entgegengesetzten Wert für $x$ gehört auch der entgegengesetzte Funktionswert.

Funktionen mit dieser Eigenschaft heißen **ungerade Funktionen**. Anschaulich drückt sich diese Eigenschaft in der Punktsymmetrie der Graphen der Funktionen zum Koordinatenursprung aus.

**Merke:**

- Die Graphen der Funktionen vom Typ $f: f(x) = x^{2n+1}$; $D(f) = \mathbb{R}$ und $n \in \mathbb{N}^*$ sind so genannte kubische Parabeln, die aus dem III. in den I. Quadranten verlaufen. Ihre (Funktions-) Gleichungen lauten: $y = x^{2n+1}$.
- Alle Funktionen vom Typ $f: f(x) = x^{2n+1}$; $D(f) = \mathbb{R}$ sind ungerade Funktionen. Ihre Graphen sind punktsymmetrisch zum Koordinatenursprung und verlaufen für $|x| > 1$ umso steiler, je größer der Wert für $n$ ist.
- Alle Graphen haben die Punkte $\langle -1 | -1 \rangle$, $\langle 0 | 0 \rangle$ und $\langle 1 | 1 \rangle$ gemeinsam.

● Im nebenstehenden Koordinatensystem sind die Graphen der Funktionen $f: f(x) = mx^2$; $D(f) = \mathbb{R}$ für die Werte 1; $-1$; $\frac{1}{2}$ und 2 für $m$ gezeichnet. Es sind allesamt Parabeln. Ihre Punkte können mithilfe einer Wertetabelle gefunden werden.

Die Parabel mit der Gleichung $y = -x^2$ ist das Spiegelbild der Normalparabel mit der Gleichung $y = x^2$ bezüglich der $x$-Achse als Spiegelachse.

Für $m < 0$ öffnen sich die Parabeln mit den Gleichungen $y = mx^2$ stets nach unten, weil alle Ordinaten (außer der Ordinate 0) kleiner als 0 sind.

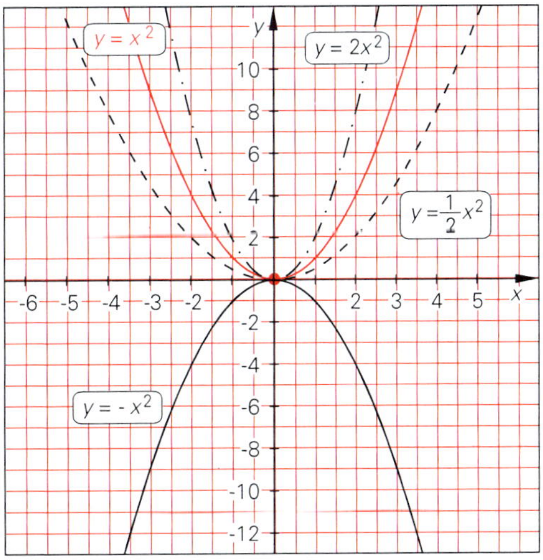

Die Parabel mit der Gleichung $y=\frac{1}{2}x^2$ ist gegenüber der Normalparabel „gestaucht“; alle Ordinaten der Punkte auf der Parabel mit der Gleichung $y=\frac{1}{2}x^2$ gehen aus den entsprechenden Ordinaten der Punkte der Normalparabel mit denselben Abszissen durch Multiplikation mit $\frac{1}{2}$ hervor, d. h., sie sind auf die Hälfte verkürzt.

Analog gilt: Die Parabel mit der Gleichung $y=2x^2$ ist gegenüber der Normalparabel mit der Gleichung $y=x^2$ gestreckt, denn alle Ordinaten der Punkte der Parabel mit der Gleichung $y=2x^2$ gehen aus den Ordinaten der entsprechenden Punkte der Normalparabel durch Multiplikation mit 2 hervor, d. h., sie sind verdoppelt.

**Merke:**

- Der Graph der Funktion $f\colon f(x)=x^2$; $D(f)=\mathbb{R}$ ist die Normalparabel.
- Jeder Graph einer Funktion vom Typ $f\colon f(x)=mx^2$; $D(f)=\mathbb{R}$ und $m\in\mathbb{R}\setminus\{0;1\}$ geht aus der Normalparabel durch Stauchung ($|m|<1$) bzw. Streckung ($|m|>1$) und eventueller Spiegelung an der $x$-Achse ($m<0$) hervor.
- Alle Graphen der Funktionen vom Typ $f\colon f(x)=mx^2$; $D(f)=\mathbb{R}$, $m\in\mathbb{R}\setminus\{0;1\}$ haben denselben Scheitelpunkt $\langle 0\,|\,0\rangle$.

- Im nebenstehenden Schaubild sind die Graphen der Funktionen vom Typ $f\colon f(x)=x^2+d$; $D(f)=\mathbb{R}$ für die Werte $-1{,}5$; 0 und $-1{,}5$ für $d$ gezeichnet. Es sind Parabeln. Ihre Punkte können mithilfe einer Wertetabelle gefunden werden. Man erhält die Parabel mit der Gleichung $y=x^2+1{,}5$, indem man die Normalparabel um 1,5 Einheiten in Richtung der positiven $y$-Achse verschiebt, denn alle Ordinaten der Punkte der Parabel mit der Gleichung $y=x^2+1{,}5$ gehen aus den Ordinaten der entsprechenden Punkte der Normalparabel mit gleicher Abszisse durch Addition von 1,5 hervor.

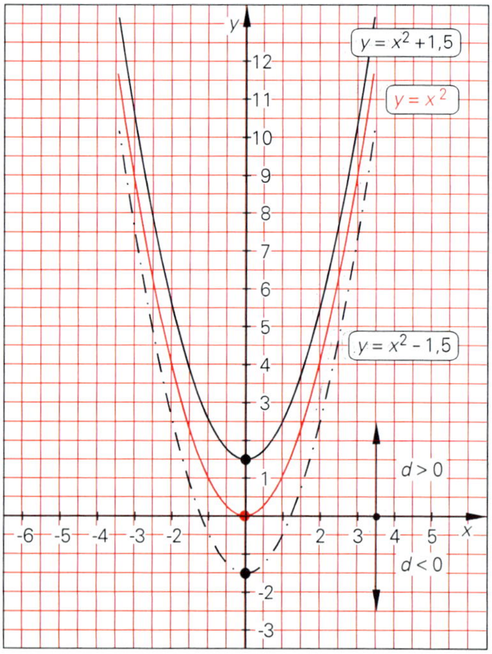


Analog gilt: Die Parabel mit der Gleichung $y=x^2-1{,}5$ geht aus der Normalparabel durch Verschiebung um 1,5 Einheiten in negativer Richtung der $y$-Achse hervor, denn alle Ordinaten der Punkte der Parabel mit der Gleichung $y=x^2-1{,}5$ sind zu den Ordinaten der entsprechenden Punkte der Normalparabel mit gleicher Abszisse um 1,5 Einheiten kleiner.

Der Scheitelpunkt der Parabel mit der Gleichung $y=x^2+1{,}5$ hat die Koordinaten $\langle 0\,|\,1{,}5\rangle$, der Scheitelpunkt der Parabel mit der Gleichung $y=x^2-1{,}5$ hat die Koordinaten $\langle 0\,|\,-1{,}5\rangle$.

● Nebenstehend sind die Graphen der Funktionen vom Typ $f\colon f(x)=(x+e)^2$; $D(f)=\mathbb{R}$ für die Werte 3 und $-5$ für $e$ gezeichnet. Es sind wieder Parabeln, die aus der Normalparabel durch eine Verschiebung in Richtung der $x$-Achse hervorgehen. Die Parabel zur Gleichung $y=(x+3)^2$ ist gegenüber der Normalparabel um 3 Einheiten nach links, die Parabel zur Gleichung $y=(x-5)^2$ ist gegenüber der Normalparabel um 5 Einheiten nach rechts verschoben.

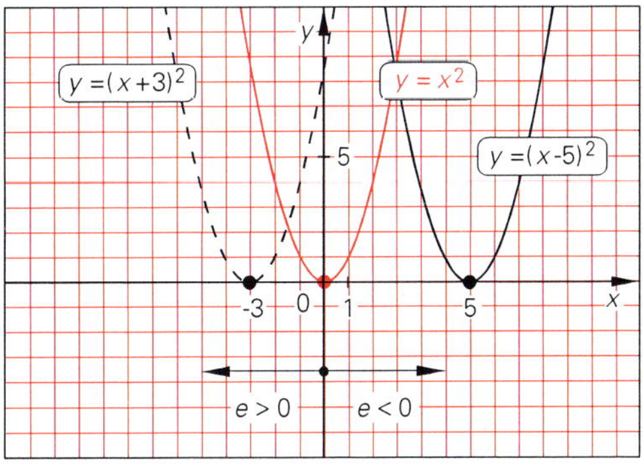


● Nebenstehend sind die Graphen der Funktionen $f\colon f(x)=x^2$; $g\colon g(x)=(x-2)^2$ und $h\colon h(x)=(x-2)^2-1$ mit $\mathbb{R}$ als Definitionsbereich gezeichnet. Man erkennt, dass die Parabeln mit den Gleichungen $y=(x-2)^2$ und $y=(x-2)^2-1$ aus der Normalparabel durch Verschiebungen in den Richtungen der Koordinatenachsen hervorgehen, dass die Koordinaten der Scheitelpunkte wie auch die sog. Verschiebungsweiten durch die reellen Zahlen in den Klammern der Funktionsgleichungen und durch die Absolutglieder bestimmt werden.

| $x$ | 0 | 1 | $-1$ | 2 | $-2$ | 3 | 4 | |
|---|---|---|---|---|---|---|---|---|
| $y$ | 3 | 0 | 8 | $-1$ | 15 | 0 | 3 | $y=(x-2)^2-1$ |
| $y$ | 4 | 1 | 9 | 0 | 16 | 1 | 4 | $y=(x-2)^2$ |
| $y$ | 0 | 1 | 1 | 4 | 4 | 9 | 16 | $y=x^2$ |

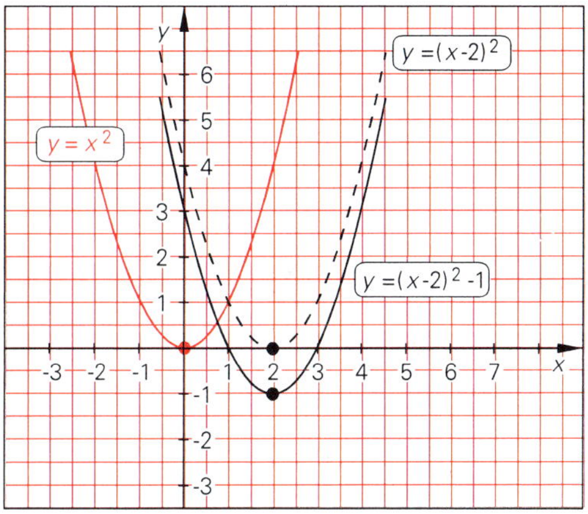


**Merke:**

● Die Formvariablen $e$ und $d$ in den Funktionsgleichungen vom Typ $y=(x+e)^2+d$ bewirken, dass die Graphen dieser Funktionen durch eine Verschiebung parallel zur $x$-Achse und/oder durch eine Verschiebung parallel zur $y$-Achse aus der Normalparabel hervorgehen.

Für $e>0$ erfolgt die Verschiebung parallel zur $x$-Achse um $e$ Einheiten nach links, für $e<0$ um $e$ Einheiten nach rechts.

Für $d>0$ erfolgt die Verschiebung parallel zur $y$-Achse um $d$ Einheiten nach oben, für $d<0$ um $d$ Einheiten nach unten.

● Alle Parabeln zu Gleichungen vom Typ $y=(x+e)^2+d$ besitzen den Scheitelpunkt $\langle -e \,|\, d \rangle$.

Diese Feststellungen gelten sinngemäß auch für die kubischen Parabeln mit den Gleichungen vom Typ $y = mx^{2n+1}$ mit $n \in \mathbb{N}^*$.

So ist z. B. die kubische Parabel mit der Gleichung $y = -x^3$ das Spiegelbild der kubischen Parabel mit der Gleichung $y = x^3$ an der $x$-Achse. Die Parabeln zu den Gleichungen $y = mx^3$ mit $m \neq 1$ sind gestauchte oder gestreckte kubische Parabeln je nachdem, ob $|m| < 1$ oder $|m| > 1$ ist, wobei die Stauchung oder Streckung für $m < 0$ noch mit einer Spiegelung an der $x$-Achse zu verbinden ist.

Die nebenstehenden Bilder zeigen den Einfluss verschiedener Werte für die Formvariable $m$ auf die quadratischen und kubischen Parabeln.

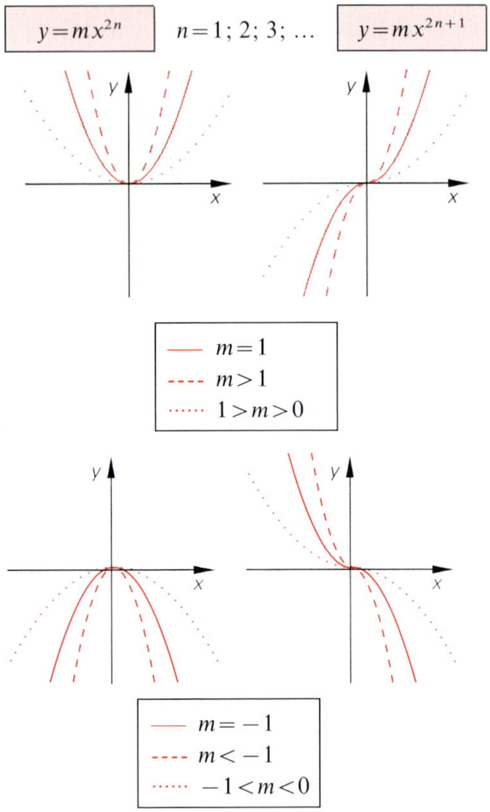


Ebenso gilt auch, dass die Graphen der Funktionen vom Typ $f\colon f(x) = (x+e)^3$; $D(f) = \mathbb{R}$ aus dem Graphen der Funktion $g\colon g(x) = x^3$; $D(g) = \mathbb{R}$ durch eine Verschiebung parallel zur $x$-Achse um $e$ Einheiten nach links $(e > 0)$ oder um $e$ Einheiten nach rechts $(e < 0)$ hervorgehen und dass die Graphen der Funktion vom Typ $h\colon h(x) = x^3 + d$; $D(h) = \mathbb{R}$ aus dem Graphen von $g$ durch eine Verschiebung parallel zur $y$-Achse um $d$ Einheiten nach oben $(d > 0)$ oder um $d$ Einheiten nach unten $(d < 0)$ hervorgehen.

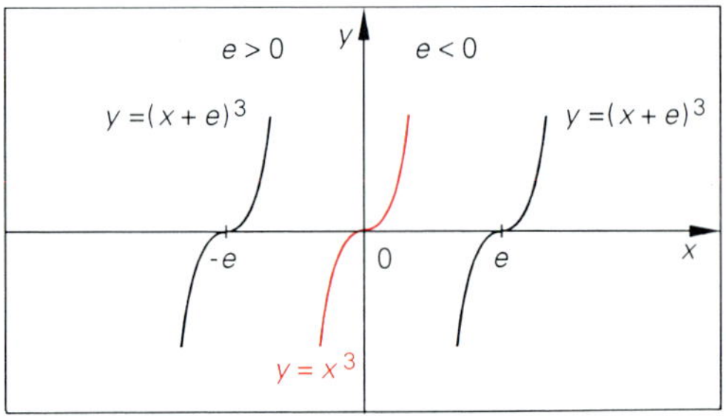


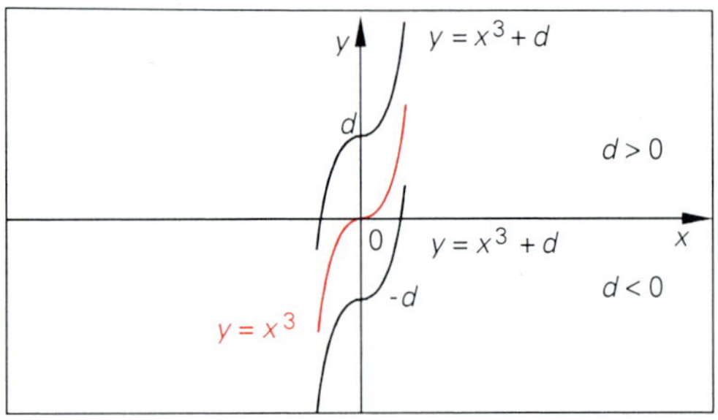

● Die Gleichung der Normalparabel $y=x^2$ ist eine Gleichung 2. Grades, denn die Variable $x$ tritt in der Gleichung mit dem Exponenten 2, aber nicht mit einem höheren Exponenten auf. Die allgemeine Form einer solchen Parabelgleichung 2. Grades lautet: $y=ax^2+bx+c$; $a \neq 0$. Man könnte die zugehörigen Parabeln, also die Graphen der Funktionen vom Typ $f$: $f(x)=ax^2+bx+c$; $D(f)=\mathbb{R}$ mithilfe von Wertetabellen finden. Einfacher ist es, die gegebene Gleichung in die Form $y=m(x+e)^2+d$ zu bringen, denn dann kann man die Koordinaten des Scheitelpunkts der Parabel aus der Gleichung direkt entnehmen und die Parabel gegebenenfalls mithilfe einer Schablone für die Normalparabel zeichnen.

**Beispiel:** Wandeln Sie die Gleichung $y=3x^2+2x-5$ in die Form $y=m(x+e)^2+d$ um. Skizzieren Sie die Parabel anhand der Scheitelpunktskoordinaten.

**1.** Auf der rechten Seite der Gleichung wird der Faktor von $x^2$ ausgeklammert.

**1.** $y=3\left[x^2+\frac{2}{3}x-\frac{5}{3}\right]$

**2.** Um den Term $(x+e)^2$ bilden zu können, addiert und subtrahiert man die sog. **quadratische Ergänzung** zum Term $x^2+\frac{2}{3}x$. Dazu teilt man den Faktor von $x$ im Term $\frac{2}{3}x$ durch 2 und quadriert das Ergebnis.

**2.** $y=3\left[\underbrace{x^2+\frac{2}{3}x+\left(\frac{1}{3}\right)^2}-\left(\frac{1}{3}\right)^2-\frac{5}{3}\right]$ ► $\left(\frac{1}{3}\right)^2$ quadratische Ergänzung

**3.** Durch Zusammenfassen der Glieder und die anschließende Auflösung der eckigen Klammer wird die Gleichung auf die gewünschte Form gebracht.

**3.** $y=3\left[\left(x+\frac{1}{3}\right)^2-\frac{1}{9}-\frac{15}{9}\right]$

$y=3\left(x+\frac{1}{3}\right)^2-5\frac{1}{3}$ ► Scheitelpunktsgleichung

**4.** Die Scheitelpunktskoordinaten sind jetzt direkt ablesbar: $\left\langle -\frac{1}{3} \mid -5\frac{1}{3} \right\rangle$.

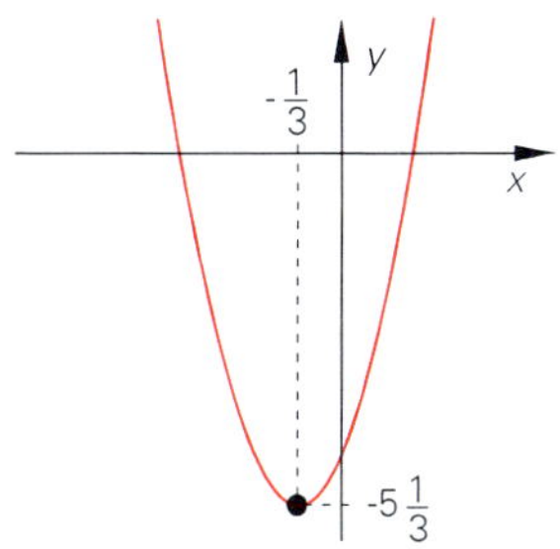


Allgemein lässt sich jede Gleichung vom Typ $y=ax^2+bx+c$ mit $a \neq 0$ mittels der quadratischen Ergänzung auf eine Form $y=m(x+e)^2+d$ bringen:

$$y=ax^2+bx+c \quad \blacktriangleright\ a \neq 0$$
$$=a\left[x^2+\frac{b}{a}x+\frac{c}{a}\right] \quad \blacktriangleright \left(\frac{b}{2a}\right)^2 \text{ quadratische Ergänzung}$$
$$=a\left[x^2+\frac{b}{a}x+\left(\frac{b}{2a}\right)^2+\frac{c}{a}-\left(\frac{b}{2a}\right)^2\right] \quad \blacktriangleright \text{ Zusammenfassen}$$
$$=a\left(x+\frac{b}{2a}\right)^2+c-\frac{b^2}{4a} \quad \blacktriangleright \text{ Scheitelpunktsgleichung}$$
$$=m(x+e)^2+d$$

Hierbei gilt: $m=a$, $e=\frac{b}{2a}$ und $d=c-\frac{b^2}{4a}$

## 4.4.2 Die Hyperbeln mit den Gleichungen $y = mx^{-n}$ für $n \in \mathbb{N}^*$

Zu der Funktion $f$: $f(x) = x^{-1}$; $D(f) = \mathbb{R}^*$ gehört die folgende Wertetabelle:

| $x$ | $-4$ | $-3$ | $-2$ | $-1$ | $1$ | $2$ | $3$ | $4$ | ... |
|---|---|---|---|---|---|---|---|---|---|
| $x^{-1}$ | $-\frac{1}{4}$ | $-\frac{1}{3}$ | $-\frac{1}{2}$ | $-1$ | $1$ | $\frac{1}{2}$ | $\frac{1}{3}$ | $\frac{1}{4}$ | ... |

► $x^{-1} = \frac{1}{x}$

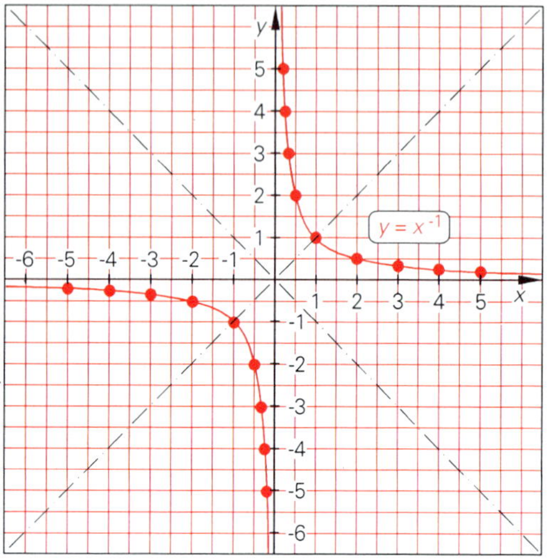


Ihr Graph heißt **gleichseitige Hyperbel**. Diese besteht aus zwei sog. Ästen (Kurvenästen), die im I. und III. Quadranten liegen. Setzt man betragsmäßig sehr große Werte für $x$, so werden die Beträge der Funktionswerte immer kleiner und die Kurve nähert sich immer mehr der $x$-Achse, ohne sie aber jemals zu erreichen. Setzt man sehr nahe bei 0 liegende Werte für $x$, so werden die Beträge der Funktionswerte sehr groß und die Kurve nähert sich immer mehr der $y$-Achse, ohne auch diese jemals zu erreichen. Man nennt Geraden, die hier mit den Achsen des Koordinatensystems zusammenfallen, denen sich eine Kurve auf die beschriebene Weise immer mehr nähert, **Asymptoten**. Die Koordinatenachsen sind also Asymptoten der Hyperbel.

Die Hyperbel liegt symmetrisch zu den Winkelhalbierenden der Koordinatenachsen. Sie ist außerdem punktsymmetrisch zum Koordinatenursprung.

Der Graph der Funktion $f$: $f(x) = x^{-3}$ mit $D(f) = \mathbb{R}^*$ kann ebenfalls mithilfe einer Wertetabelle gezeichnet werden. ► $x^{-3} = \frac{1}{x^3}$

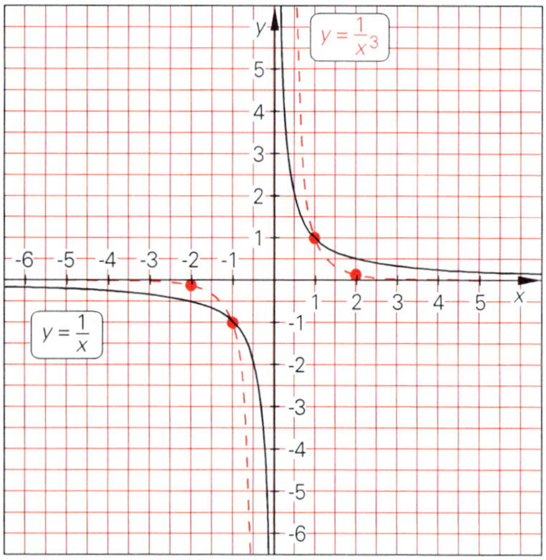


Es ist eine Hyperbel, die sich der $x$-Achse asymptotisch schneller nähert als der $y$-Achse und die nur noch punktsymmetrisch zum Koordinatenursprung ist.

Allgemein gilt: Die Graphen der Funktionen vom Typ $f$: $f(x) = x^{-(2n+1)}$ mit $D(f) = \mathbb{R}^*$ und $n \in \mathbb{N}$ sind Hyperbeln, deren Äste im I. und III. Quadranten liegen und die punktsymmetrisch zum Koordinatenursprung sind. ► $x^{-(2n+1)} = \frac{1}{x^{2n+1}}$

Nebenstehend sind die Graphen der Funktionen vom Typ $f\colon f(x) = mx^{-1}$; $D(f) = \mathbb{R}^*$ mit den Werten 1, $\frac{1}{2}$ und 2 für $m$, darunterstehend auch mit den Werten $-1$, $-\frac{1}{2}$ und $-2$ für $m$ jeweils in ein Schaubild gezeichnet.

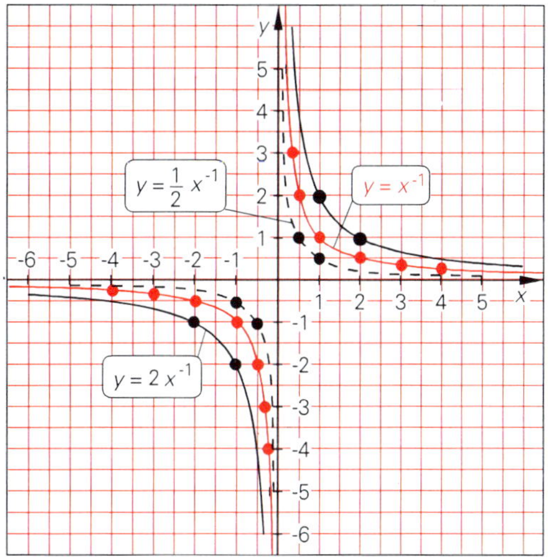


Man erkennt, welchen Einfluss die Formvariable $m$ auf die Gestalt der Hyperbeln hat. Je größer der Wert für $|m|$ ist, desto langsamer nähert sich die Hyperbel den Achsen; liegt der Wert für $|m|$ zwischen 0 und 1, so schmiegt sich die Hyperbel enger an die Achsen an als für den Wert 1.

Dabei geht z. B. die Hyperbel mit der Gleichung $y = -2x^{-1}$ aus der mit der Gleichung $y = 2x^{-1}$ sowohl durch Spiegelung an der $x$-Achse als auch durch Spiegelung an der $y$-Achse hervor. Entsprechendes gilt für andere einander entgegengesetzte Werte für $m$.

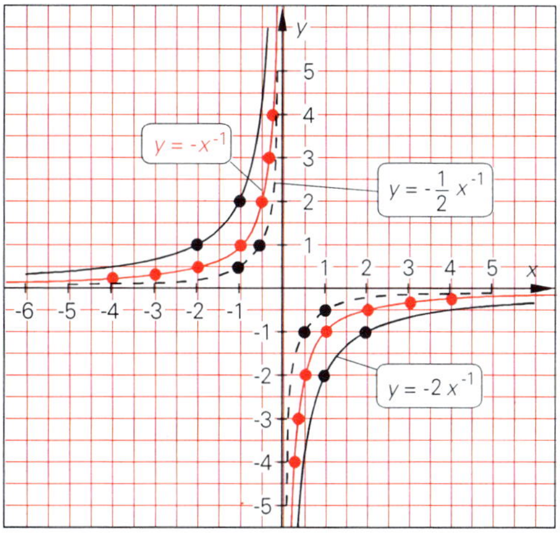


Auch die Graphen der Funktionen $f\colon f(x) = x^{-2}$; $D(f) = \mathbb{R}^*$ und $g\colon g(x) = x^{-4}$; $D(g) = \mathbb{R}^*$ können mithilfe von Wertetabellen gezeichnet werden. Sie sind ebenfalls Hyperbeln, die aus zwei Ästen bestehen. Allerdings sind die Ordinaten aller ihrer Punkte stets positiv, die Hyperbeläste liegen im I. und II. Quadranten. Sie nähern sich der $x$-Achse asymptotisch schneller als der $y$-Achse und liegen achsensymmetrisch zur $y$-Achse.

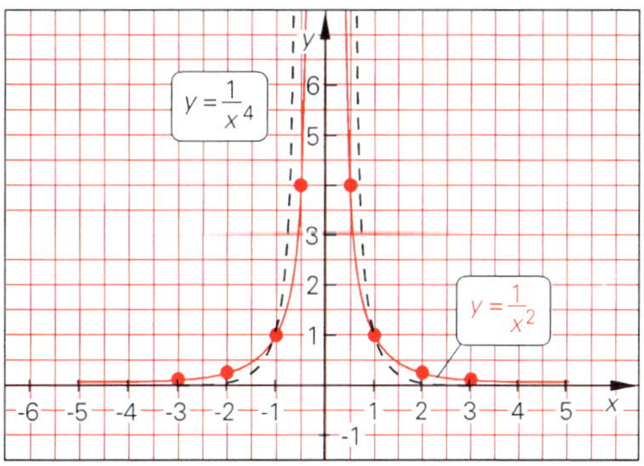


In einer Funktionsgleichung vom Typ $y = mx^{-2n}$; $n \in \mathbb{N}^*$ bewirkt die Formvariable $m$ als Koeffizient ähnliche Veränderungen bei den zugehörigen Graphen wie bei den Hyperbeln mit einer Funktionsgleichung vom Typ $y = mx^{-(2n+1)}$ beschrieben.

**Merke:**

- Die Graphen der Funktionen vom Typ $f: f(x) = mx^{-n}$; $D(f) = \mathbb{R}^*$ und $n \in \mathbb{N}^*$ sind Hyperbeln.
- Für ungerade Werte für $n$ sind diese Hyperbeln punktsymmetrisch zum Koordinatenursprung und für den Wert 1 darüber hinaus auch achsensymmetrisch zu den Winkelhalbierenden, falls $m$ für 1 oder $-1$ steht.
- Für gerade Werte für $n$ sind diese Hyperbeln achsensymmetrisch zur $y$-Achse.
- Je größer der Wert für $|m|$ ist, desto langsamer nähern sich die Hyperbeln den Koordinatenachsen.

**Hyperbeln**

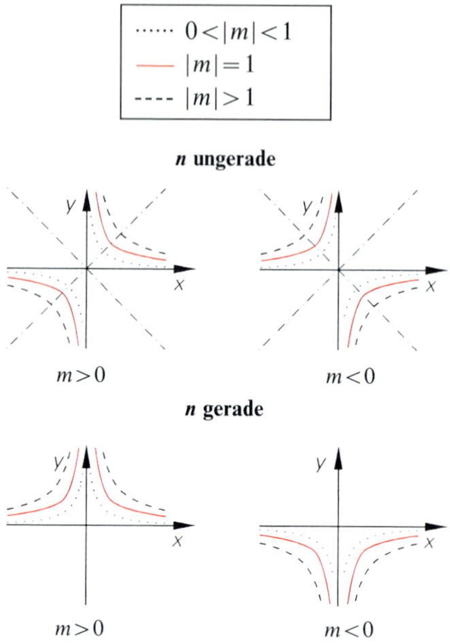


## 4.4.3 Die Wurzelfunktionen

Potenzfunktionen vom Typ $f: f(x) = x^{\frac{1}{n}}$; $D(f) = \mathbb{R}^{\geq 0}$ und $n \in \mathbb{N}^{\geq 2}$ heißen **Wurzelfunktionen**. Wegen $x^{\frac{1}{n}} = \sqrt[n]{x}$ lässt sich nämlich jede Funktion von diesem Typ auch in der Form $f: f(x) = \sqrt[n]{x}$; $D(f) = \mathbb{R}^{\geq 0}$ und $n \in \mathbb{N}^{\geq 2}$ schreiben. Gelegentlich lässt man auch noch 1 als Wurzelexponenten zu, wenn man $\sqrt[1]{x} = x$ vereinbart.

Wie für die Radikanden gilt auch für die Wurzeln selbst, dass sie stets nicht negativ sind. Andererseits lässt sich auch jede nicht negative reelle Zahl für $y$ als $n$-te Wurzel schreiben: $y = \sqrt[n]{y^n}$. Das gilt für jeden Wert für $n \in \mathbb{N}^{\geq 2}$. Daher besitzt jede Potenzfunktion von obigem Typ die Menge $\mathbb{R}^{\geq 0}$ auch als Wertebereich: $W(f) = \mathbb{R}^{\geq 0}$.

Zunächst sollen die Funktionen $f: f(x) = \sqrt{x}$ und $f: f(x) = \sqrt[3]{x}$ in ihrem jeweiligen Definitionsbereich $\mathbb{R}^{\geq 0}$ betrachtet werden.

- Zu der Funktion $f: f(x) = \sqrt{x}$; $D(f) = \mathbb{R}^{\geq 0}$ gehört die folgende Wertetabelle:

| $x$ | 0 | 0,5 | 1 | 2 | 3 | 4 | ... |
|---|---|---|---|---|---|---|---|
| $\sqrt{x}$ | 0 | 0,7 | 1 | 1,4 | 1,7 | 2 | ... |

Zu der Funktion $f: f(x) = \sqrt[3]{x}$; $D(f) = \mathbb{R}^{\geq 0}$ gehört die folgende Wertetabelle:

| $x$ | 0 | 0,5 | 1 | 2 | 3 | 4 | ... |
|---|---|---|---|---|---|---|---|
| $\sqrt[3]{x}$ | 0 | 0,8 | 1 | 1,3 | 1,4 | 1,6 | ... |

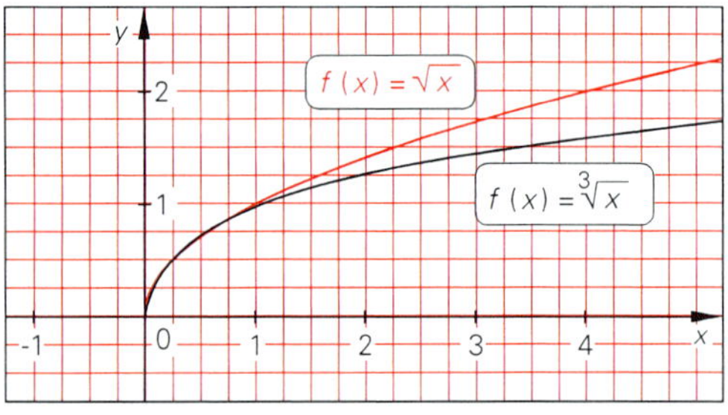

Die Graphen der beiden Funktionen sind jeweils Teile, so genannte **Äste**, einer quadratischen bzw. kubischen Parabel, allerdings in einer anderen Lage, als sie bisher vorkam. Die Funktionsgleichungen $y = \sqrt{x}$ bzw. $y = \sqrt[3]{x}$ nennt man auch die **Gleichungen dieser Parabeläste**.

- Multipliziert man den Funktionsterm einer Wurzelfunktion mit einer von 0 verschiedenen reellen Zahl, so ist auch dieser Term Funktionsterm einer reellen Funktion.

Im nebenstehenden Schaubild sind die Graphen der Funktionen $f\colon f(x) = \sqrt{x}$, $g_1\colon g_1(x) = 2\sqrt{x}$, $g_2\colon g_2(x) = \frac{1}{2}\sqrt{x}$ in ein und dasselbe Koordinatensystem gezeichnet. Der Definitionsbereich dieser Funktionen ist ebenfalls $\mathbb{R}^{\geq 0}$. Ihre Graphen sind ebenfalls allesamt Parabeläste. Die Punkte auf den Parabelästen können jeweils mithilfe einer Wertetabelle gefunden werden.

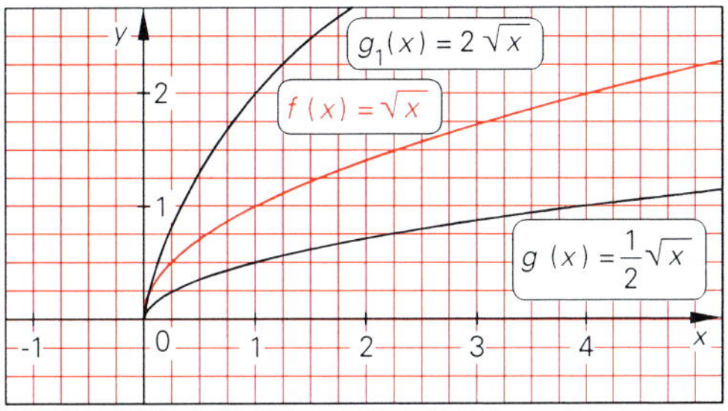


Man entnimmt dem Schaubild: Der Graph von $g_1$ entsteht aus dem Graphen von $f$ durch Streckung senkrecht zur $x$-Achse, denn die Ordinaten der Punkte des Graphen von $g_1$ entstehen aus den Ordinaten der Punkte des Graphen von $f$ mit gleicher Abszisse durch Multiplikation mit 2. Der Graph von $g_2$ entsteht aus dem Graphen von $f$ durch Stauchung senkrecht zur $x$-Achse, denn die Ordinaten der Punkte des Graphen von $g_2$ entstehen aus den Ordinaten der Punkte des Graphen von $f$ mit gleicher Abszisse durch Multiplikation mit $\frac{1}{2}$.

Im nebenstehenden Schaubild sind die Graphen der Funktionen $f\colon f(x) = \sqrt{x}$, $g_3\colon g_3(x) = -\sqrt{x}$, $g_4\colon g_4(x) = -2\sqrt{x}$ und $g_5\colon g_5(x) = -\frac{1}{2}\sqrt{x}$ in ein und dasselbe Koordinatensystem gezeichnet. Der Definitionsbereich dieser Funktionen ist ebenfalls jeweils $\mathbb{R}^{\geq 0}$. Man entnimmt dem Schaubild: Der Graph von $g_3$ geht aus dem Graphen von $f$ durch Spiegelung an der $x$-Achse hervor, denn jeder Punkt $P\langle x_0 \mid \sqrt{x_0}\rangle$ auf dem Graphen von $f$ geht bei einer solchen Spiegelung in den Punkt $P\langle x_0 \mid -\sqrt{x_0}\rangle$ auf dem Graphen von $g_3$ über.

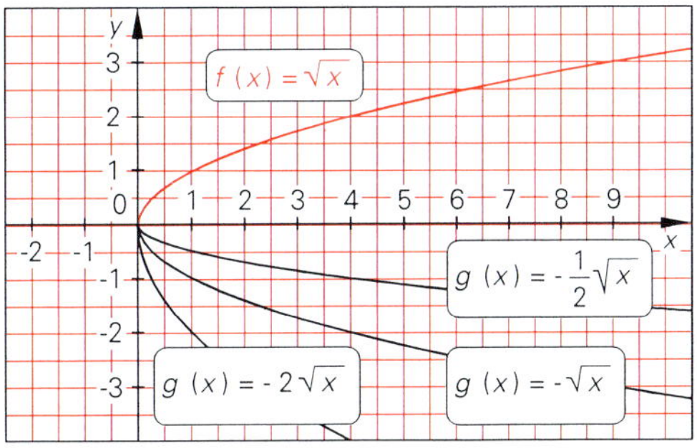


Man erkennt weiter: Gilt bei den Funktionen vom Typ $f\colon f(x) = m\sqrt{x}$ für die Werte von $m$ die Beziehung $-1 < m < 0$, so entstehen die zugehörigen Graphen aus dem Graphen der Funktion $f\colon f(x) = \sqrt{x}$ durch eine Spiegelung an der $x$-Achse mit einer anschließenden Stauchung. Gilt für die Werte von $m$ die Beziehung $-\infty < m < -1$, so entstehen die Graphen der zugehörigen Funktionen aus dem Graphen der Funktion $f\colon f(x) = \sqrt{x}$ durch eine Spiegelung an der $x$-Achse mit einer anschließenden Streckung.

Analoge Aussagen erhält man, wenn man die Funktionen vom Typ $g$: $g(x) = m\sqrt[3]{x}$ betrachtet. Das nebenstehende Schaubild zeigt die Graphen dieser Funktionen in ein und demselben Koordinatensystem, wenn $m$ für 1, 2, $-1$ und $-\frac{1}{2}$ steht. Auch für diese Funktionen ist der Definitionsbereich jeweils $\mathbb{R}^{\geq 0}$.

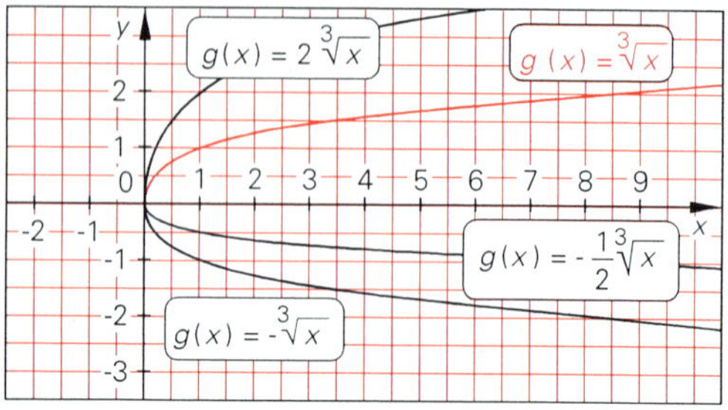


● Addiert man zum Funktionsterm einer Wurzelfunktion eine reelle Zahl, so ist auch dieser Term Funktionsterm einer reellen Funktion mit der addierten reellen Zahl als absolutem Glied.

Wie bei allen bisher betrachteten Funktionen bewirkt auch hier ein zusätzliches absolutes Glied $a$ eine Verschiebung des Graphen der Wurzelfunktion in Richtung der $y$-Achse, und zwar nach unten, wenn $a < 0$, und nach oben, wenn $a > 0$ gilt. Das nebenstehende Schaubild zeigt die Graphen der Funktionen $f$: $f(x) = \sqrt{x}$, $g_1$: $g_1(x) = \sqrt{x} + 1$ und $g_2$: $g_2(x) = \sqrt[3]{x} - 2$, die alle den Definitionsbereich $\mathbb{R}^{\geq 0}$ haben.

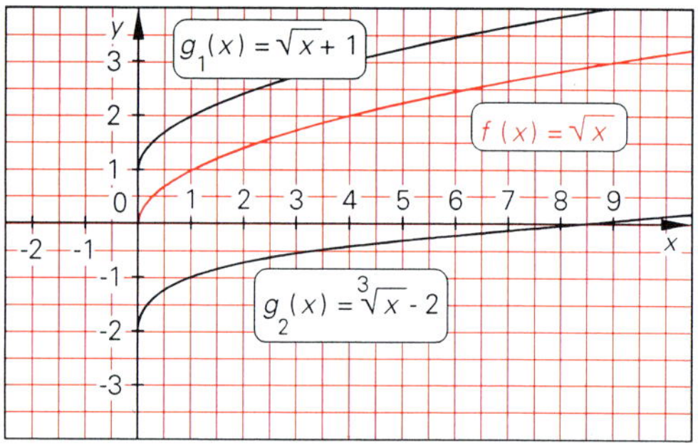


● Bildet man zum Funktionsterm einer Wurzelfunktion seinen Kehrwert, so ist auch dieser Kehrwertterm Funktionsterm einer reellen Funktion (**Kehrwertfunktion** zur Wurzelfunktion).

Die Funktionen vom Typ $g$: $g(x) = \frac{1}{\sqrt[n]{x}}$ mit $n \in \mathbb{N}^{\geq 2}$ sind die Kehrwertfunktionen zu den Wurzelfunktionen vom Typ $f$: $f(x) = \sqrt[n]{x}$; $D(f) = \mathbb{R}^{\geq 0}$, $n \in \mathbb{N}^{\geq 2}$. Allerdings besitzen sie nicht mehr den Definitionsbereich $\mathbb{R}^{\geq 0}$, sondern nur noch den Definitionsbereich $\mathbb{R}^{+}$, weil diese Funktionen an der Stelle 0 nicht definiert sind (durch 0 darf man nicht teilen!); auch ihr Wertebereich ist $\mathbb{R}^{+}$. Die Graphen solcher Funktionen wie auch die Graphen der Funktionen vom Typ $g$: $g(x) = \frac{m}{\sqrt[n]{x}}$ mit einer von 0 verschiedenen reellen Zahl für $m$ lassen sich ebenfalls mithilfe von Wertetabellen zeichnen.

Zu der Funktion $g_1$: $g_1(x) = \frac{1}{\sqrt{x}}$; $D(g_1) = \mathbb{R}^{+}$ gehört die Wertetabelle:

| $x$ | 0,5 | 1 | 1,5 | 2 | 3 | 4 | ... |
|---|---|---|---|---|---|---|---|
| $\frac{1}{\sqrt{x}}$ | 1,4 | 1 | 0,8 | 0,7 | 0,6 | 0,5 | ... |

Zu der Funktion $g_2$: $g_2(x) = \frac{1}{\sqrt{x}}$; $D(g_2) = \mathbb{R}^{+}$ gehört die Wertetabelle:

| $x$ | 0,5 | 1 | 1,5 | 2 | 3 | 4 | ... |
|---|---|---|---|---|---|---|---|
| $-\frac{1}{\sqrt{x}}$ | $-1{,}4$ | $-1$ | $-0{,}8$ | $-0{,}7$ | $-0{,}6$ | $-0{,}5$ | ... |

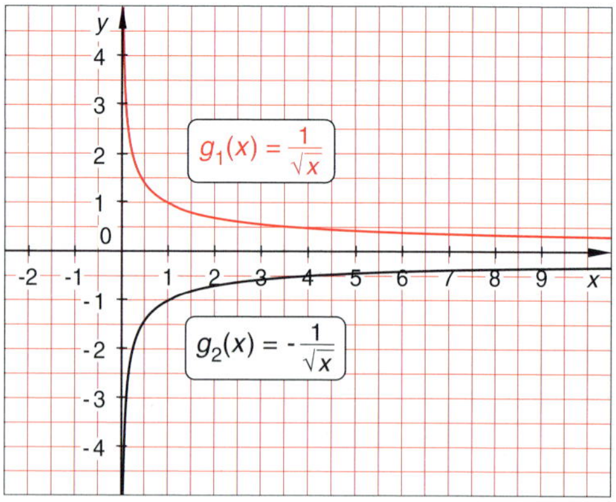

Wie bei den Funktionen $f\colon f(x)=\sqrt{x}$ und $f_1\colon f_1(x)=-\sqrt{x}$ geht auch jetzt der Graph der Funktion $g_2$ aus dem Graphen der Funktion $g_1$ durch Spiegelung an der $x$-Achse hervor. Gleiches gilt für jede Funktion vom Typ $h_1\colon h_1(x)=\frac{1}{\sqrt[n]{x}}$ und $h_2\colon h_2(x)=\frac{1}{\sqrt[n]{x}}$ mit jeweils denselben Wurzelexponenten für $n$.

Auch lassen sich die Funktionsterme dieser Funktionstypen wieder mit von 0 verschiedenen reellen Zahlen multiplizieren und es lässt sich auch zu diesen Funktionstermen jeweils ein absolutes Glied addieren. Auf diese Weise entstehen wieder neue reelle Funktionen, bei denen der konstante Faktor und das absolute Glied dieselbe Bedeutung haben wie bei den zuvor behandelten Funktionstypen.

● Ersetzt man in dem Funktionsterm einer Wurzelfunktion $f\colon f(x)=\sqrt[n]{x}$; $D(f)=\mathbb{R}^{\geq 0}$ die Funktionsvariable $x$ durch einen in $x$ linearen Term, wie z. B. $2x+1$, oder durch einen in $x$ quadratischen Term, wie z. B. $4-x^2$, oder allgemeiner durch ein sog. **Polynom *k*-ten Grades** in $x$, d. h. durch einen Term der Form $a_k x^k + a_{k-1}x^{k-1}+\ldots+a_2x^2+a_1x+a_0$ mit $k\in\mathbb{N}^*$, in dem die Koeffizienten $a_0, a_1, \ldots, a_k$ der Potenzen von $x$ für reelle Zahlen stehen mit $a_k \neq 0$, so entstehen wieder Terme von Funktionen: $g\colon g(x)=\sqrt[n]{2x+1}$ oder $g\colon g(x)=\sqrt[n]{4-x^2}$ oder allgemeiner $g\colon g(x)=\sqrt[n]{a_kx^k+a_{k-1}x^{k-1}+\ldots+a_1x+a_0}$. Dasselbe gilt auch, wenn man die Funktionsvariable $x$ durch einen Quotienten von Polynomen ersetzt, z. B. $g\colon g(x)=\sqrt[n]{\frac{2x+1}{4-x^2}}$. Im Unterschied zu den Wurzelfunktionen haben diese Funktionstypen weder einen einheitlichen Definitionsbereich noch einen einheitlichen Wertebereich. Beide müssen von Fall zu Fall gesondert bestimmt werden.

**Beispiele:**

**1.** $g\colon g(x)=\sqrt{-x}$; $D(g)=?$, $W(g)=?$

Eine Wurzel ist nur für nicht negative Radikanden erklärt. Also muss $-x\geq 0$ gelten. Die Multiplikation dieser Ungleichung mit $-1$ liefert die Ungleichung $x\leq 0$. Hieraus folgt $D(g)=\mathbb{R}^{\leq 0}$ und $W(g)=\mathbb{R}^{\leq 0}$. Das nebenstehende Schaubild zeigt den Verlauf des Graphen dieser Funktion.

**2.** $g\colon g(x)=\sqrt{2x+1}$; $D(g)=?$, $W(g)=?$

Eine Wurzel ist nur für nicht negative Radikanden erklärt. Also muss $2x+1\geq 0$ gelten. Diese Ungleichung ist lösungsgleich zur Ungleichung $x\geq -\frac{1}{2}$. Hieraus folgt $D(g)=\mathbb{R}^{\geq -\frac{1}{2}}$ und $W(g)=\mathbb{R}^{\geq 0}$. Das nebenstehende Schaubild zeigt den Graphen dieser Funktion.

**1.** $g\colon g(x)=\sqrt{-x}$

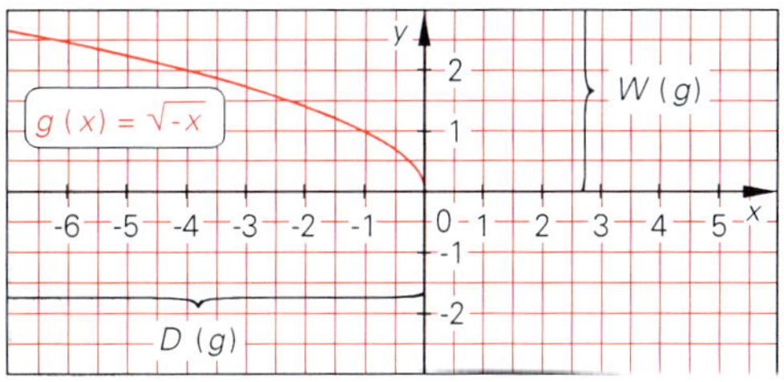


**2.** $g\colon g(x)=\sqrt{2x+1}$

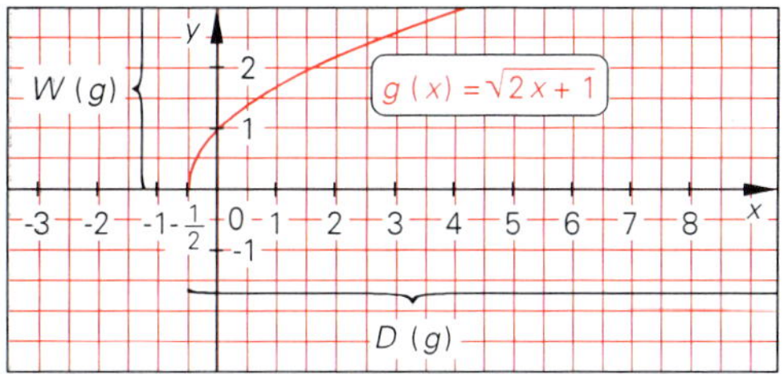

**3.** $g\colon g(x)=\sqrt{4-x^2}$; $D(g)=?$, $W(g)=?$

Eine Wurzel ist nur für nicht negative Radikanden erklärt. Also muss $4-x^2\geq 0$ gelten. Diese Ungleichung ist lösungsgleich zur Ungleichung $x^2\leq 4$ und damit zur Betragsungleichung $|x|\leq 2$. Hieraus folgt $D(g)=[-2;2]$ und $W(g)=[0;2]$. Das nebenstehende Schaubild zeigt den Graphen dieser Funktion. Er ist ein Halbkreis vom Radius 2 mit dem Mittelpunkt im Koordinatenursprung oberhalb der $x$-Achse.

**3.** $g\colon g(x)=\sqrt{4-x^2}$

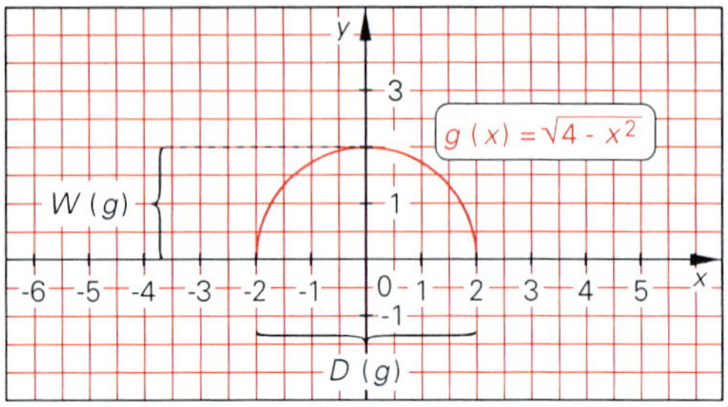


● Auch die aus den Wurzelfunktionen $f\colon f(x)=\sqrt[n]{x}$ im vorstehenden Sinne abgeleiteten Funktionstypen $g$, wie z.B. $g\colon g(x)=m\cdot\sqrt[n]{x}$ oder $g\colon g(x)=m\cdot\sqrt[n]{x}+a$ oder $g\colon g(x)=\dfrac{m}{\sqrt[n]{x}}+a$ oder $g\colon g(x)=\sqrt[n]{\text{Polynom } k\text{-ten Grades in } x}$ zählt man zu den **Wurzelfunktionen im weitesten Sinne**. Dementsprechend heißen die (eigentlichen) Wurzelfunktionen $f\colon f(x)=\sqrt[n]{x}$ auch **Wurzelfunktionen im engeren Sinne**.

**Merke:**

- Funktionen vom Typ $f\colon f(x)=\sqrt[n]{x}$; $D(f)=\mathbb{R}^{\geq 0}$, $n\in\mathbb{N}^{\geq 2}$ heißen Wurzelfunktionen (im engeren Sinne). Für ihren Wertebereich gilt $W(f)=\mathbb{R}^{\geq 0}$. Die Graphen dieser Funktionen liegen im I. Quadranten des Koordinatensystems und sind nach rechts hin offene Parabeläste.
- Durch Streckungen oder Stauchungen dieser Parabeläste senkrecht zur $x$-Achse sowie durch Verschiebungen in Richtung der Koordinatenachsen und Spiegelungen an der $x$-Achse entstehen neue Graphen, die zu Wurzelfunktionen (im weiteren Sinne) gehören.
- Auch die Kehrwertfunktionen von Wurzelfunktionen im engeren Sinne sowie die Funktionen mit einem Wurzelterm aus Quotienten von Polynomen zählt man zu den Wurzelfunktionen (im weiteren Sinne).

## Übungen zu 4.4

Zeichnen Sie die Graphen der Funktionen mit den folgenden Funktionsgleichungen in angemessenen Intervallen, z.B. im Intervall $[-3;3]$.

**1.** $y=x^2$ **2.** $y=2x^2$ **3.** $y=3x^2$ **4.** $y=\frac{1}{2}x^2$

**5.** $y=\frac{x^2}{4}$ **6.** $y=-x^2$ **7.** $y=-\frac{x^2}{2}$ **8.** $y=-3x^2$

**9.** $y=\frac{3}{2}x^2$ **10.** $y=\frac{2}{3}x^2$ **11.** $y=x^2+1$ **12.** $y=x^2-3$

**13.** $y=-x^2+2$ **14.** $y=-x^2-1$ **15.** $y=2x^2+2$ **16.** $y=3x^2-2$

**17.** $y=-\frac{x^2}{2}+1$ **18.** $y=-\frac{3}{2}x^2-2$ **19.** $y=(x-2)^2$ **20.** $y=(x+1{,}5)^2$

**21.** $y=(x-1{,}5)^2$ **22.** $y=(x+3)^2$ **23.** $y=-(x-1)^2$ **24.** $y=-(x+2)^2$

**25.** $y=-3(x-2)^2$ **26.** $y=-\frac{1}{2}(x+1)^2$ **27.** $y=(x-1)^2-1$

**28.** $y=(x-3)^2+2$ **29.** $y=(x+2)-3$ **30.** $y=(x-1)^2+2$

**31.** $y=2(x-2)^2+1$ **32.** $y=\frac{1}{2}(x+3)^2-1$ **33.** $y=-3(x-2)^2+1$

Wandeln Sie folgende Funktionsgleichungen 2. Grades in die Form $y=(x+e)^2+d$ um und stellen Sie die dazugehörigen Graphen mithilfe der Scheitelpunktskoordinaten und einer Schablone für die Normalparabel dar.

**34.** $y=x^2+2x+3$ **35.** $y=x^2-6x+8$ **36.** $y=x^2-4x+9$

**37.** $y=x^2+6x+4$ **38.** $y=x^2-8x+9$ **39.** $y=x^2+12x-9$

Zeichnen Sie die Graphen der Funktionen mit folgenden Funktionsgleichungen in angemessenen Intervallen, z. B. im Intervall $[-2;2]$.

**40.** $y=x^3$ **41.** $y=2x^3$ **42.** $y=x^5$ **43.** $y=-x^3$ **44.** $y=-\frac{1}{2}x^3$

**45.** $y=x^4$ **46.** $y=-x^4$ **47.** $y=\frac{x^6}{100}$ **48.** $y=-\frac{x^4}{5}$ **49.** $y=\frac{x^4}{3}$

**50.** Der Flächeninhalt $A$ eines Quadrates ist abhängig von der Seitenlänge $a$.
1. Stellen Sie das Abhängigkeitsverhältnis graphisch dar.
2. Welchen Flächeninhalt hat ein Quadrat, wenn $a$ für 1,9 cm steht?
3. Welche Seitenlänge $a$ gehört zum Flächeninhalt 12,25 cm$^2$?

**51.** Stellen Sie folgende Abhängigkeitsverhältnisse graphisch dar ($0\,\text{cm} \leq d \leq 20\,\text{cm}$):
**a)** Kreisfläche $A=\frac{d^2\cdot\pi}{4}$ **b)** Kugeloberfläche $O=d^2\cdot\pi$ **c)** Volumen Kugel $V=\frac{d^3\cdot\pi}{6}$

Zeichnen Sie mithilfe von Wertetabellen die Graphen der Funktionen mit folgenden Funktionsgleichungen in den Intervallen $[-2;0)$ und $(0;2]$.

**52.** $y=x^{-1}$ **53.** $y=3x^{-1}$ **54.** $y=\frac{1}{2}x^{-1}$ **55.** $y=-x^{-1}$

**56.** $y=-\frac{1}{3}x^{-1}$ **57.** $y=-2x^{-1}$ **58.** $y=-\frac{4}{x}$ **59.** $y=-\frac{2}{x}$

**60.** $y=-\frac{1}{2x}$ **61.** $y=-\frac{1}{4x}$ **62.** $y=x^{-3}$ **63.** $y=2x^{-3}$

**64.** $y=\frac{1}{3}x^{-3}$ **65.** $y=-x^{-3}$ **66.** $y=-\frac{1}{2}x^{-3}$ **67.** $y=x^{-2}$

**68.** $y=\frac{x^{-2}}{10}$ **69.** $y=x^{-4}$ **70.** $y=-\frac{1}{2}x^{-4}$ **71.** $y=-\frac{1}{5x^4}$

**72.** Um einen Graben auszubaggern, braucht ein Arbeiter 12 Tage. Welches funktionale Abhängigkeitsverhältnis besteht zwischen der Arbeitsdauer in Tagen ($T$) und der Anzahl der Arbeiter ($A$), wenn gleiche Arbeitsleistung angenommen wird? Stellen Sie diese Beziehung graphisch dar. Überlegen Sie, wie viele Arbeiter zur gleichen Zeit tätig sein können.

**73.** Ein Rechteck hat den Flächeninhalt $A=20\,\text{cm}^2$. Stellen Sie das Abhängigkeitsverhältnis zwischen den Seiten $a$ und $b$ graphisch dar, wenn $b$ nacheinander die Werte 1, 2, 3, …, 8 cm annimmt.

**74.** Ein Kapital $K=500$ € bringt zu $p$ % in $n$ Jahren 40 € Zinsen.
Gesucht: 1. Veranschaulichen Sie die funktionale Abhängigkeit zwischen $n$ und $p$ durch einen Graphen.
2. Lesen Sie einige Werte von $p$ und $n$ ab.

**75.** Ein Würfel hat eine Masse von $m=10\,\text{kg}$. Stellen Sie das Abhängigkeitsverhältnis zwischen dem Volumen $V=a^3$ des Würfels und der Dichte $\varrho$ graphisch dar ($0\,\text{cm} \leq a \leq 20\,\text{cm}$).

**76.** Ein Behälter von 2 dm$^3$ Inhalt hat ein regelmäßiges Sechseck als Grundfläche.
Gesucht: 1. Veranschaulichen Sie die Abhängigkeit zwischen der Höhe $h$ des Behälters und der Länge der Sechseckseite $s$.
2. Lesen Sie den Wert für $h$ ab, wenn die Sechseckseite 5 cm lang ist.

**77.** Ein Quadrat hat den Flächeninhalt $A$. Veranschaulichen Sie die Abhängigkeit zwischen der Seitenlänge $a$ und dem Flächeninhalt $A$ durch einen Graphen ($A_1$ bis $64\,\text{cm}^2$) und bestimmen Sie durch Ablesen die Seitenlänge für $a$ bei den Flächeninhalten $A_1 = 20\,\text{cm}^2$, $A_2 = 35\,\text{cm}^2$, $A_3 = 45\,\text{cm}^2$, $A_4 = 50\,\text{cm}^2$, $A_5 = 60\,\text{cm}^2$.

**78.** Ein Würfel hat eine Masse von 20 kg. Stellen Sie das Abhängigkeitsverhältnis zwischen der Seitenlänge $a$ des Würfels (abhängige Variable) und der Dichte $\varrho$ graphisch dar $\left(1\,\frac{\text{kg}}{\text{dm}^3} \leq \varrho \leq 9\,\frac{\text{kg}}{\text{dm}^3}\right)$.

**79.** Mit angenäherter Genauigkeit lässt sich die Länge des Bremsweges eines Autos für trockene, ebene Straßen nach folgender Formel errechnen:

$s = \frac{v^2}{2a}$. Dabei bedeuten: $s$ den Bremsweg in m,
$v$ die Fahrgeschwindigkeit in $\frac{\text{m}}{\text{s}}$,
$a$ die Verzögerung $\frac{5\,\text{m}}{\text{s}^2}$.

Diese Formel kann man auch verwenden, um nach einem Unfall aus der gemessenen Bremsspur die Geschwindigkeit des betreffenden Autos zu berechnen.
Stellen Sie das Abhängigkeitsverhältnis zwischen $s$ (unabhängige Variable) und $v$ graphisch dar ($0\,\text{m} \leq s \leq 120\,\text{m}$). Mit welcher Geschwindigkeit ist ein Kraftfahrzeug gefahren, wenn der Bremsweg 45 m betragen hat?

## 4.5 Die Umkehrung von Funktionen

In vielen Bereichen der Wissenschaft, der Technik, aber auch des täglichen Lebens möchte man häufig aus den Wirkungen eines Vorganges Rückschlüsse auf die Ursachen ziehen. So beschäftigt man sich beispielsweise mit der für das Leben auf der Erde existenziellen Frage, worin die Ursachen des sich immer weiter ausbreitenden Ozonlochs zu suchen sind. Ein Arzt z. B. benötigt für die Therapie eines Patienten eine genaue Diagnose von dessen Krankheit. Anwender von Computerprogrammen suchen z. B. verzweifelt nach den Ursachen bei einem Programmabsturz. Diese Ursachen interessieren auch die Hersteller sog. Software. Sie weisen in ihren Lizenzverträgen die Anwender meist darauf hin, „dass es nach dem Stand der Technik nicht möglich ist, Computerprogramme so zu erstellen, dass sie in allen Anwendungen fehlerfrei arbeiten“. Für die Aufklärung eines Delikts verfolgt man z. B. Spuren, die zu möglichen Tätern führen sollen.

In der Regel weiß man in allen diesen Fällen, dass durchaus verschiedene Ursachen die gleiche Wirkung haben können – und das macht eben die Aufklärung dieser Fälle so schwierig. Man möchte gerne eindeutige Rückschlüsse aus den Wirkungen eines Vorganges ziehen können. Wie schön wäre es z. B. für unser Leben zu wissen, dass nur das FCKW-haltige Treibgas das Ozonloch in der Atmosphäre verursacht hat. Dann würde man es einfach verbieten und darauf hoffen, dass sich das Ozonloch von selbst wieder schließt. Ein Patient wäre z. B. froh, wenn seine Krankheit nur eine Ursache hätte, denn dann könnte der behandelnde Arzt gezielt mit der Therapie beginnen. Computerprogramme könnten fehlerfrei arbeiten, wüsste man eindeutig, wodurch evtl. Fehler verursacht werden. Die Ermittlungen der Polizei könnten rasch beendet werden, wenn die Spuren eines Deliktes zweifelsfrei nur zu einem Täter führen würden.

Auch in der Mathematik beschäftigt man sich bei funktionalen Vorgängen mit der Frage, wie Funktionen beschaffen sein müssen, damit man umgekehrt aus jedem Funktionswert eindeutig auf den dazugehörigen Argumentwert schließen kann. Wann also ist die „Umkehrung einer Funktion“ wieder eine Funktion?

Die Beantwortung der Frage fällt leicht, wenn man sich eine Funktion $f$ durch ein sog. **Pfeildiagramm** veranschaulicht.

Im Allgemeinen kann dabei verschiedenen Elementen der Ausgangsmenge ein und dasselbe Element der Zielmenge zugeordnet sein oder anders ausgedrückt, in der Bildmenge der Funktion kann es ein Element geben, zu dem es mehrere „Urbilder" gibt. Zu einem solchen Element in der Bildmenge führen also mehrere Pfeile. Trifft für eine Funktion $f$ diese Aussage zu, so kann man also nicht aus jedem Funktionswert eindeutig auf seinen Argumentwert schließen. Die Umkehrung einer solchen Funktion ist also keine Funktion.

**Pfeildiagramme von Funktionen**

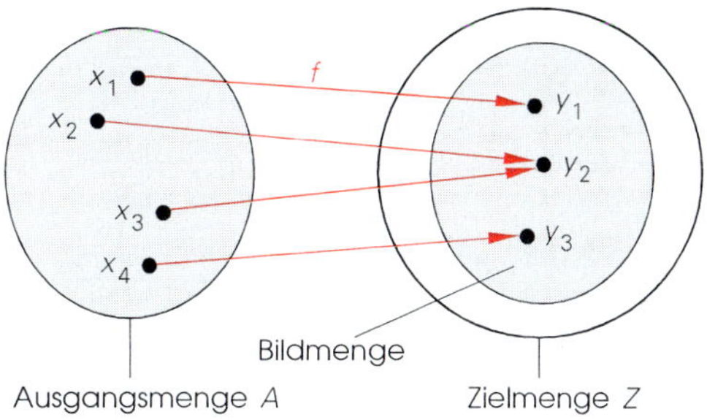


► Es gibt voneinander verschiedene Argumente mit demselben Funktionswert.

Der eindeutige Rückschluss ist nur dann möglich, wenn im Pfeildiagramm sichergestellt ist, dass zu jedem Element der Bildmenge einer Funktion $f$ auch nur ein Pfeil führt. Eine Funktion $f$ mit dieser Eigenschaft heißt **eindeutig, injektiv** oder **umkehrbar eindeutig**. Diese Eigenschaft drückt sich formal darin aus, dass voneinander verschiedene Elemente in der Ausgangsmenge stets auch verschiedene Funktionswerte besitzen:

Für alle $x_1, x_2 \in A$ mit $x_1 \neq x_2$ folgt $f(x_1) \neq f(x_2)$.

**Umkehrbar eindeutige Funktionen**

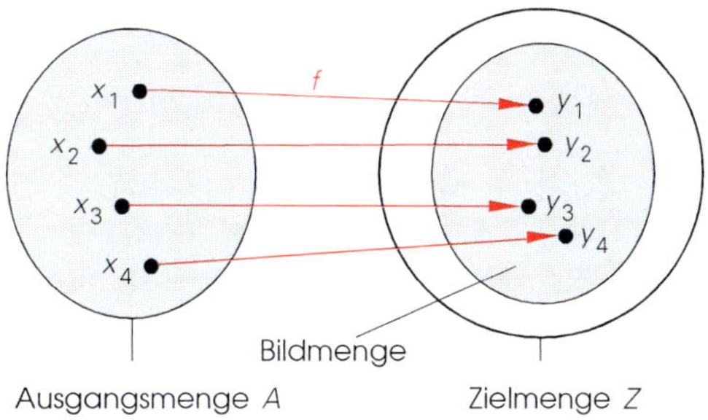


► Voneinander verschiedene Argumente haben stets auch verschiedene Funktionswerte.

Eine eindeutige Funktion $f$ besitzt also eine Umkehrfunktion. Diese bezeichnet man mit $f^{-1}$. Aus einem Pfeildiagramm für die Funktion $f$ erhält man das Pfeildiagramm für ihre Umkehrfunktion $f^{-1}$, indem man im Pfeildiagramm für $f$ die Pfeile umkehrt. Dabei wird die Bildmenge der Funktion $f$ zur Ausgangsmenge der Funktion $f^{-1}$ und die Ausgangsmenge von $f$ zur Bildmenge von $f^{-1}$.

**Umkehrfunktion**

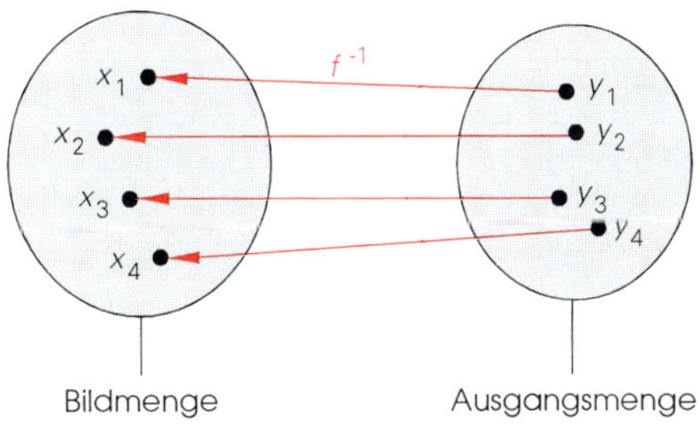


Veranschaulicht man sich eine reelle Funktion $f$ im kartesischen Koordinatensystem durch ihren Graphen, so fällt die Beantwortung der Frage, ob $f$ eine Umkehrfunktion besitzt, naturgemäß anders aus. Wie kann man hier anhand des Graphen erkennen, ob die Funktion $f$ eine Umkehrfunktion besitzt, und wie sieht gegebenenfalls deren Graph aus?

Im nebenstehenden Schaubild ist der Graph zur Funktionsgleichung $y=x^2$, d.h. eine Parabel, gezeichnet. Sie ist der Graph der Funktion $f: f(x)=x^2;\ D(f)=\mathbb{R}$. Sollen voneinander verschiedene reelle Zahlen aus dem Definitionsbereich dieser Funktion stets auch verschiedene Funktionswerte besitzen, so darf es keine Parallele zur $x$-Achse geben, die den Graphen in mehr als nur einem Punkt schneidet. Andernfalls gäbe es ja Punkte auf dem Graphen mit gleicher Ordinate, aber verschiedenen Abszissen.

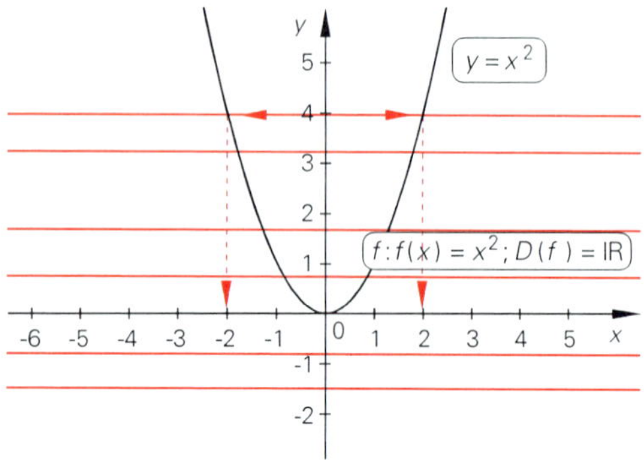


► Graph einer nicht umkehrbaren Funktion

Man erkennt im Schaubild, dass es sogar unendlich viele Parallelen zur $x$-Achse gibt, die den Graphen dieser Funktion jeweils in genau zwei Punkten schneiden. Alle Parallelen oberhalb der $x$-Achse besitzen diese Eigenschaft, während die Gerade, welche mit der $x$-Achse zusammenfällt, die Parabel nur in ihrem Scheitelpunkt berührt. Parallelen unterhalb der $x$-Achse schneiden den Graphen überhaupt nicht. Die sog. **quadratische Funktion** $f: f(x)=x^2;\ D(f)=\mathbb{R}$ kann also keine Umkehrfunktion besitzen.

Betrachtet man stattdessen die Funktion $f: f(x)=x^2;\ D(f)=\mathbb{R}^{\geq 0}$, so stellt man fest: Sie besitzt dieselbe Funktionsgleichung $y=x^2$ wie die Funktion $f: f(x)=x^2;\ D(f)=\mathbb{R}$, aber sie hat einen anderen Definitionsbereich. Diese Funktion hat eine Umkehrfunktion, denn jede Parallele zur $x$-Achse schneidet ihren Graphen in höchstens einem Punkt. Auch den Graphen der Umkehrfunktion $f^{-1}$ kann man dem nebenstehenden Schaubild entnehmen, denn er ist mit dem Graphen von $f$ identisch. Das erkennt man, wenn man zu einem Wert für $y$ nach demjenigen Wert für $x$ mit $x \in \mathbb{R}^{\geq 0}$ fragt, der die Gleichung $y=x^2$ erfüllt, und den Punkt, der diesen Werten entspricht, in das Koordinatensystem einträgt. Dabei muss die Eintragung jetzt von der $y$-Achse aus erfolgen.

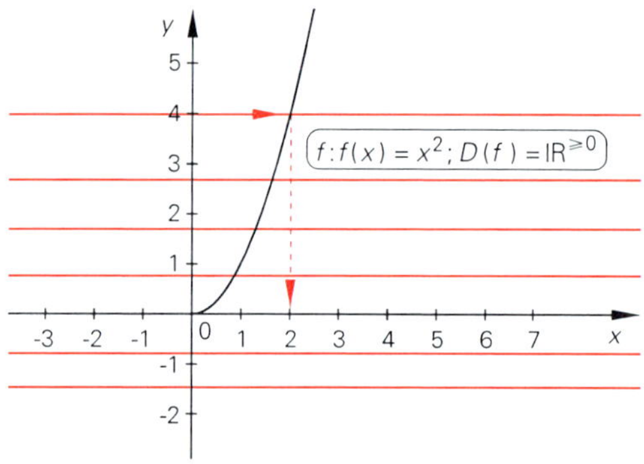


► Graph einer umkehrbaren Funktion

► $f^{-1}: y \rightarrow \sqrt{y};\ D(f^{-1})=\mathbb{R}^{\geq 0}$

Setze z.B. 4 für $y$, dann besitzt die Gleichung $4=x^2$ in $\mathbb{R}^{\geq 0}$ die Lösung 2, denn die Gleichung $4=x^2$ ist für die Grundmenge $\mathbb{R}^{\geq 0}$ lösungsgleich zur Gleichung $x=\sqrt{4}$. ► $\sqrt{4}=2$

Anhand eines Pfeildiagramms oder des Graphen einer Funktion $f$ in einem kartesischen Koordinatensystem fällt es oft relativ leicht festzustellen, ob $f$ eine Umkehrfunktion besitzt. Eine ganz andere Aufgabe aber ist es, die Umkehrfunktion $f^{-1}$, wenn sie denn existiert, auch explizit und zwar wenn möglich durch ihre Funktionsgleichung anzugeben. Bei der Lösung dieser Aufgabe trifft man auf die folgende prinzipielle Schwierigkeit: Während man bei Funktionen üblicherweise die Variable $x$ als die unabhängige Variable und die Variable $y$ als die von $x$ durch die Funktion $f$ – wegen $y=f(x)$ – abhängige Variable bezeichnet, kehrt sich dieser Sachverhalt – wie in den bisherigen Ausführungen ersichtlich – bei der Umkehrfunktion $f^{-1}$ von $f$ plötzlich um. Hier spielt die Variable $y$ die Rolle der unabhängigen Variablen und die Variable $x$ die Rolle der von $y$ durch die Funktion $f^{-1}$ – wegen $x=f^{-1}(y)$ – abhängigen Variablen. Ungewohnt ist auch die graphische Betrachtungsweise der Umkehrfunktion. Während man im Pfeildiagramm von der üblichen Leserichtung „von links nach rechts" zu der „von rechts nach links" wechselt, trägt man bei der graphischen Darstellung im Koordinatensystem die Argumente statt auf der $x$-Achse jetzt auf der $y$-Achse ab und entsprechend die Funktionswerte auf der $x$-Achse statt auf der $y$-Achse.

Will man die gewohnte Rolle der Variablen $x$ und $y$ auch für Umkehrfunktionen beibehalten, soll also immer $x$ die unabhängige Variable und $y$ die abhängige Variable sein, und will man die Argumente immer auf der $x$-Achse, die zugehörigen Funktionswerte immer auf der $y$-Achse eines kartesischen Koordinatensystems abtragen, so muss man bei den Umkehrfunktionen die Variablen umbenennen, statt $y$ also $x$ und statt $x$ also $y$ setzen. Die Funktionsgleichung $x=f^{-1}(y)$ der Umkehrfunktion nimmt dann die gewohnte Form $y=f^{-1}(x)$ an und man kann jetzt den Graphen von $f^{-1}$ in gewohnter Weise in das kartesische Koordinatensystem eintragen.

Allerdings hat die Umbenennung der Variablen Konsequenzen für den Graphen von $f^{-1}$, denn dieser stimmt jetzt i. Allg. nicht mehr mit dem der Funktion $f$ überein.

**Funktion** $f$ mit der Funktionsgleichung $y=2x+1$

► Der Graph von $f$ ist eine Gerade mit der Steigung 2. Jede Parallele zur $x$-Achse schneidet diese Gerade in genau einem Punkt. Daher besitzt $f$ eine Umkehrfunktion.

► Wertetabelle:

| $x$ | $-2$ | $-1$ | 0 | 1 | 2 | 3 | ... |
|---|---|---|---|---|---|---|---|
| $y$ | $-3$ | $-1$ | 1 | 3 | 5 | 7 | ... |

**Umkehrfunktion $f^{-1}$**

► Die Zahlen der 2. Zeile in der Wertetabelle für $f$ stehen jetzt für die unabhängige, die Zahlen der 1. Zeile für die abhängige Variable.

► In der Funktionsgleichung von $f$ wird $x$ für $y$ und $y$ für $x$ gesetzt: $x=2y+1$, und diese Gleichung sodann nach $y$ aufgelöst: $y=\frac{1}{2}x-\frac{1}{2}$.

► Die Umkehrfunktion $f^{-1}$ hat die Funktionsgleichung $y=\frac{1}{2}x-\frac{1}{2}$.

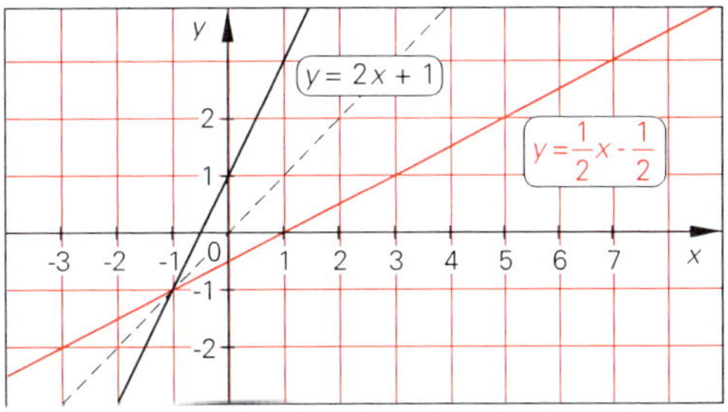


► Man sieht, dass die Graphen der Funktionen $f$ und $f^{-1}$ voneinander verschieden sind: $G(f) \neq G(f^{-1})$.

Weiß man von einer Funktion $f$ mit der Funktionsgleichung $y=f(x)$, dass sie eine Umkehrfunktion $f^{-1}$ besitzt, so erhält man die Funktionsgleichung $f^{-1}$ in der Form $x=f^{-1}(y)$, wenn es gelingt, die Gleichung $y=f(x)$ nach $x$ aufzulösen. Will man daher die Funktionsgleichung der Umkehrfunktion in der gewohnten Form $y=f^{-1}(x)$ erhalten, so vertauscht man zuerst die Variablen in der Funktionsgleichung von $f$ und versucht dann, die entstandene Gleichung nach $y$ aufzulösen.

**Beispiele:**

Überlegen Sie, ob die folgenden Funktionen Umkehrfunktionen besitzen. Zeichnen Sie ggf. die Graphen beider Funktionen in ein kartesisches Koordinatensystem und versuchen Sie, Verwandtschaften zwischen beiden Graphen festzustellen. Bestimmen Sie zu jeder umkehrbaren Funktion die Funktionsgleichung der Umkehrfunktion.

**1.** $f: f(x) = 2x$; $D(f) = \mathbb{R}$, $W(f) = \mathbb{R}$

Der Graph zur Funktionsgleichung $y = 2x$ von $f$ ist eine Gerade durch den Koordinatenursprung mit der Steigung 2. $f$ hat eine Umkehrfunktion, denn jede Parallele zur $x$-Achse schneidet den Graphen von $f$ in genau einem Punkt. Es gilt für alle $x_1$ und $x_2$ aus $\mathbb{R}$, dass mit $x_1 \neq x_2$ auch $2x_1 \neq 2x_2$, also $y_1 \neq y_2$ ist.

Man erhält die Funktionsgleichung der Umkehrfunktion in folgenden Schritten:

**1. Schritt:** Man setzt in der Funktionsgleichung $y = 2x$ von $f$ jetzt $x$ für $y$ und $y$ für $x$:

$x = 2y$

**2. Schritt:** Man löst die entstandene Gleichung nach $y$ auf:

$y = \frac{1}{2}x$ ► Funktionsgleichung der Umkehrfunktion $f^{-1}$

Die Umkehrfunktion $f^{-1}$ lautet:

$f^{-1}: f^{-1}(x) = \frac{1}{2}x$; $D(f^{-1}) = \mathbb{R}$.

Ihr Graph ist die Gerade durch den Koordinatenursprung mit der Steigung $\frac{1}{2}$.

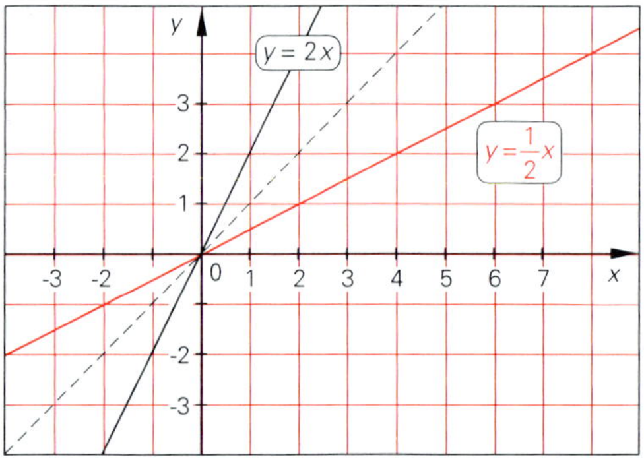


► Die Graphen von $f$ und $f^{-1}$ sind voneinander verschieden: $G(f) \neq G(f^{-1})$.

**2.** $f: f(x) = x + 2$; $D(f) = \mathbb{R}$, $W(f) = \mathbb{R}$

Auch diese lineare Funktion besitzt wie jede lineare Funktion mit einer von 0 verschiedenen Steigung eine Umkehrfunktion. Man erhält ihre Funktionsgleichung wie im obigen Beispiel.

**1. Schritt:** In $y = x + 2$ wird $x$ für $y$ und $y$ für $x$ gesetzt:

$x = y + 2$

**2. Schritt:** Die entstandene Gleichung wird nach $y$ aufgelöst:

$y = x - 2$ ► Funktionsgleichung der Umkehrfunktion $f^{-1}$

Der zugehörige Graph ist die Gerade mit der Steigung 1, die durch den Punkt $\langle 0 | -2 \rangle$ geht.

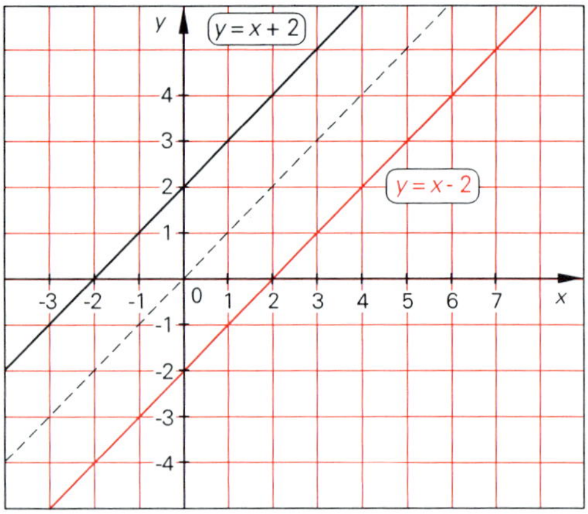


► Die Graphen von $f$ und $f^{-1}$ sind voneinander verschieden: $G(f) \neq G(f^{-1})$.

**3.** $f\colon f(x) = \frac{1}{x};\ D(f) - \mathbb{R}, W(f) = \mathbb{R}^*$

Der Graph zur Funktionsgleichung $y = \frac{1}{x}$ von $f$ ist die sog. gleichseitige Hyperbel. $f$ hat eine Umkehrfunktion, denn mit $x_1 \neq x_2$ ist stets auch $\frac{1}{x_1} \neq \frac{1}{x_2}$ für alle $x_1, x_2 \in \mathbb{R}^*$. Um die Funktionsgleichung von $f^{-1}$ zu bestimmen, setzt man $x$ für $y$ und $y$ für $x$ in der Funktionsgleichung von $f$. Sodann löst man die entstandene Gleichung nach $y$ auf. Sowohl $x$ als auch $y$ stehen wegen $D(f) = \mathbb{R}^*$ und $W(f) = \mathbb{R}^*$ für von 0 verschiedene reelle Zahlen.

$y = \frac{1}{x}$ ► Umbenennung der Variablen

$x = \frac{1}{y}$ ► Auflösen nach $y$

$y = \frac{1}{x}$ ► Funktionsgleichung von $f^{-1}$

Die Umkehrfunktion $f^{-1}$ lautet:

$f^{-1}\colon f^{-1}(x) = \frac{1}{x};\ D(f^{-1}) = \mathbb{R}^*.$

Die Funktionen $f$ und $f^{-1}$ sind gleich: $f = f^{-1}$. Demzufolge stimmen auch ihre Graphen überein: $G(f) = G(f^{-1})$.

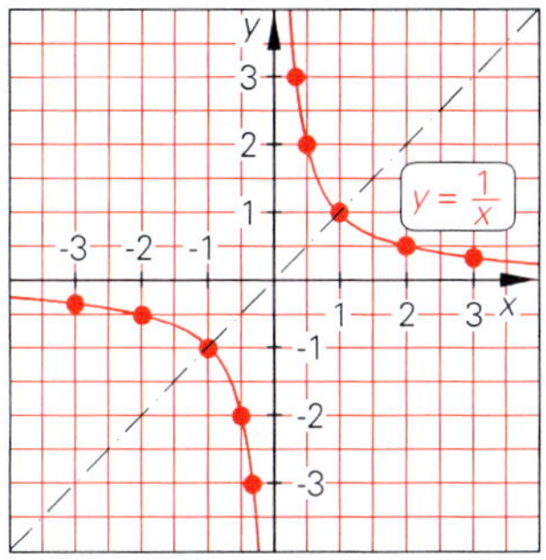


► Die Graphen von $f$ und $f^{-1}$ sind gleich: $G(f) = G(f^{-1})$.

Den vorstehenden drei Beispielen lässt sich die Konsequenz entnehmen, welche die Umbenennung der Variablen für die Darstellung des Graphen der Umkehrfunktion $f^{-1}$ einer umkehrbaren Funktion $f$ in einem kartesischen Koordinatensystem hat. Die Graphen $G(f^{-1})$ und $G(f)$ sind jetzt i. Allg. nicht mehr identisch, denn sie gehen auseinander durch Spiegelung an der Winkelhalbierenden des I. und III. Quadranten des Koordinatensystems hervor. Dieses Verwandtschaftsverhältnis zwischen den Graphen $G(f^{-1})$ und $G(f)$ macht jetzt auch deutlich, dass nicht nur $f^{-1}$ die Umkehrfunktion von $f$, sondern auch $f$ die Umkehrfunktion von $f^{-1}$ ist. Man sagt, die Funktionen $f$ und $f^{-1}$ sind Umkehrfunktionen voneinander. Es gilt also: $(f^{-1})^{-1} = f$.

Aus den vorstehenden drei Beispielen lässt sich noch eine weitere Folgerung ziehen, die für die Entscheidung, ob eine gegebene Funktion $f$ eine Umkehrfunktion besitzt, oft sehr nützlich ist. Durchläuft man nämlich die Graphen zu den dortigen Funktionen $f$ in Richtung größer werdender Abszissenwerte ($x$-Werte), so steigen die Graphen in den Beispielen 1 und 2 stets, während der Graph im Beispiel 3 stets fällt. Bezieht man diese Eigenschaft nicht auf die Graphen, sondern auf die Funktionen selbst, so spricht man von **streng monotonen Funktionen**. Genauer gilt:

● Eine reelle Funktion $f\colon x \mapsto f(x)$ heißt **streng monoton steigend**, wenn für alle Elemente $x_1, x_2$ aus ihrem Definitionsbereich $D(f)$ mit $x_1 < x_2$ stets auch $f(x_1) < f(x_2)$ gilt.

► Beispiel 1 und Beispiel 2

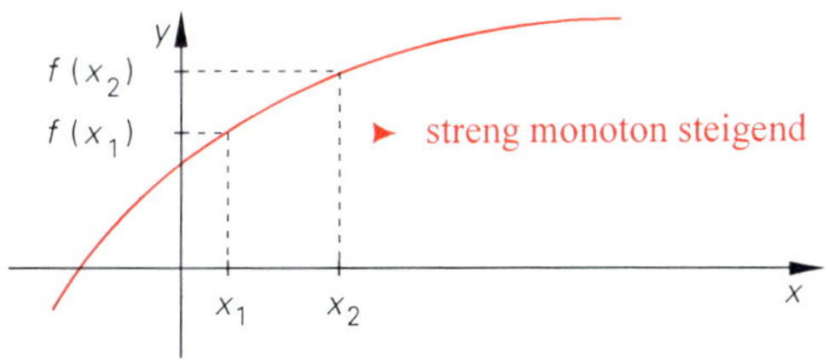


► Für alle $x_1, x_2 \in D(f)$ folgt aus $x_1 < x_2$ stets $f(x_1) < f(x_2)$.

- Eine reelle Funktion $f: x \mapsto f(x)$ heißt **streng monoton fallend**, wenn für alle Elemente $x_1$, $x_2$ aus ihrem Definitionsbereich $D(f)$ mit $x_1 < x_2$ stets $f(x_1) > f(x_2)$ gilt.

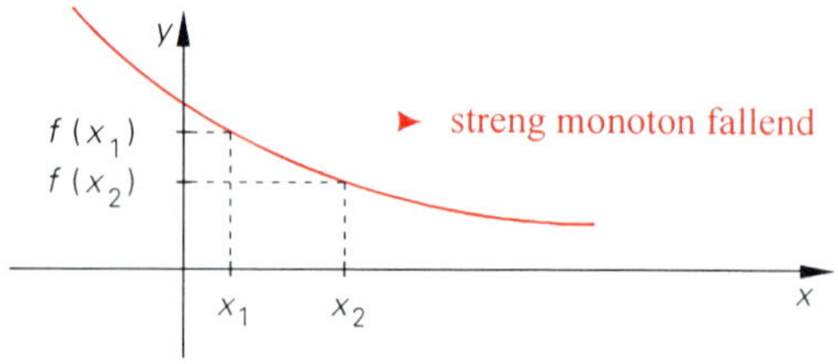


► Beispiel 3

► Für alle $x_1, x_2 \in D(f)$ folgt aus $x_1 < x_2$ stets $f(x_1) > f(x_2)$.

Streng monotone Funktionen sind stets umkehrbar eindeutig; sie besitzen also stets eine Umkehrfunktion. Denn bei ihnen ist die Forderung, die man an eine umkehrbar eindeutige Funktion *f* stellt, von selbst erfüllt: Für alle $x_1, x_2 \in D(f)$ mit $x_1 \neq x_2$ folgt $f(x_1) \neq f(x_2)$. Jede lineare Funktion vom Typ $f: f(x) = mx + n$ mit $m \neq 0$; $D(f) = \mathbb{R}$ ist eine streng monotone Funktion, und zwar eine steigende bzw. fallende, je nachdem ob $m > 0$ oder $m < 0$ gilt.

Sind auch die Potenzfunktionen vom Typ $f: f(x) = x^n$ mit $n \in \mathbb{N}^{\geq 2}$ umkehrbar eindeutige Funktionen? Gibt es unter ihnen solche, die auch streng monoton sind? Wie sehen ggf. ihre Umkehrfunktionen aus? Die Beantwortung dieser Fragen hängt entscheidend vom Potenzexponenten für *n* und dem jeweiligen Definitionsbereich der Potenzfunktion ab.

**Beispiele:**

Überlegen Sie, ob die folgenden Potenzfunktionen umkehrbar eindeutig sind und ob sich für sie eine Monotonieaussage treffen lässt. Skizzieren Sie den Graphen der Potenzfunktion und den ihrer Umkehrung in einem kartesischen Koordinatensystem. Bestimmen Sie ggf. die Funktionsgleichung der Umkehrfunktion.

### 1. Potenzfunktionen mit geradem Exponenten im Funktionsterm

- $f: f(x) = x^{2n}$ mit $n \in \mathbb{N}^*$; $D(f) = \mathbb{R}$

Die Potenzfunktionen dieses Typs sind in ihrem maximal möglichen Definitionsbereich $D(f) = \mathbb{R}$ nicht umkehrbar eindeutig. Denn jede dieser Funktionen ist eine gerade Funktion, d.h., es gilt $f(x) = f(-x)$ für alle $x \in \mathbb{R}$. Entgegengesetzte Abszissenwerte besitzen also denselben Funktionswert. Die Graphen dieser Funktionen sind nach oben geöffnete Parabeln mit dem Scheitelpunkt im Ursprung des Koordinatensystems, welche symmetrisch zur *y*-Achse liegen. Im Intervall $(-\infty; 0]$ fällt der Graph stets und im Intervall $[0; \infty)$ steigt er stets. Aber der Graph fällt oder steigt nicht stets in seinem gesamten Definitionsbereich. Daher lässt sich für Potenzfunktionen mit geradem Exponenten im Funktionsterm und dem Definitionsbereich $\mathbb{R}$ keine Monotonieaussage treffen.

$f: f(x) = x^{2n}$ mit $n \in \mathbb{N}^*$; $D(f) = \mathbb{R}$

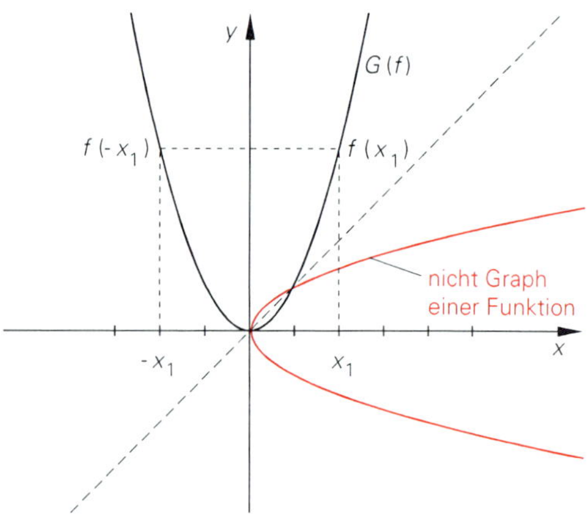


► *f* ist nicht umkehrbar eindeutig.

► *f* ist weder streng monoton fallend noch streng monoton steigend.

- $f\colon f(x) = x^{2n}$ mit $n \in \mathbb{N}^*$; $D(f) = \mathbb{R}^{\leq 0}$ oder $D(f) = \mathbb{R}^{\geq 0}$

Schränkt man aber bei Potenzfunktionen mit geradem Exponenten im Funktionsterm den Definitionsbereich auf $\mathbb{R}^{\leq 0}$ oder $\mathbb{R}^{\geq 0}$ ein, so sind diese Funktionen dann streng monoton fallende bzw. streng monoton steigende Funktionen und besitzen daher jeweils eine Umkehrfunktion.

Für $D(f) = \mathbb{R}^{\leq 0}$ erhält man die Funktionsgleichung der Umkehrfunktion in der Form $y = -\sqrt[2n]{x}$ und für $D(f) = \mathbb{R}^{\geq 0}$ in der Form $y = \sqrt[2n]{x}$, wenn man die Definition der Wurzel und die des absoluten Betrages einer reellen Zahl beachtet. Die Umkehrfunktionen dieser Typen von Potenzfunktionen sind also die Wurzelfunktionen vom Typ $g\colon x \mapsto -\sqrt[2n]{x}$; $D(g) = \mathbb{R}^{\geq 0}$ bzw. $g\colon x \mapsto \sqrt[2n]{x}$; $D(g) = \mathbb{R}^{\geq 0}$.

| $D(f) = \mathbb{R}^{\leq 0}$ | $D(f) = \mathbb{R}^{\geq 0}$ |
|---|---|
| 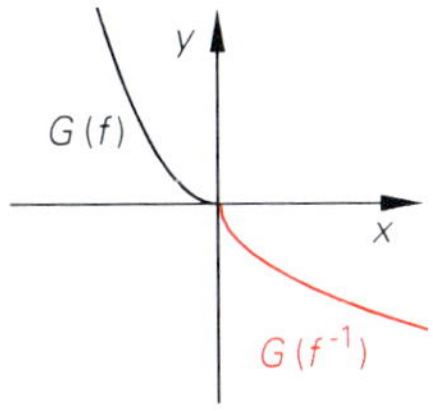  | 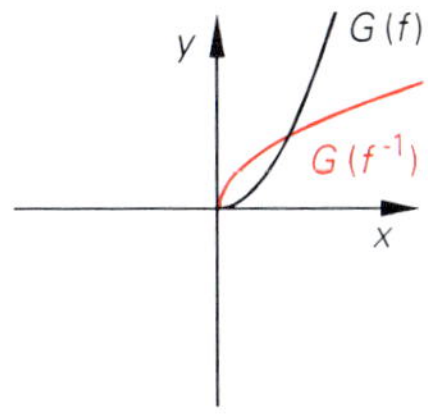  |
| ► $f$ ist umkehrbar eindeutig. | ► $f$ ist umkehrbar eindeutig. |
| ► $f$ ist streng monoton fallend. | ► $f$ ist streng monoton steigend. |
| $y = x^{2n}$ ► $x \in \mathbb{R}^{\leq 0}$, $y \in \mathbb{R}^{\geq 0}$ | $y = x^{2n}$ ► $x \in \mathbb{R}^{\geq 0}$, $y \in \mathbb{R}^{\geq 0}$ |

Umbenennung der Variablen liefert:

| | |
|---|---|
| $x = y^{2n}$ ► $y \in \mathbb{R}^{\leq 0}$, $x \in \mathbb{R}^{\geq 0}$ | $x = y^{2n}$ ► $y \in \mathbb{R}^{\geq 0}$, $x \in \mathbb{R}^{\geq 0}$ |

Ziehen der $n$-ten Wurzel auf beiden Seiten der Gleichungen liefert:

| | |
|---|---|
| $\sqrt[2n]{x} = \lvert y \rvert$ ► $\lvert y \rvert = -y$, weil $y \leq 0$. | $\sqrt[2n]{x} = \lvert y \rvert$ ► $\lvert y \rvert = y$, weil $y \geq 0$. |

Auflösung nach $y$ liefert die Funktionsgleichungen der Umkehrfunktionen:

| | |
|---|---|
| $y = -\sqrt[2n]{x}$ ► $x \in \mathbb{R}^{\geq 0}$ | $y = \sqrt[2n]{x}$ ► $x \in \mathbb{R}^{\geq 0}$ |

**2. Potenzfunktionen mit ungeradem Exponenten im Funktionsterm**

$f\colon f(x) = x^{2n+1}$ mit $n \in \mathbb{N}^*$; $D(f) = \mathbb{R}$

Die Potenzfunktionen dieses Typs sind ungerade Funktionen, die alle streng monoton steigend sind. Sie besitzen daher alle jeweils eine Umkehrfunktion. Ihre Graphen erstrecken sich vom III. Quadranten in den I. Quadranten des Koordinatensystems und liegen punktsymmetrisch zum Koordinatenursprung.

$f\colon f(x) = x^{2n+1}$ mit $n \in \mathbb{N}^*$; $D(f) = \mathbb{R}$

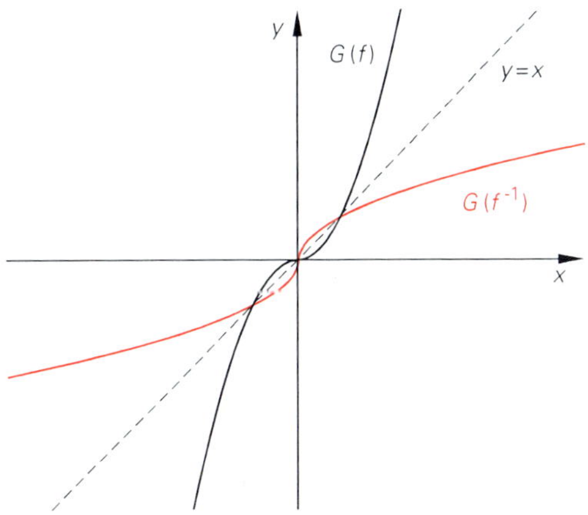


► $f$ ist umkehrbar eindeutig.

► $f$ ist streng monoton steigend.

Bei der üblichen Herleitung der Funktionsgleichungen der Umkehrfunktionen unterscheidet man zwischen den Teilen des Graphen von *f*, die ganz im III. und ganz im I. Quadranten liegen. Dabei tritt die Schwierigkeit auf, dass man die Gleichung $x = y^{2n+1}$ für den Fall $y \in \mathbb{R}^{\leq 0}$ und $x \in \mathbb{R}^{\leq 0}$ nicht so ohne weiteres durch Wurzelziehen nach $y$ auflösen kann, weil sich aus einer negativen Zahl für $x$ keine Wurzel ziehen lässt. Multipliziert man aber diese Gleichung mit $-1$, so entsteht eine zur Ausgangsgleichung lösungsgleiche Gleichung, die man wegen $-y^{2n+1} = (-y)^{2n+1}$ aufgrund des ungeraden Potenzexponenten in der Form $-x = (-y)^{2n+1}$; $y \in \mathbb{R}^{\leq 0}$, $x \in \mathbb{R}^{\leq 0}$ schreiben kann. Diese Gleichung lässt sich durch Wurzelziehen nach $y$ auflösen.

Insgesamt erhält man für die Umkehrfunktionen von Potenzfunktionen mit einem ungeraden Exponenten im Funktionsterm zwei für die einzelnen Abschnitte der Umkehrfunktionen verschiedene Funktionsterme. Die Umkehrfunktionen dieses Typs von Potenzfunktionen sind also abschnittsweise definierte Wurzelfunktionen vom Typ

$$g\colon g(x) = \begin{cases} -\sqrt[2n+1]{-x}, & \text{wenn } x \in \mathbb{R}^{\leq 0}, \\ \sqrt[2n+1]{x}, & \text{wenn } x \in \mathbb{R}^{\geq 0}. \end{cases}$$

$y = x^{2n+1}$ ► $x \in \mathbb{R}$ und $y \in \mathbb{R}$

Fallunterscheidung

| | |
|---|---|
| $y = x^{2n+1}$ ► $x \in \mathbb{R}^{\leq 0}$, $y \in \mathbb{R}^{\leq 0}$ | $y = x^{2n+1}$ ► $x \in \mathbb{R}^{\geq 0}$, $y \in \mathbb{R}^{\geq 0}$ |

Umbenennung der Variablen liefert:

| | |
|---|---|
| $x = y^{2n+1}$ ► $y \in \mathbb{R}^{\leq 0}$, $x \in \mathbb{R}^{\leq 0}$ | $x = y^{2n+1}$ ► $y \in \mathbb{R}^{\geq 0}$, $x \in \mathbb{R}^{\geq 0}$ |
| Multiplikation der Gleichung mit $-1$: $-x = (-y)^{2n+1}$ ► $y \in \mathbb{R}^{\leq 0}$, $x \in \mathbb{R}^{\leq 0}$ | |

Ziehen der $(2n+1)$-ten Wurzel auf beiden Seiten der Gleichung liefert:

| | |
|---|---|
| $\sqrt[2n+1]{-x} = \lvert -y \rvert$ ► $\lvert -y \rvert = \lvert y \rvert$ und $\lvert y \rvert = -y$, weil $y \leq 0$. | $\sqrt[2n+1]{x} = \lvert y \rvert$ ► $\lvert y \rvert = y$, weil $y \geq 0$. |

Auflösung nach $y$ liefert die Funktionsgleichungen der Umkehrfunktionen für die Teile ihrer Graphen, die im III. und I. Quadranten des Koordinatensystems verlaufen:

| | |
|---|---|
| $y = -\sqrt[2n+1]{-x}$ ► $x \in \mathbb{R}^{\leq 0}$ | $y = \sqrt[2n+1]{x}$ ► $x \in \mathbb{R}^{\geq 0}$ |

Man beachte: Es ist sowohl $0 \in \mathbb{R}^{\leq 0}$ als auch $0 \in \mathbb{R}^{\geq 0}$ und beide Gleichungen liefern für 0 anstelle von $x$ das Ergebnis: $y = 0$.

**Anmerkung:**

Die Tatsache, dass sich die Umkehrfunktionen von Potenzfunktionen mit einem ungeraden Exponenten im Funktionsterm nur als abschnittsweise definierte Wurzelfunktionen darstellen lassen, ist eine notwendige Konsequenz aus der Definition der Wurzel aus einer reellen Zahl. Danach sind reelle Wurzeln gemäß DIN-Norm nur erklärt, wenn der Radikand eine nicht negative reelle Zahl ist. Gelegentlich findet man in der mathematischen Literatur bei diesem Typ von Potenzfunktionen stattdessen auch nur die Gleichung $y = \sqrt[2n+1]{x}$ als Funktionsgleichung der Umkehrfunktionen angegeben. Hier lässt man für ungerade Wurzelexponenten – entgegen der DIN-Norm – auch das Wurzelziehen aus negativen reellen Zahlen zu, schreibt also z. B. $\sqrt[3]{-8} = -2$, weil $(-2)^3 = -8$ ist. Bei dieser „Erweiterung" des Wurzelbegriffs für ungerade Wurzelexponenten besteht aber die Gefahr, dass man die Wurzelgesetze für nicht negative Radikanden auch auf negative Radikanden anwendet und so zu Widersprüchen kommt. Beispielsweise könnte sich der folgende Widerspruch ergeben: $\underline{\underline{-2}} = \sqrt[3]{-8} = \sqrt[2\cdot 3]{(-8)^2} = \sqrt[6]{64} = \underline{\underline{2}}$. Aus methodischen Gründen und der Norm Rechnung tragend sind daher in diesem Buch nur Wurzeln aus nicht negativen Radikanden zugelassen.

**Merke:**

- Eine Funktion $f$ mit der Funktionsgleichung $y=f(x)$ hat genau dann eine Umkehrfunktion, wenn für alle $x_1$ und $x_2$ mit $x_1 \neq x_2$ auch $f(x_1) \neq f(x_2)$ gilt, d.h., wenn zu verschiedenen Argumentwerten auch stets verschiedene Funktionswerte gehören. Im Pfeildiagramm von $f$ drückt sich das so aus, dass zu jedem Element der Bildmenge von $f$ genau ein Pfeil führt. Für den Graphen der Funktion $f$ im kartesischen Koordinatensystem bedeutet dies, dass jede Parallele zur $x$-Achse den Graphen von $f$ in höchstens einem Punkt schneidet.
- Jede streng monotone Funktion besitzt eine Umkehrfunktion.
- Die Umkehrfunktion von $f$ bezeichnet man mit $f^{-1}$.
- Man findet die Funktionsgleichung der Umkehrfunktion $f^{-1}$, indem man in der Funktionsgleichung $y=f(x)$ der Funktion $f$ die Variablen vertauscht und die entstandene Gleichung nach $y$ aufzulösen versucht.
- Der Graph $G(f^{-1})$ der Umkehrfunktion im kartesischen Koordinatensystem ist das Spiegelbild des Graphen $G(f)$ bezüglich der Winkelhalbierenden des I. und III. Quadranten des Koordinatensystems.
- Die Potenzfunktionen vom Typ $f$: $f(x)=x^n$, $n \in \mathbb{N}^*$; $D(f)=\mathbb{R}^{\geq 0}$ und die Wurzelfunktionen vom Typ $g$: $g(x)=\sqrt[n]{x}$, $n \in \mathbb{N}^*$; $D(g)=\mathbb{R}^{\geq 0}$ sind zu gleichen Exponenten für $n$ Umkehrfunktionen voneinander.
- Die Umkehrfunktionen der Potenzfunktionen vom Typ $f$: $f(x)=x^{2n+1}$, $n \in \mathbb{N}^*$; $D(f)=\mathbb{R}$ sind die abschnittsweise definierten Wurzelfunktionen vom Typ

$$g\colon g(x)=\begin{cases} -\sqrt[2n+1]{-x}; & \text{wenn } x \in \mathbb{R}^{\leq 0} \\ \sqrt[2n+1]{x}; & \text{wenn } x \in \mathbb{R}^{\geq 0}, \end{cases}$$

jeweils zum gleichen Exponenten für $n$.

## Übungen zu 4.5

Bestimmen Sie den Definitionsbereich, den Wertebereich und die Umkehrfunktion der Funktionen mit folgenden Funktionsgleichungen. Schränken Sie den Definitionsbereich der gegebenen Funktion notfalls so ein, dass sie eine Umkehrfunktion besitzt.

**1.** $y=2\cdot x^2$ **2.** $y=\frac{1}{2}x^2$ **3.** $y=\frac{1}{4}x^3$ **4.** $y=\sqrt[4]{2x}$ **5.** $y=\sqrt[3]{8x}$

Bestimmen Sie den Definitionsbereich und den Wertebereich der zu den folgenden Funktionsgleichungen gehörenden Funktionen, zeichnen Sie deren Graphen und die Graphen ihrer Umkehrfunktionen. Schränken Sie den Definitionsbereich der gegebenen Funktion notfalls so ein, dass sie eine Umkehrfunktion besitzt.

**6.** $y=2x^2$ **7.** $y=\frac{1}{2}x^2$ **8.** $y=4x^3$ **9.** $y=\frac{1}{3}x^3$ **10.** $y=3\sqrt[3]{x}-1$

**11.** $y=-1{,}5\sqrt{x}$ **12.** $y=-1{,}5\sqrt{x}+2$ **13.** $y=2x^{-\frac{1}{2}}$ **14.** $y=\frac{1}{2}x^{-\frac{1}{3}}$ **15.** $y=\frac{4}{3}x^{-\frac{1}{2}}$

**16.** $y=-\frac{3}{2}x^{-\frac{1}{3}}$ **17.** $y=-2\sqrt{-x}$ **18.** $y=\sqrt{2x-1}$ **19.** $y=\sqrt{\frac{1}{x}}$

# 4.6 Die Exponential- und Logarithmusfunktionen

**Beispiel:** Auf einem Teich, der eine Oberfläche von 50 000 $m^2$ hat, wachsen schnellwüchsige Wasserpflanzen. Am Anfang des Sommers bedeckten sie $\frac{1}{10}$ des Teichs, aber nach einem Monat schon doppelt so viel. Dieses Wachstumstempo hielt an, d. h., nach wiederum einem Monat hatte sich die bedeckte Fläche erneut verdoppelt. Nach wie viel Monaten ist der Teich vollständig bedeckt, gleich bleibendes Wachstumstempo vorausgesetzt?

Die anfangs bedeckte Fläche betrug $\frac{1}{10} \cdot 50000\,\mathrm{m}^2 = 5000\,\mathrm{m}^2$. Setzt man für die Zeit des Wachsens in Monaten die Variable $x$, für die bedeckte Fläche des Teichs in $m^2$ die Variable $y$, so gilt offenbar folgende Zuordnung:

| $x$ | 0 | 1 | 2 | 3 | 4 | ... | $n$ |
|---|---|---|---|---|---|---|---|
| $y$ | $5000\,\mathrm{m}^2$ | $2 \cdot 5000\,\mathrm{m}^2$ | $2 \cdot 2 \cdot 5000\,\mathrm{m}^2$ | $2 \cdot 2 \cdot 2 \cdot 5000\,\mathrm{m}^2$ | $2 \cdot 2 \cdot 2 \cdot 2 \cdot 5000\,\mathrm{m}^2$ | ... | $2^n \cdot 5000\,\mathrm{m}^2$ |

Man kann der Tabelle entnehmen, dass der Teich zwischen dem 3. und 4. Monat völlig bedeckt sein wird, denn nach 3 Monaten sind 40 000 $m^2$ bedeckt und nach dem 4. Monat wären es schon 80 000 $m^2$ – aber so groß ist der Teich nicht.

Es handelt sich bei dieser Zuordnung ersichtlich um eine Funktion mit der Funktionsgleichung $y = 5000\,\mathrm{m}^2 \cdot 2^x$. Das ist eine sog. **Exponentialfunktion**, deshalb so genannt, weil die unabhängige Variable $x$ im Exponenten des Funktionsterms auftritt. Eine Exponentialfunktion mit der Funktionsgleichung vom Typ $y = m \cdot 2^x$ darf nicht mit einer quadratischen Funktion mit der Funktionsgleichung vom Typ $y = m \cdot x^2$ verwechselt werden. Die Funktionswerte dieser Exponentialfunktionen wachsen für $m > 0$ bedeutend stärker als die entsprechenden quadratischen Funktionen, wie man der folgenden Tabelle entnehmen kann:

| $x$ | 0 | 1 | 2 | 3 | 4 | 5 | 6 | 7 | 8 | ... |
|---|---|---|---|---|---|---|---|---|---|---|
| $mx^2$ | 0 | $m$ | $4m$ | $9m$ | $16m$ | $25m$ | $36m$ | $49m$ | $64m$ | ... |
| $m2^x$ | $m$ | $2m$ | $4m$ | $8m$ | $16m$ | $32m$ | $64m$ | $128m$ | $256m$ | ... |

Nicht nur zur Basis 2 sind Potenzen für beliebige reelle Zahlen als Exponenten erklärt, sondern zu jeder positiven Basis. Für $a \in \mathbb{R}^+$ erklärt man daher: Reelle Funktionen vom Typ $f\colon f(x) = a^x$; $D(f) = \mathbb{R}$, bei denen die unabhängige Variable im Funktionsterm als Exponent einer positiven Basis steht, heißen **Exponentialfunktionen**.

Exponentialfunktionen beschreiben wichtige Wachstums- und Abnahmeprozesse in der Natur, in der Technik und in der Ökonomie.

So lassen sich z. B. Wachstumsprozesse wie die Zunahme der Bevölkerung einer Region, die Zunahme des Holzbestandes eines Waldes, das Zunehmen eines Kapitals, zu dem die anfallenden Zinsen immer wieder aufgeschlagen werden, oder das Wachsen von Zellen, z. B. in Bakterienkulturen, mittels der Exponentialfunktionen zahlenmäßig erfassen. Dadurch werden Voraussagen über das sog. **exponentielle Wachstum** z. B. von Bevölkerungen, Holzbeständen oder Kapitalien möglich.

Aber auch bestimmte Zerfallsprozesse wie z. B. der radioaktive Zerfall unterliegen den Gesetzen der exponentiellen Abnahme. Experimentell ermittelte Halbwertszeiten sind z. B. Grundlagen für das Bestimmen des Alters fossiler Organismen in der Archäologie und in der Paläontologie. Aber auch die Absorption von Licht im Wasser erfolgt exponentiell, um nur einige Beispiele für exponentielles Wachstum bzw. exponentiellen Zerfall zu nennen.

Jede Exponentialfunktion hat den Definitionsbereich $\mathbb{R}$. Da ein Potenzterm der Form $a^x$ mit $x \in \mathbb{R}$ nur für $a > 0$ erklärt ist, treten im Funktionsterm von Exponentialfunktionen nur positive reelle Zahlen als Basen von Potenztermen auf. Das hat zur Folge, dass die Funktionswerte einer Exponentialfunktion alle größer als 0 sind. Andererseits tritt auch jede positive reelle Zahl für $y$ als Funktionswert einer Funktion vom Typ $f: f(x) = a^x;\ D(f) = \mathbb{R}$ auf. Das folgt unmittelbar aus den Funktionsgleichungen $y = a^x$ dieser Funktionen. Bei ihnen sind die Exponenten für $x$ als Logarithmus von $y$ zur Basis $a$ erklärt: $x = \log_a y$. Der Wertebereich jeder Exponentialfunktion vom Typ $f: f(x) = a^x;\ D(f) = \mathbb{R}$ ist daher $\mathbb{R}^+$: $W(f) = \mathbb{R}^+$. Es soll für das Weitere außerdem $a \neq 1$ vorausgesetzt werden, denn andernfalls wäre $f$ wegen $1^x = 1$ für alle $x \in \mathbb{R}$ die konstante Funktion $f: f(x) = 1;\ D(f) = \mathbb{R}$.

Zunächst sollen die Graphen der Funktionen $f: f(x) = 2^x$, $g$: $g(x) = 3^x$ und $h$: $h(x) = 10^x$ gezeichnet werden. Dazu stellt man zweckmäßigerweise zu diesen Funktionen eine Wertetabelle auf.

| $x$ | $-3$ | $-2{,}5$ | $-2$ | $-1{,}5$ | $-1$ | 0 | 0,2 | 0,5 | 0,8 | 1 | 2 | 3 | … |
|---|---|---|---|---|---|---|---|---|---|---|---|---|---|
| $f(x) = 2^x$ | $\frac{1}{8}$ | $\frac{1}{5{,}7}$ | $\frac{1}{4}$ | $\frac{1}{2{,}8}$ | $\frac{1}{2}$ | 1 | 1,2 | 1,4 | 1,7 | 2 | 4 | 8 | … |
| $g(x) = 3^x$ | $\frac{1}{27}$ | $\frac{1}{15{,}6}$ | $\frac{1}{9}$ | $\frac{1}{5{,}2}$ | $\frac{1}{3}$ | 1 | 1,3 | 1,7 | 2,4 | 3 | 9 | 27 | … |
| $h(x) = 10^x$ | $\frac{1}{1000}$ | $\frac{1}{316{,}2}$ | $\frac{1}{100}$ | $\frac{1}{31{,}6}$ | $\frac{1}{10}$ | 1 | 1,6 | 3,2 | 6,3 | 10 | 100 | 1000 | … |

Die Graphen von $f$, $g$ und $h$ verlaufen oberhalb der $x$-Achse im II. und I. Quadranten des Koordinatensystems. Sie steigen stets mit zunehmenden Werten für $x$ und gehen alle durch den Punkt $P\langle 0|1\rangle$. Die Funktionen $f$, $g$ und $h$ sind streng monoton steigend.

Mit kleiner werdenden $x$-Werten nähern sich die Graphen von oben immer mehr dem negativen Teil der $x$-Achse. Die $x$-Achse ist Asymptote der Graphen; man sagt auch, die Graphen nähern sich der $x$-Achse asymptotisch.

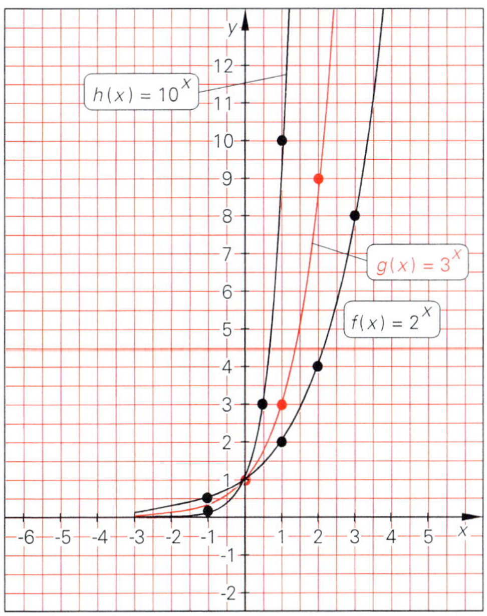

Nun sollen die Graphen der Exponentialfunktionen $f\colon f(x) = (\frac{1}{2})^x$, $g\colon g(x) = (\frac{2}{3})^x$ und $h\colon h(x) = (\frac{4}{5})^x$ gezeichnet werden. Auch hierzu wird eine Wertetabelle aufgestellt.

| $x$ | $-3$ | $-2{,}5$ | $-2$ | $-1{,}5$ | $-1$ | 0 | 0,5 | 1 | 1,5 | 2 | 3 | … |
|---|---|---|---|---|---|---|---|---|---|---|---|---|
| $f(x) = (\frac{1}{2})^x$ | 8 | 5,6 | 4 | 2,8 | 2 | 1 | 0,7 | 0,5 | 0,4 | 0,3 | 0,13 | … |
| $g(x) = (\frac{2}{3})^x$ | 3,37 | 2,76 | 2,25 | 1,8 | 1,5 | 1 | 0,8 | 0,66 | 0,54 | 0,44 | 0,3 | … |
| $h(x) = (\frac{4}{5})^x$ | 1,95 | 1,75 | 1,56 | 1,4 | 1,25 | 1 | 0,9 | 0,8 | 0,7 | 0,64 | 0,51 | … |

Auch diese Graphen verlaufen oberhalb der $x$-Achse im II. und I. Quadranten des Koordinatensystems. Sie fallen stets für zunehmende $x$-Werte und gehen alle durch den Punkt $P\langle 0|1\rangle$.

Die Funktionen $f$, $g$ und $h$ sind hier streng monoton fallend.

Mit größer werdenden $x$-Werten nähern sich die Graphen asymptotisch von oben dem positiven Teil der $x$-Achse.

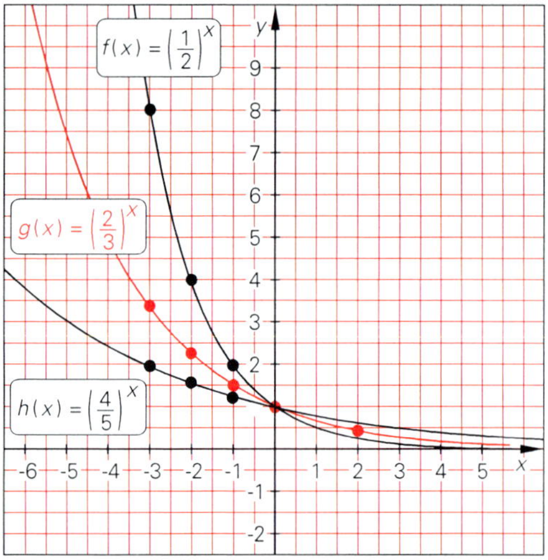


**Merke:**

- Die Graphen der Exponentialfunktionen vom Typ $f\colon f(x) = a^x$; $D(f) = \mathbb{R}$ verlaufen im II. und I. Quadranten des Koordinatensystems.
- Für $0 < a < 1$ sind die Exponentialfunktionen streng monoton fallend. Ihre Graphen nähern sich asymptotisch von oben dem positiven Teil der $x$-Achse. Für $a > 1$ sind die Exponentialfunktionen streng monoton steigend. Ihre Graphen nähern sich asymptotisch von oben dem negativen Teil der $x$-Achse.
- Alle Graphen von Exponentialfunktionen gehen durch den Punkt $P\langle 0|1\rangle$.

Da Exponentialfunktionen vom Typ $f\colon f(x) = a^x$; $D(f) = \mathbb{R}$ und $W(f) = \mathbb{R}^+$ immer streng monoton steigend (im Fall $a > 1$) oder streng monoton fallend (im Fall $0 < a < 1$) sind, besitzen sie Umkehrfunktionen. Die Funktionsgleichungen dieser Umkehrfunktionen werden aus den Funktionsgleichungen $y = a^x$ der Exponentialfunktionen in der üblichen Weise gewonnen.

Ausgehend von $y = a^x$ lauten die Schritte:

| | |
|---|---|
| **1.** Vertauschen der Variablen $x$ und $y$ | $x = a^y$ ► Logarithmieren |
| **2.** Auflösen der entstandenen Gleichung nach $y$ durch Logarithmieren | $\log_a x = y \cdot \log_a a$ ► $\log_a a = 1$<br>$y = \log_a x$ |
| **3.** Funktionsgleichungen der Umkehrfunktionen | $y = \log_a x$ ► Funktionsgleichungen der Umkehrfunktionen |
| **4.** Umkehrfunktionen | $g\colon g(x) = \log_a x$; $D(g) = \mathbb{R}^+$ ► $g = f^{-1}$ |

Die Umkehrfunktionen der Exponentialfunktionen sind also Funktionen vom Typ $g$: $g(x) = \log_a x$; $D(g) = \mathbb{R}^+$, $a \in \mathbb{R}^+ \setminus \{1\}$.

Funktionen dieses Typs heißen **Logarithmusfunktionen**.

Die Graphen der Logarithmusfunktionen $g$: $g(x) = \lg x$; $D(g) = \mathbb{R}^+$ und $g$: $g(x) = \log_2 x$; $D(g) = \mathbb{R}^+$ kann man mithilfe einer Wertetabelle (Taschenrechner!) gewinnen. Einfacher erhält man sie durch Spiegelung der Graphen der Exponentialfunktionen $f: f(x) = 10^x$ bzw. $f: f(x) = 2^x$ an der Winkelhalbierenden des III. und I. Quadranten.

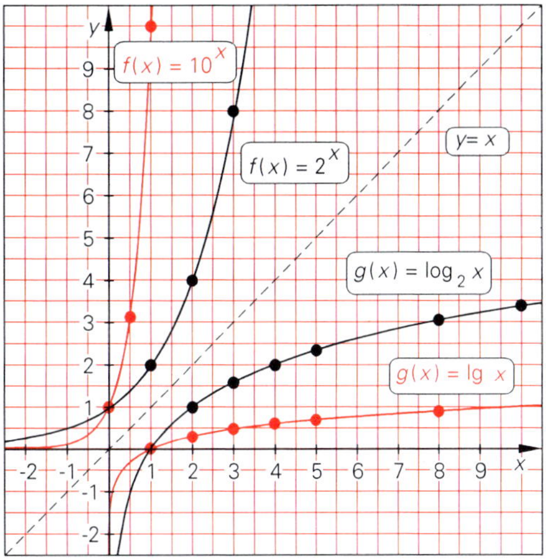


Aus den Graphen der Exponentialfunktionen mit den Funktionsgleichungen $y = (\frac{1}{2})^x$, $y = (\frac{2}{3})^x$ und $y = (\frac{4}{5})^x$ kann man ebenfalls durch Spiegelung an der Winkelhalbierenden des III. und I. Quadranten die Graphen der Logarithmusfunktionen mit den Funktionsgleichungen $y = \log_{\frac{1}{2}} x$, $y = \log_{\frac{2}{3}} x$ und $y = \log_{\frac{4}{5}} x$ gewinnen.

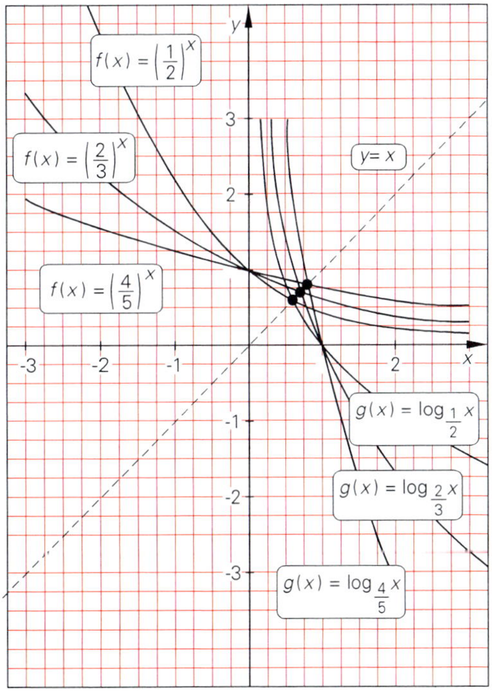


Die Logarithmusfunktionen sind ein unerlässliches Hilfsmittel bei der qualitativen und quantitativen Erfassung naturwissenschaftlicher Gesetzmäßigkeiten, in der Physik z. B. dann, wenn sich physikalische Gesetzmäßigkeiten mithilfe von Exponentialfunktionen beschreiben lassen.

Die Logarithmusfunktionen sind wie die Exponentialfunktionen mit der jeweils gleichen Basis streng monoton steigend für $a > 1$ und streng monoton fallend für $0 < a < 1$. Man entnimmt das den entsprechenden Graphen aus den Schaubildern, kann es sich aber auch wie folgt überlegen:

Ist $\log_a x_1 = y_1$ und $\log_a x_2 = y_2$, so gilt $a^{y_1} = x_1$ und $a^{y_2} = x_2$. Mit $x_1 < x_2$ muss auch $y_1 < y_2$ sein, weil nur dann $a^{y_1} < a^{y_2}$ gilt, falls $a > 1$ ist.

Entsprechend folgt für $0 < a < 1$ aus $x_1 < x_2$, dass $\log_a x_1 > \log_a x_2$ ist.

**Merke:**

- Die Graphen der Logarithmusfunktionen vom Typ $g$: $g(x) = \log_a x$; $D(g) = \mathbb{R}^+$ verlaufen im I. und IV. Quadranten des kartesischen Koordinatensystems.
- Für $0 < a < 1$ sind die Logarithmusfunktionen streng monoton fallend. Ihre Graphen nähern sich asymptotisch von rechts dem positiven Teil der $y$-Achse. Für $a > 1$ sind die Logarithmusfunktionen streng monoton steigend. Ihre Graphen nähern sich asymptotisch von rechts dem negativen Teil der $y$-Achse.
- Die Graphen aller Logarithmusfunktionen gehen durch den Punkt $P\langle 1|0 \rangle$.
- Logarithmusfunktionen und Exponentialfunktionen sind zur selben Basis Umkehrfunktionen voneinander.

## Übungen zu 4.6

Zeichnen Sie die Graphen der Funktionen mit den folgenden Funktionsgleichungen in angemessenen Intervallen, etwa im Intervall $[-3; 3]$:

**1.** $y = 0{,}5^x$ **2.** $y = 1{,}5^x$ **3.** $y = \left(\frac{4}{5}\right)^x$ **4.** $y = \left(\frac{4}{5}\right)^{-x}$ **5.** $y = \left(\frac{1}{2}\right)^{-x}$

Zeichnen Sie den Graphen der Funktion $f$: $f(x) = 2^x$ im Intervall $[-4; 3]$ und bestimmen Sie daraus angenähert den Funktionswert zu den Argumentwerten:

**6.** 1,5 **7.** 0,4 **8.** −3,2 **9.** $\frac{3}{2}$ **10.** $\frac{7}{5}$ **11.** $-\frac{7}{4}$

Lesen Sie am Graphen der Funktion $f$: $f(x) = 2^x$ die Lösungen der folgenden Gleichungen ab:

**12.** $2^x = 1{,}5$ **13.** $2^x = 3{,}4$ **14.** $2^x = 0{,}8$ **15.** $2^x = 5$

Bestimmen Sie die Funktionsgleichungen der Umkehrfunktionen zu den Funktionen mit den folgenden Funktionsgleichungen:

**16.** $y = 3^x$ **17.** $y = 0{,}5^x$ **18.** $y = 1{,}5^x$ **19.** $y = \left(\frac{4}{5}\right)^x$ **20.** $y = \left(\frac{1}{2}\right)^{-x}$

Zeichnen Sie die Graphen folgender Funktionen und ihrer Umkehrfunktionen im Intervall $[-2; 4]$:

**21.** $f$: $f(x) = 3^x$ **22.** $f$: $f(x) = 0{,}5^x$ **23.** $f$: $f(x) = 10^x$ **24.** $f$: $f(x) = \left(\frac{1}{2}\right)^{-x}$

Zeichnen Sie den Graphen der Funktion $f$: $f(x) = \lg x$ im Intervall $(0; 7]$ und lösen Sie die folgenden Gleichungen graphisch.

**25.** $0{,}2 = \lg x$ **26.** $0{,}5 = \lg x$ **27.** $0{,}8 = \lg x$ **28.** $0{,}65 = \lg x$

**29.** Die folgende Wertetabelle zeigt das Wachstum einer Pilzkultur von anfangs 11 g bei täglicher Wägung an. Skizzieren Sie den Verlauf des Graphen der Funktion. Lesen Sie an dem Graphen den Zeitpunkt ab, an welchem sich die Pilzkultur verdoppelt hat.

| Anfangsmasse | 1. Tag | 2. Tag | 3. Tag | 4. Tag | 5. Tag | 6. Tag | 7. Tag | 8. Tag |
|---|---|---|---|---|---|---|---|---|
| 11 g | 12,4 g | 14 g | 15,8 g | 17,8 g | 20 g | 22,6 g | 25,5 g | 28,7 g |

**30.** Der Druck $p$ der atmosphärischen Luft hängt von der Höhe $h$ ab. Für den Luftdruck in der Höhe $h$ über dem Meeresspiegel gilt annähernd die Formel

$p(h) = 1000 \text{ mb} \cdot e^{-\frac{h}{8000\text{ m}}}$, wobei eine Temperatur von 0° vorausgesetzt wird.

Berechnen Sie, welcher Luftdruck auf der Zugspitze (2963 m) und dem Mount Everest (8847 m) herrscht.

**Anleitung:** Logarithmieren Sie die Formel nach Einsetzen der entsprechenden Werte mit dem natürlichen Logarithmus, d. h., dem Logarithmus zur Basis e.

# Wiederholungsfragen zu 4.

**1.** Was versteht man unter einer Relation?

**2.** Wann ist eine Relation auch eine Funktion?

**3.** Welche Funktionen heißen reelle Funktionen?

**4.** Welche Schreibfiguren für reelle Funktionen kennen Sie?

**5.** Was versteht man unter der Funktionsgleichung einer Funktion?

**6.** Was versteht man unter dem Graphen einer Funktion im kartesischen Koordinatensystem?

**7.** Welchen Graphen hat eine lineare Funktion?

**8.** Welchen Einfluss haben die Formvariablen $m$ und $n$ in den Funktionsgleichungen $y = mx + n$ linearer Funktionen auf die Lage der Graphen der Funktionen im kartesischen Koordinatensystem?

**9.** Welche Methoden zum Zeichnen der Graphen linearer Funktionen kennen Sie?

**10.** Wie lauten die Zwei-Punkte-Form und die Punkt-Steigungs-Form einer Geradengleichung?

**11.** Was versteht man unter einer Potenzfunktion?

**12.** Welche Typen von Potenzfunktionen kennen Sie?

**13.** Welche Graphen haben die Potenzfunktionen mit den Funktionsgleichungen $y = x^2$, $y = x^3$ und $y = x^{-1}$ im kartesischen Koordinatensystem?

**14.** Wie verlaufen die Graphen der Funktionen mit den Funktionsgleichungen $y = \sqrt{x}$ und $y = \sqrt[3]{x}$ im kartesischen Koordinatensystem?

**15.** Wie sind die Exponentialfunktionen und die Logarithmusfunktionen definiert?

**16.** Wie verlaufen die Graphen der Funktionen mit den Funktionsgleichungen $y = 10^x$ und $y = \log_{10} x$ im kartesischen Koordinatensystem?

**17.** Wann heißt eine reelle Funktion streng monoton steigend, wann streng monoton fallend?

**18.** Unter welchen Bedingungen hat eine Funktion eine Umkehrfunktion?

**19.** Wie ist die Umkehrfunktion einer Funktion erklärt?

**20.** Wie kann man die Funktionsgleichung der Umkehrfunktion zur Funktion mit der Funktionsgleichung $y = f(x)$ gewinnen?

**21.** Welche Beziehung besteht zwischen dem Graphen einer Funktion und dem Graphen ihrer Umkehrfunktion im kartesischen Koordinatensystem?

# 4.7 Schaubilder

Im täglichen Leben begegnet man ständig Schaubildern oder Diagrammen. Sie haben die Aufgabe, Angaben über irgendwelche Objekte optisch vergleichbar zu machen. Schaubilder sind dafür von größerer Wirksamkeit als Tabellen. Allerdings erreichen sie nicht immer deren Exaktheit und manchmal beseht die Gefahr, dass sie missgedeutet werden können. Einige Arten von Schaubildern werden im Folgenden vorgestellt.

- **Kreisschaubilder**

Soll graphisch dargestellt werden, aus welchen Teilen oder Bestandteilen sich eine Einheit zusammensetzt, so empfiehlt sich dafür das Kreisschaubild.

Sitzverteilungen in Parlamenten finden durch Kreisdiagramme eine gute Veranschaulichung. Nebenstehend ist die Verteilung der 567 Sitze des Europäischen Parlaments auf die 12 in der Europäischen Gemeinschaft zusammengeschlossenen Staaten angegeben (Stand 1994).

**Sitzverteilung im Europäischen Parlament**

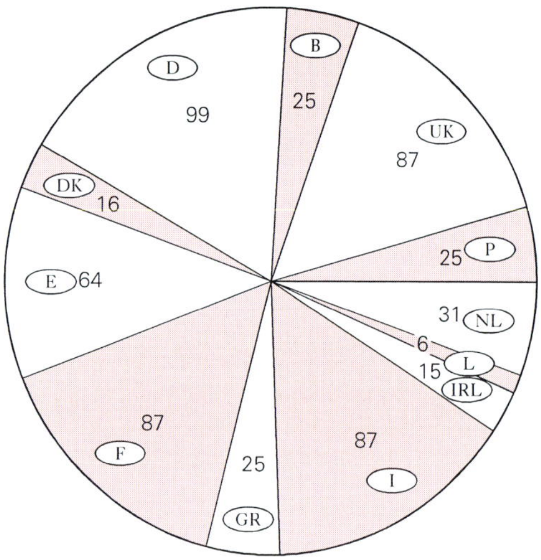


- **Streckenschaubilder**

Tabellen sind abstrakt und nicht sehr anschaulich. Die Übersicht oder der Vergleich wird besser und wirksamer, wenn man die Zahlen- oder Größenangaben durch Streckenlängen veranschaulicht. Auf diese Weise kann man z. B. den ausnutzbaren Energiegehalt von verschiedenen Lebensmitteln als Strecken darstellen. Die Länge der Strecken entspricht dem jeweiligen Energiegehalt. Man muss dazu einen Maßstab geeignet wählen.

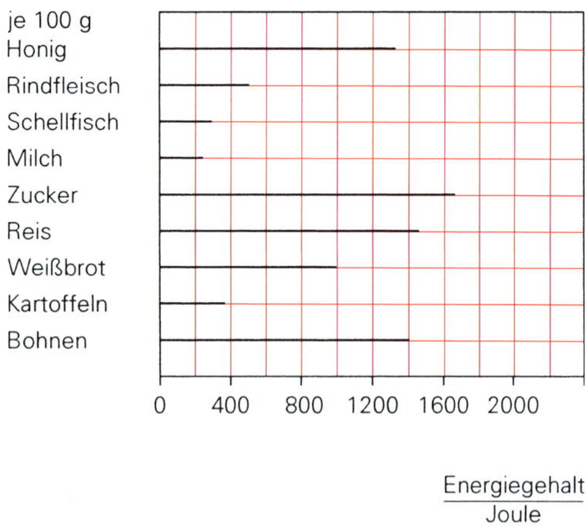


► Maßstab: 100 Joule ≙ 2 mm

Die Strecken werden oft auch senkrecht im Diagramm gezeichnet. Das nebenstehende Schaubild verdeutlicht die Höhen einiger bekannter Berge. Wieder muss ein Maßstab so gewählt werden, dass die Strecke, die der kleinsten Zahlenangabe entspricht, noch gut sichtbar ist, die der größten Zahlenangabe entsprechende Strecke aber auch im Diagramm Platz hat.

► Maßstab: 1500 m ≙ 10 mm

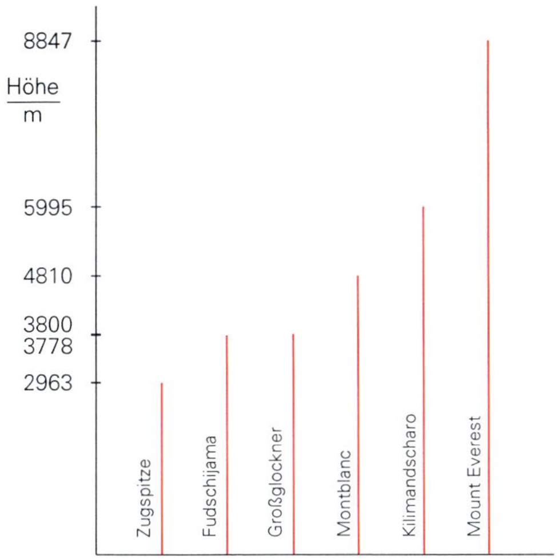


Verbindet man die Endpunkte der Strecken eines Streckendiagramms ihrerseits durch Strecken, so entsteht ein sog. **Strecken- oder Polygonzug**. Er betont das Wachsen oder Fallen, aber in der Regel kommt den Punkten der Verbindungsstrecken keine reale Bedeutung zu. Was sollte z. B. im voranstehenden Schaubild zwischen Zugspitze und Fudschijama liegen?

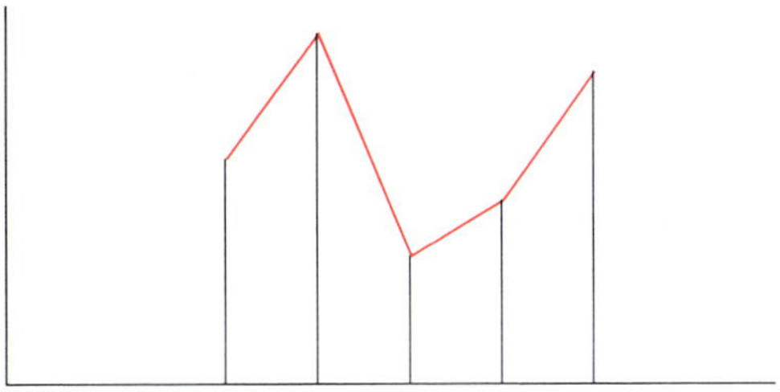

► Strecken- oder Polygonzug

- **Flächenstreifenschaubilder**

Bei dieser Form der Veranschaulichung treten an die Stelle der Strecken rechteckige Flächenstreifen, d. h., die Zahlen- oder Größenangaben werden durch Rechtecksflächen dargestellt. Die Klarheit und Prägnanz der Veranschaulichung kann durch farbige Gestaltung oder unterschiedliche Schraffur noch verbessert werden.

**Die fünf größten Getreideproduzenten in der Welt im Jahre 1989 (Mio. t)**

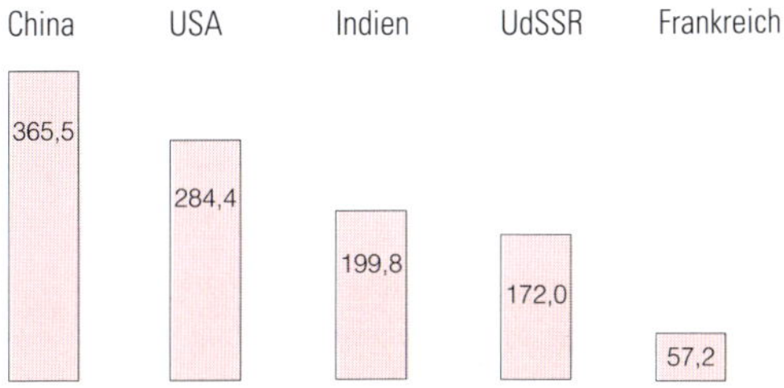


Rückt man die Flächenstreifen eines Streifendiagramms aneinander, etwa wenn man Angaben veranschaulicht, die zu aufeinander folgenden Jahren gehören, entsteht das sog. **Treppenpolygon** oder **Histogramm**.

Die Flächenstreifen können auch waagerecht liegen.

**Reales Wirtschaftswachstum in der EG in Prozent im Vergleich zum Vorjahr**

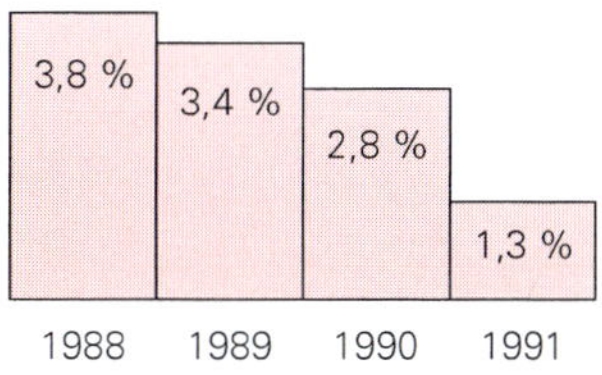


► Treppenpolygon oder Histogramm

Vor der Anfertigung eines solchen Diagramms muss man sich darüber klar werden, was man „ins Bild setzen“ will: Das Verhältnis zwischen zwei oder mehr Zahlen bzw. Größen oder ihre Differenz. Will man das Verhältnis zeigen, so genügt es, die Höhen der Flächenstreifen den zu veranschaulichenden Größen oder Zahlen entsprechend zu wählen. Die Breite der Flächenstreifen ist unerheblich, sie muss nur bei allen Streifen gleich sein. Will man aber die Differenz zweier Zahlen oder Größen veranschaulichen, so muss der Flächeninhalt der Flächenstreifen den zu veranschaulichenden Zahlen oder Größen entsprechen. Hat man also einen Maßstab für deren Veranschaulichung gewählt und damit festgelegt, wie viel Flächeneinheiten zur Veranschaulichung der betreffenden Zahlen oder Größen dienen, so müssen dann die Höhen und die Breite der Flächenstreifen entsprechend bestimmt werden.

**Beispiel:**

Die Kartoffelproduktion zweier großer landwirtschaftlicher Betriebe soll veranschaulicht werden. Der eine Betrieb erntete 3200 t, der andere 2400 t.

Veranschaulicht man sich die Erträge durch ein Streckendiagramm und wählt dabei den Maßstab in der Weise, dass 1 cm der Streckenlängen einem Ertrag von 400 t entsprechen soll, so erhält man Strecken der Länge von 8 cm und 6 cm und deren Differenz von 2 cm gibt die Differenz der Erträge korrekt wieder.

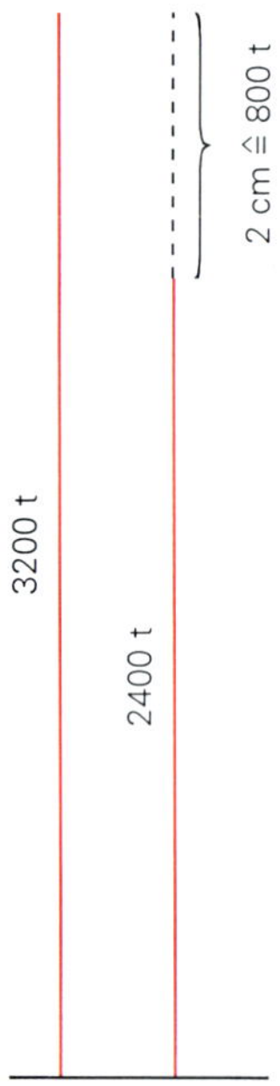


Veranschaulicht man sich die Erträge – um einen noch besseren optischen Eindruck zu erreichen – durch Flächenstreifen mit der Breite von 1 cm und wählt dabei den Maßstab in der Weise, dass einer Fläche von 1 cm$^2$ ein Ertrag von 400 t entspricht, so muss man Flächenstreifen der Höhe von 8 cm und 6 cm zeichnen, damit der Flächeninhalt der Streifen die Erträge der Betriebe richtig wiedergibt. Die Differenz der Flächeninhalte beider Streifen beträgt dann nämlich 2 cm$^2$, was den tatsächlichen Unterschied von 800 t entspricht. Die Maßzahl der Flächendifferenz ist also der Maßzahl der Streckendifferenz gleich.

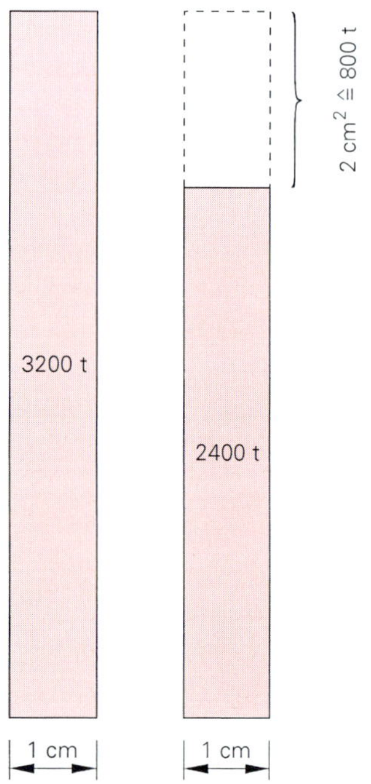

Wählt man nun als Streifenbreite 2 cm, so muss man die Höhen der Streifen auf 4 cm bzw. 3 cm verringern, damit die Flächeninhalte der Streifen die Ernteerträge und deren Differenz richtig wiedergeben.

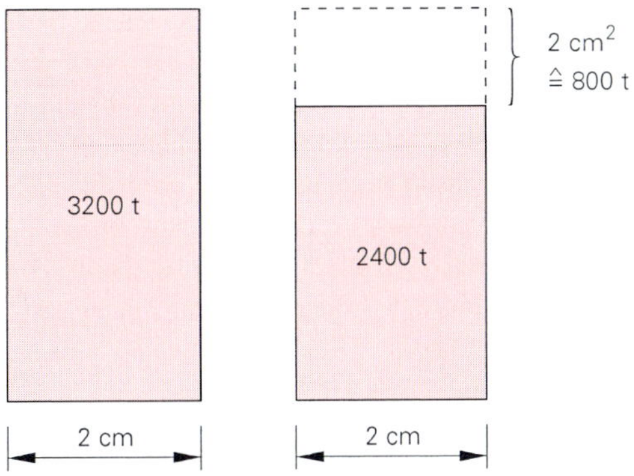


Will man aus irgendeinem Grunde die Höhen der Flächenstreifen von 8 cm und 6 cm lieber auch dann beibehalten, wenn man als Breite der Streifen 2 cm gewählt hat, so muss man den Maßstab ändern. Im Beispiel wäre der neue Maßstab der, dass nun einem Quadratzentimeter der Flächenstreifen 200 t Kartoffeln entsprechen. Die so gezeichneten Flächenstreifen geben dann die Erträge und deren Differenz ebenfalls korrekt wieder.

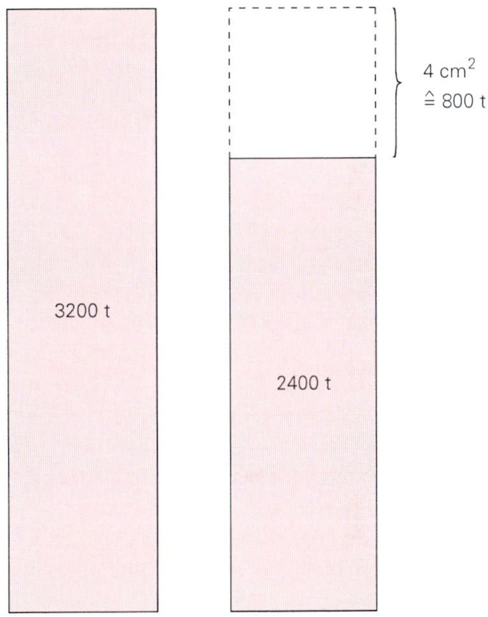


Würde man des stärkeren optischen Eindrucks wegen die Breite der Flächenstreifen vergrößern, ohne deren Höhe oder den gewählten Maßstab zu verändern, würde das entstehende Diagramm die wirklichen Zahlen oder Größen und deren Differenz nicht richtig widerspiegeln.

- **Körperschaubilder**

Durch die perspektivische räumliche Darstellung werden die Vergleiche noch eindrucksvoller. Bei dieser Darstellung ist wieder darauf zu achten, dass die Volumina der Säulen und nicht etwa nur deren Höhen den darzustellenden Zahlen oder Größen entsprechen. Häufig werden solche Säulendiagramme zur Veranschaulichung von Wahlergebnissen verwendet. Dann bezieht man oft auch die Ergebnisse der vorangegangenen Wahlen in die Darstellung mit ein, indem man die „neue" Säule aus der „alten" durch Vergrößern oder Verkleinern entstehen lässt oder indem man die neue Säule vor die alte stellt.

**Entwicklung des Bruttosozialprodukts in der Bundesrepublik Deutschland in den Jahren von 1960 bis 1990, berechnet in konstanten Preisen**

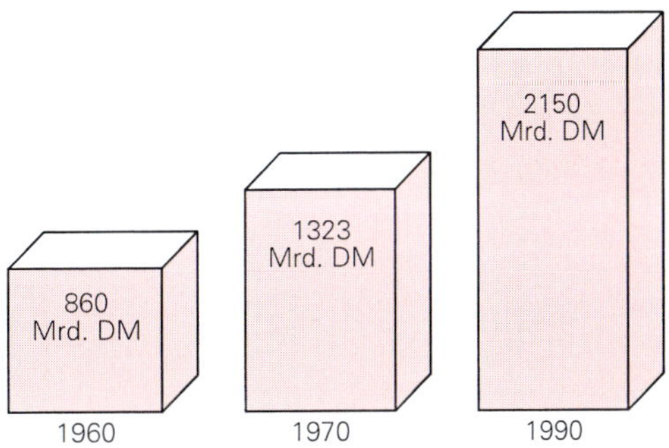

Auf eine besondere Form des Körperschaubilds, die sich ergibt, wenn eine Zahl oder Größe nicht nur von einer, sondern von zwei anderen Zahlen oder Größen abhängt, soll noch hingewiesen werden.

Der Stromverbrauch z.B. ist erfahrungsgemäß sowohl von der Tageszeit als auch von der Jahreszeit abhängig. Zur Veranschaulichung dieser Abhängigkeit ist ein sog. **Belastungsgebirge** üblich.

Die Erstellung einer solchen räumlichen Veranschaulichung ist heutzutage mithilfe von Computerprogrammen möglich.

**Belastungsgebirge eines Elektrizitätswerkes**

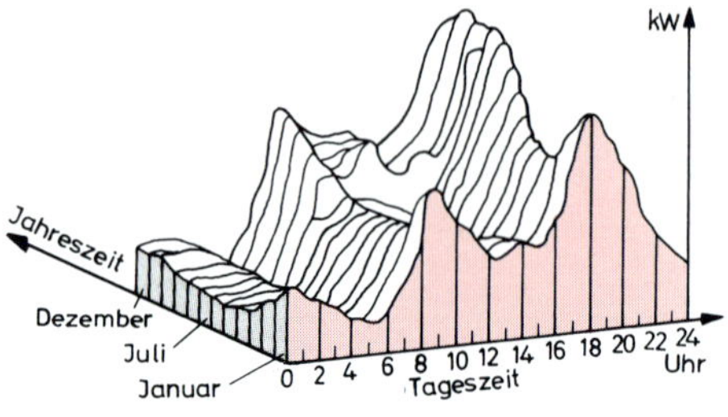


## • Veranschaulichung durch figürliche Darstellungen

Man unterscheidet zwei Möglichkeiten:

**1.** Einer Größe ist genau ein Bild zugeordnet.

**Beispiel:** Man kann den Bevölkerungszuwachs in Deutschland, ausgehend von 1816, gemessen 1885, 1935 und 1990 durch stilisierte Personen darstellen. Auch hierbei sollen die figürlichen Relationen den realen Verhältnissen entsprechen. Im nebenstehenden Schaubild wurde jeweils nur die Höhe der Personen dem Zuwachs entsprechend gewählt. Die flächenhafte Darstellung vermittelt allerdings hier einen unzutreffenden Eindruck vom Wachsen der deutschen Bevölkerung. Sie ist 1990 nicht einmal 4-mal so groß wie 1816, der Flächeninhalt der letzten Figur ist aber sicher mehr als 4-mal so groß wie der bei der ersten Figur.

**Die Bevölkerungszunahme in Deutschland im 19. Jahrhundert und im 20. Jahrhundert**

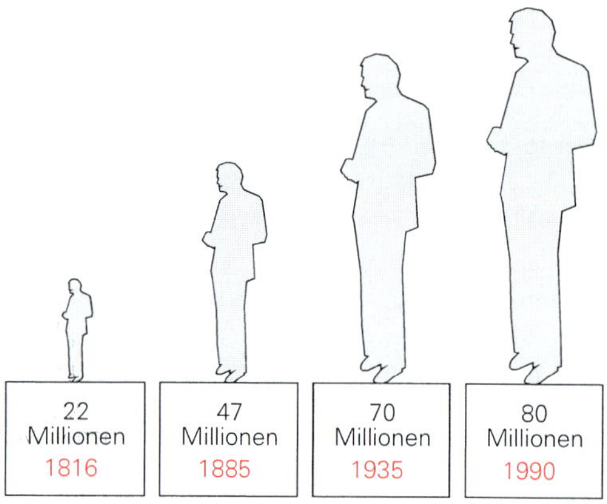


**2.** Einer Größe sind mehrere Bilder zugeordnet.

**Beispiel:** Die Anzahl der Seeschiffe der Bundesrepublik Deutschland betrug 2868 Stück im Jahre 1970, 1906 Stück im Jahre 1980 und 1375 Stück im Jahre 1992. Wählt man für 400 Seeschiffe ein stilisiertes Schiff als Veranschaulichung, so ergibt sich das nebenstehende Schaubild.

Eine gewisse Fragwürdigkeit dieser Art der Veranschaulichung liegt darin, dass man z.B. für 1992 eigentlich 3,5 Schiffe hätte zeichnen müssen – aber halbe Schiffe gibt es natürlich nicht.

**Anzahl der Seeschiffe der Bundesrepublik Deutschland**

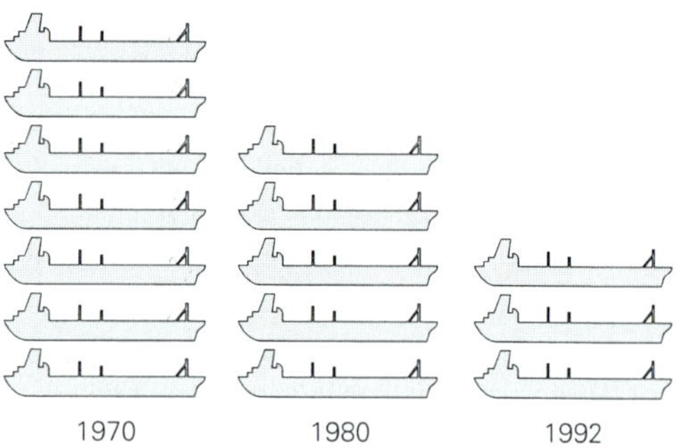

## • Relationsdiagramme

Relationen können in Pfeildiagrammen und im kartesischen Koordinatensystem veranschaulicht werden. Es gibt aber auch spezielle Relationsdiagramme, die in unterschiedlicher Art und Weise die Beziehung zwischen bestimmten Objekten darstellen.

Im nebenstehenden Schaubild sind die Teiler der Zahl 24 in einer räumlichen Struktur angeordnet.

**Teilerdiagramm der Zahl 24**

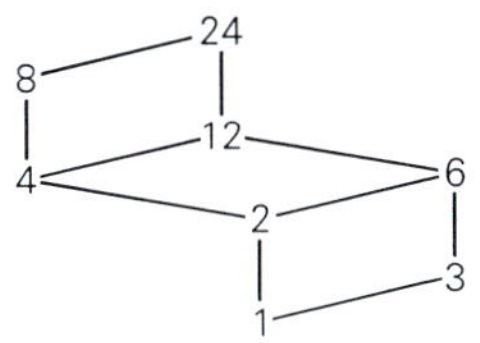


## • Nomogramme

Nomogramme sind gewissermaßen graphische Tabellen, die an der Stelle numerischer Tabellen stehen. Aus ihnen kann man die Werte einer Funktion in einfacher Weise ablesen.

Das erste Schaubild zeigt ein Nomogramm für die Multiplikation einer Zahl für $x$ mit $\frac{4}{6}$.

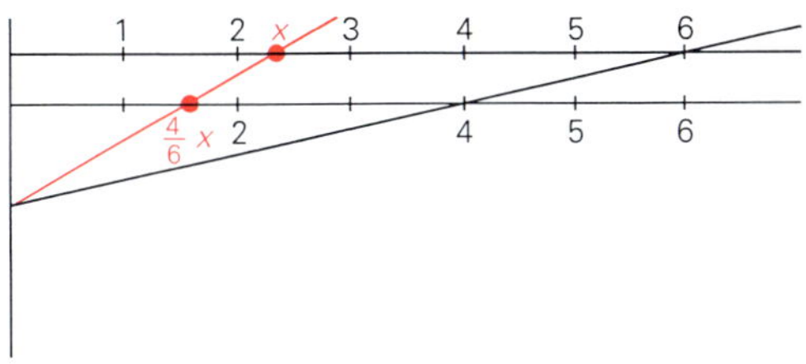


Das zweite Schaubild zeigt einen Ausschnitt einer anderen Art eines Multiplikationsnomogramms. Mithilfe dieses Nomogramms wird die Aufgabe $3 \cdot 5$ wie folgt gelöst: Auf den Achsen werden die Stellen 3 und 5 aufgesucht. Sodann wird festgestellt, auf welcher Hyperbel der Punkt $\langle 3 | 5 \rangle$ liegt. Es ist die Hyperbel mit der Bezifferung 15, d.h., $3 \cdot 5 = 15$.

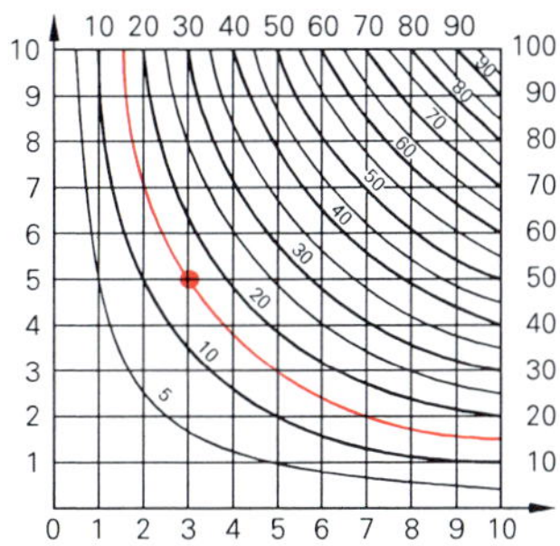


Im Zeitalter der elektronischen Taschenrechner und der Personalcomputer haben die nomographischen Methoden ihre einstige Bedeutung verloren.

## • Baumdiagramme

Bestimmte Vorgehensweisen, z. B. Lösungsschritte, können in Baumdiagrammen veranschaulicht werden. So genannte Rechenbäume machen die Reihenfolge der Operationen beim Lösen numerischer Aufgaben oder Gleichungen sichtbar.

Das nebenstehende Baumdiagramm dient zum Abzählen der Möglichkeiten, die es für die Reihenfolge von drei verschiedenen Objekten, etwa für die Reihenfolgen, in der drei Bücher aufgestellt werden können, gibt.

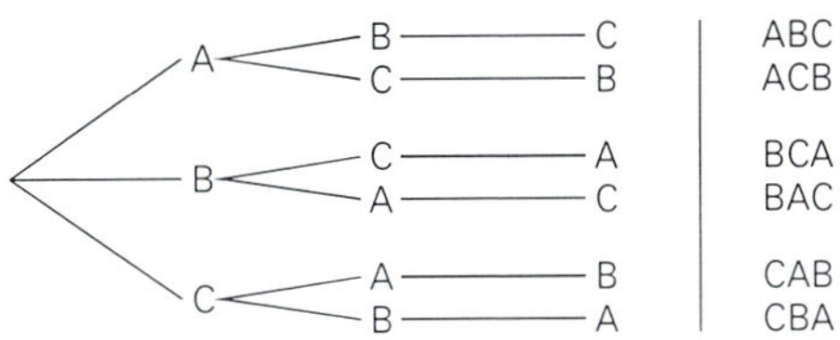

- **Piktogramme**

Bildhafte Darstellungen eins Gedankens durch sachgebundene Zeichen nennt man Piktogramme. Das können Hinweise sein, wie sie auf vielen Verkehrsschildern zu finden sind, oder Bilder, die Verbote ohne Worte für alle verständlich ausdrücken, aber auch Bildfolgen, die die Schritte beim Lösen einer Aufgabe darstellen.

Die Beschreibung des Vorgehens beim Konstruieren der Winkelhalbierenden eines gegebenen Winkels erfordert die nebenstehenden vier Bilder.

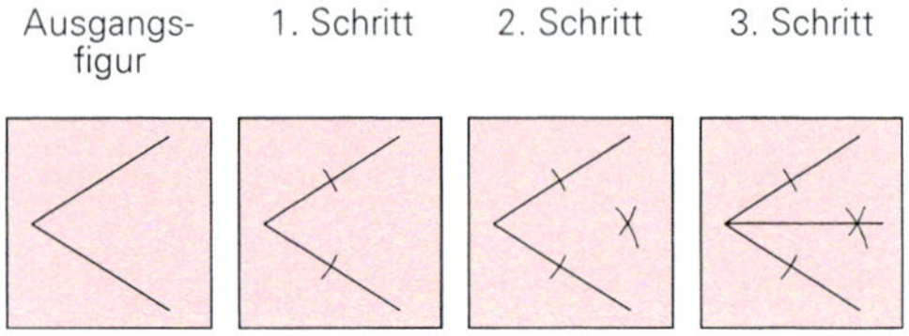


- **Mengendiagramme**

Oft ist es nützlich, die Beziehungen zwischen Mengen zu veranschaulichen. Man nutzt solche Möglichkeiten auch, um die Beziehungen zwischen Begriffen darzustellen, indem man die Beziehungen der Mengen der zu den Begriffen gehörenden Objekte in sog. Mengendiagrammen sichtbar macht.

Die Menge der geraden natürlichen Zahlen ist der Menge der durch 3 teilbaren natürlichen Zahlen nicht gleich. Nur manche geraden Zahlen sind durch 3 teilbar. Das nebenstehende Schaubild drückt die Beziehungen zwischen diesen Mengen aus.

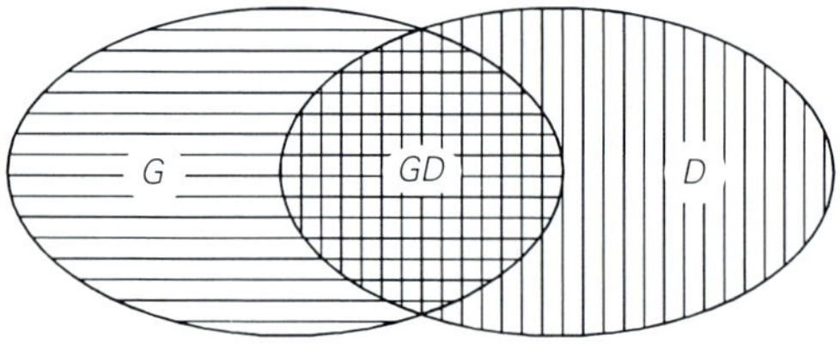


*G*: Menge der geraden Zahlen
*D*: Menge der durch 3 teilbaren Zahlen
*GD*: Menge der Zahlen, die durch 3 teilbar und gerade sind

Die vorstehenden Schaubilder oder Diagramme zeigen, dass es neben den Pfeildiagrammen und den Graphen von Funktionen und Relationen im kartesischen Koordinatensystem noch weitere Möglichkeiten gibt, viele innermathematische und außermathematische Sachverhalte anschaulich darzustellen.

## Übungen zu 4.7

Veranschaulichen Sie durch Streckenschaubilder oder Polygonzüge folgende Angaben.

**1.** Die Weltbevölkerung hat sich seit Beginn unserer Zeitrechnung wie folgt entwickelt:

| Jahr | 1 | 1000 | 1650 | 1800 | 1900 | 1960 | 1988 |
|---|---|---|---|---|---|---|---|
| Bevölkerung in Mio. | 220 | 300 | 545 | 906 | 1650 | 3010 | 5120 |

Nach Schätzungen der Vereinten Nationen wird sie sich bis zum Jahr 2025 wie folgt entwickeln:

| Jahr | 1995 | 2000 | 2010 | 2025 |
|---|---|---|---|---|
| Mio. | 5770 | 6261 | 7204 | 8504 |

**2.** Der Pro-Kopf-Verbrauch einiger Lebensmittel in der Bundesrepublik Deutschland betrug:

| | 1950/51 | 1970/71 | 1986/87 |
|---|---|---|---|
| Kartoffeln | 186,0 kg | 102,0 kg | 72,3 kg |
| Schweinefleisch | 19,4 kg | 40,7 kg | 61,1 kg |
| Frischobst | 40,7 kg | 93,0 kg | 94,4 kg |
| Zitrusfrüchte | 7,8 kg | 21,5 kg | 34,8 kg |
| Trinkmilch | 111,2 kg | 92,5 kg | 87,5 kg |

**3.** Die Lohn- und Sozialleistungen pro Arbeitsstunde betragen in DM-Währung (Stand 1994):

in Russland 0,60,
in Ungarn 4,20,
in Großbritannien 22,80,
in USA 24,80,
in Frankreich 27,80,
in Japan 30,00,
in Schweden 28,50,
in Deutschland 42,00.

**4.** Die Längen einiger Flüsse betragen:

Mosel . . . . . . . . . . . . . . . . 545 km,
Elbe . . . . . . . . . . . . . . . . 1144 km,
Rhein . . . . . . . . . . . . . . . . 1320 km,
Donau . . . . . . . . . . . . . . . . 2860 km,
Wolga . . . . . . . . . . . . . . . . . 3890 km,
Kongo . . . . . . . . . . . . . . . . . 4370 km,
Nil . . . . . . . . . . . . . . . . . . . 6320 km,
Amazonas . . . . . . . . . . . . . . . 6520 km.

**5.** Die Entfernungen von Berlin nach einigen Städten betragen, als Luftlinien gemessen:

Dresden . . . . . . 161 km,
Hamburg . . . . . 255 km,
Köln . . . . . . . . 503 km,
Amsterdam . . . . 585 km,
Stuttgart . . . . . . 536 km,
München . . . . . 527 km,
Basel . . . . . . . . 712 km,
Paris . . . . . . . . 984 km,
Rom . . . . . . . . 1474 km.

Veranschaulichen Sie durch Flächenstreifendiagramme folgende Angaben.

**6.** Das Bruttosozialprodukt pro Kopf betrug 1990 in Dollar-Währung:

in Finnland 26 040,
in Japan 25 430,
in Schweden 23 660,
in Deutschland 22 320,
in USA 21 790.

**7.** Die Größen folgender Inseln:

Großbritannien . . . . . . . 219 800 km$^2$,
Island . . . . . . . . . . . . 102 820 km$^2$,
Grönland . . . . . . . . . . 2 175 600 km$^2$,
Madagaskar . . . . . . . . . 598 700 km$^2$,
Kuba . . . . . . . . . . . . 114 450 km$^2$,
Borneo . . . . . . . . . . . . . . . 737 020 km$^2$,
Sumatra . . . . . . . . . . . . . . 424 980 km$^2$,
Java . . . . . . . . . . . . . . . . . 126 650 km$^2$,
Neu-Guinea . . . . . . . . . . . . 771 900 km$^2$,
Neuseeland . . . . . . . . . . . . 268 690 km$^2$.

**8.** Die Bevölkerungsdichte in den Kontinenten betrug 1991:

in Afrika 22 Einwohner pro km$^2$,
in Amerika 18 Einwohner pro km$^2$,
in Asien 114 Einwohner pro km$^2$,
in Europa 100 Einwohner pro km$^2$,
in Ozeanien 3 Einwohner pro km$^2$.

Veranschaulichen Sie die folgenden Angaben durch Säulendiagramme.

**9.** Die Elektrizitätserzeugung für die öffentliche Versorgung betrug in Deutschland in 1000 GWh:

| | 1988 | 1989 | 1990 |
|---|---|---|---|
| Deutschland | 478 | 489 | 466 |
| Altes Bundesgebiet | 367 | 378 | 385 |
| Neue Bundesländer | 111 | 111 | 81 |

**10.** Im Jahre 1991 waren die fünf größten Waffenexporteure:

USA mit Waffen für 11 195 Mio. Dollar,
UdSSR für 3 930 Mio. Dollar,
Deutschland für 2 015 Mio. Dollar,
VR China für 1 127 Mio. Dollar,
Großbritannien für 999 Mio. Dollar.

**11.** Die Bevölkerung der fünf bevölkerungsreichsten Länder betrug 1990:

VR China 1134 Mio. Einwohner,
Indien 850 Mio. Einwohner,
UdSSR 292 Mio. Einwohner,
USA 250 Mio. Einwohner,
Indonesien 178 Mio. Einwohner.

Veranschaulichen Sie die folgenden Angaben in einem Kreisdiagramm.

**12.** Die Tabelle enthält die Zusammensetzung einiger Legierungen.

| | Legierung | Zusammensetzung in % | | | | | |
|---|---|---|---|---|---|---|---|
| | | Sn | Zn | Pb | Cu | Ni | Sonstige |
| a) | Rotguss . . . . . . . . . . . . | 5 | 7 | 3 | 85 | – | – |
| b) | Zinnbronze . . . . . . . . . . | 7 | 5 | – | 88 | – | – |
| c) | Alpaka . . . . . . . . . . . . | – | 20 | – | 60 | 20 | – |
| d) | Nickelin . . . . . . . . . . . | – | – | – | 67 | 30 | 3 Mn |
| e) | Neusilber . . . . . . . . . . . | – | 41 | – | 47 | 12 | – |
| f) | Nirosta-Stahl . . . . . . . . . | – | – | – | 2 | 8 | 20 Cr, 70 Fe |

**13.** Die Weltbevölkerung betrug 1991 insgesamt 5 384 000 000 Menschen. Davon lebten:

in Asien 3 155 000 000,
in Amerika 731 000 000,
in Afrika 677 000 000,
in der UdSSR 292 000 000,
in Ozeanien 27 000 000.

**14.** Die folgende Tabelle zeigt den größten Teil der Ausgaben im Staatshaushalt der Bundesrepublik Deutschland im Jahre 1990 in Millionen DM. Die nicht erläuterten Ausgaben von 230 801 Mio. DM sollen als „Sonstige Ausgaben" veranschaulicht werden.

| Rechnungsjahr | Insgesamt | Darunter | | | | | | | | | |
|---|---|---|---|---|---|---|---|---|---|---|---|
| | | Verteidigung | Öffentl. Sicherheit und Ordnung, Rechtsschutz | Schulen, Hochschulen, übriges Bildungswesen | Wissenschaft, Forschung, Entwicklung außerh. d. Hochschulen | Kulturelle Angelegenheiten | Soziale Sicherung | Gesundheit, Sport und Erholung | Wohnungswesen und Raumordnung | Wirtschaftsförderung | Verkehr und Nachrichtenwesen |
| 1990 | 1 144 607 | 55 180 | 33 152 | 97 082 | 12 611 | 9023 | 538 872 | 48 055 | 42 759 | 44 641 | 32 431 |

# 5 Quadratische Gleichungen

Eine Gleichung mit einer Gleichungsvariablen $x$ heißt **quadratische Gleichung**, wenn die Gleichungsvariable in ihr oder einer ihrer äquivalenten Umformungen auch mit dem Exponenten 2, aber nicht mit einem höheren Exponenten und nicht in einem Nenner vorkommt.

Die **Grundform** einer solchen Gleichung ist $ax^2+bx+c=0$ mit $a \neq 0$. Ihr Definitionsbereich ist stets $\mathbb{R}$.

Aus der Grundform einer quadratischen Gleichung erhält man ihre **Normalform** $x^2+px+q=0$ nach Division durch $a$. In der Normalform ist also der Koeffizient von $x^2$ die Zahl 1. Da die Umformung aus der Grundform in die Normalform eine äquivalente Umformung ist, besitzen beide Gleichungen dieselben Lösungen.

**Quadratische Gleichungen**

$2x^2+5x+1=0$

$x^2-4=0;\ x^2+10=2$

$x(x+2)=0$, äquivalent zu $x^2+2x=0$

$x^2-8x+7=0$

$ax^2+bx+c=0;\ x \in \mathbb{R}$ mit $a \neq 0$ ► Grundform

$ax^2+6x-7=0$

$x^2+px+q=0;\ x \in \mathbb{R}$ ► Normalform

$x^2+2x-\frac{7}{3}=0$

$ax^2+bx+c=0;\ a \neq 0 \quad |:a$

$x^2+\frac{b}{a}x+\frac{c}{a}=0$ ► $\frac{b}{a}=p$ ► $\frac{c}{a}=q$

$x^2+px+q=0$ ► Normalform

## 5.1 Das algebraische Lösen von quadratischen Gleichungen

Wie viele Lösungen hat eine quadratische Gleichung mit einer Gleichungsvariablen, wie findet man diese?

Für die Beantwortung dieser Frage kann man sich auf die Untersuchung von quadratischen Gleichungen in Normalform beschränken. Man unterscheidet hierbei drei Fälle:

**1. Fall:** Es gilt $p=0$. Die Gleichung hat also die spezielle Form $x^2+q=0$.

**2. Fall:** Es gilt $p \neq 0, q=0$. Die Gleichung hat also die spezielle Form $x^2+px=0$.

**3. Fall:** Es gilt $p \neq 0$ und $q \neq 0$. Die Gleichung hat also die allgemeine Form $x^2+px+q=0$.

**Zum 1. Fall: $x^2+q=0$**

Die Gleichungen diese Typs enthalten die Gleichungsvariable nur in der 2. Potenz. Man spricht von **rein quadratischen Gleichungen**.

Jede rein quadratische Gleichung der Form $x^2+q=0$ ist lösungsgleich zu $x^2=-q$. In dieser Form erkennt man, dass eine rein quadratische Gleichung nur dann Lösungen besitzt, falls $q \leq 0$ gilt. Denn im Falle $q>0$ steht $-q$ für eine negative reelle Zahl, z. B. $-4$, und die Gleichung $x^2=-4$ kann keine reellen Lösungen besitzen, weil das Quadrat einer jeden reellen Zahl stets nicht negativ ist.

Die Gleichungen

$x^2+q=0 \quad |-q$

sind lösungsgleich zu

$x^2 \quad =-q.$

- Fall $q>0$;

  $x^2 \quad =-q$ ▸ $-q<0$

  In $\mathbb{R}$ nicht lösbar, weil es keine reelle Zahl gibt, deren Quadratzahl negativ ist. Die Lösungsmenge $L$ der Gleichungen ist die leere Menge:

  $L=\{\,\}$.

▸ $q=4$; $x^2=-4$ ▸ in $\mathbb{R}$ nicht lösbar

$L=\{\,\}$.

Im Fall $q \leq 0$ sind die Gleichungen der Form $x^2=-q$ in $\mathbb{R}$ lösbar. Man findet die Lösungen dieser Gleichungen durch beidseitiges Quadratwurzelziehen. Dadurch werden diese Gleichungen in die lösungsgleichen Betragsgleichungen $|x|=\sqrt{-q}$ überführt. Solche Betragsgleichungen sind wiederum lösungsgleich zu den beiden Gleichungen $x=\sqrt{-q}$ oder $x=-\sqrt{-q}$. Aus diesen beiden Gleichungen aber kann man die Lösungen $\sqrt{-q}$ und $-\sqrt{-q}$ der Ausgangsgleichung unmittelbar ablesen. Man erkennt, dass es genau zwei Lösungen gibt, falls $q<0$ gilt, und nur die eine Lösung 0 existiert, falls $q=0$ ist.

- Fall $q \leq 0$:

  $x^2=-q$ ▸ $-q \geq 0$

  $x^2=-q \quad |\sqrt{\ }$

  Die Gleichungen $|x|=\sqrt{-q}$ ▸ $-q \geq 0$ sind lösungsgleich zu

  $\underline{\underline{x=\sqrt{-q}}}$ oder $\underline{\underline{x=-\sqrt{-q}}}$.

▸ $\underline{\underline{L=\{-\sqrt{-q};\ \sqrt{-q}\}}}$

▸ $q=-4$:

$x^2=4$

$|x|=\sqrt{4}$ ▸ $\sqrt{4}=2$

Die Gleichung $|x|=2$ ist lösungsgleich zu

$\underline{\underline{x=2}}$ oder $\underline{\underline{x=-2}}$.

$L=\{-2;2\}$

Weil sich die Lösungen der quadratischen Gleichungen vom Typ $x^2+q=0$ im Fall $q \leq 0$ durch Wurzelziehen finden lassen, werden diese Lösungen auch als die **Wurzeln der quadratischen Gleichung** bezeichnet.

**Beispiele:**

**1.** $x^2-12=0$

Zuerst wird 12 addiert, sodann beidseits radiziert.
Die entstandene Betragsgleichung ist lösungsgleich zu zwei linearen Gleichungen, aus denen die Lösungen der quadratischen Gleichung unmittelbar abgelesen werden können.

**1.** $x^2-12=0 \quad |+12$

$x^2 \quad =12 \quad |\sqrt{\ }$

$|x|=\sqrt{12}$ ▸ ist lösungsgleich zu

$x=\sqrt{12}$ oder $-x=\sqrt{12}$, also

$\underline{\underline{x=3{,}46}}$ oder $\underline{\underline{x=-3{,}46}}$.

$\underline{\underline{L=\{3{,}46;\ -3{,}46\}}}$

**2.** $x(x-12)=16-12x$

Nach Auflösen der Klammer wird auf beiden Seiten $12x$ addiert.

Sodann werden beide Seiten radiziert. Die entstandene Betragsgleichung ist lösungsgleich zu zwei linearen Gleichungen, aus denen die Lösungen der Ausgangsgleichung unmittelbar abgelesen werden können.

**2.** $x(x-12)=16-12x$

$x^2-12x=16-12x \quad | +12x$

$x^2=16 \quad | \sqrt{\phantom{x}}$

$|x|=\sqrt{16}$ ► ist lösungsgleich zu

$x=4$ oder $-x=4$, also

$\underline{\underline{x=4}}$ oder $\underline{\underline{x=-4}}$.

$\underline{\underline{L=\{4;\,-4\}}}$

**Merke:**

Die rein quadratischen Gleichungen $x^2+q=0$ haben in der Menge ℝ der reellen

Zahlen
- für $q<0$ die Lösungen $\sqrt{-q}$ und $-\sqrt{-q}$,
- für $q=0$ die Lösung 0,
- für $q>0$ keine Lösung.

### Zum 2. Fall: $x^2+px=0$; $p\neq 0$

Die Gleichungen dieses Typs enthalten die Gleichungsvariable $x$ nicht nur in der 2. Potenz, sondern auch in der 1. Potenz. Man spricht von **gemischt quadratischen Gleichungen**. In dem hier betrachteten Fall kommen in den Gleichungen keine weiteren Summanden vor. Solche quadratischen Gleichungen sind besonders einfach zu lösen.

Eine Gleichung vom Typ $x^2+px=0$ lässt sich durch Ausklammern der Gleichungsvariablen $x$ in die Form $x(x+p)=0$ bringen. Hierzu lösungsgleich sind die Gleichungen $x=0$ oder $x+p=0$, denn ein Produktterm ist Null, wenn wenigstens einer seiner Faktorterme Null ist. Hieraus erhält man wiederum die lösungsgleichen Gleichungen $x=0$ oder $x=-p$, deren Lösungen man unmittelbar ablesen kann. Es gibt genau zwei Lösungen bei gemischt quadratischen Gleichungen: 0 und $-p$.

Die Gleichungen

$x^2+px=0$

sind lösungsgleich zu

$x(x+p)=0$

und diese wiederum sind lösungsgleich zu

$\underline{\underline{x=0}}$

oder $x+p=0$, also

$\underline{\underline{x=-p}}$.

$\underline{\underline{L=\{0;\,-p\}}}$

**Beispiele:**

**1.** $x^2+5x=0$

Die Gleichungsvariable $x$ wird ausgeklammert. Dadurch wird der Summenterm $x^2+5x$ in den Produktterm $x(x+5)$ umgewandelt. Aus den hierzu lösungsgleichen Gleichungen werden die Lösungen der Ausgangsgleichung abgelesen.

**1.** $x^2+5x-0$

ist lösungsgleich zu

$x(x+5)=0$

und wiederum lösungsgleich zu

$\underline{\underline{x=0}}$ oder $x+5=0$, also

$\underline{\underline{x=-5}}$.

$\underline{\underline{L=\{0;\,-5\}}}$

**2.** $x^2 - \frac{1}{2}x = 0$

Die Gleichungsvariable $x$ wird ausgeklammert. Dadurch entsteht eine zur Ausgangsgleichung lösungsgleiche Gleichung, aus der zwei weitere lösungsgleiche Gleichungen folgen. Aus ihnen kann man die Lösungen der Ausgangsgleichung unmittelbar ablesen.

**2.** $x^2 - \frac{1}{2}x = 0$

ist lösungsgleich zu

$$x\left(x - \frac{1}{2}\right) = 0$$

und wiederum lösungsgleich zu

$\underline{\underline{x = 0}}$ oder $x - \frac{1}{2} = 0$, also

$$\underline{\underline{x = \frac{1}{2}}}.$$

$$\underline{\underline{L = \left\{0; \frac{1}{2}\right\}}}$$

**Merke:**

Die gemischt quadratischen Gleichungen $x^2 + px = 0$ haben die Lösungen 0 und $-p$.

**Zum 3. Fall: $x^2 + px + q = 0$; $p \neq 0$, $q \neq 0$**

● Die Gleichungen dieses Typs sind ebenfalls gemischt quadratische Gleichungen. Aber im Unterschied zum vorhergehenden Fall enthalten die Gleichungen zusätzlich noch ein von 0 verschiedenes $x$-freies Glied $q$. Solche Gleichungen lassen sich mitunter nach denselben Verfahren wie in den Fällen 1 und 2 beschrieben lösen, wenn man die linken Seiten der Gleichungen mithilfe der 1. oder 2. binomischen Formel in einen vollständigen Quadratterm umwandeln kann.

**Beispiele:**

**1.** $x^2 + 2x + 1 = 0$

Die linke Seite der Gleichung ist ein sog. **vollständiges Quadrat**, sie lässt sich nämlich nach der 1. binomischen Formel als $(x+1)^2$ schreiben.

Entweder man zieht jetzt auf beiden Seiten der Gleichung die Wurzel und rechnet weiter oder man benutzt den Satz, dass ein Produktterm 0 ist, wenn wenigstens einer seiner Faktorterme 0 ist. In beiden Fällen kommt man zum selben Ergebnis. Die Gleichung besitzt als doppelt zählende Lösung die Zahl $-1$.

**1.** $x^2 + 2x + 1 = 0$ ► 1. binomische Formel

$$(x+1)^2 = 0$$

| **Nach Fall 1:** | **Nach Fall 2:** |
|---|---|
| $(x+1)^2 = 0 \quad \mid\sqrt{\phantom{x}}$ | $(x+1)^2 = 0$ |
| $\lvert x+1 \rvert = 0$ | $(x+1)(x+1) = 0$ |

Gleichung ist lösungsgleich zu

| | |
|---|---|
| $x + 1 = 0$ oder $-(x+1) = 0$. | $(x+1) = 0$ oder $(x+1) = 0$. |

Gleichungen sind lösungsgleich zu

| | |
|---|---|
| $\underline{\underline{x = -1}}$ oder $\underline{\underline{x = -1}}$. | $\underline{\underline{x = -1}}$ oder $\underline{\underline{x = -1}}$. |

$$\underline{\underline{L = \{-1\}}}$$

**2.** $x^2-4x+4=0$

Mithilfe der 2. binomischen Formel wird der Summenterm der linken Seite in ein vollständiges Quadrat umgewandelt. Entweder rechnet man nun mit Wurzelziehen auf beiden Seiten weiter oder man schreibt das vollständige Quadrat als Produktterm. Beide Wege führen zur Lösung 2, die man als doppelt zählende Lösung ansieht.

**2.** $x^2-4x+4=0$ ► 2. binomische Formel

$(x-2)^2=0$

| **Nach Fall 1:** | **Nach Fall 2:** |
|---|---|
| $\lvert x-2\rvert=0$ | $(x-2)\,(x-2)=0$ |

Gleichung ist lösungsgleich zu

| | |
|---|---|
| $x-2=0$ oder $-(x-2)=0.$ | $(x-2)=0$ oder $(x-2)=0.$ |

Gleichungen sind lösungsgleich zu

| | |
|---|---|
| $x=2$ oder $x=2.$ | $x=2$ oder $x=2.$ |

$L=\{2\}$

● Lassen sich die linken Seiten solcher Gleichungen jeweils nicht in einen vollständigen Quadratterm umwandeln, so können diese Gleichungen dennoch – mittels eines kleinen Kunstgriffes – nach dem im 1. Fall beschriebenen Verfahren gelöst werden. Man ermittelt in diesen Fällen jeweils die sog. **quadratische Ergänzung** und führt anschließend das Lösen der Gleichung auf das im 1. Fall beschriebene Verfahren zurück.

**Beispiele:**

**1.** $x^2+8x+7=0$

Der Term $x^2+8x+7$ lässt sich nicht als Quadratterm schreiben. Nach der 1. binomischen Formel $(x+b)^2=x^2+2bx+b^2$ müsste nämlich 7 das Quadrat der Hälfte von 8, also von 4 sein, was nicht stimmt. Deshalb überführt man diese Gleichung in die lösungsgleiche Gleichung $x^2+8x=-7$ und ergänzt sie durch beiderseitige Addition des Quadrats der Hälfte von 8, also durch 16. Dadurch erhält man eine wiederum zur Ausgangsgleichung lösungsgleiche Gleichung, deren linke Seite sich jetzt als Quadratterm schreiben lässt. Durch Wurzelziehen auf beiden Seiten lassen sich aus der sich dadurch ergebenden Betragsgleichung die Lösungen $-1$ und $-7$ herleiten.

Zur Überprüfung, ob man sich nicht verrechnet hat, macht man die **Probe**. Dazu werden in der Ausgangsgleichung nacheinander die für $x$ errechneten Werte gesetzt und es wird festgestellt, ob wahre Aussagen entstehen. Ist das nicht der Fall, so liegt irgendwo ein Rechenfehler vor.

**1.** $x^2+8x+7=0$

$x^2+8x+7=0 \quad \mid -7$

$x^2+8x=-7 \quad \Big| +\left(\frac{8}{2}\right)^2$

$x^2+8x+16=-7+16$ ► quadratische Ergänzung 16

$(x+4)^2=9 \quad \mid \sqrt{\ }$

$\lvert x+4\rvert=3$

Diese Betragsgleichung ist lösungsgleich zu den Gleichungen

$x+4=3$ oder $-(x+4)=3.$

Diese Gleichungen sind wiederum lösungsgleich zu

$x=-1$ oder $x=-7.$

$L=\{-7;\,-1\}$

Probe 1: $(-1)^2+8(-1)+7 \mid 0$

$1-8+7 \mid 0$

$0=0$ ► wahre Aussage

Probe 2: $(-7)^2+8(-7)+7 \mid 0$

$49-56+7 \mid 0$

$0=0$ ► wahre Aussage

**2.** $x^2+x(2x-6)=2x^2+7$

**Lösungsschritte:**

1. Die Klammer ausmultiplizieren
2. $2x^2$ subtrahieren
3. Die quadratische Ergänzung addieren
4. Den Quadratterm schreiben
5. Wurzelziehen
6. Zur Betragsgleichung lösungsgleiche Gleichungen bestimmen

**2.** $x^2+x(2x-6)=2x^2+7$

$$x^2+2x^2-6x=2x^2+7 \quad | -2x^2$$
$$x^2-6x=7 \quad | +9$$
$$x^2-6x+9=16$$
$$(x-3)^2=16 \quad | \sqrt{\phantom{x}}$$
$$|x-3|=4$$

$x-3=4$ oder $-(x-3)=4$, also

$\underline{\underline{x=7}}$ oder $\underline{\underline{x=-1}}$.

$\underline{\underline{L=\{-1;7\}}}$

**3.** $x^2+6x+15=0$

**Lösungsschritte:**

1. Auf beiden Seiten 15 subtrahieren
2. Die quadratische Ergänzung addieren
3. Den Quadratterm schreiben

**3.** $x^2+6x+15=0$

$$x^2+6x=-15 \quad | +9$$
$$x^2+6x+9=-6$$
$$(x+3)^2=-6$$

Diese Gleichung hat keine reellen Lösungen, denn es gibt keine reelle Zahl, deren Quadrat negativ ist.

● Man kann die betrachteten Fälle 1. bis 3. auch einheitlich unter dem Gesichtspunkt der quadratischen Ergänzung abhandeln.

Jede quadratische Gleichung der Form $x^2+px+q=0$ besitzt den Term $\left(\frac{p}{2}\right)^2$ als quadratische Ergänzung.

$$x^2+px+q=0 \quad | -q$$
$$x^2+px=-q \quad \left| +\left(\frac{p}{2}\right)^2\right.$$
$$x^2+px+\left(\frac{p}{2}\right)^2=-q+\left(\frac{p}{2}\right)^2$$

► quadratische Ergänzung $\left(\frac{p}{2}\right)^2$

Die zur Ausgangsgleichung lösungsgleiche Gleichung der Form $\left(x+\frac{p}{2}\right)^2=\left(\frac{p}{2}\right)^2-q$ besitzt keine reellen Lösungen, falls $\left(\frac{p}{2}\right)^2-q<0$ gilt. Man nennt den Term $\left(\frac{p}{2}\right)^2-q$ die **Diskriminante** der quadratischen Gleichung und bezeichnet diese mit $D$.

$$\left(x+\frac{p}{2}\right)^2=\left(\frac{p}{2}\right)^2-q$$
$$\left(x+\frac{p}{2}\right)^2=D$$

► $D=\left(\frac{p}{2}\right)^2-q$: Diskriminante der quadratischen Gleichung

● Gilt $D<0$, so besitzen die quadratischen Gleichungen keine Lösungen, denn es gibt keine reelle Zahl, deren Quadrat negativ ist.

Gilt $D>0$, so besitzen die quadratischen Gleichungen zwei verschiedene Lösungen, falls $D=0$ nur eine Lösung.

- Gilt $D>0$, so sind die quadratischen Gleichungen lösungsgleich zu $\left|x+\frac{p}{2}\right|=\sqrt{D}$ und damit zu $x=-\frac{p}{2}+\sqrt{D}$ oder $x=-\frac{p}{2}-\sqrt{D}$.
- Gilt $D=0$, so zählt $-\frac{p}{2}$ als Lösungsterm doppelt.

Die beiden Gleichungen, aus denen man die Lösungen im Fall $D \geq 0$ unmittelbar ablesen kann, enthalten die Formvariablen $p$ und $q$. Nennt man ihre Lösungen jeweils $x_1$ bzw. $x_2$, so kann man die Lösungen zu der folgenden **Lösungsformel** einer quadratischen Gleichung in Normalform zusammenfassen:

$$x_{1,2}=-\frac{p}{2}\pm\sqrt{\left(\frac{p}{2}\right)^2-q}.$$

Ist eine quadratische Gleichung mit reellen Zahlen für $p$ und $q$ gegeben, dann weiß man also, für welche Zahlen $p$ und $q$ stehen, und dann kann man die Lösungen der Gleichung mithilfe der Lösungsformel bestimmen, ohne den ganzen Umformungsprozess selbst durchführen zu müssen.

**Merke:**

- Über die Lösbarkeit quadratischer Gleichungen in Normalform $x^2+px+q=0$ gibt ihre Diskriminante $D$ Auskunft.
- Für $D$ gilt: $D=\left(\frac{p}{2}\right)^2-q$.
- Für $D<0$ besitzen die quadratischen Gleichungen keine reellen Lösungen.
- Für $D=0$ besitzen die quadratischen Gleichungen die (doppelt zählende) Lösung $-\frac{p}{2}$.
- Für $D>0$ besitzen die quadratischen Gleichungen zwei Lösungen:

$$x_1=-\frac{p}{2}+\sqrt{\left(\frac{p}{2}\right)^2-q} \quad \text{und} \quad x_2=-\frac{p}{2}-\sqrt{\left(\frac{p}{2}\right)^2-q}.$$

**Beispiele** für das Lösen quadratischer Gleichungen und solcher Gleichungen, die sich auf quadratische Gleichungen zurückführen lassen, mithilfe der Lösungsformel:

**1.** $x^2+6x-16=0$

Es ist $p=6$; $\frac{p}{2}=3$; $\left(\frac{p}{2}\right)^2=9$; $q=-16$.

**1.** $x^2+6x-16=0$

$x_{1,2}=-3\pm\sqrt{9+16}$

$x_{1,2}=-3\pm\sqrt{25}$

$\underline{\underline{x_1}}=-3+5=\underline{\underline{2}}$

$\underline{\underline{x_2}}=-3-5=\underline{\underline{-8}}$

Zur **Probe** setzt man 2 bzw. $-8$ für $x$ in die Ausgangsgleichung:

$2^2+6\cdot 2-16 \mid 0$

$4+12-16 \mid 0$

$\underline{\underline{0=0}}$ ► wahre Aussage

$(-8)^2+6(-8)-16 \mid 0$

$64-48-16 \mid 0$

$\underline{\underline{0=0}}$ ► wahre Aussage

**2.** $x^2 - 10x + 32 = 0$

Es ist $p = -10$; $\frac{p}{2} = -5$; $\left(\frac{p}{2}\right)^2 = 25$; $q = 32$.

**2.** $x^2 - 10x + 32 = 0$

$x_{1,2} = 5 \pm \sqrt{25-32}$

Die Schreibfigur $\sqrt{25-32}$ ist wegen $25 - 32 < 0$ nicht definiert, die Gleichung hat keine Lösung.

**3.** $x^2 - 40x + 111 = 0$

Es ist $p = -40$; $\frac{p}{2} = -20$; $\left(\frac{p}{2}\right)^2 = 400$; $q = 111$.

**Probe** mit 37:

$37^2 - 40 \cdot 37 + 111 \mid 0$

$1369 - 1480 + 111 \mid 0$

$\underline{\underline{0 = 0}}$ ► wahre Aussage

**3.** $x^2 - 40x + 111 = 0$

$x_{1,2} = 20 \pm \sqrt{400 - 111}$

$x_{1,2} = 20 \pm 17$

$\underline{\underline{x_1 = 37}}$

$\underline{\underline{x_2 = 3}}$

**Probe** mit 3:

$3^2 - 40 \cdot 3 + 111 \mid 0$

$9 - 120 + 111 \mid 0$

$\underline{\underline{0 = 0}}$ ► wahre Aussage

**4.** $x^2 - \frac{3}{4}x + \frac{1}{8} = 0$

Es ist $p = -\frac{3}{4}$; $\frac{p}{2} = -\frac{3}{8}$; $\left(\frac{p}{2}\right)^2 = \frac{9}{64}$; $q = \frac{1}{8}$.

**Probe** mit $\frac{1}{2}$:

$\left(\frac{1}{2}\right)^2 - \frac{3}{4} \cdot \frac{1}{2} + \frac{1}{8} \;\Big|\; 0$

$\frac{1}{4} - \frac{3}{8} + \frac{1}{8} \;\Big|\; 0$

$\frac{2}{8} - \frac{3}{8} + \frac{1}{8} \;\Big|\; 0$

$\underline{\underline{0 = 0}}$ ► wahre Aussage

**4.** $x^2 - \frac{3}{4}x + \frac{1}{8} = 0$

$x_{1,2} = \frac{3}{8} \pm \sqrt{\frac{9}{64} - \frac{1}{8}}$

$x_{1,2} = \frac{3}{8} \pm \sqrt{\frac{9}{64} - \frac{8}{64}}$

$x_{1,2} = \frac{3}{8} \pm \frac{1}{8}$

$\underline{\underline{x_1 = \frac{1}{2}}}$; $\underline{\underline{x_2 = \frac{1}{4}}}$

**Probe** mit $\frac{1}{4}$:

$\left(\frac{1}{4}\right)^2 - \frac{3}{4} \cdot \frac{1}{4} + \frac{1}{8} \;\Big|\; 0$

$\frac{1}{16} - \frac{3}{16} + \frac{1}{8} \;\Big|\; 0$

$\frac{1}{16} - \frac{3}{16} + \frac{2}{16} \;\Big|\; 0$

$\underline{\underline{0 = 0}}$ ► wahre Aussage

**5.** $x^4 - 13x^2 + 36 = 0$

**5.** $x^4 - 13x^2 + 36 = 0$

Diese Gleichung ist keine quadratische Gleichung, weil die Gleichungsvariable $x$ auch in einer höheren Potenz als 2 auftritt. Ersetzt man aber in dieser Gleichung den Term $x^2$ durch $z$, so geht die Gleichung in eine quadratische Gleichung in Normalform mit der Gleichungsvariablen $z$ über, aus der man nach zweimaliger Anwendung der Lösungsformel die Ausgangsgleichung lösen kann. Man nennt Ausgangsgleichungen mit dieser Eigenschaft **biquadratische Gleichungen**.

Man setzt $x^2 = z$.

$z^2 - 13z + 36 = 0$

Die entstandene Gleichung wird mithilfe der Lösungsformel gelöst.

$$z_{1,2} = \frac{13}{2} \pm \sqrt{\frac{169}{4} - \frac{144}{4}}$$

Wegen $x^2 = z$ ist $|x| = \sqrt{z}$. Hieraus kann man die Lösungen der Ausgangsgleichung berechnen.

$$z_{1,2} = \frac{13}{2} \pm \frac{5}{2} \blacktriangleright z_1 = \frac{18}{2};\ z_2 = \frac{8}{2}$$

$$|x_1| = \sqrt{z_1} \quad \blacktriangleright \sqrt{z_1} = 3, \text{ also } \underline{\underline{x_1 = 3}},\ \underline{\underline{x_2 = -3}}$$

$$|x_3| = \sqrt{z_2} \quad \blacktriangleright \sqrt{z_2} = 2, \text{ also } \underline{\underline{x_3 = 2}},\ \underline{\underline{x_4 = -2}}$$

**6.** $\sqrt{x + 19 - \sqrt{15(x-8)}} = 3 \cdot \sqrt{3}$

**6.** $\sqrt{x + 19 - \sqrt{15(x-8)}} = 3 \cdot \sqrt{3}$

Diese Gleichung ist keine quadratische Gleichung, sondern eine Wurzelgleichung. Ihre Lösungen lassen sich aber durch mehrfaches Quadrieren aus einer quadratischen Gleichung bestimmen. Da das Quadrieren der Seiten einer Gleichung i. Allg. keine äquivalente Umformung ist, gehört die Probe zum unverzichtbaren Bestandteil bei der Lösung von Wurzelgleichungen.

**Lösungsgang:**

**1.** Quadrieren der Gleichung

$x + 19 - \sqrt{15(x-8)} = 27$

**2.** Isolieren des verbliebenen Wurzelterms

$-\sqrt{15(x-8)} = 8 - x$

**3.** Erneutes Quadrieren der entstandenen Gleichung

$15(x-8) = 64 - 16x + x^2$

**4.** Normalform der quadratischen Gleichung herstellen

$x^2 - 31x + 184 = 0$

**5.** Lösungsformel anwenden

$x_1 = 23;\ x_2 = 8$

**6.** Probe bei der Ausgangsgleichung durchführen

Probe für $x_1$: $\sqrt{23 + 19 - \sqrt{15(23-8)}} \mid 3 \cdot \sqrt{3}$

$\sqrt{42 - \sqrt{225}} \mid 3 \cdot \sqrt{3}$

$\sqrt{42 - 15} \mid 3 \cdot \sqrt{3}$

$\sqrt{27} \mid 3 \cdot \sqrt{3}$

$\underline{\underline{3 \cdot \sqrt{3} = 3 \cdot \sqrt{3}}}$

Probe für $x_2$: $\sqrt{8 + 19 - \sqrt{15(8-8)}} \mid 3 \cdot \sqrt{3}$

$\sqrt{27} \mid 3 \cdot \sqrt{3}$

$\underline{\underline{3 \cdot \sqrt{3}}} = \underline{\underline{3 \cdot \sqrt{3}}}$

Also: $\underline{\underline{x_1 = 23}};\ \underline{\underline{x_2 = 8}}$

● Liegt eine quadratische Gleichung nicht in der Normalform, sondern in der Grund- oder allgemeinen Form $ax^2+bx+c=0;\ a\neq 0$ vor, so besteht der erste Schritt der Lösung darin, die Gleichung durch den Koeffizienten von $x^2$ zu dividieren. Man erhält so die Normalform der quadratischen Gleichung, welche man mithilfe der Lösungsformel lösen kann.

**Beispiele:**

**1.** $3x^2-33x+30=0$

**Lösungsschritte:**

**1.** Division durch 3

$x^2-11x+10=0$ ► Normalform

**2.** Anwenden der Lösungsformel
$p=-11;\ q=10$

$x_{1,2}=\frac{11}{2}\pm\sqrt{\frac{121}{4}-10}$ ► Lösungsformel

$x_{1,2}=\frac{11}{2}\pm\sqrt{\frac{121}{4}-\frac{40}{4}}$

$x_{1,2}=\frac{11}{2}\pm\frac{9}{2}$

$\underline{\underline{x_1=10}};\ \underline{\underline{x_2=1}}$

**2.** $(2x-5)^2-(x-6)^2=80$

**Lösungsschritte:**

**1.** Ausrechnen der Binome

$4x^2-20x+25-(x^2-12x+36)=80$

**2.** Ordnen der Gleichung, Zusammenfassen der Glieder

$3x^2-8x-91=0$

**3.** Normalform herstellen durch Division durch 3

$x^2-\frac{8}{3}x-\frac{91}{3}=0$

**4.** Anwenden der Lösungsformel
$p=-\frac{8}{3};\ q=-\frac{91}{3}$

$x_{1,2}=\frac{8}{6}\pm\sqrt{\frac{64}{36}+\frac{91}{3}}$ ► Lösungsformel

$x_{1,2}=\frac{8}{6}\pm\sqrt{\frac{1156}{36}}$

$x_{1,2}=\frac{8}{6}\pm\frac{34}{6}$

$\underline{\underline{x_1=7}};\ \underline{\underline{x_2=-\frac{13}{3}}}$

Zur Überprüfung der Rechnung die Probe durchführen.

**Probe** mit 7:

$(2\cdot 7-5)^2-(7-6)^2 \mid 80$

$81-1 \mid 80$

$\underline{\underline{80=80}}$ ► wahre Aussage

**Probe** mit $-\frac{13}{3}$:

$[2\cdot(-\frac{13}{3})-5]^2-[-\frac{13}{3}-6]^2 \mid 80$

$(-\frac{41}{3})^2-(-\frac{31}{3})^2 \mid 80$

$\frac{1681}{9}-\frac{961}{9} \mid 80$

$\frac{720}{9} \mid 80$

$\underline{\underline{80=80}}$ ► wahre Aussage

## 5.2 Der Satz von Viëta

Der französische Mathematiker François Viète (1540–1603), dessen Name meist in der latinisierten Form Viëta verwendet wird, erkannte Zusammenhänge zwischen den Formvariablen $p$ und $q$ der Gleichungen $x^2+px+q=0$ und deren Lösungen $x_1$ und $x_2$. Aus der Lösungsformel folgt nämlich:

$$x_1+x_2=\left[-\frac{p}{2}+\sqrt{\left(\frac{p}{2}\right)^2-q}\right]+\left[-\frac{p}{2}-\sqrt{\left(\frac{p}{2}\right)^2-q}\right]=-\frac{p}{2}-\frac{p}{2}=-p \quad \text{und}$$

$$x_1\cdot x_2=\left[-\frac{p}{2}+\sqrt{\left(\frac{p}{2}\right)^2-q}\right]\cdot\left[-\frac{p}{2}-\sqrt{\left(\frac{p}{2}\right)^2-q}\right]=\left(-\frac{p}{2}\right)^2-\left[\left(\frac{p}{2}\right)^2-q\right]=q.$$

Der Viëta'sche Wurzelsatz lautet demzufolge:

**Merke:**

Sind $x_1$ und $x_2$ Lösungen der Gleichung $x^2+px+q=0$, so gilt:

$$x_1+x_2=-p \quad \text{und} \quad x_1\cdot x_2=q.$$

Die Aussagen des Satzes von Viëta ermöglichen es, zu einer in Normalform vorliegenden quadratischen Gleichung ohne großen Rechenaufwand die Probe durchzuführen. Ist nämlich die Summe der beiden Lösungen die Zahl für $-p$ und ihr Produkt die Zahl für $q$, so hat man die Gleichung richtig gelöst.

**Beispiele:**

**1.** Die Gleichung $x^2+6x-16=0$ hat die Lösungen $x_1=2$ und $x_2=-8$.

**2.** Kann die Gleichung $x^2-4x+12=0$ die Lösungen $x_1=6$ und $x_2=-2$ haben? Die Ausgangsgleichung kann die Lösungen $x_1=6$ und $x_2=-2$ nicht haben.

**3.** Die Gleichung $x^2-\frac{3}{4}x+\frac{1}{8}=0$ hat die Lösungen $x_1=\frac{1}{2}$ und $x_2=\frac{1}{4}$.

**1.** Es ist $x_1+x_2=-6$. ► $p=6$ wahre Aussage
Es ist $x_1\cdot x_2=-16$. ► $q=-16$ wahre Aussage

**2.** Es ist $x_1+x_2=4$. ► $p=-4$ wahre Aussage
Es ist $x_1\cdot x_2=-12$. ► $q=-12$ falsche Aussage

**3.** Es ist $x_1+x_2=\frac{3}{4}$. ► $p=-\frac{3}{4}$ wahre Aussage
Es ist $x_1\cdot x_2=\frac{1}{8}$. ► $q=\frac{1}{8}$ wahre Aussage

Sind andererseits die Lösungen einer quadratischen Gleichung bekannt, die Gleichung selbst aber nicht, so kann man nach dem Satz von Viëta die zugehörige quadratische Gleichung in Normalform leicht bestimmen.

**Beispiele:**

**1.** Es ist $x_1=3$ und $x_2=17$, also $x_1+x_2=20$, also $p=-20$. Es ist $x_1\cdot x_2=51$, also $q=51$.

**2.** Es ist $x_1=2$ und $x_2=-2$, also $x_1+x_2=0$, also $p=0$. Es ist $x_1\cdot x_2=-4$, also $q=-4$.

**1.** Die quadratische Gleichung mit den Lösungen 3 und 17 lautet in Normalform:
$x^2-20x+51=0$.

**2.** Die quadratische Gleichung mit den Lösungen 2 und $-2$ lautet in Normalform:
$x^2-4=0$.

# 5.3 Das graphische Lösen quadratischer Gleichungen

Wie beim algebraischen Lösen quadratischer Gleichungen kann man sich auch beim graphischen Lösen auf die Untersuchung ihrer Normalform beschränken, denn die Normalform $x^2+px+q=0$ und die Grundform $ax^2+bx+c=0$ mit $a \neq 0$ können äquivalent ineinander umgeformt werden. Zu der in Normalform gegebenen Gleichung gehören die quadratischen Funktionen vom Typ $f\colon f(x)=x^2+px+q$; $D(f)=\mathbb{R}$.

Den Graphen jeder dieser Funktionen kann man sich aus der Normalparabel durch Verschiebungen in Richtung der Koordinatenachsen entstanden denken, denn wegen $x^2+px+q=\left(x+\frac{p}{2}\right)^2-D$ mit $D=\left(\frac{p}{2}\right)^2-q$ haben die Scheitelpunkte der Graphen dieser Funktionen jeweils die Koordinaten $\left\langle -\frac{p}{2} \middle| -D \right\rangle$.

Dabei können nur drei mögliche Fälle auftreten:

**1.** Der Scheitelpunkt der durch Verschiebung entstandenen Parabel liegt oberhalb der $x$-Achse. Das entspricht dem Fall $D<0$.

**2.** Der Scheitelpunkt der Parabel liegt auf der $x$-Achse. Das entspricht dem Fall $D=0$.

**3.** Der Scheitelpunkt der Parabel liegt unterhalb der $x$-Achse. Das entspricht dem Fall $D>0$.

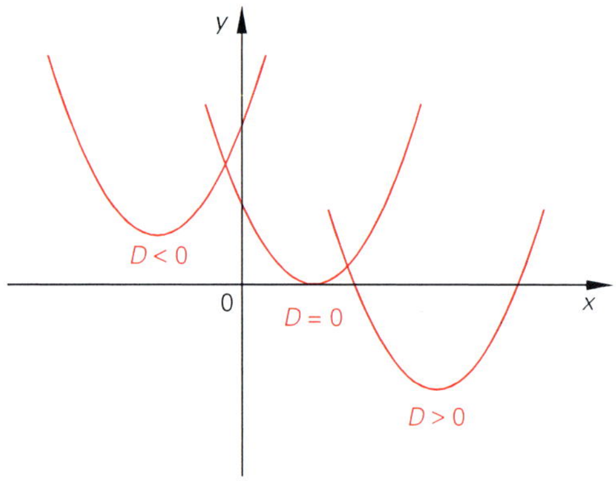


In allen drei Fällen schneiden die Graphen dieser Funktionen die $y$-Achse jeweils an der Stelle $q$, denn es gilt für die Funktionen stets $f(0)=q$.

Für alle diese Funktionen gilt aber auch

$f(-p)=q$, denn $(-p)^2+p(-p)+q=q$.

Alle Graphen dieser Funktionen besitzen eine Symmetrieachse. Diese muss wegen $f(0)=q$ und $f(-p)=q$ jeweils durch die Stelle $-\frac{p}{2}$ der $x$-Achse gehen, d.h., die Parallelen zur $y$-Achse im Abstand $-\frac{p}{2}$ sind jeweils die Symmetrieachsen der Graphen.

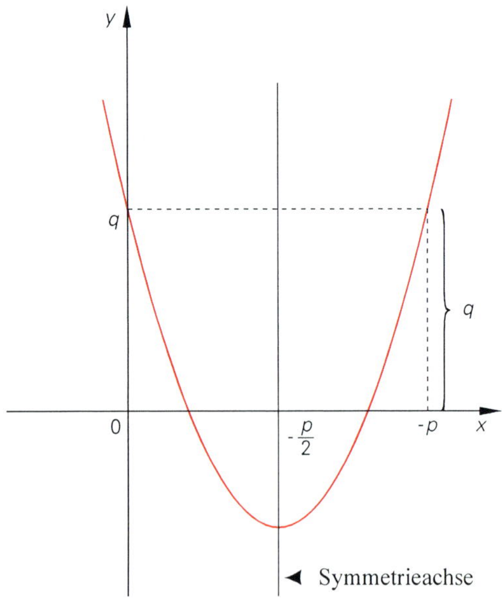

Auf Grund dieser Zusammenhänge kann man die quadratischen Gleichungen in Normalform $x^2+px+q=0$ mithilfe einer im Handel erhältlichen Schablone für die Normalparabel leicht graphisch lösen. Man verwendet dazu zweckmäßigerweise Millimeterpapier, auf das man ein kartesisches Koordinatensystem gezeichnet hat, und geht wie folgt vor:

**1.** Man legt die Schablone mit ihrer Symmetrieachse auf diejenige Parallele zur $y$-Achse, welche durch die Stelle $-\frac{p}{2}$ der $x$-Achse geht.

**2.** Sodann verschiebt man die Schablone längs dieser Parallelen so lange, bis sie durch die Stelle $q$ der $y$-Achse geht.

**3.** Nun liest man die Abszissen der Schnittpunkte der Schablone mit der $x$-Achse ab. Das sind die Lösungen der quadratischen Gleichung.

$x^2-4x+3=0$ ► $-\frac{p}{2}=2$ ► $q=3$

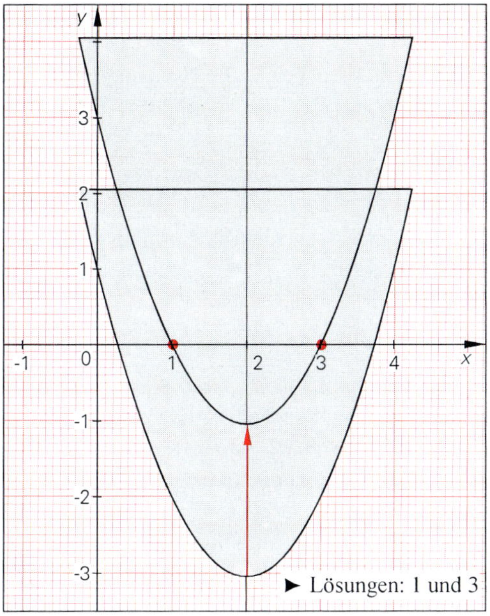


**Beispiele:**

**1.** $x^2-2x-3=0$ $\qquad -\frac{p}{2}=1;\ q=-3$

Lösungen: $-1$ und 3

**2.** $x^2+2x+1=0$

$-\frac{p}{2}=-1;\ q=1$

Lösung: $-1$, doppelt zählend

**3.** $x^2+x+1=0$

$-\frac{p}{2}=-\frac{1}{2};\ q=1$

Keine reellen Zahlen als Lösungen

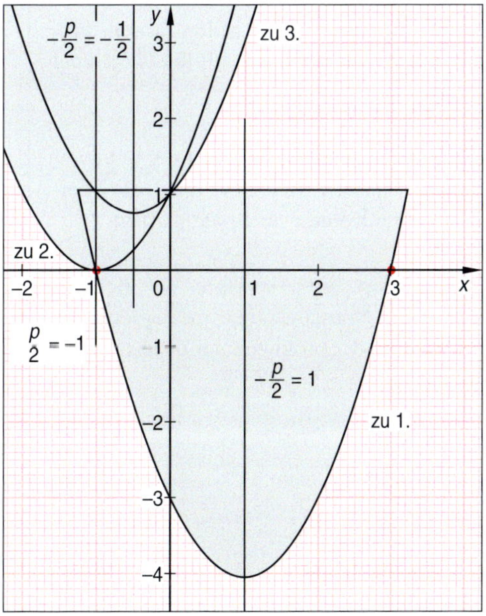

Statt Verschiebungen mit der Schablone für die Normalparabel durchzuführen, kann man quadratische Gleichungen in Normalform auch noch auf andere Weise graphisch lösen.

Die Gleichungen der Form $x^2+px+q=0$ sind nämlich lösungsgleich zu den Gleichungen der Form $x^2=-px-q$. Hierin ist der Term $x^2$ Funktionsterm der quadratischen Funktion $f\colon f(x)=x^2$ und der Term $-px-q$ stellt für reelle Zahlen anstelle von $p$ und $q$ jeweils den Funktionsterm einer linearen Funktion vom Typ $g$: $g(x)=-px-q$ dar. Der Graph $G(f)$ von $f$ ist die Normalparabel und die Graphen $G(g)$ sind jeweils Geraden. Die Normalparabel und eine dieser Geraden können nur drei wesentlich voneinander verschiedene Lagen haben.

**1.** Die Gerade schneidet die Normalparabel nicht.

**2.** Die Gerade berührt die Normalparabel.

**3.** Die Gerade schneidet die Normalparabel in zwei Punkten.

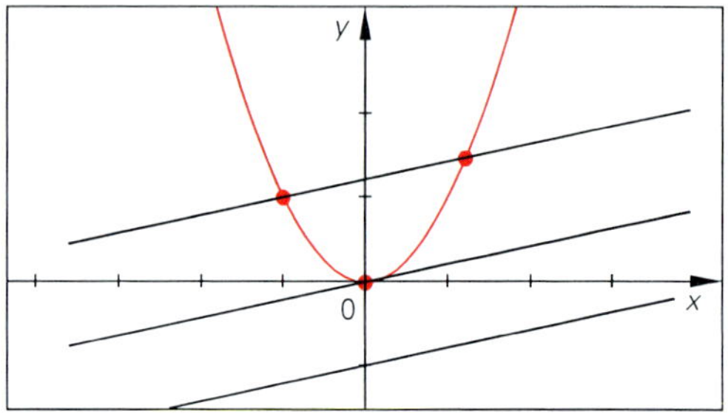


Für einen Schnittpunkt $P_S$ von $G(f)$ und $G(g)$ mit der Abszisse $x_S$ gilt $f(x_S)=g(x_S)$, denn er liegt ja auf beiden Graphen. Andererseits gilt $f(x_S)=x_S^2$ sowie $g(x_S)=-px_S-q$ und wegen $f(x_S)=g(x_S)$ auch $x_S^2=-px_S-q$, d.h., $x_S$ ist Lösung der quadratischen Gleichung $x^2=-px-q$ und damit auch Lösung der dazu lösungsgleichen Gleichung $x^2+px+q=0$.

Auf Grund dieser Zusammenhänge kann man eine quadratische Gleichung in Normalform mithilfe einer Schablone für die Normalparabel in folgenden Schritten lösen:

**1.** Man zeichnet die zu reellen Zahlen für $p$ und $q$ zugehörige Gerade mit der Gleichung $y=-px-q$.

**2.** Man legt die Schablone mit der Symmetrieachse auf die $y$-Achse so, dass der Scheitelpunkt im Koordinatenursprung liegt.

**3.** Man liest die Abszissen der Schnittpunkte der Normalparabel mit der Geraden ab. Sie sind die Lösungen der quadratischen Gleichung.

$x^2-3x+2=0$

$x^2=3x-2$ ► $f\colon f(x)=x^2$, $g$: $g(x)=3x-2$

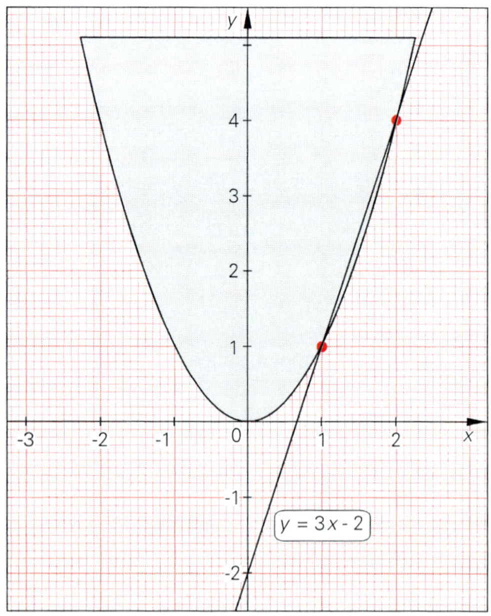


► Lösungen: 1 und 2

**Beispiele:**

**1.** $x^2 - x - 2 = 0$

Die zu zeichnende Gerade hat die Gleichung $y = x + 2$.

Lösungen: $-1; 2$

**2.** $x^2 - 2x + 1 = 0$

Die zu zeichnende Gerade hat die Gleichung $y = 2x - 1$.

Lösung: 1, doppelt zählend

**3.** $x^2 - x + 1 = 0$

Die zu zeichnende Gerade hat die Gleichung $y = x - 1$.

Keine reellen Zahlen als Lösungen

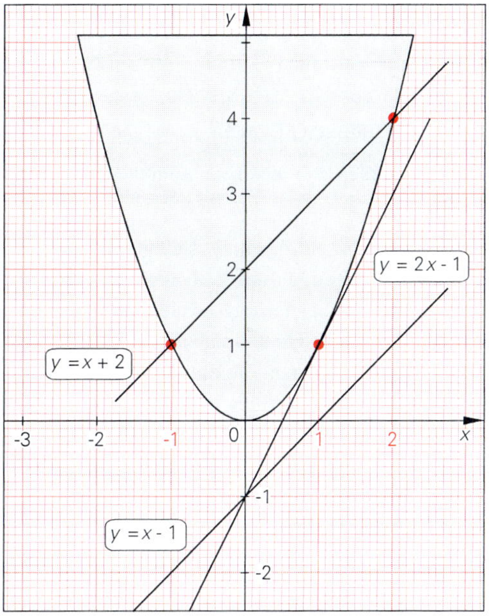


**Merke:**

Quadratische Gleichungen in Normalform $x^2 + px + q = 0$ können mithilfe einer Schablone für die Normalparabel leicht graphisch gelöst werden. Dafür eignen sich besonders zwei Methoden:

- Man legt die Schablone mit ihrer Symmetrieachse auf die Gerade mit der Gleichung $x = -\frac{p}{2}$ und verschiebt sie in Richtung der $y$-Achse so lange, bis sie durch die Stelle $q$ der $y$-Achse geht. Schneidet die Schablone die $x$-Achse, so sind die Abszissen dieser Schnittpunkte die Lösungen der quadratischen Gleichung.
- Man zeichnet die Gerade mit der Gleichung $y = -px - q$ und legt die Schablone so an, dass ihr Scheitelpunkt im Koordinatenursprung und ihre Symmetrieachse auf der $y$-Achse liegt. Schneidet die Schablone die Gerade, so sind die Abszissen dieser Schnittpunkte die Lösungen der quadratischen Gleichung.

## 5.4 Textaufgaben, die auf quadratische Gleichungen führen

Wie bei Texten, die auf lineare Gleichungen führen, muss man auch hier den vorgelegten Text analysieren und entscheiden, wofür die Gleichungsvariable stehen soll. Man muss die im Text enthaltenen Zusammenhänge erkennen, sie mithilfe der Gleichungsvariablen in Termen erfassen und diese Terme miteinander verknüpfen, um die Ausgangsgleichung zu erhalten.

**1.** Aus Brettern soll eine Tischplatte von 0,96 $m^2$ Flächeninhalt hergestellt werden, deren Länge das Eineinhalbfache der Breite sein muss. Wie lang und wie breit wird der Tisch werden?

Wenn $x$ als Variable für die möglichen Breiten des Tisches in Metern steht, steht $1\frac{1}{2}x$ für dessen mögliche Längen.

Für $x$ kommen nur positive Zahlen in Betracht.

Der Flächeninhalt $A$ eines Rechtecks mit den Seitenlängen $a$ und $b$ berechnet sich nach der Formel $A = a \cdot b$. Hiermit ergibt sich die Ausgangsgleichung, die sich zu einer rein quadratischen Gleichung umformen lässt. Durch beiderseitiges Wurzelziehen erhält man unter Beachtung der Feststellung, dass $x$ nur für positive Zahlen stehen kann, eine Gleichung, aus der sich die Lösung unmittelbar ablesen lässt.

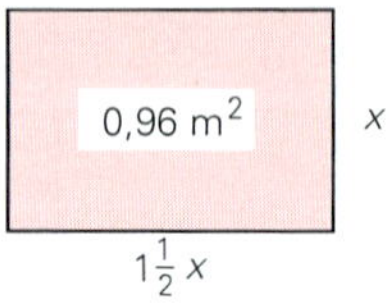


► $x$ Variable für die Breiten in Metern

► $A = 0{,}96\,m^2$

$0{,}96\,m^2 = x \cdot 1\frac{1}{2}x$ ► Ausgangsgleichung

$0{,}96\,m^2 = \frac{3}{2}x^2 \quad \left| \cdot \frac{2}{3} \right.$

$0{,}64\,m^2 = x^2$ ► rein quadratische Gleichung

$0{,}64\,m^2 = x^2 \quad | \sqrt{\phantom{x}}$ ► $x > 0$

$\underline{\underline{0{,}8\,m = x}}$

Die Breite des Tisches beträgt 0,8 m; die Länge ist das $1\frac{1}{2}$fache der Breite, also 1,2 m.

**2.** Zwei Zuflussrohre A und B füllen einen Wasserbehälter bei jeweils konstanter Strömungsgeschwindigkeit zusammen in 12 Minuten. A allein braucht 10 Minuten länger, ihn zu füllen, als B allein. In welcher Zeit können jeweils A und B allein den Behälter füllen?

Es stehe $t$ mit $t > 0$ als Variable für die Zeit in Minuten, $v$ für die konstante Strömungsgeschwindigkeit des Wassers in $\frac{cm}{min}$ und $a$ bzw. $b$ für den Flächeninhalt des Querschnittes des Rohres A bzw. B in $cm^2$. Dann beschreiben die Terme $a \cdot v \cdot t$ bzw. $b \cdot v \cdot t$ jeweils die Wassermengen, die aus den Rohren A bzw. B in der Zeit $t$ austreten.

$a \cdot v \cdot t$ ► Volumen des Wassers, das bei konstanter Geschwindigkeit $v$ in der Zeit $t$ aus dem Rohr A mit dem Querschnittsflächeninhalt $a$ austritt

$b \cdot v \cdot t$ ► Volumen des Wassers, das bei konstanter Geschwindigkeit $v$ in der Zeit $t$ aus dem Rohr B mit dem Querschnittsflächeninhalt $b$ austritt

Steht $w$ für das Volumen des Wasserbehälters in $cm^3$, so muss die Gleichung $a \cdot v \cdot 12\,min + b \cdot v \cdot 12\,min = w$ gelten, da beide Rohre zusammen den Behälter in 12 Minuten füllen.

$a \cdot v \cdot 12\,min + b \cdot v \cdot 12\,min = w \quad | \cdot t$

Außerdem entnimmt man dem Text, dass auch die Gleichungen $b \cdot v \cdot t = w$ und $a \cdot v(t + 10\,min) = w$ für einen Wert anstelle von $t$ gelten müssen, da der Behälter durch jedes Rohr auch allein gefüllt wird. Aus diesen drei Gleichungen lässt sich die Füllzeit durch das Rohr B berechnen.

$b \cdot v \cdot t = w$

$\underline{a \cdot v(t + 10\,min) = w} \quad \left| \cdot \frac{t}{t + 10\,min} \right.$

$a \cdot v \cdot t \cdot 12\,min + b \cdot v \cdot t \cdot 12\,min = w \cdot t$ ①

$b \cdot v \cdot t = w$ ②

$a \cdot v \cdot t = \frac{w \cdot t}{t + 10\,min}$ ③

Dazu multipliziert man zunächst die erste Gleichung mit $t$, um sodann in diese entstandene Gleichung die den Termen $a \cdot v \cdot t$ und $b \cdot v \cdot t$ gleichen Terme für $a \cdot v \cdot t$ und $b \cdot v \cdot t$ zu setzen.

Setzt man in ① für $a \cdot v \cdot t$ und $b \cdot v \cdot t$ die nach ② und ③ gleichen Terme $\frac{w \cdot t}{t + 10\,\text{min}}$ und $w$, so erhält man eine quadratische Gleichung in $t$:

$$\frac{w \cdot t \cdot 12\,\text{min}}{t + 10\,\text{min}} + w \cdot 12\,\text{min} = w \cdot t \quad | : w$$

$$\frac{t \cdot 12\,\text{min}}{t + 10\,\text{min}} + 12\,\text{min} = t \quad | \cdot (t + 10\,\text{min})$$

$$t \cdot 12\,\text{min} + (t + 10\,\text{min}) \cdot 12\,\text{min} = t(t + 10\,\text{min})$$

Man erhält eine in $t$ quadratische Gleichung, die wegen $t > 0$ nur eine Lösung hat.

$$t^2 - 14\,\text{min} \cdot t - 120\,\text{min}^2 = 0$$

$$t_{1,2} = 7\,\text{min} \pm \sqrt{49\,\text{min}^2 + 120\,\text{min}^2} \quad ► \; t > 0$$

Das Rohr B füllt den Behälter in 20 Minuten, das Rohr A braucht dazu 10 Minuten länger, also 30 Minuten.

$\underline{\underline{t_1 = 20\,\text{min}}}$ ► Füllzeit durch Rohr B

**3.** Jemand legt zu Jahresbeginn 8000,00 € zu einem festen Zinssatz an. Er zahlt am Jahresende weitere 1000,00 € zum selben Zinssatz ein. Am Ende des zweiten Jahres hat er ohne weitere Einzahlungen 9870,00 € auf seinem Konto. Zu welchem Zinssatz war das Geld angelegt?

$p$ steht als Variable für die Maßzahl des Zinssatzes. Für $p$ kommen in der Praxis nur positive rationale Zahlen in Betracht: $p \in \mathbb{Q}^+$.

8000,00 € bringen bei $p\%$ in einem Jahr $\frac{8000 \cdot p}{100}$ € an Zinsen, so dass die Einzahlung von 8000 € durch die Zinsen am Jahresende auf $8000\,€ + 80 \cdot p\,€$ angewachsen ist.

$8000\,€$ ► Kapital zu Jahresbeginn

$\frac{8000 \cdot p}{100}\,€$ ► Term für die Zinsen am Jahresende

$8000\,€ + 80 \cdot p\,€$ ► Term für das Kapital plus Zinsen am Jahresende

Dazu kommen weitere 1000 €, welche am Ende des 1. Jahres eingezahlt werden.

$9000\,€ + 80 \cdot p\,€$ ► Term für das Kapital zu Beginn des 2. Jahres

Zu dieser Summe müssen nun noch die Zinsen für das 2. Jahr addiert werden.

$\frac{(9000\,€ + 80 \cdot p\,€) \cdot p}{100}$ ► Term für die Zinsen am Ende des 2. Jahres

Als Ergebnis sollen sich 9870,00 € ergeben. Das liefert die Ausgangsgleichung. Insgesamt stehen also am Ende des zweiten Jahres zur Verfügung:

$9000\,€ + 80 \cdot p\,€ + (9000\,€ + 80 \cdot p\ €) \cdot \frac{p}{100} = 9870\,€$ ► Ausgangsgleichung, Ausmultiplizieren

$9000\,€ + 80 \cdot p\,€ + 90 \cdot p\,€ + 0{,}8 \cdot p^2\,€ = 9870\,€$ ► Ordnen

$0{,}8\,p^2\,€ + 170 \cdot p\,€ - 870\,€ = 0$ ► Dividieren durch 0,8 €

$p^2 + 212{,}5\,p - 1087{,}5 = 0$ ► Anwenden der Lösungsformel

$p_{1,2} = -106{,}25 \pm \sqrt{11\,289{,}062 + 1087{,}5}$

$p_{1,2} = -106{,}25 \pm 111{,}25$ ► Der negative Wert hat keine praktische Bedeutung

$\underline{\underline{p_1 = 5}}$

Das Geld war zu einem Zinssatz von 5% angelegt.

**4.** Eine quadratische Blechplatte wird in der Mitte quadratisch ausgestanzt. Der verbleibende Rahmen soll den Flächeninhalt $A_R$ haben. Wie breit ist er?

$x$ steht als Variable für die möglichen Breiten des Rahmens. Da die Aufgabe für beliebige Seitenlängen für $a$ einer quadratischen Blechplatte gelöst werden soll, muss für $x$ gelten: $0 < x < \frac{a}{2}$.

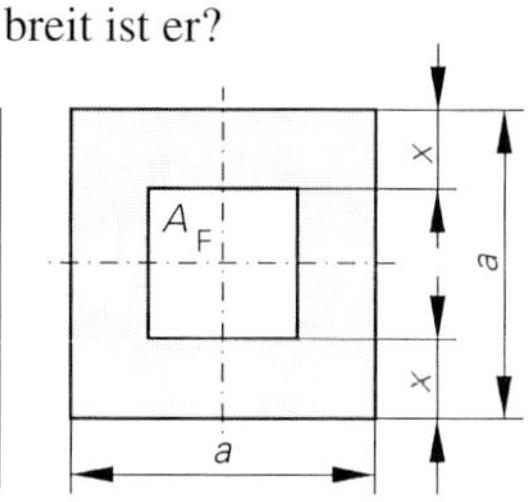


Der Flächeninhalt $A$ der Blechplatte beträgt: $A = a^2$. Der Flächeninhalt $A_F$ der ausgestanzten Fläche beträgt: $A_F = (a - 2x)\,(a - 2x)$, also $A_F = (a - 2x)^2$.

Der Flächeninhalt der verbleibenden Restfläche $A_R$ ergibt sich als Differenz von $A$ und $A_F$.

$A_R = A - A_F$

$= a^2 - (a - 2x)^2$ ► Klammer auflösen

$= a^2 - a^2 + 4ax - 4x^2$ ► Zusammenfassen

$= 4ax - 4x^2$ ► Normalform herstellen

Durch Umformen der entstandenen quadratischen Gleichung erhält man ihre Normalform als Ausgangsgleichung.

$x^2 - ax + \frac{A_R}{4} = 0$ ► Ausgangsgleichung

Mithilfe der Lösungsformel kann man die Lösung für $x$ ausrechnen.

$x_{1,2} = \frac{a}{2} \pm \sqrt{\left(\frac{a}{2}\right)^2 - \frac{A_R}{4}}$

Sie ist unabhängig von dem verlangten Flächeninhalt $A_R$ der Restfläche.

$x_{1,2} = \frac{1}{2}\left(a \pm \sqrt{a^2 - A_R}\right)$

Wegen der Voraussetzung $0 < x < \frac{a}{2}$ ist nur $x_2$ Lösung der Aufgabe.

$\underline{\underline{x_2 = \frac{1}{2}\left(a - \sqrt{a^2 - A_R}\right)}}$ ► $A_R = \frac{3}{4}A$

Ist, wie im oben stehenden Bild gezeichnet, $A_R = \frac{3}{4}A$, also $A_R = \frac{3}{4}a^2$, so berechnet sich die Breite des Rahmens zu $\frac{a}{4}$.

$x_2 = \frac{1}{2}\left(a - \sqrt{a^2 - \frac{3}{4}a^2}\right)$

$x_2 = \frac{1}{2}\left(a - \frac{a}{2}\right)$

$\underline{\underline{x_2 = \frac{a}{4}}}$

# 5.5 Nicht lineare Gleichungssysteme mit zwei Variablen

Nachfolgend werden einige Beispiele für nicht lineare Gleichungssysteme aus zwei Gleichungen mit zwei Gleichungsvariablen betrachtet, die sich nach denselben Methoden wie lineare Gleichungssysteme lösen lassen.

Der Grundbereich jeder Gleichungsvariablen ist, solange nicht ausdrücklich etwas anderes festgesetzt ist, der Bereich der reellen Zahlen, also die Menge $\mathbb{R}$.

**1.** $\begin{cases} x+y=9 \\ x \cdot y=20 \end{cases}$

Die 1. Gleichung des Systems wird nach $y$ aufgelöst.

$$\begin{cases} x+y=9 \\ x \cdot y=20 \end{cases}$$

$$\begin{cases} y=9-x \\ x \cdot y=20 \end{cases} \quad | (9-x) \text{ für } y$$

Der Term für $y$ wird in die 2. Gleichung anstelle von $y$ gesetzt. Dadurch enthält die 2. Gleichung nur noch eine Gleichungsvariable. Durch Umformungen kann man sie in eine quadratische Gleichung in Normalform überführen.

$$\begin{cases} y=9-x \\ x(9-x)=20 \end{cases}$$

$$\begin{cases} y=9-x \\ 9x-x^2=20 \end{cases} \quad | \cdot(-1) \text{ und } +20$$

$$\begin{cases} y=9-x \\ x^2-9x+20=0 \end{cases}$$

Die quadratische Gleichung wird mithilfe der Lösungsformel gelöst.

$$\begin{cases} y=9-x \\ x_{1,2}=4{,}5 \pm \sqrt{20{,}25-20} \end{cases} \blacktriangleright \ \underline{\underline{x_1=5}}, \ \underline{\underline{x_2=4}}$$

Mit den für $x$ errechneten Werten werden die zugehörigen $y$-Werte aus der anderen Gleichung bestimmt.

$$\begin{cases} y_1=9-5 \blacktriangleright \underline{\underline{y_1=4}} \\ x_1=5 \end{cases}$$

$$\begin{cases} y_2=9-4 \blacktriangleright \underline{\underline{y_2=5}} \\ x_2=4 \end{cases}$$

Die Paare $\langle 5 \mid 4 \rangle$ und $\langle 4 \mid 5 \rangle$ für $\langle x \mid y \rangle$ sind die Lösungen des Ausgangssystems, wie die Proben im Kopf leicht bestätigen. Graphisch würde man diese Lösungen als Koordinaten der Schnittpunkte der Graphen von Funktionen zu den Funktionsgleichungen $y=9-x$ (Gerade) und $y=\frac{20}{x}$ (Hyperbel) erhalten.

**2.** $\begin{cases} \frac{x^2}{y^2}=\frac{21}{16}-\frac{x}{y}; \ y \in \mathbb{R}^* \\ y-x=1 \end{cases}$

Die 2. Gleichung wird nach $y$ aufgelöst.

$$\begin{cases} \frac{x^2}{y^2}=\frac{21}{16}-\frac{x}{y}; \ y=\mathbb{R}^* \\ y-x=1 \end{cases}$$

$$\begin{cases} \frac{x^2}{y^2}=\frac{21}{16}-\frac{x}{y} \\ y=1+x \end{cases} \quad \blacktriangleright \text{ Wegen } y \neq 0 \text{ ist } x \neq -1.$$

Der Term für $y$ wird in die 1. Gleichung anstelle von $y$ gesetzt. Dadurch enthält die 1. Gleichung nur noch eine Gleichungsvariable.

$$\begin{cases} \frac{x^2}{(1+x)^2}=\frac{21}{16}-\frac{x}{1+x} \\ y=1+x \end{cases}$$

Durch Umformungen kann man sie in eine quadratische Gleichung in Normalform überführen.

$$\begin{cases} 16x^2 = 21(1+x)^2 - 16x(1+x) \\ y = 1+x \end{cases}$$

$$\begin{cases} 16x^2 = 21 + 42x + 21x^2 - 16x - 16x^2 \\ y = 1+x \end{cases}$$

$$\begin{cases} 11x^2 - 26x - 21 = 0 \\ y = 1+x \end{cases}$$

$$\begin{cases} x^2 - \frac{26}{11}x - \frac{21}{11} = 0 \\ y = 1+x \end{cases}$$

Die quadratische Gleichung wird mithilfe der Lösungsformel gelöst.

$$\begin{cases} x_{1,2} = \frac{13}{11} \pm \sqrt{\frac{169}{121} + \frac{231}{121}} \\ y = 1+x \end{cases} \blacktriangleright \quad x_1 = 3, \quad x_2 = -\frac{7}{11}$$

Mit den für $x$ errechneten Werten werden die zugehörigen $y$-Werte aus der anderen Gleichung bestimmt.

$$\begin{cases} x_1 = 3 \\ y_1 = 4 \end{cases}$$

$$\begin{cases} x_2 = -\frac{7}{11} \\ y_2 = \frac{4}{11} \end{cases}$$

Die Paare $\langle 3 \mid 4 \rangle$ und $\left\langle -\frac{7}{11} \,\middle|\, \frac{4}{11} \right\rangle$ für $\langle x \mid y \rangle$ sind die Lösungen des Ausgangssystems.

Graphisch erhielte man diese Lösungen als Koordinaten der Schnittpunkte eines Geradenpaares mit der Geraden zur Gleichung $y = x + 1$. Die Gleichungen des Geradenpaares erhält man aus der ersten Gleichung des Ausgangssystems zu $y = -\frac{4}{7}x$ und $y = \frac{3}{4}x$.

$$\textbf{3.} \quad \begin{cases} 3x^2 + 4y^2 = 16 \\ 4x^2 + 3y^2 = 19 \end{cases}$$

**Lösungsidee:** Eine der Gleichungen soll nur noch eine Gleichungsvariable enthalten.

$$\begin{cases} 3x^2 + 4y^2 = 16 & \mid \cdot 4 \\ 4x^2 + 3y^2 = 19 & \mid \cdot (-3) \end{cases}$$

$$\begin{cases} 12x^2 + 16y^2 = 64 \\ -12x^2 - 9y^2 = -57 \end{cases} \quad +$$

$$\begin{cases} 12x^2 + 16y^2 = 64 \\ 7y^2 = 7 \end{cases} \blacktriangleright \; y^2 = 1$$

Die Gleichung $y^2 = 1$ hat die Lösungen $y_{1,2} = \pm 1$. Man setzt zuerst 1 für $y$ in der verbliebenen Gleichung und sodann $-1$.

$$\begin{cases} 12x^2 + 16 = 64 \\ y_1 = 1 \end{cases}$$

$$\begin{cases} 12x^2 - 48 = 0 & \mid : 12 \\ y_1 = 1 \end{cases}$$

$$\begin{cases} x^2 - 4 = 0 \\ y_1 = 1 \end{cases}$$

$$\begin{cases} 12x^2 + 16 = 64 \\ y_2 = -1 \end{cases}$$

$$\begin{cases} 12x^2 - 48 = 0 & \mid : 12 \\ y_2 = -1 \end{cases}$$

$$\begin{cases} x^2 - 4 = 0 \\ y_2 = -1 \end{cases}$$

Für jede Lösung aus $y^2 = 1$ erhält man zwei Lösungen für $x$ aus $x^2 - 4 = 0$, nämlich $x_{1,2} = \pm 2$.

1. Lösung: $\underline{\underline{x_1 = 2}}$; $\underline{\underline{y_1 = 1}}$
2. Lösung: $\underline{\underline{x_2 = -2}}$; $\underline{\underline{y_1 = 1}}$
3. Lösung: $\underline{\underline{x_1 = 2}}$; $\underline{\underline{y_2 = -1}}$
4. Lösung: $\underline{\underline{x_2 = -2}}$; $\underline{\underline{y_2 = -1}}$

Die Paare $\langle 2 \mid 1 \rangle$, $\langle -2 \mid 1 \rangle$, $\langle 2 \mid -1 \rangle$ und $\langle -2 \mid -1 \rangle$ für $\langle x \mid y \rangle$ sind die Lösungen des Ausgangssystems.

Die Ausgangsgleichungen des Systems sind die Gleichungen von Ellipsen. Zeichnerisch könnte man die Lösungen des Systems als Koordinatenpaare der Schnittpunkte der beiden Ellipsen erhalten.

**4.** Ein Quader hat eine Höhe von 25 cm, eine Raumdiagonale von 30,822 cm und ein Volumen von 3,75 dm³. Berechnen Sie die Grundkanten.

*Gegeben*: $V = 3{,}75\,\text{dm}^3 = 3750\,\text{cm}^3$
$h = 25\,\text{cm}$
$D = 30{,}822\,\text{cm}$

*Gesucht*: $a$ und $b$

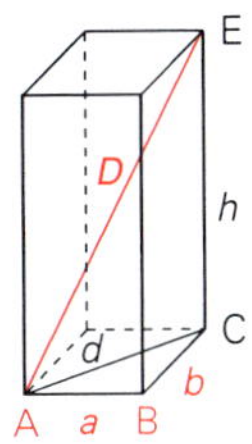


Die Seitenlängen $a$, $b$ und $h$ des Quaders bestimmen sein Volumen $V_Q$.

$V_Q = a \cdot b \cdot h$ ► Quadervolumen

Da im vorliegenden Beispiel $V_Q$ und $h$ bekannt sind, erhält man aus der Formel für das Volumen eine erste Gleichung ① für die Gleichungsvariablen $a$ und $b$.

$$a \cdot b = \frac{V_Q}{h} \quad ①$$

Außerdem ist die Länge der Raumdiagonale $D$ bekannt. $D$ liegt im rechtwinkligen Dreieck ACE und ist wegen der Gültigkeit des Lehrsatzes des Pythagoras mit der Flächendiagonale $d$ und der Höhe $h$ verknüpft. Die Flächendiagonale $d$ liegt im rechtwinkligen Dreieck ABC, daher kann auch auf sie der Lehrsatz des Pythagoras angewendet werden. Man erhält auf diese Weise eine zweite Gleichung ② für die Gleichungsvariablen $a$ und $b$.

$D^2 = d^2 + h^2$ ► Lehrsatz des Pythagoras

$d^2 = a^2 + b^2$ ► Lehrsatz des Pythagoras

$$D^2 = a^2 + b^2 + h^2 \quad ②$$

Nun muss das Gleichungssystem mit den beiden Gleichungen ① und ② für $a$ und $b$ gelöst werden. ① wird nach $a$ aufgelöst, ② bleibt unverändert. Der für $a$ errechnete Term wird in ② anstelle von $a$ gesetzt. Dadurch enthält ② nur noch eine Gleichungsvariable.

$$\left\{\begin{aligned} a &= \frac{V_Q}{bh} \\ D^2 &= a^2 + b^2 + h^2 \end{aligned}\right.$$

$$\left\{\begin{aligned} a &= \frac{V_Q}{bh} \\ D^2 &= \left(\frac{V_Q}{bh}\right)^2 + b^2 + h^2 \quad \mid \cdot (b \cdot h)^2 \end{aligned}\right.$$

Durch Umformungen kann man sie in eine biquadratische Gleichung für $b$ überführen.

$$\left\{\begin{aligned} a &= \frac{V_Q}{bh} \\ D^2 b^2 h^2 &= V_Q^2 + b^4 h^2 + b^2 h^4 \end{aligned}\right. \quad |:h^2 \blacktriangleright h > 0$$

In die biquadratische Gleichung setzt man die bekannten Werte für $h$, $D$ und $V_Q$.

$$\left\{\begin{aligned} a &= \frac{V_Q}{bh} \\ b^4 + b^2(h^2 - D^2) + \frac{V_Q}{h^2} &= 0 \end{aligned}\right. \quad \blacktriangleright \begin{aligned} D &= 30{,}822\,\text{cm} \\ h &= 25\,\text{cm} \\ V_Q &= 3750\,\text{cm}^3 \end{aligned}$$

Die biquadratische Gleichung wird gelöst, indem man $b^2 = z$ setzt und zunächst die in $z$ quadratische Gleichung mithilfe der Lösungsformel löst.

$$b^4 - b^2(900\,\text{cm}^2 - 625\,\text{cm}^2) + \frac{3750\,\text{cm}^3}{25\,\text{cm}} = 0$$

$$z^2 - z \cdot 325\,\text{cm}^2 + 22\,500\,\text{cm}^4 = 0$$

$$z_{1,2} = \frac{325\,\text{cm}^2}{2} \pm \sqrt{\frac{105\,525\,\text{cm}^4}{4} - 22\,500\,\text{cm}^4}$$

$$z_{1,2} = \frac{325}{2}\,\text{cm}^2 \pm \frac{125}{2}\,\text{cm}^2$$

$$z_1 = 225\,\text{cm}^2 \text{ und } z_2 = 100\,\text{cm}^2$$

Wegen $b > 0$ und $b^2 = z$ ist $b = \sqrt{z}$.

Aus den Lösungen $z_1$ und $z_2$ erhält man durch Wurzelziehen die Lösungen für $b_1$ und $b_2$.

$$b_1 = \sqrt{225\,\text{cm}^2}, \text{ also } \underline{\underline{b_1 = 15\,\text{cm}}}$$

$$b_2 = \sqrt{100\,\text{cm}^2}, \text{ also } \underline{\underline{b_2 = 10\,\text{cm}}}$$

Mit den für $b$ errechneten Werten werden die zugehörigen Werte für $a$ aus der anderen Gleichung $a = \frac{V_Q}{bh}$ bestimmt.

$$a_1 = \frac{150\,\text{cm}^2}{15\,\text{cm}}, \quad \text{also } \underline{\underline{a_1 = 10\,\text{cm}}}$$

$$a_2 = \frac{150\,\text{cm}^2}{10\,\text{cm}}, \quad \text{also } \underline{\underline{a_2 = 15\,\text{cm}}}$$

Es gibt zwei Lösungen des Problems: Entweder ist die Seitenlänge 15 cm für $a$ und 10 cm für $b$ oder es ist die Seitenlänge 10 cm für $a$ und 15 cm für $b$.

## Übungen zu 5.1

Lösen Sie die folgenden Gleichungen, indem Sie diese in rein quadratische Gleichungen überführen. Bestimmen Sie, wenn nötig, den Definitionsbereich der Gleichungen.

**1.** $3x^2 = 48$

$3x^2 - 48 = 0$

$x^2 - \frac{48}{3} = 0$

$x^2 - 16 = 0$

$x^2 = 16$ ist lösungsgleich zu

$x = \sqrt{16}$ oder $-x = \sqrt{16}$, also

$\underline{\underline{x = 4}}$ oder $\underline{\underline{x = -4}}$

$\underline{\underline{L = \{-4; 4\}}}$

**2.** $\frac{2x^2}{18} = 576$

**3.** $\frac{8}{9}x^2 = \frac{72}{169}$

**4.** $\frac{x^2-3}{3}=1770$

**5.** $\frac{2}{3}x^2=1536$

**6.** $\frac{3}{5}=\frac{15}{x^2}$

**7.** $\frac{14}{16}x^2=\frac{7}{8}$

**8.** $\frac{45}{x}=\frac{x}{5}$

**9.** $\frac{7x}{3}=\frac{1050}{2x}$

**10.** $\frac{9}{16}+2x^2=3x^2+\frac{1}{2}$

**11.** $x\left(6-\frac{4}{x}\right)=x(6-x)$

**12.** $\frac{6}{x}+\frac{3x}{5}=\frac{42}{2x}$

**13.** $\frac{2-x}{x+2}=\frac{x-8}{x+8}$

**14.** $\frac{6-4x}{4x-2}=\frac{2x+1}{2x+3}$

**15.** $(2x+2\sqrt{2})\,(x-\sqrt{2})=4$

**16.** $\frac{2x}{7}-\frac{15}{x}=\frac{27}{x}$

**17.** $\frac{52-7x}{x-36}=\frac{13x-28}{4-9x}$

**18.** $\sqrt{52+4x}+\sqrt{52-4x}=12$

Lösen Sie die Aufgaben 20 bis 26 nach dem Beispiel der Aufgabe 19:

**19.** $(x-5)^2=144$ ist lösungsgleich zu
$|x-5|=\sqrt{144}$, also zu
$x-5=12$ oder $-(x-5)=12$, also
$\underline{\underline{x=17}}$ oder $\underline{\underline{x=-7}}$
$\underline{\underline{L=\{-7;17\}}}$

**20.** $(x-4)^2=0$

**21.** $(x+3)^2=121$

**22.** $(x-4)^2=81$

**23.** $(2x+7)^2=169$

**24.** $(3x+4)^2=121$

**25.** $(9x-4)^2=(7x-2)^2$

**26.** $(2x+3)^2=(3x+2)^2$

Lösen Sie die folgenden gemischt quadratischen Gleichungen:

**27.** $8x^2=\frac{2x}{3}$

$8x^2-\frac{2}{3}x=0$

$x\left(8x-\frac{2}{3}\right)=0$

$\underline{\underline{x_1=0}}$

$8x-\frac{2}{3}=0$

$\underline{\underline{x_2=\frac{1}{12}}}$

**28.** $3x^2-6x=0$

**29.** $x^2=8x$

**30.** $x^2-\frac{1}{3}x=0$

**31.** $16x^2+10x=0$

**32.** $\frac{3}{2}x^2+\frac{5}{3}x=0$

**33.** $6x^2=\frac{2x}{5}$

Lösen Sie die Aufgaben 35 bis 40 nach dem Beispiel der Aufgabe 34.

**34.** $(x+1)\,(x-5)=0$
$x+1=0$ oder $x-5=0$
$\underline{\underline{x_1=-1}}$ und $\underline{\underline{x_2=5}}$

**35.** $(x+9)\cdot(x+7)=0$

**36.** $(x-3)\cdot(x+3)=0$

**37.** $\left(x-\frac{1}{2}\right)\cdot\left(x-\frac{2}{3}\right)=0$

**38.** $(x-5)\cdot(x-\sqrt{5})=0$

**39.** $\left(x-\frac{2}{7}\right)\cdot\left(x+\frac{4}{3}\right)=0$

**40.** $(x+3-\sqrt{21})\cdot(x+3+\sqrt{21})=0$

Lösen Sie die folgenden Aufgaben mithilfe der Lösungsformel.

**41.** $24x^2-4x=4$

$24x^2-4x-4=0$

$x^2-\frac{4x}{24}-\frac{4}{24}=0$

$x^2-\frac{1}{6}x-\frac{1}{6}=0$

$x_{1,2}=\frac{1}{12}\pm\sqrt{\left(\frac{1}{12}\right)^2+\frac{1}{6}}$

$x_{1,2}=\frac{1}{12}\pm\sqrt{\frac{25}{144}}$

$x_{1,2}=\frac{1}{12}\pm\frac{5}{12}$

$\underline{\underline{x_1=\frac{1}{2}}}$; $\underline{\underline{x_2=-\frac{1}{3}}}$

**42.** $x^2-7x=-6$

**43.** $x^2-4x-1=0$

**44.** $x^2-14x=-33$

**45.** $x^2-17x-60=0$

**46.** $x^2+6x=13$

**47.** $x^2-8x=-16$

**48.** $x^2-3x=10$

**49.** $x^2-56=-x$

**50.** $x^2+14-9x=0$

**51.** $x^2-6x-7=0$

**52.** $x^2+10x=-21$

**53.** $3x^2-25x+8=0$

**54.** $2x^2-11x-6=0$

**55.** $5x^2=11x-2$

**56.** $-3x^2+33x=90$

**57.** $-7x^2-81x=44$

**58.** $\frac{x^2}{4}+\frac{x}{3}-11=0$

**59.** $3(10-x)\cdot(2x-15)=x$

**60.** $5x^2+0{,}4x=17{,}29$

**61.** $(x+1)^2+(x-1)^2=7x+4$

**62.** $2x^2-6x-20=0$

**63.** $3x^2-6x-9=0$

**64.** $8x^2+20x+12=0$

**65.** $18x^2-6x-4=0$

**66.** $10x^2-17x=-7$

**67.** $-30x^2+14x+44=0$

**68.** $4x-4x^2=-3$

**69.** $8x^2-10=-2x$

Lösen Sie die folgenden Gleichungen und bestimmen Sie, wenn nötig, den Definitionsbereich der Gleichungen.

**70.** $\frac{2}{x}-2x=3$

**71.** $12x-\frac{42-3x}{x+1}=42$

**72.** $(x-1)^2+\frac{x-1}{2}=18$

**73.** $2x^3=128x$

**74.** $x+1=\frac{2}{x}$

**75.** $\frac{1}{2}+\frac{14}{x^2}=\frac{11}{2x}$

**76.** $\frac{5}{2}x-4=\frac{21}{2x}$

**77.** $\frac{3x^2-4}{2x+4}=x+\frac{1}{2}$

**78.** $\frac{2x-2}{2x+2}+\frac{x+1}{x-1}=3$

**79.** $3x^2-15x=-18$

**80.** $\frac{22}{2x-6}+3=x+\frac{10}{6-2x}$

**81.** $\frac{x+7}{13-3x}=\frac{1+7x}{13x-3}$

**82.** $\frac{7+5x}{9-8x}=\frac{5+7x}{9x-8}$

**83.** $(2x-4)\cdot(2x-3)=(6x-14)\cdot(2x-9)-(2x-12)\cdot(5x-12)$

**84.** $4x-6=\frac{3{,}5+x}{3}+\frac{4}{x-0{,}5}$

**85.** $x(2{,}5x-2)-\frac{x}{4}(x-8)=(x-1)^2\cdot 2+(1{,}5x-8)^2$

**86.** $(x+2)^2=(2x-6)^2-5x-2$

**87.** $(x+1)^2+(x+3)^2=(3x-5)^2$

**88.** $\frac{16-x}{2}-\frac{4(x-11)}{x-6}=\frac{x-4}{6}$

**89.** $\frac{3}{2x-4}+\frac{1}{x-3}=\frac{1}{2x-8}+\frac{2}{x-1}$

**90.** $\frac{2x+5}{x-2}=\frac{7x-15}{2x-6}$

**91.** $\frac{3x-12}{x-4}+3=\frac{378}{3x-75}$

**92.** $\frac{6x+8}{8x+14}-\frac{2x+3}{16x^2-49}=\frac{6}{5}-\frac{4x-6}{8x-14}$

**93.** $\frac{10x-6}{12x-4}+\frac{9x-7}{3+9x}=\frac{11}{12}+\frac{26x+2}{18x^2-2}$

**94.** $\frac{x+5}{12}-\frac{4}{x+1}=\frac{1}{2}$

**95.** $\frac{2x+6}{x+9}=-\frac{2x-8}{x-1}$

**96.** $\frac{x+5}{2}-\frac{6}{x-1}=2$

**97.** $15+\frac{4}{x}=\frac{36}{x+1}$

**98.** $\frac{3}{x-2}+\frac{4}{x-3}+\frac{6}{x-7}=0$

**99.** $\frac{11}{4x}=\frac{2}{2x+2}+\frac{2}{2x-3}$

**100.** $(x^2-1)\cdot x=(x-1)^3$

**101.** $\frac{4x^2-10}{18}-\frac{6x+20}{30}=\frac{1-3x}{3}$

**102.** $\frac{10x}{3x+7}+\frac{4}{x+3}=2$

**103.** $\frac{2+\frac{1}{5}x}{15+x}+\frac{1}{4x}=\frac{x}{5x-75}$

**104.** $\frac{\frac{5x}{4}+1}{\frac{x}{2}+1}=\frac{x+\frac{1}{4}}{\frac{5x}{2}-2}$

**105.** $\frac{2x+4}{5x+15}+\frac{2x-4}{4(x-3)}=\frac{x^2+21}{10(x^2-9)}$

**106.** $\frac{2x+2}{2x+4}+\frac{x-1}{x+10}=\frac{2x+1}{x+4}$

**107.** $\frac{3x+1}{x-5}-\frac{37}{10}=\frac{6x-21}{2x-8}$

Die folgenden Gleichungen enthalten neben der Gleichungsvariablen $x$ auch Formvariable. Lösen Sie die Gleichungen mithilfe der Lösungsformel. Bestimmen Sie, wenn nötig, den Definitionsbereich der Gleichungen und den Grundbereich für die Formvariablen.

**108.** $x^2+2ax-3a^2=0$

$x_{1,2}=-a\pm\sqrt{a^2+3a^2}$

$=-a\pm\sqrt{4a^2}$

$\underline{\underline{x_{1,2}=-a\pm 2|a|}}$

**109.** $\frac{2a-x+b}{b+x+2a}=\frac{x-a}{a+x}$

**110.** $(a^2-b^2)\cdot(a-b)=ax^2+bx^2$

**111.** $\frac{n}{p}x^2+\frac{a}{b}x=0$

**112.** $6ax^2+10bx=0$

**113.** $2ax^2-2bx=0$

**114.** $\frac{ab}{a-x}=b+\frac{b}{ax-1}$

**115.** $\frac{2a^2-1}{ax+x^2}+\frac{x-2a}{a+x}=\frac{x^2}{ax+x^2}-\frac{x-a}{x}$

**116.** $\frac{\frac{4a+2x}{3b}+\frac{2}{3}}{\frac{a-x}{a}+1}=-\frac{\frac{4x+2b}{3b}+\frac{2}{3}}{\frac{3x+b}{2a}-3}$

Wenden Sie zur Lösung den Satz an, dass ein Produkt Null ist, wenn wenigstens einer seiner Faktoren Null ist.

**117.** $(x+3b)\cdot(x-2a)=0$

**118.** $\left(x-\frac{2ab}{5}\right)\cdot\left(x-\frac{3ab}{7}\right)=0$

**119.** $\left(x+2a-\sqrt{4a-b}\right)\cdot\left(x+2a-\sqrt{4a-b}\right)=0$ (Probe!)

Lösen Sie die folgenden Gleichungen, indem Sie diese in quadratische Gleichungen überführen:

**120.** $x^4-25x^2+144=0$

Setzen Sie $x^2=z$.

$z^2-25z+144=0$

$z_{1,2}=12{,}5\pm\sqrt{156{,}25-144}$

$z_{1,2}=12{,}5\pm\sqrt{12{,}25}$

$z_{1,2}=12{,}5\pm 3{,}5$

$z_1=16;\ z_2=9$

Wegen $x^2=z$ gilt:

$x^2=16$, also $\underline{\underline{x_1=4}}$; $\underline{\underline{x_2=-4}}$

$x^2=9$, also $\underline{\underline{x_3=3}}$; $\underline{\underline{x_4=-3}}$

**121.** $x^4-6x^2+8=0$

**122.** $x^4-13x^2+36=0$

**123.** $(2x^2+4)(x^2-1)=(4x^2+2)(x^2-2)$

**124.** $2x^6+26x^3=336$

**125.** $\frac{60}{(x-5)^2}+\frac{(x-5)^2}{2}=13$

**126.** $2x^4+50=52x^2$

**127.** $x^2(x^2-170)+169=0$

**128.** $2x+4=6\sqrt{x}$; $(\sqrt{x}=z)$

**129.** $(x^2+3)^2+84=19(x^2+3)$

**130.** $5(x-2)^2+4{,}5=\frac{1}{2}(x-2)^4$

**131.** $\left(x+\frac{3}{x}\right)^2-7\frac{1}{2}\left(x+\frac{3}{x}\right)+14=0$

**132.** $\frac{1}{x^2-1}+\frac{8}{3}=x^2-1$

**133.** $2x^2-8=\frac{-14}{x^2-4x-4}-8x$

## Übungen zu 5.3

Lösen Sie die folgenden quadratischen Gleichungen graphisch.

**1.** $x^2+x-6=0$

**2.** $x^2-3x-4=0$

**3.** $x^2-6x+9=0$

**4.** $x^2-x-9=0$

**5.** $x^2+x-2=0$

**6.** $x^2+x-30=0$

**7.** $4x^2-13x+3=0$

**8.** $5x^2+10x-40=0$

**9.** $x^2-x-\frac{15}{4}=0$

**10.** $2x^2+4x-21=0$

**11.** $6x^2-42x+72=0$

**12.** $2x^2-2x+2+(x+4)(x-5)=0$

**13.** $\frac{1}{2}(x+4)\cdot(x-5)+x(x-1)+1=0$

## Übungen zu 5.4

**1.** Multipliziert man den 4. Teil einer Zahl mit dem 3. Teil derselben, so erhält man $\frac{4}{3}$. Wie heißt die Zahl?

**2.** Subtrahiert man vom Produkt zweier aufeinander folgender ganzer Zahlen 9, so erhält man die kleinere der beiden Zahlen. Wie heißt diese Zahl?

**3.** Ein Bauplatz hat eine Fläche von 243 $m^2$, die Breite beträgt $\frac{3}{4}$ der Länge. Wie sind die Abmessungen des Platzes?

**4.** Ein quadratisches Stahlblech, dessen Seiten 60 cm lang sind, wird an der einen Seite um so viel verlängert, wie die andere Seite verkürzt wird. Der Flächeninhalt des neuen Bleches beträgt 3575 $cm^2$. Wie groß sind die Maße des neuen Bleches?

**5.** Ein Meister kauft für 60,– € eine Anzahl Schrauben, ein anderes Mal erhält er für die gleiche Summe 100 Schrauben mehr und so kommt ihm das zweite Mal jede Schraube 10 Cent billiger als das erste Mal. Wie viel Schrauben kaufte er das erste Mal?

**6.** Zwei Autofahrer $A$ und $B$ fahren von zwei Orten, $P$ und $Q$ (30 km), einander entgegen und treffen sich nach 18 min. $A$ braucht für den ganzen Weg 15 min mehr als $B$. Wie viel Minuten braucht $A$ für den ganzen Weg?

**7.** Ein Haus steht so auf einem rechteckigen Bauplatz, dass die Kanten des Hauses von den Kanten des Bauplatzes überall den gleichen Abstand haben. Wie groß ist der Abstand, wenn die Maße des Hauses 15 m × 12 m sind und die Fläche des Hauses $\frac{9}{68}$ von der Fläche des Bauplatzes beträgt?

**8.** Um einen Graben herzustellen, braucht der eine Arbeiter 15 Stunden mehr als der andere. Zusammen benötigen sie 18 Stunden. In welcher Zeit sind sie einzeln mit der Arbeit fertig?

**9.** Ein Flugzeug fliegt von Leipzig nach Wien (660 km) und kommt in Wien 6 min früher als flugplanmäßig an, da es Rückenwind von 60 km/h hatte. Wie hoch ist die Eigengeschwindigkeit des Flugzeuges?

**10.** Wenn man den Radius eines Kreises um 50 cm verlängert, so wird die alte Kreisfläche verdreifacht. Wie lang war der ursprüngliche Durchmesser?

**11.** In einem Kreis ist eine Sehne $\overline{AB}$ von 4 cm Länge gezeichnet. Um wie viel cm muss man sie über $B$ hinaus verlängern, wenn der Abschnitt der Tangente vom Endpunkt dieser Verlängerung an den Kreis 7 cm lang sein soll?

**12.** Ein Wasserbehälter ist 2 m hoch, hat die Form eines Kegelstumpfes und fasst 400 $m^3$ Wasser. Wie groß sind beide Durchmesser, wenn die Seitenfläche eine Neigung von 45° besitzt?

**13.** Zwei Pumpen füllen einen Behälter in 32 min mit Wasser. Wenn beide Pumpen einzeln arbeiten, braucht die eine Pumpe 15 min mehr als die andere. Berechnen Sie die einzelnen Füllzeiten.

**14.** Zwei Drähte haben, parallel geschaltet, einen Widerstand von 2 Ω. Die Einzelwiderstände unterscheiden sich um 3 Ω. Wie groß sind sie?

**15.** Ein Laufkran bewegt sich in einer Montagehalle mit 0,5 m/s. Seine Laufkatze fährt mit einer Geschwindigkeit von 0,8 m/s gleichzeitig rechtwinklig dazu. Berechnen Sie die Geschwindigkeit der Last.

**16.** Ein Hammer hat ein Gewicht von 200 N. Wie hoch ist seine Geschwindigkeit, wenn er eine kinetische Energie von 1200 Nm erhalten soll?

**17.** Um die Tiefe eines Schachtes zu messen, lässt man einen Stein hineinfallen. 6 Sekunden nach dem Beginn des Fallens hört man den Aufprall. Wie tief ist der Schacht?

**18.** Zwei Arbeiter prüfen mit einer Messuhr die Genauigkeit einer großen Anzahl von Laufbuchsen. Sie beenden die Arbeit in 20 Tagen. Der zweite Arbeiter allein würde zur Durchprüfung 9 Tage länger brauchen als der erste. Wie viele Tage braucht jeder allein für diese Arbeit?

**19.** Zwei gleich große Kräfte wirken unter 90° auf einen Punkt. Die Resultierende und eine dieser Kräfte ergeben zusammen 1000 N. Wie groß sind Kraft und Resultierende?

**20.** Eine Rakete startet mit einer Beschleunigung von 1 g. Kurze Zeit danach wird ihr eine zweite Rakete mit gleicher Beschleunigung nachgeschickt. 8 Sekunden nach dem Start der ersten sind beide 137,2 m voneinander entfernt. Um wie viel Sekunden unterscheiden sich die Startzeiten?

**21.** Ein Behälter ist mit Wasser gefüllt und kann durch zwei Ventile in 540 Sekunden entleert werden. Das eine Ventil allein entleert den Behälter 450 Sekunden schneller als das andere Ventil. Berechnen Sie die Entleerungszeiten beider Ventile.

**22.** Zwei Kreise haben zusammen einen Flächeninhalt von 1276,272 $m^2$. Die Summe ihrer Durchmesser beträgt 55 m. Wie groß ist jeder Durchmesser?

## Übungen zu 5.5

Lösen Sie die folgenden nicht linearen Gleichungssysteme mit den Gleichungsvariablen $x$ und $y$. Bestimmen Sie, wenn nötig, den Grundbereich für die Gleichungsvariablen und die Formvariablen.

**1.** $\frac{y}{2} = \frac{3}{4}x$; $xy = 54$

**2.** $x^2 + y^2 = 13$; $y^2 - x^2 = 5$

**3.** $4y^2 + 5x^2 = 216$; $3x^2 + 3y^2 = 159$

**4.** $3x^2 + 4y^2 = 16$; $3y^2 + 4x^2 = 19$

**5.** $5x^2 + 4y^2 = 21$; $6x^2 + 2y^2 = 14$

**6.** $2x + 2y = 14$; $4x^2 - y^2 = 20$

**7.** $3x - 3y = 9$; $\frac{x^2}{9} - \frac{y^2}{3} = 1$

**8.** $xy = 9$; $x^2 + y^2 = 82$

**9.** $\frac{1}{x} + \frac{1}{y} = \frac{5}{6}$; $2x + 2y = 10$

**10.** $\frac{x^2}{y^2} + \frac{x}{y} = \frac{10}{9}$; $x \cdot y = 6$

**11.** $\frac{3}{2}x + 2y = 17$; $\frac{1}{2}xy = 12$

**12.** $10x - 60y = 38$; $xy = 1$

**13.** $\frac{x^2}{2} + \frac{y^2}{2} = 149$; $2x + 2y = 40$

**14.** $18x^2 + 8y^2 = 338$; $6x + 4y = 34$

**15.** $\frac{x}{2} + \frac{y}{2} = a$; $xy = a^2 - b^2$

**16.** $abx - aby = a^2 - b^2$; $xy - 1 = 0$

**17.** $x + 2y = 20$; $x^2 + y^2 = 100$

**18.** $xy + 41y = 456$; $4y + 2x = 42$

**19.** $2x^2 - 6xy + 2y^2 = 88$; $xy = 20$

**20.** $\frac{15}{3x+9} + \frac{4}{2y-2} = 2$; $\frac{1}{x} - \frac{3}{4y} = \frac{1}{4}$

**21.** Ein Rechteck hat eine Fläche von 360 $cm^2$. Die Länge der Diagonalen beträgt 41 cm. Berechnen Sie die Längen der Seiten.

**22.** Der Flächeninhalt eines rechtwinkligen Dreiecks beträgt 13,5 $cm^2$, die Katheten haben zusammen eine Länge von 10,5 cm. Berechnen Sie den Umfang des Dreiecks.

**23.** Die Hypotenuse eines rechtwinkligen Dreiecks ist 15 cm lang. Verkürzt man eine Kathete um 4 cm, so verändert sich die Länge der Hypotenuse auf 10 cm. Berechnen Sie die ursprünglichen Längen der Katheten.

**24.** Das Produkt zweier Zahlen beträgt 21, die Differenz der Quadrate 40. Wie heißen die Zahlen?

**25.** Aus einer kreisförmigen Blechplatte ($D = 120\,\text{cm}$) soll ein Rechteck mit dem Umfang von 318,174 cm ausgeschnitten werden. Berechnen Sie die Seitenlängen.

# Wiederholungsfragen zu 5.

**1.** Was versteht man unter einer quadratischen Gleichung?

**2.** Erklären Sie die Begriffe rein quadratische und gemischt quadratische Gleichung.

**3.** Erklären Sie den Begriff Normalform einer quadratischen Gleichung.

**4.** Wie kann man eine rein quadratische Gleichung lösen?

**5.** Wie kann man eine gemischt quadratische Gleichung lösen?

**6.** Auf welche Weise kann man eine quadratische Gleichung in Normalform lösen?

**7.** Was versteht man unter der quadratischen Ergänzung des Terms $x^2 + 2ax$?

**8.** Nennen Sie den Satz von Viëta und geben Sie seine Bedeutung an.

**9.** Erklären Sie den Begriff Diskriminante.

**10.** Welchen Einfluss hat die Diskriminante auf die Anzahl der Lösungen einer quadratischen Gleichung?

**11.** Welche Grundgedanken sind für das graphische Lösen von quadratischen Gleichungen maßgebend?

**12.** Wie kann man nicht lineare Gleichungssysteme mit zwei Gleichungsvariablen lösen?

# 6 Exponentialgleichungen

Gleichungen mit einer Gleichungsvariablen, bei denen die Gleichungsvariable auch im Exponenten einer Potenz steht, heißen **Exponentialgleichungen**. Die einfachsten Exponentialgleichungen sind solche der Form $a^x = b$ mit einer Gleichungsvariablen $x \in \mathbb{R}$ und den Formvariablen $a$ und $b$, wobei $a > 0$ vorauszusetzen ist. Aber auch eine Gleichung wie z. B. $2^x + x^2 = 8; x \in \mathbb{R}$ zählt man zu den Exponentialgleichungen.

Man kann einfache Exponentialgleichungen dadurch lösen, dass man die Definition einer Potenz heranzieht. $a^n$ bedeutet doch, dass $a$ insgesamt $n$-mal als Faktor eines Produktterms steht: $a^n = \underbrace{a \cdot a \cdot \dots \cdot a}_{n\text{-mal}}$.

Lautet eine Exponentialgleichung z. B. $4^x = 16$, so kann man die Gleichung dadurch lösen, dass man fragt, wie oft man 4 mit sich selbst malnehmen muss, um 16 zu erhalten. Die Antwort ist zweimal. Also lautet die Lösung dieser Gleichung 2. Im Allgemeinen aber wird man einfache Exponentialgleichungen durch Logarithmieren lösen, weil sich für $x$ keine ganze Zahl finden lässt. So folgt aus $a^x = b$ durch Logarithmieren zur Basis $a$: $x \cdot \log_a a = \log_a b$. Weil $\log_a a = 1$, gilt also $x = \log_a b$. Kompliziertere Exponentialgleichungen wie z. B. $2^x + x^2 = 8$ kann man durch bloßes Logarithmieren nicht mehr lösen. Man löst diese Gleichungen mit speziellen Näherungsverfahren oder graphisch.

**Beispiele:**

**1.** $3^x = 81$

Lösung auf Grund der Definition einer Potenz: Man ermittelt, wie oft 3 als Faktor stehen muss, damit man 81 erhält.

**1.** $3^x = 81$

$3 \cdot 3 \cdot 3 \cdot 3 = 81$

$x = 4$

Lösung: $\underline{\underline{4}}$

**2.** $4^{2x} = 256$

Lösung mittels der Potenzdefinition:

Wie oft steht 4 als Faktor im Produkt 256?

Lösung durch Logarithmieren:

Die Gleichung wird mit dem Logarithmus zur Basis 10 logarithmiert.

Die entstandene Gleichung wird durch lg 4 dividiert.

Die anschließende Division durch 2 liefert die Endgleichung, aus der die Lösung 2 unmittelbar entnommen werden kann.

**2.** $4^{2x} = 256$

$4 \cdot 4 \cdot 4 \cdot 4 = 256$

$2x = 4$

$x = 2$; Lösung: $\underline{\underline{2}}$

$4^{2x} = 256$

$2x \cdot \lg 4 = \lg 256$

$$2x = \frac{\lg 256}{\lg 4} = \frac{2{,}40824}{0{,}6020599} \quad \text{(Taschenrechner!)}$$

$= 4$

$\underline{\underline{x = 2}}$

**3.** $\left(\frac{3}{4}\right)^{5x-14} = 0{,}5625^{x-1}$

Lösungsschritte:

1. Gleichung logarithmieren
2. Klammern auflösen
3. Logarithmen bestimmen und nach $x$ auflösen

Durch das Runden bei der Bestimmung der Logarithmen wird das Ergebnis oft nur annähernd genau.

**3.** $\left(\frac{3}{4}\right)^{5x-14} = 0{,}5625^{x-1}$

$$(5x-14)\cdot \lg 0{,}75 = (x-1)\cdot \lg 0{,}5625$$
$$5x\cdot \lg 0{,}75 - 14\cdot \lg 0{,}75 = x\cdot \lg 0{,}5625 - \lg 0{,}5625$$
$$5x(-0{,}1249387) - 14(-0{,}1249387) = x(-0{,}2498774) + 0{,}2498774$$
$$x(-0{,}3748161) = -1{,}4992649$$
$$x = 4{,}0000013$$

Lösung: $\underline{\underline{4}}$

Probe: $0{,}75^6 \mid 0{,}5625^3$

$0{,}1779785 = 0{,}1779785$ ► wahre Aussage

**4.** $\sqrt{a^{x-3}} = \sqrt[3]{a^{x+2}}$; $a \in \mathbb{R}^+$, $x \in \mathbb{R}$

Lösungsschritte:

1. Wurzelterme in Potenzterme mit gebrochenen Exponenten umwandeln
2. Zweckmäßigerweise mit dem Logarithmus zur Basis $a$ logarithmieren, denn $\log_a a = 1$.
3. Die entstandene Gleichung nach $x$ auflösen.

**4.** $\sqrt{a^{x-3}} = \sqrt[3]{a^{x+2}}$

$$a^{\frac{x-3}{2}} = a^{\frac{x+2}{3}}$$
$$\frac{x-3}{2}\log_a a = \frac{x+2}{3}\log_a a$$
$$\frac{x-3}{2} = \frac{x+2}{3}$$
$$3(x-3) = 2(x+2)$$
$$3x-9 = 2x+4$$
$$\underline{\underline{x = 13}}$$

**5.** $x^{3-\lg x} = 100$; $x \in \mathbb{R}^+$

Lösungsschritte:

1. Logarithmieren
2. Klammer ausmultiplizieren
3. Die entstandene, in $\lg x$ quadratische Gleichung nach der Lösungsformel für quadratische Gleichungen lösen.
4. Die Numeri zu $\lg x_1 = 2$ und $\lg x_2 = 1$ bestimmen.

**5.** $x^{3-\lg x} = 100$

$$(3-\lg x)\cdot \lg x = \lg 100$$
$$3\cdot \lg x - (\lg x)^2 = 2$$
$$(\lg x)^2 - 3\lg x + 2 = 0$$
$$\lg x_{1,2} = 1{,}5 \pm \sqrt{2{,}25-2}$$
$$\lg x_{1,2} = 1{,}5 \pm 0{,}5$$

$\lg x_1 = 2$, also $\underline{\underline{x_1 = 100}}$

$\lg x_2 = 1$, also $\underline{\underline{x_2 = 10}}$

**6.** $49^{\frac{1}{x}} = 3{,}5 \cdot \left(4^{\frac{1}{x}}\right)$; $x \in \mathbb{R}^*$

Lösungsschritte:

1. Logarithmieren
2. Es ist $\lg[a \cdot b] = \lg a + \lg b$
3. Die Gleichung mit $x$ multiplizieren
4. Nach $x$ auflösen

**6.** $49^{\frac{1}{x}} = 3{,}5 \cdot \left(4^{\frac{1}{x}}\right)$

$$\begin{aligned} \frac{1}{x} \cdot \lg 49 &= \lg\left[3{,}5 \cdot \left(4^{\frac{1}{x}}\right)\right] \\ &= \lg 3{,}5 + \frac{1}{x} \lg 4 \\ \lg 49 &= x \lg 3{,}5 + \lg 4 \\ x \cdot \lg 3{,}5 &= \lg 49 - \lg 4 \\ x &= \frac{\lg 49 - \lg 4}{\lg 3{,}5} \\ x &= \frac{1{,}0881361}{0{,}544068} \\ x &= 2{,}0000002 \end{aligned}$$

Lösung: $\underline{\underline{2}}$

**7.** $\sqrt[x+2]{27} = \left(\sqrt[3]{3}\right)^{2x+1}$; $x \in \mathbb{N}$

Lösungsschritte:

1. Den Wurzelterm $\sqrt[x+2]{27}$ als Potenzterm mit gebrochenem Exponenten schreiben
2. Logarithmieren
3. Die Gleichung durch $\lg \sqrt[3]{3}$ dividieren und mit $x+2$ multiplizieren
4. Den Quotienten auf der linken Seite ausrechnen und die Klammern rechts ausmultiplizieren
5. Normalform der quadratischen Gleichung herstellen
6. Mit der Lösungsformel lösen

Der negative Wert kommt als Lösung wegen $x \in \mathbb{N}$ nicht in Betracht.

**7.** $\sqrt[x+2]{27} = \left(\sqrt[3]{3}\right)^{2x+1}$

$$27^{\frac{1}{x+2}} = \left(\sqrt[3]{3}\right)^{2x+1}$$

$$\frac{1}{x+2} \cdot \lg 27 = (2x+1) \cdot \lg \sqrt[3]{3}$$

$$\frac{\lg 27}{\lg \sqrt[3]{3}} = (2x+1)(x+2)$$

$$9 = 2x^2 + 5x + 2$$

$$2x^2 + 5x - 7 = 0$$

$$x^2 + \frac{5}{2}x - \frac{7}{2} = 0$$

$$x_{1,2} = -\frac{5}{4} \pm \sqrt{\frac{25}{16} + \frac{56}{16}}$$

$$x_{1,2} = -\frac{5}{4} \pm \frac{9}{4}$$

$$\underline{\underline{x_1 = 1}}$$

**8.** $2^x + x^2 = 8$; $x \in \mathbb{R}$

Die Gleichung wird zunächst graphisch gelöst. Zur Ausgangsgleichung ist die Gleichung $2^x = -x^2 + 8$ lösungsgleich. Die zu den Seiten dieser Gleichung zugehörenden Funktionen $f$ und $g$ werden definiert.

**8.** $2^x + x^2 = 8$

$f{:}\ f(x) = 2^x$; $D(f) = \mathbb{R}$

$g{:}\ g(x) = -x^2 + 8$; $D(g) = \mathbb{R}$

Die Graphen von $f$ und $g$ werden gezeichnet. $f$ ist die Exponentialfunktion mit der Basis 2. $g$ ist eine quadratische Funktion, deren Graph eine um 8 Einheiten nach oben verschobene, sich nach unten öffnende Normalparabel ist.

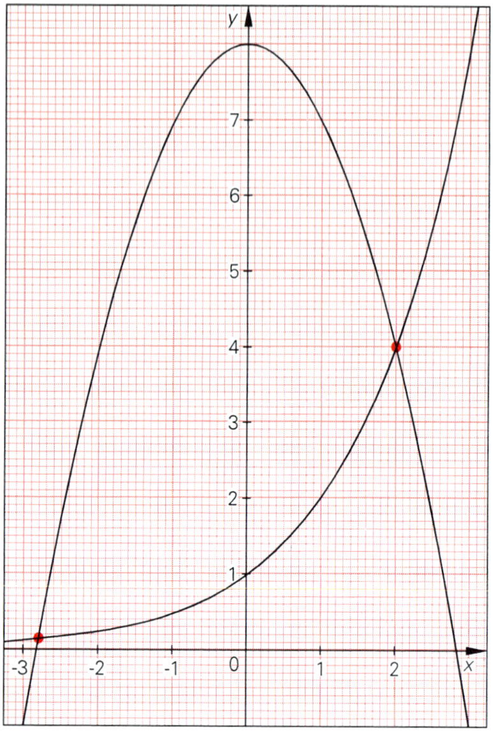


Die Abszissen der Schnittpunkte der Graphen von $f$ und $g$ sind die Lösungen der Ausgangsgleichung.

Man entnimmt der Zeichnung:

$x_1 = 2$ und $x_2 = -2{,}8.$

Die Probe zeigt, dass $x_1$ genau ist, $x_2$ jedoch nur eine Näherung darstellt.

Der Probe und dem Schaubild mit dem Graphen von $f$ und $g$ entnimmt man, dass die 2. Lösung etwas kleiner sein muss. Man schachtelt die genauere Lösung ein.

Die Wertetabelle zeigt das Vorgehen (Taschenrechner).

| $x$ | $-2{,}9$ | $-2{,}85$ | $-2{,}81$ | $-2{,}805$ | $-2{,}803$ |
|---|---|---|---|---|---|
| $2^x$ | 0,1340 | 0,1387 | 0,1426 | 0,1431 | 0,1433 |
| $-x^2+8$ | $-0{,}4100$ | $-0{,}1225$ | 0,1039 | 0,1320 | 0,1432 |

Die Tabelle zeigt, dass zum Wert $-2{,}803$ für $x$ zu den Funktionen $f$ und $g$ Funktionswerte gehören, die sich nur um 1 Zehntausendstel unterscheiden.

**Merke:**

- Gleichungen mit einer Gleichungsvariablen, die auch im Exponenten einer Potenz vorkommt, heißen **Exponentialgleichungen**.
- Exponentialgleichungen der Form $a^x = b; x \in \mathbb{R}; a, b \in \mathbb{R}^+$ werden durch Logarithmieren zur Basis $a$ gelöst.
- Kompliziertere Exponentialgleichungen können durch spezielle Näherungsverfahren oder graphisch gelöst werden.

## Übungen zu 6.

Lösen Sie die folgenden Exponentialgleichungen.

**1.** $3^{x-1} = 27$

**2.** $2^{5x-7} = 8$

**3.** $4^{6x-16} = 16$

**4.** $\left(\frac{1}{2}\right)^{x} = 20$

**5.** $256 \cdot 0{,}5^{5x-4} = 2^{x}$

**6.** $\sqrt{16^{2x-2}} = 2^{3x-2}$

**7.** $11^{x+3} = 7 \cdot 6^{2x}$

**8.** $3 \cdot 4^{3x-3} = 3 \cdot 8^{x}$

**9.** $6^{x} = 36 \cdot 9{,}75^{x-2}$

**10.** $\sqrt{3^{4x-4}} = \frac{3^{x+1}}{3}$

**11.** $1{,}88 \cdot 2{,}9^{3x-2} = 61{,}2 \cdot 1{,}8^{3-x}$

**12.** $\frac{0{,}826}{125} = \frac{1{,}4^{3x} \cdot 68^{x-3}}{5^{2x-1}}$

**13.** $\sqrt[4]{b^{x-a}} = \sqrt[5]{b^{x+a}}$

**14.** $(b^{20x-7})^{9-3x} = (b^{15x-3})^{7-4x}$

**15.** $\left(\frac{5}{7}\right)^{\frac{11x+9}{x}} = \left(\frac{1}{3}\right)^{\frac{3}{x}}$

**16.** $81^{\frac{x+2}{x+12}} = \frac{1}{3}$

**17.** $\sqrt[x-3]{32^{x+17}} = \sqrt[x-7]{(0{,}25 \cdot 128)^{x+5}}$

**18.** $15 = \frac{1}{2}(8^{x+1} - 8^{x-1})$

**19.** $4^{2x+1} - 3^{3x+1} = 4^{2x+3} - 3^{3x+2}$

**20.** $3^{x-1} - 2^{3x-1} = 2^{3x-1} - 3^{x+1}$

**21.** $29{,}791^{\frac{1}{x-2}} = 3{,}1^{x}$

**22.** $(2^{3-x})^{2-x} = 1$

# Wiederholungsfragen zu 6.

**1.** Erklären Sie den Begriff Exponentialgleichung.

**2.** Welche Lösungsmethoden für Exponentialgleichungen kennen Sie?

# 7 Endliche Folgen und Reihen

## 7.1 Grundlegende Begriffe

**Beispiel 1:** An einem Tanzturnier nehmen 15 Tanzpaare teil, welche die Startnummern 1 bis 15 tragen. Die Wertungsrichter setzen nach Abschluss des Wettbewerbs jedes Paar auf genau einen der Plätze 1 bis 15, wobei ein Platz auch von mehreren Paaren eingenommen werden kann.

Die Wertungsrichter weisen also jeder natürlichen Zahl von 1 bis 15 (Startnummer) eindeutig eine Zahl wiederum zwischen 1 und 15 zu (Rangplatz).

| Nr. | 1 | 2 | 3 | 4 | 5 | 6 | 7 | ... | 12 | 13 | 14 | 15 |
|---|---|---|---|---|---|---|---|---|---|---|---|---|
| Platz | 2 | 4 | 1 | 7 | 9 | 12 | 10 | ... | 2 | 3 | 11 | 5 |

Die Zuordnung „erreichter Platz zur Startnummer“ ist eine reelle Funktion, deren Definitionsbereich $D(f)$ die endliche Menge der natürlichen Zahlen von 1 bis 15 ist.

**Beispiel 2:** Die Funktion $f\colon f(x) = 2x$; $D(f) = \mathbb{N}^*$ bildet die Menge der natürlichen Zahlen ohne die 0 auf die Menge der geraden Zahlen ab.

Zu der Funktion $f\colon f(x) = 2x$; $D(f) = \mathbb{N}^*$ gehört die nebenstehende Wertetabelle.

| $x$ | 1 | 2 | 3 | 4 | 5 | 6 | 7 | 8 | ... |
|---|---|---|---|---|---|---|---|---|---|
| $2x$ | 2 | 4 | 6 | 8 | 10 | 12 | 14 | 16 | ... |

**Beispiel 3:** Ein Orientierungsläufer muss 6 Kontrollpunkte in einer bestimmten Reihenfolge anlaufen. Diese Reihenfolge wird durch die Nummerierung der Punkte von $P_1$ bis $P_6$ festgelegt.

Die Kontrollpunkte werden in der vorgesehenen Reihenfolge der natürlichen Zahlen von 1 bis 6 zugeordnet.

| $n$ | 1 | 2 | 3 | 4 | 5 | 6 |
|---|---|---|---|---|---|---|
| Kontrollpunkt | $P_1$ | $P_2$ | $P_3$ | $P_4$ | $P_5$ | $P_6$ |

Diesen drei Beispielen ist eine Eigenschaft gemeinsam: Es handelt sich um Funktionen, die auf Grund einer wohl bestimmten Vorschrift natürlichen Zahlen andere Zahlen oder Elemente aus einer Menge zuordnen.

Die Beispiele unterscheiden sich einerseits dadurch, dass im 1. und 3. Fall eine endliche Menge von natürlichen Zahlen der Art $\{1, 2, 3, \ldots, n\}$ die Ausgangsmenge der Funktion ist, im 2. Fall aber die Menge $\mathbb{N}^*$ aller natürlichen Zahlen ohne die 0, also eine unendliche Menge.

Sie unterscheiden sich andererseits in der Natur der Elemente, welche den natürlichen Zahlen zugeordnet sind.

Besteht der Definitionsbereich $D(f)$ einer Funktion $f$ nur aus den aufeinander folgenden natürlichen Zahlen $1, 2, 3, \ldots$ bzw. $0, 1, 2, 3, \ldots$, also aus den Mengen $\mathbb{N}^*$ bzw. $\mathbb{N}$ oder aus einem sog. **Abschnitt** natürlicher Zahlen $\{1, 2, 3, \ldots, n\}$ bzw. $\{0, 1, 2, 3, \ldots, n\}$, so wird eine solche Funktion als **Folge** bezeichnet.

Ist die Zielmenge einer Folge eine Zahlenmenge, so nennt man diese Folge eine **Zahlenfolge**. ▶ Beispiel 1 und 2

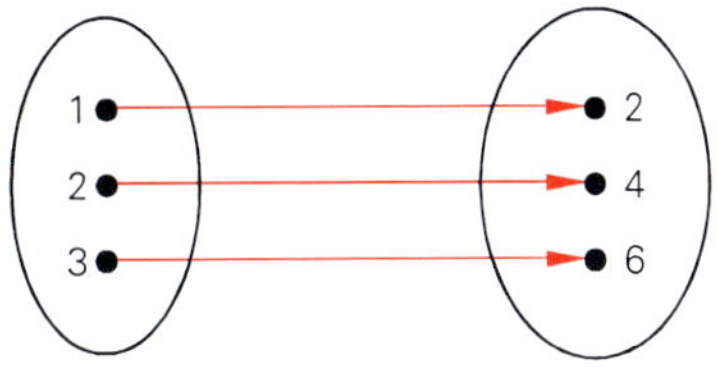


▶ Zahlenfolge

Ist die Zielmenge einer Folge eine Punktmenge, so nennt man diese Folge eine **Punktfolge**. ▶ Beispiel 3

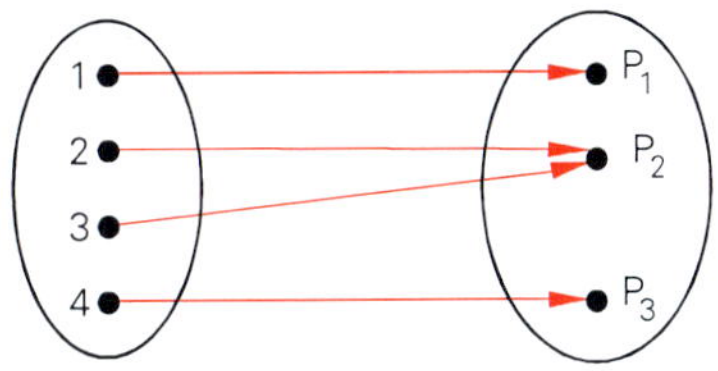


▶ Punktfolge

Besteht der Definitionsbereich einer Folge aus einem Abschnitt natürlicher Zahlen, so heißt die Folge **endlich**; ist der Definitionsbereich einer Folge die Menge $\mathbb{N}^*$ oder $\mathbb{N}$, so heißt die Folge **unendlich**.

Da Folgen spezielle Funktionen sind, können sie durch irgendeine Vorschrift erklärt sein, sofern von dieser nur gesichert ist, dass sie eine eindeutige Zuordnung liefert. Unter den Folgen interessieren besonders solche, die sich mittels eines einheitlichen Funktionsterms beschreiben lassen.

Für die Folgen als spezielle Funktionen verwendet man auch spezielle Sprech- und Schreibweisen.

Als Argumentvariable wird meist $n$ (statt $x$; $n$ für natürliche Zahl) verwendet und als Funktionsterm $a_n$ (statt $a(n)$). Der Folgenname wird als $\langle a_n \rangle$, die Folge selbst also als Funktion wie folgt geschrieben:
$\langle a_n \rangle: n \mapsto a_n; n \in \mathbb{N}^*$. Die Folge $\langle a_n \rangle$ besteht aus den sog. **Gliedern** $a_1, a_2, a_3, \ldots, a_n, \ldots$ Man schreibt auch $\langle a_n \rangle: a_1, a_2, a_3, \ldots$ Der Term $a_n$ bezeichnet hierbei das $n$-te Glied der Folge, falls $n \in \mathbb{N}^*$.

▶ Schreibweisen bei Folgen

$\langle a_n \rangle: n \mapsto a_n;\ n \in \mathbb{N}^*$, z. B.

$\langle a_n \rangle: n \mapsto 2n;\ n \in \mathbb{N}^*$. Aber auch:

$\langle a_n \rangle: a_n = 2n;\ n \in \mathbb{N}^*$ oder

$\langle a_n \rangle = \langle 2n \rangle$.

$n \mapsto a_n$ heißt **Bildungsvorschrift**,
$a_n = 2n$ heißt **Gleichung** oder **Bildungsgesetz** der Folge.

In diesem Buch werden nur endliche Zahlenfolgen betrachtet. Die Behandlung unendlicher Folgen ist Gegenstand der „Analysis“, eines Gebiets der höheren Mathematik. Insofern wird auf den Band 3 dieser Reihe verwiesen.

Wenn nachfolgend etwas anderes nicht vermerkt ist, sollen alle Folgen für die Menge $\mathbb{N}^*$ bzw. für einen ihrer Abschnitte $\{1, 2, 3, \ldots, n\}$ erklärt sein.

## 7.2 Arithmetische und geometrische Folgen und Reihen

● Eine Folge $\langle a_n \rangle$ heißt eine **arithmetische Folge**, wenn die Differenz zweier aufeinander folgender Glieder $a_n - a_{n-1}$ für alle $n$ ihres Definitionsbereichs gleich ist:
$a_n - a_{n-1} = d;\ d \in \mathbb{R},\ d$ fest.

$\langle a_n \rangle$: $1, 2, 3, \dots, n$

$a_n - a_{n-1} = 1$ für alle $n$ ► $d = 1$

$\langle a_n \rangle$: $1, 5, 9, 13, 17$

$a_n - a_{n-1} = 4$ für alle $n$ ► $d = 4$

$\langle a_n \rangle$: $5, 2, -1, -4, -7$

$a_n - a_{n-1} = -3$ für alle $n$ ► $d = -3$

Den Summenterm $a_1 + a_2 + a_3 + \dots + a_n$ aus den Gliedern einer endlichen arithmetischen Folge mit $n$ Gliedern nennt man vielfach auch eine (endliche) **arithmetische Reihe**.

► Folge: $1, 2, 3, 4, \dots, n$

► Reihe: $1 + 2 + 3 + 4 + \dots + n$

► Allgemein gilt:

$$\begin{aligned} S_n &= a_1 + a_2 + a_3 + \dots + a_n \\ &= a + a + d + a + 2d + \dots + a + (n-1)d \end{aligned}$$

Hierbei heißt:

$a$ das Anfangsglied der Reihe, ► $a = a_1$

$a + (n-1)d$ das $n$-te Glied der Reihe,
► $a_n = a + (n-1)d$

$d$ die Differenz der Glieder der Reihe,

$n$ die Anzahl der Glieder der Reihe.

Der Summenterm $S_n$ einer arithmetischen Reihe mit $n$ Gliedern lässt sich für jede Differenz $d$ allgemein berechnen. Man verwendet dazu einen Trick, den man dem jungen C. F. Gauß (1777–1855) zuschreibt.

Man schreibt die Reihe ein zweites Mal, aber in umgekehrter Reihenfolge, auf. Addiert man jeweils die untereinander stehenden Terme, so erhält man $n$-mal $a + [a + (n-1)d]$ auf der rechten Seite und $2 \cdot S_n$ auf der linken Seite.

$$\begin{aligned} S_n &= a + (a+d) + \dots + [a + (n-1)d] \\ S_n &= [a + (n-1)d] + [a + (n-2)d] + \dots + a \\ \hline 2 \cdot S_n &= n\{a + [a + (n-1)d]\} \end{aligned}$$

Die Division durch 2 ergibt den gesuchten Summenterm. Bedenkt man, dass $a + (n-1)d$ das $n$-te Glied der Reihe ist, kann man den Summenterm auch einfacher schreiben.

$$S_n = \frac{n}{2}\{a + [a + (n-1)d]\}$$

$$S_n = \frac{n}{2}[2a + (n-1)d]$$ ► $a + (n-1)d = a_n$

$$S_n = \frac{n(a + a_n)}{2}$$

**Beispiele:** für das Berechnen der Summe einer endlichen arithmetischen Reihe:

**1.** $1+2+3+4+\ldots+100$

$$S_n = \frac{n(a+a_n)}{2}$$

$a$ steht für 1; $a_n$ steht für 100; $d$ steht für 1; $n$ steht für 100

**1.** $1+2+3+4+\ldots+100$

$$S_n = \frac{100(1+100)}{2}$$

$$\underline{\underline{S_n = 5050}}$$

**2.** $1+5+9+13+17+21+25$

$a$ steht für 1; $a_n$ steht für 25; $d$ steht für 4; $n$ steht für 7

**2.** $1+5+9+13+17+21+25$

$$S_n = \frac{7(1+25)}{2}$$

$$\underline{\underline{S_n = 91}}$$

**3.** $5+2+(-1)+(-4)+(-7)+(-10)+(-13)$

$a$ steht für 5; $a_n$ steht für $-13$; $d$ steht für $-3$; $n$ steht für 7

**3.** $5+2+(-1)+(-4)+(-7)+(-10)+(-13)$

$$S_n = \frac{7(5+(-13))}{2}$$

$$\underline{\underline{S_n = -28}}$$

In den Formeln für $a_n$ und $S_n$ kommen jeweils 4 der 5 charakteristischen Bestandteile einer endlichen arithmetischen Reihe $a$, $a_n$, $d$, $n$ und $S_n$ vor. Kennt man drei solcher Größen, kann man die beiden fehlenden aus den Formeln berechnen.

**Beispiele:**

**1.** Von einer arithmetischen Reihe sind bekannt: $a=7; d=3; n=6$. Wie groß sind $a_n$ und $S_n$?

Lösungsschritte:

1. $a_n$ wird aus der Formel $a_n = a+(n-1)d$ berechnet.

$$a_n = 7+(6-1)\cdot 3$$

$$\underline{\underline{a_n = 22}}$$

2. $S_n$ wird aus der Formel $S_n = \frac{n(a+a_n)}{2}$ berechnet.

$$S_n = \frac{6\cdot(7+22)}{2}$$

$$\underline{\underline{S_n = 87}}$$

**2.** Die Reihe $87+76+\ldots+(-1)+(-12)$ ist gegeben. Für sie gilt: $a$ steht für 87, $d$ steht für $-11$ und $a_n$ steht für $-12$. Wie groß sind $n$ und $S_n$?

Lösungsschritte:

1. $n$ wird aus der Formel für $a_n$, also aus $a_n = a+(n-1)d$ berechnet.

$$-12 = 87+(n-1)(-11)$$

$$-12 = 87-11n+11$$

$$\underline{\underline{n = 10}}$$

2. $S_n$ wird aus $S_n = \frac{n(a+a_n)}{2}$ berechnet.

$$S_n = \frac{10(87-12)}{2}$$

$$\underline{\underline{S_n = 375}}$$

**3.** Zwischen die Zahlen 5 und $-3$ sind 3 Glieder so einzuschalten, dass eine arithmetische Reihe entsteht.

Bekannt ist: $a$ steht für 5, $a_n$ steht für $-3$ und $n$ steht für 5.

Lösungsschritte:

1. Aus $a_n = a + (n-1)d$ lässt sich $d$ berechnen.

$-3 = 5 + (5-1)d$

$\underline{\underline{d = -2}}$

2. Durch Addition von $d$ zu $a$ lässt sich $a_1$, durch Addition von $d$ zu $a_1$ lässt sich $a_2$ berechnen usw.

Die Reihe lautet:

$5 + 3 + 1 + (-1) + (-3)$

**4.** Es sollen 628 m Papier von der Stärke $t = 0{,}2$ mm auf eine Rolle gewickelt werden, die den Durchmesser $d = 20$ cm hat.

a) Wie viele Lagen ergeben sich?

b) Welchen Durchmesser hat die Rolle nach dem Aufwickeln?

Wegen der geringen Dicke des Papiers kann vereinfachend angenommen werden, dass die Papierlagen um die Rolle konzentrische Kreise bilden.

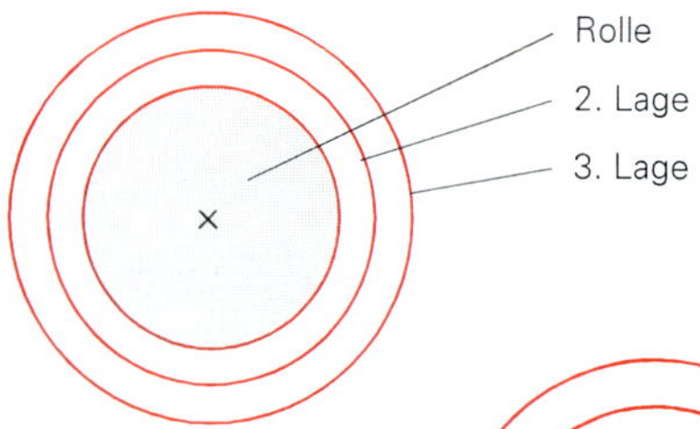


In Wirklichkeit handelt es sich dabei um eine Spirale.

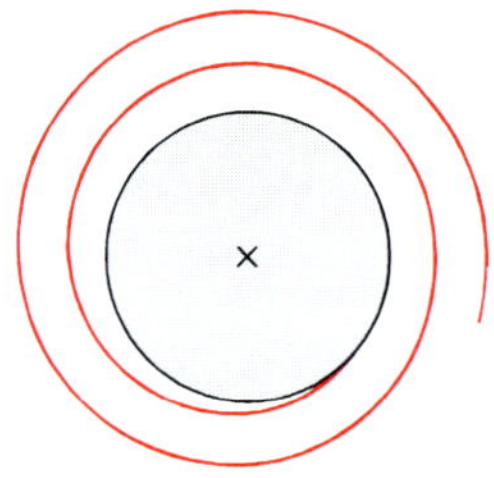

Jede Lage Papier, die auf die Rolle aufgewickelt wird, ist länger als die vorangehende Lage. Da das Papier 0,2 mm dick ist, wächst der Durchmesser der Rolle mit jeder Lage um 0,4 mm.

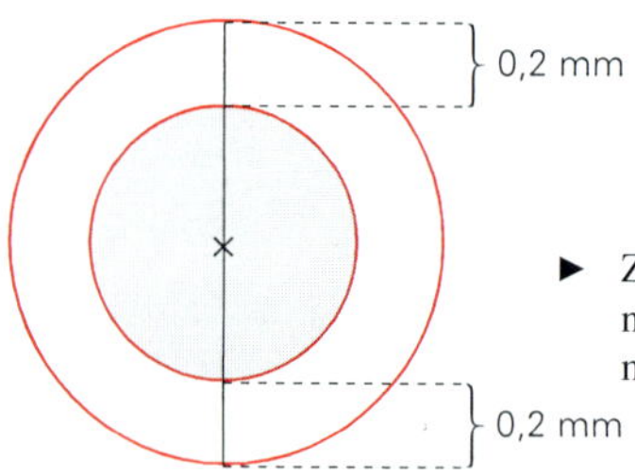


► Zeichnungen nicht maßstabsgerecht

Daraus ergibt sich, dass jede Lage um $0{,}4\,\text{mm} \cdot \pi = 1{,}256\,\text{mm}$ länger wird als die vorangehende. Die Längen der Papierlagen bilden also eine arithmetische Folge. Deren Differenz beträgt 0,1256 cm. Die Summe der zugehörigen Reihe muss nach Aufgabenstellung 628 m betragen. Das Anfangsglied der arithmetischen Reihe errechnet sich aus $20\,\text{cm} \cdot \pi$ zu 62,8 cm, das ist die Länge der 1. Lage Papier. Das 2. Glied der Reihe ist die Länge der 2. Lage, das 3. Glied die Länge der 3. Lage Papier und so fort.

| 1. Glied | 2. Glied | 3. Glied | … | letztes Glied |
|---|---|---|---|---|
| 62,8 cm | $62{,}8\,\text{cm} + 0{,}1256\,\text{cm}$ | $62{,}8\,\text{cm} + 2 \cdot 0{,}1256\,\text{cm}$ | … | $62{,}8\,\text{cm} + (n-1) \cdot 0{,}1256\,\text{cm}$ |

Von dieser arithmetischen Reihe sind bekannt:

$a = 62{,}8\,\text{cm}$,
$d = 0{,}1256\,\text{cm}$,
$S_n = 62\,800\,\text{cm}$.

Aus der Summenformel lässt sich die Anzahl der Glieder der Reihe – und das ist die Anzahl der Lagen Papier auf der Rolle – berechnen. Es ergibt sich die Zahl von 618 Lagen.

$$S_n = \frac{n[a + a(n-1)d]}{2}$$

$$62\,800\,\text{cm} = \frac{n[62{,}8\,\text{cm} + 62{,}8\,\text{cm} + (n-1)0{,}1256\,\text{cm}]}{2}$$

$$0{,}1256\,\text{cm} \cdot n^2 + 125{,}47\,\text{cm} \cdot n - 125\,600\,\text{cm} = 0 \quad | : 0{,}1256\,\text{cm}$$

$n^2 + 999n - 1\,000\,000 = 0$ ► Lösungsformel für quadratische Gleichungen anwenden

$$n_{1,2} = -\frac{999}{2} \pm \sqrt{\frac{998\,001 + 4\,000\,000}{4}}$$

$n_1 = 618{,}3$ also $\underline{\underline{n \approx 618}}$.

Der Wert für $n_2$ ist negativ, er hat also keine praktische Bedeutung.

Nun kann der Durchmesser der Rolle nach dem Aufwickeln berechnet werden. Er wird mit jeder Lage um 0,4 mm größer, nach 618 Lagen ist er also um 247,2 mm größer als anfangs. Die Rolle hat am Schluss einen Durchmesser von 44,72 cm.

**5.** Eine Stahlflasche enthält 40 l Luft bei einem Flaschendruck von $10^5\,\frac{\text{N}}{\text{m}^2}$. Jemand will sie mit einer Pumpe, die pro Stoß 0,25 l Luft zuführt, so lange füllen, bis der Druck im Inneren auf $5 \cdot 10^5\,\frac{\text{N}}{\text{m}^2}$ angestiegen ist. Nach wie vielen Kolbenstößen ist dieser Druck erreicht?

Ein Druck von $5 \cdot 10^5\,\frac{\text{N}}{\text{m}^2}$ ist erreicht, wenn der Inhalt der Flasche auf $5 \cdot 40$ l Luft angewachsen ist.

Der Inhalt der Flasche beträgt nach dem 1. Pumpenstoß 40,25 l und wächst mit jedem weiteren Stoß um 0,25 l an.

Die Folge der Flascheninhalte ist eine arithmetische Folge mit der Differenz $d = 0{,}25$ l.

Von der Folge kennt man $a = 40{,}25$ l, $a_n = 200$ l und $d = 0{,}25$ l.

Mittels der Formel für das $n$-te Glied der Folge kann man $n$ berechnen.

40,25 l; 40,50 l; 40,75 l; …; 200 l

$$a_n = a + (n-1)d$$

$$200\,\text{l} = 40{,}25\,\text{l} + (n-1) \cdot 0{,}25\,\text{l}$$

$$200\,\text{l} = 40\,\text{l} + n \cdot 0{,}25\,\text{l} \quad | : 0{,}25\,\text{l}$$

$$\underline{n = 640}$$

Nach 640 Stößen herrschen in der Stahlflasche $5 \cdot 10^5\,\frac{\text{N}}{\text{m}^2}$ Druck. (Von der Erwärmung, die beim Pumpen auftritt, wurde abgesehen.)

**Merke:**

- Funktionen, deren Definitionsbereich $\mathbb{N}^*$ oder $\mathbb{N}$ bzw. ein Abschnitt von $\mathbb{N}^*$ oder $\mathbb{N}$ ist, heißen **Folgen**. Sie sind **endlich**, wenn ihr Definitionsbereich ein Abschnitt von $\mathbb{N}^*$ oder $\mathbb{N}$ ist. Sie sind **unendlich**, wenn ihr Definitionsbereich $\mathbb{N}^*$ oder $\mathbb{N}$ selbst ist. Sie heißen **Zahlenfolgen**, wenn ihr Zielbereich eine Zahlenmenge ist.
- Eine Folge $\langle a_n \rangle$, bei der die Differenz zweier aufeinander folgender Glieder $a_n - a_{n-1}$ für alle $n$ ihres Definitionsbereichs gleich ist, heißt **arithmetische Folge**.
- Den Summenterm $a_1 + a_2 + a_3 + \ldots + a_n$ aus den Gliedern einer endlichen arithmetischen Folge nennt man eine **arithmetische Reihe**.
- Für die Summe $S_n$ der arithmetischen Reihe $a + (a+d) + (a+2d) + \ldots + [a + (n-1)d]$ gilt:

  $S_n = \frac{n}{2}\{a + [a + (n-1)d]\}$ bzw.

  $S_n = \frac{n}{2}(a + a_n)$ ► $a_n = a + (n-1)d$

- Eine Folge $\langle a_n \rangle$ heißt eine **geometrische Folge**, wenn der Quotient von zwei aufeinander folgenden Gliedern $\frac{a_n}{a_{n-1}}$ für alle $n$ stets gleich ist: $\frac{a_n}{a_{n-1}} = q$; $q \in \mathbb{R}$, $q$ fest.

$\langle a_n \rangle$: $1, 2, 4, 8, 16, 32$

$\frac{a_n}{a_{n-1}} = 2$ für alle $n$ ► $q = 2$

$\langle a_n \rangle$: $1, \frac{1}{2}, \frac{1}{4}, \frac{1}{8}, \frac{1}{16}, \frac{1}{32}$

$\frac{a_n}{a_{n-1}} = \frac{1}{2}$ für alle $n$ ► $q = \frac{1}{2}$

$\langle a_n \rangle$: $1, -2, 4, -8, 16, -32$

$\frac{a_n}{a_{n-1}} = -2$ für alle $n$ ► $q = -2$

Entsprechend wie bei den arithmetischen Folgen nennt man auch bei den geometrischen Folgen den Summenterm $a_1 + a_2 + a_3 + \ldots + a_n$ aus den ersten $n$ Gliedern einer geometrischen Folge eine (endliche) **geometrische Reihe**.

► Folge: 1, 2, 4, 8, 16, 32

► Reihe: $1 + 2 + 4 + 6 + 16 + 32$

► Allgemein:

$$S_n = \begin{array}{ccccccc} a_1 & + a_2 & + a_3 & + \ldots & + a_n \\ \blacktriangledown & \blacktriangledown & \blacktriangledown & & \blacktriangledown \\ a & + aq & + aq^2 & + \ldots & + aq^{n-1} \end{array}$$

Hierbei heißt:

$a$ das Anfangsglied der Reihe, ► $a = a_1$

$aq^{n-1}$ das $n$-te Glied der Reihe, ► $a_n = aq^{n-1}$

$q$ der Quotient der Reihe,

$n$ die Anzahl der Glieder der Reihe.

Der Summenterm $S_n$ einer endlichen geometrischen Reihe $a + aq + aq^2 + \ldots + aq^{n-1}$ lässt sich für jeden Quotienten $q$ allgemein berechnen.

Ist $\boldsymbol{q = 1}$ so sind die Glieder der Reihe alle gleich $a$. Da die Reihe $n$ Glieder hat, gilt also in diesem Falle: $\underline{\underline{S_n = n \cdot a}}$.

Ist $q \neq 1$, so verwendet man zur Berechnung von $S_n$ wieder einen Trick:

Man schreibt die mit $q$ multiplizierte Reihe versetzt so unter die ursprüngliche Reihe, dass die Glieder untereinander stehen, in denen $q$ den gleichen Exponenten hat. Dann subtrahiert man die linken und die rechten Seiten voneinander und formt den entstandenen Ausdruck durch Auflösen nach $S_n$ um.

$$\begin{aligned} S_n &= a + aq + aq^2 + \ldots + aq^{n-1} \\ q \cdot S_n &= \phantom{a +{}} aq + aq^2 + \ldots + aq^{n-1} + aq^n \\ \hline S_n - q \cdot S_n &= a - aq^n \\ S_n(1-q) &= a(1-q^n) \quad \blacktriangleright\ q \neq 1 \\ S_n &= a \cdot \frac{1-q^n}{1-q} \end{aligned}$$

**Beispiele** für das Berechnen der Summe einer endlichen geometrischen Reihe:

**1.** $1+2+4+8+16+32$

$a$ steht für 1; $q$ steht für 2; $n$ steht für 6

**1.** $1+2+4+8+16+32$

$$S_n = 1 \cdot \frac{1-2^6}{1-2}$$

$$\underline{\underline{S_n = 63}}$$

**2.** $1+\frac{1}{2}+\frac{1}{4}+\frac{1}{8}+\frac{1}{16}+\frac{1}{32}+\frac{1}{64}$

$a$ steht für 1; $q$ steht für $\frac{1}{2}$; $n$ steht für 7

**2.** $1+\frac{1}{2}+\frac{1}{4}+\frac{1}{8}+\frac{1}{16}+\frac{1}{32}+\frac{1}{64}$

$$S_n = 1 \cdot \frac{1-\left(\frac{1}{2}\right)^7}{1-\frac{1}{2}} = \frac{1-\frac{1}{128}}{1-\frac{1}{2}}$$

$$S_n = \frac{\frac{127}{128}}{\frac{1}{2}} = \frac{127 \cdot 2}{128 \cdot 1} = \frac{254}{128} = \underline{\underline{1\frac{126}{128}}}$$

**3.** $1+(-2)+4+(-8)+16$

$a$ steht für 1; $q$ steht für $-2$; $n$ steht für 5

**3.** $1+(-2)+4+(-8)+16$

$$S_n = 1 \cdot \frac{1-(-2)^5}{1-(-2)}$$

$$\underline{\underline{S_n}} = \frac{33}{3} = \underline{\underline{11}}$$

**Merke:**

- Eine Folge $\langle a_n \rangle$, bei welcher der Quotient zweier aufeinander folgender Glieder für alle $n$ ihres Definitionsbereichs gleich ist, heißt **geometrische Folge**.
- Den Summenterm $a_1 + a_2 + a_3 + \ldots + a_n$ aus den Gliedern einer endlichen geometrischen Folge nennt man eine **geometrische Reihe**.
- Für die Summe $S_n$ der endlichen geometrischen Reihe $a + aq + aq^2 + \ldots + aq^{n-1}$ gilt im Falle $q = 1$: $S_n = n \cdot a$
  und im Falle $q \neq 1$: $S_n = a \cdot \dfrac{1-q^n}{1-q}$.

In den Formeln für $a_n$ und $S_n$ kommen jeweils 4 der 5 charakteristischen Bestandteile einer endlichen geometrischen Reihe $a$, $a_n$, $q$, $n$ und $S_n$ vor. Kennt man drei solcher Größen, kann man die beiden fehlenden aus den Formeln berechnen.

**Beispiele:**

**1.** Von einer endlichen geometrischen Reihe kennt man $a = 27, a_n = \frac{1}{81}$ und $n = 8$.
Wie lauten die Glieder der Reihe und welche Summe hat sie?

Den Quotienten $q$ der Reihe kann man aus $a_n = a \cdot q^{n-1}$ berechnen.

$$\frac{1}{81} = 27 \cdot q^7$$

$$q^7 = \frac{1}{81 \cdot 27} = \frac{1}{3^7}$$

$$\underline{\underline{q = \frac{1}{3}}}$$

Nun können die Glieder der Reihe bestimmt werden.

$$27;\ 9;\ 3;\ 1;\ \frac{1}{3};\ \frac{1}{9};\ \frac{1}{27};\ \frac{1}{81}$$

Die Summe der Reihe erhält man aus der Formel $S_n = a \cdot \frac{1-q^n}{1-q}$.

$$S_n = 27 \cdot \frac{1 - \left(\frac{1}{3}\right)^8}{1 - \frac{1}{3}}$$

$$S_n \approx 27 \cdot 1{,}5$$

$$\underline{\underline{S_n \approx 40{,}5}}$$

**2.** Von einer geometrischen Reihe kennt man das Anfangsglied 3 und den Quotienten 2.
Wie heißt das 6. Glied?

Für das 6. Glied einer geometrischen Reihe gilt $a_6 = aq^5$.

$$a_6 = 3 \cdot 2^5$$

$$\underline{\underline{a_6 = 96}}$$

**3.** Zwischen die Zahlen 3 und $\frac{3}{64}$ sollen fünf Glieder so eingefügt werden, dass eine geometrische Folge entsteht.

Man kennt von der Folge das Anfangs- und das Endglied und die Zahl der Glieder, die 7 beträgt. Aus der Formel für das $n$-te Glied lässt sich $q$ bestimmen.

$$a_n = aq^{n-1}$$

$$\frac{3}{64} = 3 \cdot q^6$$

$$q^6 = \frac{1}{64} = \frac{1}{2^6}, \text{ also } \underline{\underline{q = \frac{1}{2}}}$$

Die 7 Glieder der Folge lauten: $3;\ \frac{3}{2};\ \frac{3}{4};\ \frac{3}{8};\ \frac{3}{16};\ \frac{3}{32};\ \frac{3}{64}$.

**4.** Man kennt von einer geometrischen Folge die drei Glieder 2; 10; …; 6250.
Wie viele Glieder hat sie?

Aus:
$a$ steht für 2,
$a_n$ steht für 6250
und $a$ steht für 5
lässt sich mithilfe der Formel $a_n = aq^{n-1}$ die Anzahl $n$ der Glieder berechnen.

$$a_n = aq^{n-1}$$
$$6250 = 2 \cdot 5^{n-1}$$
$$5^{n-1} = 3125 \quad \blacktriangleright \text{ Logarithmieren}$$
$$(n-1) \cdot \lg 5 = \lg 3125$$
$$n \cdot \lg 5 = \lg 3125 - \lg 5$$
$$n = \frac{\lg 3125 - \lg 5}{\lg 5}$$
$$\underline{\underline{n = 6}}$$

**5.** Ein Litergefäß Wasser enthält 100 g aufgelösten Zucker. Es wird nun $\frac{1}{2}$ l abgegossen und ebenso viel reines Wasser zugegossen. Dieses Verfahren wird siebenmal angewendet. Wie viel g Zucker befinden sich dann noch in dem Gefäß?

Die im Gefäß verbleibenden Zuckermengen werden durch das Abgießen jeweils halbiert. Sie bilden also die geometrische Folge 100 g; 50 g; 25 g; …; $a_8$.

Das Glied $a_8$ liefert den Zuckergehalt der Lösung nach 7-maliger Anwendung des beschriebenen Vorgangs. Man berechnet es nach der Formel für das $n$-te Glied.

Der Zuckergehalt im Gefäß nach der 7. Anwendung beträgt noch 0,78 g.

$$a_8 = a \cdot q^{n-1}$$

Aus $a = 100\,\text{g}$, $q = \frac{1}{2}$ und $n = 8$ erhält man:

$$a_8 = 100 \cdot \left(\frac{1}{12}\right)^7 \text{g} = \frac{100}{128}\,\text{g}$$
$$\underline{\underline{a_8 = 0{,}78\,\text{g}}}$$

## Übungen zu 7.2

### Arithmetische Folgen und Reihen

**1.** Man berechne $S_n$ und $a_n$ aus: $a$ steht für 7, $n$ steht für 15, $d$ steht für 4

**2.** Man berechne $S_n$ und $a_n$ aus: $a$ steht für $-3$, $n$ steht für 6, $d$ steht für $-4$.

**3.** Man berechne $S_n$ und $a_n$ aus: $a$ steht für 12, $n$ steht für 23, $d$ steht für $-2$.

**4.** Man berechne $S_n$ und $a_n$ aus: $a$ steht für $-9$, $n$ steht für 5, $d$ steht für 3.

**5.** Man berechne $S_n$ und $a_n$ aus: $a$ steht für 1, $n$ steht für 20, $d$ steht für 1.

**6.** Man berechne $n$ und $S_n$ aus: $a_n$ steht für 57, $a$ steht für 6, $d$ steht für 3.

**7.** Man berechne $a$ und $S_n$ aus: $a_n$ steht für $-7$, $n$ steht für 6, $d$ steht für $-4$.

**8.** Man berechne $a$ und $d$ aus: $n$ steht für 7, $S_n$ steht für 63, $a_n$ steht für 15.

**9.** Die fehlenden Größen folgender arithmetischer Reihen sind zu berechnen:

| | a) | b) | c) | d) | e) | f) |
|---|---|---|---|---|---|---|
| $a$ | 5 | 4 | 10 | | | −205 |
| $d$ | 3 | 3 | | | 5 | 5 |
| $n$ | | 30 | 20 | 43 | 57 | |
| $a_n$ | | | −85 | 302 | 448 | |
| $S_n$ | 440 | | | 6665 | | 4250 |

**10.** Berechnen Sie die Summe der 35 ersten ungeraden Zahlen.

**11.** Gegeben sind: $d$, $n$, $S_n$. Berechnen Sie das Anfangsglied $a$.

**12.** Gegeben sind: $a$, $d$, $S_n$. Berechnen Sie die Anzahl der Glieder $n$.

**13.** Berechnen Sie das letzte Glied $a_n$, wenn bekannt sind **a)** $a$, $d$, $n$, **b)** $a$, $n$, $S_n$, **c)** $a$, $d$, $S_n$, **d)** $d$, $n$, $S_n$.

**14.** Wie viele aufeinander folgende ungerade Zahlen sind zu addieren, wenn das Anfangsglied 1 ist und ihre Summe 1600 ergeben soll?

**15.** Wie viele aufeinander folgende gerade Zahlen sind zu addieren, wenn das Anfangsglied 2 ist und ihre Summe 1640 ergeben soll?

**16.** Wie groß ist die Summe aller durch 7 teilbaren Zahlen von 14 bis 518?

**17.** Zwischen 6 und −9 sollen 4 Glieder so eingeschaltet werden, dass eine arithmetische Folge entsteht. Wie heißen diese?

**18.** Welches ist die Summe aller Zahlen von 1 bis 50?

**19.** Welches ist die Summe aller ungeraden Zahlen von 7 bis 37?

**20.** Wie viele Schläge macht eine Turmuhr in 2 Tagen, wenn sie nur ganze Stunden schlägt?

**21.** Die Summe des 3. und des 11. Gliedes einer arithmetischen Reihe ist gleich 34, die des 7. und 12. Gliedes gleich 44. Welches ist die Summe der ersten 25 Glieder dieser Reihe?

**22.** Ein Körper hat eine Geschwindigkeit von 600 km/h. Jede Sekunde nimmt diese um 9,8 m ab. Nach wie viel Sekunden ist der Körper in Ruhe?

**23.** Ein Kupferdraht (2 mm ∅) wird auf eine zylindrische Trommel von 40 cm Länge und 3 cm Durchmesser gewickelt. Wie viele Lagen ergeben sich, wenn der Draht 180 m lang ist?

**24.** Wie groß ist die Summe sämtlicher Zahlen zwischen 8 und 498, die, durch 7 dividiert, den Rest 1 ergeben?

**25.** In einer Glasbläserei werden Flaschen gestapelt. Die unterste Reihe enthält 25 Flaschen, die nächste Reihe liegt über je zwei Flaschen der unteren Reihe. Wie viele Flaschen liegen in 10 Reihen?

**26.** Durch Erdbohrungen hat man festgestellt, dass in etwa 30 m Tiefe unter der Erdoberfläche eine durchschnittliche mittlere Jahrestemperatur von 283 K herrscht. Von hier an nimmt die Temperatur um 1 K auf je 33 m Tiefe zu. Wie hoch wird die Temperatur am Grunde eines 3231 m tiefen Bohrloches etwa sein?

**27.** Ein Techniker erhält ein jährliches Gehalt von 40000 €. Nach Ablauf eines jeden Jahres erhält er eine Zulage von 40 €/Monat. Wie hoch ist sein monatliches Gehalt im 25. Jahr und wie viele € hat er im Ganzen in 25 Jahren erhalten?

**28.** Eine aufsteigende Rakete erreicht in 2000 m Höhe ihre Höchstbeschleunigung von 40 m/s$^2$. Diese hält sie 160 Sekunden bei, dann ist der gesamte Brennstoff verbraucht. Wie hoch ist ihre Endgeschwindigkeit, wenn die Geschwindigkeit in 2000 m Höhe 280 m/s betrug?

**29.** Ein Auto fährt im Leerlauf einen Berg abwärts. Sein Weg in der 1. Sekunde beträgt 3 m und in jeder folgenden Sekunde 1,2 m mehr als in der vorhergehenden. Welche Geschwindigkeit (km/h) hat der Wagen nach 21 Sekunden?

**30.** Bei einem Wettbewerb sollen 6000 € unter 12 Teilnehmern so aufgeteilt werden, dass jeder folgende 30 € mehr erhält als der vorhergehende. Wie viel Geld erhält der erste und wie viel der letzte Teilnehmer?

## Geometrische Folgen und Reihen

**1.** Man berechne $a_n$ und $S_n$ aus: $a$ steht für 2, $q$ steht für 3, $n$ steht für 6.

**2.** Man berechne $a_n$ und $S_n$ aus: $a$ steht für 9, $q$ steht für $\frac{1}{2}$, $n$ steht für 9.

**3.** Man berechne $q$ und $S_n$ aus: $a$ steht für 10, $n$ steht für 8, $a_n$ steht für 2 799 360.

**4.** Man berechne $q$ und $S_n$ aus: $a$ steht für 5, $n$ steht für 7, $a_n$ steht für 3645.

Berechnen Sie für die geometrischen Folgen:

**5.** $4; \frac{8}{3}; \frac{16}{9} \dots$ das 7. Glied und die Summe der ersten 7 Glieder.

**6.** $6; 2; \frac{2}{3} \dots$ das 12. Glied und die Summe der ersten 12 Glieder.

**7.** $3; 4\frac{1}{2}; 6\frac{3}{4} \dots$ das 8. Glied und die Summe der ersten 8 Glieder.

**8.** Zwischen 49 und $\frac{1}{49}$ sollen 3 Glieder so eingeschaltet werden, dass eine geometrische Zahlenfolge entsteht. Wie heißt diese?

**9.** Berechnen Sie $n$ und $S_n$ aus: $a$ steht für 7, $q$ steht für 5, $a_n$ steht für 21 875.

**10.** Berechnen Sie $n$ und $S_n$ aus: $a$ steht für 1, $q$ steht für 2, $a_n$ steht für 256.

**11.** Die fehlenden Größen folgender geometrischer Reihen sind zu berechnen:

| | a) | b) | c) | d) | e) |
|---|---|---|---|---|---|
| $a$ | | 13 | | 25 | 230 |
| $q$ | 2 | | 3 | −4 | −3 |
| $n$ | 10 | 9 | 10 | | 12 |
| $a_n$ | 1536 | 3328 | | | |
| $S_n$ | | | 147 620 | 81 925 | |

**12.** Es ist $a$ zu berechnen aus: **a)** $q, n, S_n$, **b)** $q, n, a_n$, **c)** $q, a_n, S_n$.

**13.** Man erweitere folgende geometrische Reihen um 3 Glieder:

**a)** $1 - 3 + \dots$ **b)** $\frac{25}{27} + \frac{5}{9} + \dots$

**c)** $\frac{1}{a} + \frac{1}{b} + \dots$ **d)** $a^2 b - a^3 + \dots$

**14.** Die Summe von 3 aufeinander folgenden Gliedern einer geometrischen Reihe beträgt 57, das erste dieser Glieder ist 49. Wie groß ist der Quotient dieser Reihe?

**15.** Der Erfinder des Schachspieles sollte sich eine Belohnung wählen; er wünschte sich vom König auf das erste Feld des Schachbrettes 1 Weizenkorn, auf das zweite Feld 2 Körner, auf das dritte 4 Körner usw.

**a)** Wie viele Körner sind das insgesamt?

**b)** Wie viele Tonnen wiegt die Gesamtmenge, wenn 20 000 Körner auf 1 kg kommen?

**16.** Ein Forscher züchtet auf einem Nährboden Bazillen, die sich durch Spaltung alle Stunden teilen. Wenn er fünf Bazillen auf den Nährboden bringt, wie groß ist die Anzahl nach 12 Stunden?

**17.** Eine Halbliterflasche mit Wasser enthält 60 g Farbstoff. Jemand gießt die Hälfte ab und gibt ebenso viel reines Wasser hinzu. Wie viel Gramm Farbstoff sind in der Flasche noch enthalten, wenn er diesen Vorgang 12-mal ausführt?

**18.** Drei Zahlen, von denen die zweite um 17 größer ist als die erste, die dritte um 34 größer als die zweite, bilden eine geometrische Folge. Wie heißen die Zahlen?

**19.** In einem 12-l-Gefäß befinden sich 10 l eines 96%igen Alkohols. Um den Alkohol zu verdünnen, wird folgender Vorgang mehrfach wiederholt: Man gießt 2 l Wasser hinzu und entnimmt 2 l der Mischung. Wie oft muss dieser Vorgang ausgeführt werden, damit die Flüssigkeit nur noch 5 l etwa 96%igen Alkohol enthalten soll? Wie viel %ig ist dann die Mischung?

**20.** Von 120 $\text{dm}^3$ Alkohol zu 75% werden 3 $\text{dm}^3$ abgelassen und durch Wasser ersetzt. Wie viel %ig ist die Mischung, wenn man dieses Verfahren 30-mal ausführt?

**21.** In 1590 Jahren zerfällt Radium auf die Hälfte (Halbwertszeit). Nach welcher Zeit ist von 2 g Radium nur noch 1 mg übrig?

**22.** Bei Werkzeugmaschinen haben Getriebe in der Regel geometrische Drehzahlabstufungen. Die Maschine soll zwölf verschiedene Drehzahlen aufweisen: $n_1 = 12 \ldots n_{12} = 530$. Wie groß ist der Stufensprung $q$ und $n_2 \ldots n_{11}$?

**23.** Ein Getriebe erhält zehn geometrisch abgestufte Drehzahlen. Der Stufungsfaktor ist $q = 1{,}4$, die Anfangsdrehzahl 8. Welche Drehzahlen hat das Getriebe?

# Wiederholungsfragen zu 7.1 und 7.2

**1.** Was versteht man unter einer Folge?

**2.** Wann ist eine Folge eine Zahlenfolge?

**3.** Was versteht man unter einer endlichen, was unter einer unendlichen Folge?

**4.** Was versteht man unter einer endlichen Reihe?

**5.** Wann heißt eine Folge oder Reihe arithmetisch?

**6.** Wann heißt eine Folge oder Reihe geometrisch?

**7.** Wie werden das letzte Glied und die Summe einer endlichen arithmetischen Reihe berechnet?

**8.** Wie werden das letzte Glied und die Summe einer endlichen geometrischen Reihe berechnet?

# 7.3 Zinseszinsrechnung

Oft legen Eltern bei der Geburt eines Kindes ein Sparbuch an. Manchmal bleibt es bei der einmaligen Einzahlung einer bestimmten Summe Geldes, so dass sich das Sparguthaben des Kindes nur dadurch vergrößert, dass die jedes Jahr anfallenden Zinsen nicht abgehoben, sondern zum Kapital dazugeschlagen, also im Folgejahr mitverzinst werden. Man sagt, das Geld steht auf Zins und Zinseszins. Kann man ausrechnen, wie groß das Guthaben bei Volljährigkeit des Kindes sein wird, wenn man anlässlich seiner Geburt den Betrag $K_0$ zum festen Zinssatz von $p\,\%$ auf Zins und Zinseszins angelegt hat?

Die Zinsen für ein Kapital $K_0$ in € betragen nach einem Jahr bei einem Zinssatz von $p\,\%$ in €: $K_0 \cdot \frac{p}{100}$. Das Kapital wächst also am Ende des Jahres auf $K_1 = K_0 + K_0 \cdot \frac{p}{100} = K_0\left(1 + \frac{p}{100}\right)$ an.
Der Summenterm $1 + \frac{p}{100}$ wird in der Zinseszinsrechnung als **Zinsfaktor** bezeichnet und mit $q$ abgekürzt: $q = 1 + \frac{p}{100}$.

Es gilt also:

| | |
|---|---|
| Betrag am Anfang des 1. Jahres: | |
| $K_0$ | $K_0$ ► Anfangskapital |
| Betrag nach 1 Jahr: | |
| $K_1 = K_0 + K_0 \cdot \frac{p}{100} = K_0 \cdot q$ | $K_1 = K_0 \cdot q$ ► Kapital nach dem 1. Jahr |
| Betrag nach 2 Jahren: | |
| $K_2 = K_1 + K_1 \cdot \frac{p}{100} = K_1 \cdot q$ | $K_2 = K_1 \cdot q = K_0 \cdot q^2$ ► Kapital nach dem 2. Jahr |
| Betrag nach 3 Jahren: | |
| $K_3 = K_2 + K_2 \cdot \frac{p}{100} = K_2 \cdot q$ | $K_3 = K_2 \cdot q = K_0 \cdot q^3$ ► Kapital nach dem 3. Jahr |

Man kann die Gesetzmäßigkeit des Wachsens erkennen. Man erhält für den Betrag nach $n$ Jahren:

| | |
|---|---|
| $K_n = K_{n-1} + K_{n-1} \cdot \frac{p}{100} = K_{n-1}\, q$ | $K_n = K_{n-1} \cdot q = K_0 \cdot q^n$ ► Kapital nach dem $n$-ten Jahr |

**Merke:**

Ein Kapital $K_0$ wächst in $n$ Jahren bei einem festen Zinssatz von $p\,\%$ auf den Betrag $K_n$ mit $K_n = K_0 \cdot \left(1 + \frac{p}{100}\right)^n$ oder $K_n = K_0 \cdot q^n$ mit $q = 1 + \frac{p}{100}$ an. Der Faktor $q$ heißt **Zinsfaktor**.

**Beispiele:**

**1.** Eltern legen ihrer Tochter bei ihrer Geburt ein Sparbuch mit 1000,00 € an mit der Bestimmung, dass sie nach 18 Jahren darüber verfügen kann. Zu welcher Summe ist das Kapital dann bei einem festen Zinssatz von 3% angewachsen?

Es gilt: $K_0$ steht für 1000,00 €, $p$ steht für 3 und $n$ steht für 18. Man kann $K_n$ damit aus der Formel $K_n = K_0 \cdot q^n$ berechnen.

Das Kapital wuchs auf 1702,43 € an.

$$K_n = 1000\,€ \cdot \left(1 + \frac{3}{100}\right)^{18}$$

$$K_n = 1000\,€ \cdot 1{,}03^{18}$$

$$\underline{\underline{K_n = 1702{,}43\,€}}$$

**2.** Ein Wald enthält jetzt 17012 m³ Holz. Wie groß war der Holzbestand vor 12 Jahren, wenn der jährliche Zuwachs 3% betrug?

Es gilt: $K_n$ steht für 17012 $m^3$, $p$ steht für 3 und $n$ steht für 12.

Man kann $K_0$ aus der Formel $K_n = K_0 \cdot q^n$ berechnen.

Der Holzbestand betrug vor 12 Jahren 11935 $m^3$.

$$17012\,m^3 = K_0 \cdot \left(1 + \frac{3}{100}\right)^{12}$$

$$= K_0 \cdot 1{,}03^{12}$$

$$K_0 = \frac{17012\,m^3}{1{,}03^{12}}$$

$$\underline{\underline{K_0 = 11935\,m^3}}$$

**3.** Ein Kapital von 20 000 € ist bei einem festen Zinssatz von 4,5% auf Zinseszins angelegt, auf 31 060 € angewachsen. Wie viele Jahre stand das Kapital?

Es gilt: $K_n$ steht für 31 060 €, $K_0$ steht für 20 000 € und $q$ steht für $1 + \frac{4{,}5}{100} = 1{,}045$.

$n$ kann aus der Formel $K_n = K_0 \cdot q^n$ berechnet werden.

Das Kapital stand 10 Jahre auf Zinseszins.

$$31\,060\,€ = 20\,000\,€ \cdot 1{,}045^n \quad |: 20\,000\,€$$
$$1{,}045^n = 1{,}553 \quad \blacktriangleright \text{ Logarithmieren}$$
$$n \cdot \lg 1{,}045 = \lg 1{,}553$$
$$\underline{\underline{n = 10}}$$

**4.** Nach wie vielen Jahren hat sich ein Kapital $K_0$, das zu 4% auf Zinseszins angelegt ist, verdoppelt?

Es muss gelten: $K_n = 2 \cdot K_0$. Die Anzahl der Jahre für $n$ kann aus der Formel $K_n = K_0 \cdot q^n$ berechnet werden.

In rund 18 Jahren verdoppelt sich ein zu 4% auf Zinseszins angelegtes Kapital, unabhängig davon, wie groß es ist.

$$2K_0 = K_0 \cdot 1{,}04^n \quad |: K_0$$
$$1{,}04^n = 2 \quad \blacktriangleright \text{ Logarithmieren}$$
$$n \cdot \lg 1{,}04 = \lg 2$$
$$\underline{\underline{n = 17{,}67}}$$

# 7.4 Rentenrechnung

Legen Eltern für ihr Kind bei seiner Geburt ein Sparbuch mit einem Betrag $K_0$ zu $p\,\%$ auf Zinseszinsen an und zahlen dann regelmäßig jedes Jahr einen konstanten Betrag, eine **Rate** $r$, auf das Sparbuch ein, so kann mithilfe der Zinseszinsrechnung festgestellt werden, auf welchen Betrag das Kapital $K_0$ einschließlich der Raten nach $n$ Jahren angewachsen ist.

Häufig wird aus einem Kapital $K_0$, das zu $p\,\%$ auf Zinseszins angelegt ist, eine konstante Rate $r$ ausgezahlt und man will wissen, wie hoch $r$ sein darf, damit aus $K_0$ z. B. 10 Zahlungen erfolgen können.

Eine solche Rate, eine regelmäßig wiederkehrende Zahlung in gleich bleibender Höhe, nennt man eine **Rente**.

Erfolgt die Zahlung einer Rente am Anfang eines Jahres, so nennt man die Rente **vorschüssig**, erfolgt sie am Ende eines Jahres, so nennt man sie **nachschüssig**.

Auch Einzahlungen, also nicht nur Auszahlungen, werden als Renten bezeichnet. Am Beispiel einer nachschüssig auszuzahlenden Rente $r$ soll gezeigt werden, wie sich das Anfangskapital $K_0$ in $n$ Jahren verringert, wenn es zu $p\,\%$ auf Zinseszinsen festgelegt wurde. Die hierbei anzustellenden Überlegungen lassen sich sowohl auf Einzahlungen von Renten als auch auf vorschüssige Renten übertragen.

Bei einer nachschüssig zu zahlenden Rente $r$, dem Anfangskapital $K_0$ und dem Zinssatz $p\,\%$ gilt:

Betrag am Anfang des 1. Jahres: $K_0$

$K_0$ ► Anfangskapital

Betrag nach 1 Jahr:

$K_1 = K_0 + K_0 \cdot \frac{p}{100} - r$

$K_1 = K_0\left(1 + \frac{p}{100}\right) - r = K_0 \cdot q - r$ ► Kapital nach dem 1. Jahr

Betrag nach 2 Jahren:

$K_2 = K_1 + K_1 \cdot \frac{p}{100} - r$

$$\begin{aligned} K_2 &= K_0 q - r + (K_0 q - r) \cdot \frac{p}{100} - r \\ &= (K_0 q - r)\left(1 + \frac{p}{100}\right) - r \\ &= (K_0 q - r) \cdot q - r \\ &= K_0 q^2 - rq - r \end{aligned}$$

► Kapital nach dem 2. Jahr

Betrag nach 3 Jahren:

$K_3 = K_2 + K_2 \cdot \frac{p}{100} - r$

$$\begin{aligned} K_3 &= K_0 q^2 - rq - r + (K_0 q^2 - rq - r) \cdot \frac{p}{100} - r \\ &= (K_0 q^2 - rq - r) \cdot \left(1 + \frac{p}{100}\right) - r \\ &= K_0 q^3 - rq^2 - rq - r \end{aligned}$$

► Kapital nach dem 3. Jahr

Auch hier kann man die zugrunde liegende Gesetzmäßigkeit erkennen.

Betrag nach $n$ Jahren: $K_n$

$$K_n = K_0 q^n - rq^{n-1} - rq^{n-2} - \ldots - rq - r$$

$$K_n = K_0 q^n - [rq^{n-1} + rq^{n-2} + \ldots + rq + r]$$

► Kapital nach dem $n$-ten Jahr

In der eckigen Klammer steht eine geometrische Reihe mit dem Quotienten $q \neq 1$, dem Anfangsglied $r$ und mit $n$ Gliedern. Ihre Summe lautet: $S_n = r\frac{1-q^n}{1-q}$.

Für $K_n$ erhält man also den Ausdruck

$$K_n = K_0 \cdot q^n - r \cdot \frac{1-q^n}{1-q}.$$

Wird eine nachschüssige Rente $r$ für einen Zeitraum von $n$ Jahren zu einem Kapital $K_0$ zugezahlt, erhält man entsprechend für $K_n$:

$$K_n = K_0 \cdot q^n + r \cdot \frac{1-q^n}{1-q}.$$

Für vorschüssige Renten hat die geometrische Reihe in der eckigen Klammer des nachschüssigen Falles die Gestalt $rq + rq^2 + rq^3 + \ldots + rq^n, q \neq 1$. Deren Summe $S_n$ ist $S_n = rq\frac{1-q^n}{1-q}$. Für $K_n$ erhält man also bei vorschüssig auszuzahlenden Renten: $K_n = K_0 \cdot q^n - rq \cdot \frac{1-q^n}{1-q}$ und bei vorschüssig zu leistenden Ratenzahlungen $K_n = K_0 \cdot q^n + rq \cdot \frac{1-q^n}{1-q}$.

**Merke:**

- Regelmäßig wiederkehrende Zahlungen in gleich bleibender Höhe heißen **Renten**.
- Wird eine Rente am Jahresanfang gezahlt, heißt sie **vorschüssig**, wird sie am Jahresende gezahlt, heißt sie **nachschüssig**.
- Für ein Anfangskapital $K_0$ und eine vorschüssige Rente $r$ erhält man in $n$ Jahren bei einem festen Zinssatz von $p\,\%$ ein Endkapital $K_n$, für das gilt:

$$K_n = K_0 \cdot q^n \pm rq \cdot \frac{1-q^n}{1-q},$$

wobei das Zeichen „+“ für Einzahlungen, das Zeichen „–“ für Auszahlungen steht.

- Für ein Anfangskapital $K_0$ und eine nachschüssige Rente $r$ erhält man in $n$ Jahren bei einem festen Zinssatz von $p\,\%$ ein Endkapital $K_n$, für das gilt:

$$K_n = K_0 \cdot q^n \pm r \cdot \frac{1-q^n}{1-q},$$

wobei das Zeichen „+“ für Einzahlungen, das Zeichen „–“ für Auszahlungen steht.

**Beispiele:**

**1.** Jemand legt zu einem Erbe von 60 000 € noch 20 Jahre lang am Ende eines jeden Jahres 2000 € hinzu. Wie groß ist die Gesamtsumme am Ende des 20. Jahres, wenn der Zinssatz stets 3% beträgt?

Es gilt: $K_0$ steht für 60 000 €, $r$ steht für 2000 €, $n$ steht für 20 und die Rente ist nachschüssig.

Die Gesamtsumme beträgt 162 107,45 €.

$$K_n = 60\,000\,€ \cdot 1{,}03^{20} + 2000\,€ \cdot \frac{1-1{,}03^{20}}{1-1{,}03}$$

$$K_n = 108\,366{,}70\,€ + 53\,740{,}75\,€$$

$$\underline{\underline{K_n = 162\,107{,}45\,€}}$$

**2.** Jemand legt 12 Jahre lang am Ende eines Jahres 1200 € zu 4% auf Zinseszins an. Wie groß ist die gesparte Summe am Ende des 12. Jahres?

In diesem Beispiel steht $K_0$ für 0 €, $r$ für 1200 €, $n$ für 12 und $q$ für 1,04.

Die gesparte Summe beträgt 18 031 €.

$$K_n = 1200\,€ \cdot \frac{1-1{,}04^{12}}{1-1{,}04}$$

$$K_n = 1200\,€ \cdot 15{,}03$$

$$\underline{\underline{K_n = 18\,031\,€}}$$

**3.** Jemand will für 30 000 € in 5 Jahren ein Auto kaufen. Am Anfang des 1. Jahres zahlt er 7500 € auf einer Bank ein, die 3,5% Zinsen gibt. Wie groß sind die Raten, die er am Ende des 1. bis 5. Jahres zahlen muss, wenn er am Ende des 5. Jahres die 30 000 € besitzen will?

Es handelt sich um eine nachschüssige Rente. Es gilt: $K_0$ steht für 7500 €, $q$ steht für 1,035 und $n$ steht für 5. $K_n$ ist die Zielsumme von 30 000 €.

Er muss 5 Raten von je 3935,14 € zahlen.

$$30\,000\,€ = 7500\,€ \cdot 1{,}035^5 + r \cdot \frac{1-1{,}035^5}{1-1{,}035}$$

$$30\,000\,€ = 8907{,}65\,€ + r \cdot 5{,}36$$

$$r = \frac{30\,000\,€ - 8907{,}65\,€}{5{,}36}$$

$$\underline{\underline{r = 3935{,}14\,€}}$$

**4.** Jemand will von einem Kapital von 200 000 €, das zu 4% auf Zinseszins angelegt ist, jeweils am Jahresanfang eine solche Rente beziehen, dass das Kapital nach 20 Jahren aufgebraucht ist. Wie groß muss die Rente sein?

Es handelt sich um eine vorschüssige Rente. Es gilt: $K_n$ steht für 0 €, $K_0$ steht für 200 000 €, $q$ steht für 1,04 und $n$ steht für 20. Die Höhe der Rente $r$ kann aus der Formel $K_n = K_0 \cdot q^n - r\,q \cdot \frac{1-q^n}{1-q}$ berechnet werden.

$$0 = 200000\,€ \cdot 1{,}04^{20} - 1{,}04\,r\,\frac{1-1{,}04^{20}}{1-1{,}04}$$

$$0 = 438224{,}63\,€ - 30{,}97\,r$$

$$\underline{\underline{r = 14150\,€}}$$

Der Zinseszins bewirkt also, dass man von 200 000 € insgesamt $20 \cdot 14150$ €, das sind 283 000 €, abheben kann.

## Übungen zu 7.3

**1.** Wie heißt der Zinsfaktor $q$, wenn die Verzinsung zu **a)** 3%, **b)** 4%, **c)** 6%, **d)** $5\frac{1}{2}$%, **e)** $7\frac{1}{4}$%, **f)** $2\frac{1}{2}$%, **g)** $4\frac{3}{4}$%, **h)** $5\frac{1}{3}$%, **i)** $6\frac{1}{4}$%, **k)** $3\frac{3}{4}$% erfolgt?

**2.** Zu welcher Summe wächst ein Kapital von 840,– € in 8 Jahren mit 3% Zinseszinsen an?

**3.** Berechnen Sie die Endsumme von

**a)** 3 400,– € zu 2% in 10 Jahren;

**b)** 4 600,– € zu 5% in 15 Jahren;

**c)** 12 500,– € zu 4% in 21 Jahren;

**d)** 484,50 € zu $4\frac{1}{2}$% in 7 Jahren;

**e)** 305 000,– € zu $1\frac{1}{2}$% in 4 Jahren;

**f)** 1 480,– € zu $3\frac{3}{4}$% in 25 Jahren.

**4.** Zu welcher Summe wäre 1 Cent angewachsen, wenn er vom Jahre 1 bis 1990 mit 2% verzinst worden wäre? Drücken Sie das in Gold aus, 1 kg Gold ≙ 10 000,– €.

**5.** Wie groß ist die Einwohnerzahl einer Stadt in 15 Jahren bei 3% Vermehrung, wenn sie heute 70 000 Einwohner hat?

**6.** Der gegenwärtige Bestand eines Waldes wird auf **a)** 12 000 m³, **b)** 25 000 m³, **c)** 135 000 m³ geschätzt. Wie groß war der Bestand vor 12 Jahren, wenn er sich jährlich um $2\frac{1}{2}$% vermehrt hat?

**7.** Ein Mann leiht einem anderen 3600,– € auf 10 Jahre, ohne Zinsen zu fordern, lässt sich jedoch dafür einen Schuldschein von 6502,– € ausstellen. Wie viel Prozent hat der Mann genommen, wenn man Zinseszinsen rechnet?

**8.** Ein Kapital von 15 670,– € steht zu $3\frac{1}{2}$% auf Zinseszinsen und ist so auf 19 262,40 € angewachsen. Wie lange wurde es verzinst?

**9.** Jemand will ein Haus bauen, dessen Kosten auf 400 000,– € veranschlagt sind. Er besitzt schon ein Kapital von 195 700,– €. Wie lange muss dieses Kapital auf Zinseszinsen stehen, wenn die Bank $4\frac{1}{2}$% zahlt?

**10.** In wie viel Jahren hat sich ein Kapital von 5000,– € verdreifacht, wenn die Bank $2\frac{1}{2}$% Zinsen zahlt?

## Übungen zu 7.4

1. Jemand legt jährlich am Ende des Jahres **a)** 200,– €, **b)** 450,– €, **c)** 1000,– €, **d)** 1200,– € in einer Bank auf Zinseszinsen an. Zu welcher Höhe sind die Einlagen nach 8 Jahren angewachsen, wenn die Bank 3% Zinsen zahlt?

2. Ein Vater legt seiner Tochter ein Sparbuch an und zahlt am Anfang eines jeden Jahres **a)** 120,– €, **b)** 240,– €, **c)** 360,– € ein. Zu welcher Höhe sind die Einlagen nach 21 Jahren angewachsen, wenn die Bank $2\frac{1}{2}\%$ Zinsen zahlt?

3. Wie viel Geld muss jemand am Ende eines Jahres auf die Sparkasse tragen, die 4% Zinsen gibt, wenn er nach 5 Jahren über eine Summe von 6000,– € verfügen will?

4. Der Bestand eines Waldes beträgt 70 000 $m^3$ Holz, der jährliche Zuwachs beträgt $2\frac{1}{2}\%$. Wie viel Kubikmeter sind noch nach 20 Jahren vorhanden, wenn man jährlich 3000 $m^3$ herausschlägt?

5. Zu einem Kapital von **a)** 3500,– €, **b)** 1200,– €, **c)** 5000,– € werden jährlich am Ende des Jahres 150,– € 25 Jahre lang hinzugefügt. Zu welcher Höhe sind die Kapitalien angewachsen, wenn die Bank $2\frac{1}{2}\%$ Zinsen gibt?

# Wiederholungsfragen zu 7.3 und 7.4

1. Was bedeutet die Redeweise: Ein Kapital steht auf Zins und Zinseszins?
2. Was versteht man unter dem Zinsfaktor?
3. Wie lautet die Formel zur Berechnung des Endkapitals, welches aus dem Anfangskapital $K_0$ nach $n$ Jahren bei $p\%$ Verzinsung entstanden ist?
4. Was ist eine Rente?
5. Wann heißt eine Rente vorschüssig, wann nachschüssig?
6. Wie lautet die Formel zur Berechnung des Endkapitals, welches aus dem Anfangskapital $K_0$ nach $n$ Jahren bei $p\%$ Verzinsung entstanden ist, wenn außerdem vor- oder nachschüssig eine Rente $r$ gezahlt wird?

# Stichwortverzeichnis